しっかり身に付く

ZBrush の一番わかりやすい本

ZBrush 2018対応版

[BEGINNER'S GUIDE TO 3D MODELING IN ZBRUSH]

まーてい 著

技術評論社

まえがき

ごあいさつ

はじめましての方ははじめまして！　私を知ってる方はいつもお世話になっております！　まーていです。

技術評論社様よりこの書籍のお話をいただいた頃、ちょうど他社様（秀和システム様）から発行したSubstance Painter本の執筆、修正作業と本業で文字通り過労死するんじゃないか？　ってくらいに疲弊してました（疲弊しすぎて短期記憶力が本気でヤバくなってた）。ただ、過去にZBrushの参考書執筆の裏方を経験しているのに自分で丸々1本ZBrushの本を書いたことないし、なんやかんや4年副業としてZBrushの講師をしたり、直接友達に0から教えたりして、延べ人数となるとかなりの数（余裕の3桁！）になってきたので、教え方のコツや、初心者特有のつまづきポイントのデータベースが自分の中にできあがってきたし、ここらで1つの本にまとめてみるのもいい機会かな、と思いお引き受けいたしました。

筆者がZBrushと出会ったのは、今から10年前の専門学校の学生時代。ちょうどそのころは3D業界的にZBrushが非常に注目されていた時期で、なんとZBrushが使えれば内定！　なんていう今では考えられない求人もありました……（マジです）。

その当時はあまりモデリングが好きではなく、インターンで行っていた会社でコンポジッターをやっていた流れでその後もコンポジッターをやり続け、その後業界からいったん離れたりしました。

時は流れ、ZBrushは映像系やゲーム系だけではなく、3Dプリンタと組み合わせてフィギュアのデジタル原型に使うという新しい活用方法が生まれました。2013年頃です。その当時は完全にデザイン業界から遠ざかってしまっていましたが、デジタル原型に興味を持ち、なんやかんやその2年後にはデジタル原型師＋3Dモデラーになりました。デザイナーに復帰だよやったね☆

よく知人から意味不明な経歴と言われますが、本人が一番意味不明だと思ってます。

ZBrushというソフトには、一度業界離れてしまった自分をまた3D業界に引き戻してくれた恩があるので、本書の出版で少しでも恩返しができたら幸いです。そして、頑張れ2013年の自分！　大変で無茶苦茶な5年間をその後過ごすことになるが、そのまま突き進め！　と未来からエールを。

ジーブラシ？ ゼットブラシ？

長年ZBrushユーザーは、「Z」の呼称をジー（ズィー）と読むのかゼット（ゼッド）と読むのか？を論争してきました（もちろん半分ネタとして）。

筆者は、公式の動画等で呼称されることの多い「ズィーブラシ」という読みを使っています。ちなみに公式見解としては「どっちでもいいよ」というスタンスのようです。筆者的にも、どっちでもいいよ（というか論じる時間がもったいない）と思っています。

なお、日本での商標登録ではゼットブラシ、ゼットブラッシュとなっています（出願番号:商願 2003-83813、登録番号：第 4753476 号）。

こういう質問が来そうなので先んじて……

ちょうどこの書籍の執筆開始から執筆終了までの間に、3DCG 業界では大きな潮流の興隆がありました。そう、バーチャルユーチューバー（以下 VTuber）です。おそらく今後増えそうな（すでに聞かれたことあるけど）質問は「ZBrush があれば VTuber やれますか！？（VTuber キャラ作れますか？）」でしょう。

コレに対する答えは、

「不可能じゃないけど、リアルタイム系モデルの実装用モデルそのものを作成するアプローチは ZBrush には不向きなので、素直に Maya とかのリアルタイム系用モデリング可能なソフトを習得したほうが近道だよ。あと、ボーンを入れたりウェイト調整したりするのは ZBrush じゃできないよ。」

となります。

ちなみに筆者も、実は企業系 VTuber を仕事で作成した経験がありますが、ZBrush はリトポ前のベースメッシュ制作にしか使いませんでした（リトポ前メッシュを作るという点においては、ZBrush は最強)。餅は餅屋ということで、それぞれの分野で得意なソフトを適材適所で使いましょう。

VTuber のキャラクター完成後の配信ネタとして、ZBrush でのスカルプト配信は筆者の知る限りはほぼ 0（2018 年 7 月時点）なので、試す価値はあるかも……！（出版までの間に VTuber がスカルプトするブームが来ている可能性は 0 じゃないので、一体この先どうなるのかいろんな意味で楽しみですね、VTuber 業界）

あ、座組がしっかりしてて予算と期間がちゃんと用意されている案件は筆者は大歓迎ですので、ご相談はお気軽に ^ ^

筆者自身は非常に多忙な日々を送ってるので、自分自身で VTuber をやる予定はないです。恋声を使った作業配信はたまにしてます。興味ある人は調べてみてね。

2018 年 9 月　まーてい

本書の構成について

1章から6章には、ZBrushを使っていく中でしっかり押さえてほしい概念や機能をまとめています。中でも2～6章は、座学が中心になり退屈かもしれませんが、ZBrushで作業をするにあたって特に覚えておかなければならないことを解説していますので、しっかり読んでください。

それ以外の機能等については、作業を真似しながら読み進めることによるソフトへの慣れに従い、追加でアンロックするような形で8～13章に配置しています。14章、15章は、ZBrush 4R8およびZBrush 2018での主な新機能紹介となります。

ZBrushを解説している本は今となってはたくさんありますが、この本にしか書いてないことや、ほとんどのユーザーが何となく使っていることも、本書ではかなり詳しく解説しています。ZBrushはすでに使えるよ！という人も、本書を全部読めば、きっと「え！？これってそうだったの！？」という発見があると思います。

もし座学から読むのが苦手な人は、いきなり8章の実制作から読み始めてもOKです。実制作ページの解説を真似すれば、操作自体は追えるように執筆しています。いったん真似してから座学を読む、という逆の順序であっても、最終的に本書に書いてあることの大部分が身についていればそれで良いと思います。

サンプルデータ等のダウンロード

本書で利用するサンプルデータ等は、本書のサポートページからダウンロード可能です。

https://gihyo.jp/book/2018/978-4-297-10011-7/support

データは圧縮されており、以下の内容が含まれています。また、データの解凍にはパスワードの入力が必要です。データの解凍パスワードは「roadto7mxa」です。

saki_finish_01.zpr	分割前モデリング完了データ
saki_bunkatu_01.zpr	分割完了データ
zconv_v7.zsc	ZSphere変換用プラグイン
mk7_misc_tool_01.zsc	小規模便利プラグイン
saki_tatie_01.psd	作例キャラクター立ち絵
saki_pose_01.psd	作例キャラクターポーズ付きイラスト
cube_200mm.obj	200mm基準棒データ
menu_translation.pdf	メニュー／ボタン等の英日対応表（Windows版ZBrush 2018で、本書の解説に関連する部分のみ）

▶ 本書の作例キャラクター「サキ」の元イラスト（Illustration：ラリアット）

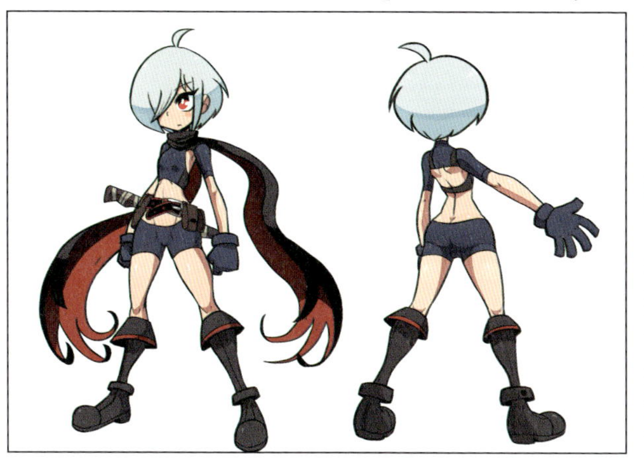

▶ ZBrush を使って制作したフィギュア原型データ

▶ 3D プリンターで出力、塗装した完成フィギュア

注　本書では、ZBrushを使った3Dモデルデータの作成までを取り上げています。出力用のデータ分割、3Dプリンター出力、磨きや塗装等については解説していません。

Contents

第15章 ZBrush 2018の新機能

ご注意：ご購入・ご利用の前に必ずお読みください

■免責

本書に記載された内容は、情報の提供のみを目的としています。したがって、本書を用いた運用は、必ずお客様自身の責任と判断によって行ってください。これらの情報の運用の結果について、技術評論社および著者はいかなる責任も負いません。

本書は、Windows 10 および Pixologic 社 ZBrush 2018 を使用して解説しています。ソフトウェアに関する記述は、特に断りのないかぎり、2018 年 8 月現在での最新バージョンを元にしています。

ソフトウェアはバージョンアップされる場合があり、本書での説明とは機能内容や画面図等が異なってしまうこともあり得ます。本書ご購入の前に、必ずバージョンをご確認ください。

以上の注意事項をご承諾いただいた上で、本書をご利用願います。これらの注意事項をお読みいただかずにお問い合わせいただいても、技術評論社および著者は対処しかねます。あらかじめご承知おきください。

■商標、登録商標について

ZBrush、ZBrush ロゴ、Sculptris および Sculptris ロゴは Pixologic, Inc. の商標または登録商標です。

また、Microsoft Windows およびその他本文中に記載されている製品名、会社名は、全て関係各社の商標または登録商標です。なお、本文中に ™ マーク、® マークは明記しておりません。

■ZBrush 2018 の推奨動作システム（Windows 版）

- OS：Windows Vista/7/10（64 ビット）
- CPU：Intel Core i5/7/Xeon もしくは AMD の同等製品
- メモリ：最低 8GB、数億ポリゴンを扱う場合 16GB 以上を推奨
- 記憶装置：作業用として 100GB の空きスペース（作業用ドライブには SSD ドライブを強く推奨)。
- ペンタブレット：ワコムもしくはワコム互換（WinTab 形式）のペンタブレット（マウスでも利用可）
- モニター：1920 × 1200 解像度以上（32 ビットカラー）
- ビデオカード：どのようなタイプでも利用可能（ただし、PolyGroupIt プラグイン使用時のみ、2008 年以降に製造されたビデオカードで OpenGL 3.3 以降をサポートしている必要がある）

Chapter 1

ZBrushの基礎知識

SECTION

01 ZBrushの成り立ちと特徴

この節では、デジタルスカルプトとは何か、ZBrushの歴史、他ソフトと比べた時の特徴を解説します。

デジタルスカルプトとスカルプトソフト

スカルプトとは、彫刻という意味の単語です。ここ10年ほどのデジタルスカルプトソフトの進化のおかげか、彫刻という本来の意味よりも、ZBrushやSculptris等のデジタルスカルプトを指す言葉となりつつあります。そのため、わざわざ「デジタルスカルプトソフト」と呼ばずに「スカルプトソフト」と呼称することが一般的です。

スカルプトソフトが台頭する前は、有機的で複雑な形状であってもポリゴンモデリングソフトを使ってモデリング的アプローチで作ることが主でした。細かいディティールを作るためのエッジの追加、頂点の移動、調整等、とても時間と労力のかかる作業でした。また、作業もあまり直感的とはいえません。

スカルプトソフトは、その非直感的なワークフローを変え、直感的、直接的な造形を施すことができる、いうなれば歴史の必然として生まれたソフトといえます。

ZBrushとは

ZBrushは、Pixologic社によって生み出されたソフトです。元々はスカルプトソフトではなく、「2.5D」という独特の概念を持った一風変わったペイントツール(≒お絵かきソフト)でした。その後、とあるハリウッドの映画制作会社がこのソフトのポテンシャルに目を付け、スカルプト機能に特化できないかオファーしたところから、3DCGソフトとしての転換期が訪れました。

ZBrushは、その性能や独自性も相まって、2D業界でのPhotoshopに匹敵するデファクトスタンダードな存在として、スカルプトソフトにおける地位は確固たるものとなっています。

▶ ZBrush のインターフェース

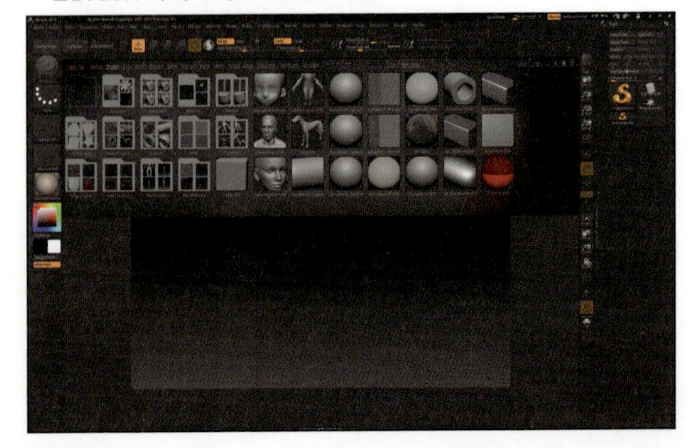

ZBrushを紹介している記事で、よく「粘土のように3Dモデルを作れる」という表現がされます。この表現は「半分が正解、半分が不正解」だと筆者は思っています。

直感的にモデリング、スカルプトができることは確かですが、あくまでいじっているのは3Dメッシュなため、3DCGの制約をどうしても受けてしまいます。ある程度それを無視できる機能も備わっていますが、あくまで3DCGソフトだということをここでハッキリと明言しておきます。

一見、粘土のように自由に形状を変形させているように見えますが、実際には後述する頂点、辺、面の3つの要素を移動、追加、削除させているに過ぎません。

ZBrushの特徴

類似ソフトと比べた場合、以下のような特徴があります。

- **扱えるポリゴン数の圧倒的な差があり、細かなディティールに強い**
- **画面や操作がスカルプトに特化しており、慣れれば他のどんなソフトより作業しやすい**
- **描画がGPU依存ではなく、CPUとメモリ性能が一定以上あればノートPCでも動く（ただし、ZBrush 2018に追加されたPolyGroupItというプラグインだけは描画部分にGPUを使っているため、部分的に例外となりました）**

ハイエンドゲームやリアル系3DCG映画、実写合成系で求められる映像クオリティが上がってきたタイミングにもちょうどマッチし、一気に業界標準の座を射止めました。

類似ソフトには3D-Coat、Sculptris（後にPixologicが買収）、Mudbox等があります。また、Maya等のポリゴンモデリングソフトにもスカルプト機能がついているものがあります。筆者はさまざまなスカルプト、モデリングソフトを所持していますが、ZBrushほど独創的でハンドリングの良いソフトはないと思っています（もちろん得手不得手はソフトごとにあるので、基本的に組み合わせで使うことが多いです）。

ここ数年では、映像やゲーム業界だけでなく、フィギュアの制作工程でも使われています。3Dプリンタの進化とともに、2013年頃からフィギュアのデジタル原型化が一気に進みました。まえがきでも触れましたが、筆者はずっとモデラーをやっていたわけではなく、一度は全く別の業種にいた時期もあります。そんな中、デジタル原型という新しい概念にとても興味を持ったことからZBrushを触り始めました。

本書では、デジタル原型用モデルの制作を前提としたデータ作りを、全くの初心者の方をターゲットに、ソフトの使い方とともに解説します。

MEMO　ZBrush Core

ZBrushには、ZBrush Coreというビギナー向け低価格版もあります。通常版と比べてかなり機能が制限されていることから、本書で解説しているワークフローの再現は不可能です。申しわけございませんが、本書の内容をZBrush Coreで再現したい等のご質問にはお答えできません。

SECTION 02

3Dデータの基礎

ZBrushは自由度が高いソフトですが、扱うデータはあくまでポリゴンデータです。そのため、予備知識として3DCGの基礎を学んでおきましょう。造形作業そのものにはあまり関係がありませんが、取り扱う道具（ZBrush）と取り扱う素材（ポリゴンデータ）の特性を知っておいたほうが捗る面もあります。

ポリゴンとは

そもそもポリゴンとは何でしょうか？　英単語としての意味は「多角形」ですが、3DCG的な意味で言うと「3Dオブジェクト自体（または構成する要素それぞれ自体）」を指します。また、オブジェクトや面のことをメッシュとも呼びます。

頂点1つではただの点に過ぎません。この点のことを他の呼び方ではVertex（頂点）やPointと呼びます。

▶ 頂点

2点の頂点と頂点を繋ぐ線を作ると辺になりますが、これはまだ2点間を繋いだ線に過ぎません。この線のことをEdge（エッジ）とも呼びます。

▶ エッジ

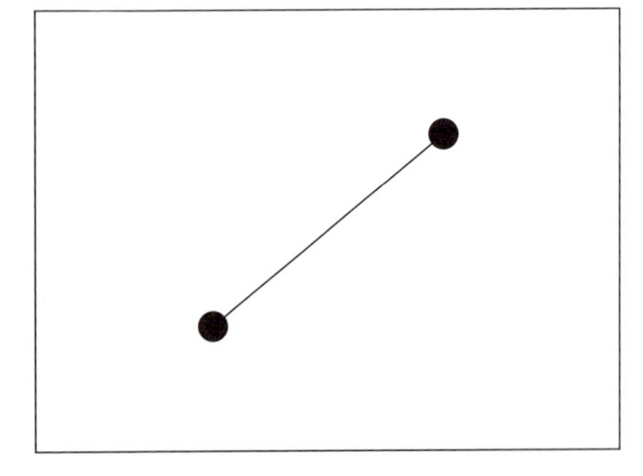

3点の頂点それぞれを辺で繋ぎ、その間に面を張った状態。これが三角形ポリゴンと呼ばれているモノの正体です。

▶ 三角形ポリゴン

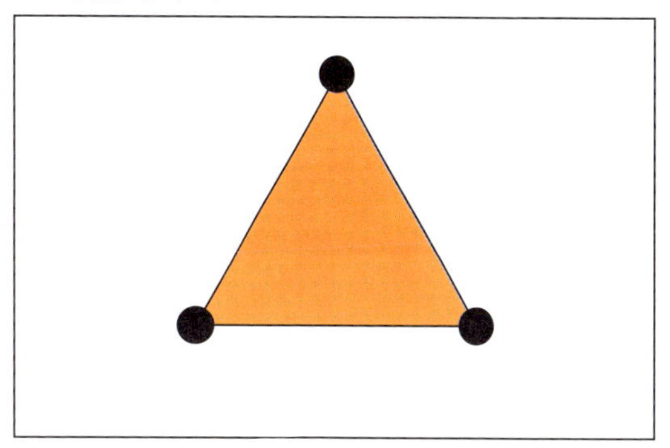

頂点が4つ、辺が4つ、これに面を張ったモノを四角形ポリゴンと呼びます。なお厳密な話をすると、この四角形はデータの上では三角形が2つくっついてできています。ただし6-01で解説しますが、四角形は四角形の意味があります。

▶ 四角形ポリゴン

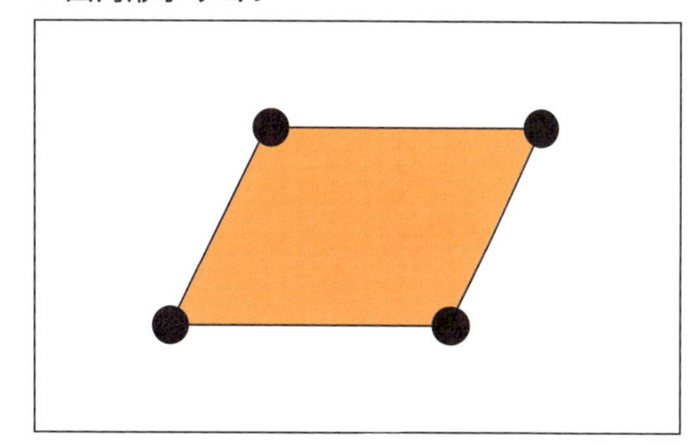

頂点が5点以上になると、N-Gonと呼ばれる多角形になります。ZBrushは仕様上、このN-Gonが含まれるデータを読み込むことができません（読み込もうとすると分割線が強制的に入ります）。また、ZBrush上で無理やりN-Gonを作ることもできません。

▶ N-Gon

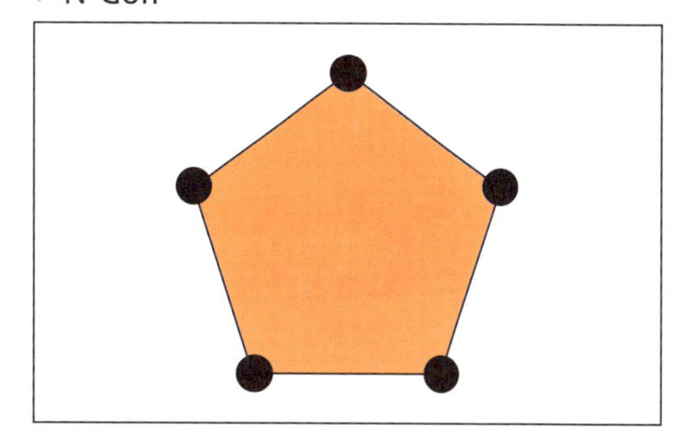

ZBrushでは、この三角形、四角形で構成された3Dオブジェクトに対してスカルプトをしていきます。ブラシを使って盛り上げたり、細かいディティールを入れたりしている最中に関しては[注1]、あくまで行われているのは3Dオブジェクトの頂点、辺、面を移動させ変形させているだけに過ぎないということを頭の片隅に入れておいてください。

ZBrushには、このポリゴンの密度を増減させる方法が複数用意されています。また、密度の高い（いわゆるハイポリゴン）、またはそれをさらに超過するポリゴン数のメッシュでも動作が比較的軽いため、頂点の移動をしているということを忘れて創作に没頭できます。特性をしっかり理解し使っていくことで、自分の手足のごとく操れる道具となります。

注1　Z Modelerブラシや、IMMブラシ等のトポロジー自体に変更が加わってしまう物はここでは例外とします。

ポリゴンの裏表と面法線

前述の通り、最小単位として3つの頂点間を繋いだ線がエッジ、エッジの間に面を張ったものがポリゴンの面になります。

▶ 球体を上下で半分に切り、下から覗いたところ

ポリゴンの面には表と裏があり、通常では表面のみが見える状態になり、裏面は透明に抜けてしまいます。これはZBrushだけではなく、他の3Dソフトやゲームエンジン等でも同じです。両面を描画することにより、描画計算が単純に2倍になってしまうため、シーン全体でON／OFF、オブジェクト単位でのON／OFFができることが多いです。ZBrushでもオプションで切り替えられます（デフォルトではOFF）。

この時、表面に対して垂直方向なベクトルのことを面法線と呼びます。ZBrushの一部機能はこの面法線を基準として動作をするものがありますので、ポリゴンに垂直なベクトルが面法線とだけ頭の片隅に置いておいてください。

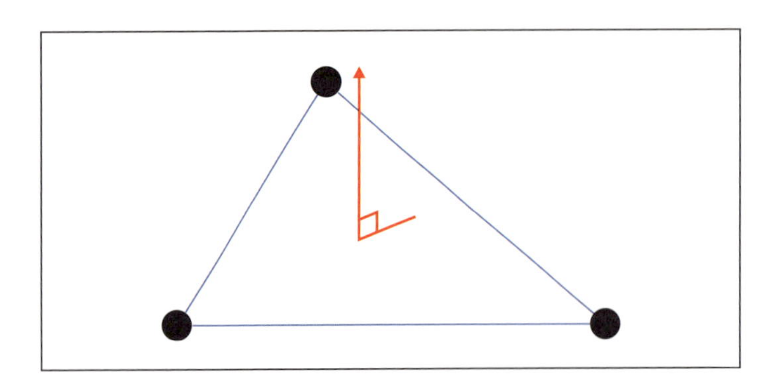

厚み・体積・交差

ポリゴンはあくまで面情報なので、それ自体に厚みはありません。そのため、自分で厚みを付ける必要があります。

また、厚みがないということは、ポリゴンそのものにも体積がありません。そのため、3Dプリンターで出力するためのデータとしては、きちんと閉じたデータ（俗にいうソリッドなデータ）にする必要があります。

▶ 閉じていないデータ（左）と閉じたデータ（右）

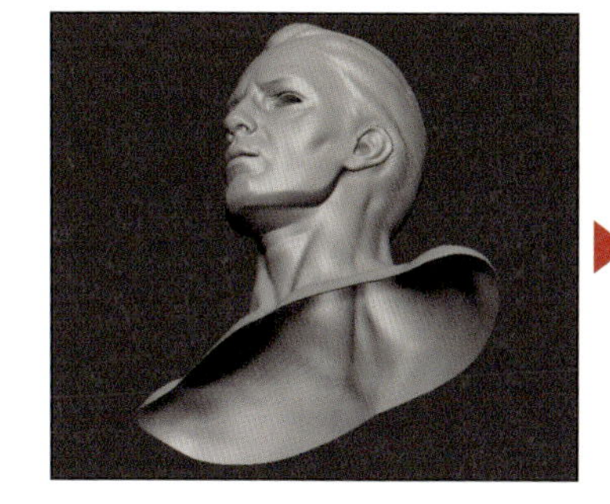

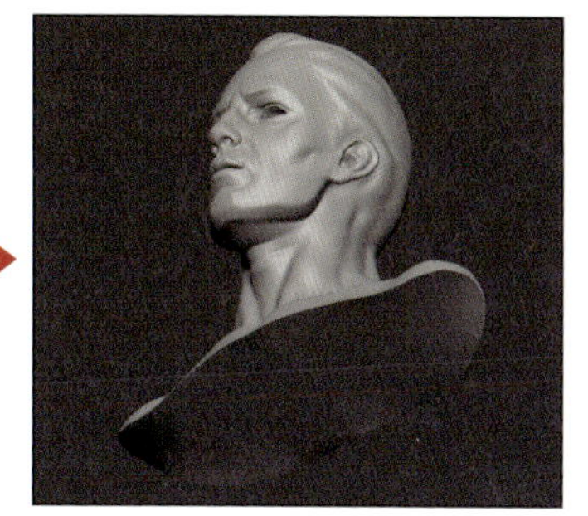

さらに、体積を持った現実世界の物質と違い、ポリゴンデータはデータ上ではお互いめり込み、干渉することができてしまいます。

▶ ポリゴンデータの交差

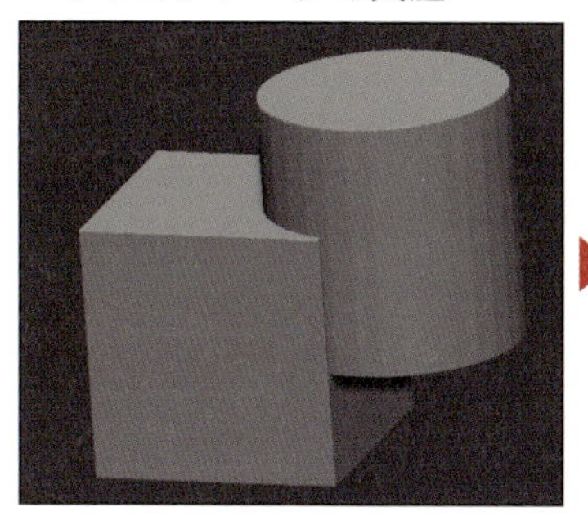

データとして扱うだけであれば、基本的に問題はありませんが、3Dプリンターで出力する時に、交差したデータはエラーになる場合があります（これはスライサー次第で、エラー扱いになるものもあれば、自動で結合されるものもあります）。また、別々のパーツとして出力したとしても、現実世界の物理的な干渉で嵌め合わせることができないのは自明です。

めり込み部分を繋がったメッシュにするにはブーリアン演算を使います（6-04で解説します）。

SECTION

03 ZBrushの作業空間

ZBrushの作業空間は、他の3Dソフトとくらべてとても独特な見た目と動作をします。何の手ほどきも道標もない状態でこの画面を初めて見た時に、戸惑わない人はいないでしょう。筆者も最初はそうでした。この節では、ZBrushというソフトの作業空間の特殊さについて紹介します。

インターフェースを英語版にする

実際のZBrush上の画面を使って説明に入る前に、本書での解説に合わせて「インターフェースを英語版」にしておきましょう。ZBrushには日本語版インターフェース[注2]もありますが、本書ではインターフェースは全て英語版準拠で解説します。

最大の理由は、英語版をもとにした書籍やネット情報(動画等)の圧倒的な多さです。現段階では日本語インターフェース準拠の情報(特に動画等)はまだまだ少なく、本書以外の文献や動画で学習する際、日本語インターフェースを使うことによってメニューの日本語⇔英語対応を調べる二度手間が発生してしまいます(基本的にボタン位置は変わらないのですが……)。

注2　日本語版翻訳担当はPixologic JPの中の人であり、筆者の親友でもある希崎葵ちゃんなのですが、スマン葵ちゃん！ 本書では英語版インターフェースを採用させて頂く！(日本語翻訳には実は筆者も監修協力しているのですが、それでも本書では英語版で解説します！)

どうしても日本語版で作業したい人向けに、本書で出てくる機能のみになりますが、英語版と日本語版の機能名対応表を用意しています。本書の書籍購入者用ダウンロードデータに含まれるPDFファイルをご覧ください(P.4参照)。

では、日本語環境で立ち上げた状態から英語版に切り替えるまでの手順を解説します。まずZBrushを起動すると次の画面になります。

▶ ZBrush 起動画面

Chapter 1 ZBrushの基礎知識

［ZBrush ホームページ］というウィンドウが起動時に表示されるため、設定を変更します。右上にある歯車マークをクリックして、［ニュースがアップデートされた場合表示（推奨）］をクリックして、右上の［×］をクリックします。最後に、［ZBrush ホームページ］右上の［×］をクリックして閉じます。

英語インターフェースへの変更は、［環境設定］>［言語］>［English］をクリックします。［Preferences］>［Config］>［Store Config］をクリックすると、次回以降の起動でも有効になります（バージョン2018からは言語設定の変更は［Store Config］を押さなくても自動保存されます）。

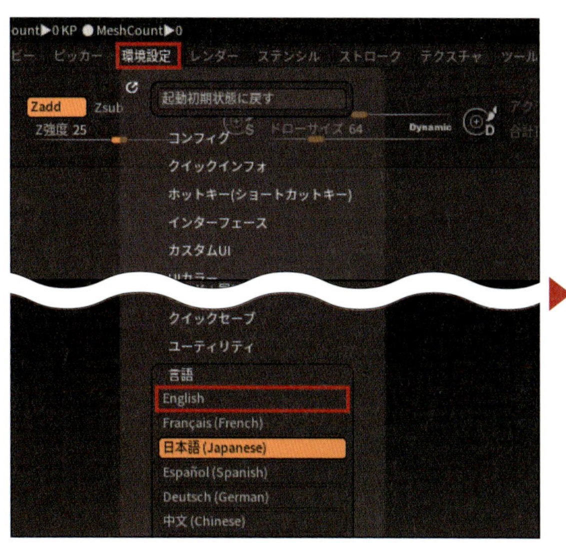

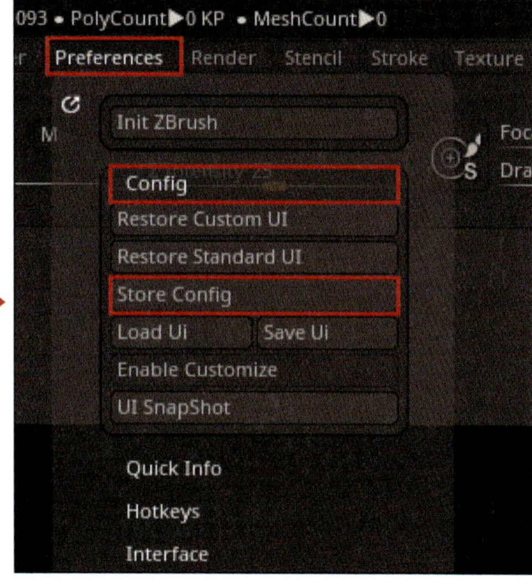

MEMO ファイル名やフォルダ名には半角英数と一部記号のみ使う

海外製ソフトをよく使う人には常識ですが、ZBrush が初めての人にお願いがあります。ファイル名、ならびにファイルを保存している階層のフォルダ名には半角英数と一部記号以外は使わないでください。可能であれば、ログインユーザー名も半角英数字のみにしてください。筆者の場合、基本的に半角英数とアンダーバーしか使いません。アンダーバーは、感覚としては半角スペースの代わりに使います。

海外製ソフトで非常によくある現象なのですが、2バイト文字が考慮された設計になっていないためです。ZBrush 4R8 でユーザーインターフェース部分が全面 Unicode で再設計された結果、多言語表示の対応になっています。しかし、トラブルの原因になりうるので2バイト文字を避けるようにしましょう。

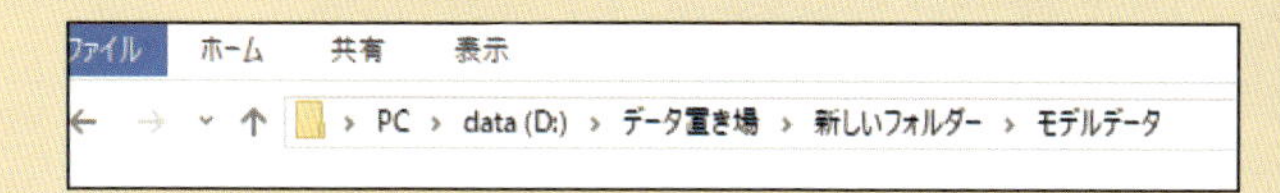

ZBrushの座標系

ZBrushに限らず、3Dモデリングソフトやゲームエンジン等はその操作する空間自体が3次元です。X、Y、Zの3つの軸で空間座標を指定しているというところは、概ねどのソフトも共通しています。

ところが、そのソフトの生まれた生い立ちによって座標系の方向が違っており（たとえば3ds Maxは元々CADの系譜を持つので、高さ方向がZ軸）、ソフト間で連携する際に問題になる場合があります。ZBrushでは左右方向がX軸、縦方向がY軸、奥行方向がZ軸なのですが、インターフェースの特殊さに呼応するかのように特殊な軸になっていて、「向かって右方向が+X」「下方向が+Y」「奥方向が+Z」です。+Zが奥方向はまだわかりますが、+Yが下というのは他ソフトでは見られない特殊な仕様です。

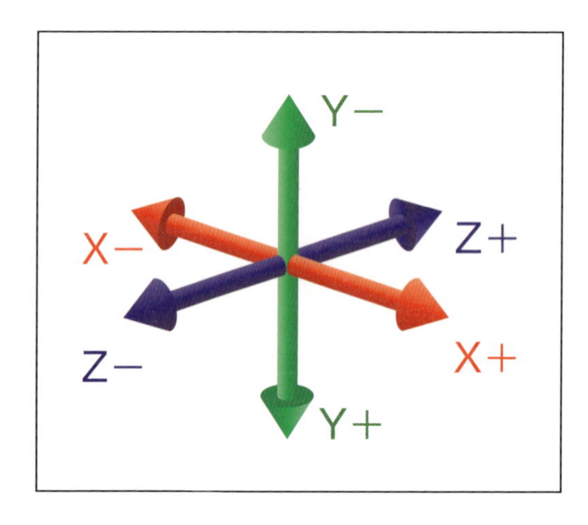

なお、objファイル等で他ソフトとデータをやり取りする際は、読み込み、書き出し時にこの軸の逆になっている方向をマイナススケールかけることによって打ち消すオプションが標準でONになっています（[Preferences]>[ImportExport]>[Import]>[iFlip]のボタン等を参照）。

[Floor]ボタンがONの時に作業空間上に表示される軸は、上記の実際の軸と全て逆方向の表示になっています。

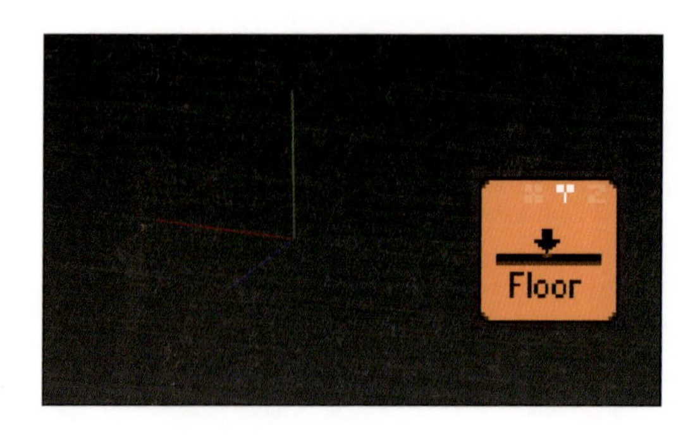

デフォルトのGizmo(5-02)の軸も同様です(プリインストールされているGizmoのハンドルプリセットのいくつかは、OpenGL座標系準拠のものも入っていますが)。

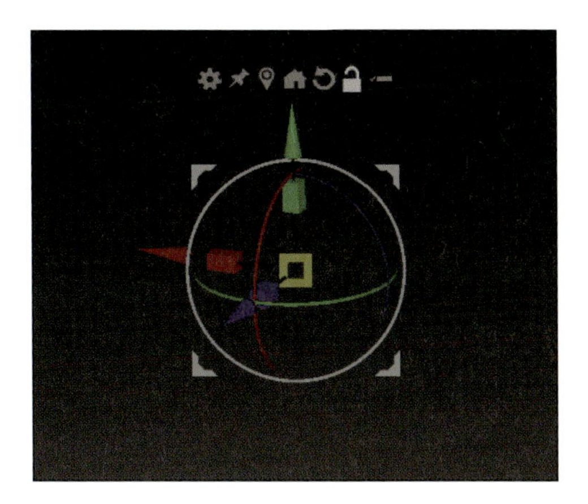

このようにいろいろと見た目と中身が逆になっていたりしますが、その事実さえ把握していれば基本的には何の問題もありません。問題が起きた時に対処も容易なので、あくまで知識として覚えておけば十分です。

特殊な仕様ゆえの制約

元々お絵かきソフトだった頃の名残として、作業画面はキャンバスという扱いになっています。他3Dソフトでは作業画面は全体が3D空間で描画されますが、ZBrushの場合、キャンバスを介して3D空間にある3Dモデルを覗き込むようなイメージの挙動をします。

▶ ZBrushの作業空間

▶ 他3Dソフトの作業空間

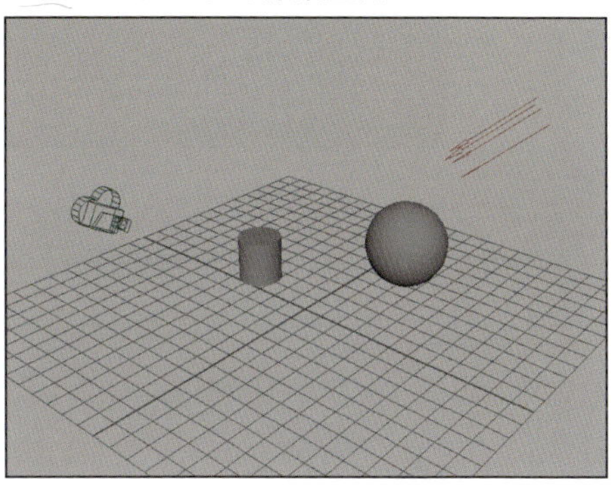

そのため、何らかの理由によりこのキャンバスが小さくなってしまった際は手動でキャンバスサイズの変更を行う必要があります(詳しい説明は2-03にて行います)。

また、他3Dソフトのようにカメラを複数配置し、多方向から確認しながらモデリングするということはできません(Show Alt Doc Viewという機能で同じ視点を複製して画面分割はできますが、実用的ではないので筆者は使いません)。

SECTION 04

2.5Dモードと3Dモード

ZBrushは、元々は2.5Dお絵かきソフトだったという特殊な歴史を持つソフトです。その系譜ゆえに、他ソフトとは一線を画する性能を持つ反面、とても特殊な操作形態や概念になっています。ここではその理由の1つである、2.5Dという概念を解説します。

2.5Dモードとピクソル

ZBrushの一番特殊な動作であり、初心者が必ずつまずくポイントとして、2.5Dモードの存在があります。ここで、その存在理由や、3Dモードへの戻り方を把握しましょう。

まず、2.5Dモードでお絵かきをしてみます。ZBrushを起動しましょう。

▶ ZBrush起動直後の画面

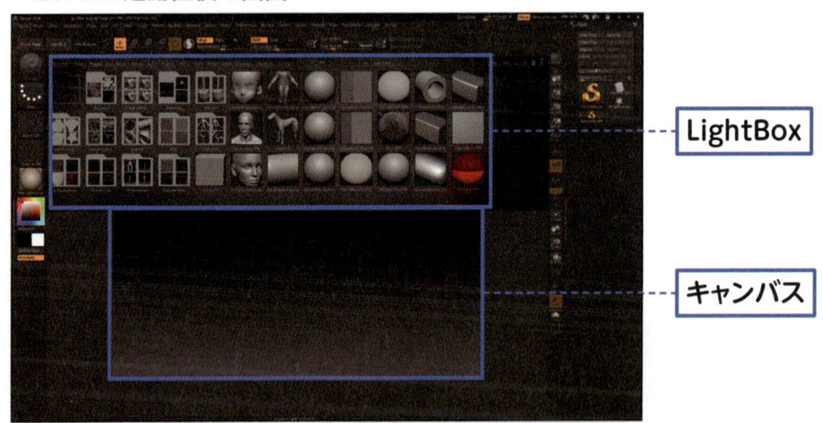

画面中央上にサムネイルが並んでいる区画がありますが、これは「LightBox」と呼ばれる機能です。使わない場合は、①左上の[LightBox]ボタン、②右上の[Hide]ボタン、③[,]キーのいずれかで閉じましょう。

画面中央のグラデーションがかかった区画がキャンバス（＝作業空間）です。まずはこのキャンバスを、マウスもしくはペンタブレットでなぞってみてください。すると、赤色の四角いものが連続して描画されます[注3]。

▶ 無限四角

注3　ちなみに日本人ZBrushユーザーコミュニティでは、この状態を無限四角と呼んでいたりします。ZBrushの最初の通過儀礼的な意味も含めて……。

この状態は、2.5Dモード用の機能でお絵描きしてるだけに過ぎません。

画面右側の[Tool]メニューの大きなアイコンは[SimpleBrush]になっているはずです。アイコンをクリックし、[Tool]のポップアップメニューを展開してください。右側に[Tool]メニューがない場合は、2-03を参照して右側に呼び出してください。

▶ [Tool] ポップアップメニュー

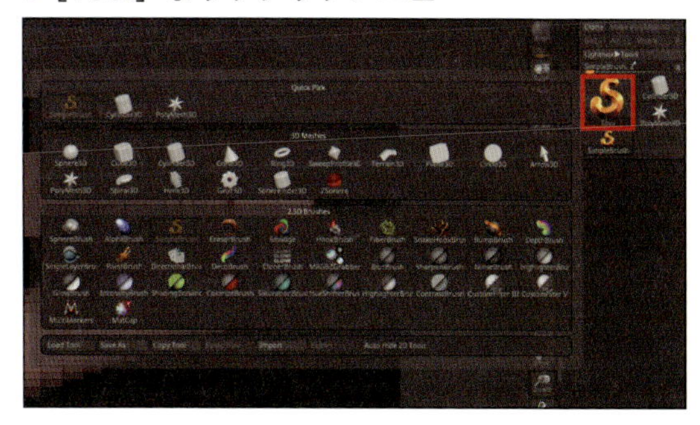

[Tool]ポップアップメニューを展開すると、[Quick Pick][3D Meshes][2.5D Brushes]の3つの区画で区切られたアイコンが並んでいます。

Quick Pick	直近で選択した3D meshesや2.5 DBrushesのショートカットが作られます。
3D Meshes	3Dモードで主に扱う3Dメッシュデータのショートカットです。プリセットで入っている「○○3D」という名前のメッシュは、PolyMesh3D以外全てが3Dメッシュデータでありながら3Dデータとしてまだ確定されていない雛形（ZBrushでは3D-プリミティブと呼称しています）データです。ZSphereはそれらのどれとも違う特殊なデータです。ZSphereの使い方は6-02で解説します。
2.5D Brushes	2.5Dモード専用の機能（ブラシ）が並んでいます。

[2.5D Brushes]の[SnakeHookBrush]を選び、すでにキャンバスに描かれた無限四角の上でドラッグしてください。

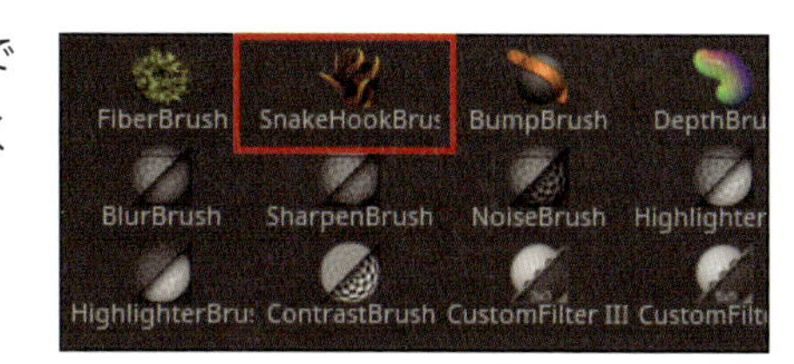

すると、右の画面のように引っ張って伸びたような動作をすると思います。普通の2Dペイントソフトでも指先ツール等で引っ張ったりする動作をしますが、この時注目してほしいのは立体的な陰影や奥行きがあることです。しかし、これは3D情報が描画されているわけではなく、一般的な2Dソフトで扱う縦横2次元の座標空間で1ピクセルごとに色が割り振られている状態でもありません。

1ピクセルごとにさらに奥行き情報が付与された「ピクソル」という情報によって、陰影や奥行きが表現されています。

ZBrushの特殊さの1つに、キャンバス上の描画は3Dモードであってもこのピクソルがベースになっている点が挙げられます。グラフィックボードのパワーをメッシュの描画計算には使わずに動作するので、CPUの性能とメモリー量次第で、他ソフトでは重くて作業不可能なレベルのポリゴン数を難なく扱えてしまいます。

なお、2.5Dモードで描画した情報はあくまで2.5D情報なので、3Dメッシュに変換するといった機能はありません[注4]。

注4　Alphaを経由して3Dメッシュ化はできますが、わざわざ2.5Dモードでスタートするメリットもないので解説は省きます。

2.5Dモードからの脱出

キャンバス上のピクソルをリセットするショートカットキーはCtrl + Nです。無限四角や、この後紹介する無限オブジェクト、その他2.5Dを応用した一部機能（Shift + Sのオブジェクトスクリーンショット等）や、3D作業中にオブジェクトの切れ端が描画され続けることがたまにあるので、その際はCtrl + Nを押してください。

キャンバスをリセットしたら、[Tool] ポップアップメニューから [Sphere3D] を選択します。

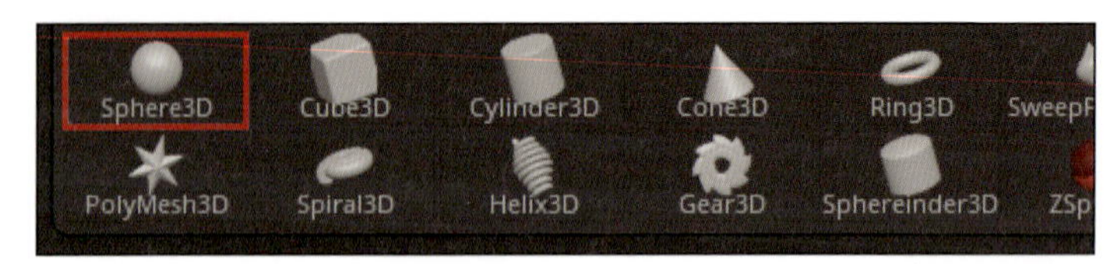

キャンバス上でドラッグすると、球体が1つ生まれました。そのまま画面上で何度もドラッグすると、どんどんオブジェクトが生成されます。実は、まだこの状態でも2.5Dモードです。

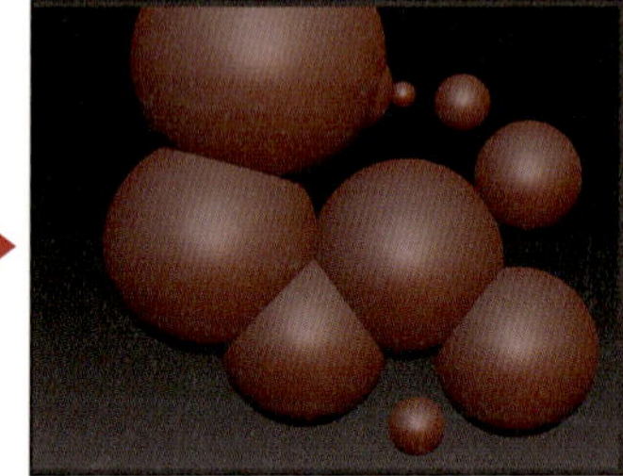

ZBrushは、2.5Dのキャンバスに3Dモデルを読み込んでお絵かきの道具の1つとして使えるという特徴があります。[2.5D Brushes] の中の [SneakHookBrush] や [EraserBrush] を選び、生成した球体上でドラッグすると、2.5D情報として編集されます。ポリゴンを削っているわけではなく、全てピクソルの描画によるものです。

キャンバスをCtrl + Nで再びリセットし、先ほどと同じようにキャンバスに球体をまた複数出してください。今度はこのままTキーを押すか、インターフェース左上にある [Edit] ボタンをクリックしてください。

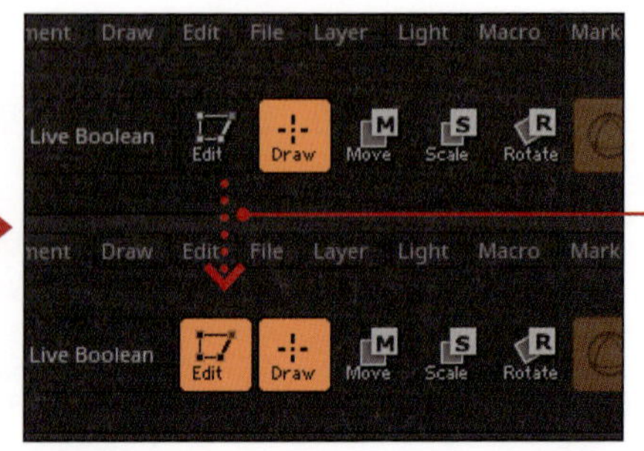

Tキーを押すか [Edit] をクリック

これでようやく3Dモードに入ることができました。もう一度Tキーを押すと2.5Dモードに戻ります。この2.5D、3Dモードの切り替えは、プリミティブだけではなく全ての3Dメッシュで起きます[注5]。

注5　初心者のうちは特に、回転のショートカットであるRキーと、Gizmoとアクションラインの切り替えショートカットであるYキーとの押し間違いが多々発生します。その際は、もう一度Tキーを押せば良いと覚えておいてください。

今の状態のままCtrl＋Nを押すと、最後に発生させた球体以外が消失します。実は3Dモードに切り替えた場合、2.5Dモードに読み込んできた最後のメッシュ(1つしか読み込まなかった場合は読み込んだメッシュが該当)以外は全て2.5Dの情報としてキャンバスに定着してしまいます。そのためCtrl＋Nを押すと最後の3D情報として有効なメッシュ以外が消えます。

また、あえてもう一度Tキーを押して2.5Dモードに入り、[Tool]ポップアップメニューから[SnakeHook Brush]等を選んでみてください。すると、それまでクリックできた[Edit]ボタンがグレーアウトしてクリックできなくなります(同じくTキーも無効になります)。

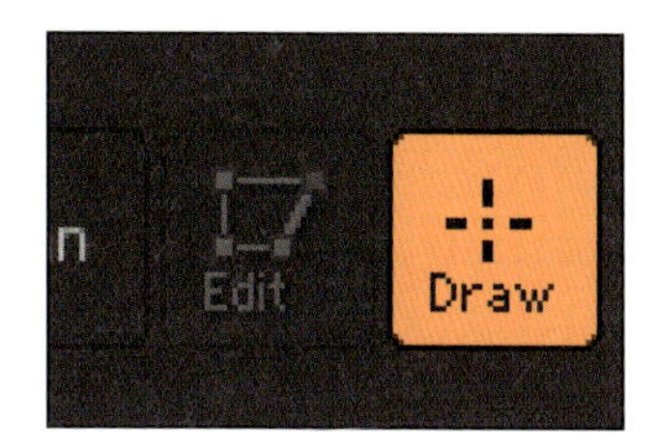

これは、たとえ2.5D編集をしなかったとしても、2.5D用の編集ツールを選択した時点でキャンバスに2.5D情報として全て定着してしまうからです。

では、もしこれがモデリング最中のメッシュで2.5Dモードにうっかり入ってしまい、うっかり2.5D編集ツールを選んでしまったらモデリング結果は全てパァになるのか？ というと、さすがにそれはありません。

焦らず、[Tool]ポップアップメニューからモデリングしていた時のデータをクリックし、キャンバス上でドラッグ、Tキーを押して3Dモードに戻り、不要なキャンバス上の2.5D情報をCtrl＋NでキレイにすればOKです。

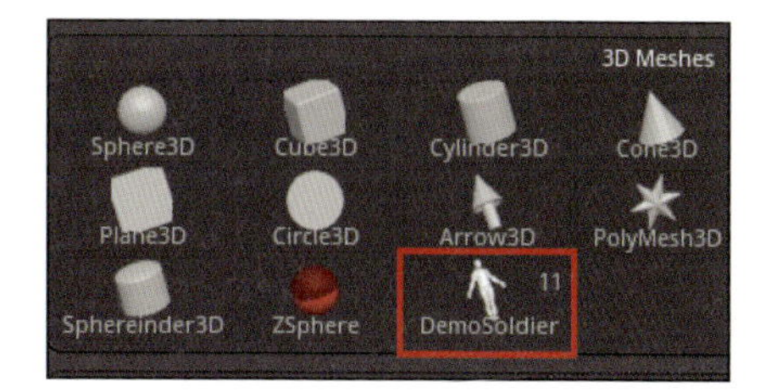

この一連の操作をよく覚えておいてください。今までのZBrushを教えた生徒さんで、ほぼ100%の方が必ず1回以上はココで軽くつまずきました。

かなり昔になりますが、筆者もZBrush使い始めの1日目はつまずきました。みんなつまづくので安心してつまずいてください。何事もそうですが、つまずかない前への進み方、もしつまづいても起き上がり方さえわかっていれば大丈夫です。次のページに進む前に、この2.5D⇔3Dの切り替えと、キャンバスのリセットを自分の感覚によく刷り込んでおきましょう。

SECTION
05 分野別ワークフロー

ZBrushは3D業界のいろいろな分野で使われていますが、ワークフローと目的が異なります。ここではいくつかの例を紹介します。

ワークフローの種類

まず大きく分類すると、概ね以下のパターンに分かれます。

❶映像・ゲーム向けデザインのための、コンセプト用モデル
❷映像・ゲーム向けモデルをいったんトポロジーは無視して形状だけを優先するための、リトポロジー前提モデル
❸フィギュア等の、3Dプリンターでの出力用データ
❹ZBrush内で作業が完結するスカルプトモデリングだけのモデル
❺映像・ゲーム向けのノーマルマップ、ディスプレイスメントマップ、アンビエントオクルージョン等のベイク用

それぞれの差は以下のようになります。

❶は形状だけを見せることが目的です。雰囲気を見るためだけなので、セットアップは考慮せず最初からポーズ付きの状態もありです。

❷は、トポロジーは考えずに形状だけでスカルプトモデリングします。セットアップを考慮してTポーズやAスタンスにします。

❸は、3Dプリンター出力用のデータです。エラーさえなければOKで、最終的にはリダクション（形状を保ったままポリゴン数を減らすこと）します。

❹は、画面上で見られればよいだけなので最も自由です。

❺はマップベイク用のターゲットとなる低いポリゴン数[注6]のモデルをソース用にハイポリ＋ハイディティール化し、その2つを使ってベイクします。もしくはハイポリゴン、ハイディティールのメッシュからリトポで低いポリゴン数のデータを作り、その2つを使ってベイクします。

注6　ローポリゴンと表記すると、数百～数千レベルのローポリゴンのことのみを指すと誤解される可能性があるため、あくまでここでは低いポリゴン数という表記にしました。

本書では❸の3Dプリンターでの出力用を前提としたワークフローで進めていきますが、それ以外のパターンでも応用が効く機能がたくさん載っていますので、ぜひ隅から隅まで読んでみてください。

Chapter 2

ZBrush の基本操作

SECTION

01 ZBrush の起動

1章で、ZBrushの起動直後は2.5Dお絵かきモードとして起動するという特徴を説明しました。ここでは、3Dモードの開始パターンとスカルプトが開始できる状態までを解説します。初心者がつまずきやすいポイントの1つなのでよく覚えてください。

パターン分けして覚える3Dモデルの読み込み方

ZBrushには3Dモデルを読み込むパターンが複数存在します。まずはパターン毎に分類分けして覚えましょう。

なお、それぞれのパターンを試す際に、まっさらな状態と3Dモードに入った状態とでは挙動が変わります。別のパターンを試す場合は、少し手間ですが学習のためと割り切って、ZBrush自体の再起動をしてください。[Preferences]>[Init ZBrush]ボタンを押してキャンバスとパレットを初期化して、再起動直後とほぼ同等にすることもできますが、実際には全て同じではないので、ここでは確実な再起動をしてください。

パターン①　プリミティブを読み込んだ場合

1-04と同じく、[Tool]パレットを展開して[Sphere3D]をクリックします。キャンバス上でドラッグし、Tキーを押して3Dモードに入ってください。

その状態のままメッシュの上をクリックすると、右の警告が出ます。

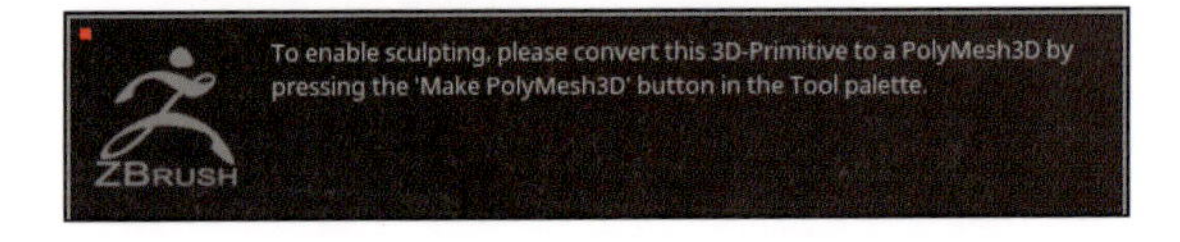

この警告の内容を日本語に意訳すると「3Dプリミティブはツールパレットにある[Make PolyMesh3D]ボタンを押し、ポリメッシュ3D[注1]に変換することでスカルプト可能になる」となります。

注1　ポリメッシュ3Dとは、ZBrush内での3Dメッシュ自体の呼称です。ここでは、ポリゴンメッシュという意味合いだということだけ把握していればOKです。

ZBrushのプリセットで[Tool]パレットに入っているメッシュのうち、この赤枠で囲ったメッシュは全て3Dプリミティブという、3Dメッシュであるもののまだスカルプトできる状態になっていない特殊な状態のデータです。

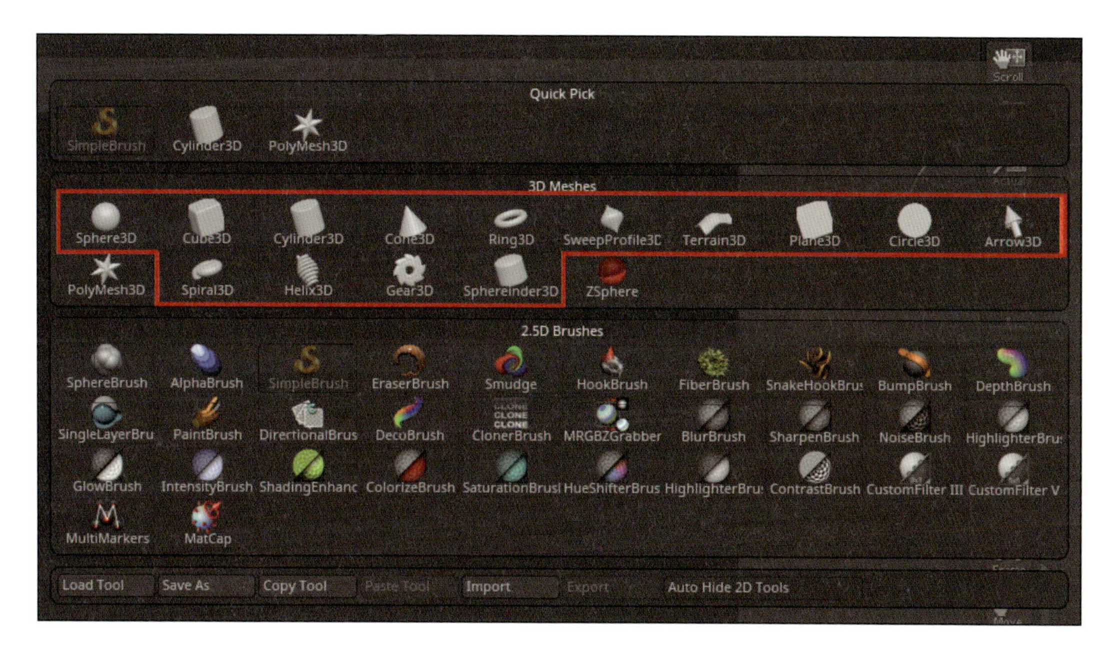

[Make PolyMesh3D]ボタンは[Tool]メニューにあります。

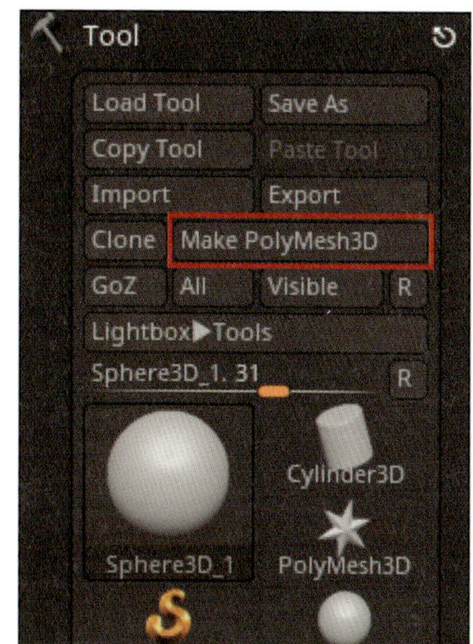

わざわざ[Make PolyMesh3D]ボタンを押さなければならないので、手間が増えるだけの機能に思われるかもしれません。しかしながら、特殊な状態とある通り、ポリメッシュ化する前と後で違いがあります。

PolyMesh3D化はまだしないでください。もしPolyMesh3D化してしまった場合は[PM3D_Sphere3D]ではなく、[Sphere3D_1]をクリックしてツールを切り替えてください。

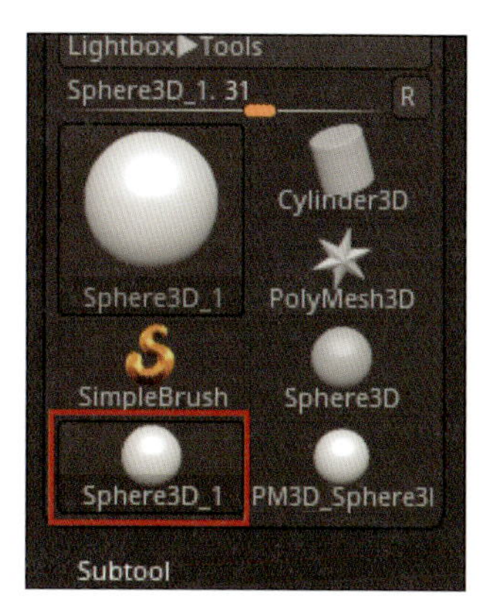

[Tool] メニューを見ると、ポリメッシュ化する前と後でメニュー数が違います。同じメニューでも機能の数が違ったり、機能の中身も違ったりします。

▶ メニューの違い

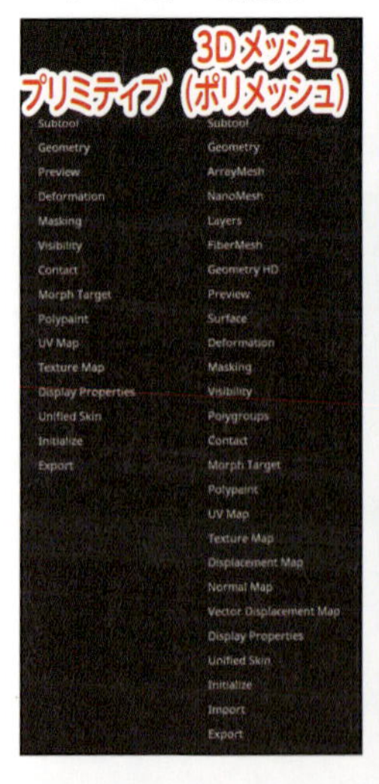

▶ Geometory 機能の違い

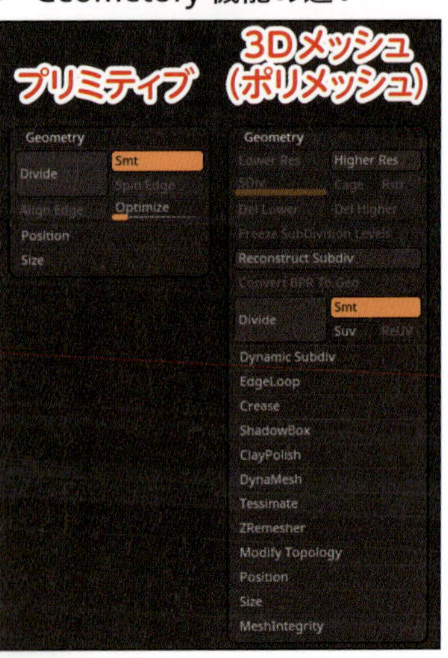

まだ [Make PolyMesh3D] ボタンはクリックせずに次に進んでください。一番重要なのが、[Tool] メニューの下のほうにある [Initialize] メニューです。この [Initialize] の中の [Coverage] スライダを動かしてみてください。

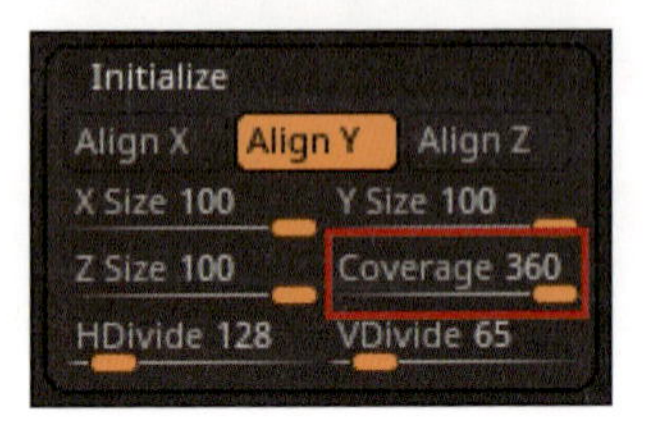

すると、スライダの数値変動に従って、球体の一部がカットされたようにインタラクティブに変形します。

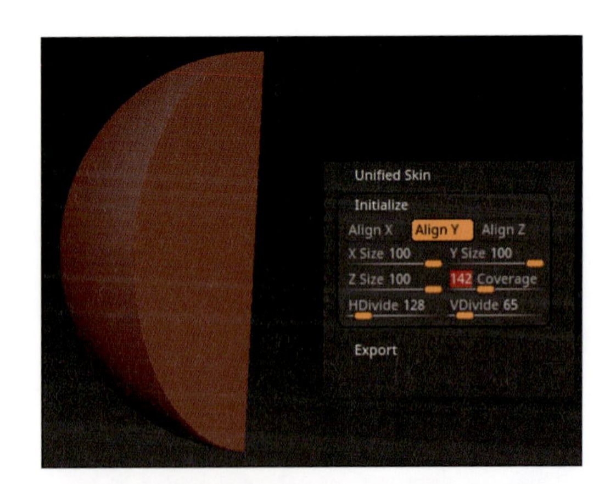

[Coverage] を360に戻し、今度は [HDivide] / [VDivide] のスライダを動かしてください。こちらは分割具合が変動します。分割具合が分かりづらい場合は、キャンバスのメッシュのない空間をクリック、ドラッグして視点を少し上からにしてください。

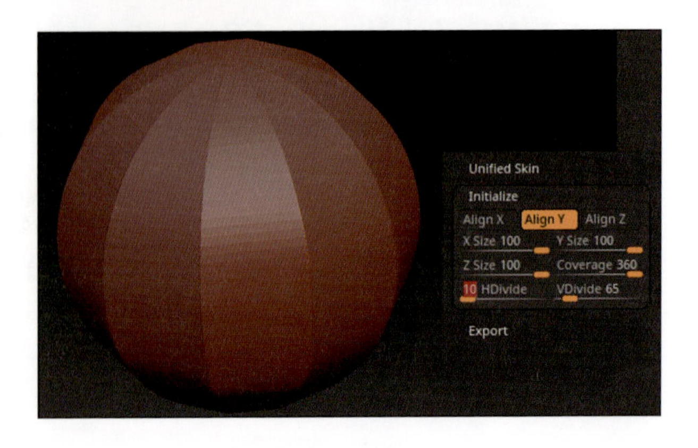

Chapter 2

ZBrush の基本操作

このように、プリミティブは分割具合や形状等を数値制御できるという特徴があります。ポリメッシュ3D化（スカルプト可能状態）すると、もう数値制御はできなくなります。これは不可逆的な変換です。

プリミティブに関する他の注意点としては、他に以下が挙げられます。

● ［Subtool］＞［Insert］や［Subtool］＞［Append］から展開

［Tool］＞［Subtool］メニューの中の［Insert］や［Append］から展開した［Tool］パレットの中にあるプリミティブをサブツール（P.92）に読み込んだ場合は、最後に［Initialize］でセットされた値（起動後何も変更していなければデフォルトの値）でポリメッシュ3D化されている状態のものがサブツールに追加されます。

● 2つの［Initialize］メニュー

［Initialize］メニューは、ポリメッシュ3D化した後の通常の［Tool］メニューの中にもあります。ところが、これは名前が一緒なだけの全く別の機能です（R7で後から実装された機能ゆえ、そのあたりがややこしいのです）注2。

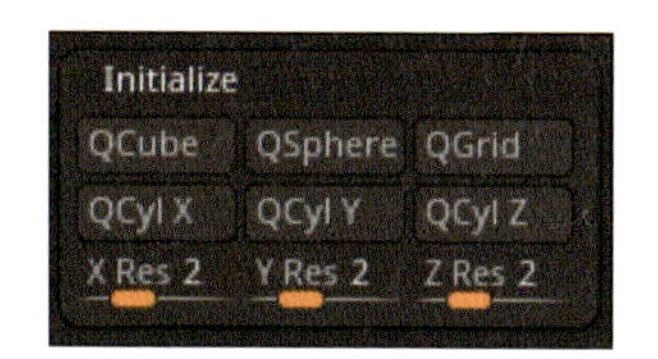

注2　ZBrushにはたくさんの独特な単語が出てきます。プリミティブの呼び出し方に癖があったり、［Initialize］メニューが同じ名前で中身が違ったりと、ややこしい表現がとても多いソフトですが、パターン分けして覚えさえすれば問題はないので、あまり深く悩まず1つずつ吸収しましょう。

● Gizmoから呼び出せるプリミティブ

Gizmoから呼び出せるプリミティブも、最初からポリメッシュ3D化されています。ただし、数値制御がある程度可能というR7までの常識とは別の特殊な機能と言えます。

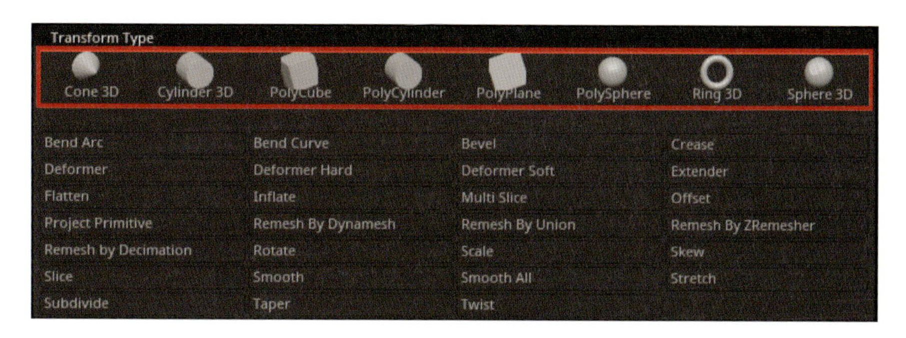

▶ パターン②　他ソフトで作ったメッシュを読み込んだ場合

3Dソフトはいくつもあり、それぞれのソフト間で仕様の統一というものはされてきませんでした。その結果、ソフト間で全ての情報を完璧な互換性を持ってやり取りすることはできません。

3Dメッシュ情報、ボーン情報等のベーシックな要素であれば、ソフト間である程度データをそのままやり取りできます。ZBrushでは汎用ファイルフォーマットとして、OBJファイル、STLファイル、FBXファイルの入出力に対応しています[注3]。Mayaのmaファイルの入出力にも対応していますが、本書では割愛します。

注3　FBXはメッシュデータのみ読み込み書き出し可能です。ボーン等は破棄されます。

ここからの解説も、まずZBrushを再起動してまっさらな状態にしてください。

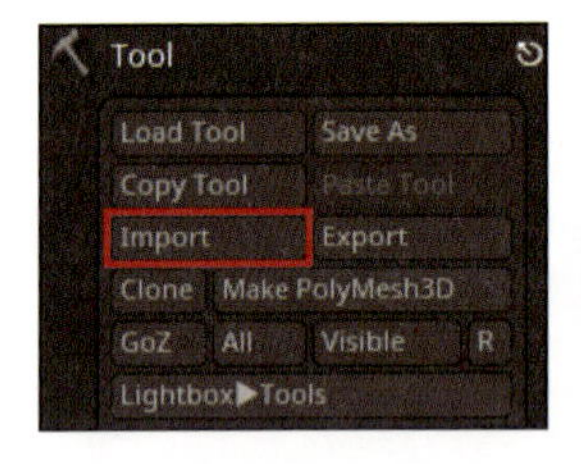

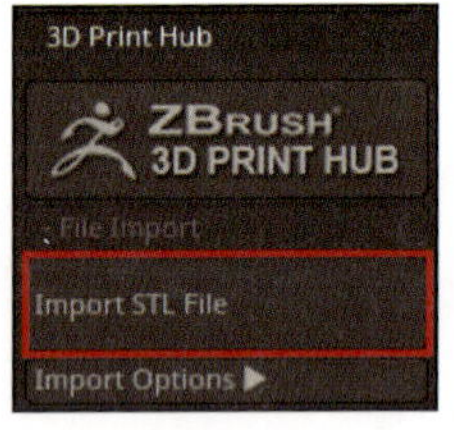

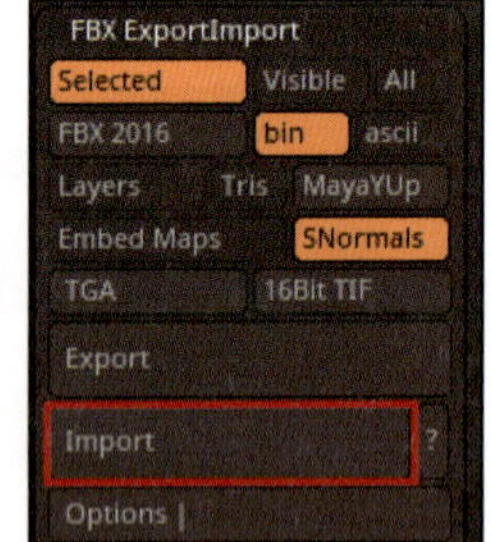

OBJファイルを読み込む場合は[Tool]メニューの[Import]から行います。STLファイルの場合は[Zplugin]>[3D Print Hub]>[Import STL File]から、FBXファイルの場合は[ZPlugin]>[FBX ExportImport]>[Import]から読み込みます。

読み込むと、[Tool]パレットに今読み込んできたメッシュがサムネイル表示されています。

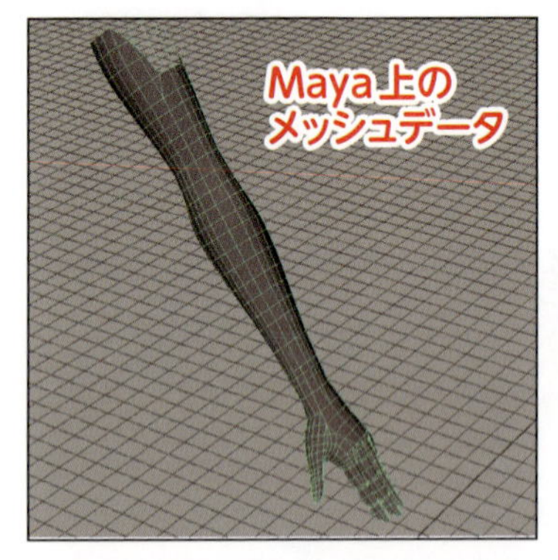

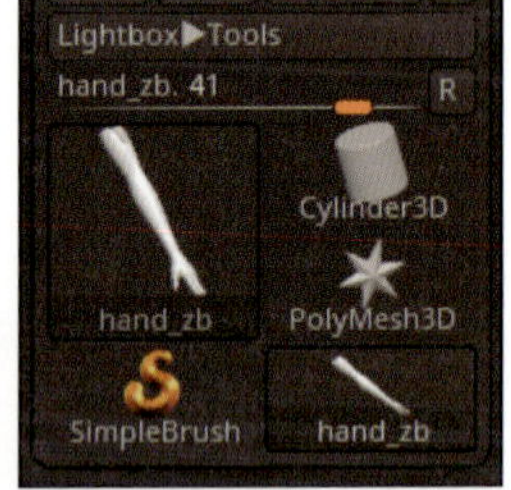

パターン①と同じように、キャンバスをドラッグしメッシュを呼び出し、Tキーを押し3Dモードに入ってください。

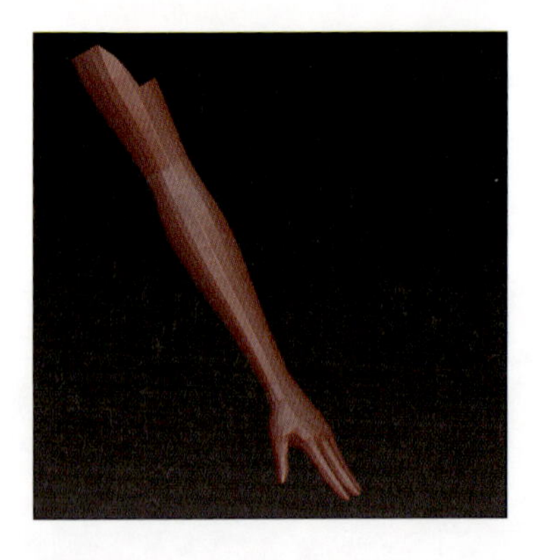

読み込んできたメッシュの場合はプリミティブと違い、最初からスカルプトが可能です。3Dモード中のImport動作の注意点は、4-01で解説しています。

▶ パターン③　ZTL ファイルを読み込んできた場合

ZTLファイルはZBrush専用のファイルフォーマットです（拡張子は「ztl」）。[Tool] メニューの [Load Tool] から呼び出すか、ファイル自体のダブルクリックで呼び出せます。

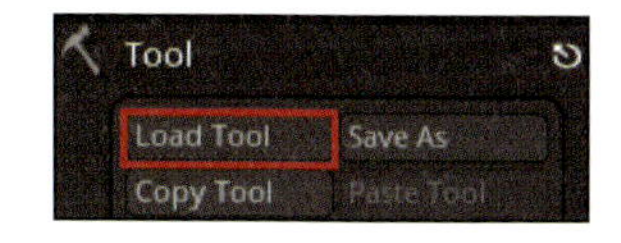

ツール単体としてのデータなので、現在プロジェクトを開いている状態であれば、そのプロジェクトにツールを追加する形で読み込まれます。3Dモードへの入り方の挙動はパターン②と似ていますが、ZTLと汎用フォーマットでは中に持てる情報がかなり違います。こちらは2-02で解説します。

▶ パターン④　ZPR ファイルを読み込んできた場合

ZPRファイルは、ZTLと同じくZBrush専用のファイルフォーマットです（拡張子は「zpr」）。[File]>[Open]、Ctrl + O キー、ファイル自体のダブルクリックで呼び出せます。

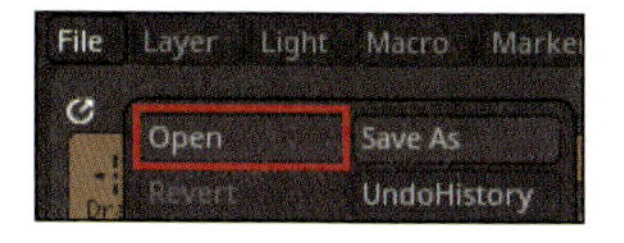

ZPRファイルの場合、3Dモードの状態で保存されているファイルであれば、3Dモードのままで読み込まれます。他パターンとの明確な違いの1つです。また、ZBrushは多重起動ができないため、すでに開いているプロジェクトファイルがある場合は、別プロジェクトファイルを開こうとするとすでに開かれてるほうのプロジェクトファイルは閉じられます。ZTLファイルとの違い等は2-02で解説します。

初心者の間は、この特殊な挙動に本当によくつまずきます。パターン分けして対処していけば、ソフトを使ううちになにも考えずとも、あたかも手が勝手に操作してくれている感覚になりますので、頑張って乗り越えてください。

MEMO　LightBox の中身

LightBox の中にあるサンプルの 3D ファイルは、基本的に ZPR ファイルか ZTL ファイルです。ダブルクリックして読み込んだ時の動作は上記のパターンと同じです。LightBox は見た目は特殊ですが、Windows で言うところのエクスプローラーと同じようなものと思って OK です。

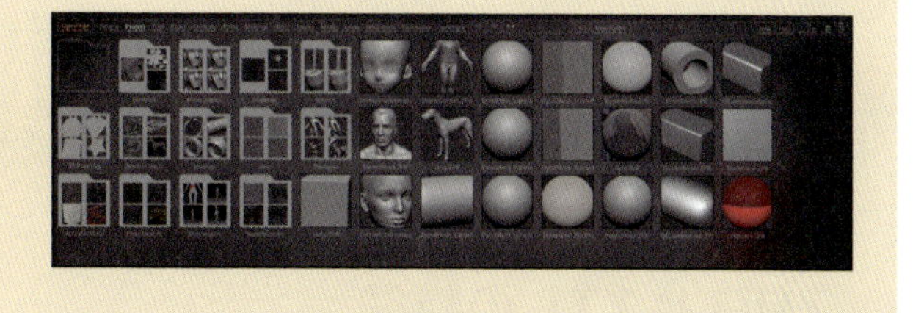

MEMO　閉じる時のダイアログ

ZBrush 終了時には、「ZBrush 終了前にプロジェクトファイルを保存しますか？」という意味の確認ダイアログが表示されます。ZPR 保存直後に ZBrush を閉じようとしても表示されますので、保存が不要であれば [いいえ（N)] をクリックしてください。

LightBox 内のファイルも、同じフォルダに同名で上書き保存できてしまいます。上書き保存してしまわないよう気を付けてください。

SECTION 02
ZPRファイルとZTLファイル

ZBrushは一般的な他のソフトと違い、3Dファイル保存用の専用ファイルフォーマットが2つあります。それぞれに特徴がありますので、保存の方法とともに覚えましょう。

ZBrush特有の「Tool（ツール）」という用語

ZBrushには、専用のファイルフォーマットとして「ZPRファイル」「ZTLファイル」があります。この2つを解説する前に、前段階としてZBrushの独特な用語について少し勉強しましょう。

なぜそんな回り道をするのかというと、1章で説明した通りZBrushは特殊な歴史を経ているため、用語や概念も特殊だからです。ここをしっかり理解できるかどうかは、この先の理解しやすさにも繋がるので必ず押さえておきましょう。

ZBrushにおいて初心者が混乱する言葉の1つに「Tool（ツール）」があります。なぜ混乱するかというと、ZBrushという1つのソフトの中に、「Tool」と名の付くものが5つもあるからです。

元々2.5Dお絵かきソフトだった時代に、読み込んだ3Dオブジェクト自体を「Tool」と呼称していたところから、このややこしさは始まりました。以下に分類してまとめましたので、慣れてしまえば別に問題ありません。

分類	概要
❶ メニュー名としてのTool	他ソフトでのツールメニューのような感じで、モデリングに関する機能が集約されているメニュー群の名称です。
❷ オブジェクト自体を呼称するTool	3Dオブジェクトを指す呼称です。
❸ ZTLファイルを指すTool	ZTL（ZBrushTooL）ファイル形式の呼称です。❷とほぼ同義ですが、メッシュ＝ZTLではないので一応分けています。
❹ 2.5DTool	1-04で出てきた、［Tool］パレットの［2.5DBrushes］にある機能群です。
❺ Tool内にあるSubtool（サブツール）	Toolの中で複数のメッシュを分けて管理するための機能、概念です。詳しくは4-01で解説します。

ZPRとZTLの特徴

ZPR（ZBrushPRoject）ファイルについて理解するうえでは、プロジェクトという概念を把握する必要があります。

プロジェクトという概念

ZBrushにおけるプロジェクトとは、前述の表の❷とそれに付随するさまざまな要素、カメラ情報、複数のTool、ToolのUndo履歴（オプションでON／OFF）等、見えている要素のかなり大部分のことを指します。

他の3Dソフトでは、シーンファイルやテクスチャ、レンダリングしたファイルのアウトプットフォルダ等を取りまとめたフォルダ群のことをプロジェクトと呼びますが、ZBrushにおいては、他ソフトで言うところのシーンファイルに近いものになっています。プロジェクトファイルは、ZPRファイルという1つのファイルになります。

▶ ZPRファイル、ZTLファイルの特徴

ZPRファイルは、[Tool]メニューに展開されている全てのToolを内包できますが、反面ファイルサイズが肥大化し易いです。カメラの情報やUndoヒストリー[注4]を保存することができるのも特徴です。

注4　オプションを切り替えないとUndoヒストリーは保存されません。

ZTLファイルは1つのTool情報でしかないので、ファイルサイズが軽い反面、カメラ情報やUndoヒストリーは保持できません。

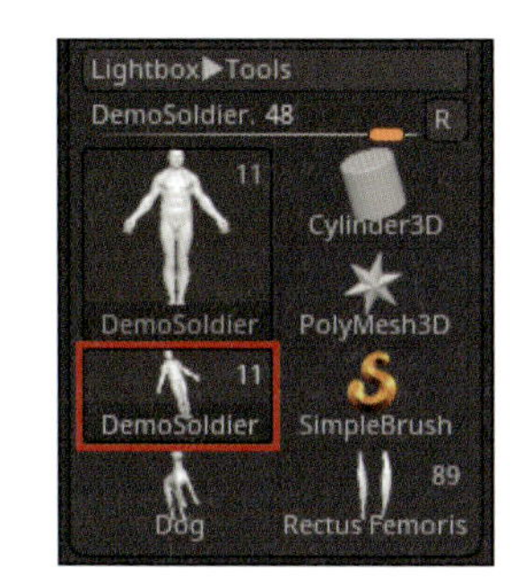

プロジェクトとツールは概念的にややわかりづらいですが、筆者が普段ZBrushの教室で教えている時の解説は以下の通りです(厳密には、ZTLが保存できる範囲はもう少しだけ広いです)。

- **ZPRは、駐車場を駐車中の車含めまるごと保存でき、監視カメラの位置(キャンバスのカメラ)、監視カメラの映像(ヒストリー)等も保存できる**
- **ZTLは、車自体と車に乗ってる人のみを保存できる**

▶ プロジェクトは大きな駐車場

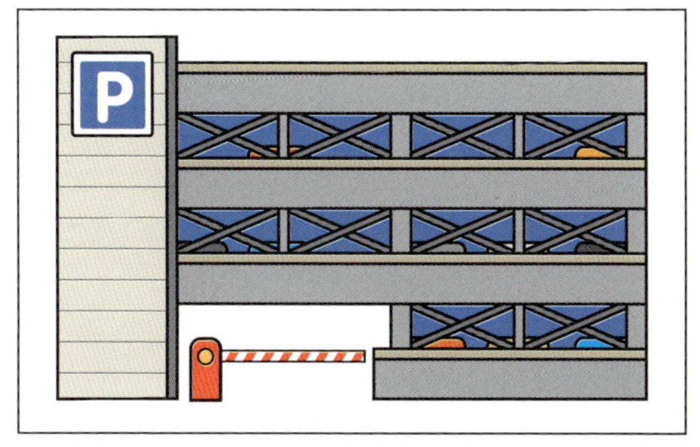

▶ ツールはその駐車場に出入りする車、サブツールはその車に乗っている人のリスト

初心者のうちは、ZPRでの運用のほうがわかりやすいのでそちらをお勧めします。たとえば、複数ツールにまたがって作業していた際、うっかりツールの保存を1つだけしかしなかった場合、保存されてないツールは全て無に帰します。

余談ですが、[Document]メニューの中に[Save]ボタン、[Save As]ボタンがありますが、こちら経由で万が一ZBR(ZBrush Document File、拡張子と名前が全く違います)ファイルとして保存してしまった場合、3Dオブジェクトではなく画面上の2.5D情報としてしか保存されません。早い話、スカルプト作業が全部ご破産になりますので気を付けてください。

また、繰り返しになりますが、エラーの原因となるため、ファイル名、ファイルを保存するフォルダ階層に日本語名は絶対に使わないでください。

MEMO 上書き保存

Ctrl + S は、他のソフトでは「初回保存時は名前を付けて保存」「以後は同ファイルへの上書き保存」という動作をします。ZBrushでは、毎回「名前を付けて保存」という動作をするので、上書き保存は手動で行う必要があります。これは、ZBrush自体の設計思想（つまり仕様）なため慣れてください。

MEMO クイックセーブ機能とQuicksaveフォルダ

ZBrushは標準設定で20分に1回、または別ソフトがアクティブ状態になってから1分経過後に1回、自動バックアップであるクイックセーブ機能が働きます（設定項目は［Preferences］>［QuickSave］)。この時、自動保存されたファイルはシステムドライブ内に保存されます。テンキーの 9 キーを押すと、手動で1つ保存をすることもできます。

Windows：C:¥Users¥(ユーザ名)¥ドキュメント¥ZBrushData¥AutoSave
Mac：Users/Public/ZBrushData/AutoSave

ZBrush 4R8までは、この保存先を変更することができず、システムドライブの空き容量が逼迫している環境では問題になっていました。ZBrush 2018からは保存先の変更ができるようになったので、システムドライブ以外の空き容量に余裕のあるドライブに切り替えると良いでしょう。

Recovered_3175.ZPR
Recovered_3177.ZPR
Recovered_3270.ZPR
Recovered_Document.ZBR
Recovered_Tool.ZTL

また、ZBrushが予期しないエラーで落ちてしまった際には、可能な限りソフト側で「Quicksaveフォルダ」にリカバリーファイルを作ろうとします。Recovered_xxx.ZPRのように、ファイル名の頭にRecoveredと付いたファイルがそうです。

ただし、どんな時も確実にリカバリーしてくれるわけではないので、定期的に自分で保存をする癖を付けましょう。

MEMO Undo履歴のZPRデータへの保存

ZPRデータでは、［File］>［UndoHistory］および［Preferences］>［Undo History］>［Enable Saving］の両方がONになっている時のみ、各サブツールのUndo履歴をZPRデータに内包することができます。ただし、ファイルサイズが容易に肥大化してしまうので気を付けましょう。

MEMO ファイルサイズの肥大化にご注意を

ZPR、ZTL 共通ですが、ファイルサイズが肥大化しすぎると読み込み時にエラーとなり、そのファイルが読み込めなくなることがあります。ファイルサイズが肥大化しやすい ZPR データに対して「ZPR ファイルは壊れやすい」という誤解が一部にあるのですが、ZTL ファイルでも破損の危険はあります。

ZBrush 自体の仕様として、Undo 履歴やテクスチャ等のデータを含まずにメッシュデータとして、1 サブツールの上限が 4GB という制限があります（4R8 以降）。

ZPR ファイル自体が重くなりすぎると、Quicksave フォルダに作られるバックアップファイルや、手動で保存している差分ファイル自体が重くなります。それがどんどん増え、トータルでかなり HDD を消費することに繋がるので、筆者は指標として 1 ファイル 1GB 未満に押さえています（普通のフィギュア用データであれば、全てのサブツールを高解像度の DynaMesh にするといったワークフローで作業しなければ、1GB を超えることはあまりありません）。

MEMO Undo 履歴の確認ダイアログ

Undo 履歴を 25 回以上さかのぼった状態から操作をしようとすると、このように警告が表示されます。これは、大きく手戻りした際、その手戻り分の履歴が破棄されることになるため、本当に破棄して良いか確認するためのものです。

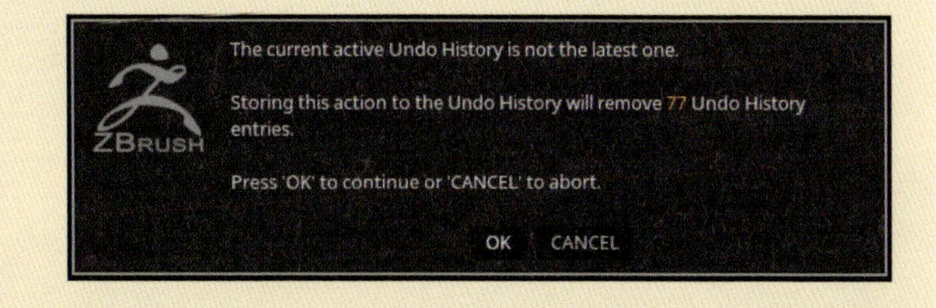

警告が発動する Undo 回数を変更する場合は、[Preferences] > [Undo History] > [Warn When Deleting] の値を変えてください（10 ～ 10000 の範囲しか設定できません）。

SECTION

03 基本的な UI

ZBrushは他の3Dソフトとかなり見た目が異なります。パッと見は取っ付きづらい部分もありますが、覚えてしまえばなんら問題なく使えるようになるので安心してください。

UIの配置

まず、ZBrushを立ち上げた際に自動で開かれるLightBoxは閉じてください。2-01を参考にプリミティブから[Sphere3D]をキャンバス上に展開、3Dモードに入った状態にしてください。[Make PolyMesh3D]ボタンも忘れずにクリックします。

大まかなユーザーインターフェース(UI)の配置はこのようになっています。

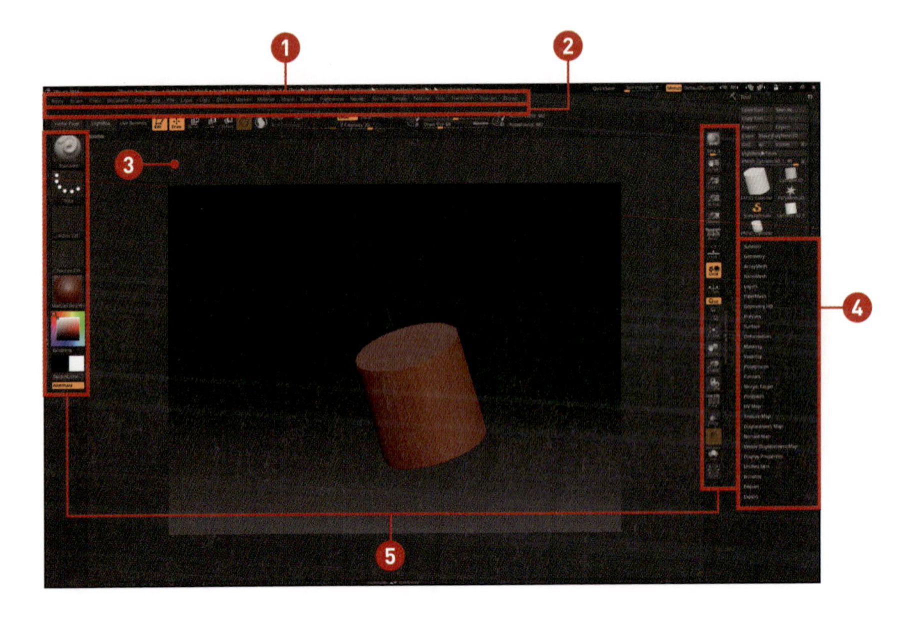

❶メニュー

左からアルファベット順で各種メニューが並んでいます。メニュー名を押すとメニューパレットが展開されます。パレット上の空きスペースでマウスを左クリックし、ドラッグすることでスライドできます。

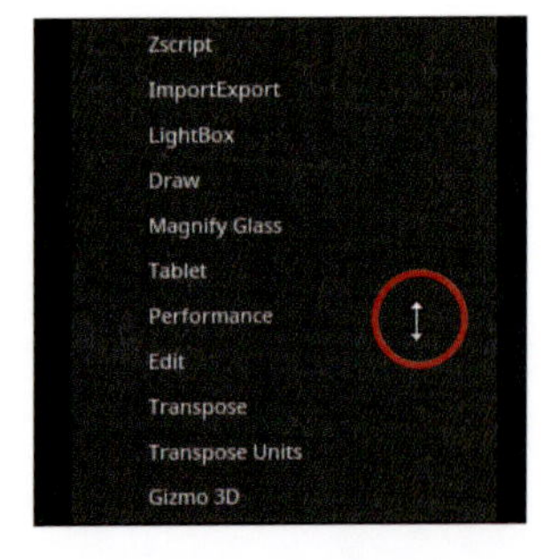

パレット上部にある ![handle icon] (ハンドルと言います) をクリックすると、右か左のトレイに移動します。クリックしてトレイまでドラッグすると左右任意のトレイに展開できます。トレイから消したい場合は、ハンドルをクリックします。

❷ノートバー

メニューのすぐ下にあるこのエリアは、さまざまな情報やログ、エラー情報等を表示します。地味ですがとても重要なエリアです。

❸キャンバス

ZBrushの作業画面は、他3Dソフトと違い「3D空間をキャンバスという概念を経由し覗いている」という作りになっています。そのため、キャンバスの表示領域(実線で囲ったエリア、ドキュメントとも呼ぶ)と、実際のキャンバスのサイズ(破線で囲ったエリア)はイコールではありません。

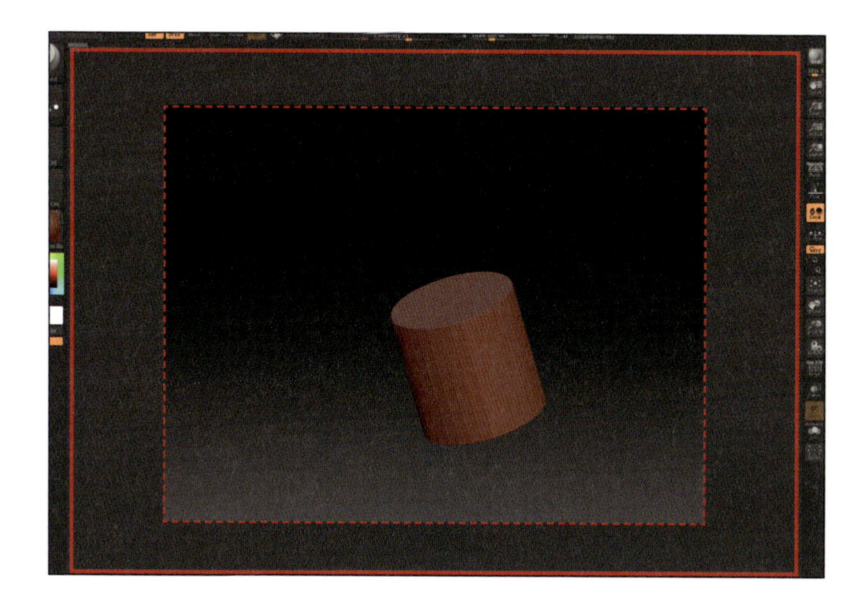

この画像を見るとわかる通り、実線と破線の間に無視できないくらいの無駄なエリアが発生しています。これは、ZBrushの起動直後のデフォルトのドキュメントサイズがモニターの解像度に対してかなり小さいのが原因です。いったん表示領域を大きくしましょう。

[Document] > [Width] スライダを、皆さんがお使いのモニター解像度以上の値[注5]になるまでスライドし、下の [Resize] ボタンを押してください。この時スライダの縦横比保持を切りたい場合には、スライダ横の [Pro] ボタンをクリックしてOFFにしてからスライドしてください。

注5　キャンバスサイズは画面描画の負荷に影響を与えるため、無駄に大きくしすぎないようにしてください。

リサイズの確認ダイアログが表示されるので、[はい] をクリックしてください。

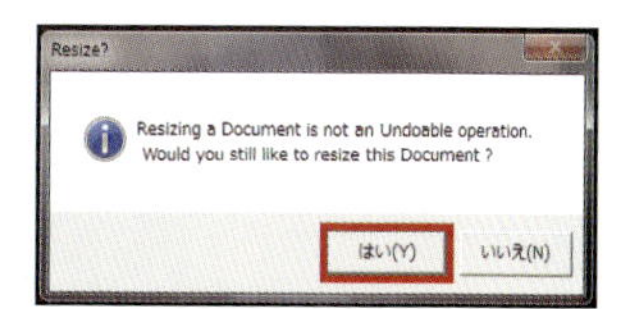

Chapter 2 ZBrushの基本操作

するとドキュメントサイズは大きくなりましたが、勝手に2.5Dモードに入ります。ですが何も焦る必要はありません。2-01で解説した通り、画面上で一度ドラッグしてTキーを押し、Ctrl + Nを押してください。

さて、キャンバスは最大まで大きくなりましたが、先ほどまでなかった白い線が四隅に出ていると思います。ここはナビゲーションゾーンと言います。ここの使い方は2-04で解説しています。

▶ ❹トレイ

メニューを左右に配置することができます。デフォルトでは左側は折り畳まれています。Dividerバー(右図)をダブルクリック[注6]することにより開閉できます。

注6　R8以前はシングルクリックでしたが、R8でダブルクリック動作に変更されました。

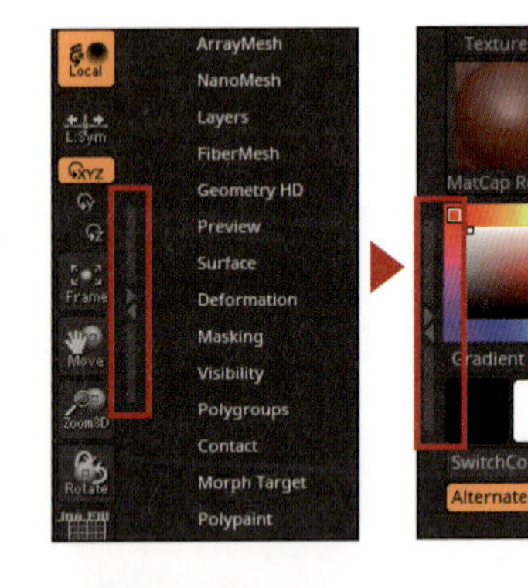

Chapter 2 ZBrush の基本操作

▶ ❺シェルフ

さまざまな機能が触りやすい位置に配置されています。位置や表示内容はカスタマイズ可能です。それぞれの使い方や詳細は、以降の章で順次解説します。なお、シェルフはTabキーで非表示にできます。

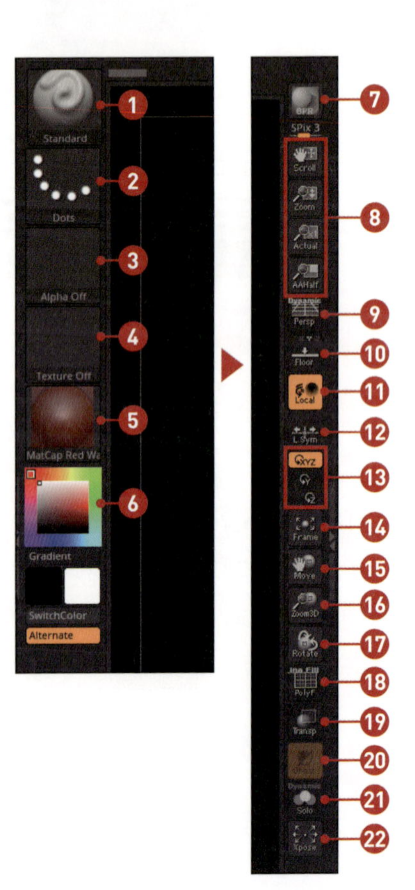

❶ ブラシパレット	ブラシパレットを展開します。
❷ ストロークパレット	ストロークパレットを展開します。
❸ アルファパレット	アルファパレットを展開します。
❹ テクスチャーパレット	テクスチャーパレットを展開します。なお本書では UV、テクスチャに関する内容はカバーしていません。
❺ マテリアルパレット	マテリアルパレットを展開します。
❻ ポリペイントカラーピッカー	ポリペイント用カラーが選択できます。ピッカーより下部のボタン類は全てポリペイント関連の機能になっています。
❼ BPR レンダリングボタン	BPR レンダリング開始ボタンです。名前は似ていますが、ゲーム系やプリレンダリングで近年標準となっている PBR レンダリングとは関係ありません。
❽ 2D ナビゲーションボタン群	後述の Move ボタン等は 3D 操作ですが、こちらはキャンバス自体の 2D 的な操作になります。通常では使うことはほとんどないため、間違って操作しないようにカスタマイズで非表示にすることをお勧めします。
❾ Perspective ボタン	パースペクティブの ON ／ OFF を切り替えます。
❿ Floor ボタン	フロアグリッドの表示を ON ／ OFF します。
⓫ Local ボタン	このボタンが ON になっている場合、最後に触った箇所をカメラ動作の中心にします。
⓬ Local Symmetry ボタン	原点からメッシュを移動させていた場合に、原点中心ではなくメッシュ中心でシンメトリー編集したい場合に ON にします。また［Transform］>［Set Pivot Point］で中心点を任意に設定することもできます（Set Pivot Point 機能は本書では使用しません）。
⓭ 回転軸ボタン	カメラの回転軸を固定します。
⓮ Frame ボタン	アクティブなサブツールの表示されている領域が画面いっぱいに表示されるようにカメラが移動します。もう一度押すと、全サブツールの表示されている領域が画面いっぱいに表示されるようにカメラが移動します。
⓯ Move ボタン	クリックしてドラッグすることで、カメラをパンすることができます。
⓰ Zoom3D ボタン	クリックしてドラッグすることで、カメラのズームイン・アウトさせることができます。
⓱ Rotate ボタン	クリックしてドラッグすることで、カメラを回転することができます。
⓲ PolyFrame ボタン	ポリグループ、ポリゴンのエッジライン表示ボタンです。個別に ON ／ OFF させることもできます。
⓳ Transparency ボタン	アクティブなサブツール以外を透過表示することができます。
⓴ Ghost ボタン	Transparency ボタンが ON の時のみ使えます。モノクロ透過表示にリムライトが当たったような見た目になります。
㉑ Solo ボタン	アクティブなサブツール以外を、サブツールの表示状態に関わらず非表示にするボタンです。
㉒ Xpose ボタン	全てのサブツールを並べて表示します。

Ctrl キーを押しながら空欄をドラッグすると、UI をスライドすることができます。

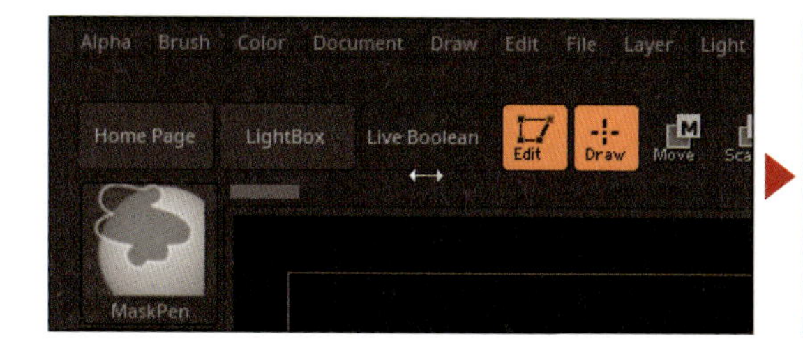

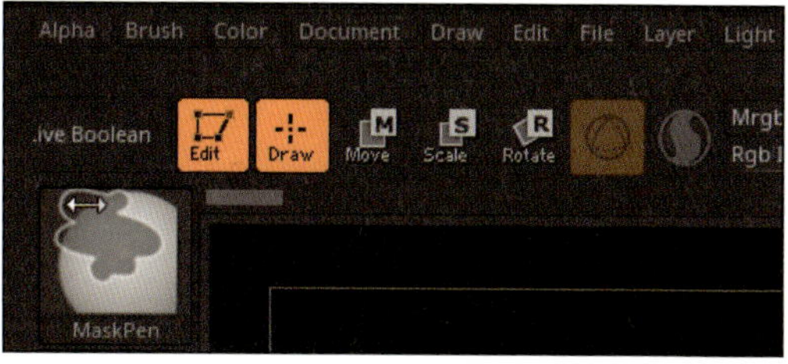

Chapter 2 ZBrush の基本操作

SECTION

04 キャンバス上での操作

この節ではZBrushの画面操作の基本を解説します。他の3Dソフトとは全く違った感覚の操作体系なので、他の3Dソフトの経験があればあるほど最初は戸惑うかもしれません。慣れていくに連れて、スカルプト作業に特化した効率的な操作体系になっていることが実感できます。

カメラの操作

LightBoxの[Project]に入っている[DemoHead.ZPR]をダブルクリックして開いてください。

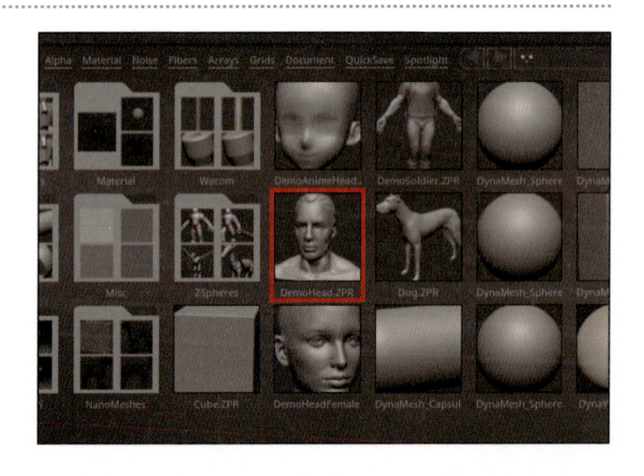

キャンバスに人の頭部のモデルが出てきました。

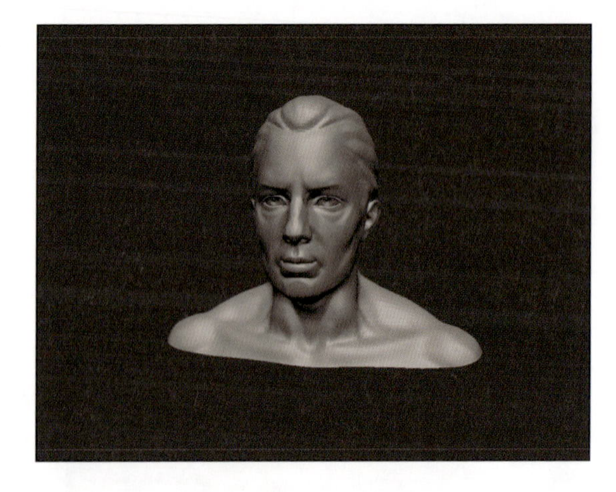

MEMO　マウスとペンタブレット

ここから先の操作はマウスでも可能ですが、基本的にこのZBrushというソフトはペンタブレットでの操作に特化している（たとえば筆圧がスカルプト操作に反映される等）ため、ペンタブレットでの使用をお勧めします。慣れてくると、マウスとタブレットを使い分けて、両方を適宜切り替えるなんて使い方もアリです（筆者はこのタイプ）。

キャンバス上に表示されているメッシュの上でドラッグしてみてください。ドラッグした部分が盛り上がると思います。これがスカルプト操作です。スカルプトについては次の節でもう少し詳しく解説します。ここでは「メッシュの上をなぞるとスカルプトが行われる」ことを認識しておきましょう。

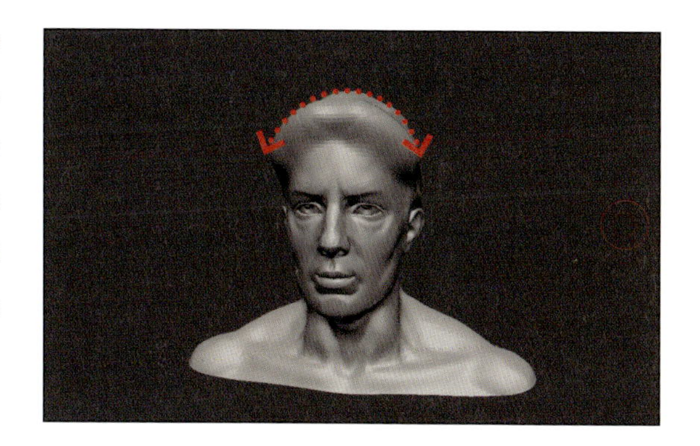

続いて、メッシュ以外のキャンバスの空き空間(今後はブランクエリアと呼称)をドラッグしてください。メッシュがぐるぐる回転しているように見えます。

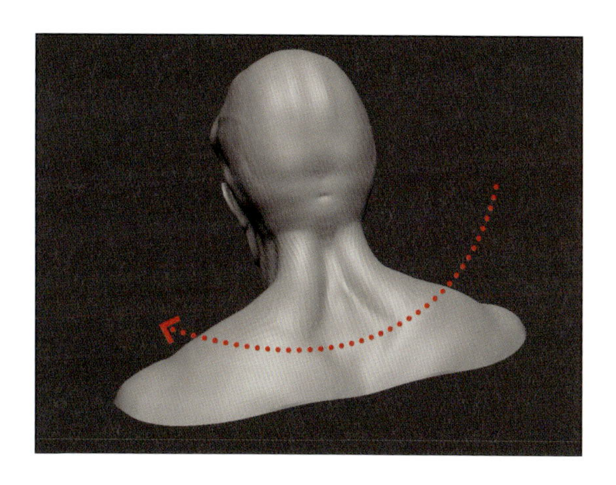

[Floor]ボタンを押し、フロアグリッドを表示しながら回転してみてください。メッシュが回転してるのではなく、カメラがメッシュの周りを回転していることがわかります。

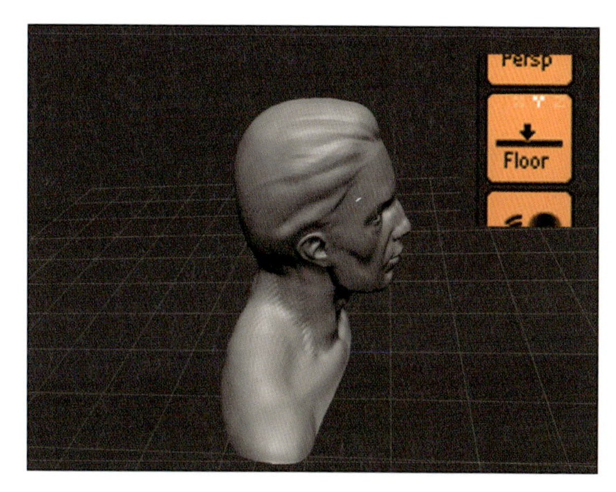

また、「回転させている最中に」Shiftキーを押してください。すると、カメラが90度単位で移動します。この操作はとても大事なので、次に進む前に手に馴染むまで練習してください。

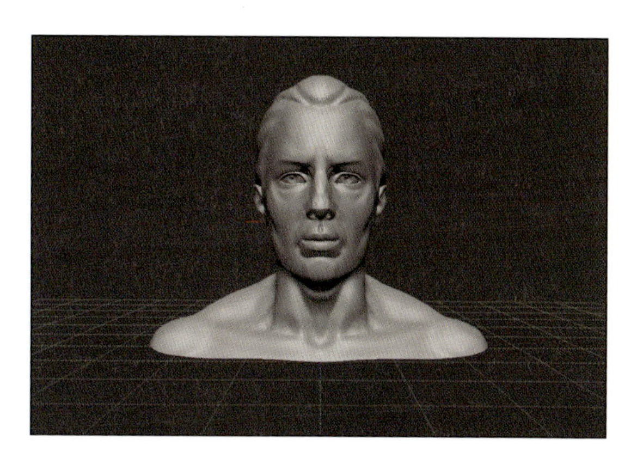

なお、回転させる前に Shift キーを押しながらブランクエリアをドラッグし、その最中に Shift キーだけをリリースすると、カメラのロール回転になります。

今度は Alt キーを押しながら、ブランクエリアをドラッグしてください。パン移動(カメラの水平、垂直平面移動)します。

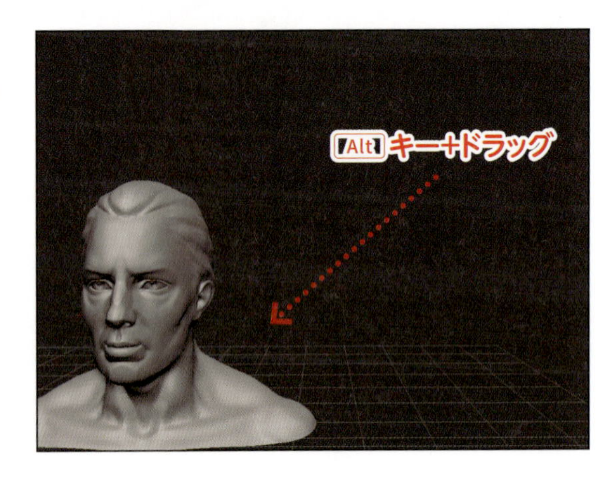

今度はそのパン移動してる最中に Alt キーをリリースしてください。するとカメラがズームイン・アウトします。

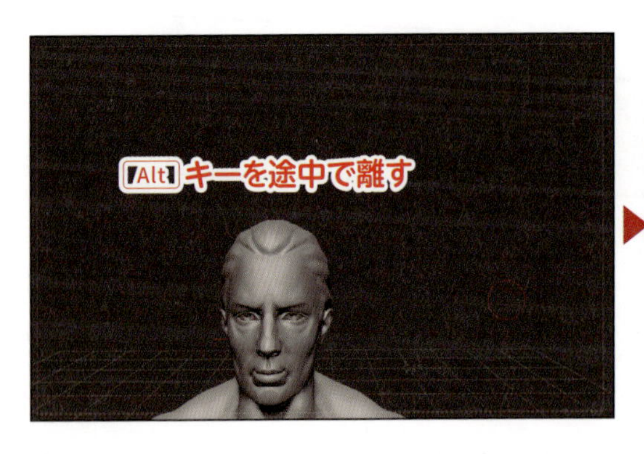

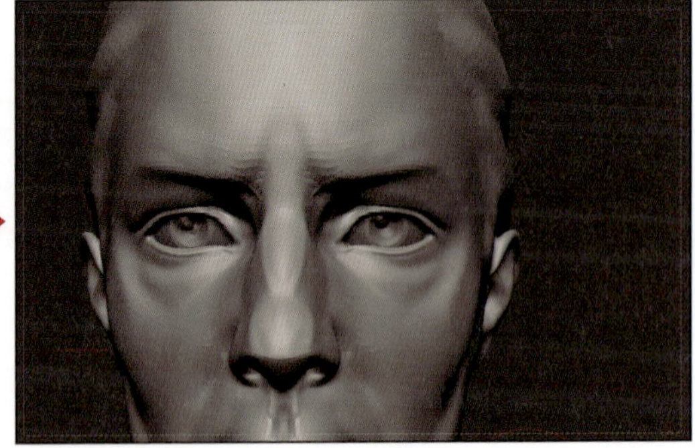

このようにZBrushでは、何らかのボタンを途中でリリースすることで、別機能が発動するものがあります。このズームイン・アウトの操作は、初心者のうちはなかなか慣れないと思いますが、何度も繰り返して慣れたほうが良いです。慣れてしまえば、何も考えずとも指先が勝手に動くようになります。

それでも「紛らわしいから別の方法を使いたい」という方は、P.45で解説した[Zoom3D]ボタンをクリックしてドラッグするか、Ctrl +右ボタンでドラッグしてズームイン・アウトを行います。

また、キャンバスサイズにメッシュの表示を合わせたい場合は、[Frame]ボタンもしくはショートカットの F キーを押してください。

メッシュの上での操作

では、ここまでに覚えたカメラ操作を使って、画面いっぱいにメッシュを拡大してください。

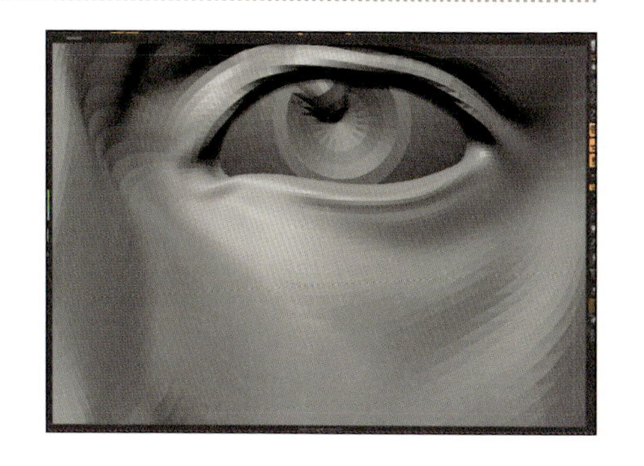

画面いっぱいにメッシュを拡大すると、ブランクエリアが見えなくなってしまい、これ以上カメラ操作ができなくなります。この回避方法は2つあります（シェルフの[Move][Zoom3D][Rotate]を使うのも良いです）。

1つは、キャンバスの外周に見えている白い線の外側（ナビゲーションゾーン）で操作する方法です。ここではスカルプト操作は無視され、メッシュの上であってもブランクエリアと同等の操作ができます。

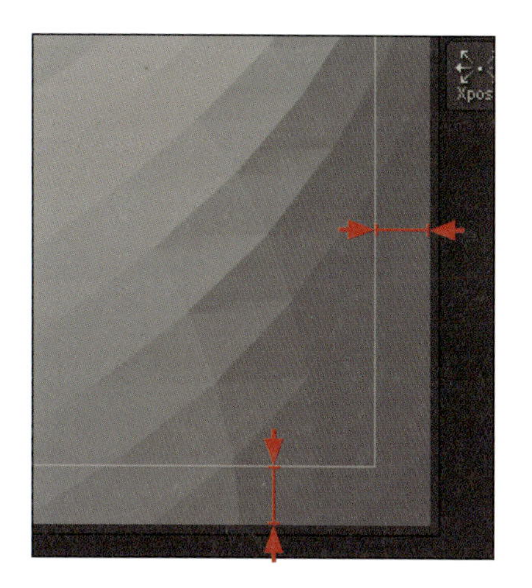

もう1つは、左ボタンではなく右ボタンでドラッグする方法です。標準では[Preferences]>[Interface]>[Navigation]>[RightClick Navigation]が有効になっているため、ブランクエリアのみならず、メッシュ上でもカメラ操作を右クリックで行えます。この方法ならば、カメラ操作中に意図しないスカルプトをしてしまい、後からミスを見つけて手戻しせずに済むのでお勧めです。

また、右ボタンでドラッグせず、右クリックだけした場合はポップアップウィンドウが表示されます。これを使わない場合は、[Preferences]>[Interface]>[Navigation]>[Enable RightClick Popup]を無効にしてください（筆者は一切これを使ってないので無効にしています）。

MEMO ワコム製タブレットの活用

ワコム製のペンタブレットでは、タブレットのペンがタブレットに触れずに、少し浮かせた状態でもマウスポインタが追従します。その状態でサイドスイッチを押した場合、サイドスイッチも動作します（タブレットドライバの設定のサイドスイッチエキスパートモードが、「浮かした状態でのクリック」になっている必要があります）。

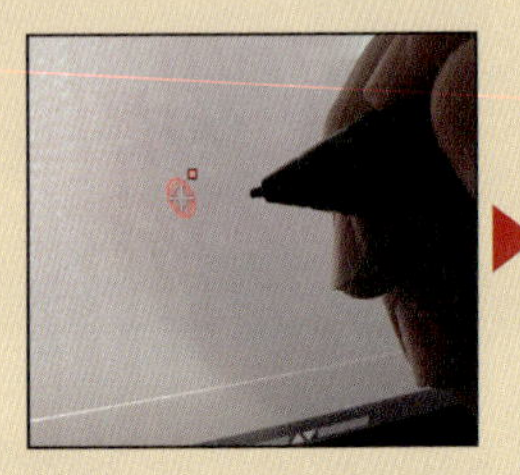
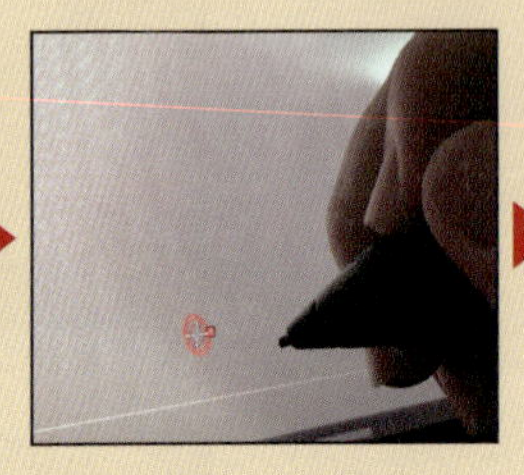
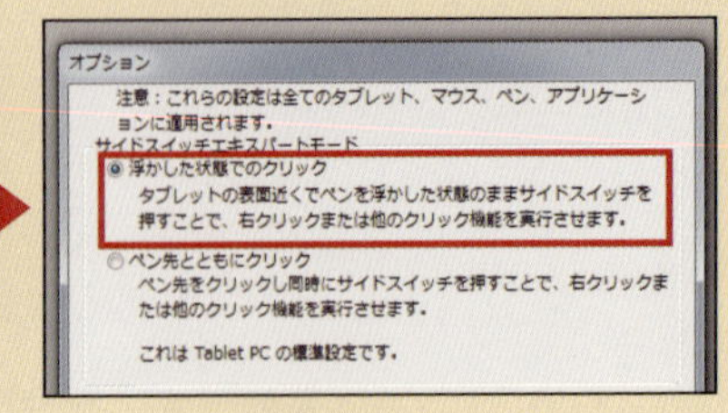

筆者は、タブレットでカメラ操作する際は右クリック、ドラッグを空中で行っています。こうすることによって、意図しないスカルプトが発動してしまう等の誤クリックを防ぐことができます。

MEMO タブレットの消しゴムの動作

これも非常に初心者に多いミスですが、タブレットは製品によってペン先と逆側に別の効果をアサインできるものがあります。ワコム製のタブレットでは「テールスイッチ（または消しゴム）」と呼ばれていますが、こちら側をZBrushで使用した場合、通常のペン動作の逆の動作（ZSub）をします。

たとえば生徒から「ClayBuildupブラシで盛り上げたいのに、メッシュがくぼんでいきます！」という質問を受けた場合、筆者はまず、生徒の握っているペンが逆向きになっていないか手元をチラっと見ています。

パースペクティブ機能

ZBrushには、メッシュの表示にパースをかけるパースペクティブ機能があります。これをOFFにした状態は、他の3Dソフトでいうところの「平行投影（Mayaでは正投影）」になります。

ZBrushでは、これをONにしたままだと、一部機能が意図しない動作をする場合があります。たとえば、ONのままMaskRect等の範囲系効果のブラシを使うと、見たままの画面ベースで効果がかかってしまうため、たとえ正面にカメラスナップしていたとしても、裏側と表側でズレが生じます。

▶ 裏側と表側でズレが生じる

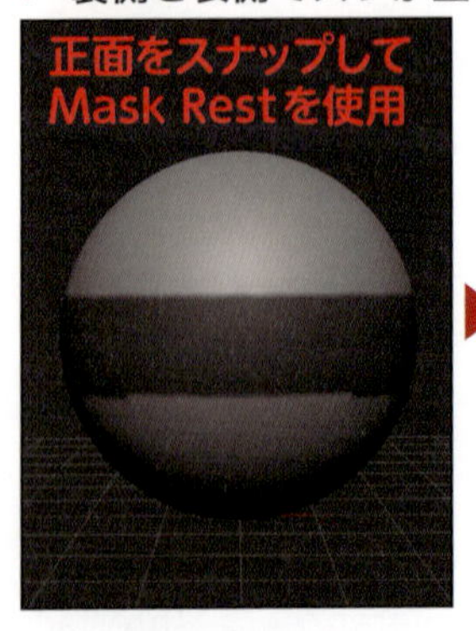

このようにモデリングに大きな影響が出るため、基本的にパースペクティブ機能はOFFの状態で作業し、パースが付いた状態をチェックしたい時のみONにすることを推奨します。本書内では、基本的に常時OFFで画面を収録しています（P.136のMEMOも参照してください）。

UI のカスタマイズ

ZBrushは独特なインターフェースを持ち、さまざまな機能がいろいろな場所にあります。ある程度はカテゴリーごとに分かれているものの、ひと目見ただけでは何の機能かわからないというものも多くあります。また、その機能1つだけでは大したことができなくとも、他の機能と組み合わせることで真価を発揮するものもあります。この節では、よく使う機能、視覚的に常時見えていたほうが役に立つパラメーターを可視化するために、ユーザーインターフェース（以下UI）をカスタマイズする方法を解説します。

UIカスタムの基本

まず、基本的にZBrushは、読み込んだ要素、設定したパラメーター、読み込んだブラシ、パレットの中に読み込んだメッシュ等の情報を、ソフトの再起動でほぼ全てリセットしてしまうという特徴を持っています。これをよく覚えておいてください。つまり、今から行うカスタマイズも、保存していなければ全て水の泡となります。

UI関連の保存等に関するメニューは、[Preferences]>[Config]に集約されています。

❶ Restore Custom UI	最後に保存したカスタム UI の状態に戻ります。
❷ Restore Standard UI	UI が初期状態に戻ります。
❸ Store Config	現在の UI の状態がソフトに記録されます。このボタンを押さない限り、❶も❷も再起動するまでしか有効ではありません。
❹ Load Ui	❺でファイル化した UI の設定ファイルを読み込みます。
❺ Save Ui	❹で読み込める UI の設定ファイルを書き出します。
❻ Enable Customize	UI をカスタムするためのモードに入ります。カスタマイズが終わったら、もう一度クリックしてカスタマイズモードから抜けます。
❼ UI SnapShot	ZBrush 全体のメニュー内インターフェースのスクリーンショットを撮り、Texture パレットに装填します。

UIをカスタマイズする

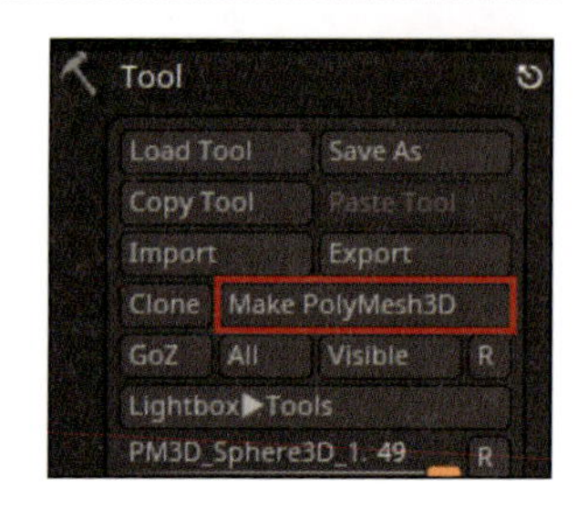

ではUIのカスタマイズをしていきましょう。

[Enable Customize]をクリックするとカスタムモードに入りますが、ここで少し注意点があります。今まで何度も出てきた通り、起動直後は2.5Dモードです。この状態ですと、3D機能用のメニューが非表示になってしまうため、カスタムモードを3Dモードで扱うために、プリミティブでもLightBox内のプロジェクトでも良いので3Dモードに入ってください。

ただし、プリミティブをPolymesh3D化しないとまだ表示されないメニューがあります。プリミティブを読み込んだ場合は、[Make PolyMesh3D]ボタンを忘れずにクリックしてください。

Enable Customize機能を有効にしてカスタムモードに入り、Ctrl + Alt + ドラッグすることで、UI上の任意の場所にアイコンを移植することができます。これは位置の移動ではなく、元の場所からコピーされるだけなので、メニュー内からアイコンを移植したとしても、元のメニュー内のアイコンは維持されます。

不要なアイコンは、同じくCtrl + Alt + ドラッグでキャンバス上に放り込むことで、ゴミ箱に放り込むがのごとく削除されます。初期状態で配置されているアイコンも、全てどこかのメニュー内には存在していますから、アイコンを削除したとしても問題ありません。

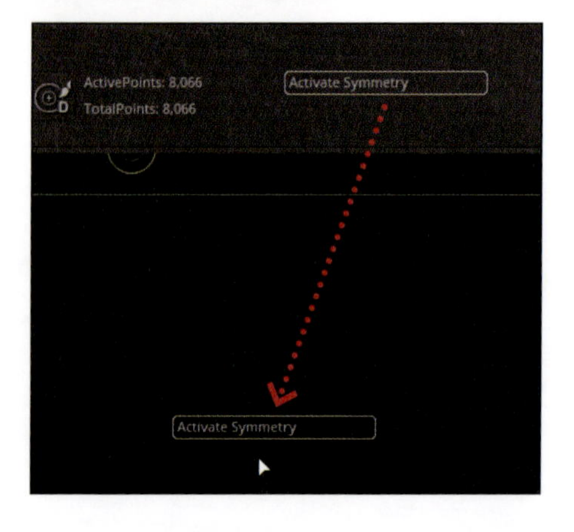

また、ブラシやマテリアルもこのように小さなアイコンでUI上に持ってくることができます。

ただし、少しコツが必要です。ポップアップメニューからの直接の移植はできないため、いったん目的のブラシやマテリアルを普通に選択します。

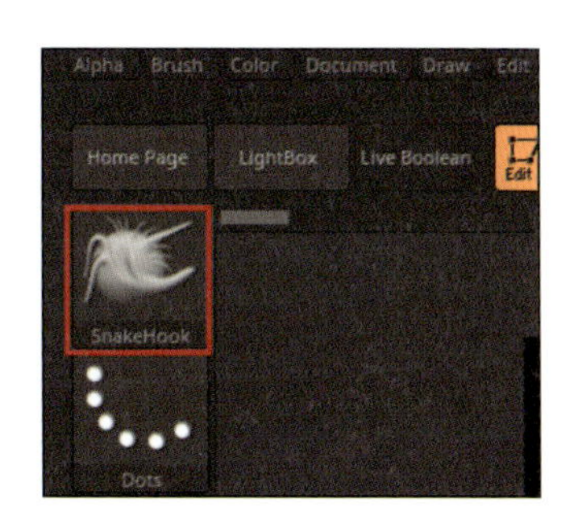

すると、小さなアイコンが[Brush]メニューや[Material]メニューの中に、最近使ったブラシ(またはマテリアル)の履歴一覧として生成されるので、ここからUI上に引っ張ってきて移植します。

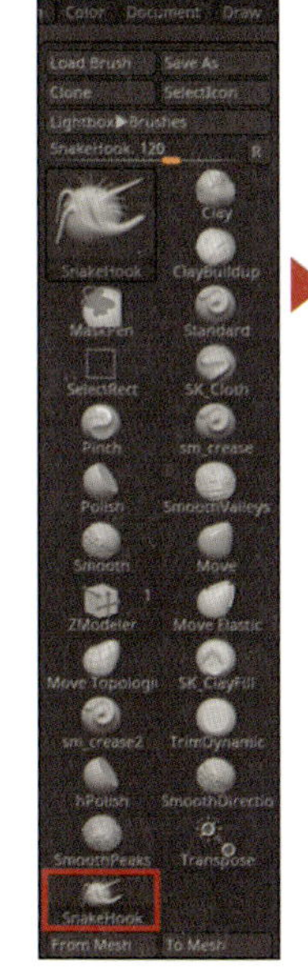

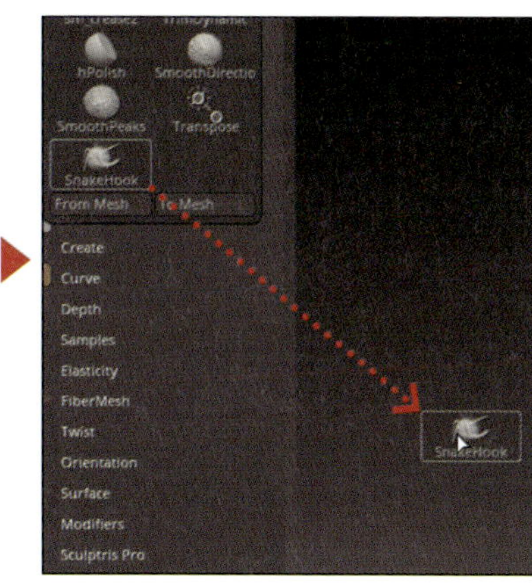

筆者がお勧めする、UI上に置いておくと便利な機能と、それらの機能を引っ張り出してくる元のメニュー階層は以下になります。簡単な説明も併記しますが、どのような時に使うかの解説やテクニックは本書の7章以降で適宜紹介していきます。

なお本書に掲載した解説画面は、筆者が普段作業で使っているインターフェースほぼそのままで収録しています。

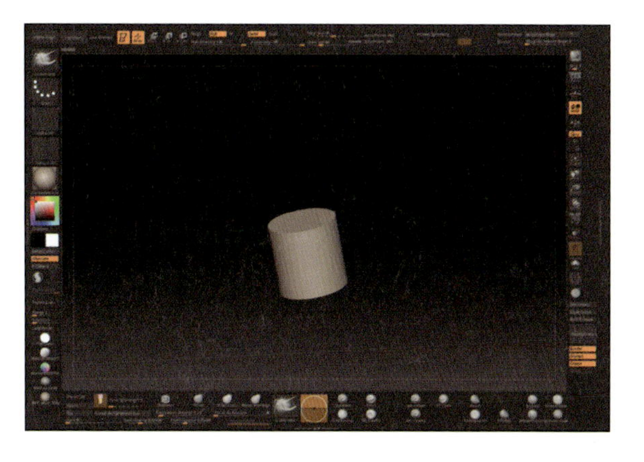

● Activate Symmetry とシンメトリー軸オプション（[Transform] > [Activate Symmetry]）

シンメトリーのON／OFFボタンです。視覚的に今ONなのかOFFなのかがわかりやすいので、初心者のうちは見える位置に置いておくことを強くお勧めします。

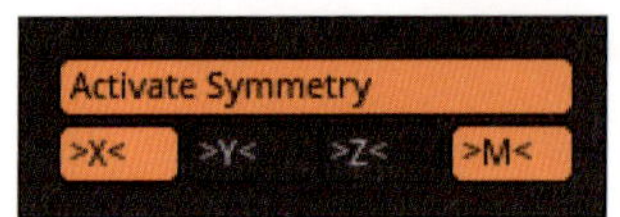

● Backface Mask ／ BackFace Auto Mask Intensity スライダ（[Brush] > [Auto Masking]）

表面、裏面の厚みが存在するメッシュの場合、その厚さが薄いと表側にしたスカルプトが裏側に裏写りするように動作します。

BackfaceMask

一例を挙げておきます。次の図は、ブラシの効果範囲がマウスポインタからの円形範囲ではなく、奥行方向も対象な球形範囲です。そのため、盛り上げるブラシの盛り上げる動作は、裏側では同じ方向に引っ張られるため、結果として意図しないスカルプトが行われてしまいます。終盤になってからこのミスに気づくと、場合によっては手作業で頑張って直すしかなくなるので気を付けましょう。

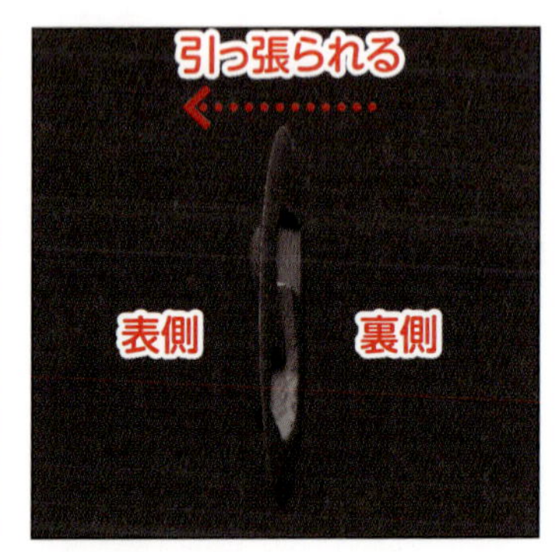

なお、全てのブラシに対して有効ではなく、たとえばMaskLasso等ではONにしても裏側にもマスクがかかります。またSculptris ProモードはBackface Mask等のAuto Mask系機能とは同時に使うことができません（通常のマスクはOK）。

● Double（[Tool] > [Display Properties]）

1-02でも解説したように、ポリゴンには表面と裏面があります。裏面は通常では描画されませんが、それだと作業がしづらいため、両面表示するためのボタンが[Double]です。

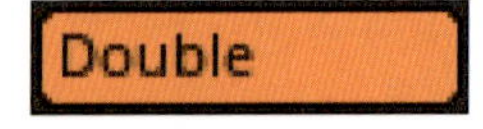

● Mirror and Weld（[Tool] > [Geometry] > [Modify Topology]）

ボタン右側にあるオプションにセットされた軸の、プラス側からマイナス側（ここではFloor等に表示される表示上の座標系で記述しています）に強制的にメッシュが反転コピーされます。

▶ メッシュが強制的に反転コピーされる

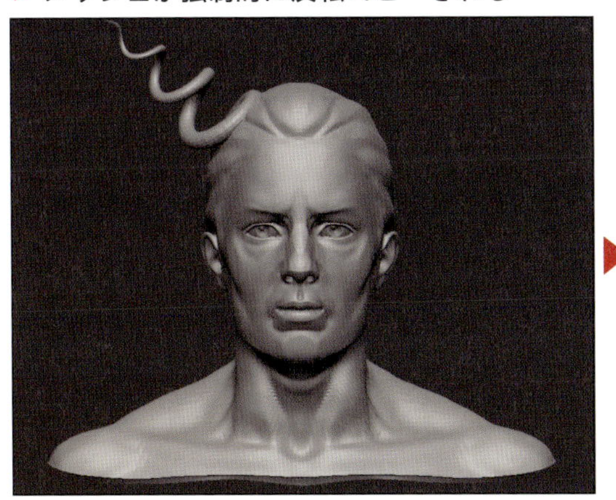

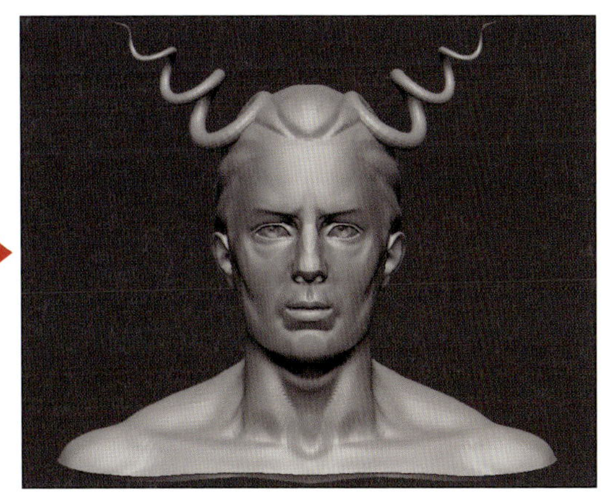

MEMO　マイナス側からプラス側に効果をかけたい場合

Mirror and Weld の効果をマイナス側からプラス側にしたい場合は、[Tool] > [Deformation] > [Mirror] で反転をしてから、Mirror and Weld を使います。

● Weighted Smooth Mode スライダ（[Brush] > [Smooth Brush Modifiers]）

スムースブラシの挙動を変更することができます。ただし、慣れないうちはこれを使わず、モードを個別に変えたブラシを使い分けるほうがわかりやすいかもしれません。

Weighted Smooth Mode 0

よく使うのはPerpendicular、Directional、Groupsですが、それ以外にもLightBox内の[Brush] > [Smooth] にいろいろ入っています。

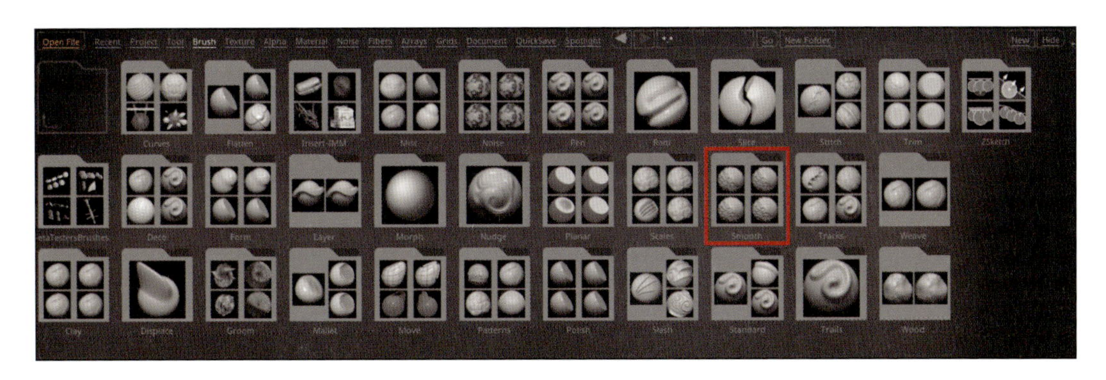

● FillObject（[Color]）

選択中の色でアクティブなサブツールを塗りつぶします。

FillObject

● HidePt（[Tool] > [Visibility]）

Maskのかかっている部分“以外”を非表示にします。

HidePt

● Calibration Distance スライダ（[Preferences] > [Transpose Units]）

後の章で出てくる、ZBrush内でアクションラインを仮想的に物差し代わりに使う際に重要な数値です。

● Del Hidden（[Tool] > [Geometry] > [Modify Topology]）

非表示にしているメッシュを削除します[注7]。

● Auto Groups（[Tool] > [Polygroups]）

メッシュに、トポロジー的に繋がっているものを１単位としてポリグループを割り当てます。

注7　セレクトブラシで非表示部分を作り、[Del Hidden]で削除するという組み合わせは多用するので必ず覚えてください。

● Polish By Features（[Tool] > [Deformation]）

表面を磨いたり、Polygroup・Crease境界を均すために使います。

● Close Holes（[Tool] > [Geometry] > [Modify Topology]）

メッシュの穴を塞ぎます。

● Mask By Features とオプションボタン（[Tool] > [Masking]）

メッシュの端、ポリグループ境界、Creaseが設定されたエッジを基準にマスクをかけることができます。

● Dynamic ボタン（[Tool] > [Geometry] > [Dynamic Subdiv]）

ダイナミックサブディビジョンがかかっているかどうかが視覚的にわかりやすくなります。ZBrushに慣れてくると、ダイナミックサブディビジョンがかかってるかどうか感覚的に気づけるようになります。慣れないうちは、画面の端等で良いので出しておくことをお勧めします。

● Undo Counter スライダ（[Edit] > [Tool]）

標準インターフェース上部にもUndoスライダがありますが、ヒストリーが肥大化してくると視覚的にわかりづらくなります。そのため、明示的に数字でUndo回数を表示してくれるこのスライダを使っています。

● Brush Placement（[Brush] > [Depth]）

ブラシ効果が、メッシュ表面からのどの距離で発動する扱いにするかを調整できます。数値で制御したい場合は、右にある[Brush Imbed]スライダを使います。

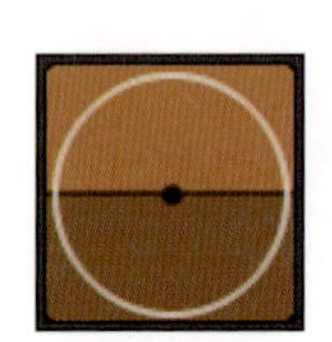

● Gravity Direction ／ Gravity Strength（[Brush] > [Depth]）

ブラシの効果に、重力のような引っ張る効果を与えることができます。Direction で方向を決定し、Strength で強度を決定します。

● Topological Masking（[Brush] > [Auto Masking]）

隣り合ってるがブラシの影響を与えたくないメッシュ同士をいちいちマスキングして保護するのは手間なので、この機能を使う時があります（たとえば指等）。

● Front Opacity ／ Back Opacity（[Preferences] > [Draw]）

複数サブツールが存在する場合に、Transparency機能を使って透過表示をさせる際、透過具合を調整するのに使用します。

● Group As Dynamesh Sub（[Tool] > [Polygroups]

アクティブなサブツールの表示されているメッシュに対して白ポリグループを割り当てます。デフォーマの Remesh by Union と組み合わせることによって、Live Booleanの引き算ブーリアンの手順が通常のLive Booleanの作業手順に比べて簡略化される、ツール数が肥大化しないといったメリットがあります。

Preferencesの設定

［Preferences］メニューの設定を以下のように変更しています。

● Buttons Size（[Interface] > [UI]）

42にしています。42未満ですと、文字入力系のポップアップウィンドウが正常に動作しないという不具合が現状存在するため、この値は必ず42以上にしてください。

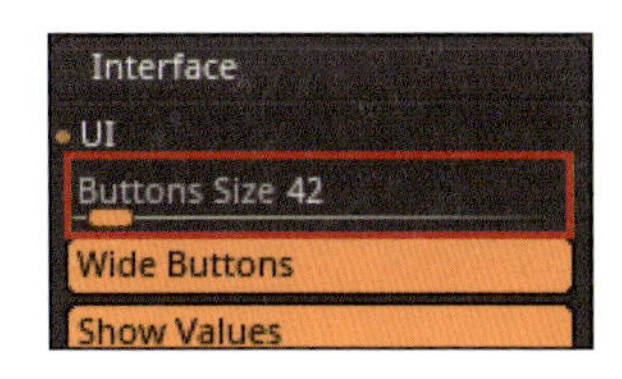

● One Open Subpalette（[Interface] > [Palettes]）

メニュー内のサブパレットを行ったり来たりする際、勝手に閉じられるのが筆者は嫌なので、OFFにしています。なお、ONの状態であっても、Shift を押しながらサブパレットを展開した場合は、すでに展開されているサブパレットは開かれたままになります。

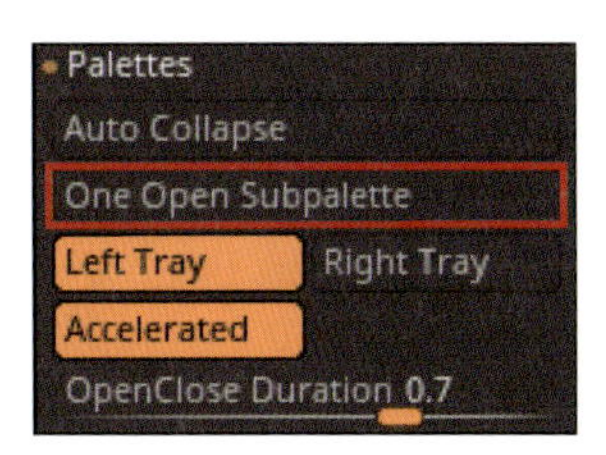

● AutoClose UI Groups（[Interface] ＞ [UI Groups]）

こちらもOne Open Subpaletteと同じく、勝手に閉じられるのが嫌なためOFFにしています。Shiftキーを併用することで、一時的に同じ動作にできます。

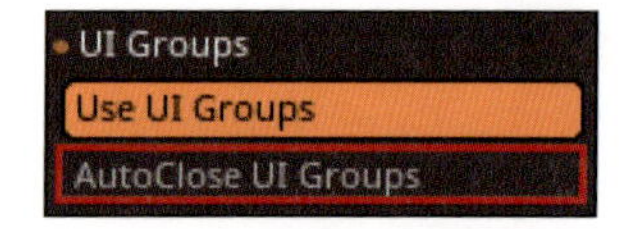

● Enable RightClick Popup（[Interface]＞[Navigation]）

右ボタンでのドラッグによるカメラ操作を多用するため、ポップアップはOFFにしています。

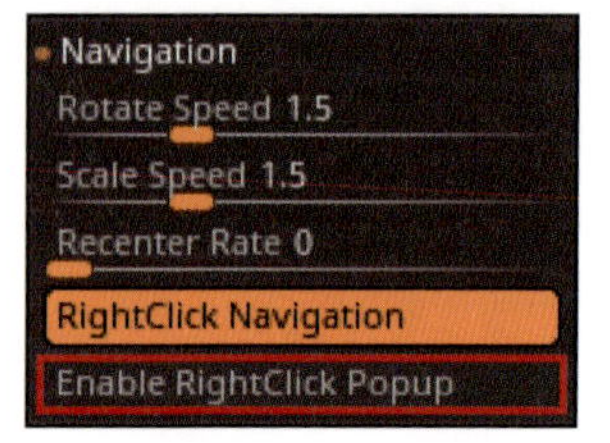

● Mesh Close Holes（[Geometry]）

Close Holes時の計算が少し変わります。

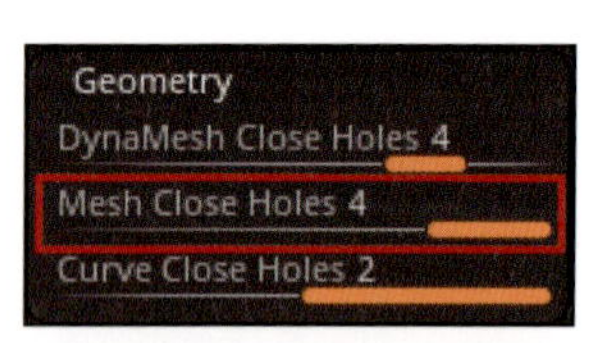

このような波打った断面の場合にClose holesを使ったとします。

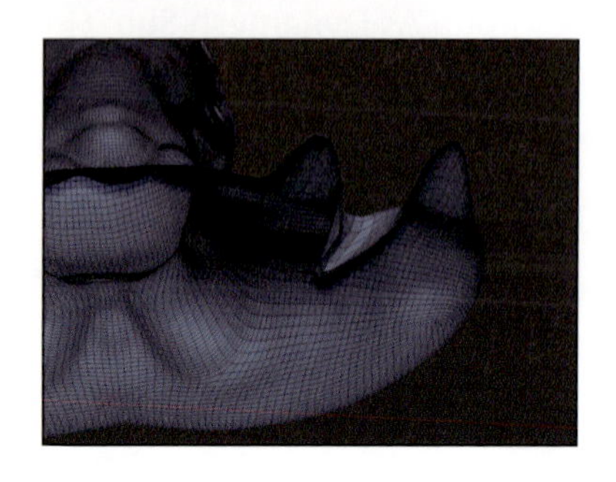

規定値の3番ですと、左のように水かきのような面貼りが行われてしまいますが、4番を使うと右のように想定通りの面貼りになりました。ただし、どんな場合でもうまくいくわけではないということと、3番より4番のほうが計算が重いため場合によってZBrushがフリーズすることにご注意ください。

▶ 3番（規定値）

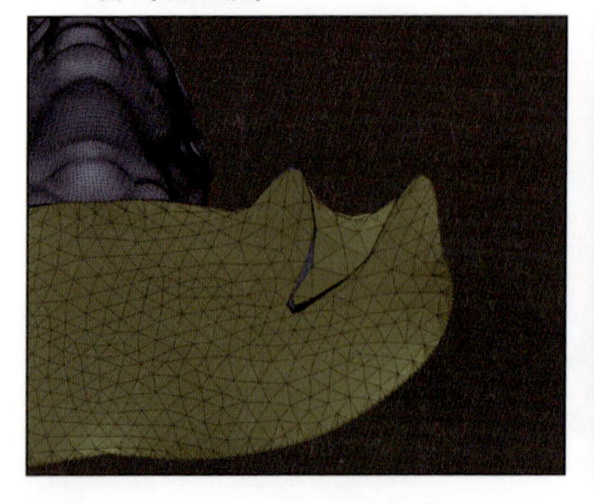

▶ 4番

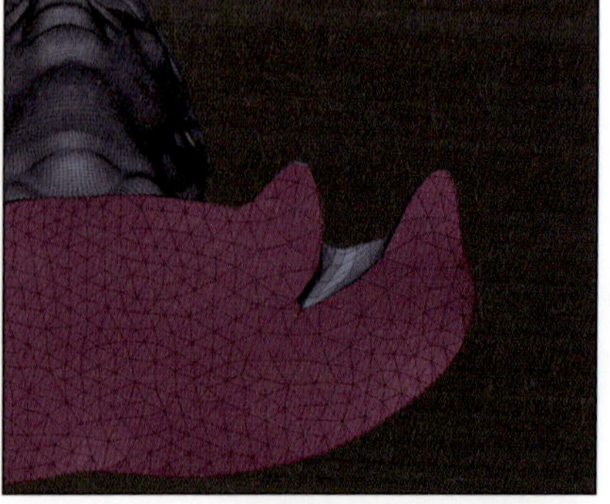

● Open At Launch（[LightBox]）

LightBoxが起動時に自動展開されなくなります。

Chapter 3

ブラシとマテリアル

SECTION
01 基本的なブラシの使い方、ブラシの種類

ZBrushで作業していく上で、そのほとんどはブラシを使ったスカルプトになります。この節では、ブラシの基本的な使い方と種類を解説しています。

基本的なブラシの使い方

まずZBrushを再起動、もしくは[Init ZBrush]でまっさらな状態にし、[LightBox]からDynaMesh_Sphere_128.ZPRをダブルクリックして開いてください。

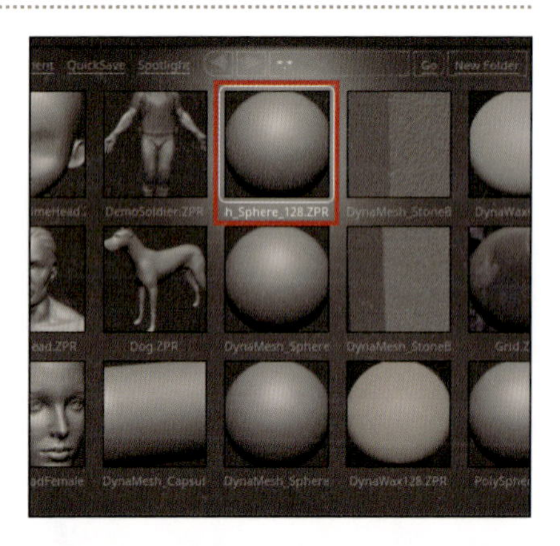

キャンバス内に球体が読み込まれます。

初期状態のZBrushにこのプロジェクトデータを読み込むと、パースがONになっています。Pキーを押すか、シェルフの[Perspective]ボタンをクリックしてパースを切ります。

スカルプト用ブラシ

ではスカルプトしていきます。メッシュの上をクリックし、なぞってください。

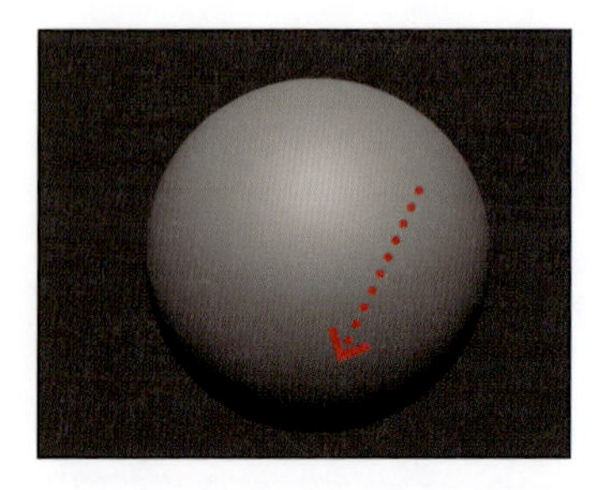

MEMO ペンタブレットがお勧め

マウスでもスカルプトすることは可能ですが、筆圧を効かせることができません。ここから先はペンタブレットを使うことをお勧めします。筆者は、ZBrushのダイレクトにスカルプトしている感覚が好きなので、液晶タブレットを使っています。Intuos（通称板タブ）を使っても液晶タブレットを使っても、モデリングでできることの範囲に違いはありません。

初期状態ではStandardブラシがセットされているため、盛り上げる動作をします。

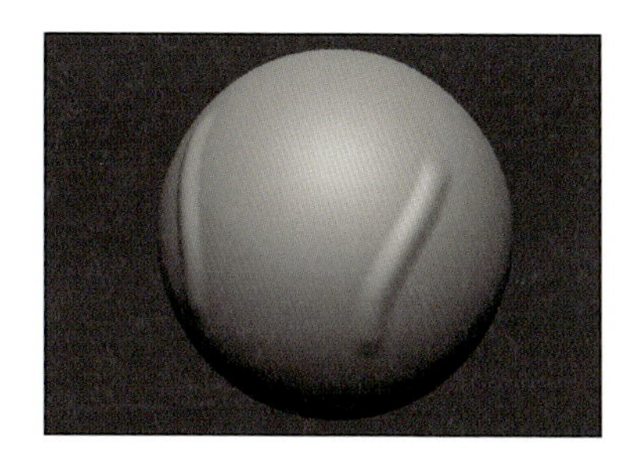

また、今回開いたファイル（DynaMesh_Sphere_128.ZPR）はActivate Symmetry（オプションはX、M）がONになっているため、左右対称にスカルプトが行われています。Xキーを押すと、シンメトリー機能のON／OFFを切り替えられます。ON／OFFそれぞれの動作を試してみてください。なお、シンメトリー機能の詳しい解説はP.78で解説しています。

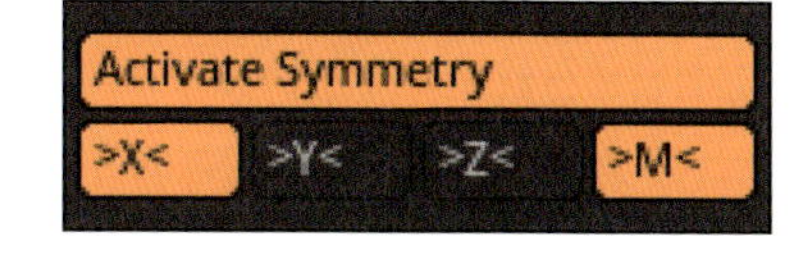

ブラシサイズの調整は、シェルフにある［Draw Size］スライダを調整します。Sキーを押すとスライダがキャンバス上にも表示されます。この数値がブラシの効果範囲サイズになります（画面上でマウスポインタを中心に表示される赤い円）。また、円は二重になっていますが、内側の円から外側の円に向かって減衰がかかります。

Draw Size 64 Dynamic

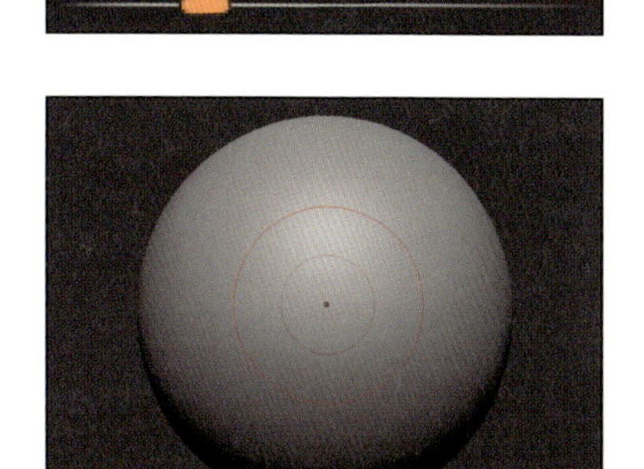

この減衰具合を調整するには［Focal Shift］スライダを調整します。ショートカットキーはOです。

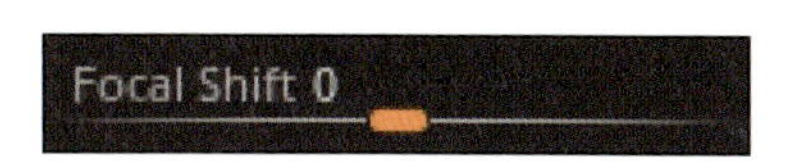

ブラシの強度の調整は、筆圧以外に［Z Intencity］スライダで調節します。ショートカットキーはUです。

ブラシサイズは標準では上限が1000というサイズになっています。この上限を上げるには、［Preferences］＞［Draw］＞［Max Brush Size］のスライダを使います。最大5000まで引き上げることが可能です。

今度は Alt キーを押しながら表面をなぞってみてください。先ほどの盛り上げる動作と真逆に、掘り下げる動作が行われます。ほとんどのブラシにおいて、Alt キーは通常と反対の動作をするという意味を持ちます。ただし、一部ブラシでは反対の動作ではなく、全く別の動作するものもあります(たとえばSnakeHookブラシやMoveブラシ等)。

Ctrl + Z を何度か押して、最初の状態まで戻ってください。

マスクブラシ

次に Ctrl キーを押してください。すると、ブラシパレットのアイコンが Ctrl を押した時だけ変わることがわかります。これは、Ctrl キーを押している最中は、マスクブラシ(スカルプト用ブラシとは別カテゴリーのブラシ)が割り当てられているためです。また、ブラシの効果範囲の円が黄色になります。

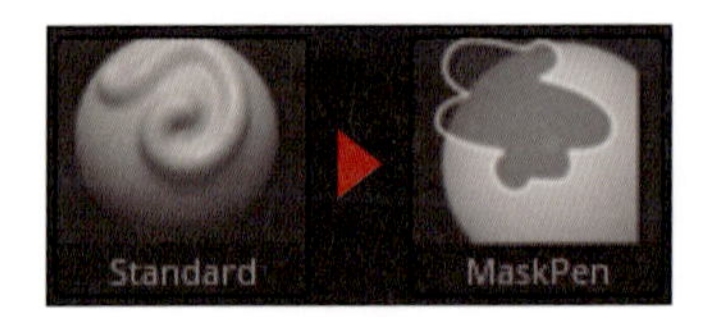

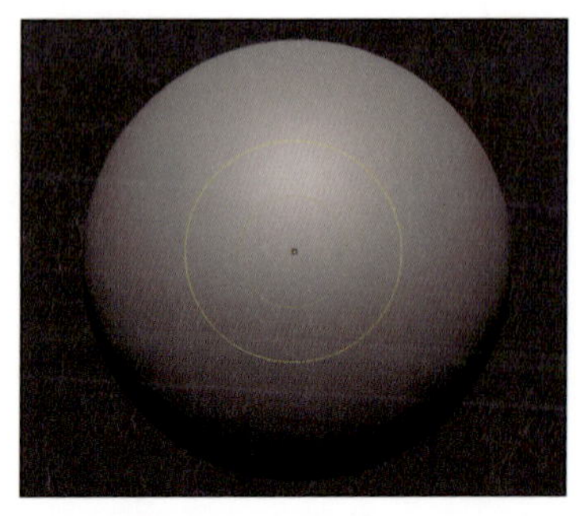

Ctrl キーを押したまま、メッシュの表面をドラッグしてください。すると、今までと違い表面が暗くなっていくと思います。これがマスクと呼ばれるものです。フィギュアやプラモデルの塗装に使うマスキングテープやマスキングゾルと同様に、ほとんどの機能からマスクのかかっている部分を保護することができます(一部機能はマスクの解除が必要なもの、マスクを無視するものもあります)。

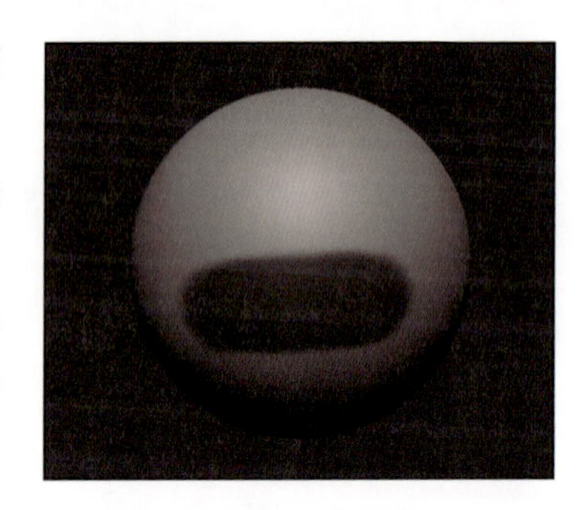

マスクを描いた場所を横断するようにスカルプトしてみてください。マスクで保護された部分にはスカルプトの効果がかかりません。

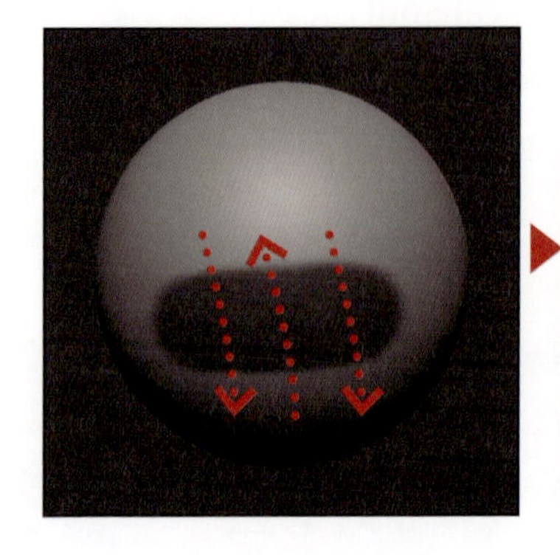

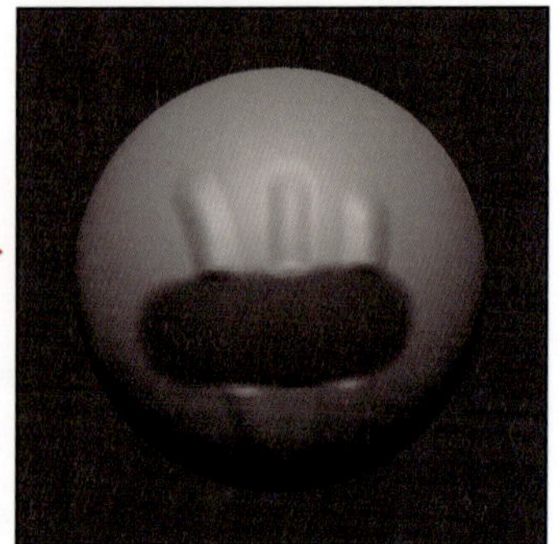

また、マスクはボカしをかけて、効果を弱めることもできます。Ctrl を押しながらマスクをかけた部分をクリックしていくと、どんどんボカしがかかります。逆に Ctrl + Alt を押した状態でクリックするとマスクの境界線がシャープになっていきます。

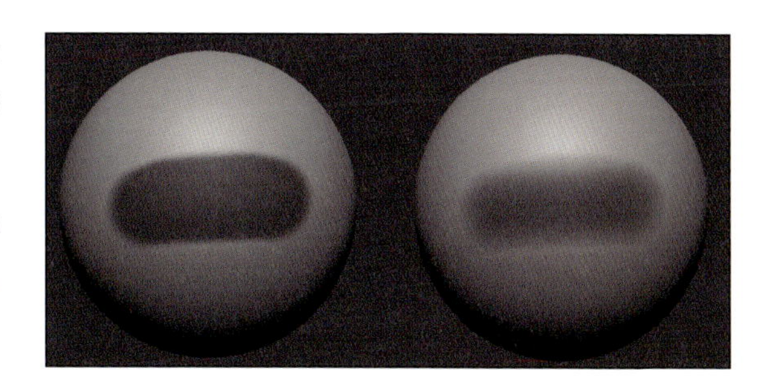

ボカシの強度は、[Preferences] > [Transpose] > [Mask Blur Strength] で変更することができます。

マスクのかかっている部分とかかっていない部分を反転するには、Ctrl を押しながらブランクエリアをクリックします。

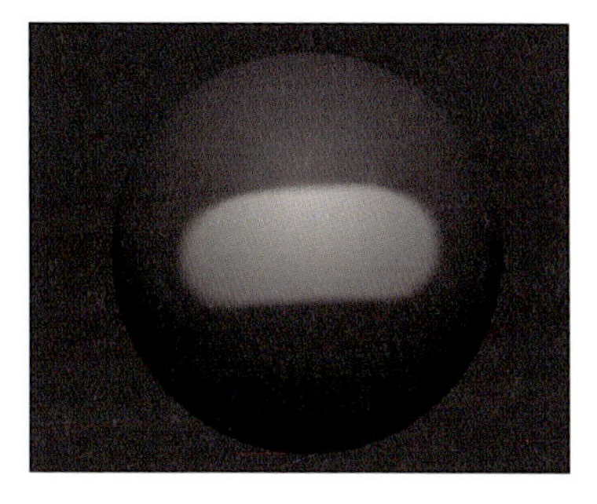

メッシュ上以外で
Ctrl +クリック

マスクを解除する場合は、Ctrl を押しながらブランクエリアを少しドラッグしてから離してください。メッシュにかぶらないよう注意してください。

メッシュ上以外で
Ctrl +ドラッグ

何もキーを押していない状態でブラシパレットを開いた時は、読み込まれている全てのブラシが表示されますが、Ctrl を押した状態で同じくブラシパレットを開くとマスク系のブラシのみが表示されます。

▶ 何も押さずにブラシパレットを開く

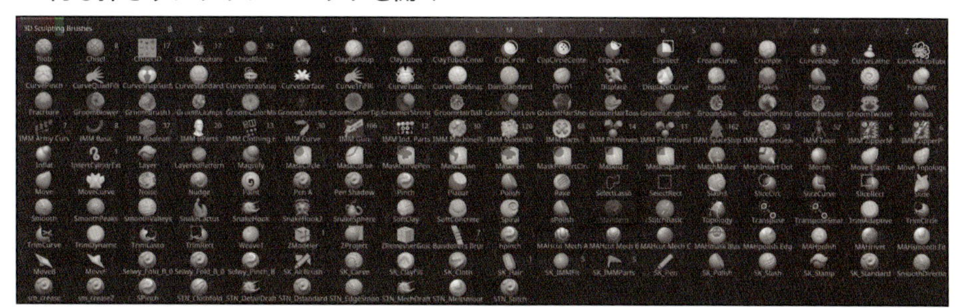

▶ Ctrl を押しながらブラシパレットを開く

なお、Ctrlキーを押さずに通常時にブラシパレットからマスク系のブラシを選択すると、マスク用のブラシなのでCtrlキーを押した状態のみ有効という意味のダイアログが表示されます。これは、この先で解説するスムースブラシやセレクトブラシ等でも同様です。

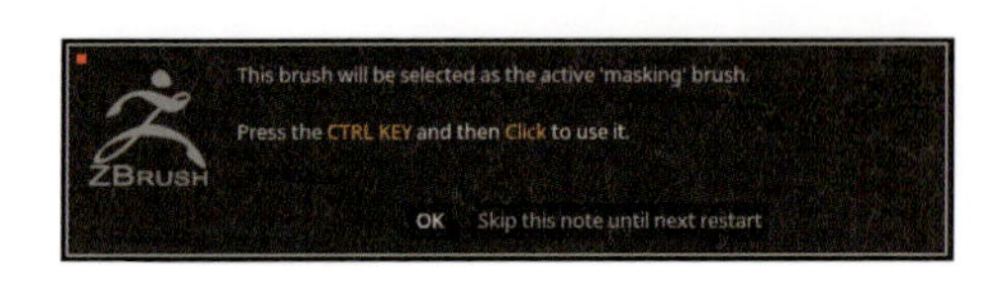

MEMO 初心者あるある［マスク編］

ZBrushに慣れてくると、メッシュにマスクがかかっている状態は、普段見慣れてるマテリアルの色との明度の差異で気づくようになります。ところが初心者のうちは、うっかりCtrl＋Aでメッシュ全体にマスクをかけてしまい、「スカルプトができない！」「メッシュの移動ができない！」と戸惑うことが多いです。

マスクがかかっていると、ほとんどの機能に対してその作用から保護されます。何らかの機能が動作しないと思った時は、まずメッシュに対してマスクがかかっていないか疑いましょう。

▶ マスクがかかった状態（左）

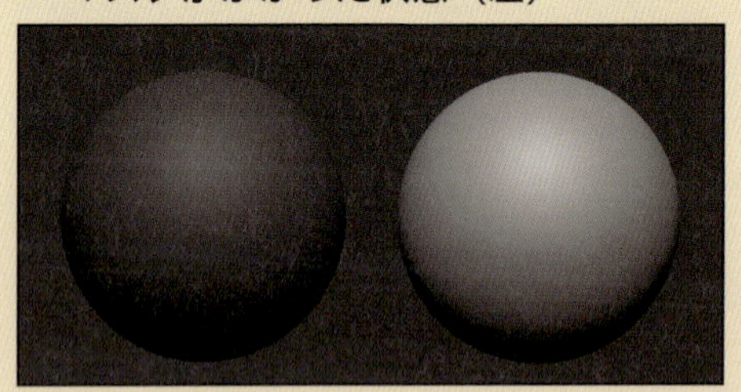

▶ スムースブラシ

Shiftキーを押している最中はスムースブラシになります。効果範囲の円は青くなります。

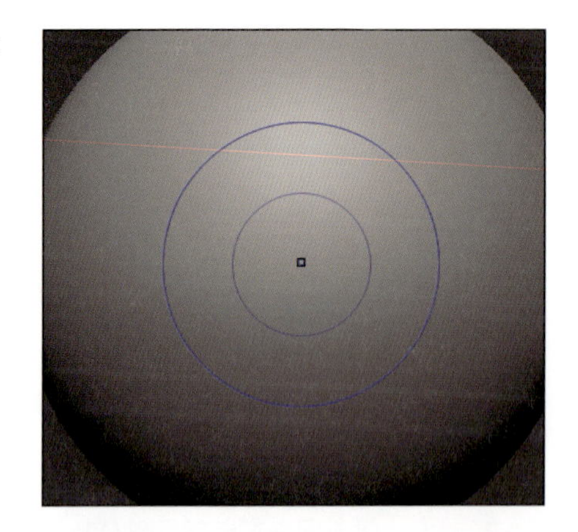

スムースブラシは、表面の凸凹を整える効果があります。

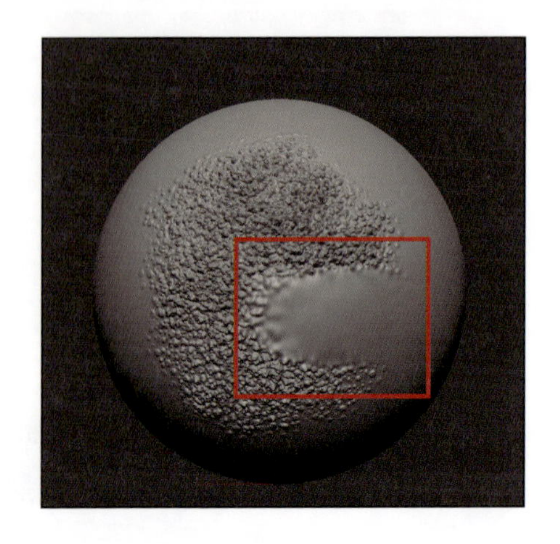

スムースブラシの動作原理は、効果範囲内の頂点位置を平均化するものです。そのため、メッシュが痩せてしまうことに注意する必要があります。

これに対しては、Polish By Features等のPolish系機能を使う注1、Smooth Polish機能を使う注2、Smoothブラシのモード変更をするといったことで、ある程度制御することができます（Polish系機能の使いどころ等は、8章以降で適宜解説します）。

注1　Polish系機能のスライダ横のオプションボタンがドット（球体状）かサークル（ドーナツ状）かで効果適応前のメッシュを極力維持するか否かを設定します。ドットは維持、サークルは維持しません。

注2　日本人ユーザー間ではSmooth Polish、海外ユーザーにはalternate smoothと俗に呼ばれています。どうもこの隠し機能には正式名称がないようです（公式ドキュメントにも、A new Smoothing Algorithmという記載しかありません）。

▶ Polish系機能においては、効果適用前のメッシュを極力維持（ドット）するかどうか設定できる

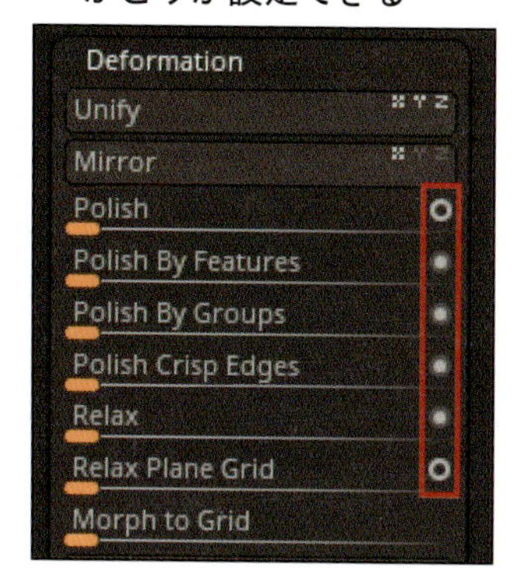

Smooth Polishは、スムースブラシを使っている最中に、マウス（orタブレット）は入力状態のまま Shift キーだけを離してドラッグを続けます。こうすると、メッシュがあまり痩せずに表面が磨かれたようにスムースがかかります。

ただし、どんな時でも痩せないというわけではなく、効果を使う対象のメッシュの密度が低すぎると痩せることがあります。また、三角形ポリゴンで構成されているテッセレーション的トポロジーの場合は、メッシュが膨らむという現象が起きます（2018で追加されたSculptris Pro機能を使うと、必然的にテッセレーション的なトポロジーになるため注意！）。

ブラシのモード変更の場合は、Weighted Smooth Modeの変更注3、もしくは［LightBox］の［Brush］タブ、［Smooth］フォルダ内の［Smooth Directional］、［Smooth Perpendicular］を使います。

注3　Weighted Smooth Modeを変更する際は、必ず Shift キーを押してスムースブラシが有効になってる状態で変更してください。ブラシの設定変更は、Draw Sizeと一部の機能を除き、全て個々のブラシ固有のパラメーターになっています。

Weighted Smooth Mode 0

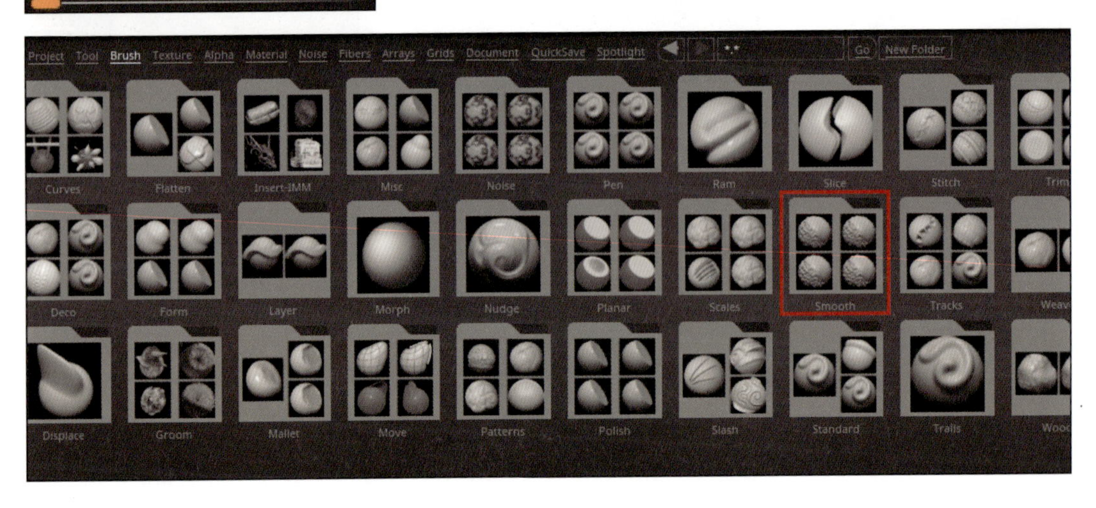

実際に見てみましょう。このような筒状の細い形、たとえば髪の毛の先や指等の場合、スムースブラシを普通にかけると痩せてしまいます。痩せたメッシュはInflatブラシで膨らませられます。

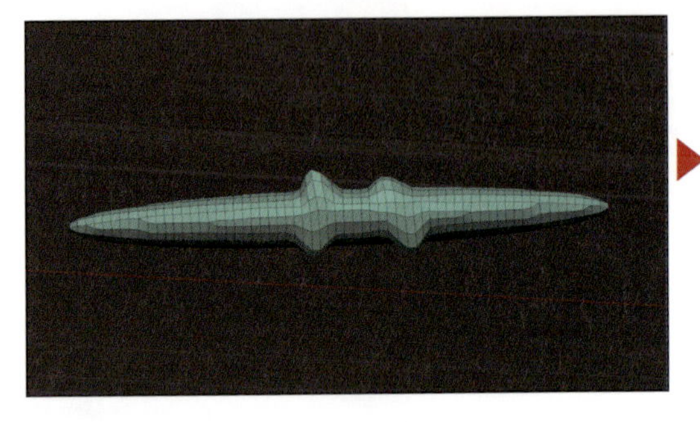

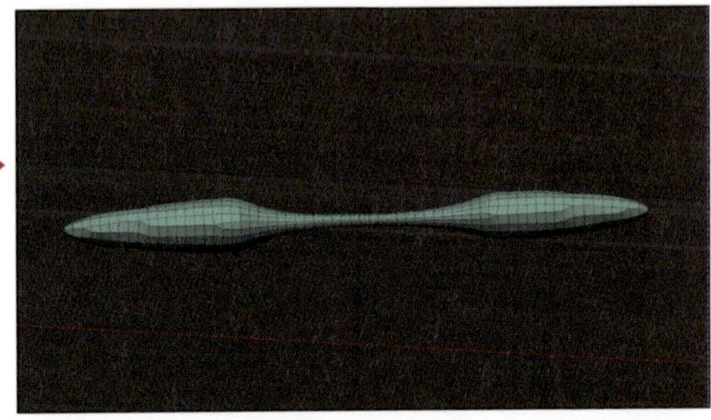

Weighted Smooth Modeが「4」、もしくはSmooth Directionalの場合、形状に対してストロークを並行にすると、ほぼ痩せずにスムース効果をかけることができます。

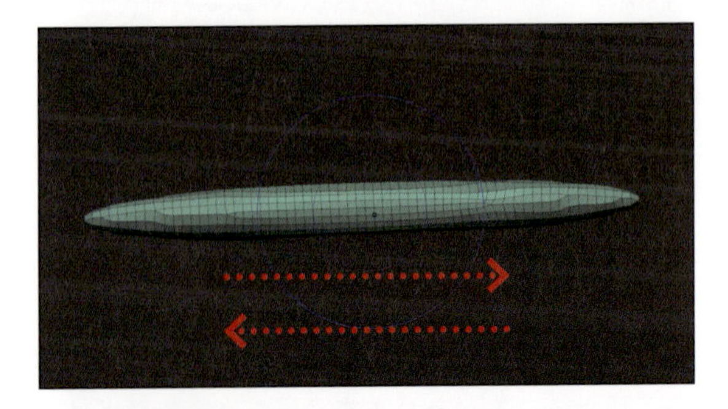

Weighted Smooth Modeが「5」、もしくはSmooth Perpendicularの場合、形状に対してストロークを直交すると、ほぼ痩せずにスムース効果をかけることができます。

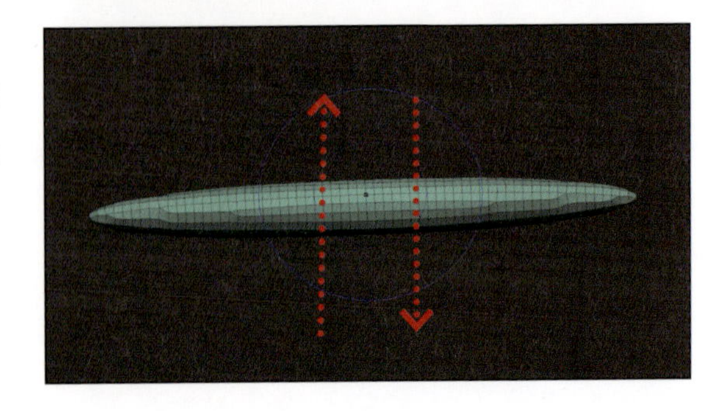

他の注意点として、平均を取る（サンプリングする）頂点が多いほど、大きな範囲でのスムースの効きが悪くなります。そのため、まだラフモデリング段階なのにDynaMesh解像度を無駄に上げてしまいモデリングがしづらくなる、同じくラフモデリング段階なのにサブディビジョンレベルを上げすぎてしまい、モデリングがしづらくなる、というのが、初心者が陥りがちなミスです。このあたりのバランス感覚も、本書では適宜解説します。

▶ 赤：頂点とエッジ　青：スムース後のシルエットイメージ

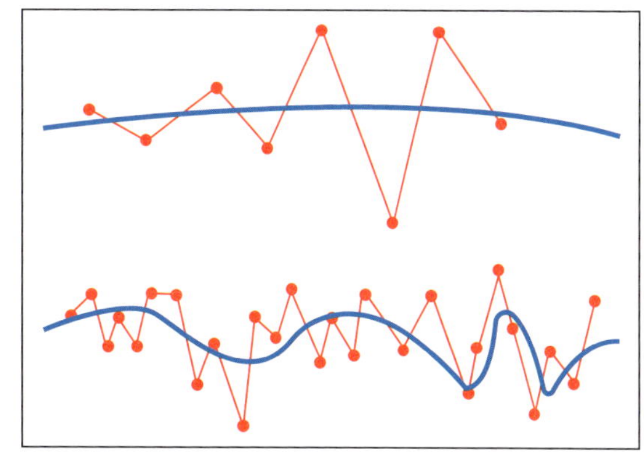

セレクトブラシ

Ctrl + Shift を押している最中はセレクトブラシになります。効果範囲の円は白くなります。

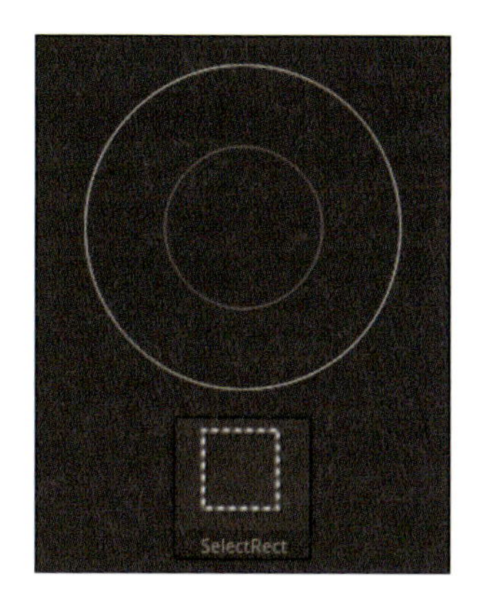

Ctrl + Shift を押したままブラシパレットを展開します。マスクブラシとは違い、Selectと名の付くブラシはSelectRectとSelectLassoしかなく、それ以外はSlice等の全く別のブラシが同じカテゴリーとしてパレットに入っています。ここではセレクトブラシのみ解説します（その他のブラシは7章以降でいくつか出てきます）。

SelectRectブラシを使い、緑色の選択範囲でメッシュの一部を囲うと、囲った部分以外が非表示になります。これは消去されたわけではなく、一時的に非表示になっているだけです。

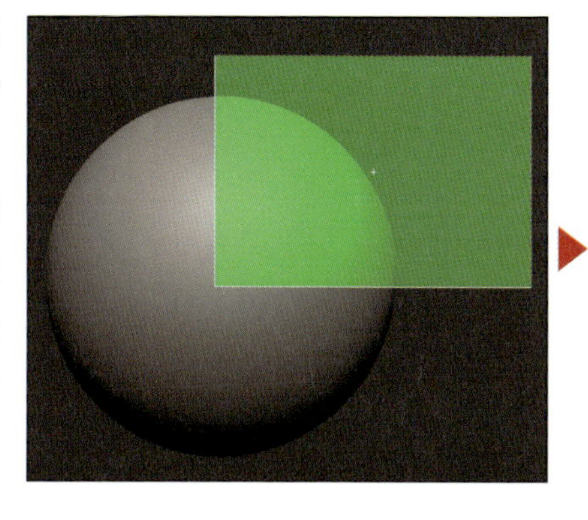

表示状態を反転させるには、Ctrl+Shiftを押したままブランクエリアをドラッグしてください(マスクの反転はブランクエリアをクリックでしたが、セレクトブラシでは逆です)。

▶ メッシュ上以外を Ctrl+Shift +ドラッグ

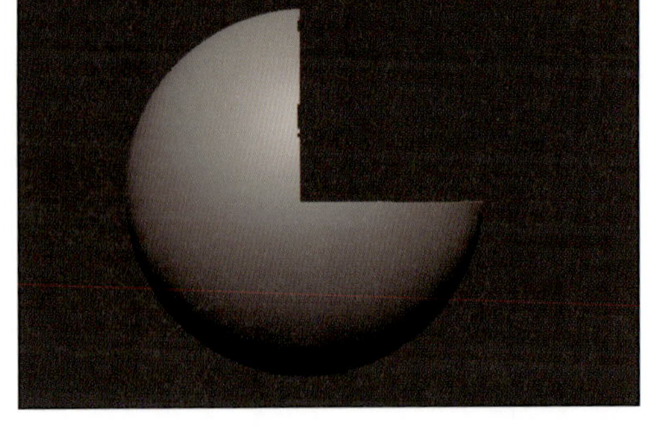
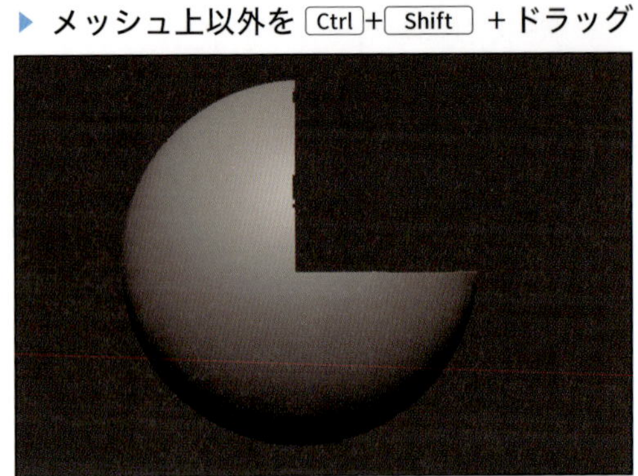

全部表示した状態に戻すには、Ctrl+Shiftを押したままブランクエリアをクリックしてください(こちらもマスクの解除とは逆です)。

▶ メッシュ上以外を Ctrl+Shift +クリック

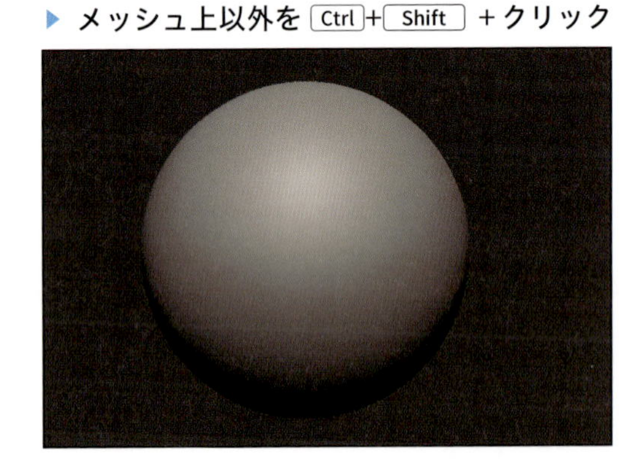

アルファ

スカルプトブラシを使うと、標準状態ではポインタを中心に円形にスカルプトされます。この時、ブラシの効果の形状を変えることができるのがアルファ(Alpha)です。

アルファはグレースケールで、白が効果が強く出るところ、黒が効果がかからないところ、中間のグレー部分は輝度に応じて強度が変わります。自分で作ったアルファを、アルファパレット左下の[Import]より読み込むこともできます。

簡単な例として、引っかき傷を付ける操作を見てみましょう。傷を1本1本スカルプトするのは面倒です。これを1ストロークで作りたい時は、[Alpha 58]を選び、スカルプトします。傷なので、掘り下げる動作をさせたいためAltを押しながらドラッグしてください。

▶ 1ストロークで引っかき傷を付けられる

ストローク

ストローク（Stroke）は、ブラシ自体の動作を司る大きな項目の1つです。パレットを開くと6つの項目が出てきますが、そんなに頻繁に変更することもありませんので、DragRectとSprayのみ簡単に解説します。

DragRectは、アルファに設定した形状をそのままスタンプのように使うことができます。

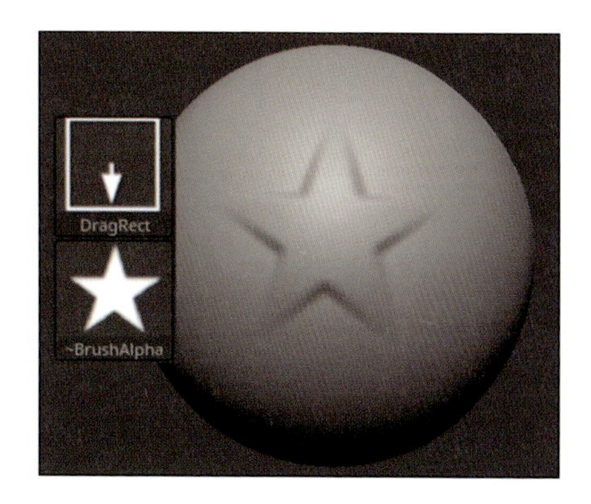

注意点として、Focal Shiftのせいで距離減衰がかかってしまうので、何らかの模様をしっかり入れたい時はFocal Shiftの値を「-100」にし、減衰なしの状態にしてください。

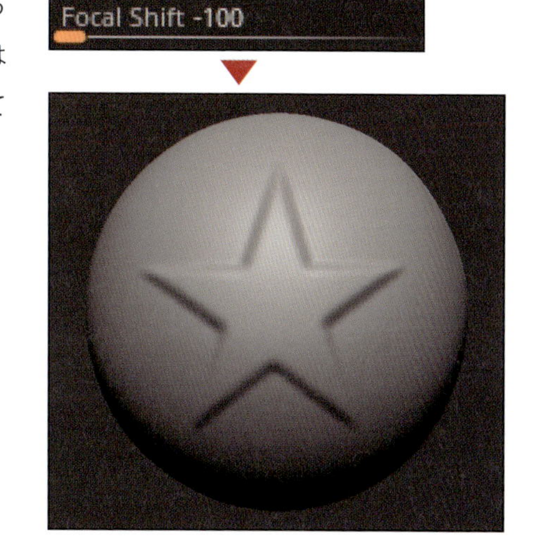

Sprayはその名前の通り、スプレーの粒1つ1つがブラシ単体の効果のように動作します。人間の肌表面の毛穴等、同じような形状が散らばっている場合はSprayを使うと良いでしょう。

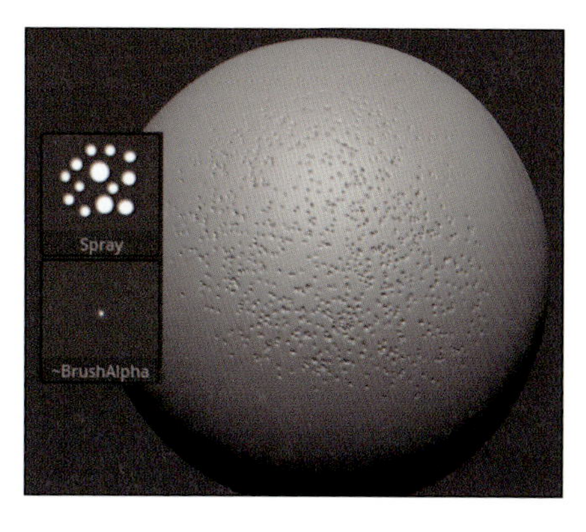

スカルプト用ブラシの種類

ZBrushには、標準の状態でスカルプト用のブラシだけでもさまざまな種類が入っています。全て解説するとそれだけで1冊本が書けてしまうレベルなので、ここでは、本書でよく扱うものだけをピックアップして簡単に紹介します。

- Standard ブラシ

標準的な盛り上げに使います。筆者の場合は、緩やかな山なりのディティールを施す時に利用し、それ以外は後述するClayBuildupブラシを多用します。

- ClayBuildup ブラシ

Standardブラシよりも、粘土を盛り付けていく感覚に近いです。1ストローク中で同じ位置をなぞり続けると、どんどん高くなってしまいます。[Brush]>[Samples]>[BuildUp]をOFFにすると、1ストローク中での高さに制限がかかるため、場合によってOFFにしています。

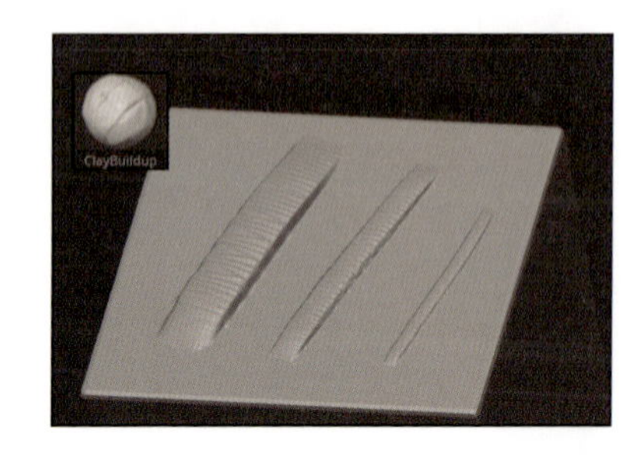

- Move ブラシ

ぐいっと引っ張る動作をします。シルエットの調整、ディティールのバランス調整等、序盤から終盤まで幅広くお世話になるブラシです。

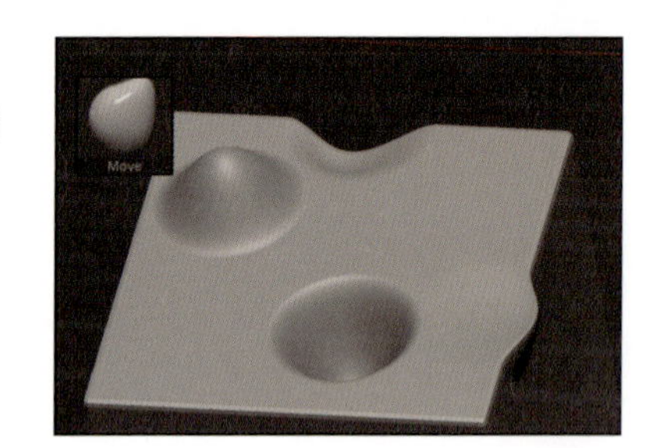

- DamStandard ブラシ

溝掘りに使います。似たブラシにsm_crease(後述)がありますが、DamStandardのほうがやや鋭角の溝、sm_creaseは緩やかな溝という違いがあります。

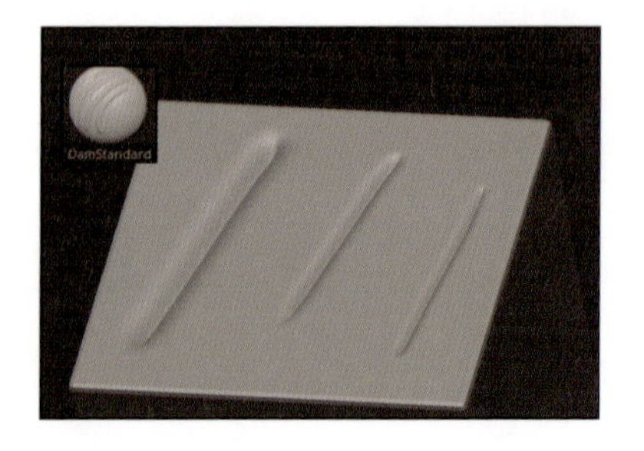

以上が、標準で入っているブラシのうち、筆者がよく使うものになります。これ以外の局所的に使用するブラシは、7章以降で適宜解説します。

カスタムブラシの読み込み

標準のブラシ以外にも、ユーザー制作のブラシをダウンロードして使用することができます。筆者の場合は、DamStandardの説明で出てきたsm_creaseと、榊さん注4のブラシからいくつかを使用しています。

注4　榊馨さん。デジタル原型師の第一人者で、株式会社Wonderful Works代表取締役社長。筆者がデジタル原型に興味持ったのも実はこの方がキッカケ。ちなみに筆者は同社の元社員だったりします(現在はフリーランス)。

http://www.zbrushcentral.com/showthread.php?119364
http://sakakikaoru.blog75.fc2.com/blog-entry-38.html

ダウンロードしてきたブラシファイル(拡張子.zbp)は、インストールフォルダ内にある「ZStartup」フォルダの中の「BrushPresets」フォルダにコピーしてください。

フォルダの例：C:¥Program Files¥Pixologic¥ZBrush 2018¥ZStartup¥BrushPresets

sm_crease ブラシ

DamStandardより緩やかな溝を掘りたい時に使います。

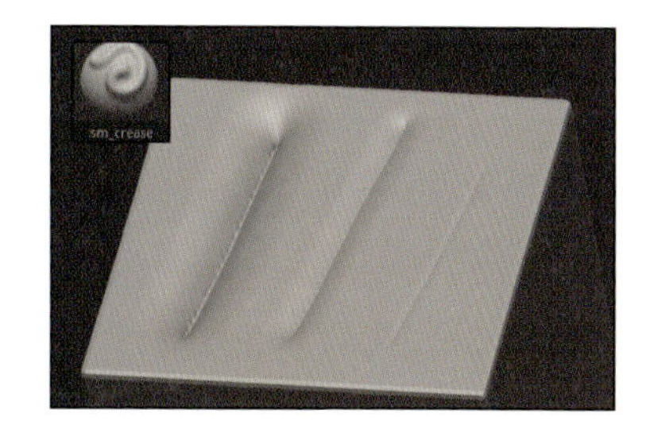

SK_ClayFill ブラシ

ClayBuildupと組み合わせて使っています。均しつつ盛り付ける感じの動作をします。

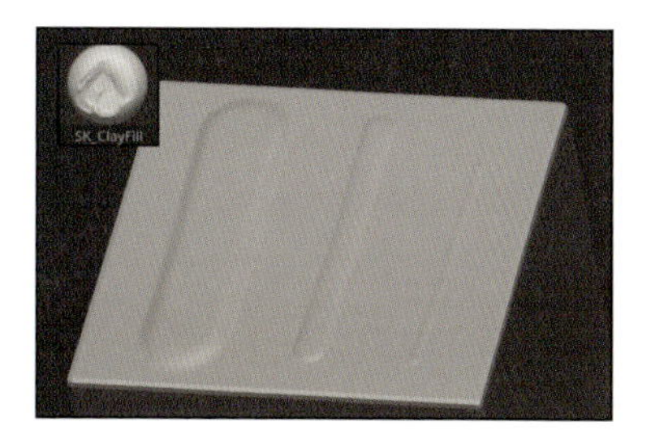

SK_Cloth ブラシ

服の皺を付ける際の雛形にします。

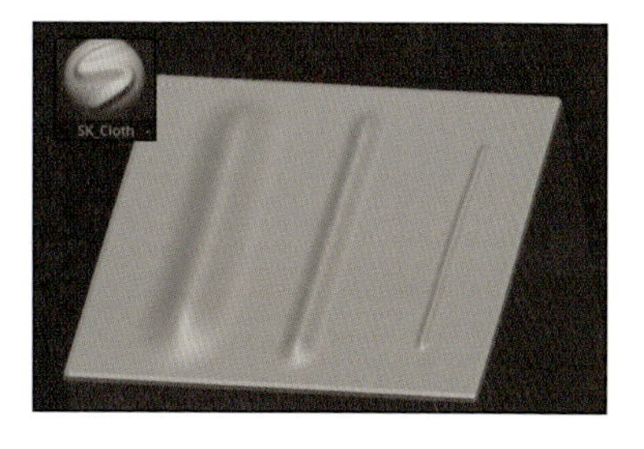

筆者は、前述した7つと、実践編で紹介する限定的な作業で使うブラシの、合計10種類強くらいしか主に使っていません。

その他のブラシ

あまり使用頻度は高くないですが、ZBrushを語る上では独特のブラシのカテゴリーがあるので、ここで紹介します。

Curve（カーブ）系ブラシ

カーブを基準に溝を掘ったり、カーブ間にメッシュを張ったり等、さまざまなブラシがあります。ベジェ曲線とは全く異なる、独特の操作形態になっています。なお、ベジェ曲線による編集機能はありませんし、その手のプラグインも現状存在しません（よく聞かれるため一応記載しておきます）。

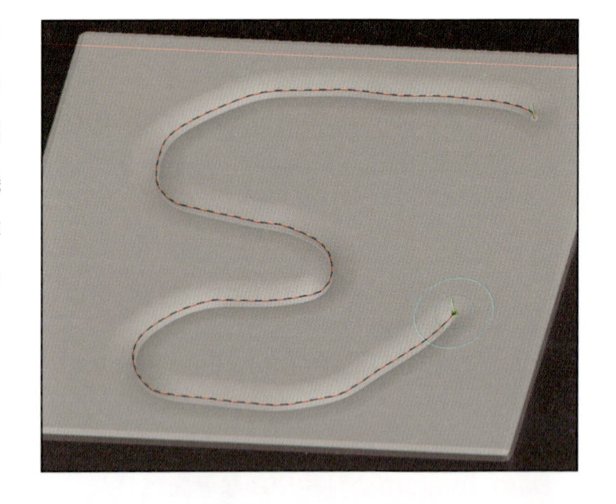

なお、Trim Curve等の「Curve」は、ブラシ自体のストロークとしてのCurveであり、メニューとしての[Stroke]>[Curve]とは異なります（名称がかぶっていて非常に非常に紛らわしいですが……）。

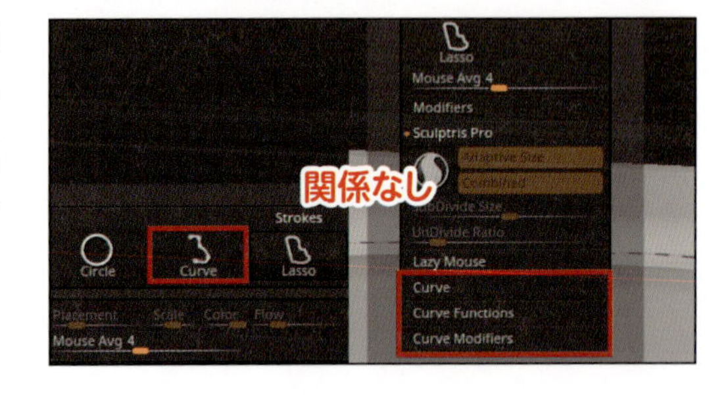

Insert Mesh（インサートメッシュ）系ブラシ

ブラシ自体にメッシュを登録し、任意の場所にメッシュを追加できるブラシです。5-02で解説しますが、サブツール内のトポロジー情報を変えてしまう操作に類するため、サブディビジョンレベルを持つサブツールに対しては基本的に使えません。

▶ Insert Multi Mesh（インサートマルチメッシュ）系ブラシ

Insert Meshブラシの発展版のブラシです。1つのブラシに複数のメッシュを登録することができます。

▶ Tri Parts オプション

ブラシのオプションにTri Partsという機能があります。カーブを基準にメッシュを配置する際、始点のメッシュ、終点までの間を連続して繋がっていくメッシュ、終点のメッシュという3つの要素で構成された機能です。

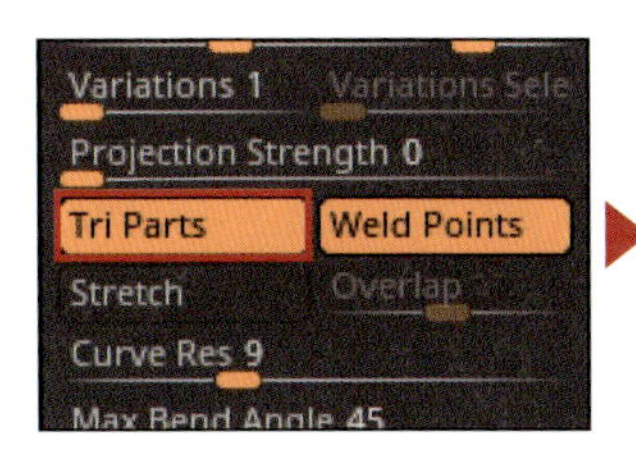

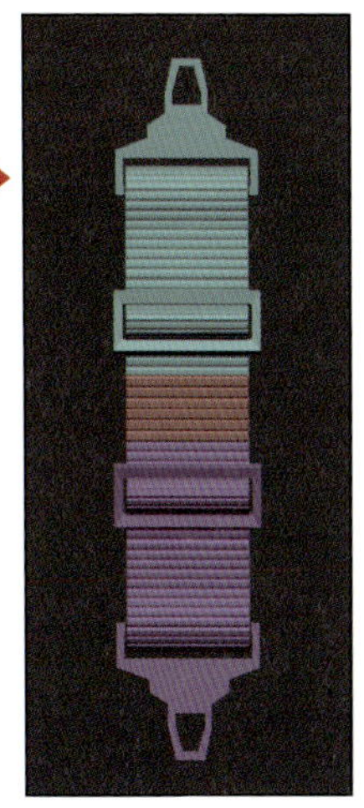

標準で入っているIMM ZipperMブラシを使ってみるのが、言葉で理解するより早いと思います。また、10-05でIMM Tri Partsブラシ自体の作り方を解説しています。

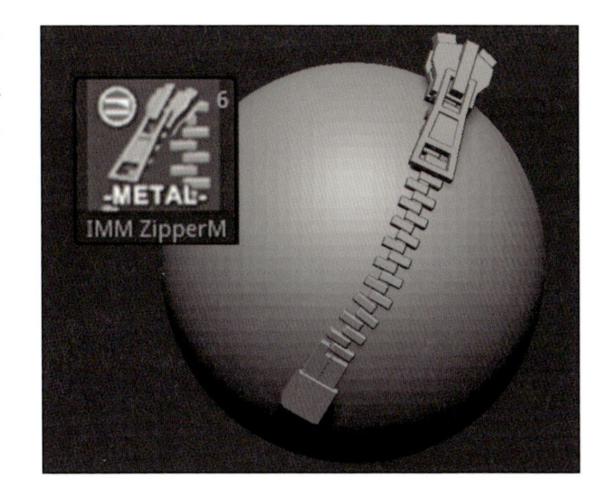

▶ ZModeler ブラシ

ZBrush 4R7から追加された新機能ですが、内部的にはブラシの1つという扱い[注5]です。

注5　ただし、Base Typeが他にはない「Geometry」という扱いで、特別なものであることは確かです。

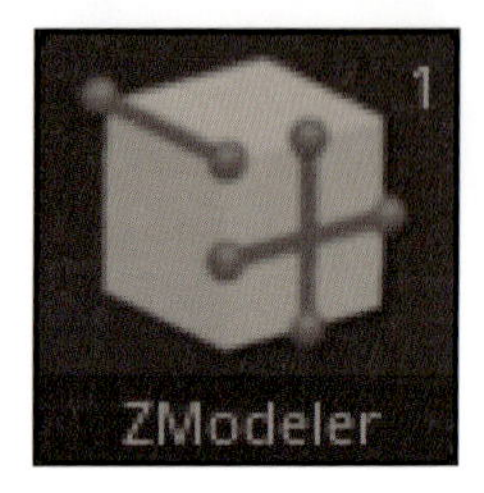

R7以前のZBrushでは、Maya等のポリゴンモデリングソフトでは真似できない、高密度のメッシュをスカルプトモデリングすることができるというアドバンテージがありました。その反面、ポリゴンモデリング的なアプローチでカッチリしたものを作りづらかったり、たった1ポリゴンを削除したり、2つの頂点を1つにまとめることさえ手間のかかる、ポリゴンモデリング的アプローチには弱いソフトでした。

その弱点を補う要素の1つとして実装されたのがZModelerブラシです。

ただし、操作の仕方のクセが強いことと、ZBrush自体の制約（たとえばN-Gonを扱えないため、任意の場所に他の3Dツールのようにエッジを入れることが不可能等）を受けてしまうため、真に使いこなすにはZBrush自体をよく知る必要があります。

本書では、10-01でZModelerブラシの使い方と、実際にZModelerブラシを使った一部パーツのモデリングを解説しています。

▶ VDM（Vector Displacement Mesh）

ZBrush 4R8から追加されたブラシ系新機能です。Single Layerタイプに属しており、最大の特徴は、アルファでは法線方向のプラス・マイナスのみの移動しかできなかったのに対し、VDMではXYZ方向へのベクトルで頂点移動が行えるようになったことです。

たとえば、耳の付いていない頭部のメッシュがサブディビジョンレベルを持っていた場合、耳を追加するにはインサートメッシュブラシが使えないという縛りが発生するため、基本的には自分でスカルプトして作るしかありませんでした[注6]。

注6　一応、Freeze Subdivision Levelsを使うという手もありますが、6-01でも解説している通りお勧めしません。

VDMはメッシュに対して頂点移動しか行わないため、サブディビジョンレベルがあろうと、レイヤーがあろうと、モーフターゲットがあろうと動作します。

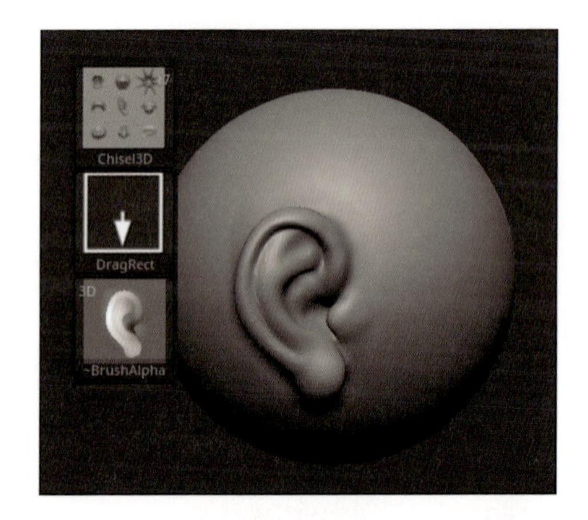

なお、本書の作例では、デザイン上VDMの効果的な使いどころが存在しなかったので、14-02でVDMの作り方、使い方を補助的に解説しています。

ブラシ設定の注意点

ブラシのパラメーターは個別

ブラシの持つパラメーターはDraw Sizeと一部機能を除き、基本的に固有のものとなります。そのため、特定のブラシAで何らかのオプションや数値を変えても、他のブラシには引き継がれません。

たとえば、StandardブラシでBackFace MaskをONにしてからClayBuildupブラシに切り替えても、BackFace MaskはONになっていません。これは、マスクブラシやスムースブラシ等のカテゴリー間でも同じです。

とてもよくあるのが、Weighted Smooth Modeのオプションを切り替える際に、Shiftキーを押してスムースブラシを有効にしていない状態でスライダを動かしたため、肝心のスムースブラシのオプションが切り替わってないという失敗です。オプションを切り替えたいブラシになっているか（Shift、Ctrl、Ctrl＋Shiftを押した状態かどうか）、しっかり確認して設定を変えましょう。

Dynamic オプション

ブラシサイズのスライダに、Dynamicというオプションがあります。

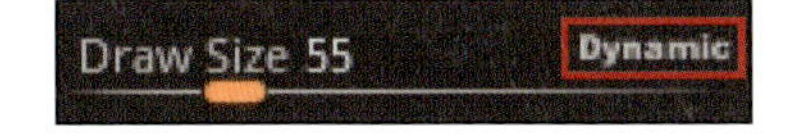

このオプションは、カメラのズームに対してブラシサイズは画面上のサイズはそのままにするか（Dynamic OFF）、メッシュに対してのブラシサイズを維持するか（Dynamic ON）を切り替えます。

▶ Dynamic OFF でカメラをズーム

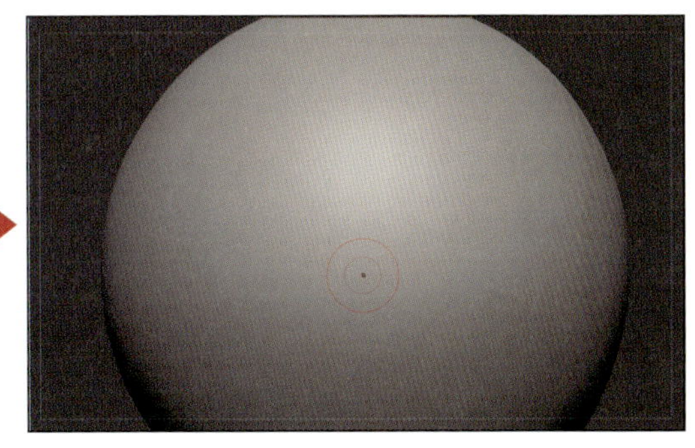

▶ Dynamic ON でカメラをズーム

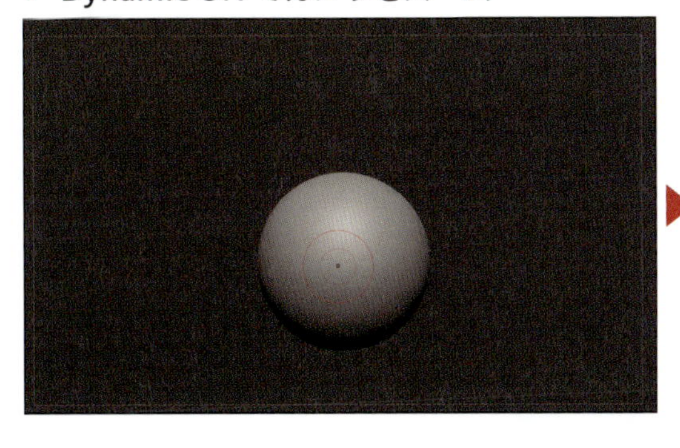
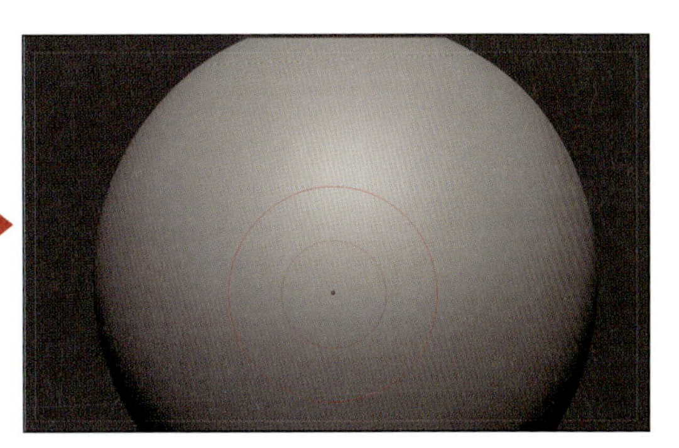

Chapter 3 ブラシとマテリアル

ZBrush 4R7以前ではクリック、ZBrush 4R8 patch1以前では Shift ＋クリックでON／OFFを切り替えましたが、ZBrush 4R8 patch2以降ではダブルクリックに変更になりました。それと同時に、ブラシ毎にDynamicオプションの状態が独立するようになりました（patch1まではブラシ間でDraw SizeとDynamicは共通でした）。

さらにバージョン2018では、［Dynamic］ボタン自体の仕様は以下のようになりました。

- **Dynamic機能のON／OFF自体は［Dynamic］ボタンをダブルクリック（4R8p2と同じ）**
- **デフォルトの状態ではDynamic機能はブラシ間で共通（4R8p1以前と同じ）**
- **Dynamic機能のON／OFFがブラシ間で独立化するためのオプションが追加（Remember Dynamic Draw Size）**

このように、メジャーバージョンアップだけでなく、パッチレベルの小さなバージョンアップでも使い勝手に大きく影響が出る変更が発生することがあります。バージョンアップ時は、フォーラムや代理店のバージョンアップ情報、ツイッター等を見て変更点を把握したほうが良いです[注7]。

注7　筆者は夜中だろうが明け方だろうが仕事中だろうが、この手の情報すぐに試すタイプなので、バージョンアップ前後に筆者のTwitterアカウントを見てもらえば、変更点や不具合の情報がだいたい初日で入手できます。普段は飯テロしてるくらいのアカウントですので、バージョンアップの時にだけ覗くことを推奨します！！

設定のリセット

UIのカスタマイズでも解説した通り、ZBrushは再起動で保存していない全ての設定をリセットします。ブラシの設定を変更しても、保存していない場合は再起動で全てリセットされます。

また、起動中にブラシ設定"だけ"をリセットしたい場合は、ブラシパレットの［Reset All Brushes］をクリックします。これで起動時の状態に戻ります。

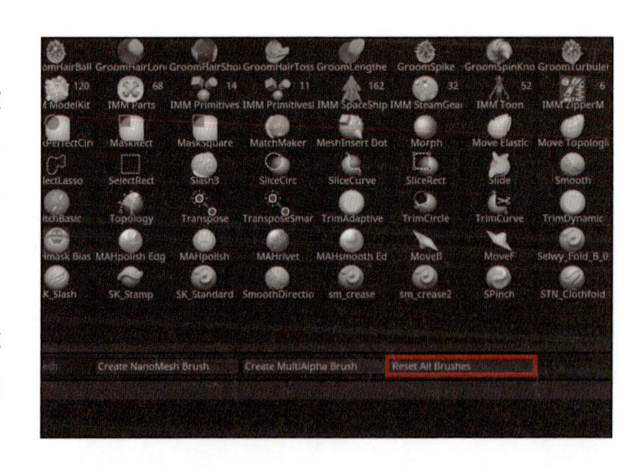

ブラシの保存

Store Config（P.51）はUIの保存のため、ブラシの設定は保存されません。

選択中のブラシを保存する場合は、ブラシパレット内の［Save As］、もしくは［Brush］>［Save As］からブラシを保存できます。設定を変更したブラシを次回起動時に自動的に読み込むには、「BrushPresets」フォルダにコピーしてください。

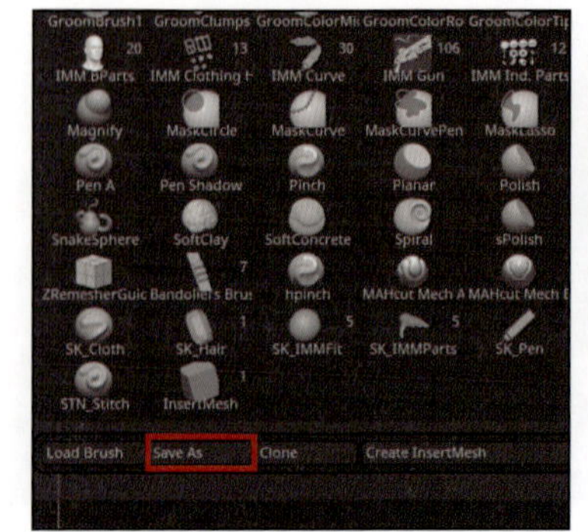

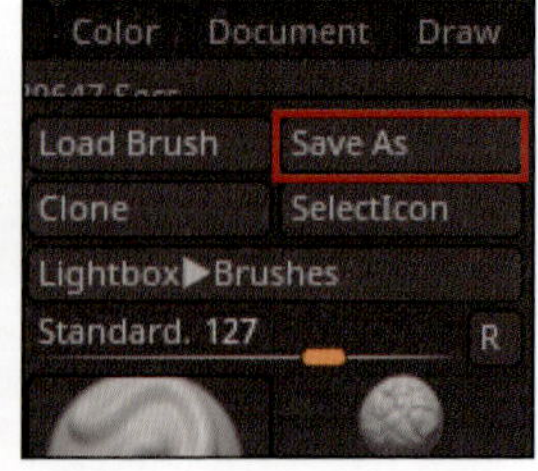

Lazy Mouse

Lazy Mouseは、ざっくり言うと手ブレ補正機能です。[Stroke]>[Lazy Mouse]メニュー内に各種パラメーターがあります。通常使う範囲のみ解説します。

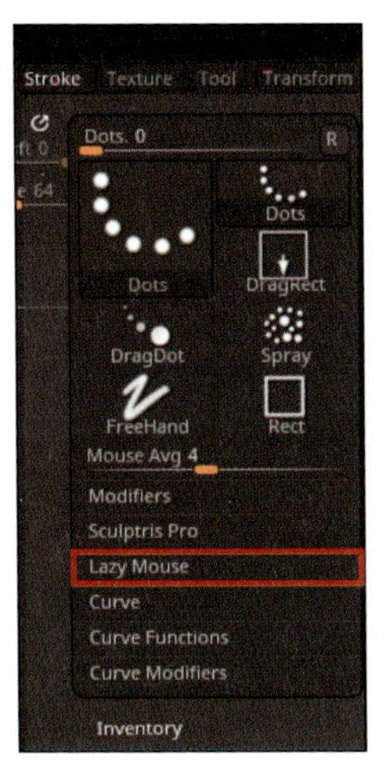

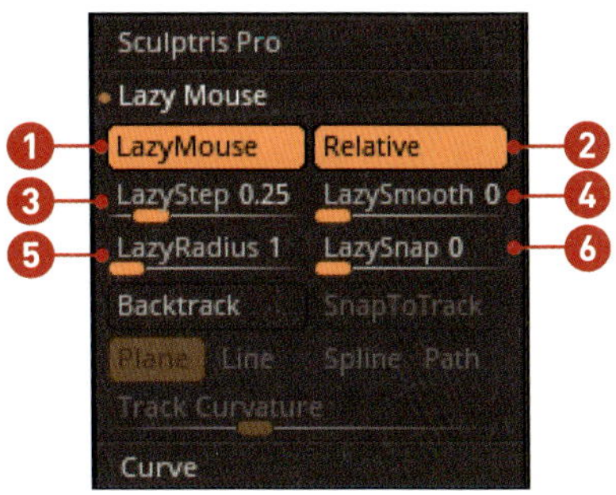

❶ Lazy Mouse	Lazy Mouse 機能の ON ／ OFF のボタンです。
❷ Relative	ステップ数（ブラシの影響が発生する間隔）がブラシサイズによって可変します。
❸ Lazy Step	ステップ間隔を調整するスライダです。連続した線を引きたいのに点描のようになってしまう場合は、この数値を小さくしてください。
❹ Lazy Smooth	手ぶれ補正の強度スライダです。
❺ Lazy Radius	入力されたストロークに対して補正をかけるサンプリング距離を調整するスライダです。
❻ Lazy Snap	R8 から追加された新機能です。最後に入力されたストロークの終点の近くから新しいブラシストロークを始めた時に、終点から連続したように描ける補正の終点へのスナップ距離のしきい値になります。ポリペイントで目を描くような細かい範囲で Lazy Mouse が有効なブラシを使う際、邪魔になることがあるので、そのような場合は値を 0 にしてください。

MEMO Lazy Mouse の新機能

4R7 までの ZBrush の場合、スジ彫りブラシのストロークが交差すると、効果が重なるため交差点で深く掘られすぎてしまうという泣き所がありました。

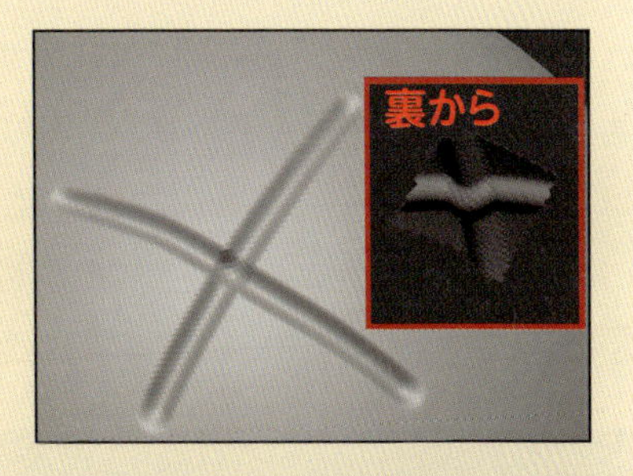

しかし 4R8 では、いくつか条件はありますが組み合わせ機能として、スジ彫りが交差した際に効果が 2 重にかかることがなくなりました。

以下の条件を満たせば恩恵を受けられます（Lazy Mouse の新機能として公式で紹介されていますが、Lazy Mouse を OFF にしていても下記 2 点をクリアしていれば動作します）。

・Single Layer タイプのブラシであること
・スジ彫りする前に、Morph Target にスジ彫り前の状態を保持すること（Store MT）

Single Layer タイプのブラシ自体がほとんどプリセットブラシには存在しないので、R8 で追加された Chisel ブラシでのスジ彫り時に使う機能というイメージで良いと思います（もちろん Single Layer タイプのブラシを自作しても良いと思います）。

Morph Target 機能はトポロジーの変更は禁止なため、DynaMesh の更新等は行わないようにしてください。

シンメトリー機能

キャラクター等を作る際、作成したいモデルが構造的に対称な場合、シンメトリー機能を使うことによって対称動作のスカルプトが可能です。

シンメトリーの使い方

［Transform］>［Activate Symmetry］を ON にすると、以後のブラシ操作はシンメトリー動作をします。

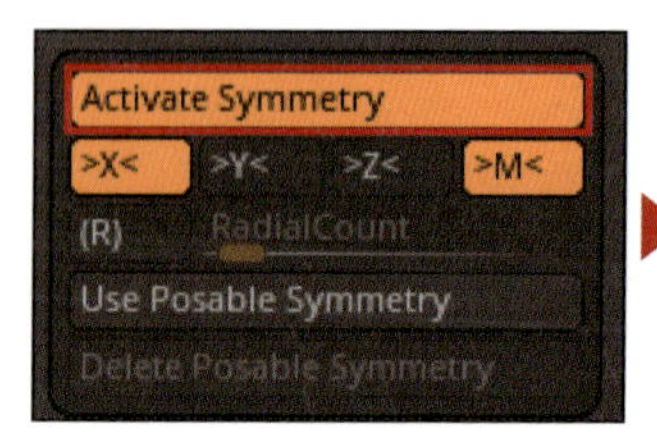

標準のシンメトリー機能では位置を基準に動作するため、トポロジー的にシンメトリーでなくても動作します。その反面、シンメトリーにスカルプトしたい軸方向で対称形状になっていない場合は、シンメトリーにスカルプトすることができません。たとえば、このように片腕だけ上げた状態のモデルの二の腕にスカルプトを施しても、反対側の空間には何もメッシュがないため反対側には反映されません（空中に対して効果が発生するだけ）。

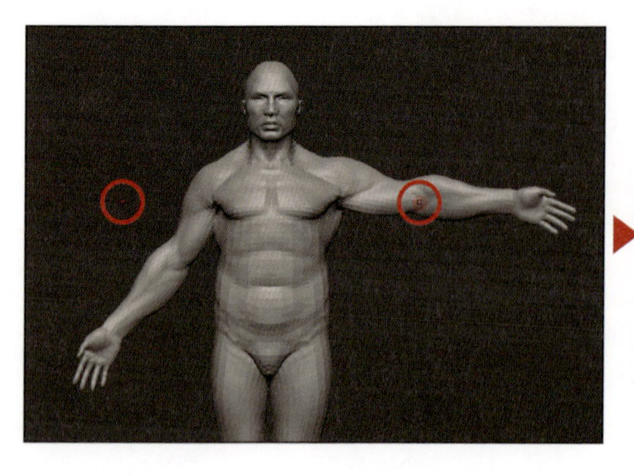

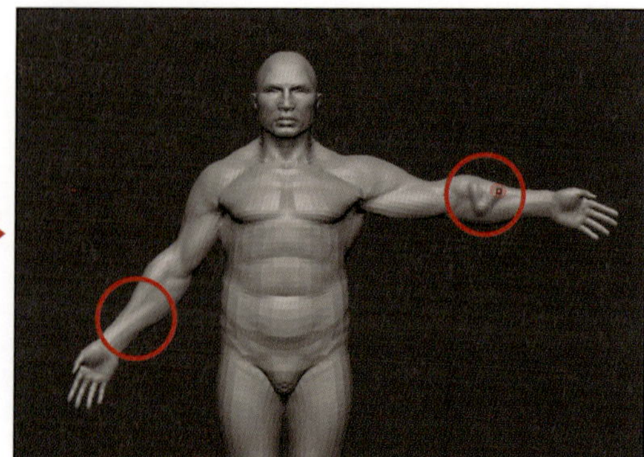

そのため、通常であればポーズを付けた後や、モデルの回転等をした後にシンメトリー編集はできません。ただしPosable Symmetry機能を使えばそれらも可能です。

Use Posable Symmetry

Posable Symmetry機能を使う場合に重要なポイントとして、対称にしたい軸方向のメッシュのトポロジー自体が対称になっていること、ということが必須です。

どういうことかというと、通常のシンメトリー機能は前述の通り位置基準で動作しますが、Posable Symmetryはポリゴンのトポロジー構成に基づいて対称判定をします。

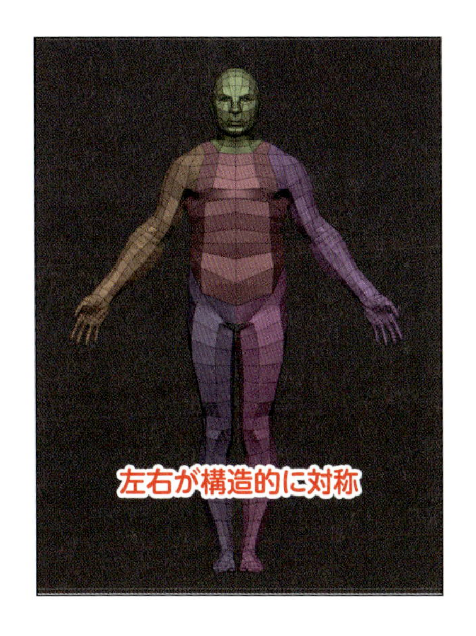

トポロジー構成が対称であれば、形状が違ってもそれぞれの対となる頂点がシンメトリーであると紐づけされています。トポロジーの対称さえ崩さなければ、キャラクターのポーズを付けた後に同位置にスカルプトを施すことが可能です。

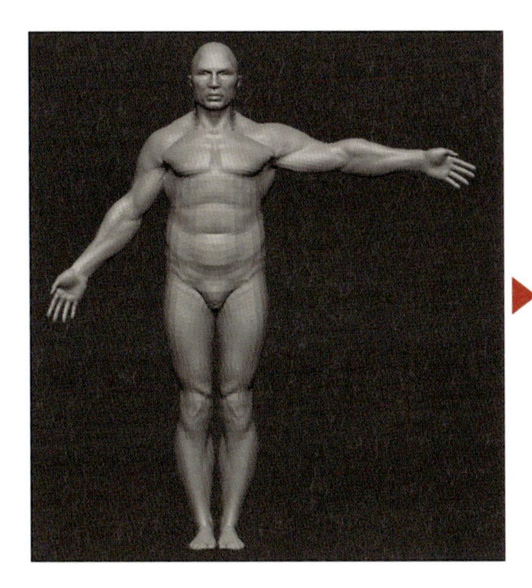

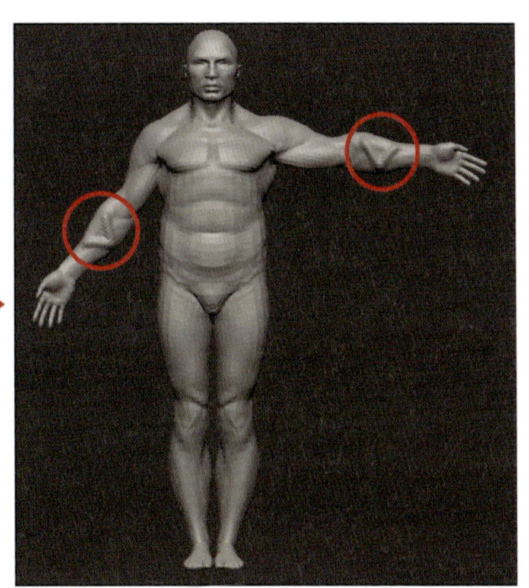

基本的には、ポーズ等を付ける前に[Use Posable Symmetry]ボタンをクリックします。メモリ上にシンメトリー判定の情報だけ格納後、シンメトリー機能自体はOFFにしてポーズを付けていき、適宜左右対称に編集したい時だけシンメトリーをONにします。

ポーズを付けた後や、回転等をした後でも、トポロジーの対称性さえ壊していなければPosable Symmetryの判定は基本的に通ります。

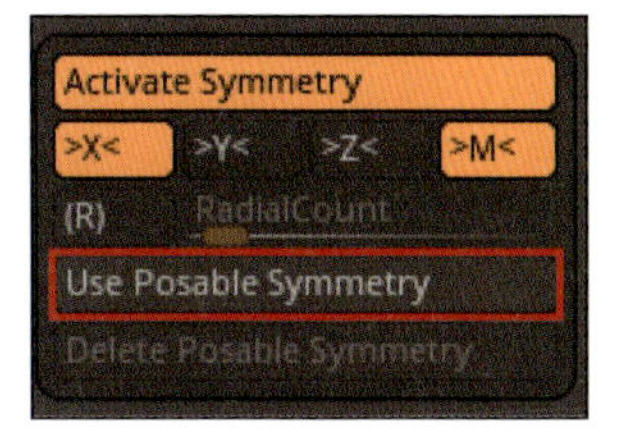

Use Posable Symmetryをクリック後、ノートバーに判定結果が出ます。完全な対称トポロジーの場合「Full symmetry found」と出ますが、ほんの少し何らかの理由で対称になっていない時は、ごくわずか100%に満たない判定結果になる時もあります。

▶ 完全な対称トポロジーの場合

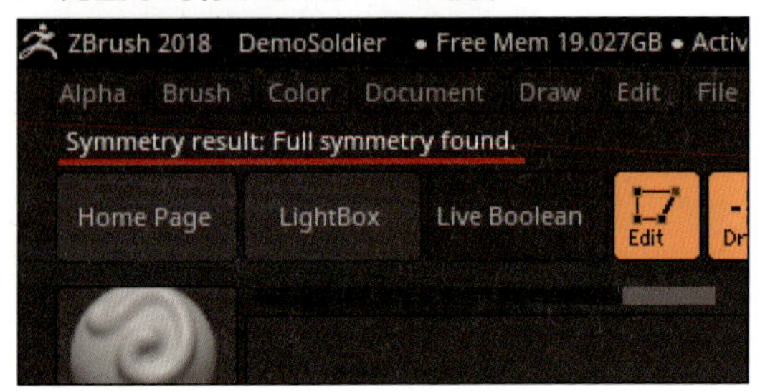

▶ ほんの少し、何らかの理由で対称になっていない場合

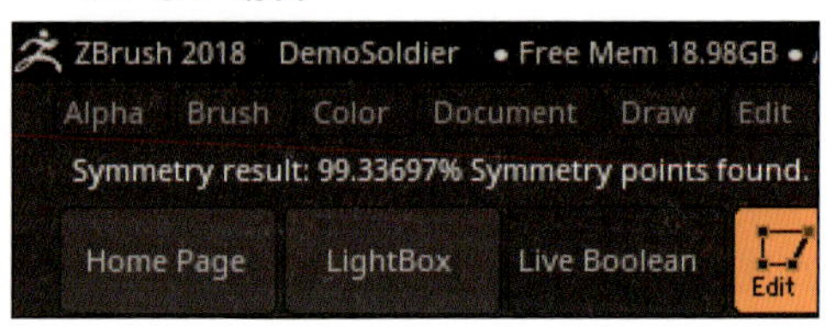

多少の誤差があってもPosable Symmetryは動作しますが、後の誤動作の誘発原因になったり、ZBrush自体が落ちやすくなるため、極力完全なシンメトリー構成にしてください。

また、ZRemesherをシンメトリー設定でリトポロジーしたにも関わらず、シンメトリー判定にならない場合が稀にあります。その際は、Mirror and Weldを使って再度シンメトリー化処理をかけてください。

▶ Use Posable Symmetry の注意点

● 2軸以上がシンメトリーの場合動作しない

Posable Symmetry機能は、1軸に対してしか動作させることができません。たとえば、上下左右奥行き方向のいずれかで2軸以上対称な構成のメッシュでは使用することができません。

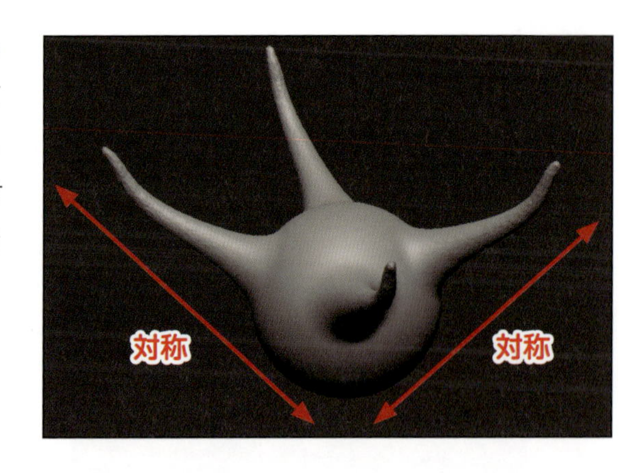

● Close Holes に注意

非常に多いミスとして、Use Posable Symmetryを有効にした後にClose Holesを使ってしまい、その結果ZBrushがクラッシュするという現象があります。

▶ Demo HeadにClose Holesを適用。明らかにClose Holesで塞がれた部分は対称なトポロジーではない

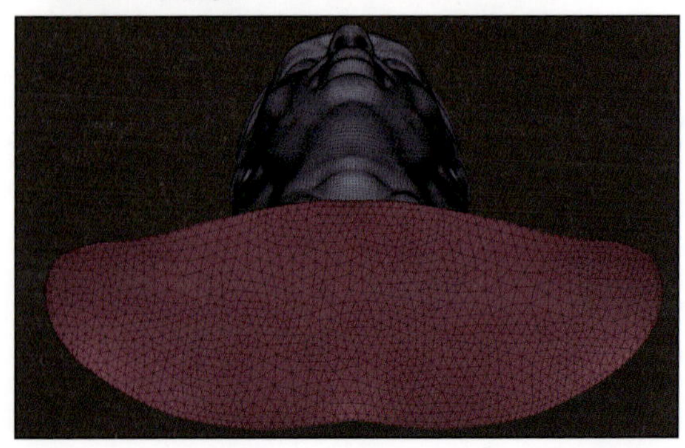

そもそも、Use Posable Symmetry機能を有効にした後のトポロジー変更自体が基本的にご法度な上、Close Holesで作られる穴を塞ぐメッシュのトポロジーはシンメトリーに生成されません。その結果として、トポロジー的にシンメトリーではなくなったメッシュに対してZBrushはトポロジー的な対称点を探してシンメトリー動作をさせようとし、ZBrush自体がクラッシュします。これは本当に多いミスなので気を付けてください。

● サブディビジョンレベルを上げた場合は、上位レベルで再度有効にする必要あり

Posable Symmetryが有効になっているメッシュに対してサブディビジョンをかけた場合、再度上位レベルで再計算させる必要があるため、[Use Posable Symmetry]ボタンをクリックしてください。

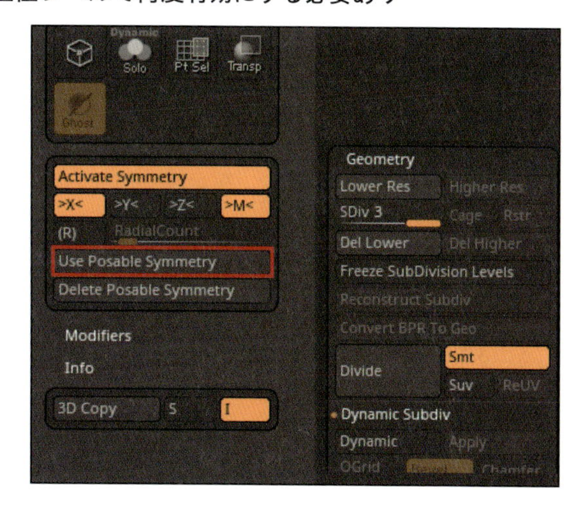

▶ Mirror and Weld と Smart Symmetry

スカルプトとは直接関係ないですが、シンメトリーに大きく関わる2つの機能をここで解説します。

● Mirror and Weld

[Tool]>[Geometry]>[Modify Topology]にあります。ボタン右側にあるオプションでは、軸を指定します。

Mirror and Weld機能を使うと、オプションにセットされた軸のプラス側からマイナス側[注8]に強制的にメッシュがコピーされます。

注8　ここでは、Floor等に表示される表示上の座標系で記述しています。

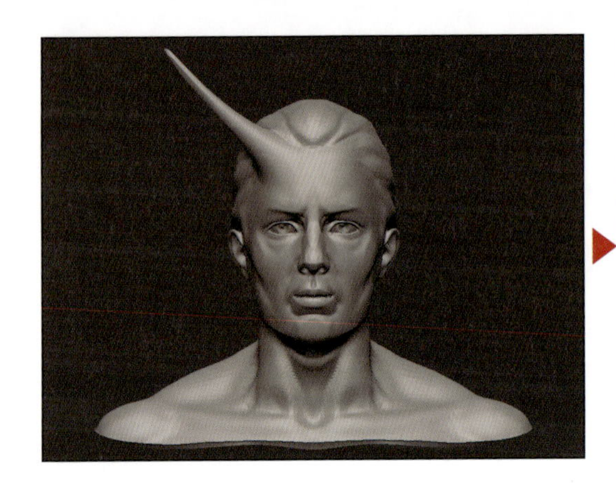
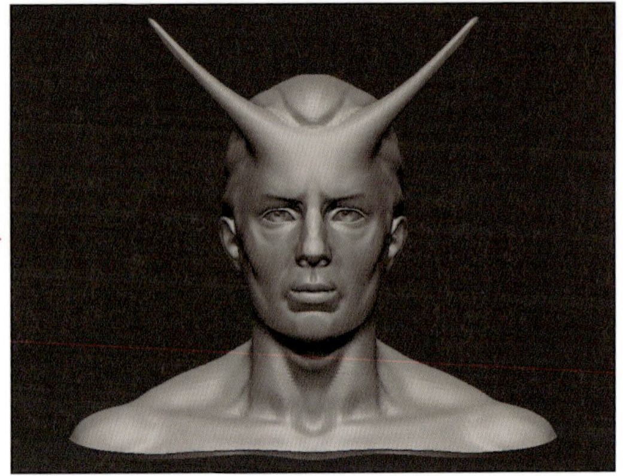

Mirror and Weldを使うと、指定軸で強制的に対称なメッシュを作ることができるため、Posable Symmetry機能を使う予定のメッシュではこの機能を使うと良いでしょう。注意点としては、強制的にトポロジーを書き換える機能なため、サブディビジョンレベルとの併用はできません。

● Smart Realing Symmetry

[Tool]>[Deformation]>[Smart ReSym]にあります。

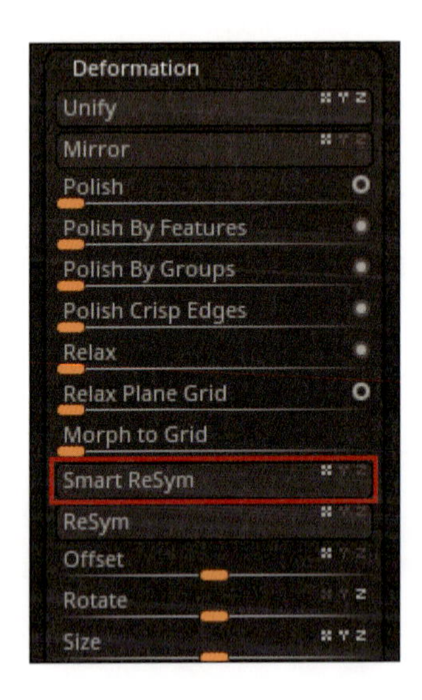

Smart Realing Symmetry機能は、トポロジー的に対称なメッシュの場合、指定軸の形状の差異を反対側にコピーすることができます。

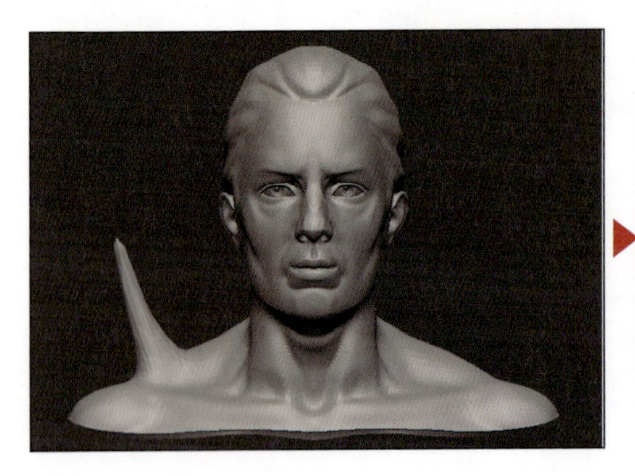
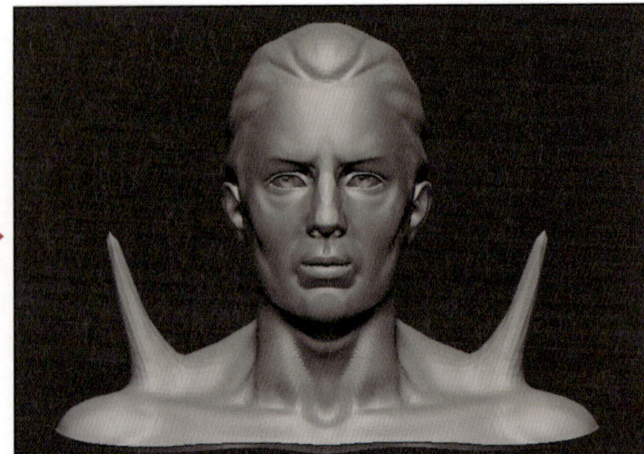

一見Mirror and Weldと同じような機能に思えますが、以下の違いがあります。

まず、通常の状態ではプラス側、マイナス側50%同士のブレンドになってしまいます。

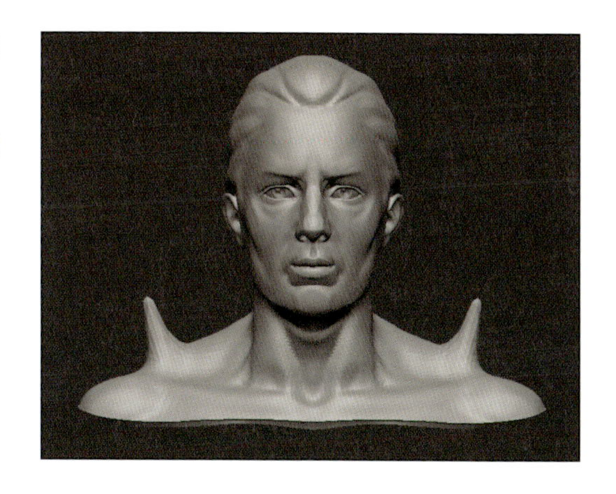

マスクを片側にかけると、マスクがかけてある部分は変形しません。

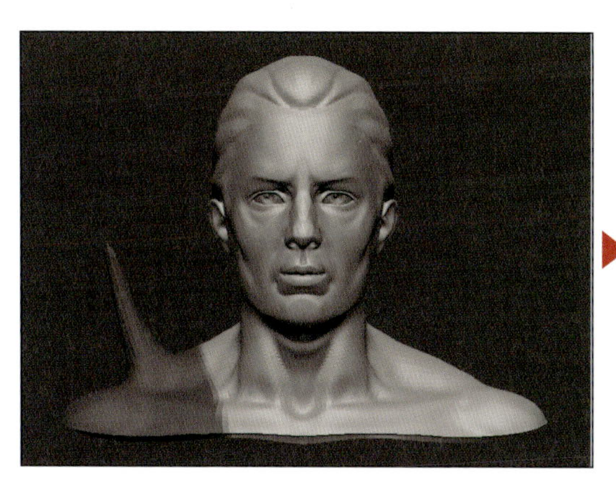

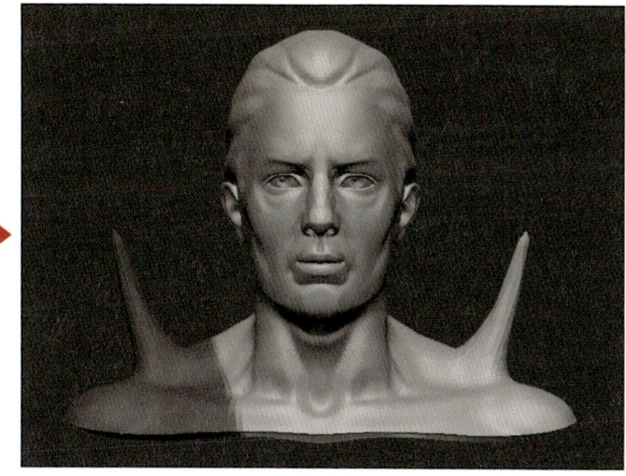

もし、スカルプト作業中、気づかない間にXキーを押してシンメトリー編集を解除したままスカルプトを進めてしまい、左右非対称な形状になっていたとしても、この機能を使うことによって反対側に形状を復元することができます。

この機能の利点は、Mirror and Weldと違い、トポロジーの書き換えではなく頂点移動をさせているだけなため、サブディビジョンレベルが存在するメッシュに対して使うことができる点です。

Local Symmetry（ローカルシンメトリー）

前述の通り、通常のシンメトリー機能は位置基準ですが、それはプロジェクトの座標軸原点を中心としています。

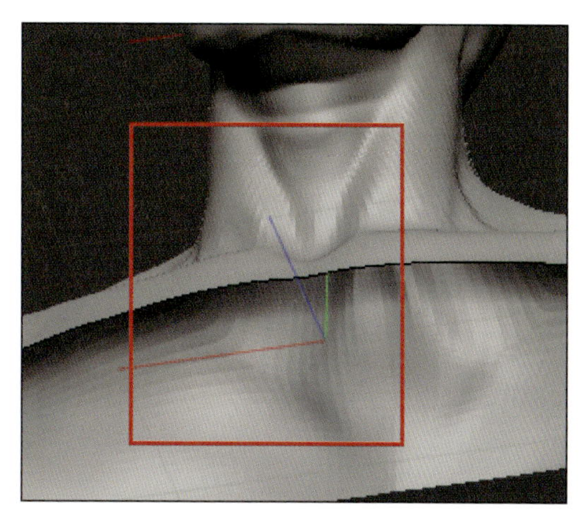

そのため原点位置から移動させたメッシュでは通常シンメトリー編集ができません。

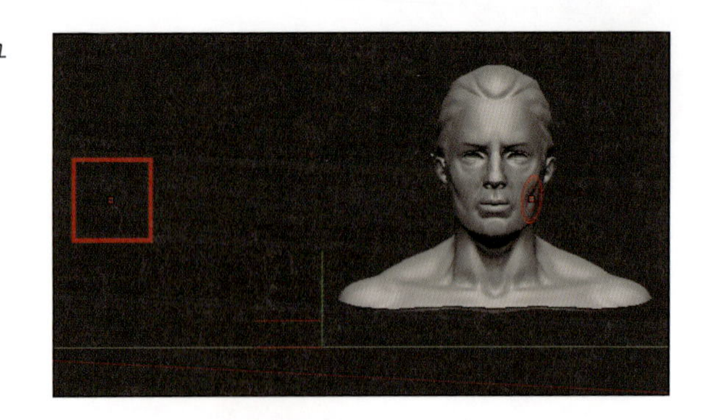

その場合に、メッシュの中心を仮の原点としてシンメトリー編集することができる機能がLocal Symmetry機能です。[Transform]メニュー、もしくはシェルフにボタンがあります。

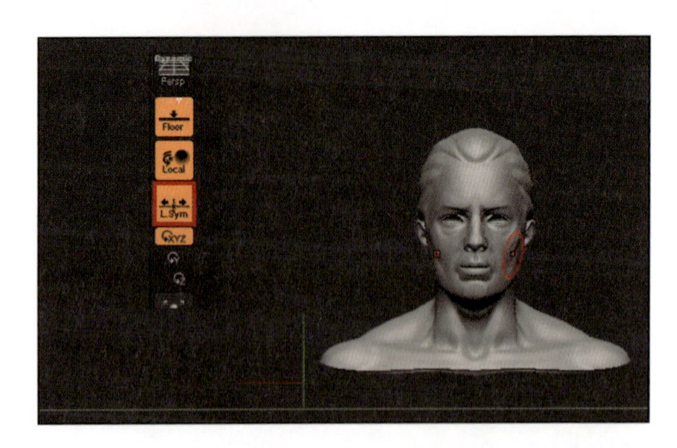

注意点として、機能を有効にした直後はまだ通常のシンメトリーの原点での動作になってしまうため、少しで良いのでカメラ操作をしてください(キャンバス自体の書き換え処理を何らかの形で発生させます)。

▶ [Symmetry] メニュー

[Symmetry] メニューの各機能は次の通りです。

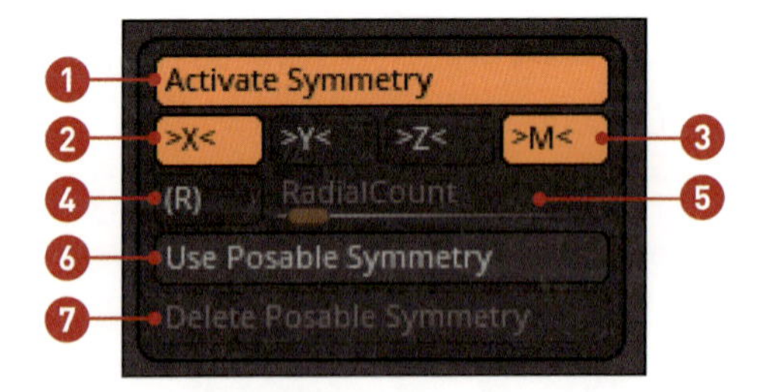

❶ Activate Symmetry	シンメトリー機能の有効、無効ボタンです。
❷ > X < > Y < > Z < (X, Y, Z Symmetry)	シンメトリー軸の指定ボタンです。同時に複数の軸をONにすることも可能です。
❸ > M < (Mirror Symmetry)	シンメトリーをミラー動作させます。OFFの場合、位置は対称ですが動作方向が同じになります。
❹ (R) (Radial Symmetry)	円形のシンメトリーを有効にします。
❺ RadialCount	Radial Symmetry 有効時の円形複製個数を設定します。
❻ Use Posable Symmetry	Posable Symmetry 機能を有効にします。
❼ Delete Posable Symmetry	Posable Symmetry 機能を無効に、メモリ上から Posable Symmetry 情報を消去します。

SECTION 02

マテリアル

マテリアルはほぼキャンバス上の表示のためだけの存在ですが、作業への影響が大きい要素ですので、場合によって使い分けるとより作品作りで役立ちます。

マテリアルの基本

マテリアル一覧は左側シェルフから呼び出すことができます。各マテリアルのサムネイルをクリックすることで切り替えられます。

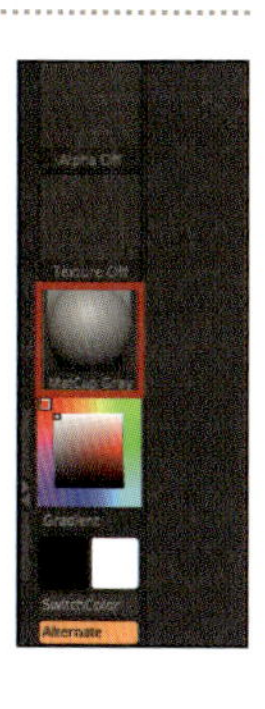

ZBrushには2つのマテリアルカテゴリーがあります。

MatCap

MatCap（マットキャップ）は、簡単にいうと画像ベースでライティング情報＋色を決定するマテリアルです。ハイライトの出方、遮蔽された部分等のシェーディング、色の情報を写真から起こすことも、自分で描くことも可能です。キャンバス上では、[Light]メニューのライティング情報を無視するという特徴があります。

Standard Material

ZBrush内での表面の質感を左右します。グレーのサーフェイサーを吹いたような質感もあれば、金属のような質感もあります。

MEMO 3D ソフト間でマテリアルは統一されていない

両方のマテリアルに共通する注意事項として、他の 3D ソフトに持っていって ZBrush での見た目を再現することや、他の 3D ソフトから読み込んできて元の見た目と一致させることは原則不可能です。頑張って見た目で合わせれば絶対不可能ではありませんが、FlatColor のように拡散反射のみというような場合を除き、基本的に無理です。これは、ZBrush に限らず、3D ソフト間でマテリアル自体のパラメーターの定義が統一されているわけではないためです。

お勧めマテリアル

筆者は主に以下のマテリアルを使っています。使いどころとともに紹介します。

zbro_Mud_3Dcoat

陰が見やすく、形状の把握が他のマテリアルに比べてしやすいマテリアルです。ライティング情報が左右対称なことも良い点です。筆者は、作業中の9割強の時間はこのマテリアルを利用しています。

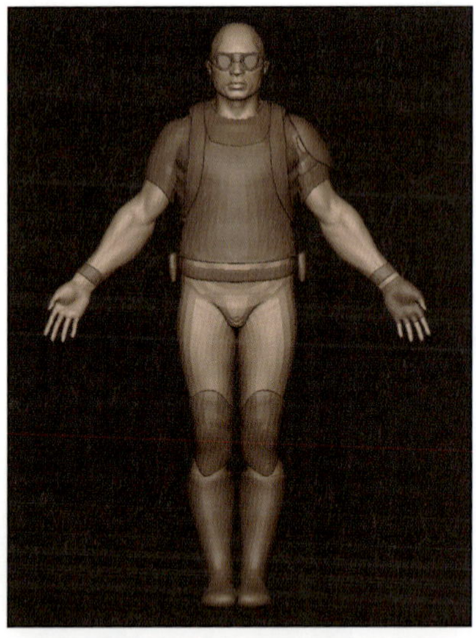

ダウンロードアドレス	http://luckilytip.blogspot.com/2012/05/zbrush-custom-matcap-6.html
コピー先	ZBrush インストールフォルダ内 ZStartup/materials 例：C:¥Program Files¥Pixologic¥ZBrush 2018¥ZStartup¥Materials

MatCap Gray

グレーのサーフェイサーを吹いて、少し磨いた状態のような質感になります。基本的に、3Dプリンターで出力した後はサーフェイサーを吹いて磨きます。その時のイメージに近づけて確認し、修正ポイントを考える時に使います。

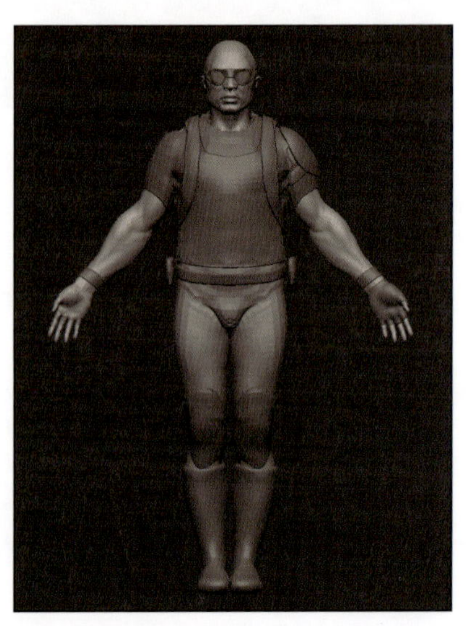

Chapter 3 ブラシとマテリアル

Flat Color

ライティング情報、シェーディング情報を全て廃したフラットな見た目になります。シルエットだけを純粋に確認できるので、ポーズやバランス調整に役立ちます。

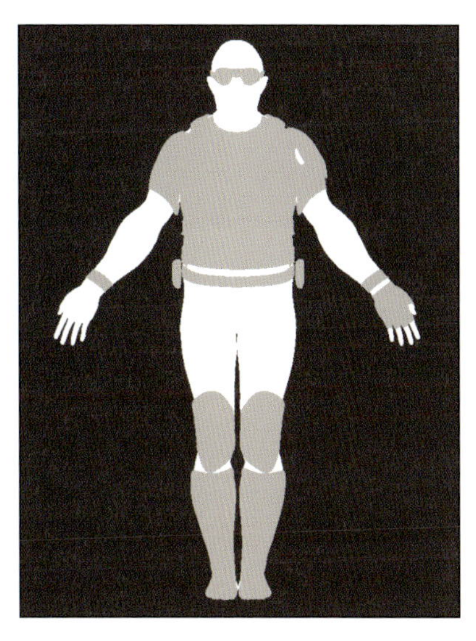

MatCap White01

白い見た目とやんわりとした陰でシェーディングされます。

このマテリアルはライティング情報が非対称なため、たとえば素体等で左右対称モデリング中であっても、左右非対称に見えることがあります。片側で調整した場合、反対側を見た時に違和感を覚えたりするため、筆者は確認用のみで使っています。

▶ メッシュは同じだが、シェーディングのせいで左右非対称に見える

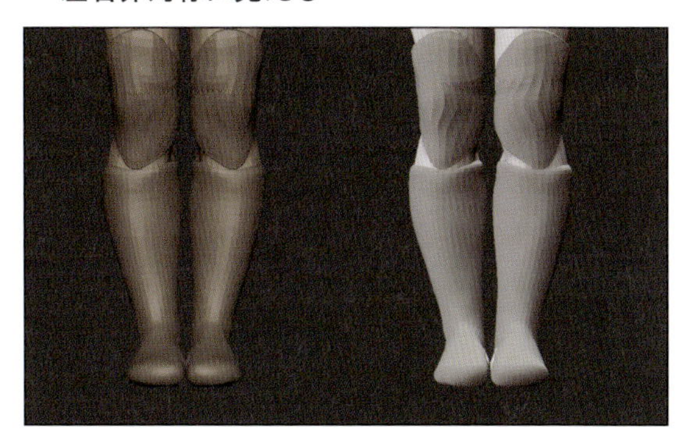

▶ NormalRGBMat

カメラから見た方向における面の法線方向でレインボーカラーになります。

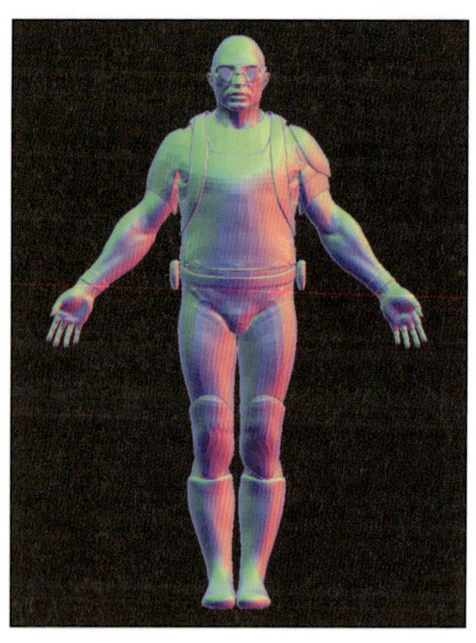

他のマテリアルと比べて、表面の凸凹の視認性が良いです。たとえば、キッチリ平らな面にしたい部分が荒れている可能性がある場合、このマテリアルに切り替えた上で、Flattenブラシや Planarブラシ等を使って真っ平らにしています。

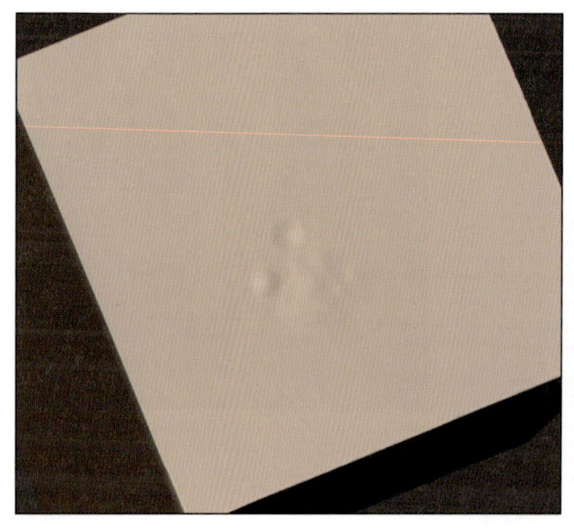

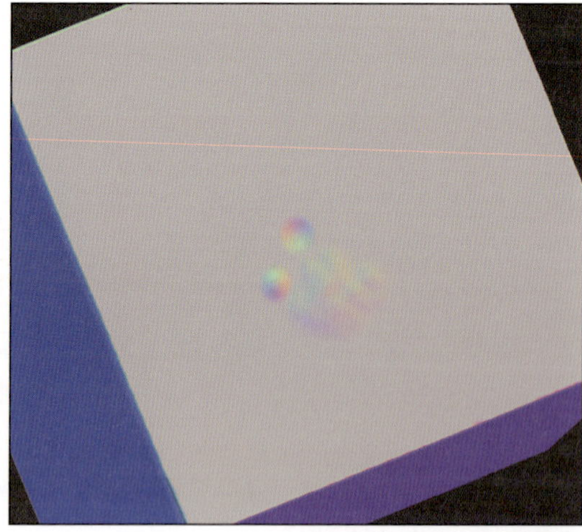

このマテリアルの特徴として、マスクをかけても表示上はマスクが描画されません。もしこのマテリアルを使用中にMask情報を視覚的に観たい場合は、[Material] > [Modifiers] で、[S1] の [Add Reflection] の値を「0」にしてください。

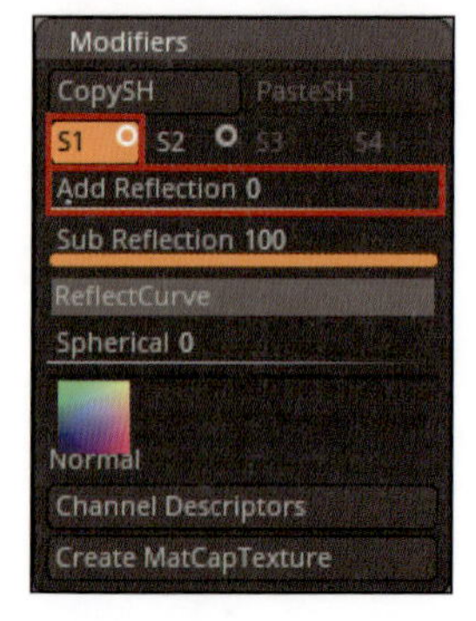

MEMO マテリアルの固定と解除

マテリアルが固定されていないサブツールは、マテリアルパレットからマテリアルを選択することでどんどん切り替えることができます。マテリアルを固定するには、ブラシの Draw オプションを切り替えます。

［M］ボタンをクリックして ON にしてから、［Color］>［FillObject］をクリックしてください。

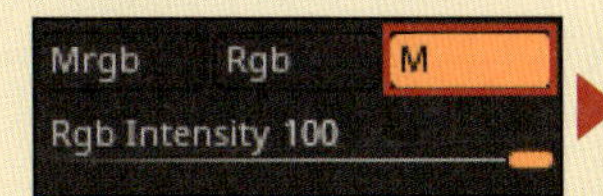

複数のサブツールで毎度毎度これを繰り返すのは大変面倒なので、一括でかけることも可能です。マテリアルを固定したいサブツールのみが表示されている状態にし、［Zplugin］>［SubTool Master］>［Fill］をクリックして、［Material］のみにチェックを付けて［OK］ボタンをクリックします。

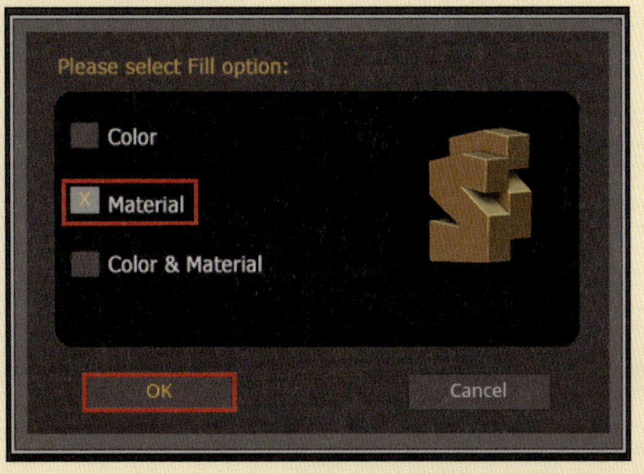

マテリアルを固定すると、今までのようにマテリアルの切り替えをパレットからの選択のみではできなくなります。もし、選択して切り替わる状態に戻したい場合は、一度 Flat Color マテリアルを［FillObject］で上書きしてください。Flat Color マテリアルは、固定されたマテリアルを解除する動作をするため、またパレットからの選択切り替えが可能になります。

Chapter 3 ブラシとマテリアル

MEMO 複数サブツールがある場合のマテリアル

複数のサブツール（P.92）がある場合、アクティブなサブツール以外は既定より少し暗くなります。

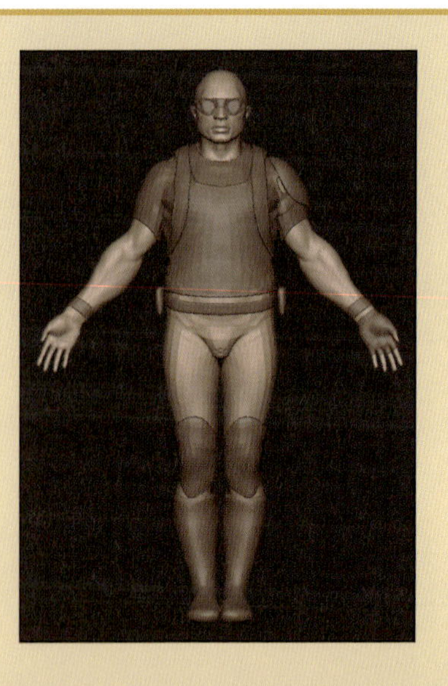

全て同じ明るさにしたい場合は、わざと全てのサブツールのポリペイント（P.104）を ON にしてください。

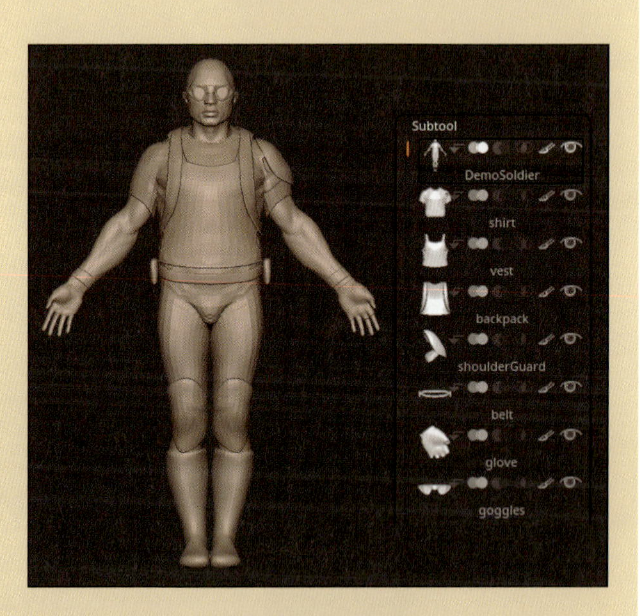

１つ１つクリックするのは手間ですが、サブツールのポリペイントボタンを Shift ＋クリックすることで、全サブツールのポリペイントを ON にすることができます。

Chapter 4

サブツール・ポリグループ・ポリペイント

SECTION

01 サブツール

サブツール(Subtool)は、ZBrushで作業する上で重要な概念の1つです。使いこなすと作業効率が上がり、できることの範囲も広がるので、しっかり覚えましょう。

サブツールとは

Photoshopのレイヤーとは全く異なる

2-02でも少し解説しましたが、ZBrushの作業している範囲全体(ZPRファイルで保存できる範囲)を駐車場と例えるなら、ツールは車、サブツールはその車に乗っている人のリストのようなものです。[Tool]>[Subtool]に、リストとサブツールに関連する機能が集約されています。

Photoshop等の2Dソフトを使っている方は、サブツールを「レイヤーに相当するもの」と思われるかもしれませんが、これはいろいろな意味で間違いです。ZBrush自体にもレイヤーという機能がありますが、Photoshop等のレイヤーとは全く異なります。また、サブツール自体、相互に効果を重ねていくものではありませんので、レイヤーと例えるには問題があります。

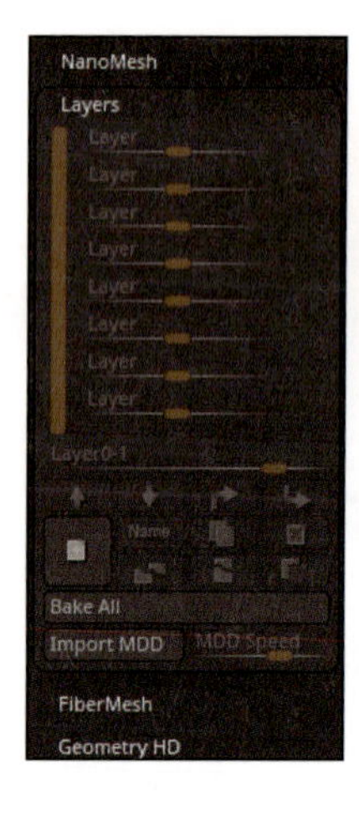

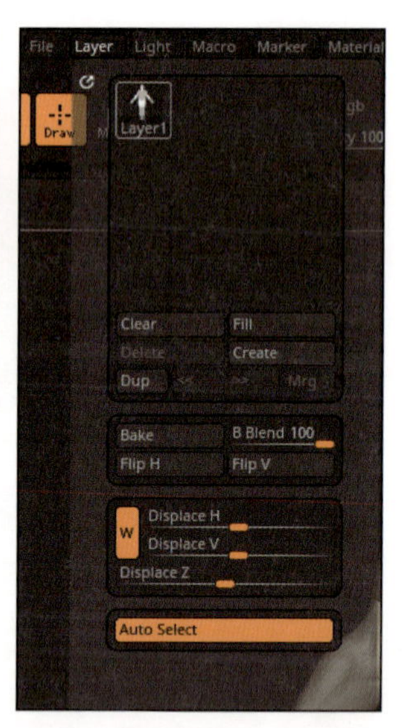

サブツールを他3Dソフトに例えるなら、オブジェクトのリストに相当します。Mayaでいうならば、アウトライナー上に表示される1つ1つのオブジェクトです。

サブツールの注意点

ZBrush自体の制約にも関わる注意点が、サブツール周りにいくつかあります。とても大切なことなのでよく覚えてください(1度手痛く失敗したら嫌でも覚えますが!)。

- ZBrushのアンドゥ(Undo:元に戻す)は、サブツールごとに履歴を持つ
- サブツールを複製した際、複製元のUndo履歴は保持されるが、新しいサブツールには元のUndo履歴はコピーされない
- 複製、削除、結合、分離、順番の並べ替え、表示状態の変更等、サブツール自体の構成が変わる操作は、Undoできない
- 複数サブツールの同時操作は、一部機能を除き不可能
- 全てのサブツールを非表示にしても、アクティブなサブツール(選択中のサブツール)は強制的に表示状態になる。表示/非表示の判定がある機能を使う場合、たとえサブツール表示がOFFであっても、アクティブなサブツールは表示されているという扱いで動作する

[Subtool]サブメニュー①

LightBoxからDemoSoldier.ZPRを開き、[Tool]メニューを開いて[Subtool]サブメニューを展開してください。

[Subtool]サブメニューの個々の機能は以下になります。

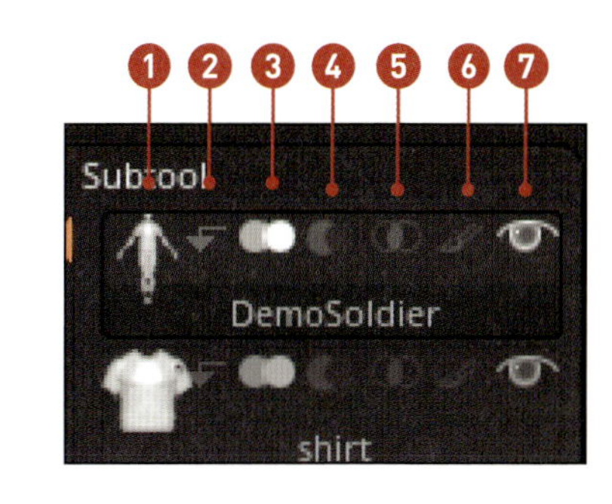

❶サムネイル	サブツール中身がサムネイルとして表示されます。アクティブなサブツールを切り替える時は、このサムネイル部分をクリックすることを意識してください(初心者のうちは隣接しているボタンを気づかないうちに押していることが多々あります)。また、アクティブなサブツールのサムネイルをクリックした場合は、❼の可視性切り替えと同様の動作をします。
❷Startフラグ	❷~❹は、サブツールオペレーターというブーリアンのためのフラグスイッチになっています。❷は、Auto Collapse機能、Live Boolean機能のためのフラグです。サムネイルのすぐ横にあり(環境次第でサムネイルにかぶるように配置されることがあるので注意)、実際の使いどころは6-04で解説しています。
❸和	足し算のブーリアン用フラグです。
❹差	引き算のブーリアン用フラグです。
❺積	掛け算のブーリアン用フラグです。
❻ポリペイント	ポリペイントの表示/非表示を切り替えます。Shiftを押しながらクリックすることで、全サブツールのON/OFFを一括で切り替えることもできます。
❼可視性	サブツールの表示/非表示を切り替えるボタンです。R8以前では、アクティブなサブツールでこのアイコンをクリックすることにより、全てのサブツールの可視性が追従していましたが、この動作はShift+クリックした時に変更されました(R7までは、アクティブサブツールの可視性をクリック誤爆してよく悶絶してました…)。Startフラグが有効になっているサブツール以外がアクティブな時に、Startフラグのサブツールの可視性をクリックした場合は、子供になっているサブツールの可視性が一括で変更されます。

[Subtool] サブメニュー②

サブツール自体を操作するメニュー群です。

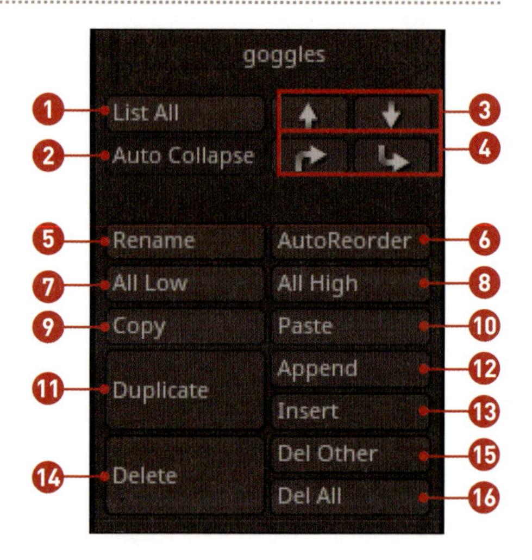

❶ List All	アクティブなツール内にある全てのサブツールをリストとして表示します。ショートカットは N キーです。
❷ Auto Collapse	Start フラグが複数ある際、アクティブなサブツールが属している Start グループ以外の Start グループを、Start フラグのサブツールのみの表示に畳む機能です。
❸ Select Up/ Select Down	アクティブなサブツールを切り替えます。ショートカットはキーボードの ↑↓ キーです。 Shift キーを押した状態でボタンをクリックした場合、[Subtool] リストの一番上、一番下にアクティブなサブツールが切り替わります。
❹ Move Up/ Move Down	アクティブなサブツールの順番を移動します。ショートカットは Ctrl キーを押しながら ↑↓ キーです。 Shift キーを押した状態でボタンをクリックした場合、[Subtool] リストの一番上、一番下にアクティブなサブツールが移動します。
❺ Rename	サブツール名の変更ボタンです。クリックすると入力用のダイアログが開きます。
❻ AutoReorder	サブツールを頂点数順に並べ替えます。前述の通り、並び順の変更等の Undo は不可能なので、意図的にサブツールを並べ替えている時にこのボタンをクリックしてしまうと、強制的に頂点数順になってしまい元に戻すことができません（手動で並べ直すしかなくなる）。
❼ All Low	全てのサブツールのサブディビジョンレベルが最下位になります。
❽ All High	全てのサブツールのサブディビジョンレベルが最上位になります。
❾ Copy	サブツールをコピーします。サブディビジョンレベルやレイヤー情報も一緒にコピーされます。Undo 履歴はコピーされません。
❿ Paste	コピーしたサブツールを任意のツール内にペーストします。サブディビジョンレベルやレイヤー情報も保持されたままペーストされます。Undo 履歴は保持されません。
⓫ Duplicate	サブツールを複製します。Undo 履歴は保持されません。
⓬ Append	[Subtool] リストの最下位にツールパレット内の任意のツールを追加します。
⓭ Insert	アクティブなサブツールの直下に、ツールパレット内の任意のツールを追加します[注1]。
⓮ Delete	アクティブなサブツールを削除します。この機能に限らず、Undo 不可能な機能のほとんどでは「この操作は元に戻すことはできません。OK を押すと続行し、キャンセルを押すと中止します」といった意味の警告が出ます。[Always OK] をクリックした場合、次回起動時まで警告が出なくなります。つまり、うっかり必要なサブツールを削除する危険性がとても高まるため、基本的に [Always OK] は押さないほうが賢明です。
⓯ Del Other	アクティブなサブツール以外のサブツールを削除します。
⓰ Del All	アクティブなツール内全てのサブツールを削除します。これはツール自体の削除と同義になるため、ツールパレット内から特定のツールを削除する目的で使用できます。もちろんこれも Undo 不可能です。

注1　[Append] [Insert] からプリミティブを読み込めますが、この場合パレットから直接読み込んだ時とは違い、Initialize での数値制御等はできず、最初から PolyMesh3D 状態で呼び出されます。

▶ Start フラグを設定し、[Auto Collapse] が OFF の状態

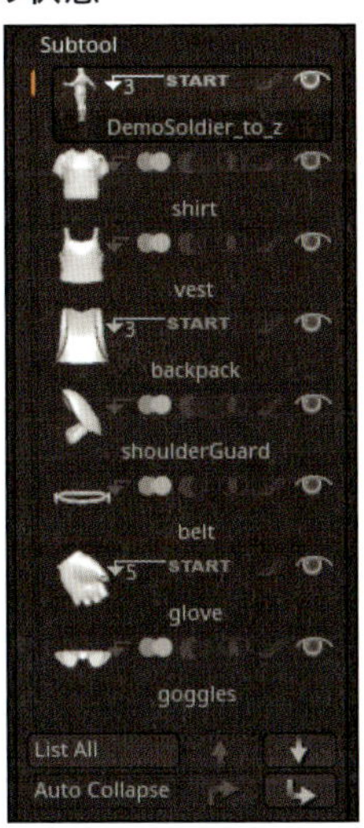

▶ Start フラグを設定し、[Auto Collapse] が ON の状態

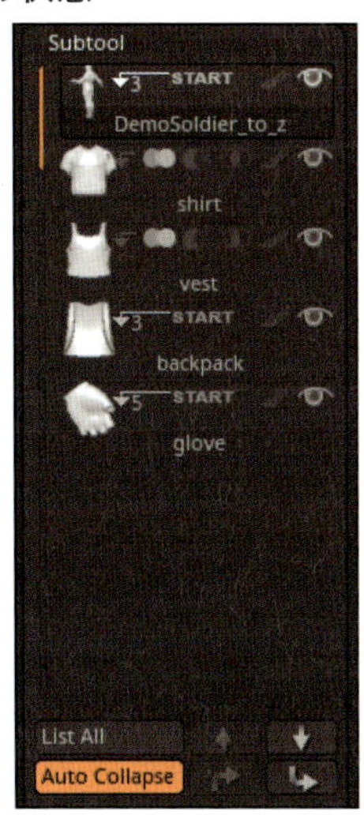

[Subtool] サブメニュー③

サブツール自体を操作するメニュー群です。

[Subtool] サブメニュー内は、さらにUIグループというカテゴリー分けでメニューの階層があります。[Tool] メニューに限りませんが、「メニュー>サブメニュー>UIグループ」のようにどんどん深く深く機能が潜り込んでいるのもZBrushの特徴の1つです。なので、UIのカスタマイズをし、よく使うものはすぐ触れる場所に準備しておきましょう。

なお、Remesh機能自体はDynaMesh登場以降はほぼ使われない機能と化しているため、解説を割愛します (筆者も正直1、2回くらいしか触ったことがないレベル)。

▶ Split ([Tool] > [Subtool] > [Split])

アクティブなサブツールを、2つないし複数のサブツールに分離させるための機能群です。

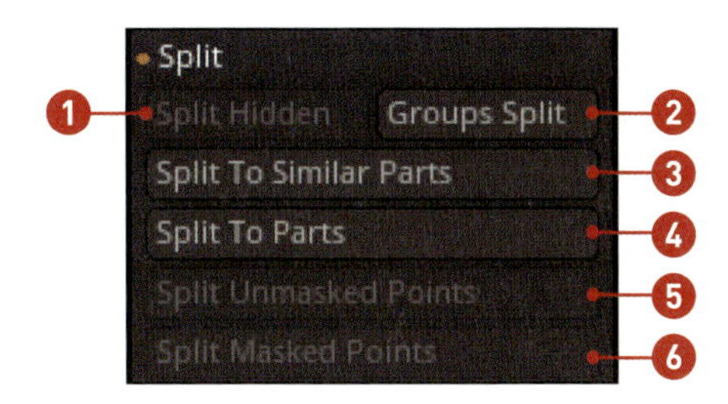

❶ Split Hidden	非表示している部分を分離させます。
❷ Groups Split	ポリグループ基準で分離させます。
❸ Split To Similar Parts	❹の分離に近いですが、頂点数が同じメッシュは同じサブツールに集約されます (たとえば、服と複数のボタンのサブツールでは服のサブツール、ボタンのサブツールという具合に分離します)。
❹ Split To Parts	トポロジー的に繋がっているメッシュごとに分離させます。
❺ Split Unmasked Points	マスク基準でマスクのかかっていない部分を分離します。
❻ Split Masked Points	マスク基準でマスクのかかっている部分を分離します。

▶ Merge（[Tool] > [Subtool] > [Merge]）

サブツール同士を結合させるための機能群です。

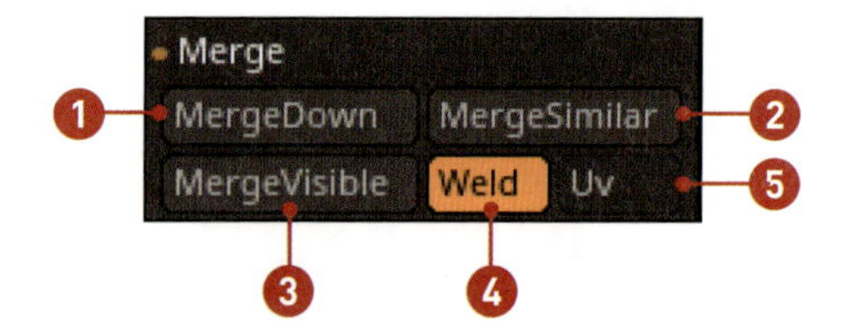

❶ MergeDown	アクティブなサブツールとその直下のサブツールを結合します。
❷ MergeSimilar	同じポリゴン数かつアクティブなサブツールより下位にあるサブツールを結合します。
❸ MergeVisible	表示状態が可視になっているサブツールのみを1つのサブツールに結合し、新しいツールとしてパレットに追加します。
❹ Weld	オプションボタンです。マージする際、同一座標の頂点があればマージします。Modify Topology の Weld Dist のような閾値はありません。また Weld Dist の値はこの機能には作用しません。
❺ Uv	オプションボタンです。結合するサブツールが UV 情報を持っていた場合、UV 情報も結合されます。

▶ Boolean（[Tool] > [Subtool] > [Boolean]）

4R8で追加されたLive Boolean用のメニューです。詳しい使い方は6-04で解説しています。

❶ Make Boolean Mesh	Live Boolean 計算を行い、計算結果を新しいツールとしてパレットに追加します。
❷ DSDiv	Live Boolean 計算時、Dynamic SubDivision 機能が考慮された計算にするかどうかのオプションボタンです。

▶ Project（[Tool] > [Subtool] > [Project]）

ディティールの転写（プロジェクション）のための機能群です。使いどころ等は9-04で解説しています。

❶ ProjectAll	プロジェクションの実行ボタンです。可視状態の他サブツール（ソースメッシュ）のディティールを読み取り、アクティブなサブツール（ターゲットメッシュ）へ転写します。
❷ Dist	プロジェクションのディティールを読み取る距離を設定します。
❸ Mean	変異差の平均値を中央とした形状変化の閾値になります。低くすると、Dist を高くしてもディティールの読み取りが浅くなります。
❹ PA Blur	ProjectAll の計算前に法線のボカしをかけます。角張ったパーツ等で効果の差が出ます。
❺ ProjectionShell	プロジェクションの範囲を決定します。プラスの値が入っている場合、後述の Inner、マイナスの値が入っている場合 Outer が自動的に ON になります。
❻ Farthest	ソースメッシュとターゲットメッシュの差の一番大きな距離までを転写範囲にします。
❼ Outer	ターゲットメッシュより外側の形状のみ読み取ります。
❽ Inner	ターゲットメッシュより内側の形状のみ読み取ります。
❾ Reproject Higher Subdiv	スカルプトの結果引きつったトポロジーをリラックスしてプロジェクションが行われます。サブディビジョンレベルが存在する、かつ下位レベルに切り替えた状態でのみ使用できます。

Extract（[Tool] > [Subtool] > [Extract]）

厚み付け用の機能群です。詳しい使い方は12-01で解説しています。

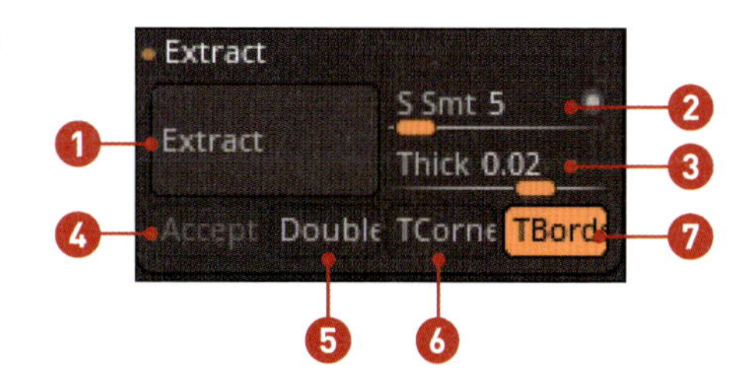

❶ Extract	厚みのプレビューボタンです。クリックすると後述のパラメーターが反映された状態でプレビューが行われます。このボタンを押しただけでは、まだプレビューが作られるのみで確定はされていません。またカメラ操作を行うとプレビューが消えます。
❷ S Smt	作成されるメッシュの滑らかさを決定します。
❸ Thick	作成されるメッシュの厚みを決定します。値が0の場合、厚み0の板ポリゴン状態でメッシュが作成されます。マイナス値の場合、内側への厚さになります。
❹ Accept	Extractをクリックした状態でこのボタンをクリックすると、メッシュが新しいサブツールとして追加されます。
❺ Double	このボタンがONの場合、Thickの値分プラス方向マイナス方向両方に厚みが付きます。
❻ TCorner	このボタンがONの場合、生成されるメッシュの縁周辺に三角形ポリゴンが発生することを許可します。
❼ TBorder	このボタンがONの場合、生成されるメッシュの縁部分に1周ポリゴンのループが追加されます。

MEMO インポートとサブツール

インポートでメッシュを読み込む際、すでに3Dモードに入っている状態で読み込むと、現在アクティブなサブツールが読み込んだメッシュに上書きされます。

上書きされたくない場合は、Duplicate等でダミーのサブツールを作り、そこにインポートしてください。また、サブディビジョンレベルを持ったメッシュの場合、下位レベルに切り替えた状態でインポートすると、上書きではなく差し替えが行われます。

たとえば、サブディビジョンレベル3で細かいディティールを入れたサブツールを、いったんレベル1にしてMaya等に書き出します、ポーズ付け等をしてから書き出した後、ZBrush側のレベル1に読み込むと、ポーズ変更が反映された状態のレベル1に差し替わるため、レベル3に切り替えるとディティールが反映されます。

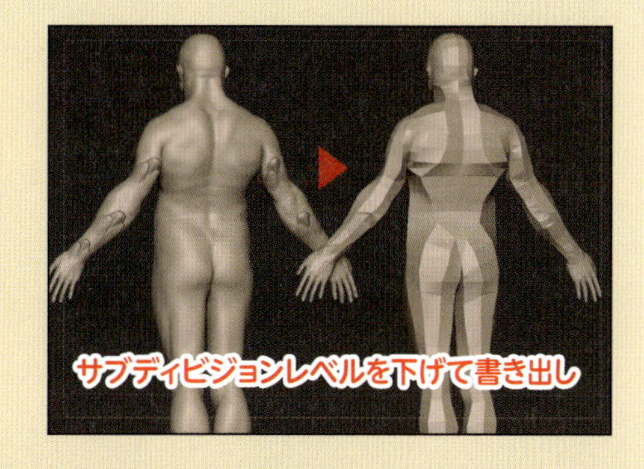

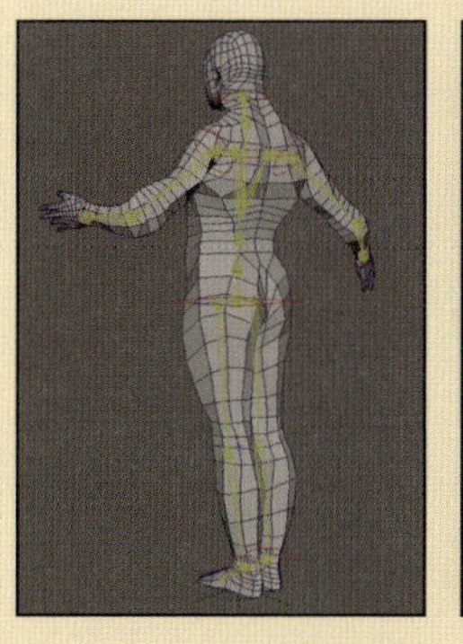

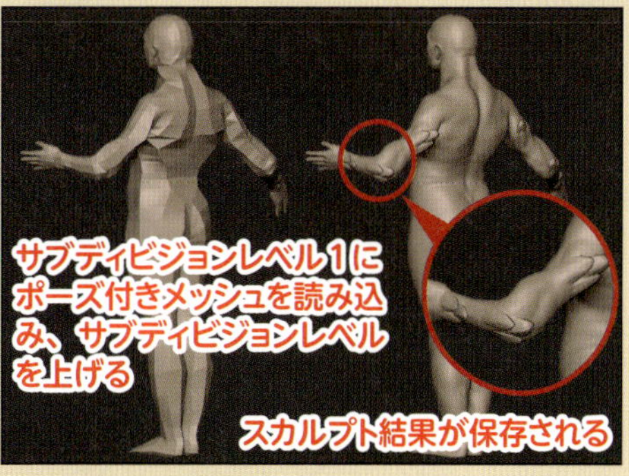

ただし、この機能は書き出し時と読み込み時に頂点番号とトポロジーが同一であることが重要です。決して変更が行われないように気を付けてください。なお、本書はZBrushのみで作業を完結するフローで解説しているため、この手法は使いません。

SECTION

02 ポリグループ

ZBrushにはポリグループという独特の概念があります。最初のうちはなかなか馴染めないと思いますが、ZBrushを使い込んでいくうちに活用ポイントが自分の中に構築されていきますので、焦る必要はありません。

ポリグループとは

ポリグループ（Polygroup）の簡単な概念を一言で表すと、**ポリゴン自体が持つ識別情報**といったところです。言葉だけでは何ともわからないと思いますので、実際に見ていきましょう。

LightBoxからDynaMesh_Sphere_32.ZPRを開いてください。

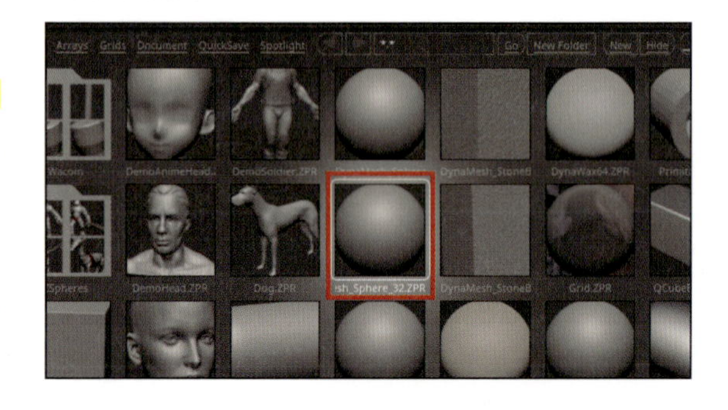

シンメトリー機能がONになっているため、Xキーを押してシンメトリー機能をOFFにしてください。パースがONになっていたら、OFFにしてください（P.50）。

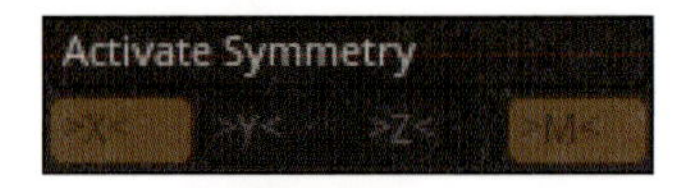

シェルフから［PolyFrame］ボタンをクリックしてください。［PolyFrame］ボタンをクリックする時は、ボタン上部にある［Line］と［Fill］をオフにしないように注意してください。オフにした場合は、もう一度文字をクリックしてONにします。

▶［Line］と［Fill］をオフにしないよう注意

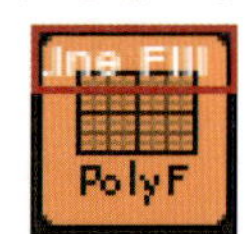

すると、ポリゴンのエッジラインが表示され、全体が赤く表示されました注2。これは、視覚的にポリグループが見えている状態です。

ポリグループの色は自動的に割り振られるものなので、一部の機能で特殊な動作をする「白」という例外的なポリグループ以外、色自体に特に意味はありません。また、PolyFrame機能はアクティブなサブツールのみで表示できます。

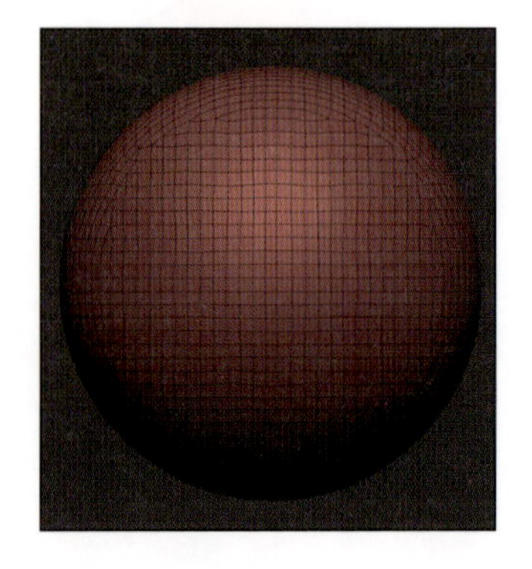

注2　この時、［PolyFrame］ボタンの［Line］がOFFになるとエッジラインが表示されなくなり、［Fill］がOFFになると色が消えます。

ポリグループの割り当てと小技

では、ポリグループの割り当ての練習をしてみましょう。

表面を少しマスクしてから Ctrl + W キーを押してください。すると、マスクした部分に別の色のポリグループが割り当てられます。色が赤系で見づらい場合は、Undo（Ctrl + Z キー）で操作を戻し、もう一度 Ctrl + W キーを押してください（見やすい色が割り当てられるまで、何度も繰り返します）。

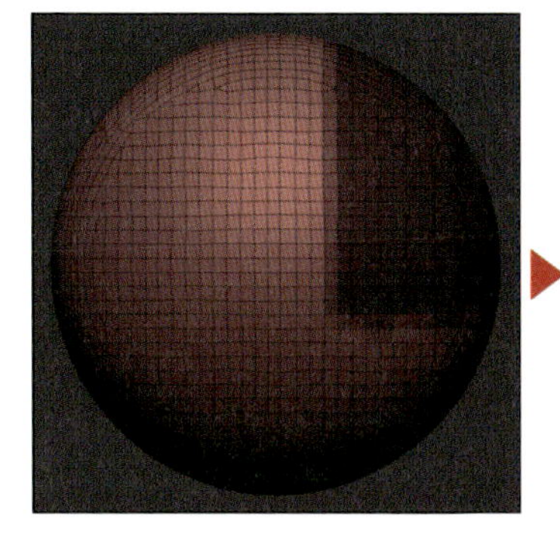

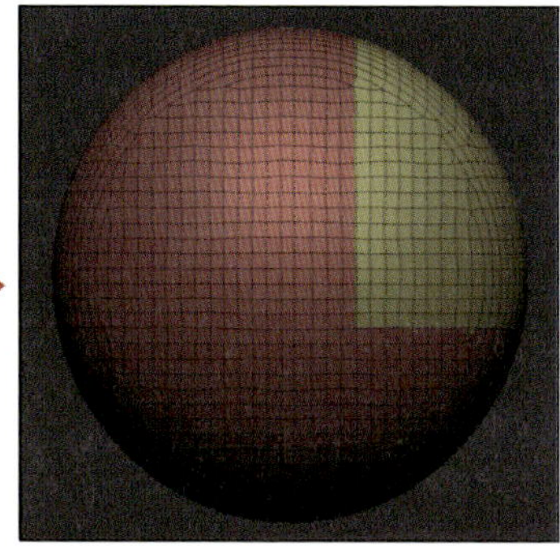

同じように、また別の箇所にマスクをかけ、Ctrl + W キーを押して別のポリグループを割り振ってください。

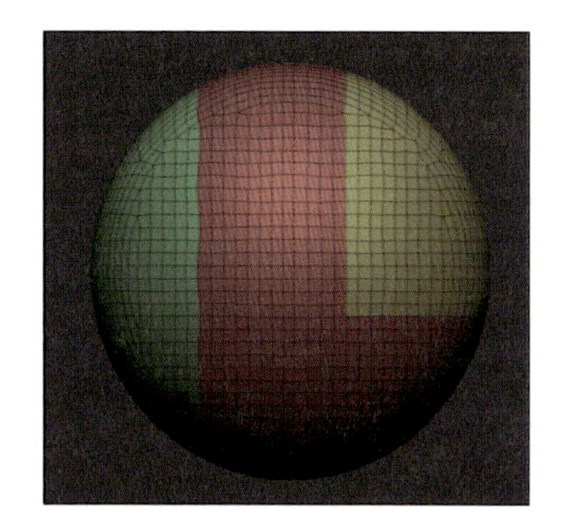

W キーを押し、Ctrl キーを押しながら任意のポリグループをクリックしてください。すると、クリックしたポリグループ“以外”のポリグループに属するポリゴン全てにマスクがかかりました。

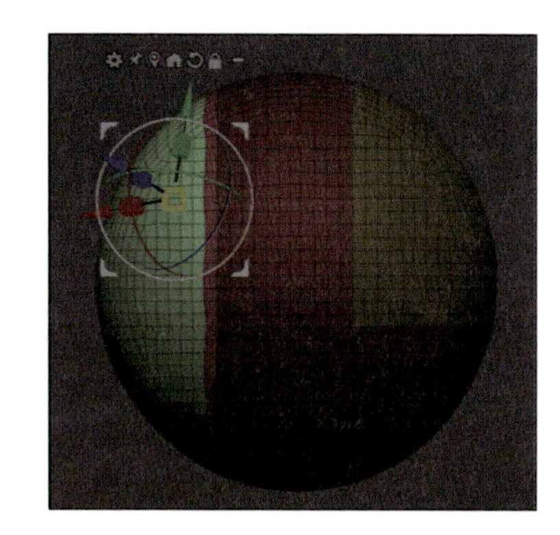

マスクを解除し、マスクなしの状態で Ctrl + W キーを押し、表示されているメッシュ全てに同じポリグループを割り当ててください。また、Q キーを押して Draw モードに戻しておきます。

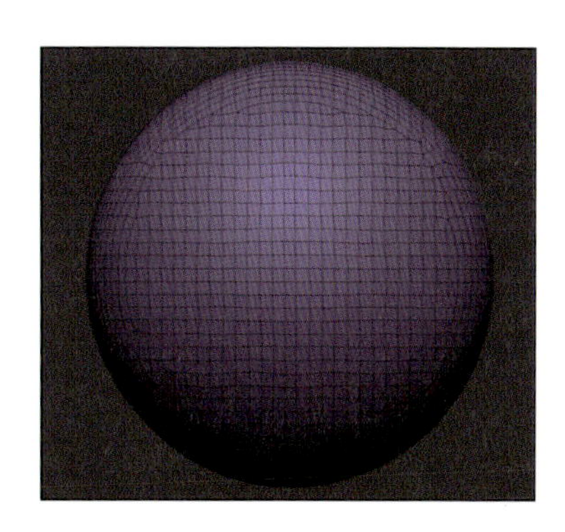

Ctrl + Shift キーを押し、SelectRectブラシが選択されている状態で球体の上半分を囲み、上半分のメッシュが表示された状態にしてください。

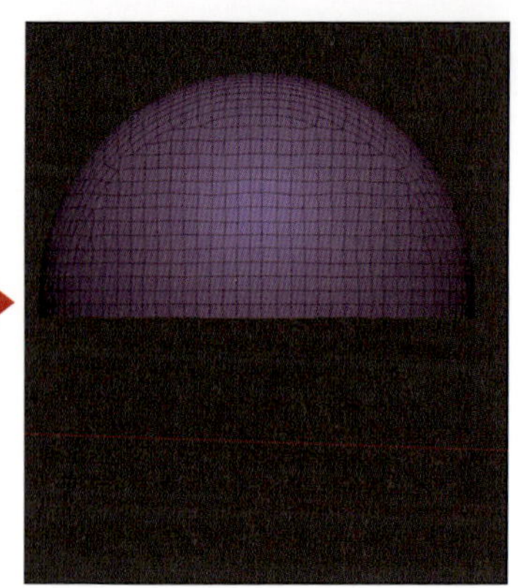

その状態でCtrl + Wキーを押し、新しいポリグループを割り当ててください。

さらに、SelectRectブラシで現在表示されているメッシュを半分にしてください。

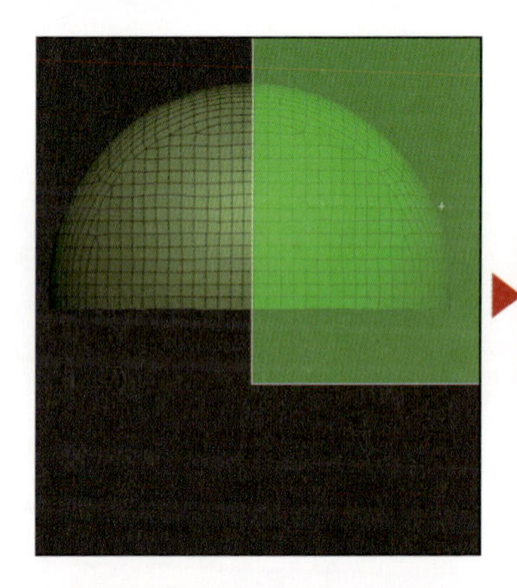
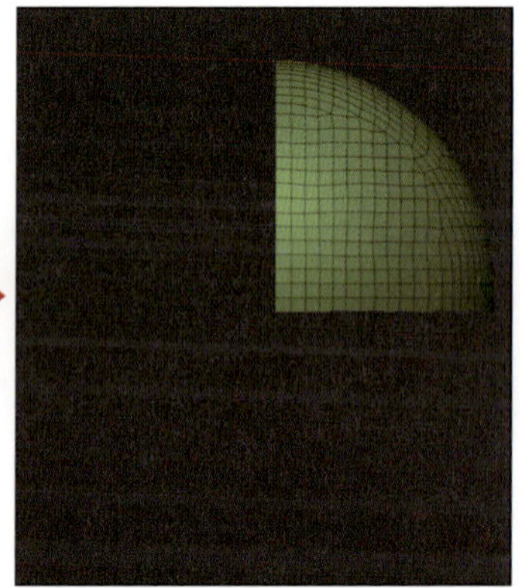

先ほどと同じくCtrl + Wキーを押し、さらに新しいポリグループを割り当ててください。

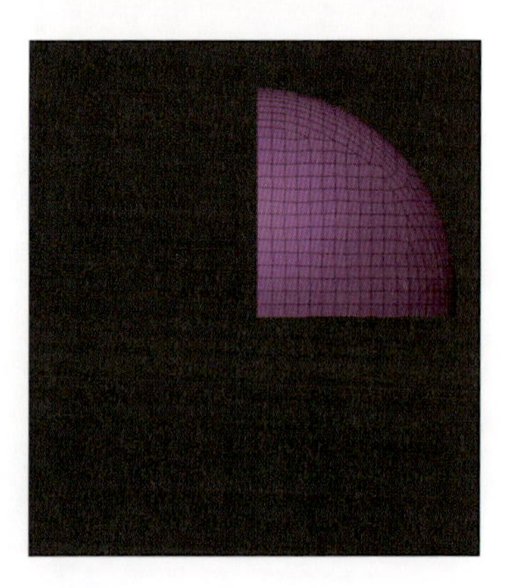

Ctrl + Shift キーを押しながらブランクエリアをクリックし、非表示になっていたメッシュを表示させます。

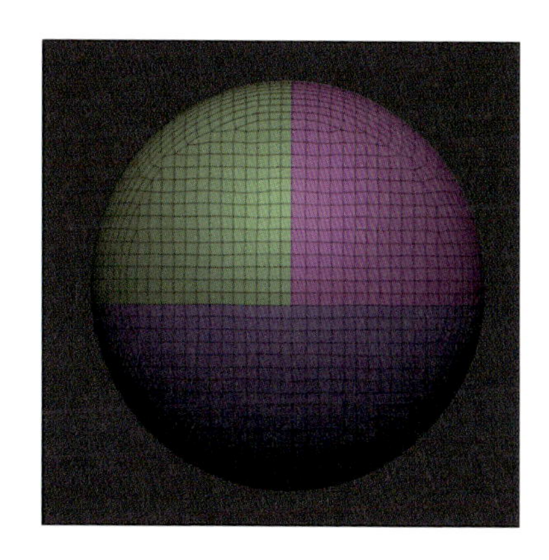

現在、この球体には3種類のポリグループが割り当てられています。この状態で、Ctrl + Shift キーを押したまま任意のポリグループをクリックすると、そのポリグループのメッシュだけの表示になります。

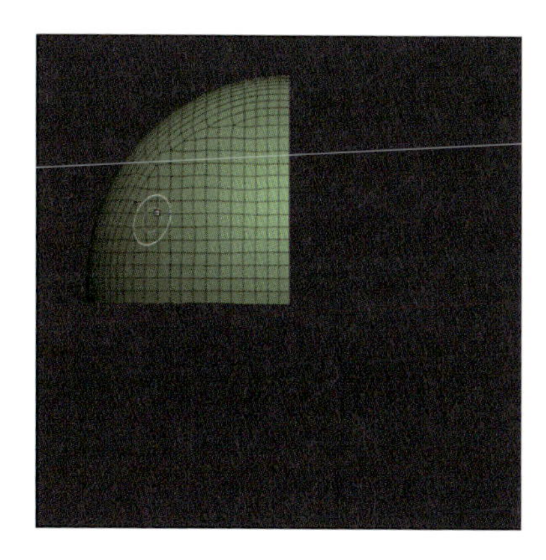

MEMO ポリグループをまたぐ状態でのセレクトブラシの挙動

セレクトブラシでポリグループ基準のメッシュの部分表示をさせる際に、ポリグループの境界線上にマウスポインタがある場合は、両方のポリグループのみの部分表示になります。

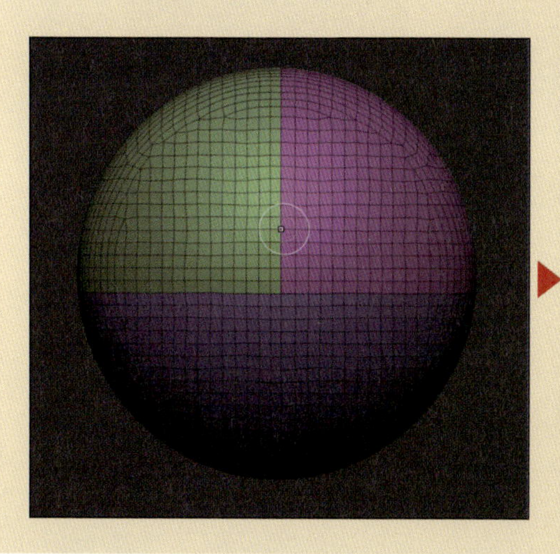

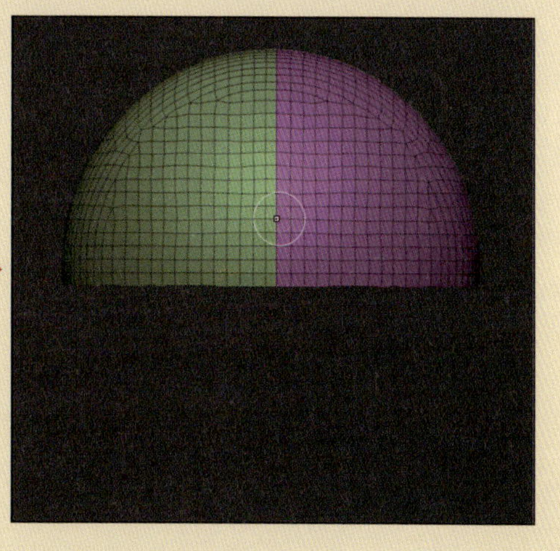

MEMO SelectLasso ブラシの注意点

ここでも、先ほどポリグループを割り当てたメッシュを使って解説します。

ブランクエリアを Ctrl + Shift キーを押しながらクリックし、再度メッシュを全て表示させ、今度は Ctrl + Shift キーを押したままブラシパレットをクリックし、SelectLasso ブラシに切り替えてください。

見やすいようにメッシュを少し拡大表示し、Ctrl + Shift キーを押して SelectLasso ブラシが呼び出された状態でブラシのポインタを面の上、辺の上、頂点の上に移動させてみてください。

面の上では「Poly」という文字が出て、クリックした時の動作は SelectRect ブラシと同様です。

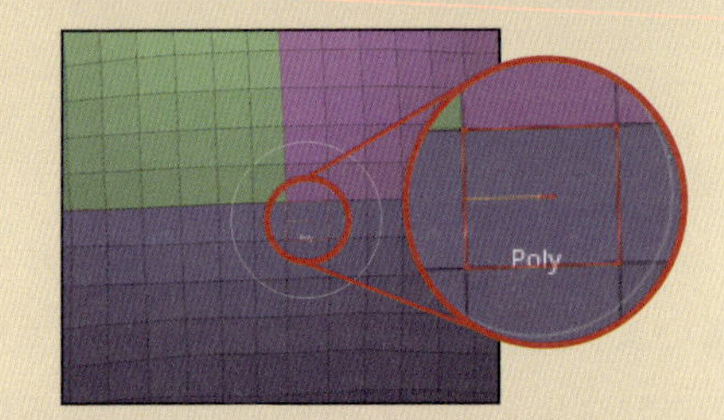

頂点の上では「Point」という文字が出て、面の時と同様、SelectRect の動作と同じです。

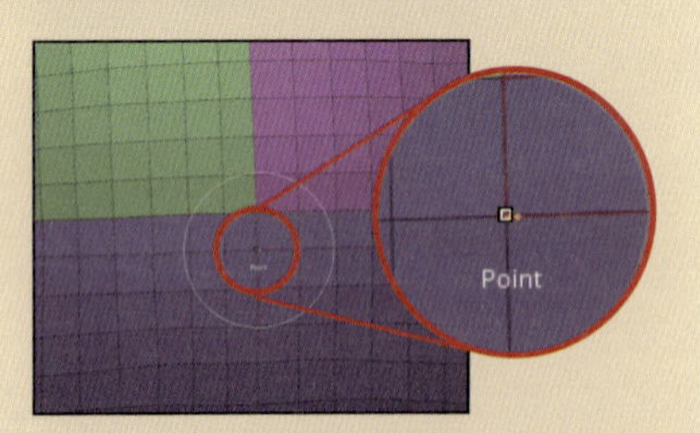

辺の上では Edge という文字が出るのですが、この「辺の上での動作」が特殊なため注意が必要です。

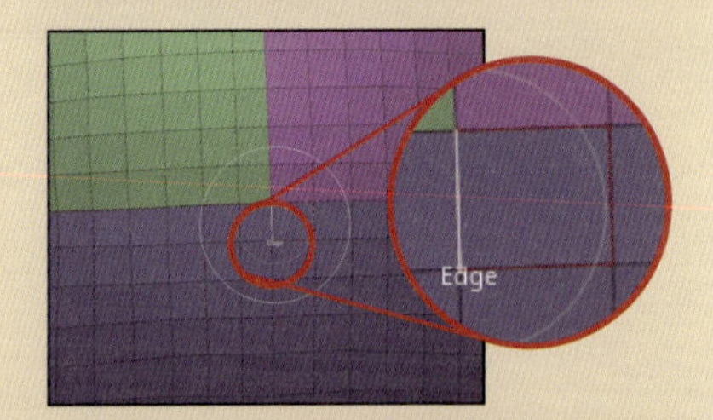

辺の上を SelectLasso ブラシでクリックした場合、その辺が四角ポリゴンに属していると、平行なエッジの方向に四角ポリゴンが続いている限り、連続してメッシュが非表示になります。

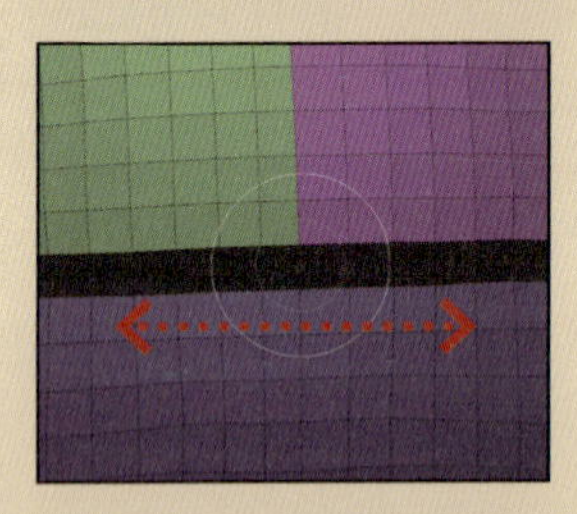

高密度なメッシュ、かつカメラが離れている際、自分の意図しない操作を気づかない間にしているミスに繋がりますので、ご注意ください。

Chapter 4 サブツール・ポリグループ・ポリペイント

MEMO ポリグループを基準とした機能の例

ポリグループを基準とした機能はいろいろありますが、筆者がよく使うものをいくつか紹介します。

● Group Split（[Tool] > [Subtool] > [Split] > [Groups Split]）

ポリグループを基準に、アクティブなサブツールを個別のサブツールに分割します。

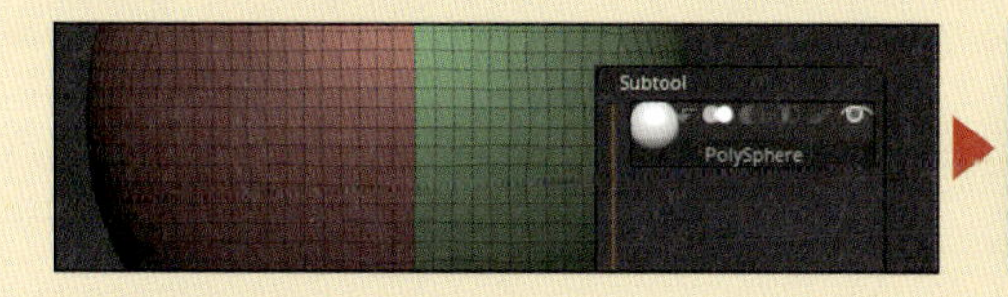

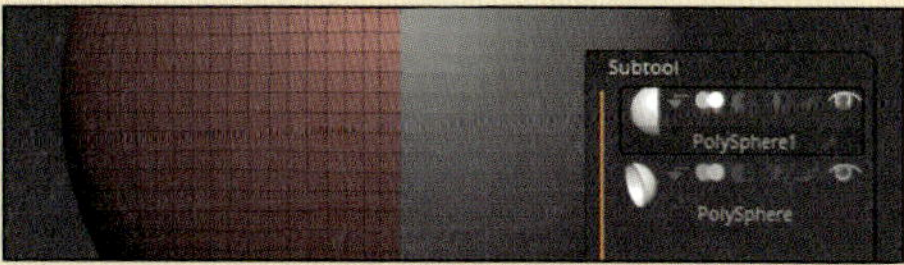

● Mask By Features（[Tool] > [Masking] > [Mask By Features]）

Groups オプションが ON の状態で Mask By Features を使うと、別のポリグループ同士の境界にある頂点に対してマスクがかかります。

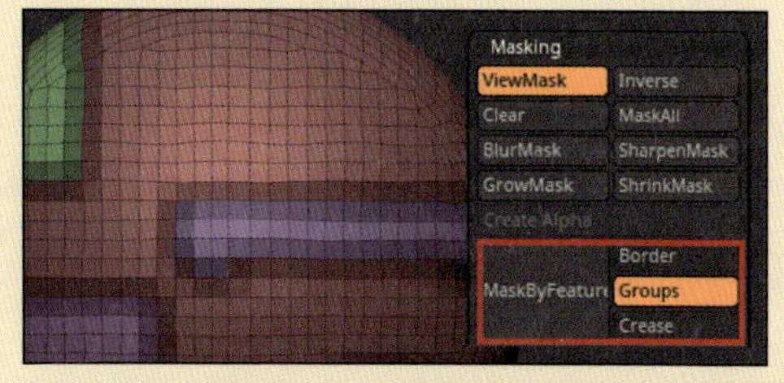

● Frame Mesh（[Stroke] > [Curve Functions] > [Frame Mesh]）

Polygroups オプションが ON の状態で Frame mesh を使うと、別のポリグループ同士の境界にあるエッジに対してカーブが生成されます。

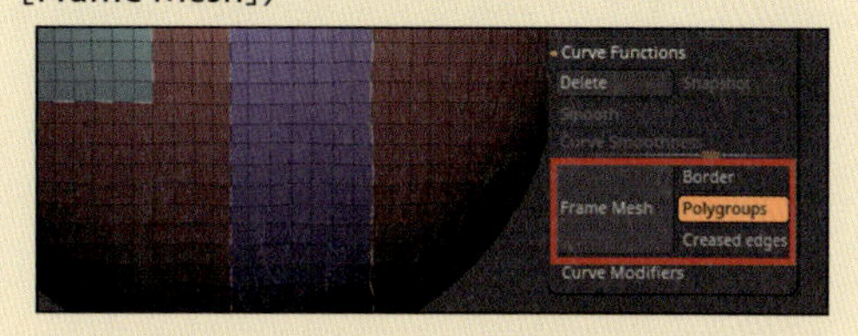

● CreasePG（[Tool] > [Geometry] > [Crease] > [Crease PG]）

別のポリグループ同士の境界にあるエッジに対して Crease が設定されます。

● Polish By Features（[Tool] > [Deformation] > [Polish By Features]）

別のポリグループ同士の境界にあるエッジを、滑らかなエッジの流れになるように均します。前述の Mask By Features と組み合わせてよく使います（Polish By Features は、Deformation 内の Polish By Groups と Polish Crisp Edges の複合機能ですので、ポリグループ基準動作だけさせる場合は Polish By Groups でも同じです）。LightBox の Smooth Groups、もしくは Weighted Smooth Mode の 6 番でも同様のことができます。

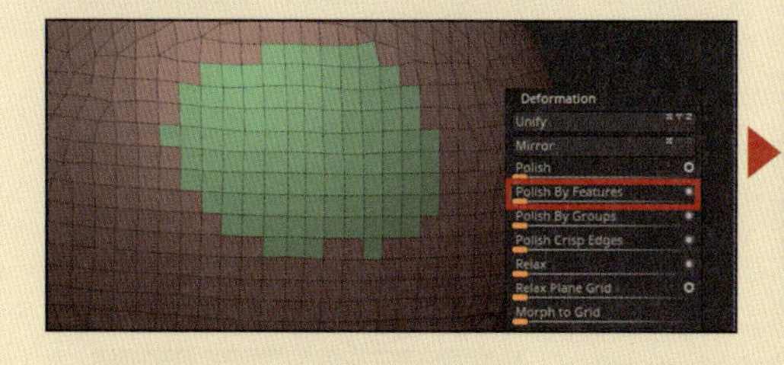

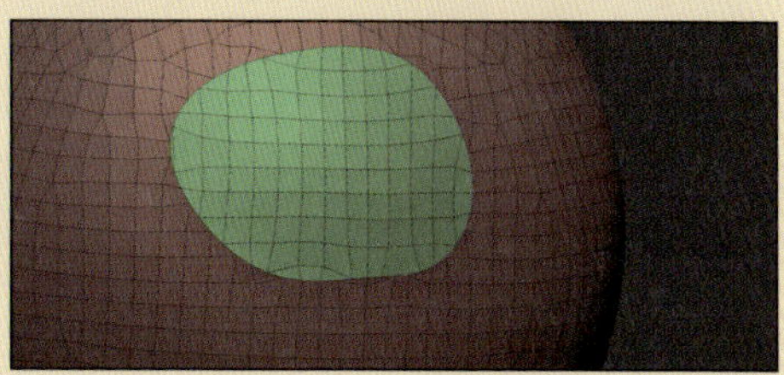

このように、ポリグループを基準としたさまざまな機能や動作が ZBrush にはたくさん存在します。最初のうちは、ポリグループを複数分けることが何の役に立つのか全くわからないと思います。しかし、本書を読み進めていくと、ジワジワ使いどころがわかってくると思います。

SECTION
03 ポリペイント

ZBrush上での着色機能としてポリペイントという機能があります。ここでは、ポリペイントの概念と使い方について解説します。

ポリペイントとは？

ZBrushはスカルプトが主な目的のツールですが、メッシュへ直接ペイントする機能も存在します。ただし、Substance Painter等の3Dペイントソフトとの大きな違いが、頂点カラーでのペイントであることです。この頂点カラーの、ZBrushでの呼称がポリペイントです。

頂点カラーとテクスチャの違い

頂点カラーとは、文字通り頂点に対して色情報を持たせることを言います。

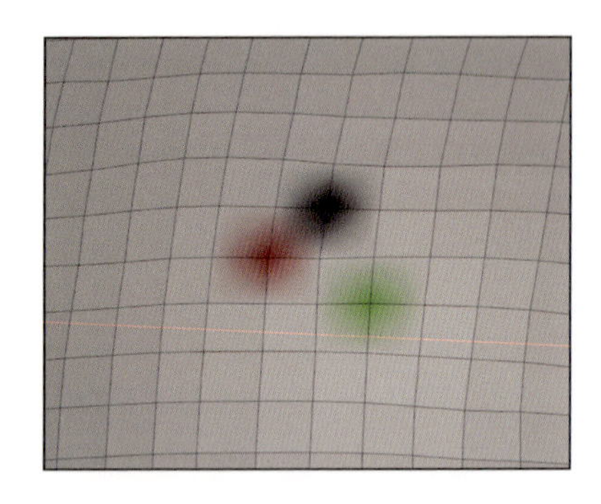

そのため、細かいペイントをしたい場合は頂点の密度を上げる必要があります。

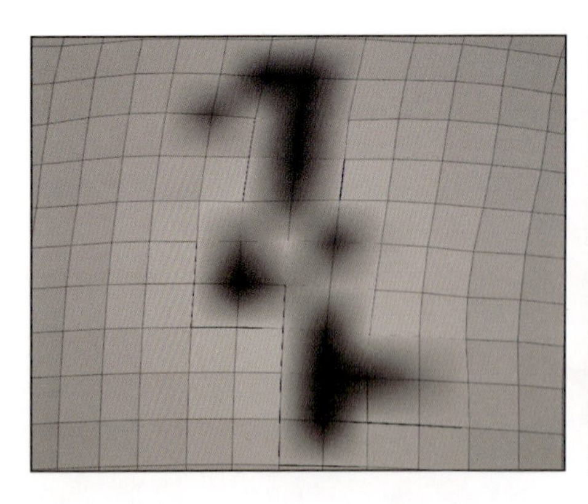

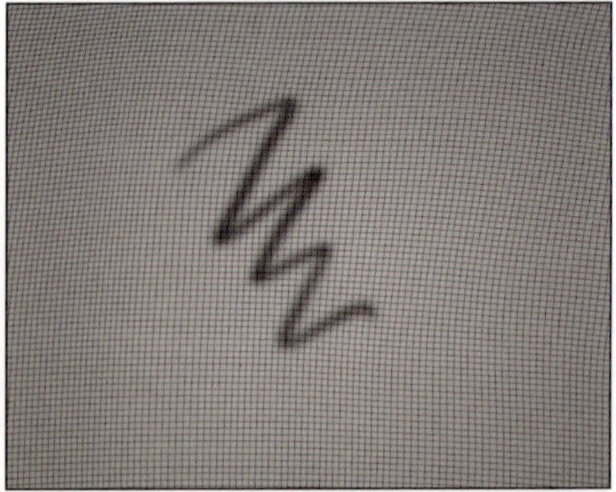

[Tool] > [Polypaint] > [Grd] がONの場合、頂点の持つ色情報が隣り合った頂点とブレンディングされ、それぞれの頂点間でグラデーションのかかった状態で面が表示されます。

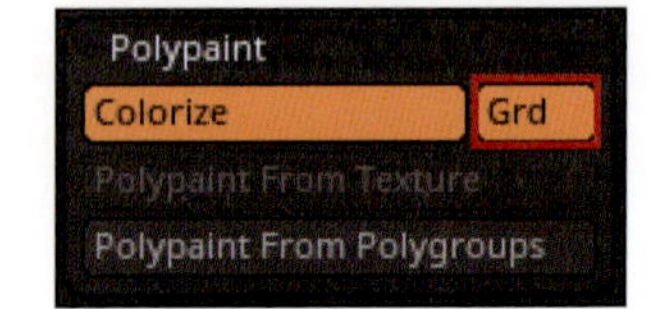

テクスチャ（テクスチャマッピング）は、3DメッシュにUVマッピングという方法を主に使い、テクスチャファイル（画像ファイル）を貼り付けることを言います。

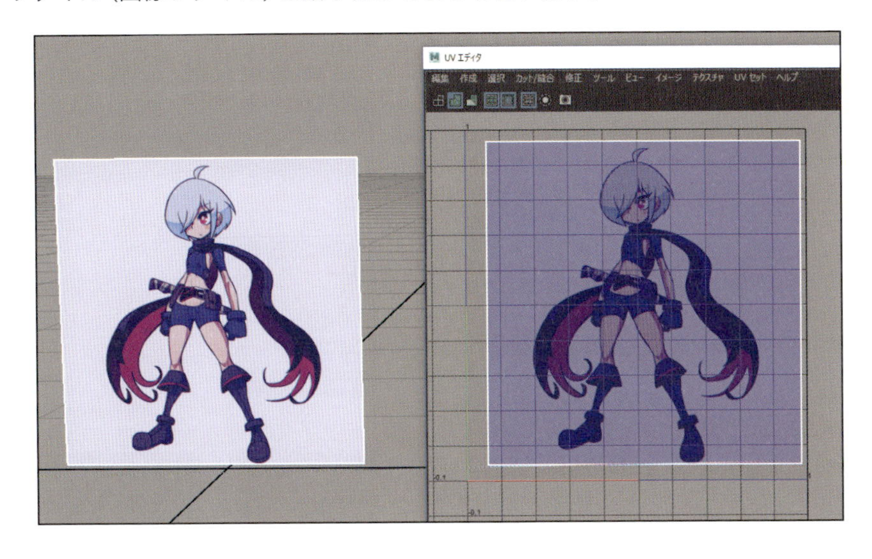

頂点カラーと違い、細かさは面に対するUVのサイズやテクスチャの解像度に依存します。

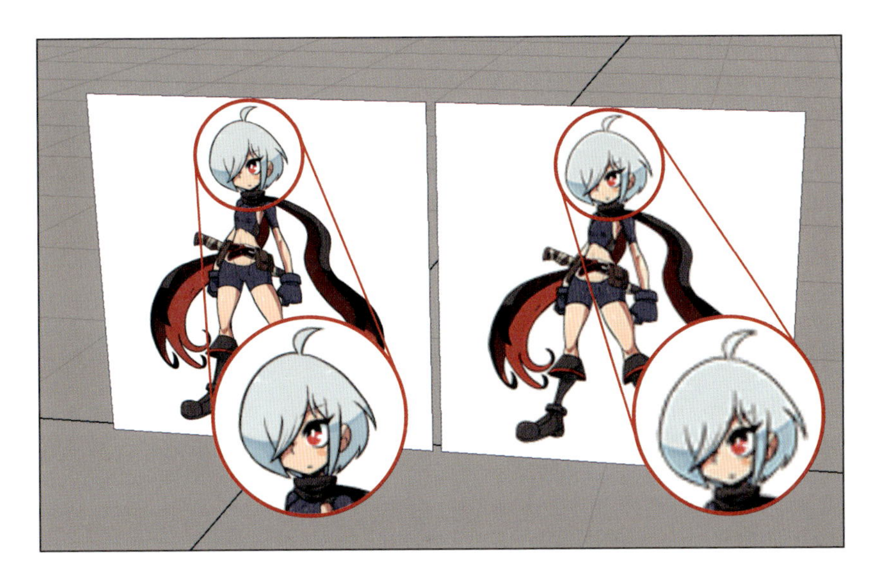

ZBrushでもUVマッピングでのテクスチャ貼り付けは可能ですが、テクスチャペイントの機能はありません。頂点カラーとテクスチャの相互変換機能はあります（ただし、完全に変換できるわけではありません）。

ポリペイントの使い方

では、ポリペイントの使い方を学んでいきましょう。まずはLightBoxからDynaMesh_Sphere_128.ZPRを開いてください。

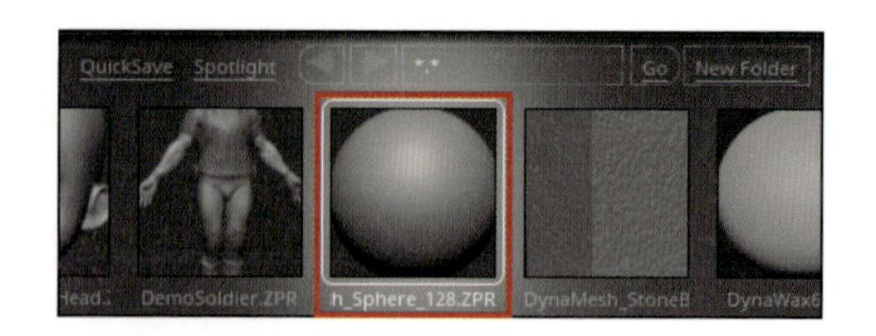

この状態で、左側シェルフ内のカラーピッカーで色を変更してみてください。

カラーピッカーの下にあるMain Colorの色が、メッシュ全体に反映されます。

この動作は塗りつぶしを行ったわけではなく、ポリペイント機能がOFFのメッシュに対しての動作となります。また、キャンバス上のメッシュはポリペイントによるカラー情報と、マテリアル自体の色の情報が混ざった状態として表示されます。イメージとしては、2つの色情報が乗算された感じです。

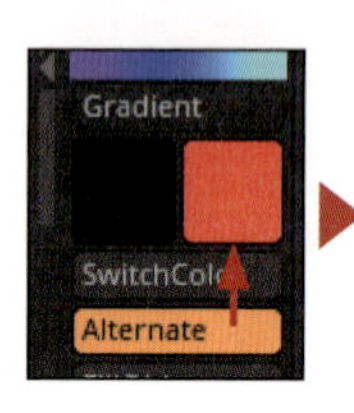

そのため、白が選択されていてもDynaMesh_Sphere_128に最初からセットされているMatCap Grayでは結果としてマテリアルカラーそのもののグレーになりますし、マテリアルをMatCap Red Waxにすると赤くなります。

▶ マテリアル：MatCap Gray

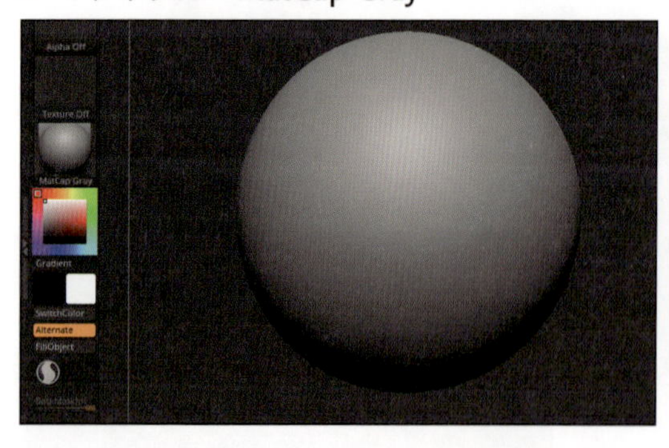

▶ マテリアル：MatCap Red Wax

では、ポリペイント機能をONにします。ポリペイント機能をONにするには、サブツール自体のポリペイントボタンをONにするか、もしくは[Tool]>[Polypaint]>[Colorize]ボタンをONにしてください。

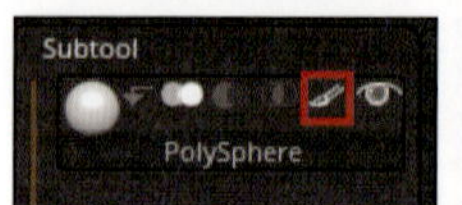

すると、今まで白以外をカラーピッカーで選択していたとしても、初期値であるRGB255,255,255の白が全体に設定された状態でポリペイント機能がONになります。

Standardブラシを選択し、トップシェルフにある[Zadd]をOFF、[Rgb]をONにしてください。

その状態で白以外の任意の色を選択し、メッシュ表面をドラッグすると、設定した色で色塗りができます。

もし全体を塗りつぶしたい場合は、[Color]>[FillObject]をクリックしてください。

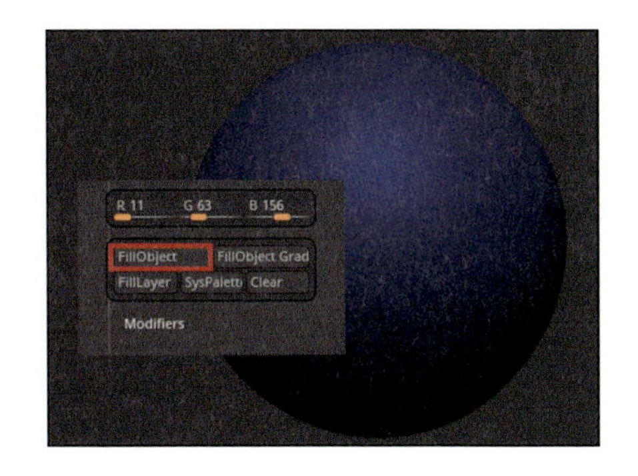

ペイントや塗りつぶしから部分的に保護したい場合は、マスク機能がそのままスカルプトと同じ感覚で使えます。

スムースブラシも同様に、ポリペイントの色同士の境界をボカすことができます。ただし、スムースブラシは最初から[Zadd]と[Rgb]がONになっているブラシなので、Colorizeで一時的にポリペイントを非表示にしていても、ポリペイントの編集自体は行われてしまいます。気づかない間にせっかく描いたものが台無しに、ということがあり得ますのでご注意ください。

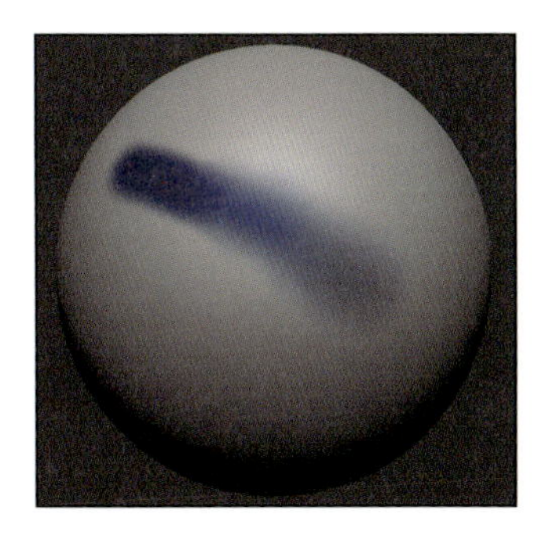

また、DynaMesh適応時、更新時にColorizeがONになっていないと、ポリペイント情報が破棄されます。

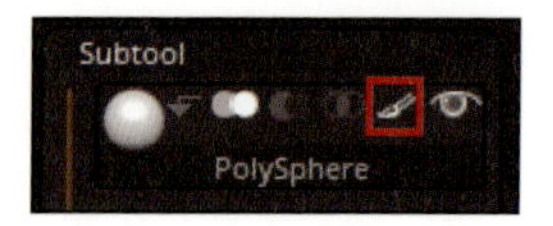

MEMO 色塗り用ブラシ

Standard ブラシでも簡易的な色塗りはできますが、いちいち［Zadd］ボタンや［Rgb］ボタンをクリックするのも面倒ですし、うっかり忘れてミスすることもあります。基本的に、ポリペイントはポリペイント専用のブラシを使うほうが良いです。

筆者の場合、ZBrush 上でポリペイントを使うのは、仮の面相を 3D データ上で入れる目的のみです。そのため、SK_Pen ブラシ（榊馨さん作成カスタムブラシ、P.71 も参照）しか使いません。

▶ Lazy Snapに注意

ZBrush 4R8から、Lazy Mouse機能にLazy Snapという機能が追加されました。これは、直近のブラシストロークの終点から続きを連続して延長するための機能ですが、細かいポリペイント作業の時はむしろ邪魔になることがあるので注意してください。スナップをOFFにするには、[Stroke]>[Lazy Mouse]>[LazySnap] スライダを0にします。

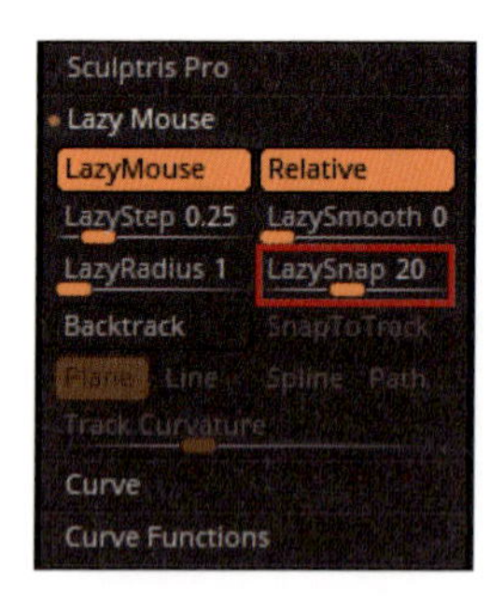

▶ ポリペイントメニュー

ポリペイントに関するメニューは[Tool]>[Polypaint]にあります。ここ以外にもポリペイントに関する機能は点在していますが、基本的にはこのメニューと、Colorパレット内のFillObject等を覚えておけばOKです。

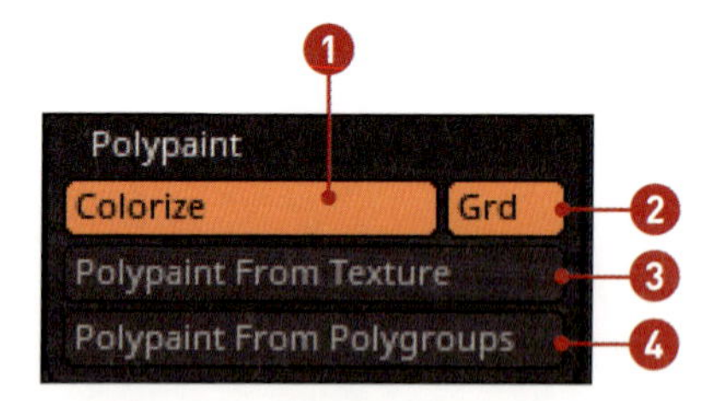

❶ Colorize	ポリペイントの有効化、視覚化のボタンです。
❷ Grd	ポリペイントの表示が頂点間で保管されるか、面を単色で塗りつぶして表示するかのボタンです。
❸ Polypaint From Texture	適応されているテクスチャの色情報をポリペイントに変換します。
❹ Polypaint From Polygroups	メッシュに割り当てられているポリグループの色情報をポリペイントに変換します。

なお、ポリペイント情報をテクスチャに変換するためのボタンは[Tool]>[Texture Map]>[Create]>[New From Polypaint]です。

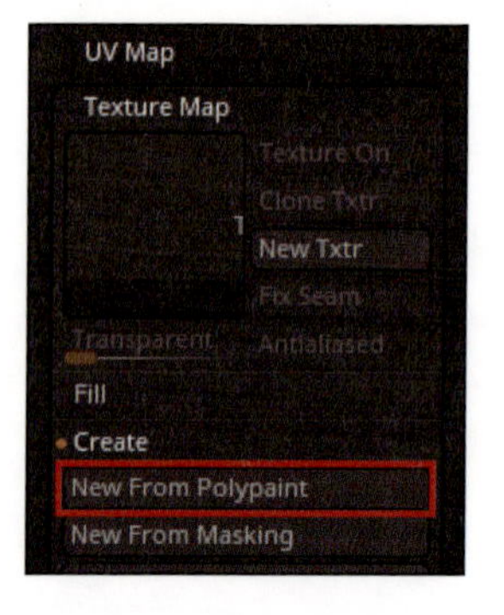

Chapter 5

アクションラインとGizmo

SECTION

01 Transposeとアクションライン

ZBrushには、メッシュの移動・回転・拡大・縮小を司るTransposeモードと、それらを操作するインターフェースであるアクションラインがあります。R8からはGizmo（他ソフトでいうところのマニピュレーター等）が追加されました。アクションラインは見た目と操作の仕方が独特ですが、慣れると使い勝手の良い場面も多い機能です。まずはアクションラインから学習しましょう。なおGizmoについては5-02で解説します。

Transposeモード

ZBrushインターフェースの左上あたりに、[Edit] [Draw] [Move] [Scale] [Rotate]の5つの文字付きアイコンが並んでいると思います。このうち、[Draw] [Move] [Scale] [Rotate]はそれぞれ別々のモードという扱いで、同時に2つ以上が有効になることはありません。このうち、Move、Scale、Rotateの3つをTransposeモードと呼びます。

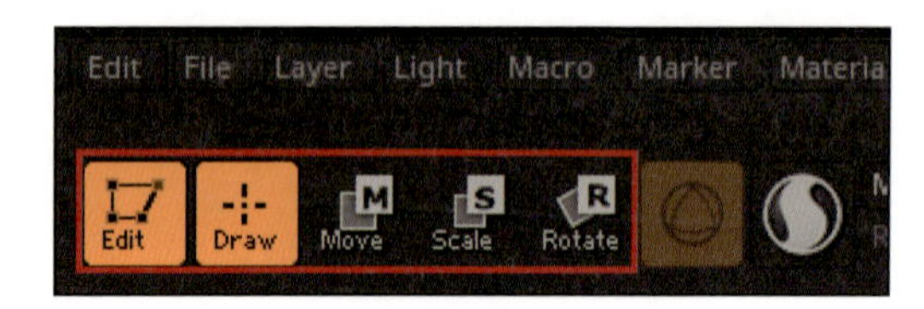

Draw	スカルプト用のブラシでスカルプトするモードです（ショートカットはQキー）。
Move	アクションライン、またはGizmoを使って移動をするモードです（ショートカットはWキー）。
Scale	アクションライン、またはGizmoを使って拡大・縮小をかけるモードです（ショートカットはEキー）。
Rotate	アクションライン、またはGizmoを使って回転させるモードです（ショートカットはRキー）。

また、[Draw]の時は[Rotate]の右にある球体の描かれたボタンがグレーアウトしていますが、[Move] [Scale] [Rotate]が有効の時はON／OFFを切り替えられるようになります。このボタンはGizmoと呼ばれる機能のON／OFFアイコンとなっています（ショートカットはYキー）。

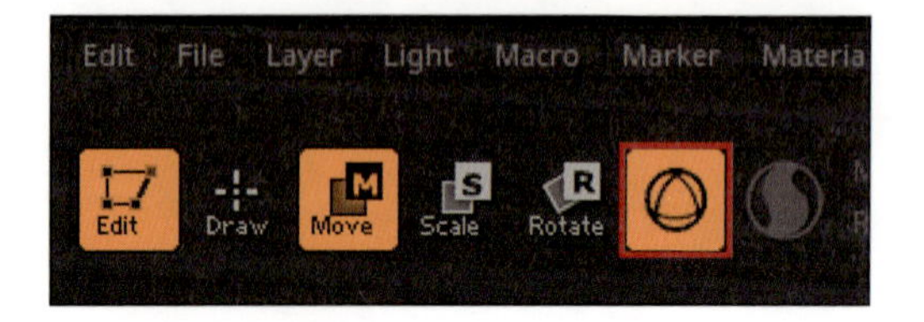

アクションライン

ZBrushを学ぶ上で、これまでも無限四角等の独特な部分を紹介してきましたが、このアクションラインも他のソフトにはない機能になっています。

見た目や操作の仕方で最初は誰でも戸惑いますし、「使いこなすなんて無理！」と思われるかもしれません。筆者も初めて触った時は「何だこの機能は？」と思いましたし、その当時ZBrushを学習する際に読んだ文献に書かれていた「アクションラインに慣れると、むしろ他の3Dソフトにもこれが欲しくなるよ！」という文章に「絶対そんなことないわぁ…」と思っていました。ところが、慣れてしまうとなるほど、たしかに他のソフトにもアクションラインが欲しくなります。

R7まではGizmoがなかったため、絶対にアクションラインを使う必要があったのですが、R8からはGizmoが追加され、基本的な部分はGizmoでも操作が可能です。そのため、慣れないうちはGizmoオンリー、もしくは併用でもかまいません。本書では、基本的にアクションラインで解説しています。

▶ アクションラインの呼び出し方

では、実際にアクションラインを呼び出してみましょう。まっさらなZBrushにプリミティブのSphere3Dを呼び出し、PolyMesh 3D化してください。

その状態でWキーを押してください。するとこのように、矢印と円形と箱を組み合わせたようなものが出てきました。これがGizmoです。Gizmoについては次節で解説しますので、Yキーを押してGizmoモードをOFFにしてください。

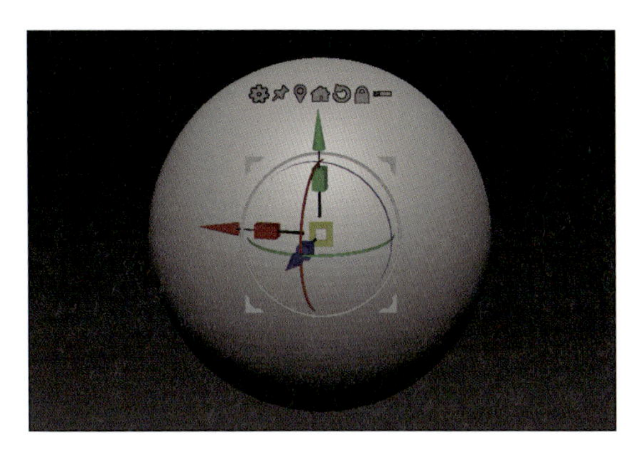

するとGizmoが消え、アクションラインが表示されました。

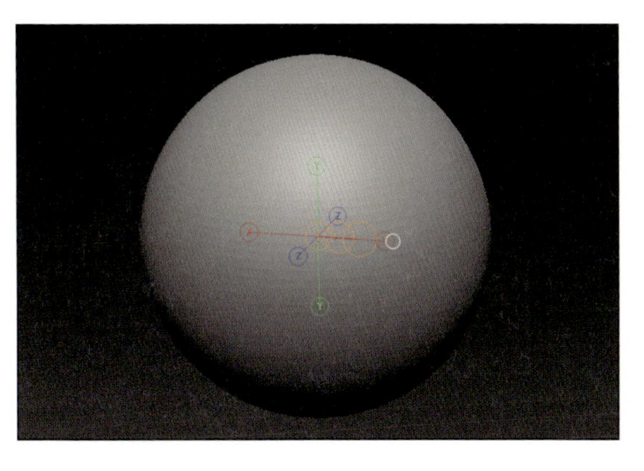

Chapter 5 アクションラインとGizmo

アクションラインは内部的にはブラシの一種という扱いなので、メッシュの上をドラッグすることによって新しいアクションラインを生成できます。アクションライン自体に触ってしまうと、何らかの機能が発動したり、アクションラインが移動したりしてしまうので、まずはアクションラインを自由に引く練習をここで10回ほど繰り返してください。

アクションライン自体に触れずにドラッグすれば、前のアクションラインは破棄され新しいアクションラインが作られます（地味に重要です）。ただしアクションラインの生成され方自体はUndo履歴には含まれません。

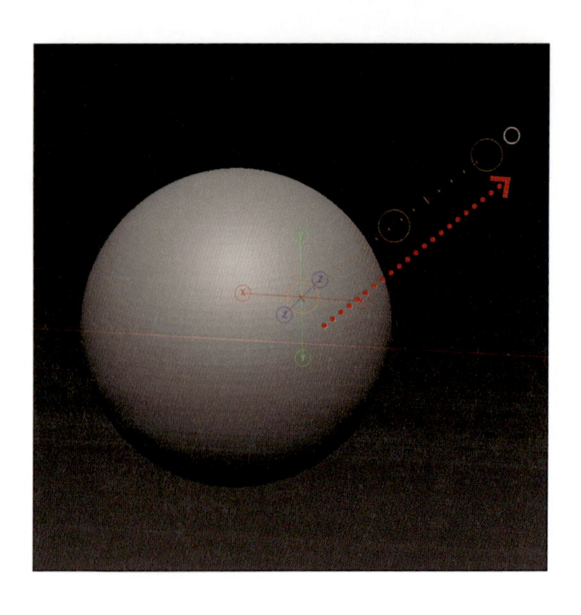

次に、アクションラインを引いてる最中に Shift キーを押したままにしてください。すると、標準設定ではキャンバスの見た目の角度22.5度角ずつスナップします。しっかりと水平・垂直にオブジェクトを移動させたい場合は、まずカメラを正面や側面等にスナップしてから、アクションラインを Shift キーを押しながら水平垂直に生成します。

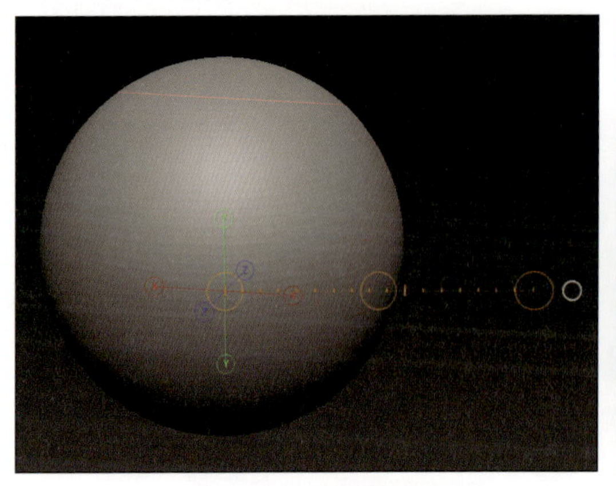

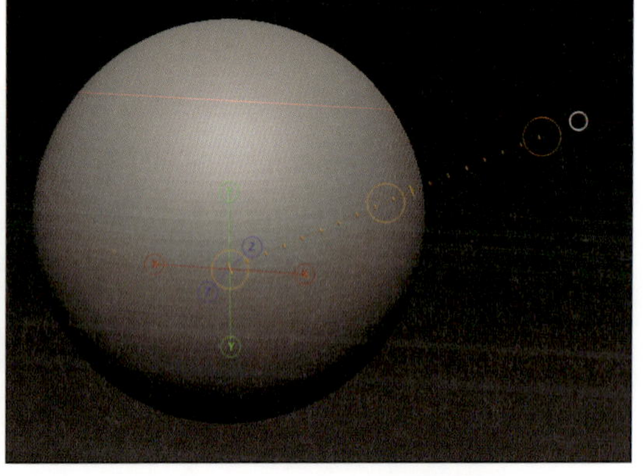

もしくは、アクションラインの始点から伸びている軸スナップボタンをクリックして、作業空間軸と同一方向になるようにします。

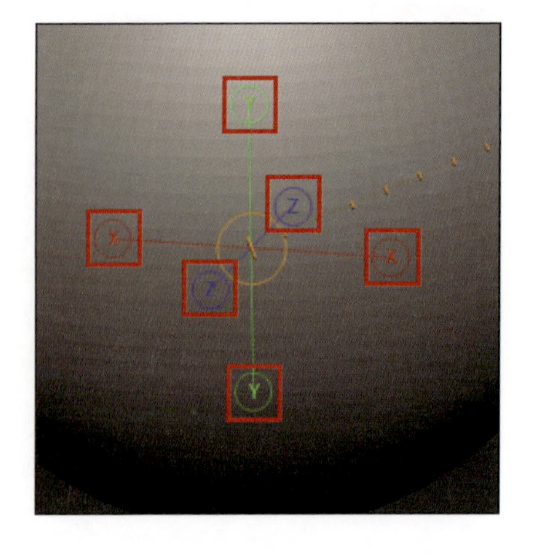

アクションライン生成のTipsとして、メッシュをドラッグではなくクリックした時は、そのクリックした地点の面上、もしくは頂点に近かった場合は頂点上から法線方向にアクションラインが伸びます。これは、本書のモデリング中に時々出てくるテクニックの1つなので、覚えておいてください。

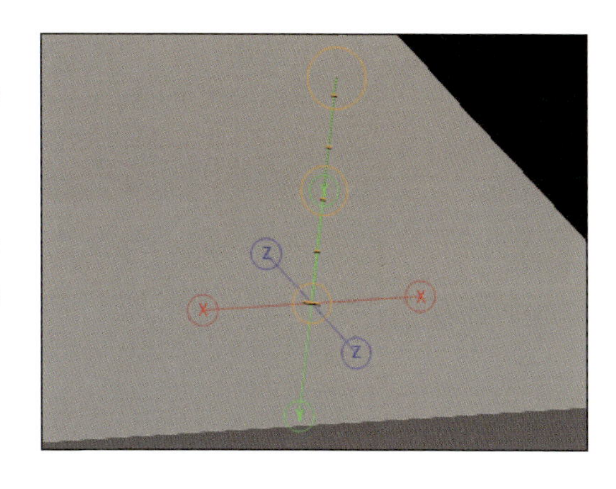

たとえば、このようなシリンダーを長さだけ伸ばしたい時、アクションラインが伸ばしたい方向からズレた方向になっていると、歪んだシリンダーとなってしまいます。

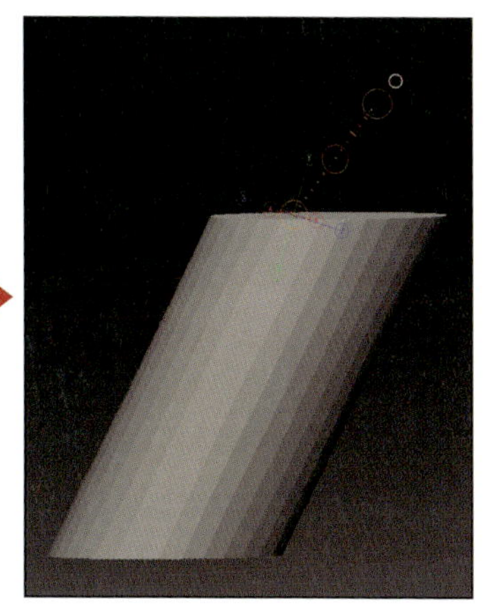

アクションラインの図と名称

本書では、アクションラインの操作における説明に、右の図の名称を使います。最初のうちは、「始点」「中点」「終点」という概念を押さえておけばOKです。注意点は、「始点」「中点」「終点」を取り囲むオレンジ色の円に触った時に、メッシュに対しての動作ではなく、アクションライン自体を調整する動作をするということです。

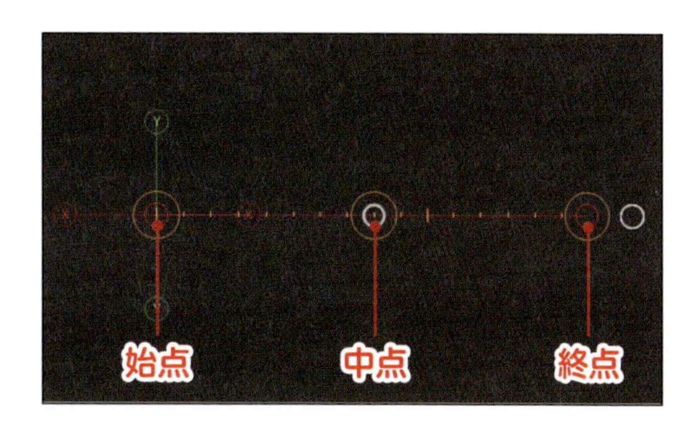

たとえば、アクションラインの中点を取り囲むオレンジ色の円をドラッグすると、メッシュはなにも変化がなくアクションラインだけが移動します。始点の場合は、始点と終点を入れ替えた上で、元始点だった今掴んでいる部分の移動、終点の場合は終点のみの移動になります。

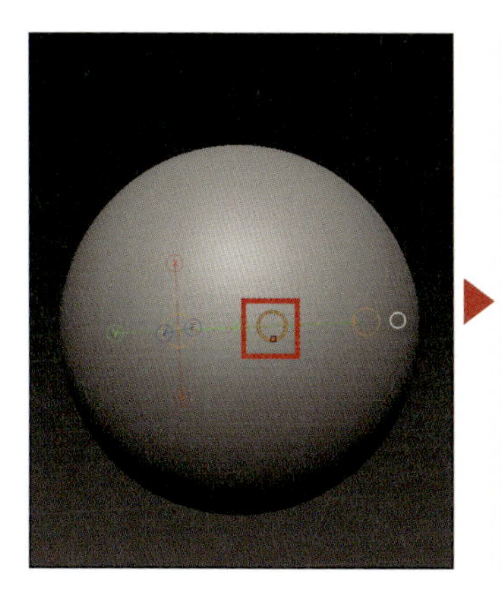

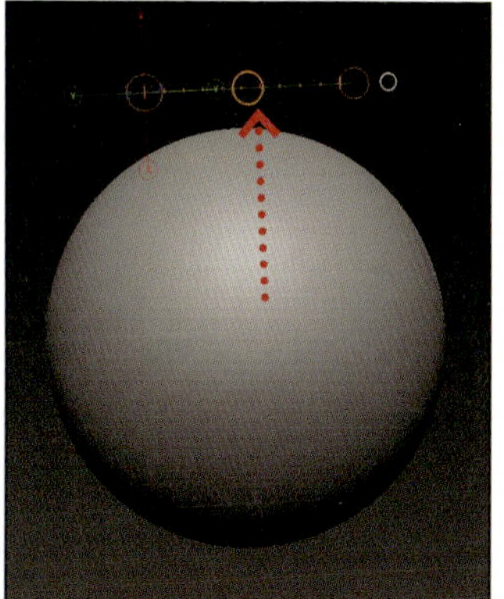

Moveにおける始点・中点・終点の動作

Moveにおいては、メインに使うのは中点で、局所的に終点を使う場面があります。

始点をドラッグした場合、終点の方向から始点の位置までを押しつぶしの動作をします（カットしてるわけではないことに注意！）。

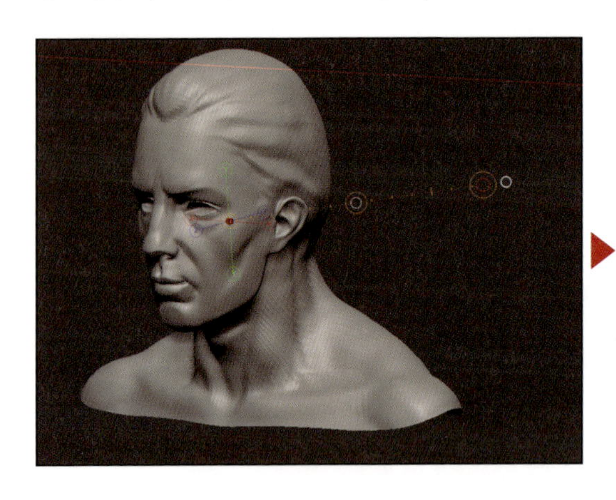

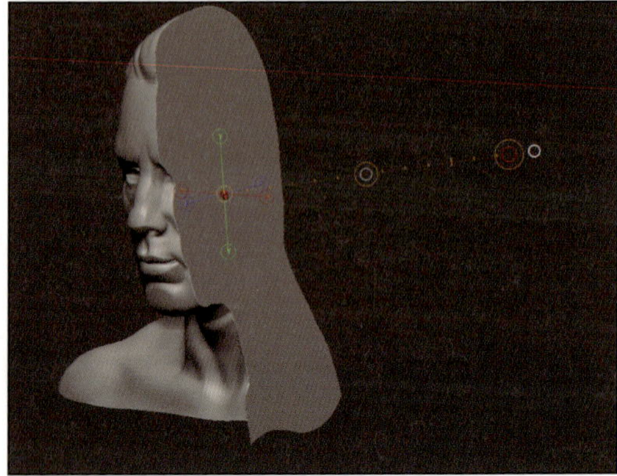

中点をドラッグした場合、メッシュを移動させます。この時アクションラインの方向と同じ方向に平行に動かすには、Shift キーを押しながらドラッグしてください。

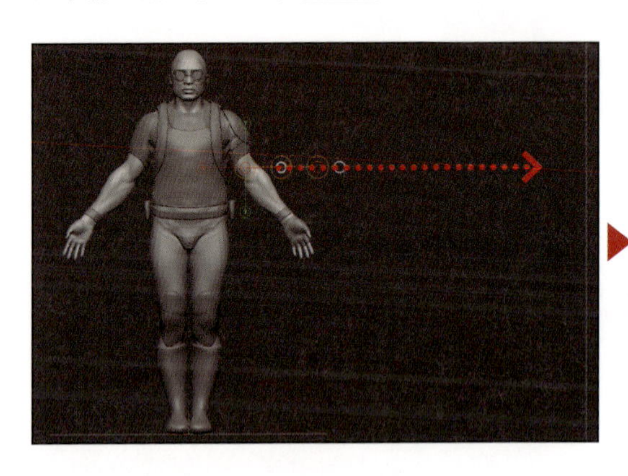

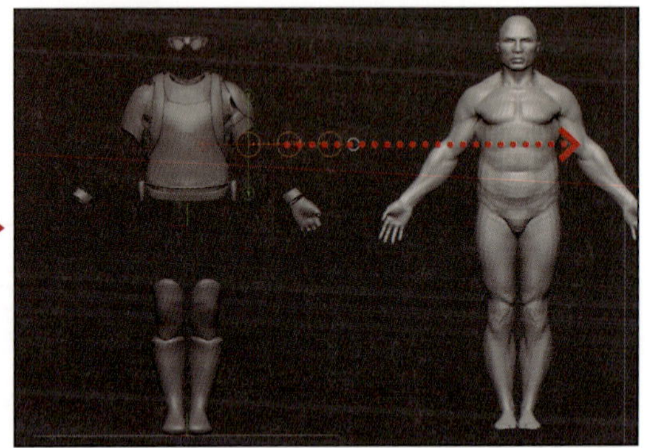

終点をドラッグした場合、アクションラインの方向のみの1軸スケールがかかります。これは、本書の作例を作成する時にも時々使うので覚えておいてください。こちらも同じく、Shift キーを押しながらドラッグすることで、アクションラインと平行に動作します。

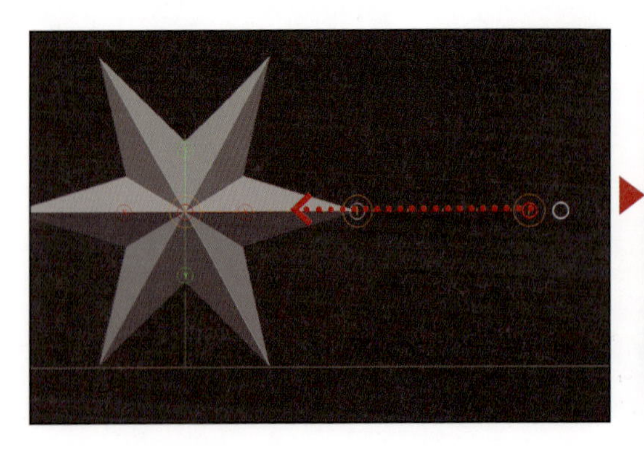

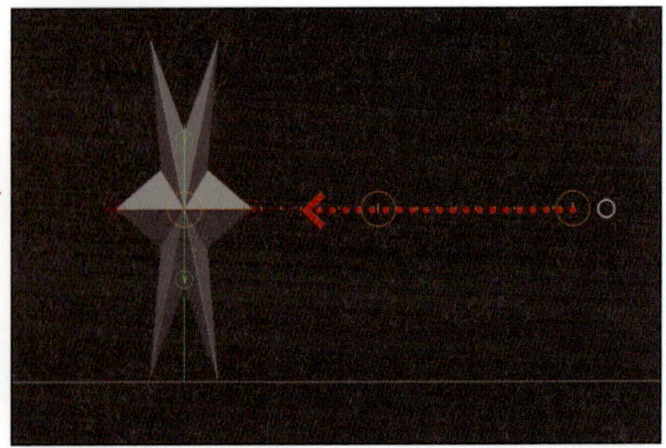

▶ Moveの特殊な動作

Moveに限らず、ScaleやRotateにも特殊な動作がありますが、使いどころがあまりないものもありますので、筆者がよく使うもののみピックアップして紹介します。

Altキーを押しながら中点をドラッグした場合、中点の位置を中心としたベンド曲げができます。

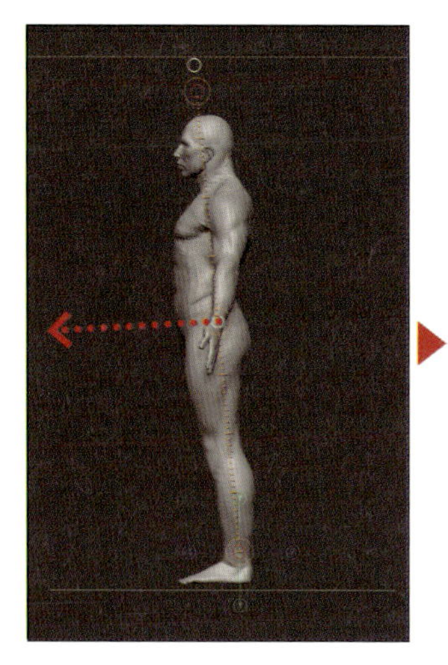

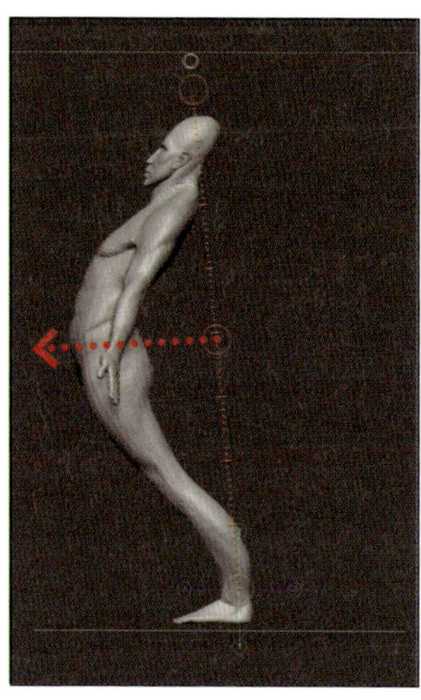

Altキーを押しながら終点をドラッグした場合、始点を中心としたベンド曲げができます。

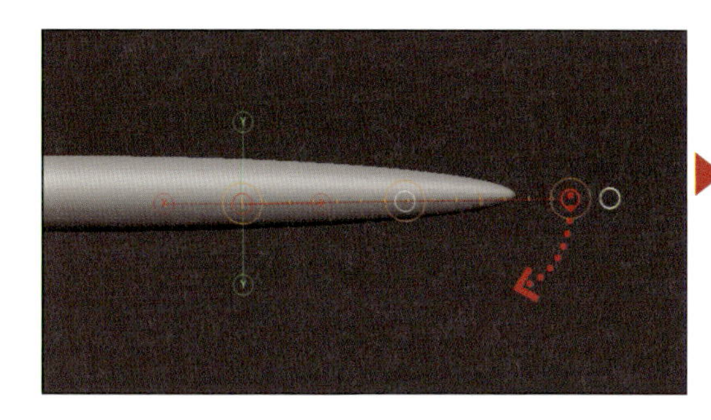

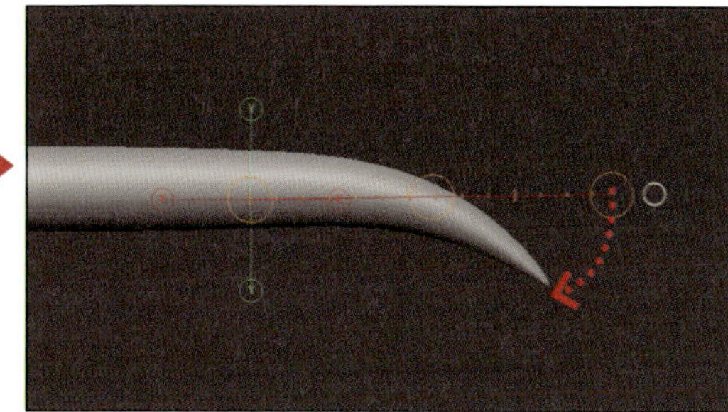

ベンド曲げの距離減衰は、[Brush]>[Curve]>[Edit Curve]のカーブで変更することができます。

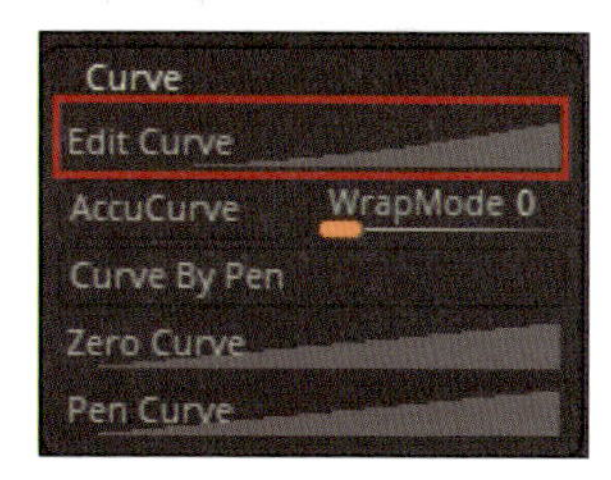

Ctrlキーを押しながら中点をドラッグした場合、メッシュが同サブツール内で複製されます。トポロジーの変更に類する機能なため、サブディビジョンレベルが存在している状態では効果がかかりません。

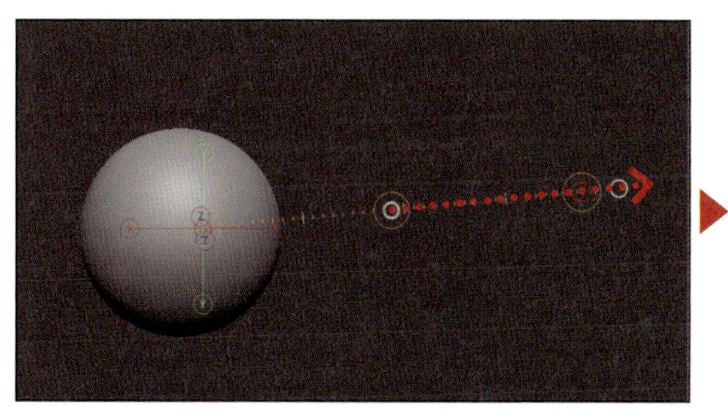

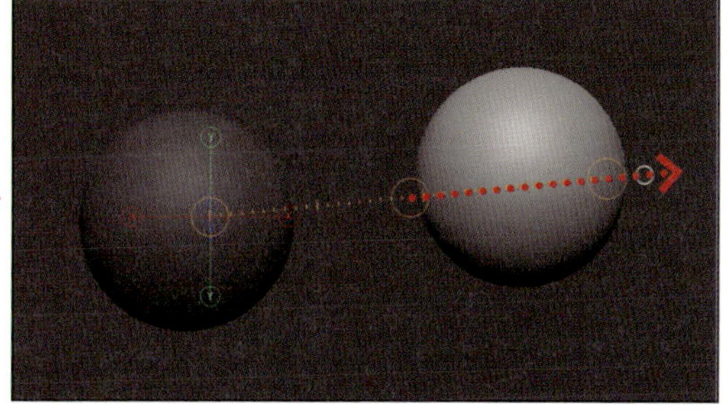

終点を右ボタンでドラッグした場合、Inflateがかかります。[Tool]>[Deformation]のInflateより細かい調整ができるため重宝しています。なお、[Preferences]>[Transpose]>[Enable Transpose Inflate]がONになっていないと動作しません。

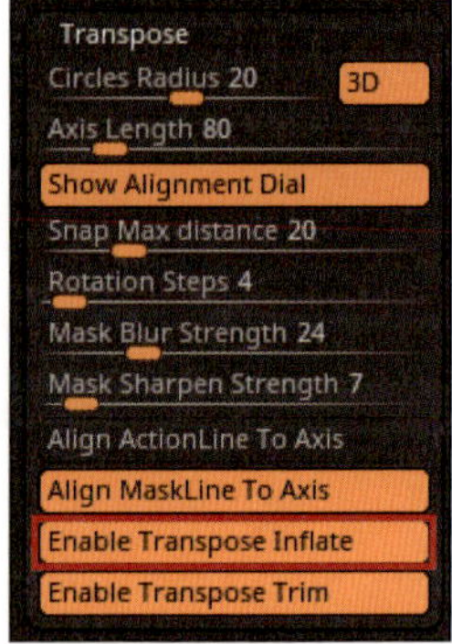

Scaleにおける始点・中点・終点の動作

始点をドラッグした場合、終点を中心に拡大・縮小がかかります。

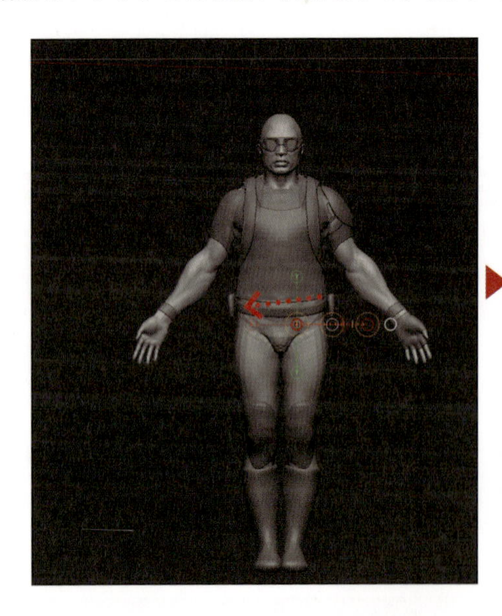

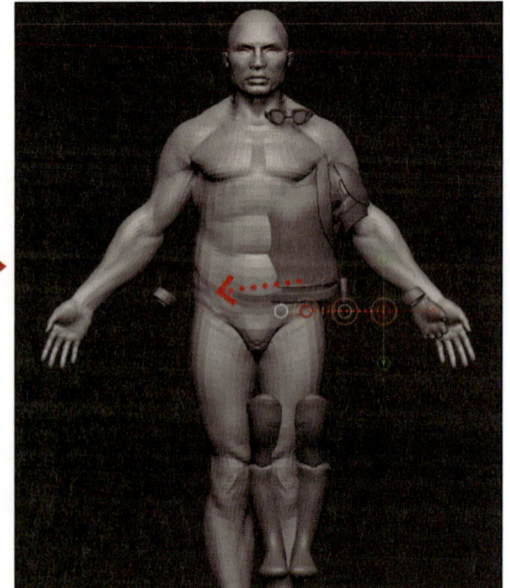

中点をドラッグした場合、アクションラインの方向以外の2軸に対して拡大・縮小がかかります(たとえばX軸方向にアクションラインが伸びていた場合、YZ平面方向で拡大・縮小がかかります)。

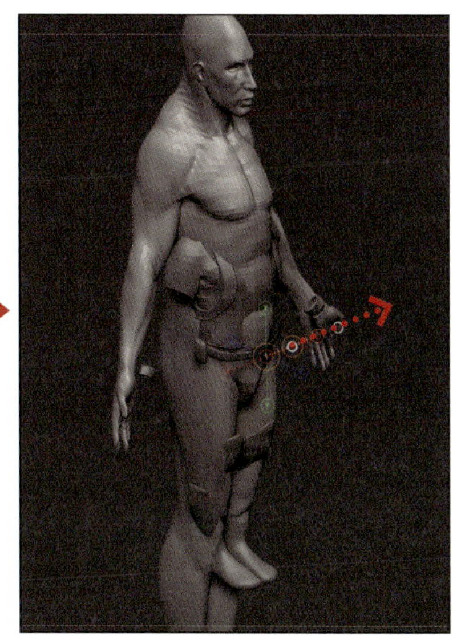

終点をドラッグした場合、始点を中心に拡大・縮小がかかります。Moveでは中点のドラッグが機能名そのままの動作をしますが、Scaleの場合、終点のドラッグであることに注意してください。

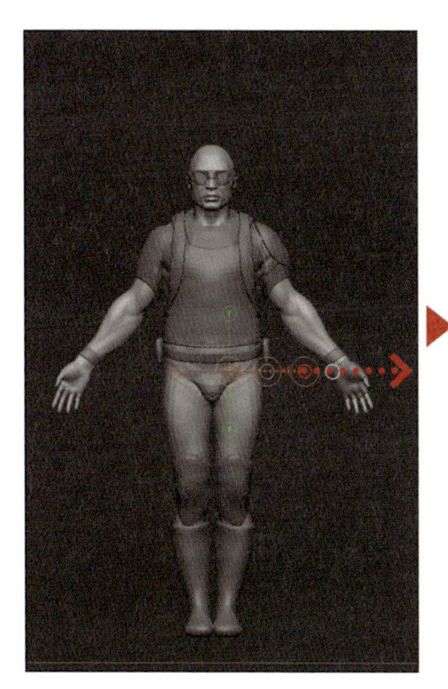

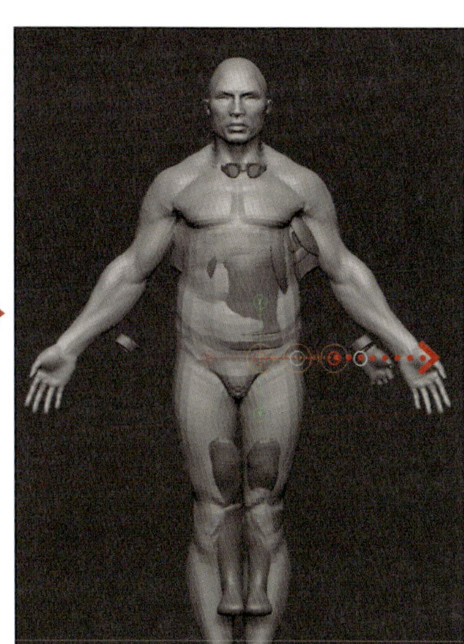

Scale の特殊な動作

Maskと組み合わせて、Ctrl + Alt を押しながら終点をドラッグすると、マスクのかかっていない部分の周りに1ポリゴンのループが追加された状態、かつ追加されたループポリゴンには白ポリグループが適応された状態で拡大・縮小がかかります。

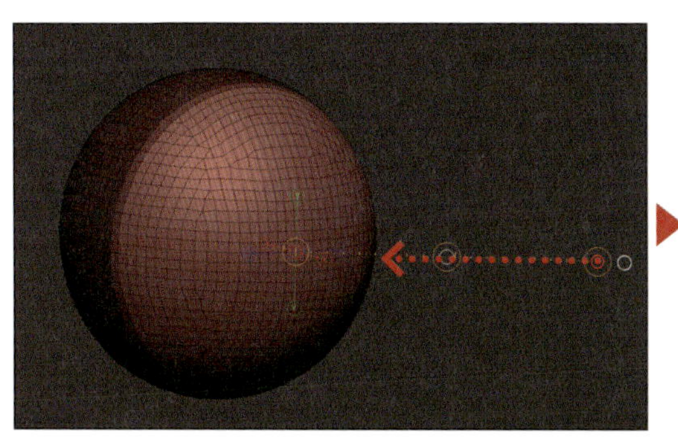

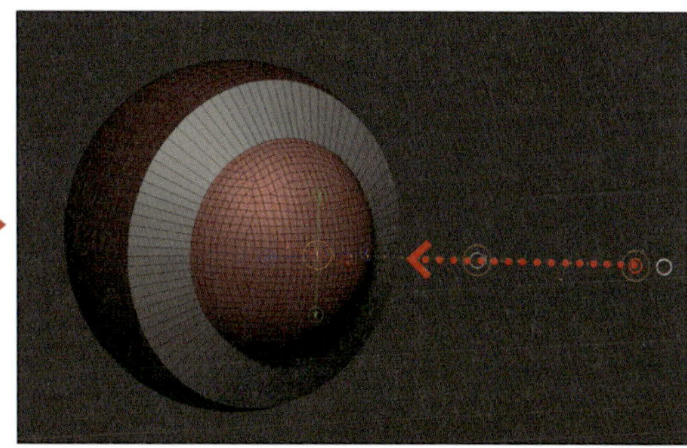

Rotateにおける始点・中点・終点の動作

始点をドラッグした場合、終点を中心に回転がかかります。

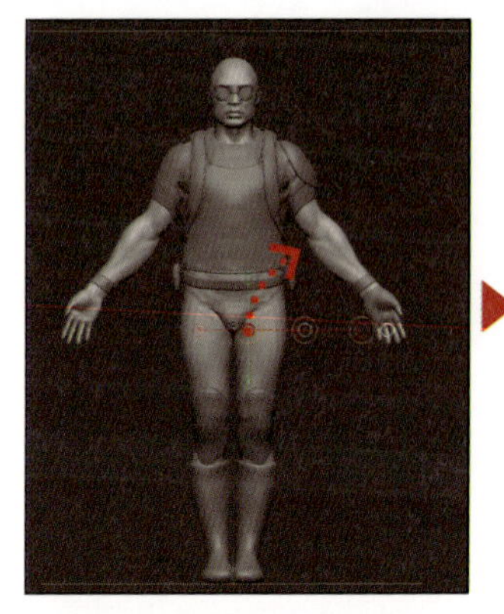

中点をドラッグした場合、アクションラインを軸として軸回転をします。

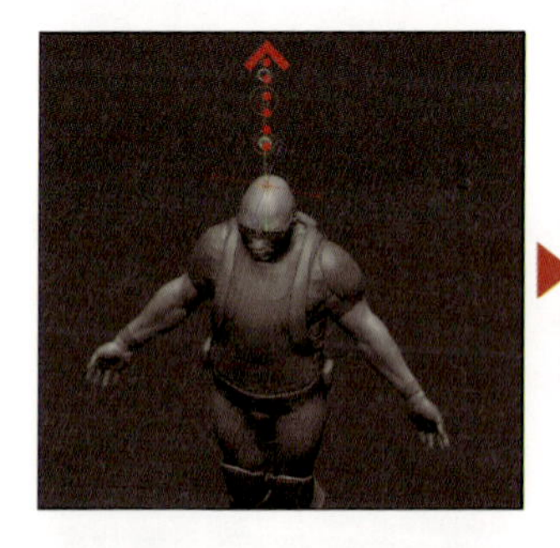

終点をドラッグした場合、始点を中心に回転がかかります。

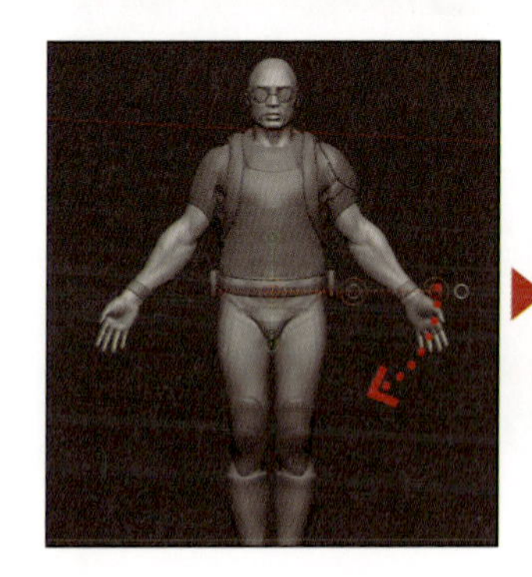

MEMO シンメトリー機能がONの状態でのアクションライン

アクションラインの動作は、シンメトリー機能が有効になっているとシンメトリーに動作してしまいます。

たとえばこのように全体を回転させたい時にシンメトリーがONになっていると、右のようになってしまいます。Rotate以外の、MoveやScaleでも同様ですのでご注意ください。

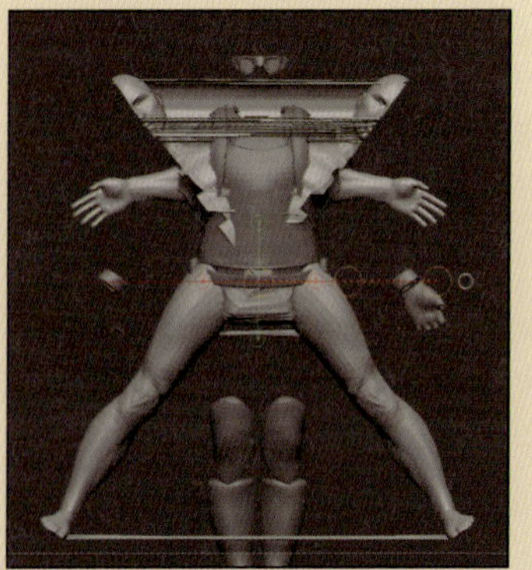

Chapter 5 アクションラインとGizmo

終点横にある白丸の使い方

終点の横には、さらに白丸が1つあります。この白丸は、主に2つの目的で使います。

アクションラインの始点をメッシュ中心に移動させる

白丸をクリックした場合、アクションラインの始点の位置が現在表示しているメッシュの中心に移動します。

この時、メッシュにマスクがかかっていた場合は、マスクのかかっていない領域基準で中心が設定されます。

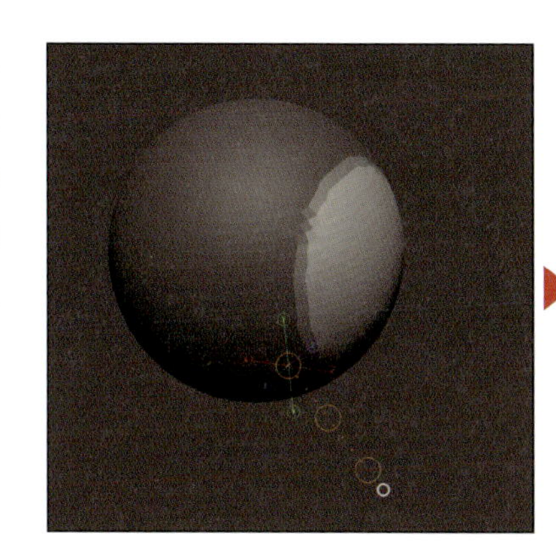

画面ベースでカメラを回転させる

白丸を Ctrl キーを押しながらドラッグした場合、カメラが画面に対して回転します。メッシュ全体が回転しているように見えますが、あくまでカメラの回転です。メッシュに対しての変更ではないので、Undoで戻ることはできません。

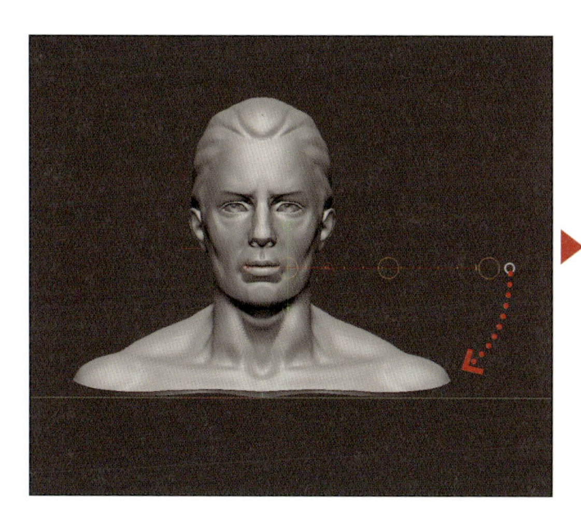

Chapter 5 アクションラインとGizmo

SECTION
02 Gizmo 3D

ZBrush 4R8での新機能の1つにGizmo 3D（以下Gizmo）があります。順番的にはZBrush Coreに先行実装されていましたが、機能強化版としてR8に搭載されました。他の3Dソフトでよく見るマニピュレーターインターフェースとデフォーマや、今までTranspose Masterを使わないと不可能だった複数サブツールの一括トランスポーズが可能になりました。

Gizmoとは

5-01で一瞬出てきましたが、Transposeモードに入っている時にYキーを押すことで、アクションラインとGizmoを切り替えることができます[注1]。

▶ Gizmo 3D

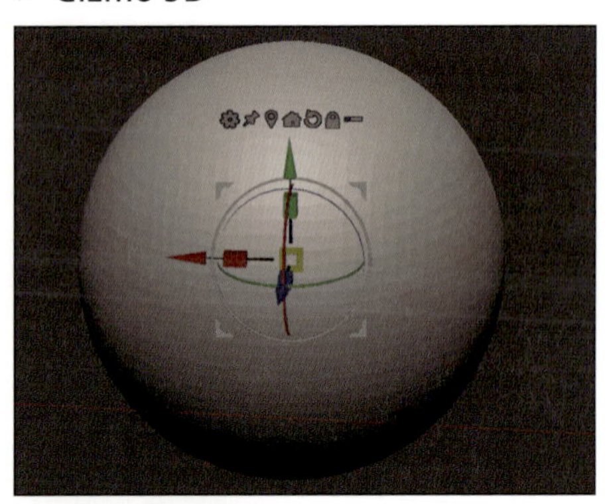

注1　2.5Dと3Dモードを切り替えるショートカットであるTキーのすぐ横にあるので、押し間違えることがあると思います。この時は、もう一度Tキーを押せば良いだけなので焦る必要はありません。

もしくは[Gizmo 3D]ボタンを押してください。

Gizmoのモードになっているにも関わらずGizmoが見当たらない場合は、現在表示している領域より外にGizmoがあります。Altキーを押しながらメッシュの任意の場所をクリックすると、クリックした部分にGizmoが移動します。

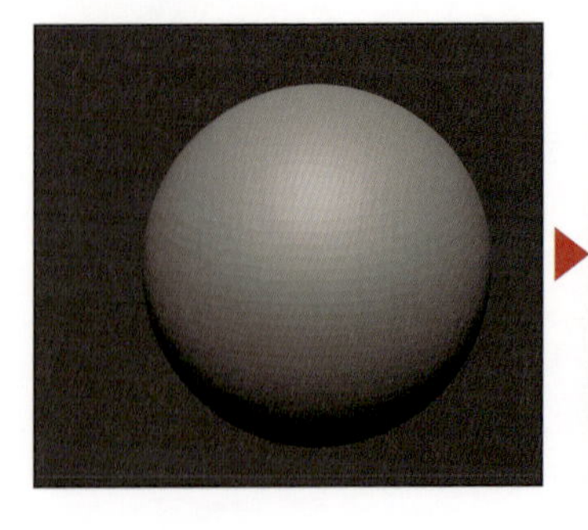

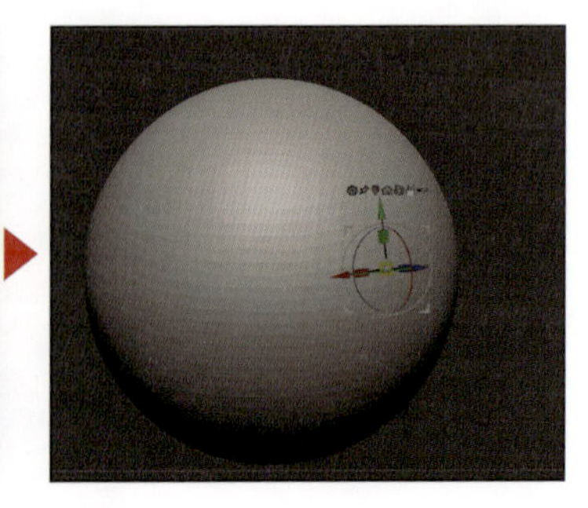

それではGizmoを学習していきましょう。アクションラインと同じく、Gizmoには見た目以上にたくさんの機能が内包されています。全てを一度に覚えようとしても混乱するだけなので、この節では基本的な部分と＋α程度の解説に留めます。

なお、Gizmoは「Move」「Scale」「Rotate」全ての動作を1つのインターフェースに内包しているため、アクションラインのようにTransposeモードのいずれかに入っていればそれでOKです。3種類を切り替える必要はありません。

Move

Gizmoのコーン形状の部分をドラッグすると、それぞれの軸方向に移動します。アクションラインと違い、Shiftキーを押しながらドラッグせずとも軸方向に移動します。

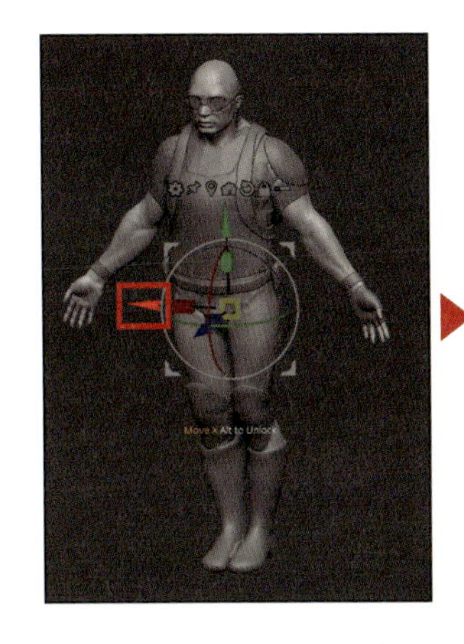

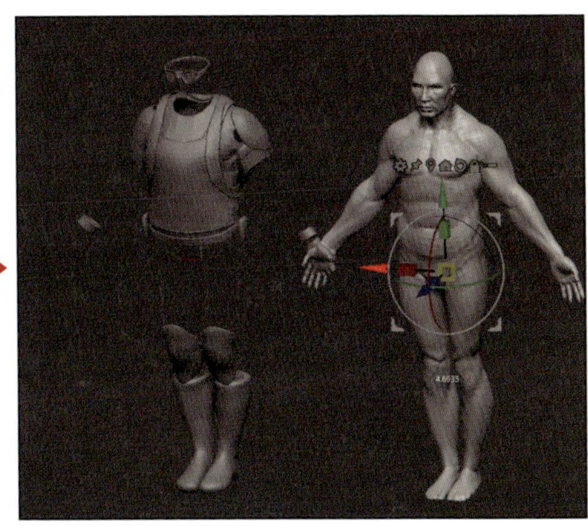

Gizmoを取り囲む白いL字をドラッグした場合は、スクリーンベースの移動（画面見たままの、カメラに対しての平行移動）になります。

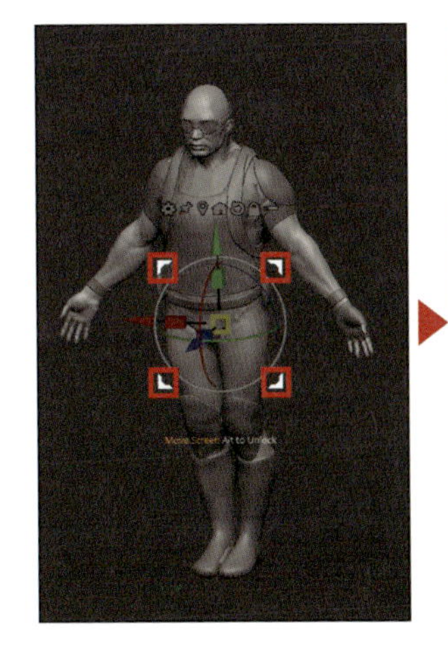

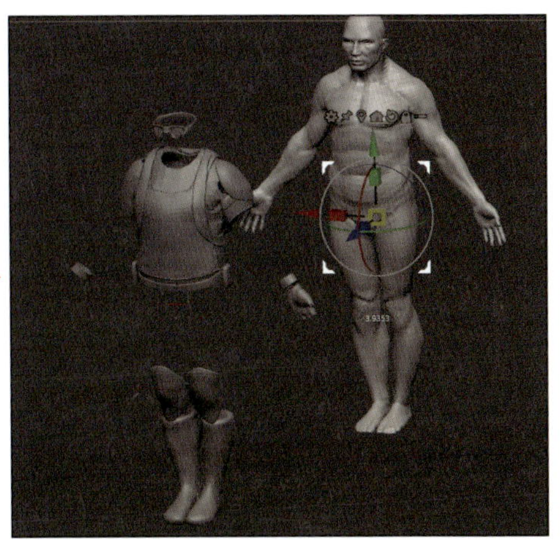

Altキーを押しながらGizmoのコーン形状をドラッグすると、Gizmoのみの移動になります。後述の拡大・縮小や回転の中心点はGizmoの中心となるため、位置を調整したい時はこちらを使ってください。

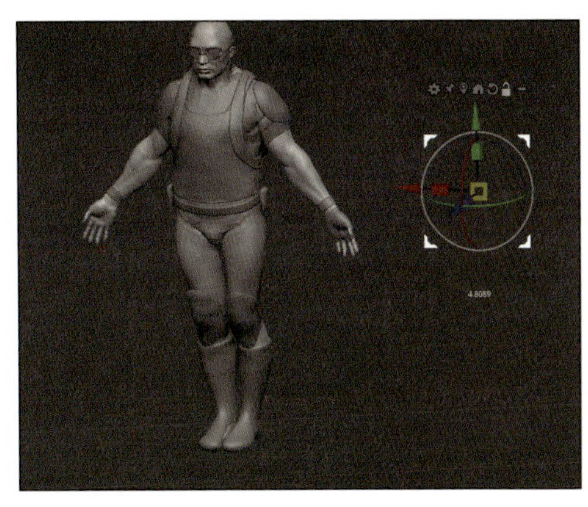

Chapter 5 アクションラインとGizmo

▶ Scale

Gizmoの BOX形状の部分をドラッグすると、それぞれの軸方向に拡大・縮小がかかります。

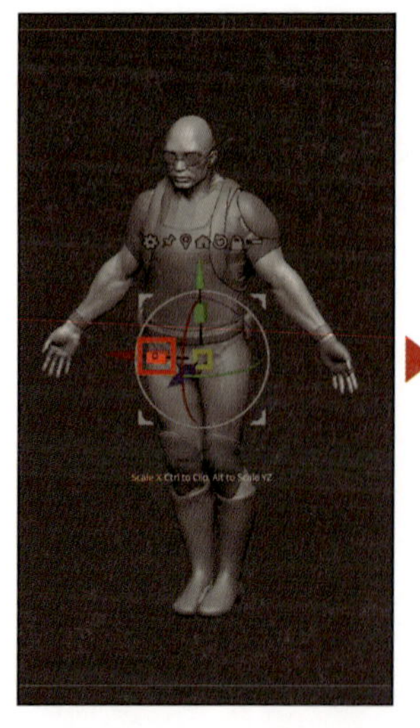

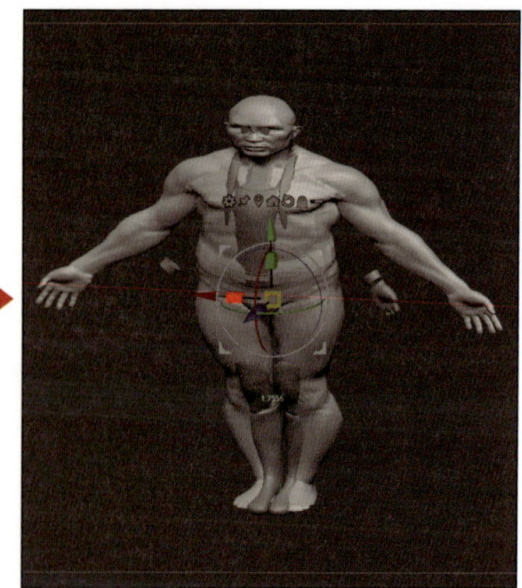

真ん中の黄色い部分をドラッグすると全軸方向、つまり普通の拡大・縮小がかかります。

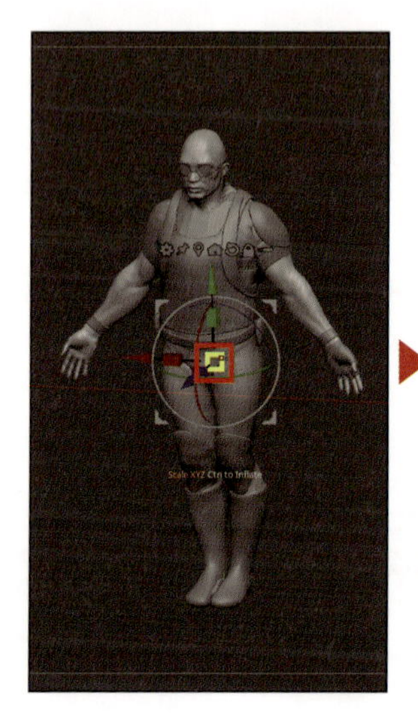

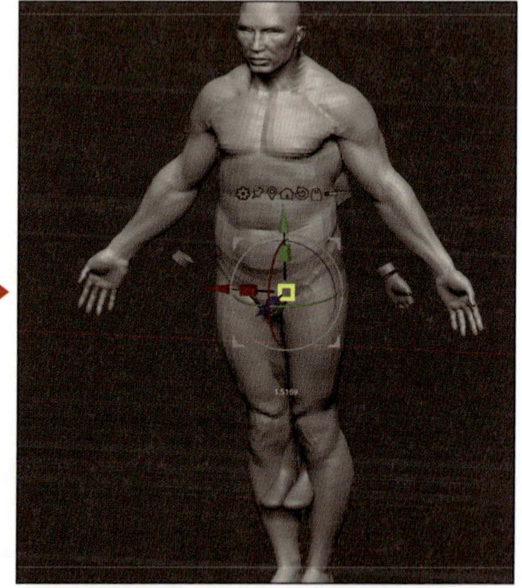

Alt を押しながらいずれかの軸のBOX部分をドラッグすると、その軸以外の2軸に対してスケールがかかります[注2]。

注2　4R8のみ。2018で2軸スケールするには、ドラッグ中に Alt キーを追加で押す必要があります。

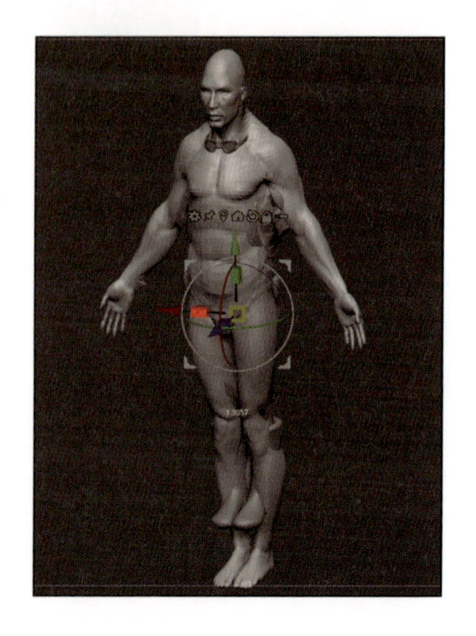

▶ Rotate

Gizmoのリング形状の部分をドラッグすると、それぞれの軸を中心に回転します。Shift キーを押しながらドラッグすると、5度角ずつにスナップします。

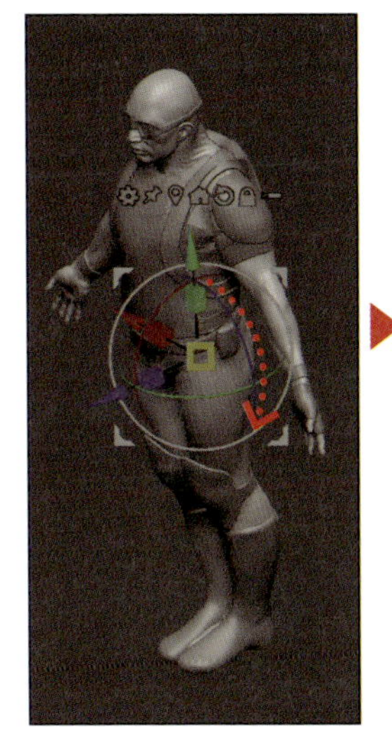

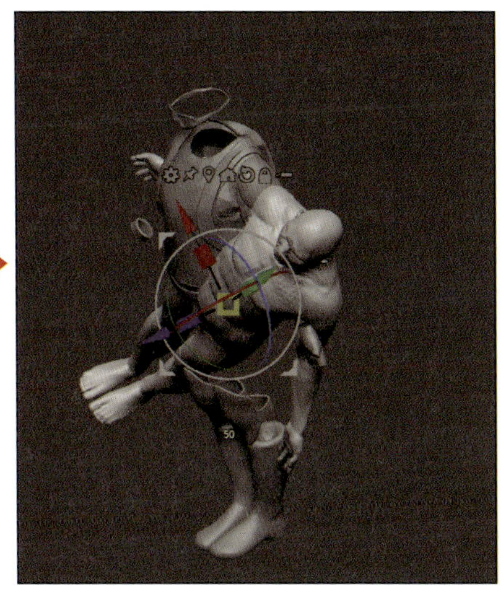

Gizmoを取り囲む白いリングをドラッグした場合は、スクリーンベースの回転になります。

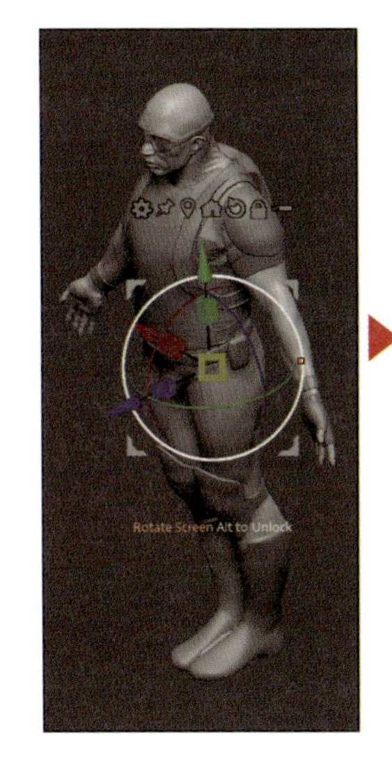

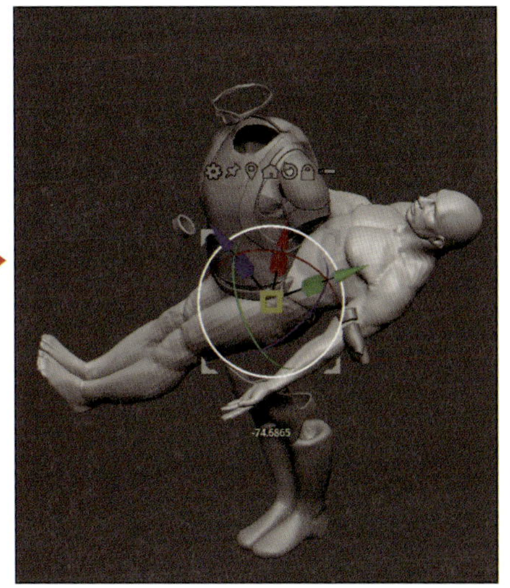

Alt キーを押しながらGizmoのリング形状の部分をドラッグすると、Gizmoのみの回転になります。

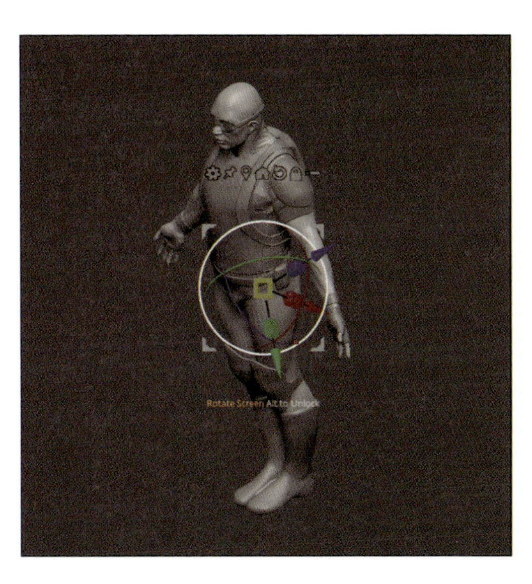

オペレーターアイコン

Gizmoの上部には、たくさんのオペレーターアイコンが表示されます。それぞれの動作を解説します。

カスタマイズ

パラメトリックプリミティブ機能とデフォーマ機能へアクセスします。解説が長くなるので、この節の最後でこれらは解説します。また、デフォーマ機能は本書の作例でもところどころで使用しているので、使いどころの参考にしてください。

4R8

Transform Type

Cone 3D　Cylinder 3D　PolyCube　PolyCylinder　PolyPlane　PolySphere　Ring 3D　Sphere 3D

Bend Arc	Bend Curve	Deformer	Extender
Flatten	Multi Slice	Taper	Twist

2018

Transform Type

Cone 3D　Cylinder 3D　PolyCube　PolyCylinder　PolyPlane　PolySphere　Ring 3D　Sphere 3D

Bend Arc	Bend Curve	Bevel	Crease
Deformer	Deformer Hard	Deformer Soft	Extender
Flatten	Inflate	Multi Slice	Offset
Project Primitive	Remesh By Dynamesh	Remesh By Union	Remesh By ZRemesher
Remesh by Decimation	Rotate	Scale	Skew
Slice	Smooth	Smooth All	Stretch
Subdivide	Taper	Twist	

吸着

オブジェクトを移動、回転をさせても、その位置にGizmoが残り続けます（マウスをリリースした瞬間、元の位置、角度になります）。

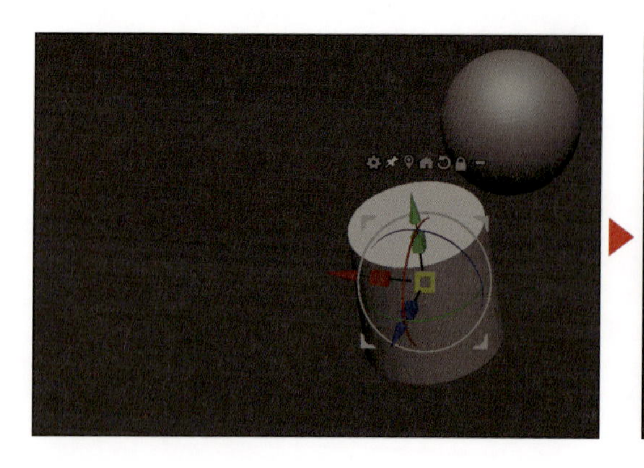

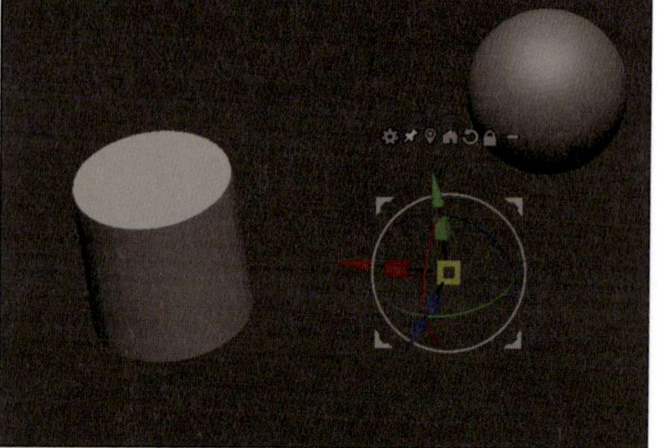

▶ メッシュ中心に移動

Gizmoをメッシュの中心に移動します。機能的には、「マスクのかかっていない部分の中心に移動する」という動作です。マスクがかかっていると、マスクのかかっていない部分の中心に部分的な非表示がある場合、表示している部分の中心にGizmoが移動します。

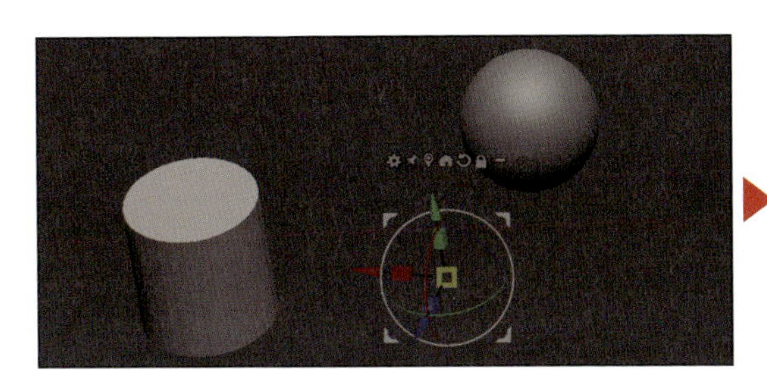

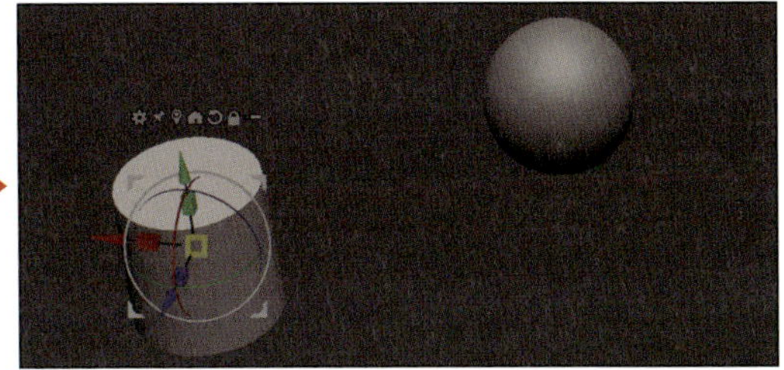

▶ 軸原点位置への移動

プロジェクトの座標原点位置（XYZが0,0,0の位置）に移動します。2つ原点軸が表示されていますが、この画像では下のほうがプロジェクト自体の原点軸になります。

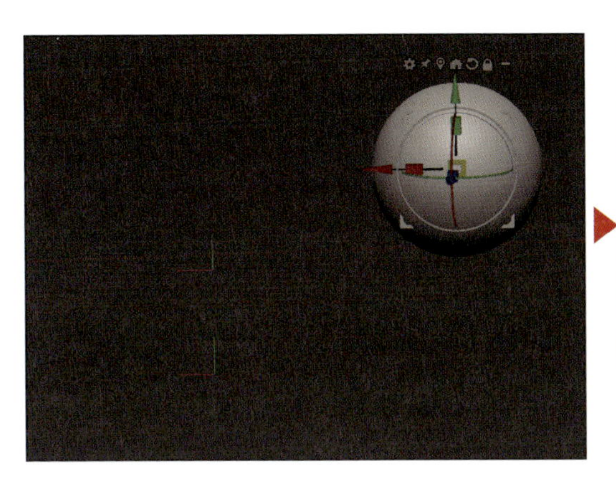

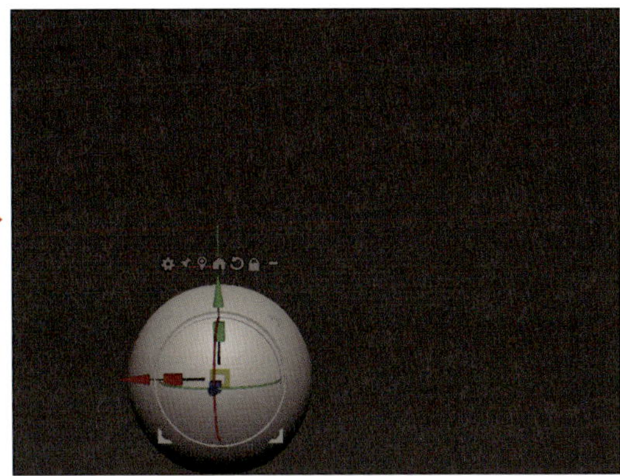

▶ 回転軸のリセット

回転値をリセット（X, Y, Zが0,0,0の状態に）します。

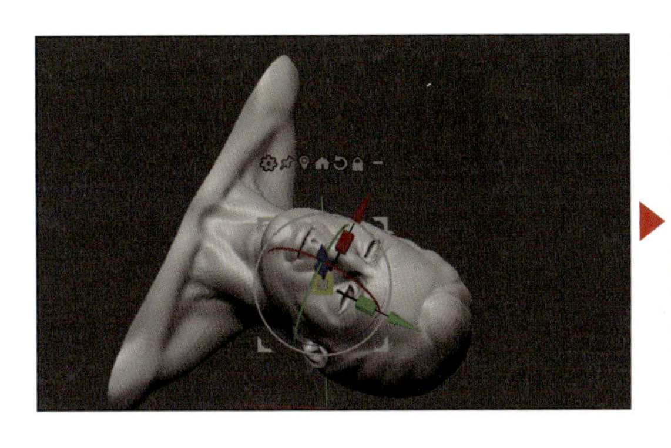

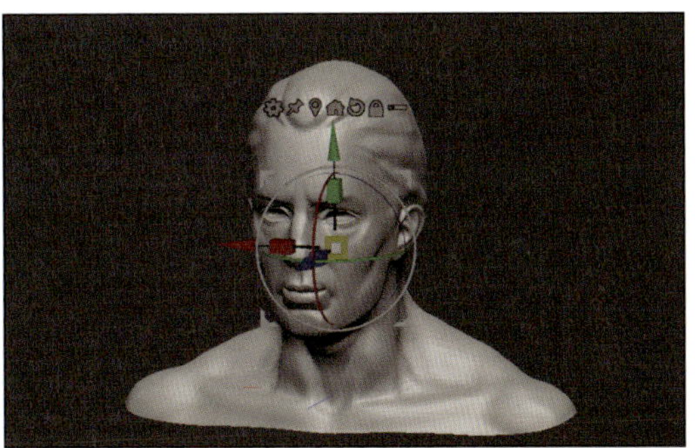

▶ ロック

アイコンの南京錠が開いている状態は、Gizmo自体の位置や回転状態を調整できます。MoveとRotateで、Altを押しながら操作すると、前項で解説した通りGizmo起動中はAltキーがこのロックのショートカットになります。軸原点位置への移動、回転軸のリセットも、Altキーを押した状態でアイコンをクリック、もしくはこのロックを開放状態でクリックすると。Gizmoのみがリセットされる動作をします。

▶ 複数サブツールの操作

チェックマークと長方形が3つ重なっている状態がONです。R7までのZBrushでは、複数サブツールを同時に移動や回転、拡大・縮小操作することは基本的にできませんでした[注3]。

注3　R8で追加されたこの機能を使うことにより、複数サブツールに対して同時にTranspose操作をかけられます。Contact機能やTranspose Masterを使うという技はありました。筆者はContact機能は使いませんが、Transpose Masterは今も利点があるので使用しています。

同時に操作したいサブツールのみ表示することによって、表示状態になっている全てのサブツールに対して効果がかかります。

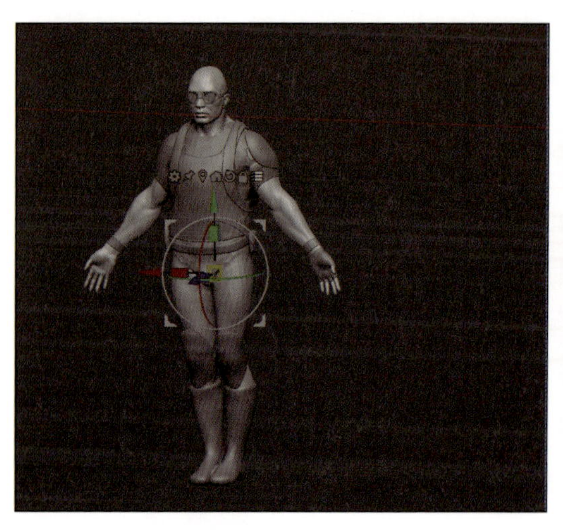

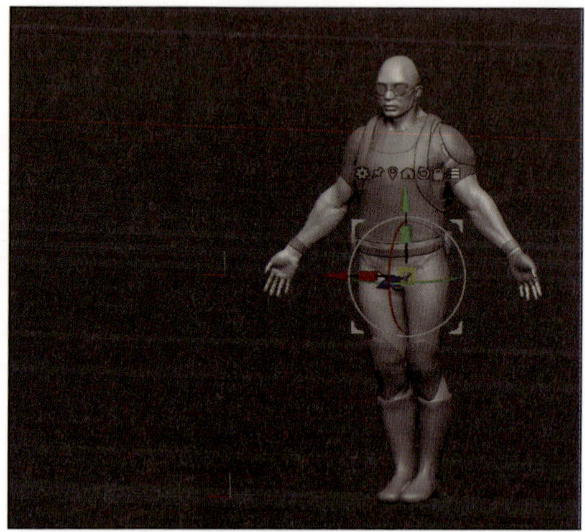

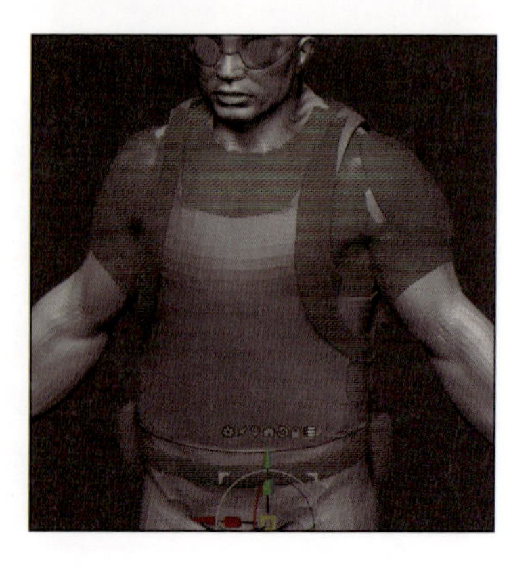

また、表示状態は維持したまま、一部サブツールのみに操作をしたい場合は、Ctrl＋Shiftを押しながら動かしたいメッシュをクリックすると、それ以外の縞模様の表示になります。この状態になっているメッシュには効果がかかりません。

解除する時はブランクエリアのCtrl＋Shift＋ドラッグ、状態を反転する場合はCtrl＋Shift＋ブランクエリアでクリックしてください。

カスタマイズの中身

Gizmoのカスタマイズは、名前からするとGizmo機能自体の設定を変更する項目へアクセスするための機能のように感じます。ところが実は、中身はパラメトリックプリミティブという機能、デフォーマという機能にアクセスするための存在です。

注意点として、パラメトリックプリミティブ、デフォーマ機能はどちらもサブディビジョンレベル、レイヤー機能が存在するメッシュに対しては使用できません。パラメトリックプリミティブはトポロジー自体を完全に入れ替えてしまうため不可能なのはわかりやすいですが、デフォーマのうちトポロジーには介入しない種類のものも一括して制限がかかっています。もし、サブディビジョンレベルを持ったメッシュに対して使いたい場合は、いったん[Tool]>[Geometry]>[Del Lower]で最上位のサブディビジョンレベル以外を消し、最上位でデフォーマ変形をかけ、Reconstruct Subdiv Surface機能（P.143）を使い下位レベルを復元してください（トポロジーの変更が発生するデフォーマの場合は、Reconstruct Subdivで下位レベルをほぼ復元できません）。

Transpose Master（11-04）の使用中にデフォーマを使うと、トポロジーの変化の発生しないデフォーマを使っていてもメッシュが壊れる現象が時々起きるため、デフォーマ機能とTranspose Masterは併用しないでください（ZBrush 2018時点）。

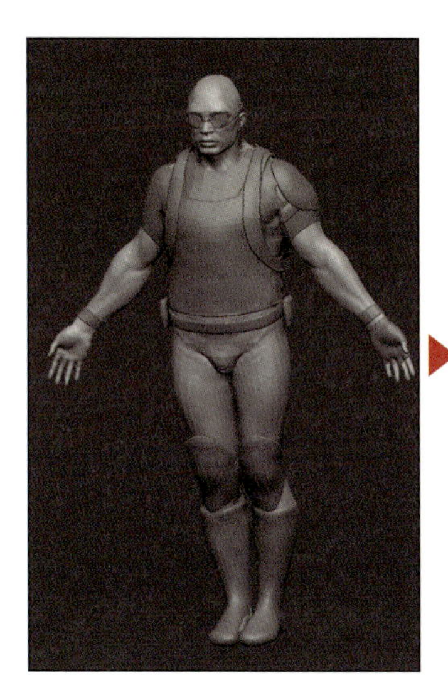

パラメトリックプリミティブ

さまざまなメッシュを呼び出せます。[Tool]パレットのプリミティブとの違いの1つは、最初から3Dメッシュとして呼び出せることです。

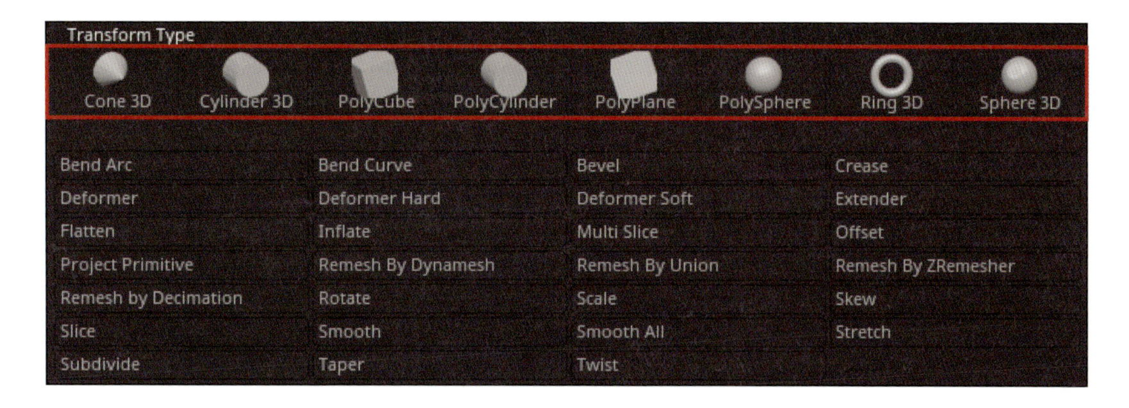

また、表示されているハンドルをドラッグすることにより、インタラクティブに分割数等を変更することができます。同じ形状でも、プリミティブとパラメトリックプリミティブではトポロジーが全く違うものもあります（たとえば球）。

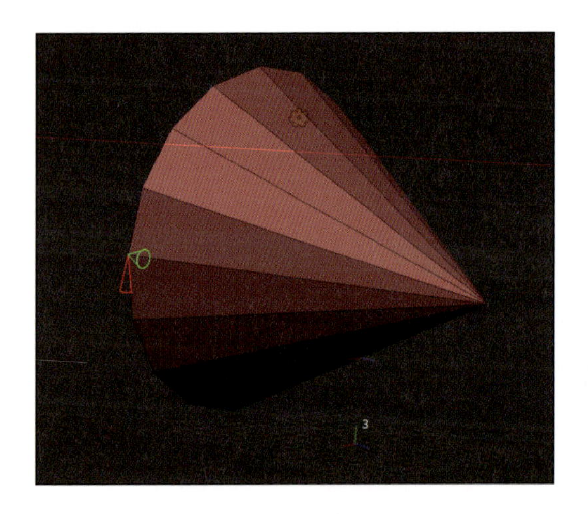

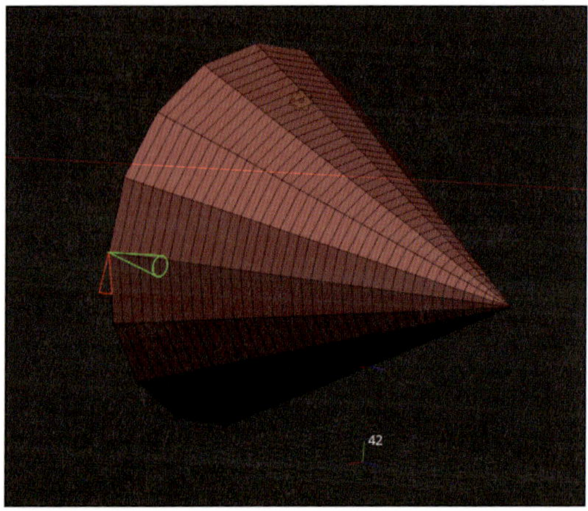

注意点としては、アクティブなサブツールに対して強制的に上書きをしてしまう機能であることと、サブディビジョンレベルを持ったメッシュでは動作させられない点です（トポロジーを強制的に変えてしまう機能に属するため）。

デフォーマ

他3Dソフトではわりと当たり前な機能の1つであるデフォーマが、ZBrush 4R8にも追加されました。それぞれの特徴と操作パラメーターのみこの節では解説します。いくつかのデフォーマは作例モデルで使用しているので、使いどころ等はそちらを参考にしてください。バージョン2018で追加されたデフォーマは15-04で解説しています。

赤丸がR8時点でのデフォーマ　白丸が2018で追加されたデフォーマ

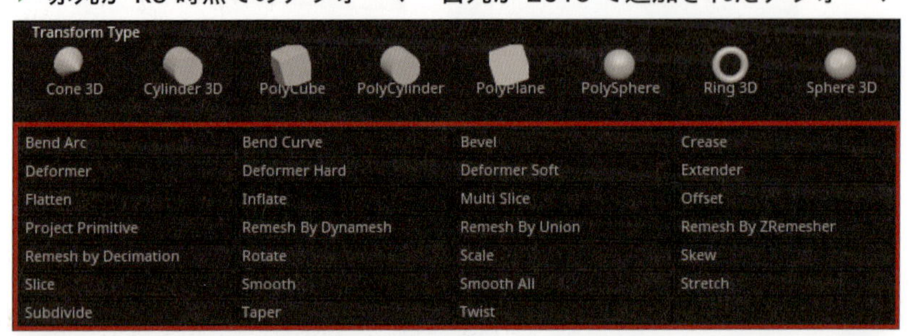

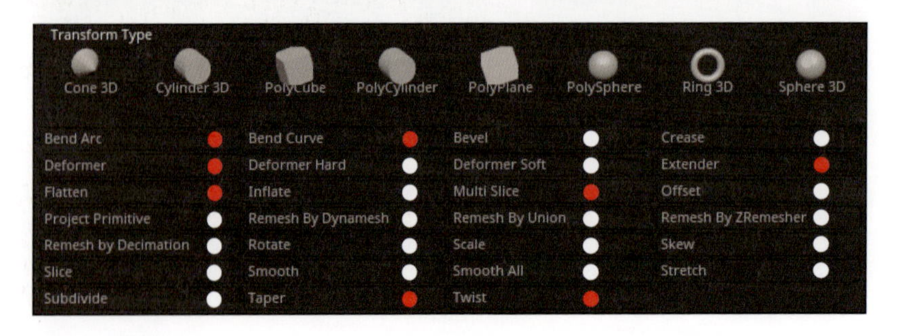

● 共通項目

何らかのデフォーマを割り当てると、カスタマイズのポップアップウィンドウに追加で表示されます。

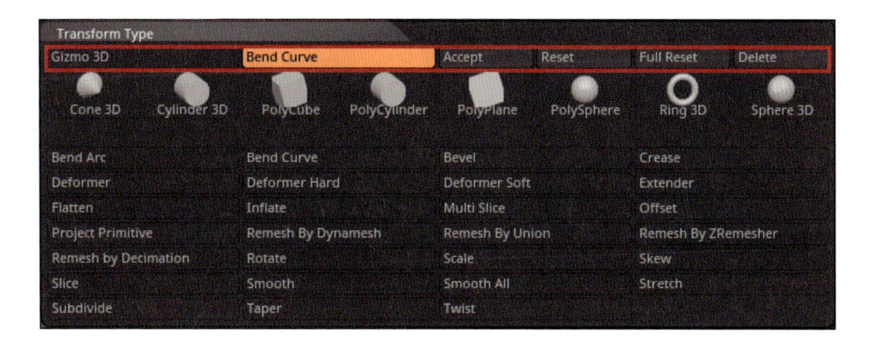

Gizmo 3D	デフォーマの調整バウンディングボックスから Gizmo の表示に切り替えます。
デフォーマ名	現在適応しているデフォーマの、調整バウンディングボックスを表示します。何らかのデフォーマがかかっている状態でデフォーマを再編集する場合、こちらをクリックしてください。デフォーマリストをクリックした場合、たとえ同じデフォーマであってもデフォーマによるメッシュ変形が確定された状態で新しくデフォーマが割り当てられるという扱いになります。
Accept	デフォーマでの変形を確定します。確定するまでは再調整可能ですが、最終的には［Accept］ボタンをクリックしてください。
Reset	デフォーマでの変形をリセットします。
Full Reset	2018 での追加ボタンです。デフォーマでの変形、デフォーマ自体の設定もリセットします（たとえば Bend Curve の場合、Reset では変形のみリセットされますが、Full Reset では Curve Resolution の値を変更していた場合こちらも既定値にリセットされます）。
Delete	デフォーマでの変形とデフォーマ自体を削除します。

デフォーマ自体の生成される角度は、Gizmoのマニピュレーターの角度がそのまま継承されます。

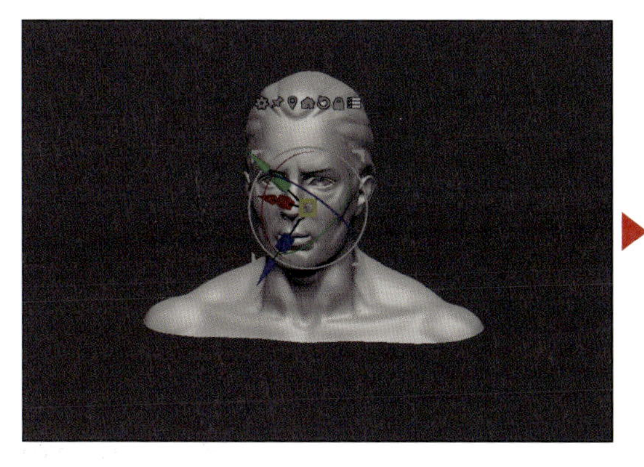

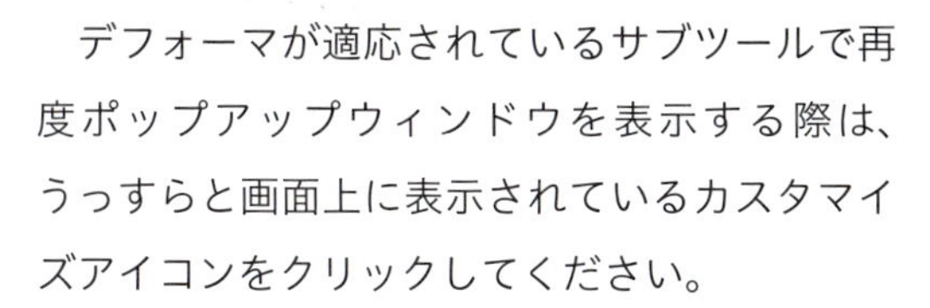

デフォーマが適応されているサブツールで再度ポップアップウィンドウを表示する際は、うっすらと画面上に表示されているカスタマイズアイコンをクリックしてください。

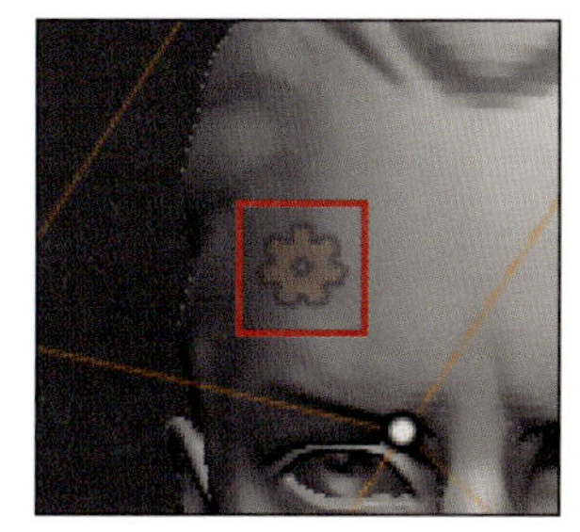

デフォーマの種類

Bend Arc

ベンドアーク（Bend Arc）は円形に曲げる効果がかかります。

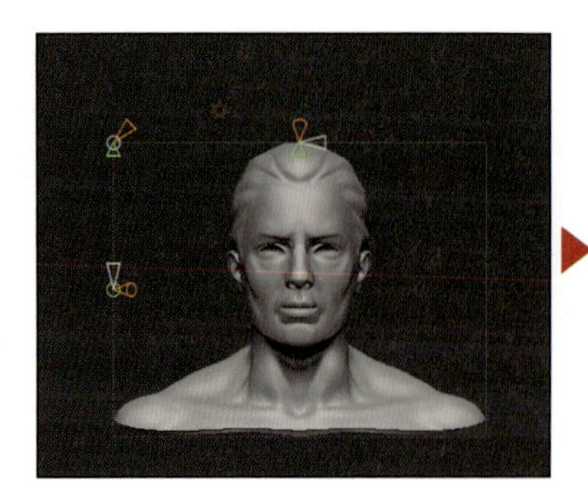

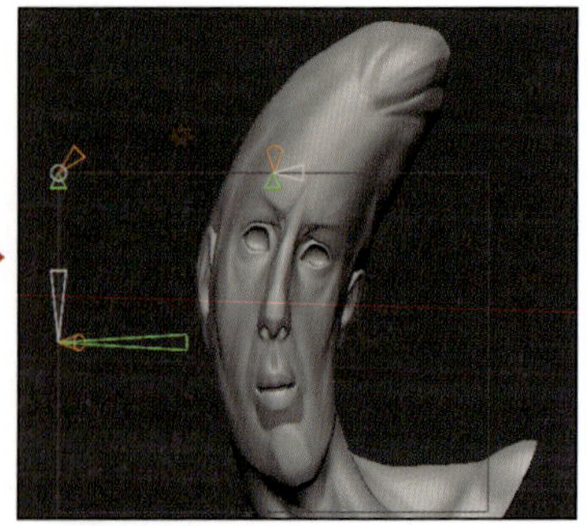

それぞれのマニピュレーターの役割は次の通りです。

白マニピュレーター（Radius）	効果半径
橙マニピュレーター（Twist）	ねじり
緑マニピュレーター（Angle）	効果の方向と強度

Bend Curve

ベンドカーブ（Bend Curve）は、制御ポイントを使って曲げる効果をかけることができます。

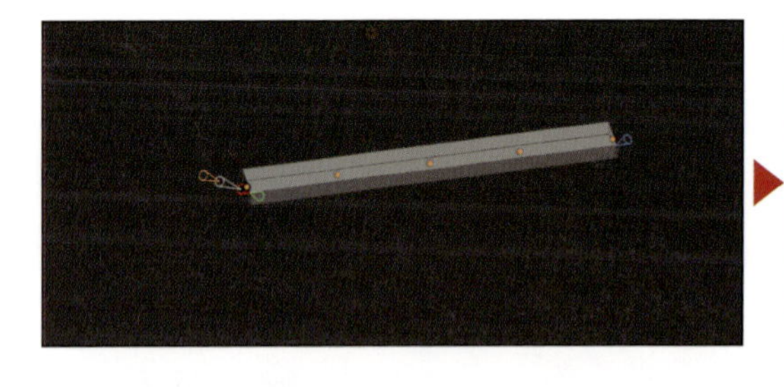

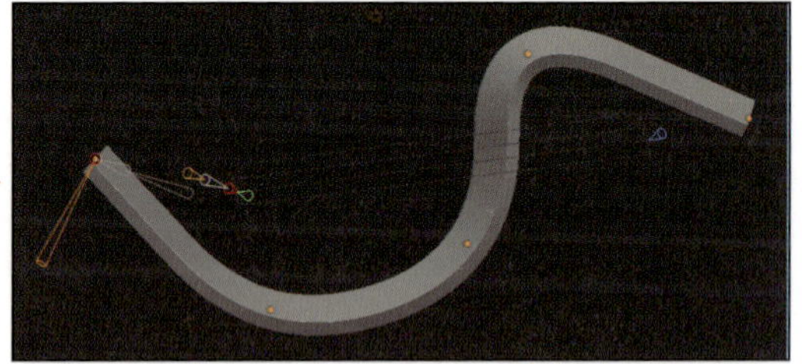

バウンディングボックスマニピュレーターの役割は次の通りです。

▶ バウンディングボックスマニピュレーター

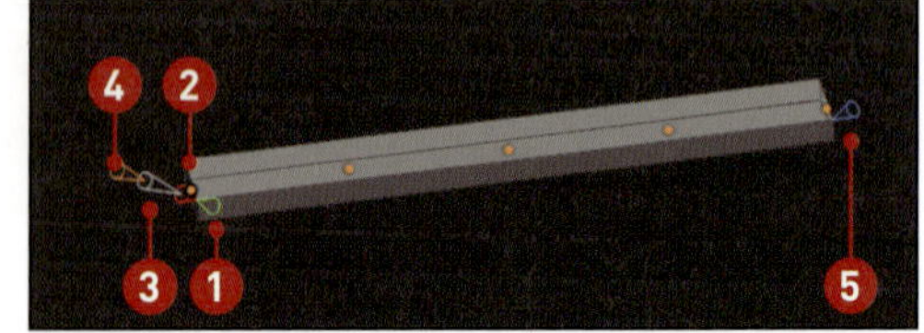

❶ 黄マニピュレーター（Symmetrical）	シンメトリー効果の ON ／ OF 切り替え
❷ 軸色マニピュレーター（Axis）	XYZ どの軸に制御ポイントを並べるかを設定 （XYZ どれになっているかで色が変わります）
❸ 白マニピュレーター（Smoothness）	制御ポイント間の変形のスムージング
❹ 橙マニピュレーター（Curve Resolution）	制御ポイントの解像度
❺ 青マニピュレーター（Smooth）	制御ポイント自体の変位量のスムージング

制御ポイントのマニピュレーターは次の通りです。

❶ 橙マニピュレーター（Twist）	制御ポイント間のねじれ
❷ 白（内）マニピュレーター（Scale）	スケール変化
❸ 白（外）マニピュレーター（Squeeze）	押しつぶし
❹ 赤マニピュレーター（Offset）	オフセット

▶ 制御ポイントマニピュレーター

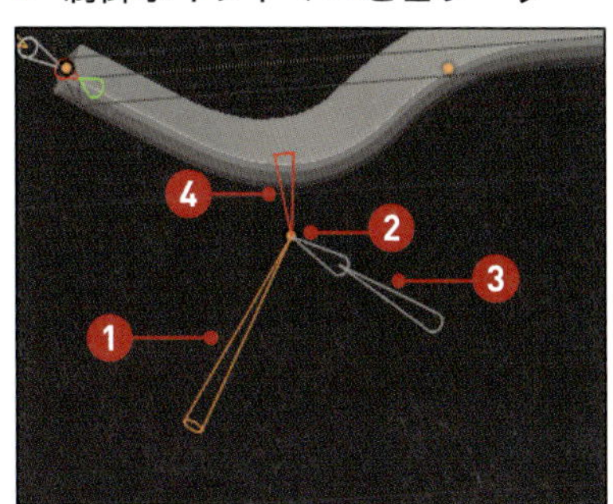

MEMO Alt キーによる制御ポイントからのオフセット

制御ポイントマニピュレーターを Alt キーを押しながらドラッグすると、制御ポイントによる変形からドラッグ分オフセットさせることができます。オフセットが有効になっている最中は、赤いマニピュレーターが新しく発生します。

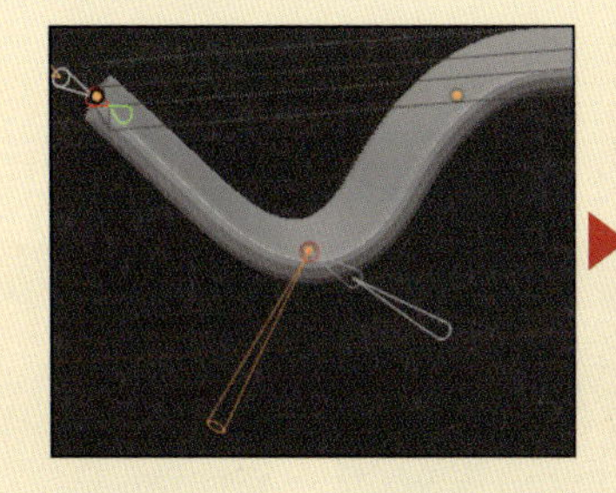
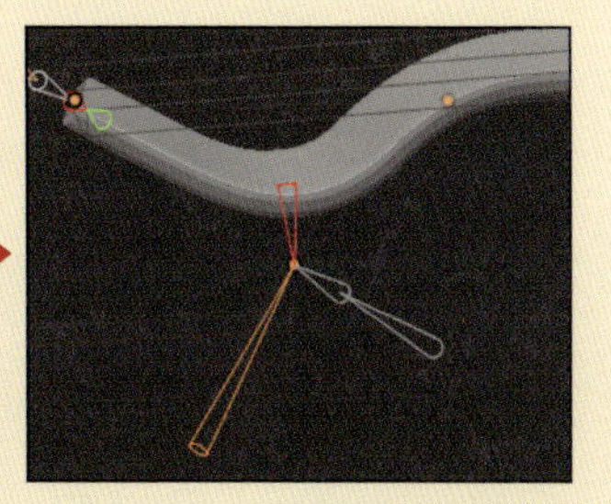

● Deformer

デフォーマ機能の中にさらにデフォーマ（Deformer）という名前で存在しているため紛らわしいですが、Mayaでいうところのラティスデフォーマ、3ds MaxでいうところのFFDモディファイヤに相当します。

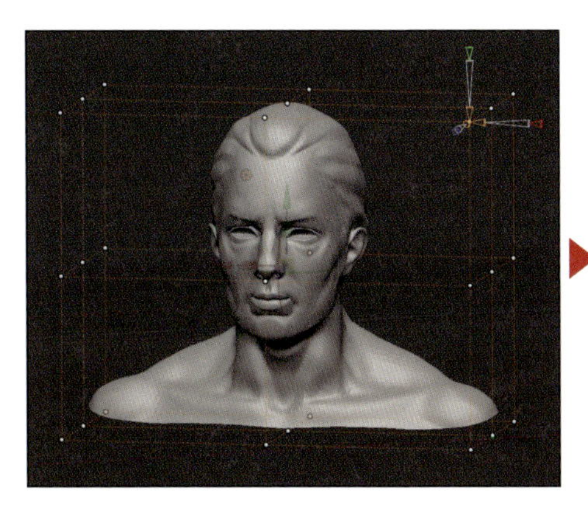
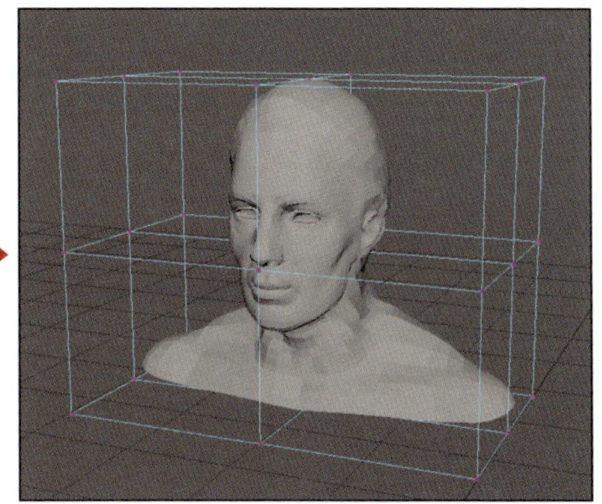

バウンディングボックスマニピュレーターの役割は次の通りです。

▶ バウンディングボックスマニピュレーター

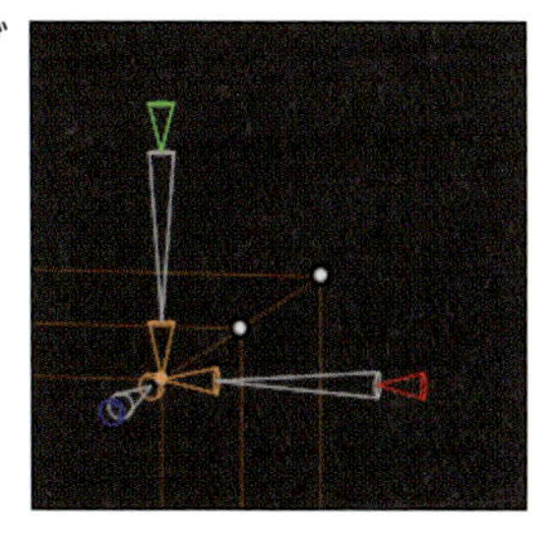

❶ 橙マニピュレーター（Divide）	軸ごとの制御ポイント解像度
❷ 白マニピュレーター（Smoothness）	制御ポイント間の変形のスムージング
❸ 軸色マニピュレーター（Symmetry）	シンメトリー設定

制御したいポイントをクリックすると、1ポイントだけをトランスフォームできます。その際、Gizmoで制御もできますし、ポイントを直接ドラッグすることによっても操作できます。

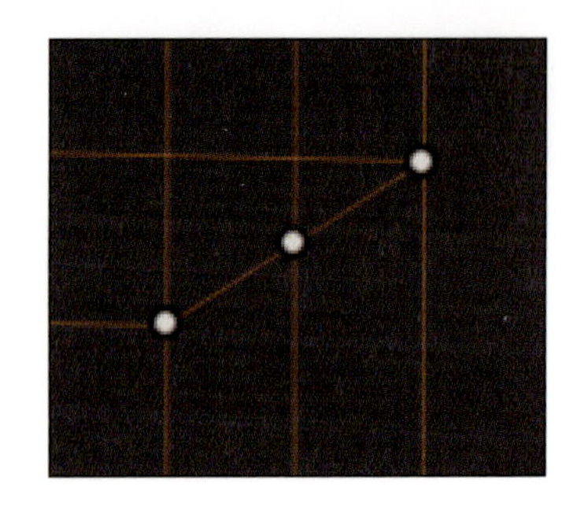

複数選択する場合は、Shiftを押しながらクリックしていくか、範囲選択系のマスクを使うと範囲に含まれていたポイント以外が選択状態になります。選択状態の反転、解除はマスク操作と同じです。

● Extender

エクステンダー(Extender)は、ポリゴンのループをモデル上に追加することができます。

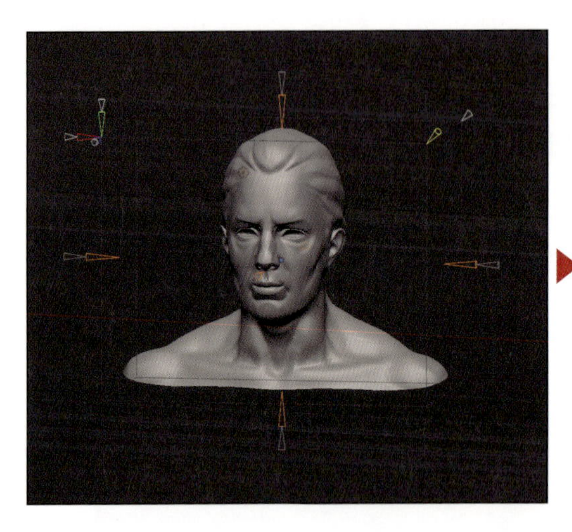

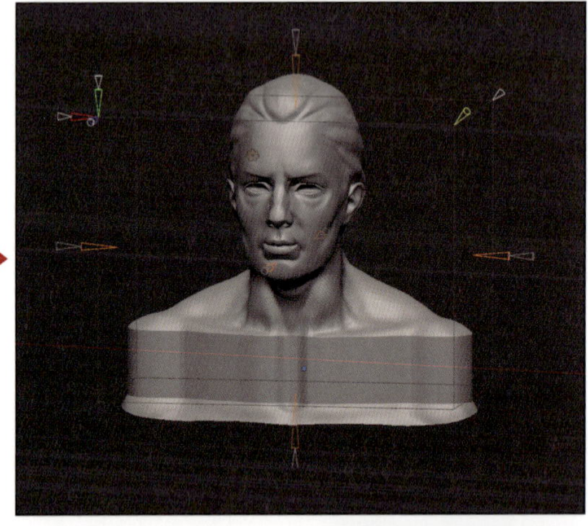

バウンディングボックスマニピュレーターの役割は次の通りです。

軸色マニピュレーター(Symmetry)	シンメトリー設定
軸色横の白マニピュレーター(Resolution)	ポリゴンのループ上に入れるエッジループ数
白マニピュレーター(Inflate)	Inflate効果
黄マニピュレーター(Apply Creasing)	エッジループへのCreaseの有無
青マニピュレーター(Center)	効果の中心位置

軸上マニピュレーターの役割は次の通りです。

橙マニピュレーター(Extender)	エクステンダー効果
白マニピュレーター(Size)	テーパー、逆テーパー形状のスケール効果

● Flatten

フラッテン（Flatten）は、モデルを軸方向から押しつぶす効果をかけることができます。

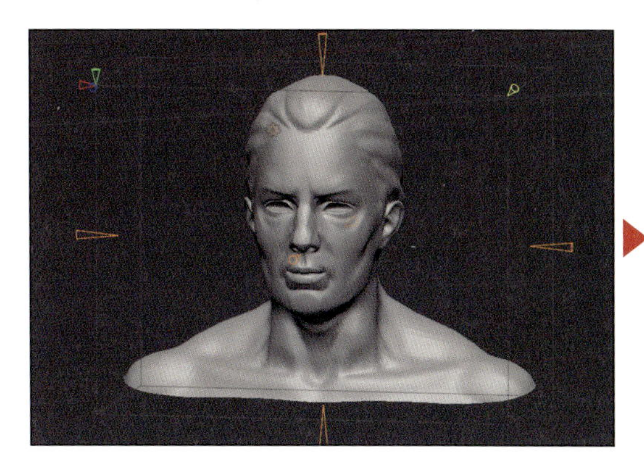

バウンディングボックスマニピュレーターの役割は次の通りです。

軸色マニピュレーター（Symmetry）	シンメトリー設定
黄マニピュレーター（Slice Topology）	押しつぶした縁にエッジループと Crease を追加

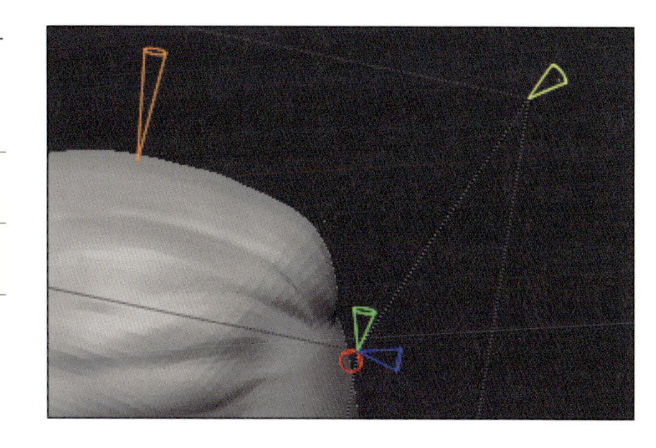

軸上マニピュレーターの役割は次の通りです。

橙マニピュレーター（Flatten）	押しつぶしの効果

● Multi Slice

マルチスライス（Multi Slice）は、メッシュに対してスライスを入れることができます。

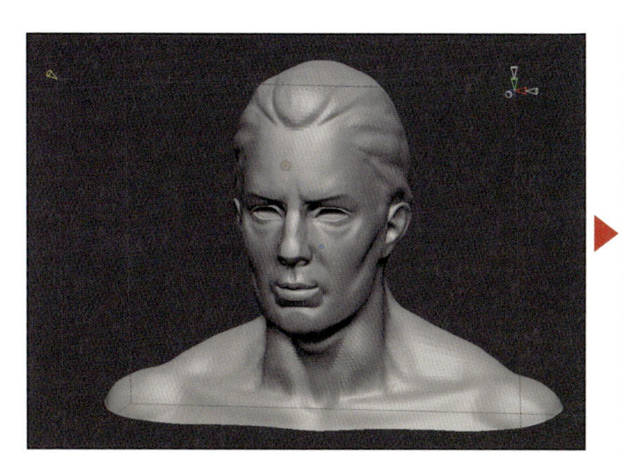

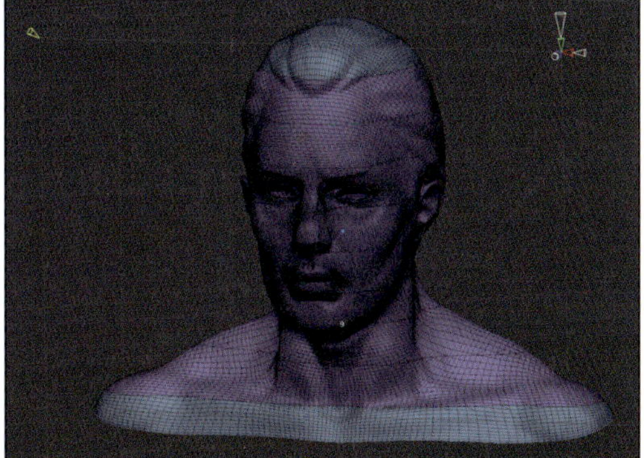

バウンディングボックスマニピュレーターの役割は次の通りです。

軸色マニピュレーター (Slice Width)	各軸方向に入れるスライスの幅
白マニピュレーター (Resolution)	各軸方向に入れるスライス内の分割数
黄マニピュレーター (Apply Creasing)	スライスしたエッジへの Crease の有無

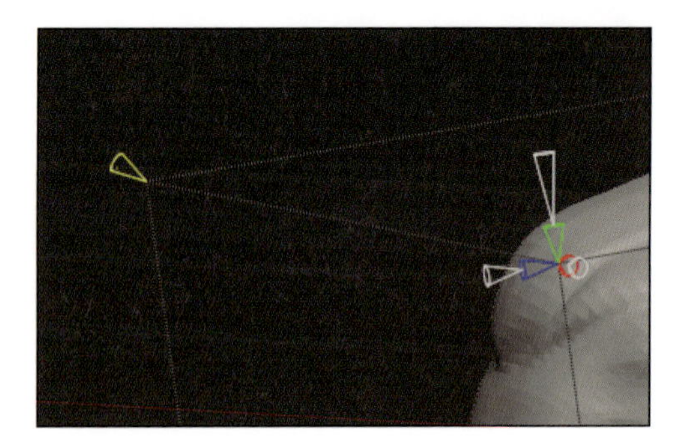

● Taper

テーパー (Taper) は、その名の通りテーパーに形状変化させます。マニピュレーターの役割は次の通りです。

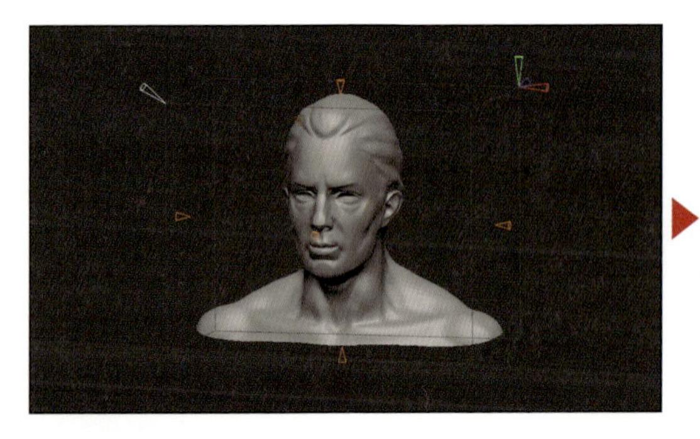

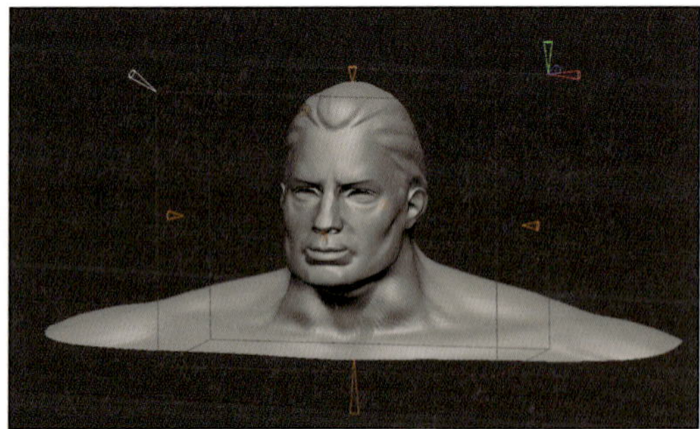

軸色マニピュレーター (Opacity)	各軸方向への押しつぶし、押し広げ
白マニピュレーター (exponent)	テーパーの丸まりの強度と方向
橙マニピュレーター (Taper)	テーパーの強さと方向

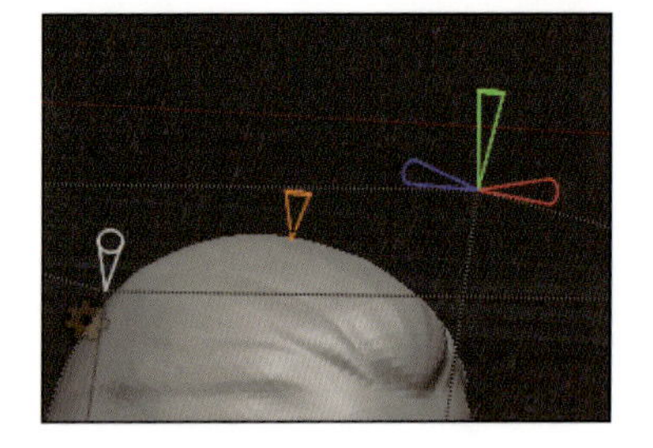

● Twist

ツイスト (Twist) はねじり効果をかけます。マニピュレーターの役割は次の通りです。

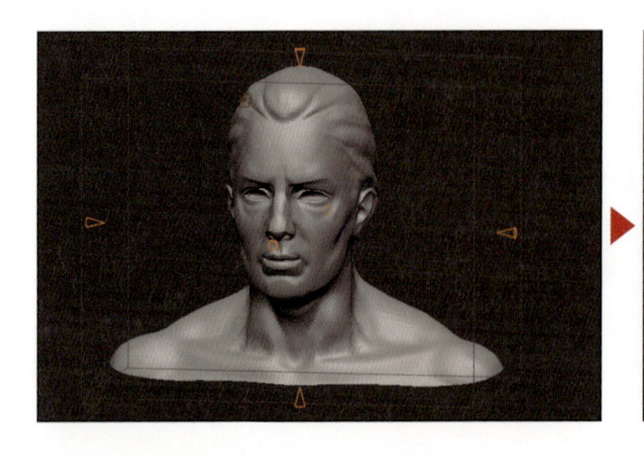

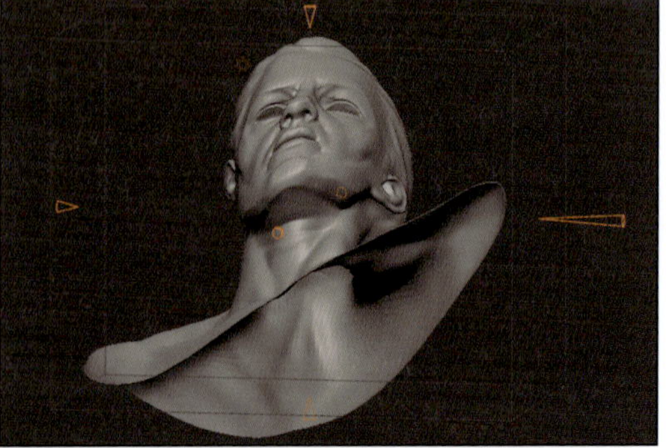

橙マニピュレーター (Twist)	ねじりの強度と方向

MEMO シンメトリー機能と Gizmo

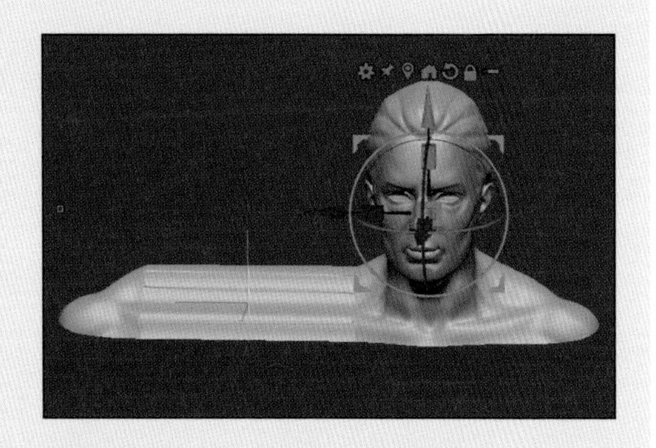

Gizmo の場合、シンメトリーモードが ON になっていても Gizmo がシンメトリー効果軸原点にある場合、シンメトリー動作はせず見た目通りのまま移動します（アクションラインとは異なります）。

ただし、アクションラインと同じく、反対側にも効果の中心が存在しているのと同じ状態になるため、原点位置から Gizmo がズレた後は、メッシュ自体の位置によってはメッシュの崩れの原因になります。そのためアクションラインと同じく、シンメトリーモードを OFF にして使用することをお勧めします。

デフォーマで左右対称に効果をかける場合、デフォーマ自体のオプションにあるシンメトリーを使います。また、シンメトリーモードを ON にしたままデフォーマを起動させた場合、原点位置からメッシュや Gizmo 自体を移動させると誤動作することがあるため、シンメトリーモードを OFF にした状態で使用することをお勧めします。

MEMO 等間隔コピー

ZBrush 2018 では、Gizmo の操作に少し機能が追加されました。

コピーしたいパーツがあるサブツールをアクティブにします。この時、コピーしたくない別パーツが同一のサブツールにある場合は、コピーしたくないパーツにマスクをかけてください。

Gizmo を呼び出し、Ctrl キーを押しながらいずれかの軸の移動マニピュレーター（矢印）をドラッグします。

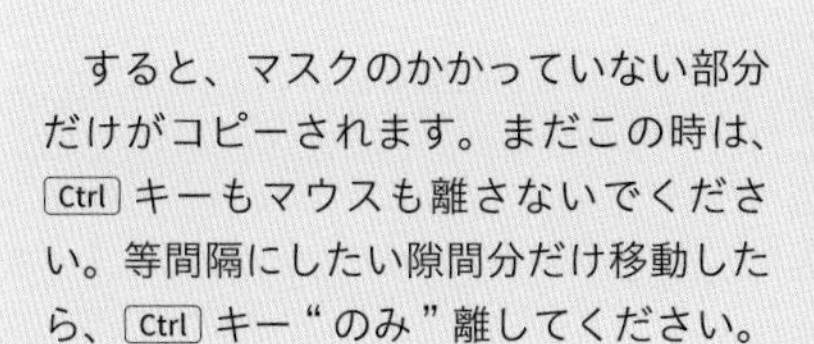

すると、マスクのかかっていない部分だけがコピーされます。まだこの時は、Ctrl キーもマウスも離さないでください。等間隔にしたい隙間分だけ移動したら、Ctrl キー“のみ”離してください。

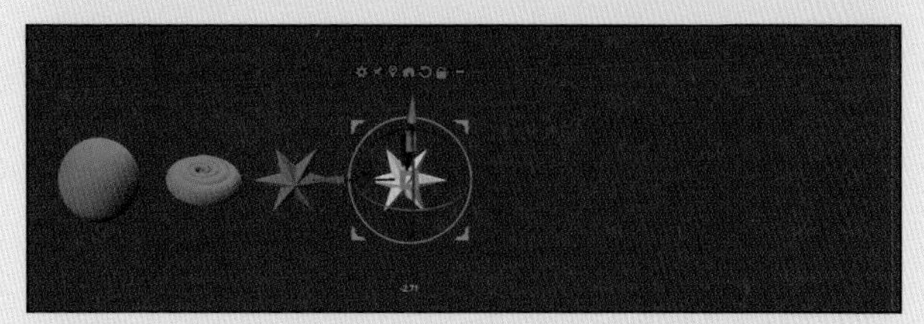

マウスでそのまま同じ方向にドラッグし続けると、メッシュが等間隔でコピーされていきます。

MEMO　パースの数値・見た目・立体出力

ZBrush のパースペクティブ機能を使わない理由はまだいくつかあります。
まず ZBrush に限りませんが、3D プリントが前提のモデルでは、出力したものと画面上で印象が違うということが多々あります。主な原因は次の 3 つです。

- そもそも人間は、2 つの目からの情報を脳が処理し、視差で立体感を得ている
- それに対して 3D 空間を描画しているのはカメラ 1 つだけ
- 人間が物を見るとき、注視した部分を脳内で大きく捉える補正をしている

人間の目は焦点距離 50mm のレンズ相当と言われることがありますが、受像器官が 2 つ、それを統括する脳という存在によって大きく補正がかかっているので、そもそも印象を完全に合わせるのは不可能です。
次に、ZBrush のパース機能自体はかなり独特の挙動をします。機能を使ったことにより、逆に見た目の印象が乖離してしまうことがあるのです。また、カメラのレンズを模した挙動でもありません。
さらにいうと、パース機能の設定が「Angle Of View」という視野角としての設定なので、カメラの焦点距離数値をそのまま入れるのは全くの間違いです（そもそも意味が全然違う）。これらの理由により、筆者はほぼパースペクティブ機能は使っていません。

Chapter 6

メッシュ作成とリトポロジー

SECTION 01

マルチレゾリューションメッシュエディティングとカトマルクラーク法

ZBrushでモデリングしていく以上欠かせない概念として、マルチレゾリューションメッシュエディティングがあります。これを使わずにモデリングすることは可能ですが、原理を知り使いこなすことで、よりZBrushでのモデリングがしやすくなります。逆にいえば、半端な理解で使うとトラブルの元となります。

マルチレゾリューションメッシュエディティング／サブディビジョンモデリング

この節ではZBrushの大事な基本概念の1つである、マルチレゾリューションメッシュエディティング（正式名称が長すぎるので、以後はほぼ同義語であるサブディビジョンモデリング等で呼称します！）と、それを可能にしているカトマルクラーク法について解説しています。

とても重要な反面、3Dソフトを初めて使う人には馴染みのない高度な要素なため、頭にスッと入ってこないかもしれません。その場合は、この節の解説のわからなくなった部分でいったん本書を閉じ、理解できた部分までで良いのでZBrush上で反復練習してから、もう一度読んでみてください。もしそれでもわからない場合は、いったんこの節をスキップし、作例モデル製作の章（7章以降）を読み進め、筆者の操作を真似てください。ソフトが手に馴染んできたと実感したら、読むのを中断したところから再度読んでみてください。

ZBrushはたくさんの機能が密接に絡んでいるため、解説効率の都合上[注1]、一部機能は実際の使い方等の解説が後の章にならないと出てきません。ここまでの章では、未登場の機能名が解説中に出てきますが、わからない単語が出てきても気にせず、とりあえずいったん文章を読むだけ、もしくは操作の真似だけしてください。そしてそれらの機能の使い方を把握した後で、もう一度読み返してください。

注1　メッシュの作り方に関しての機能は、ZBrush 4R2以降、建て増し建築物のようにどんどん追加されてきました。その結果、リアルタイムにソフトのバージョンアップを体験したユーザーであればすんなり新機能を取り込めたのですが、今から全てを覚えるユーザーの場合、覚え方次第では混乱を招きかねません。本書では、筆者の講師経験から組み立てた筆者流の教育順序で解説していきます。

Divide

では、実際にサブディビジョンモデリングの操作をしてみましょう。雛形となるデータを用意するところから始めます。

ZBrushを立ち上げ、任意のプリミティブを呼び出し、PolyMesh 3D化してスカルプト可能な状態にしてください。

次に[Tool]>[Initialize]を開き、[Xres][Yres][Zres]を全て「1」にして[Qcube]ボタンをクリックし、分割のないシンプルな立方体を呼び出してください。

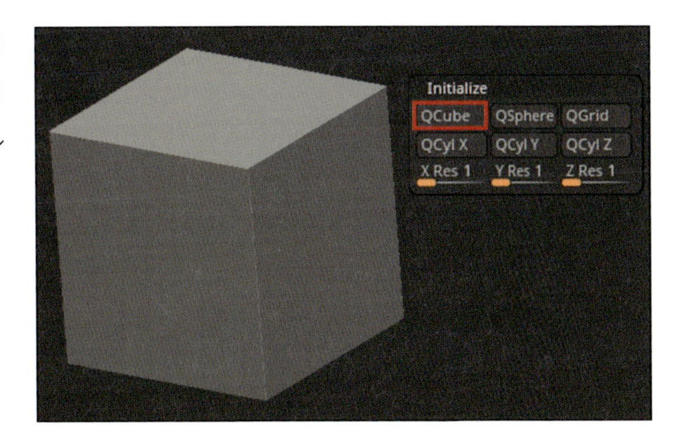

また、ここからはポリゴンの実際の流れ(トポロジー)が非常に重要な観点になりますので、[PolyFrame]ボタンをクリックし、トポロジーが見える状態にしてください。

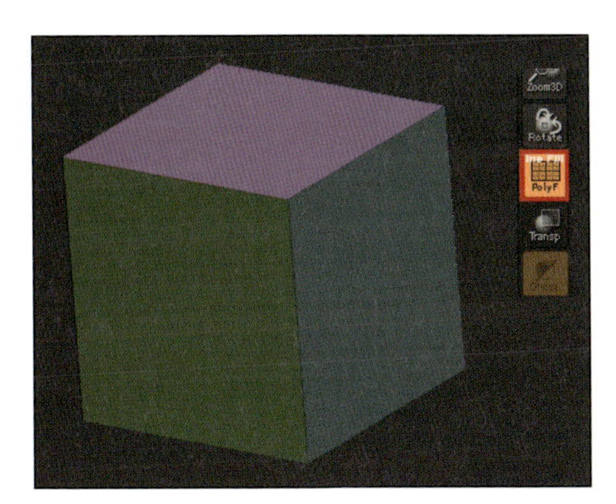

Ctrl + Dもしくは[Tool]>[Geometry]>[Divide]ボタンをクリックしてください。立方体が少し丸まり、ポリゴンの分割数が増えました。この時、[SDiv 2]と表記されたスライダの数値がサブディビジョンレベルとなります。

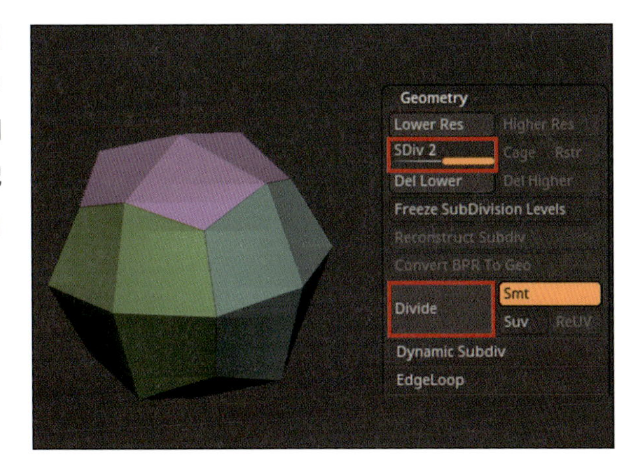

さらに2回[Divide]ボタンをクリックすると、球体に近くなりました。

この時の分割数の増え方、丸まり方は、カトマルクラーク法という論文に基づいています。

カトマルクラーク法とは？

カトマルクラーク法とは、1978年にEdwin Catmull氏（現Pixar Animation Studios社長）とJames H. Clark氏（Silicon Graphics International Corp.創業者）が発表した細分割曲面生成法です。Mayaではスムースメッシュプレビュー（とsmooth機能）、3ds Maxではターボスムースモディファイヤ、Blenderではサブディビジョンサーフェスモディファイヤと、たいていの3Dソフトには搭載されています。

同じような細分割曲面生成法には、PN triangles法等、いくつかの種類がありますが、モデリング最中の分割法としてはカトマルクラーク法が一般的です。ZBrushではカトマルクラーク法のみを搭載しています。

実際の動作を図解すると、まずはポリゴンの分割については以下のようになります。

1段階目

三角形は、それぞれの三辺の中点同士を中心で結び、3つの四角形に分割します。四角形はそれぞれの辺の中点を対面しているエッジ上の中点と結び、田の字状に分割します。五角形以上のN-Gonでは、それぞれの中点同士を中心で結び、N個の四角形に分割します[注2]。

注2　ZBrushでは、N-Gonは扱えないため、三角形と四角形の2パターンのみ把握しておけばOKです。

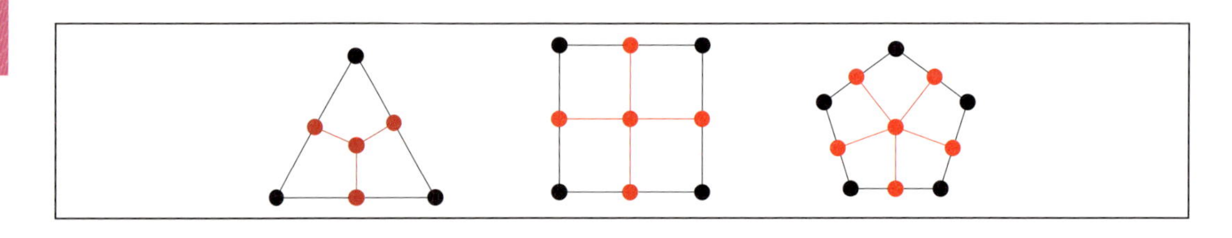

2段階目

全ての場合において、1段階目で四角形になっています。以降は、1段階目の四角形と同様に、田の字分割が繰り返されます。

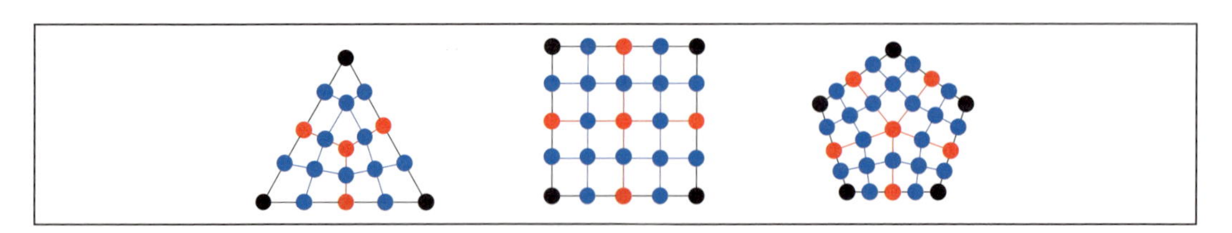

曲面化については、以下のようになります。分割前の頂点間の真ん中に新しい分割が入り、分割前の頂点含めて曲線補完がされます。その結果、メッシュは滑らかになっていきます。

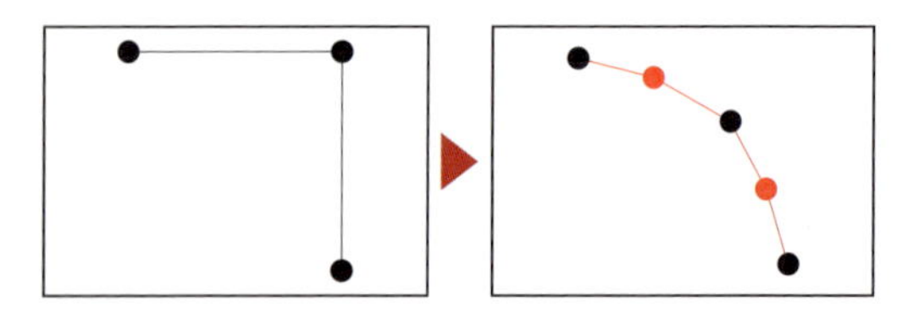

曲面化自体は、[Tool]>[Geometry]>[Smt]でON／OFFができます。またCreaseや、曲率調整用にエッジを足すことで、丸まりをある程度制御できます。

▶ Crease と Edge loop による抑制

Creaseとは、サブディビジョンモデリングにおいて角が丸まるのを抑止もしくは調整するための概念です。ZBrushに限らず、Maya等の他ソフトにもその概念はありますが、仕様やデータの持ち方に互換性がないため、基本的にソフト間でやり取りしない要素の1つです（ある程度は可能ですが、完全再現できるわけではない）。

Mayaの場合、このCreaseの強度を0〜2（なぜ0〜1ではなく0〜2なのかは謎）の範囲で変更できます。

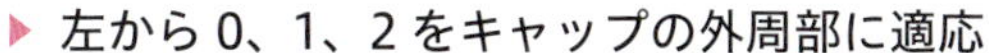

▶ 左から 0、1、2 をキャップの外周部に適応

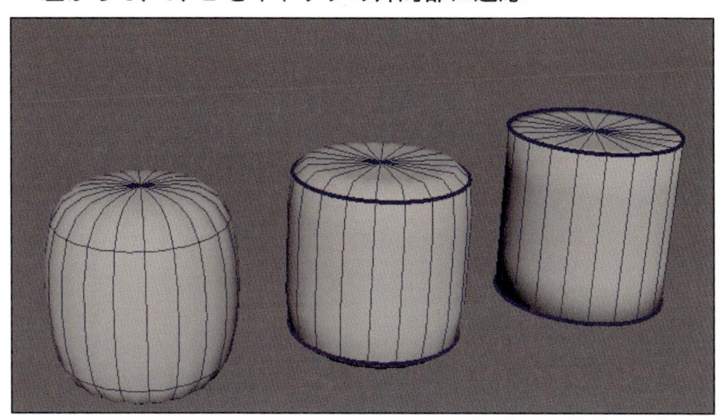

ZBrushの場合は、Crease Levelという、指定したサブディビジョンレベルまではCreaseが有効、超過すると無効という機能があります。ですが、エッジ単位で設定できない、Crease Levelがいくつに設定されているかはスライダを見ないとわからない等、使い勝手があまり良くないので、筆者は使っていません。

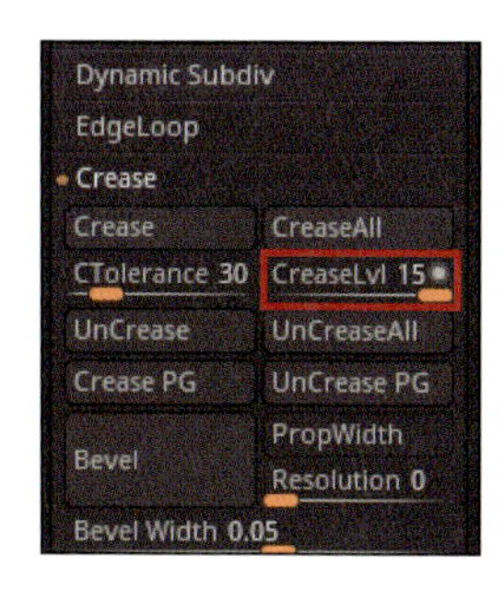

Creaseと違い、エッジ同士の間隔距離で調整するというワザもあります。

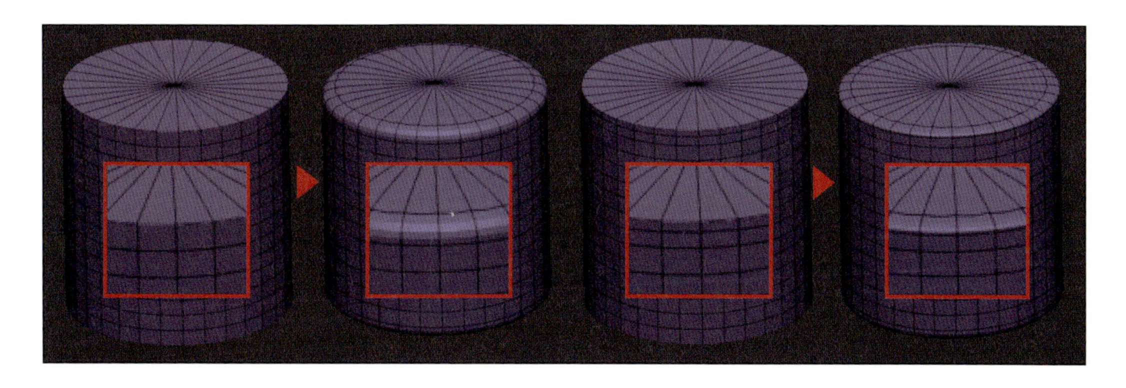

筆者の場合は、完全にエッジを立たせたい場所にCrease、ある程度角を立たせつつも滑らかなRがほしいところはエッジの調整という、ハイブリッドな使い方をしています。

▶ 引きつり

サブディビジョンモデリングの宿命として、三角形ポリゴンに対してサブディビジョンがかかると、引きつり、歪み、メッシュの凹みが発生するという性質があります。

▶ サブディビジョン前のトポロジー

▶ サブディビジョン後：画像は色調補正をかけて見やすくしています

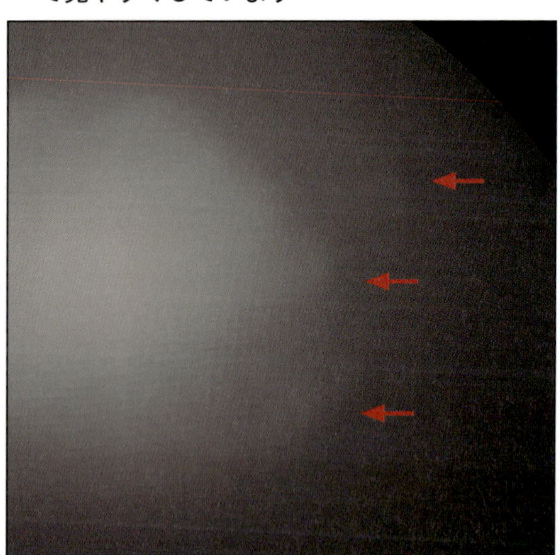

そのため、なるべく四角形で構成されることが望ましいですが、四角形だけで構成されていたとしても引きつり、歪み、凹みは発生します。

このように、3つのエッジが1頂点に集約される形や、5エッジ以上が集約されている形は、たとえスムースブラシで徹底的に慣らしても、飛び出てるように見えたり、実際に凹んだりします。

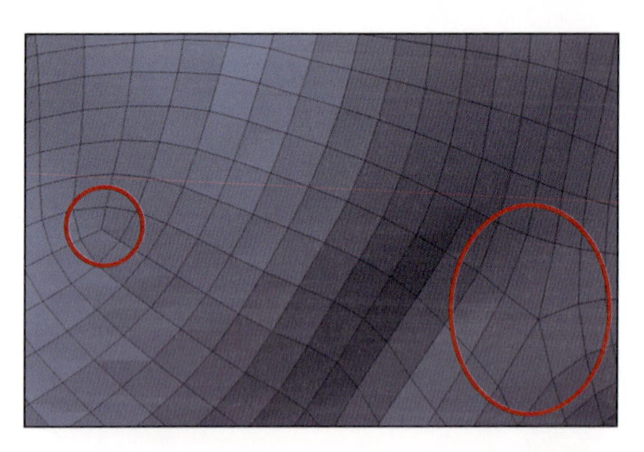

このような集約は、手動リトポして作ったメッシュでも相当意識的に排除をしない限り、顔の頬、目の周辺にだいたい発生します（Face Topology等で画像検索すると、いろんな人がリトポしたトポロジーを観ることができますので観察してみましょう）。

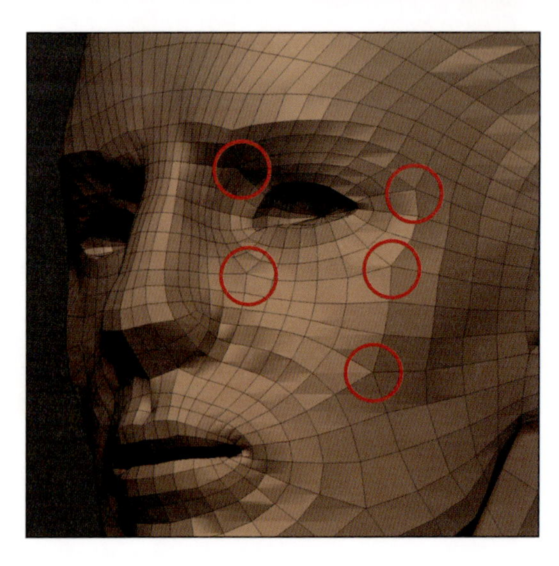

ZRemesher（P.187）では、四角形ポリゴンでのリトポを結構キレイに作ってくれますが、所詮は自動機能ですから、形状次第で頻繁に発生します。

筆者の場合、普段はMayaを使って手動リトポの作業をすることが多いのですが、ZBrush自体にも手動リトポの機能はあります。ただ、機能自体が不安定でZBrushが落ちやすいこと、本書は入門書なので高度なことはあまりしない方針で解説していることから、手動リトポの解説は行いません。

Reconstruct Subdiv Surface

[Reconstruct Subdiv]ボタン（[Tool]>[Geometry]>[Reconstruct Subdiv]）は、カトマルクラーク法で分割されたメッシュから分割前の下位サブディビジョンレベルメッシュを逆算して復元する方法です。

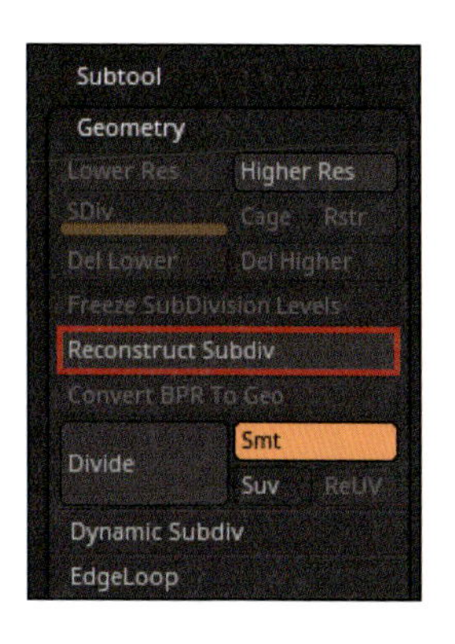

よくある間違い、勘違い、補足は以下になります。

● **ポリゴンを減らすための機能である**

→これはカトマルクラーク法で分割されたメッシュに対しては正解ですが、どんなメッシュにも使えるリダクション機能ではありません。

● **四角形ポリゴンだけで構成されていれば動作する**

とてもよく見る勘違いです。たとえばこのようなメッシュであれば、カトマルクラーク法で分割された後のトポロジーになっているため逆算することができます。

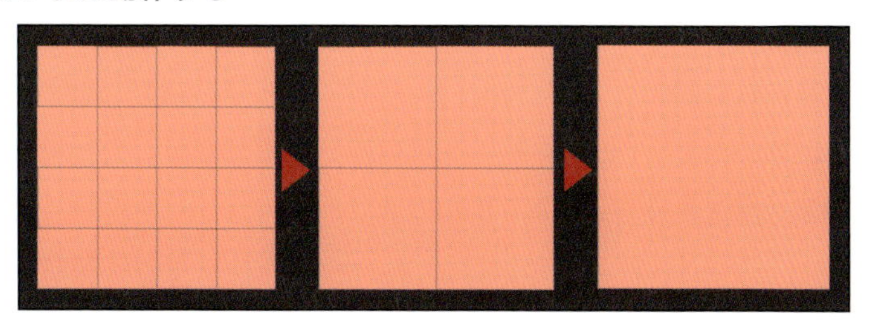

ところが、法則が保たれていないメッシュでは、エラーメッセージが出て動作しません。

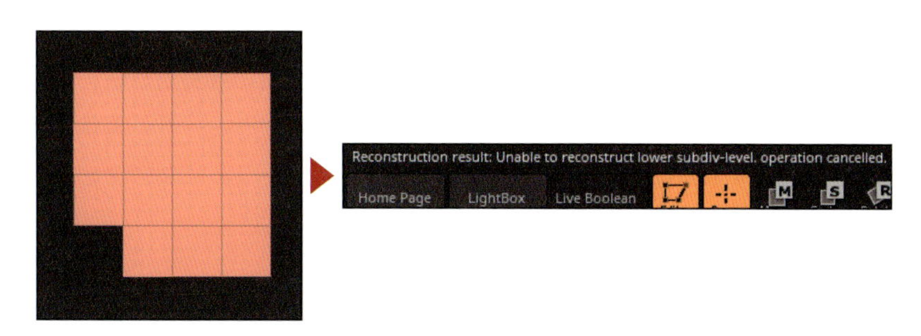

● **ZRemesher機能でリトポされたメッシュはカトマルクラーク分割になっているため、Reconstruct Subdiv Surfaceが動作する**

→これもよく見る間違いです。そもそもZRemesher自体は自動リトポ機能なだけであり、カトマルクラーク分割された後のトポロジーを作るような機能は内包していません（偶然下位レベルを作れるメッシュが生まれる可能性は0ではありませんが…）。

● **カトマルクラーク分割の法則が維持されているメッシュで下位レベルを復元しても、ディバイド時のスムージング（丸まり）も逆算してくれる**

→丸まりまでは逆算してくれません。これは簡単に実験できます。QCylinderを呼び出し、サブディビジョンレベルをいくつか上げ、下位レベルを削除し、そこから復元したメッシュはこのようになります。丸まりの影響が大きくなるローポリゴンメッシュほど、このような現象が顕著になります。

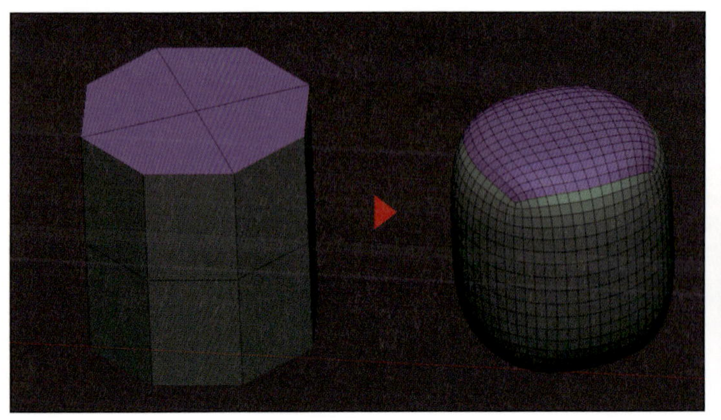

前述の通り、カトマルクラーク法はさまざまなモデリングソフトで実装されています。他ソフトを使ってサブディビジョンモデリングで作成したメッシュをZBrushに持ってきた場合、カトマルクラーク分割の法則を破るようなトポロジーの改変が行われなければ、このReconstruct Subdiv Surface機能で下位レベルのトポロジーを復元することができます（あくまでトポロジーの復元のみで、形状まで完全一致にはなりません）。

▶ サブディビジョンモデリングの利点

サブディビジョンモデリングの最大の利点は、下位レベル、上位レベルを自由に行き来できることです。大きな変形は下位レベルで行い、細かい変形は上位レベルで行う等、特性を理解してモデリングすれば、表面の平面、曲面を極力荒らさずにモデリングできます。

たとえば細かいディティールまで付けた次のメッシュを変形したい場合、サブディビジョンレベルがないメッシュの場合、力業でMoveブラシ等を使って変形させると、このように表面がたわんだ形状になってしまいます（Moveブラシのサイズを大きくしたり、ラティスデフォーマを使ったりすればある程度はキレイに変形できますが、ここでは割愛します）。

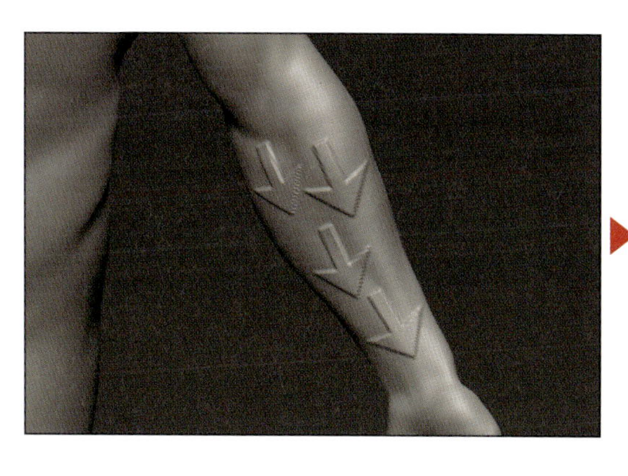

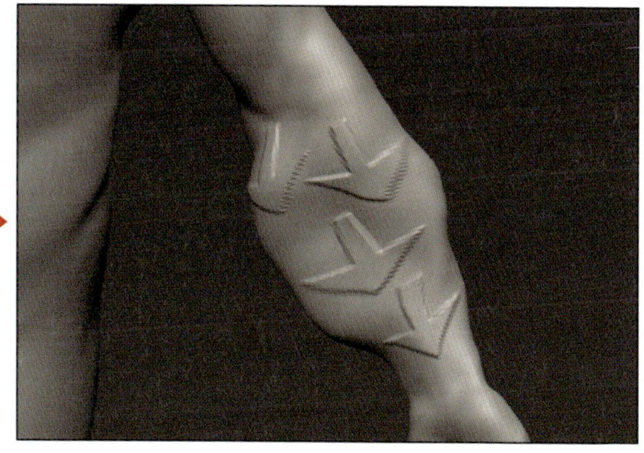

サブディビジョンモデリングの場合は、一度下位レベルに切り替えてシルエットのみを調整し、再度上位レベルに切り替えることにより、ディティールの再転写が行われ、表面のディティールは荒らさずキレイに調整ができます。

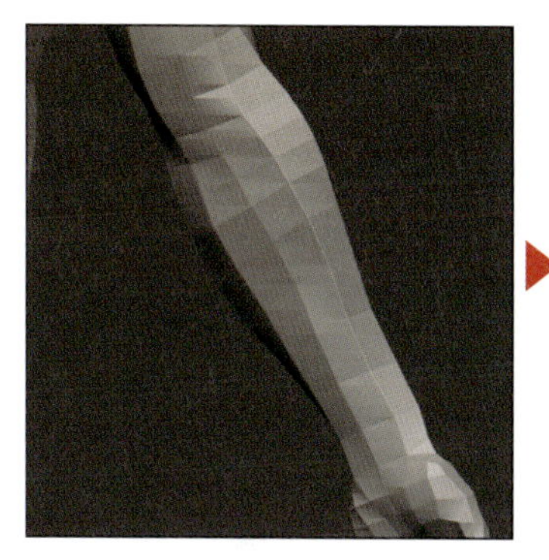

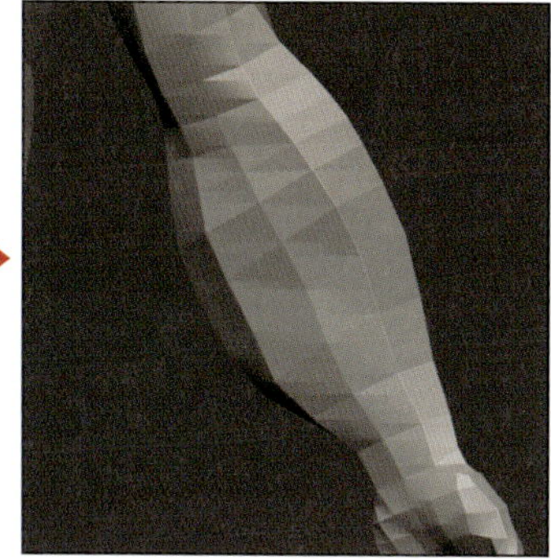

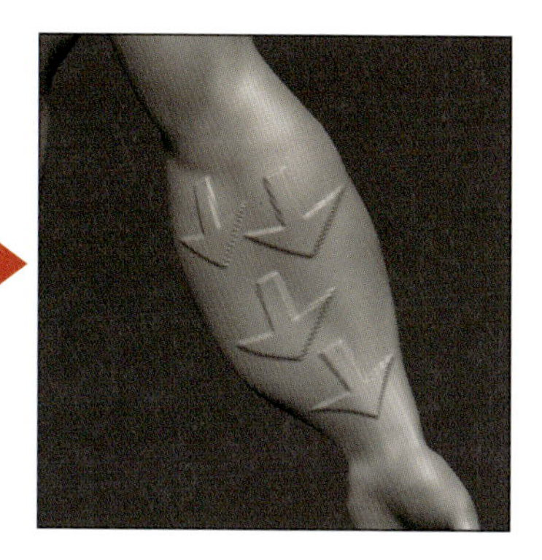

また、サブディビジョンモデリングかつトポロジーがキレイだと、シェーディング（3Dデータとしての陰の計算）が比較的キレイになりやすく、メッシュ表面が形状的に美しくなります[注3]。

注3　美的感覚の意味での美しくなるわけではなく、あくまで表面の形状としての話です

他の利点として、サブディビジョンレベルが存在するメッシュの場合、カメラ操作中のみメッシュが下位レベルに切り替わり、カメラ操作が若干軽くなります。

サブディビジョンモデリングの注意点

サブディビジョンモデリングを使う場合、ZBrushの操作にかなり制約が発生します。一言で表すと、「トポロジーの変更がかかる操作は、サブディビジョンモデリング中は全て原則不可能」です[注4]。

注4　トポロジーの変更はかからない機能であっても、その機能が属するカテゴリーの他の機能にトポロジー変更がかかるものがあるため、一括で制限されているものもあります。たとえばZModelerブラシのMaskやPolygroupは、トポロジーには影響を与えませんが、サブディビジョンレベルが存在するメッシュには使えません。デフォーマも同じです。

たとえば、サブディビジョンレベルの存在するサブツールにIMMブラシを使おうとすると、このような警告が出ます。

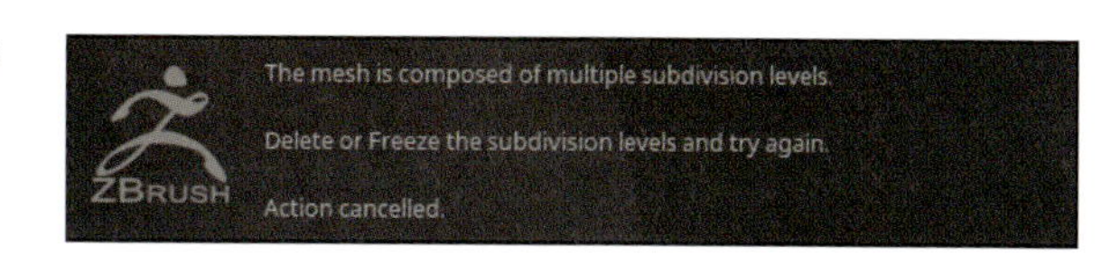

これは意訳すると、「このメッシュはサブディビジョンレベルが存在します。サブディビジョンレベルを削除するか、Freeze SubDivision Levels機能を使ってください」となります。現時点で初心者の方には何のことやらさっぱりわからないと思いますので、頭の片隅に入れておく程度で本書を読み進め、読み終わった時点でどういうことなのか理解できていればそれで良いと思います。

Freeze Subdivision Levels

[Freeze SubDivision Levels]ボタン([Tool]>[Geometry]>[Freeze SubDivision Levels])は、アクティブなサブツールがサブディビジョンレベルを持っている時に押すことのできるボタンです。このボタンの使い方と注意点を解説する前に、サブディビジョンモデリングに関しての重要な事項を説明します。

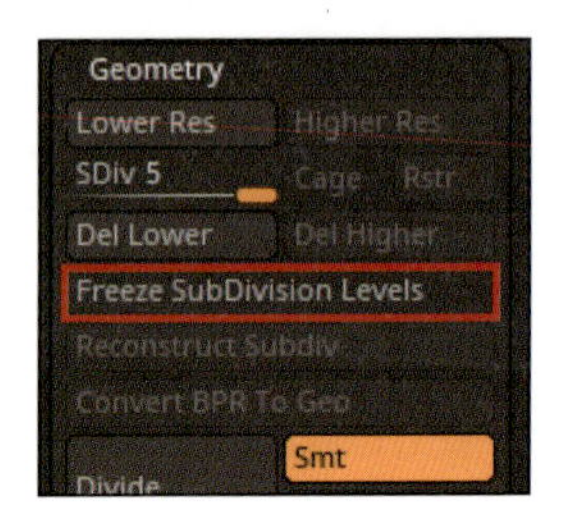

サブディビジョンモデリングの最大の特徴

サブディビジョンモデリングでは、前述の解説の通り、法則に従ってポリゴンが細分化されます。法則に従っていることで、レベルの切り替えにより効率的なモデリングができる、形状的な美しさを保ちやすいというメリットがある反面、トポロジーを変更する類の機能には制限がかかるという特徴がありました。

これに対する解決策として生まれたのが、Freeze SubDivision Levelsという機能です。しかし、その動作を正しく知っていないとトラブルが発生します。

まずは、Freeze SubDivision Levels機能がどういう動作をするのか見てみましょう。サブディビジョンレベルが存在しているメッシュで、[Freeze SubDivision Levels]ボタンを押します。

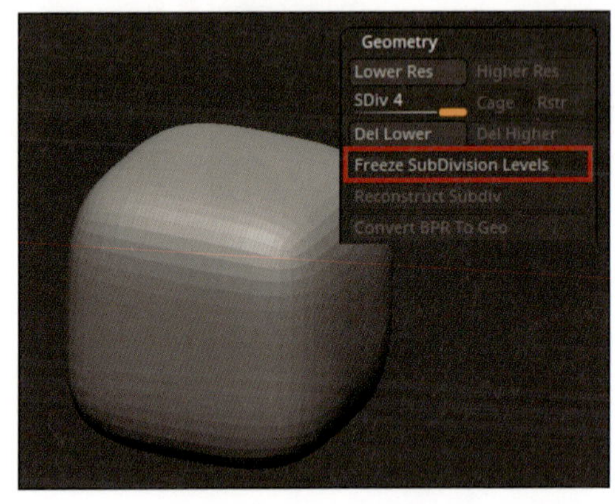

すると機能がONになり、サブディビジョンレベルはいったん削除されます。この状態であれば、ZModelerブラシやDynaMesh等、トポロジーの変更が発生する機能を使えます。

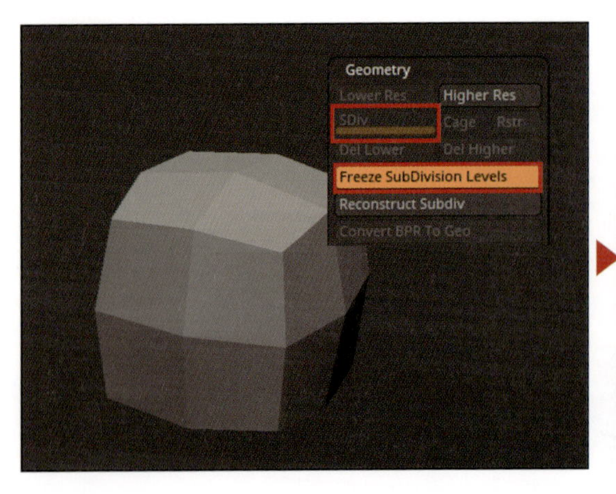

その後、[Freeze SubDivision Levels] ボタンをOFFにするとサブディビジョンレベルが再計算されて復元され、その後メッシュに対して前の形状がプロジェクション（転写）されます。

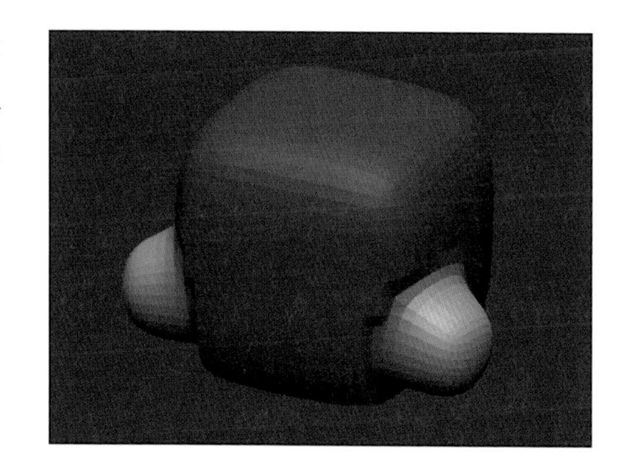

一見すごく便利な機能に見えますが、この機能で一番問題となるのが、最後に強制的に転写が発生することです。どういうことかというと、サブディビジョンレベルを持った状態のメッシュでDynaMeshを使おうとするとこのようにダイアログが表示されます。

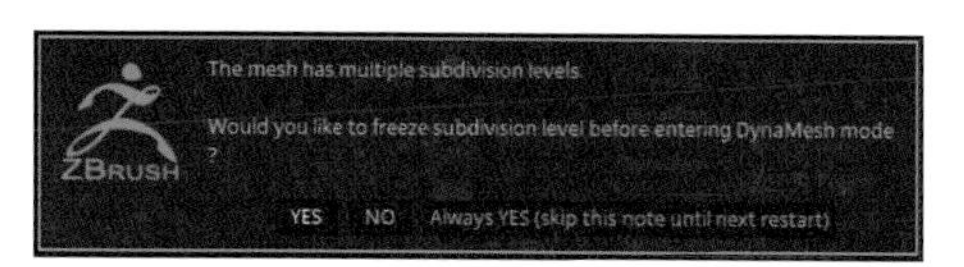

意訳すると、「このメッシュには複数のサブディビジョンレベルが存在します。DynaMeshモードに入る前にFreeze SubDivision LevelsをONにしますか？」となります。

そもそもDynaMeshを使う時点で、サブディビジョンモデリングの利点は捨て去ることになるので、サブディビジョンレベルを削除してからDynaMeshを使うことが通常の使い方です。DynaMeshの場合はサブディビジョンレベルが存在している場合は、このように確認のダイアログが表示されます。

このダイアログで[OK] ボタンをクリックしてしまうと、Freeze SubDivision Levelsが発動します。作業をもっと進めた後にFreeze SubDivision LevelsをOFFにすると、この機能の作用の1つである形状のプロジェクションが発動し、メッシュの形状が崩れるというトラブルが発生します。

初心者が非常に高い確率でやってしまうミスの1つなので、サブディビジョンレベルの存在するメッシュにDynaMeshをかける時は、事前にサブディビジョンレベルを削除する、もしくはダイアログで[NO] ボタンをクリックしてください[注5]。

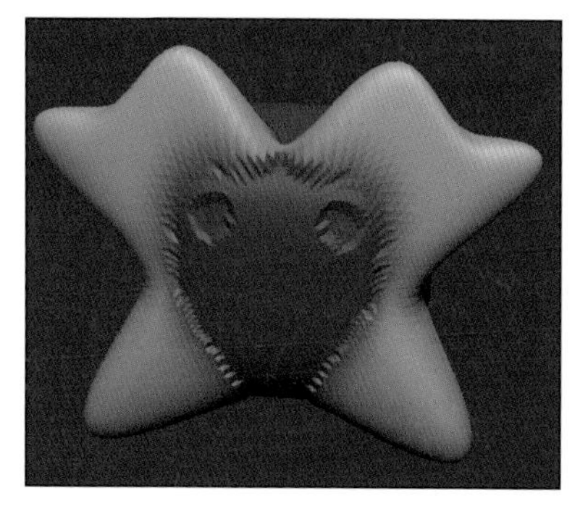

注5　ここだけに限らず、ZBrushではさまざまな場面でダイアログが表示されます。内容を確認せずにボタンをクリックしないようにしましょう。「とりあえず何でもOKをクリックする」のは、初心者特有のトラブル発生原因です。ダイアログが表示されるということは、何らかの警告、もしくは確認が必要な何かが発動するトリガーと受け止め、ちゃんと確認しましょう。

MEMO　もし Freeze SubDivision Levels を押してしまったら

この機能を OFF にすることは、一連の計算（サブディビジョンレベルの再計算と形状の転写）が行われることを意味します。計算を行わず、メッシュに対して機能が発動しているという事実だけを消し去りたい場合は、[Make PolyMesh 3D] ボタンを押してください。新規ツールとして Freeze SubDivision Levels が外れたメッシュが追加されるので、そのメッシュをコピーして元のツール内に持ってきてください。

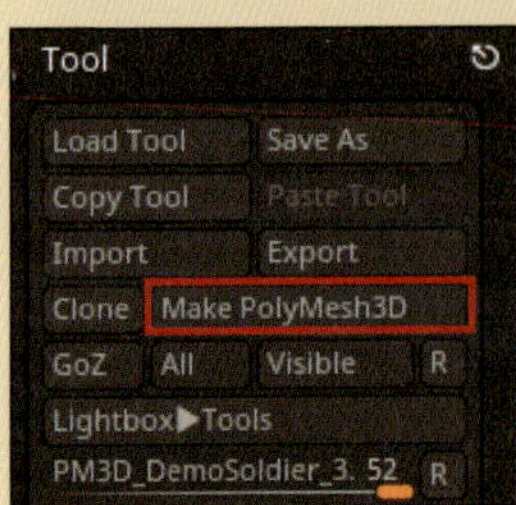

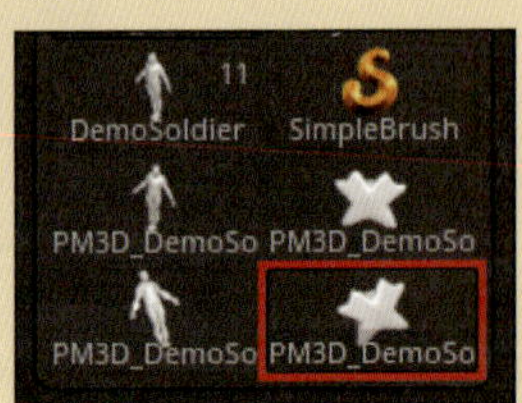

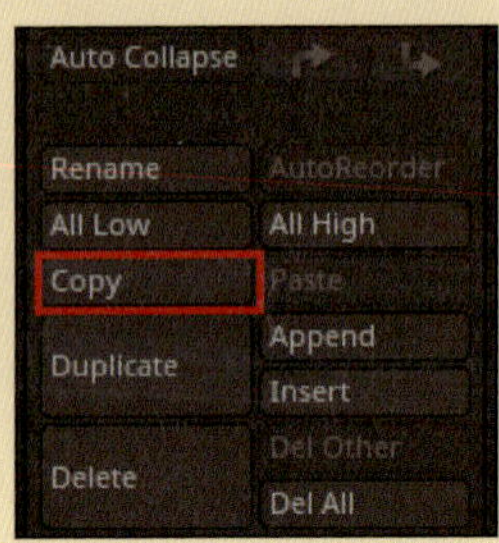

MEMO　ローカルサブディビジョン

ZBrush では、マスクがメッシュのどこかにかかっている場合、Divide を実行するとマスクのかかっていない部分に対して分割が発生します。全体に対しての法則性のある分割ではないので、サブディビジョンレベルは追加されません。

マスクがかかっているメッシュに対しての Divide 時には特段警告メッセージ等が出ないため、サブディビジョンレベルを活用したモデリングをしているつもりでも、気づかない間にこの機能を発動させてしまうことがあります。ZBrush にある程度慣れるまでは、Divide 前にマスクを解除する 1 手順を挟んだり、Divide 後にサブディビジョンレベルが追加されているか目視確認したりするほうが安全です。

SECTION 02

ZSphere

ZSphereは、他の3Dソフトにはない ZBrush独特のもので、ベースメッシュを作るための機能です。

ZSphereとは

ZSphereとは、ベースメッシュ作成機能の1つです。

スフィアと呼ばれる球体と、その球体を繋ぐリンクスフィアで構成されています。基本的にスフィアを操作、調整して形を作っていき、リンクスフィアは自動生成されます。

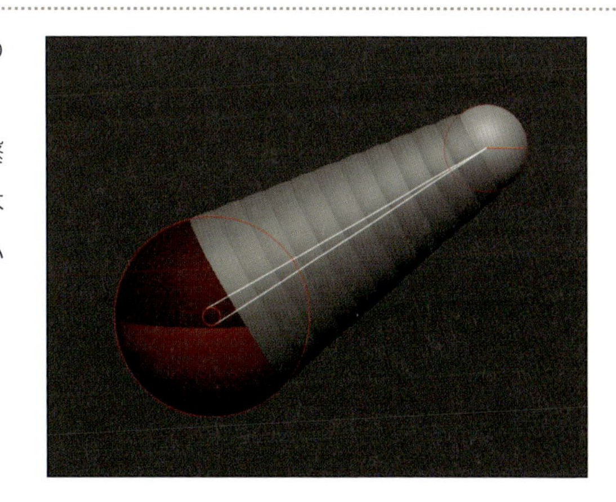

最初から存在しているスフィアを一番の親として、親子階層を作っていきます。末端に向かって子、孫、ひ孫といった感じです。

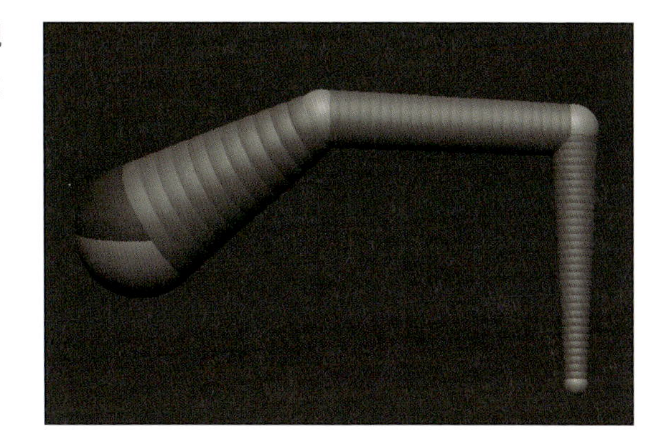

スフィアの見た目そのままがメッシュ化されるわけではなく、メッシュへの変換をして初めて、スカルプト可能なメッシュになります。

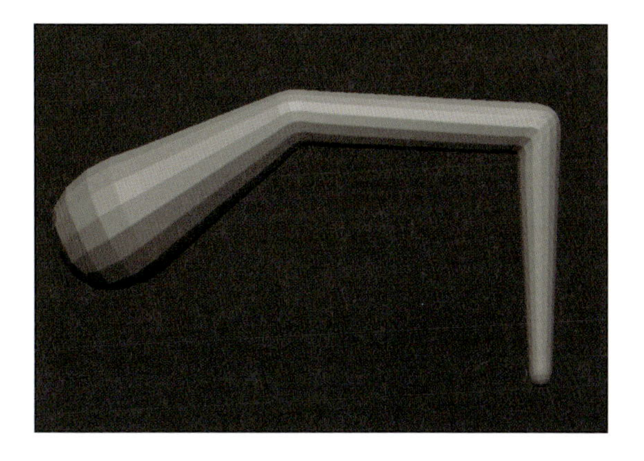

▶ ZSphereの呼び出し方

ZSphereの呼び出し方は主に2つあります。

1つは新規ツールとして呼び出す方法で、ツールメニューからZSphereを選択し、そこから作成します。なお、[Tool]メニュー内のZSphereから作業を直接始めると、次回起動時までまっさらなルートスフィア単体のものではなくなってしまうため、CloneやCopy Tool等で複製を取ったものを編集することを推奨します。

もう1つは、サブツールとしてZSphereを追加する方法です。[Tool]>[Subtool]>[Insert]もしくは[Append]でサブツールにZSphereを追加できます。

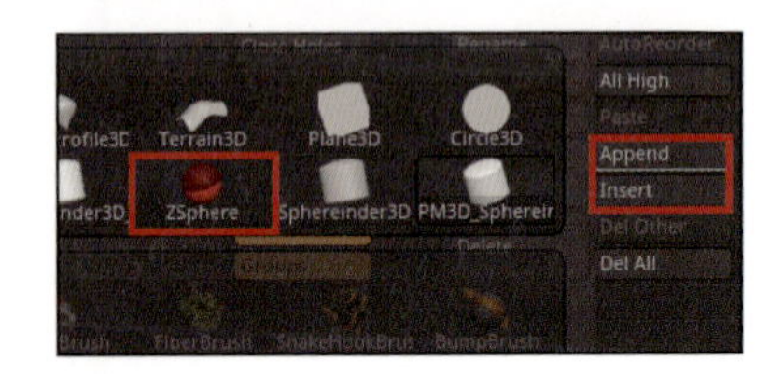

ZSphereアクティブ時のメニュー

ZSphereと通常の3Dメッシュでは仕組みが全く違うこともあり、どちらがアクティブかでメニューが変わってきます。一番ガラッと変わるのは[Tool]メニュー内です。このようにサブメニュー数が違いますし、サブメニューの中身も変わっています(左側がZSphereのアクティブ時)。

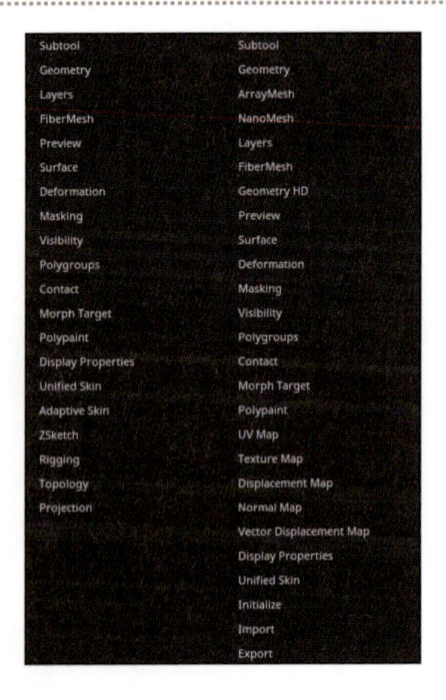

ZSphereのサブツールがアクティブな時限定のサブメニューには、「Adaptive Skin」「ZSketch」「Rigging」「Topology」「Projection」といろいろありますが、基本的に[Tool]メニュー内でZSphereを使う際、使うサブメニューは以下が主です。

- Subtool
- Adaptive Skin

それ以外の機能については、本書ではいっさい扱いません。

Adaptive Skin メニュー

［Adaptive Skin］メニュー内はこのようになっています。

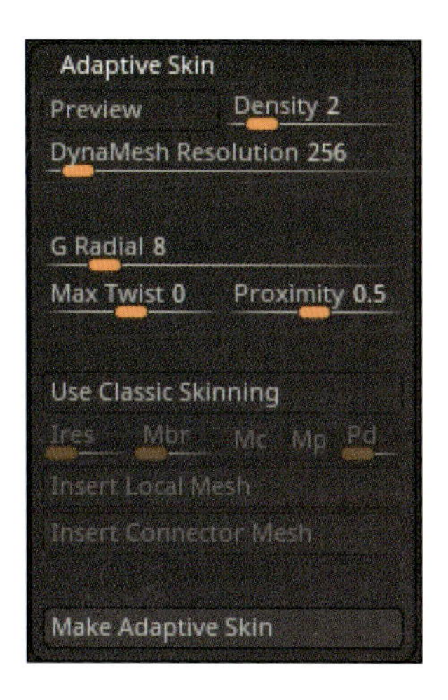

Preview	現状の ZSphere をメッシュに変換した後の状態を確認できます。ショートカットは Ⓐ キーです。プレビュー中は Adaptive Skin 内の一部機能はグレーアウトし、触れなくなりますが、プレビューを解けば調整可能になります。
Density	ZSphere をメッシュ化する際のポリゴンの分割具合、スムージング具合のスライダです。2 以上の数値の場合かつ DynaMesh Resolution が 0 の場合、メッシュ変換後サブディビジョンレベルが Density にセットされています。つまり、Density はほぼサブディビジョンレベルと同義のスライダとなります。
DynaMesh Resolution	ZBrush 4R8 から追加されたパラメーターです。デフォルト値で 256 が入っていますが、この状態だと内部的には 0 の状態（= DynaMesh Resolution 機能無効）での Density 等の設定でメッシュ化→ DynaMesh Resolution で指定した解像度での DynaMesh 効果をかける、という処理が行われます。

DynaMesh Resolutionがデフォルト（256）の場合、たとえばDensityが1のメッシュでパッと見はカクカクしたローポリゴンメッシュに見えますが、PolyFrame表示にして実際のトポロジーを見てみると、形状としてカクカクしてるだけで実際には高密度なメッシュということがわかります。

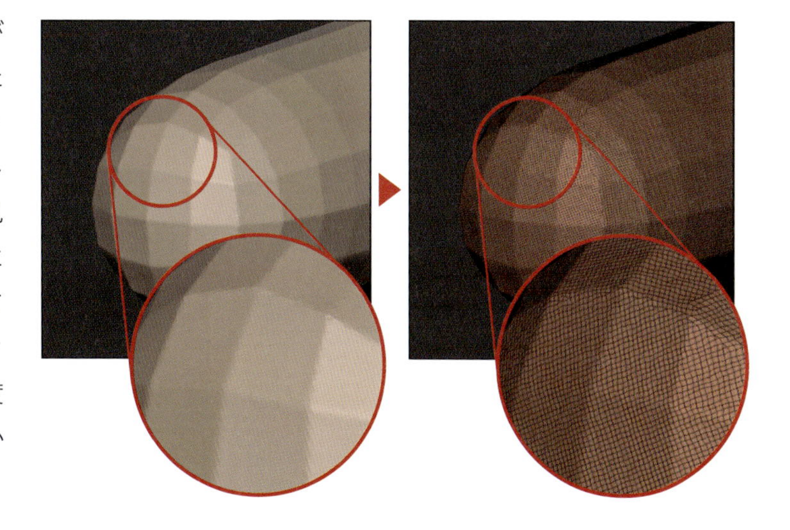

これは使う側の好みですが、筆者はDynaMesh Resolutionは必ず0にしています。デフォルト値で256が入ってしまうので、勝手にDynaMeshがかかってほしくない時は0にしてください。これはTopology機能を使う際にも関わってきます。

▶ 2つのアルゴリズム

次のメニュー解説に進む前に、Adaptive Skinで把握しておかなければならない事項があります。それは、メッシュ化する際のアルゴリズムは新旧の2つ存在するということです。新旧の切り替えは、中央にある[Use Classic Skinning]ボタンで行えます。ONで旧アルゴリズムになります。

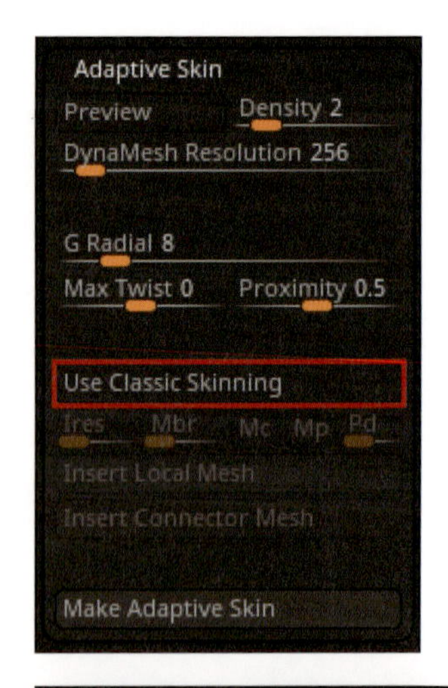

これは、同じZSphereの構成をメッシュ化したものですが、左が新アルゴリズム、右が旧アルゴリズムになります。両方とも一長一短なので、自分に合ったほうを使えば良いと思います。筆者の場合は、基本的に旧アルゴリズムを愛用しています。理由は、生成されるメッシュが新アルゴリズムに比べて非常にローポリゴンで、筆者的には扱いやすいという点です。

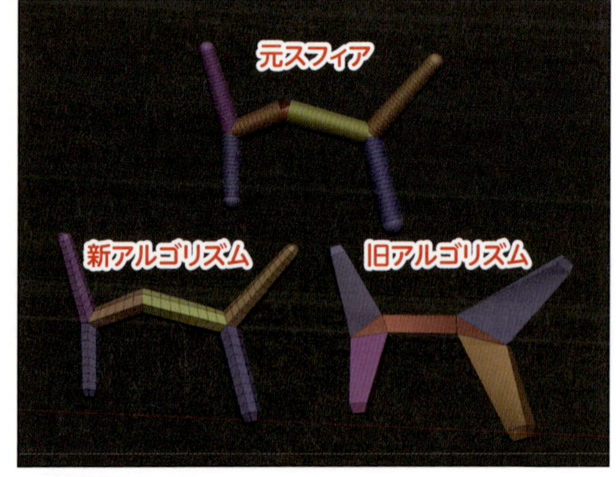

デメリットとして、このようなZSphereの構成の場合、ルートスフィアの部分でメッシュがねじれて少しおかしくなります。捨てスフィア(と筆者は脳内で呼んでいる)をダミーとしてもう1本子スフィアを作っておくことで、ねじれを逃しておくことができます。ねじれた周辺部分は後で削除するので、実質的にこのデメリットはほとんどありません。

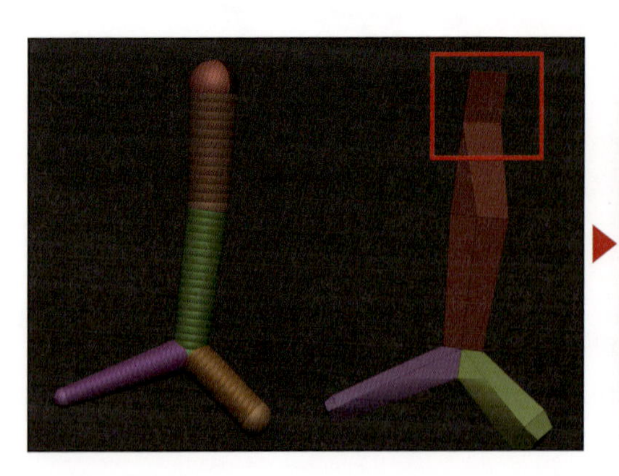

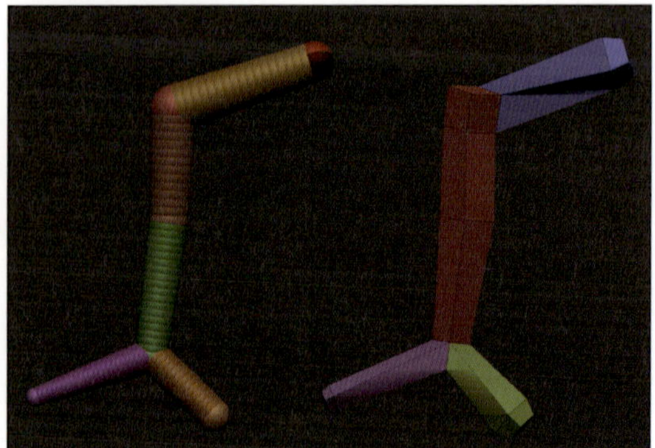

[Use Classic Skinning] がONかOFFかで、アクセスできるメニューが切り替わります。[G Radial] [Max Twist] [Proximity] は新アルゴリズム専用、[Iris] [Mbr] [Mc] [Mp] [Pd] [Insert Local Mesh] [Insert Connector Mesh] は旧アルゴリズム専用となります。

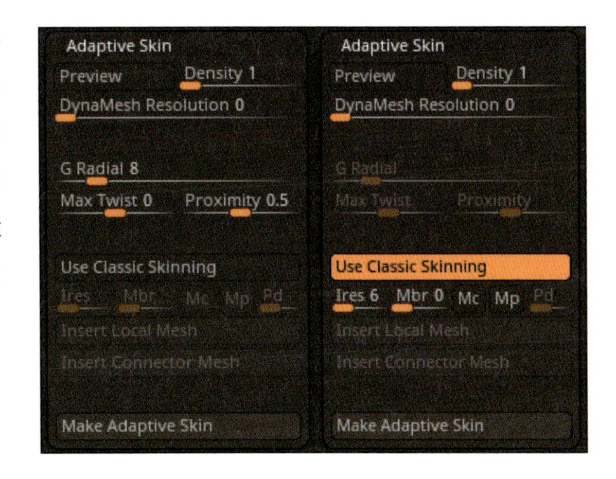

なお、[Insert Local Mesh] [Insert Connector Mesh] は、いずれかのスフィアをMoveモード等でクリックして選択している時のみアクセスできます(つまりクリックした直後が、そのスフィアを選択した状態)。この、「クリックして選択されている時」というのは、別の機能でも一部関わってきます。

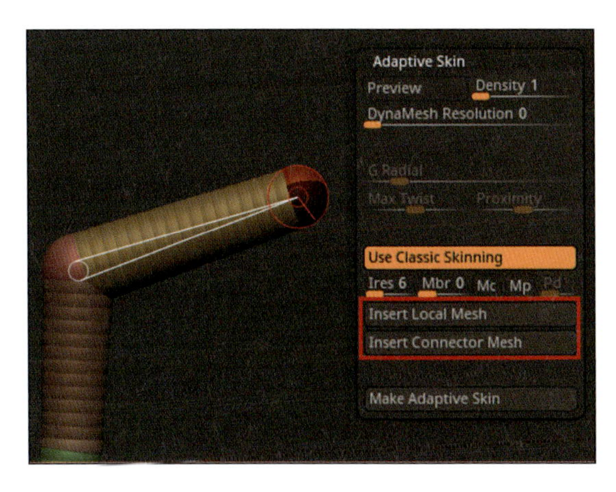

以下は、本書をリファレンスとして使えるように機能を解説していますが、正直な話ほとんど触ることのない機能なので、無理に覚える必要はありません。また、本書内の作例ではいっさい使っていません。

● G Rasial

メッシュ化した時の断面の分割数です。

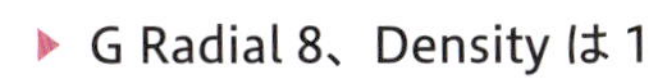

▶ G Radial 8、Density は 1

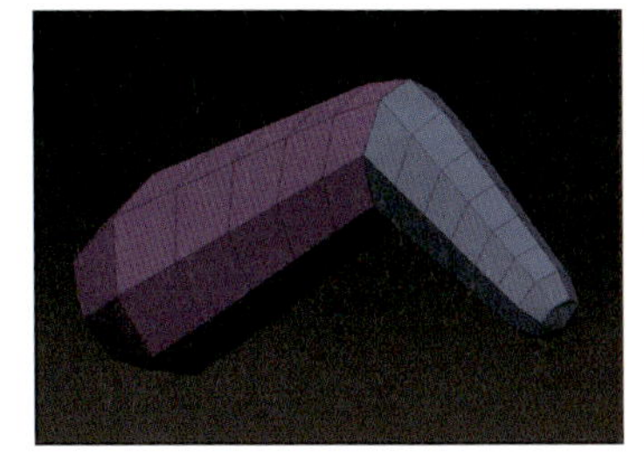

▶ G Radial 20、Density は 1

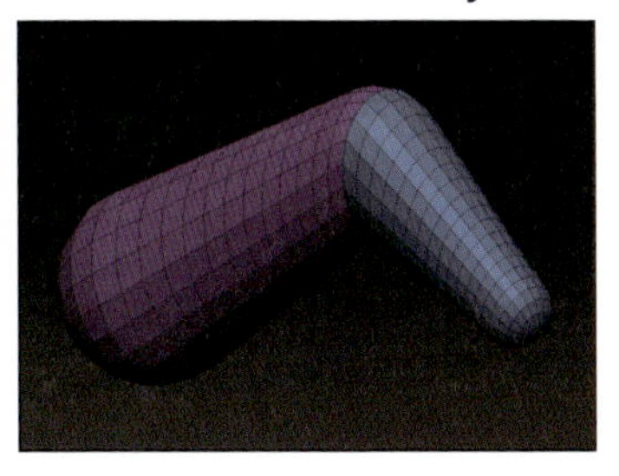

Chapter 6 メッシュ作成とリトポロジー

Max Twist

選択されているスフィアとそのスフィアの親スフィア（ルートスフィア側）の間のメッシュをねじります。0でねじりなし、プラス値で子供から親方向を見た時時計回り、マイナス値で反時計回りのねじりになります。

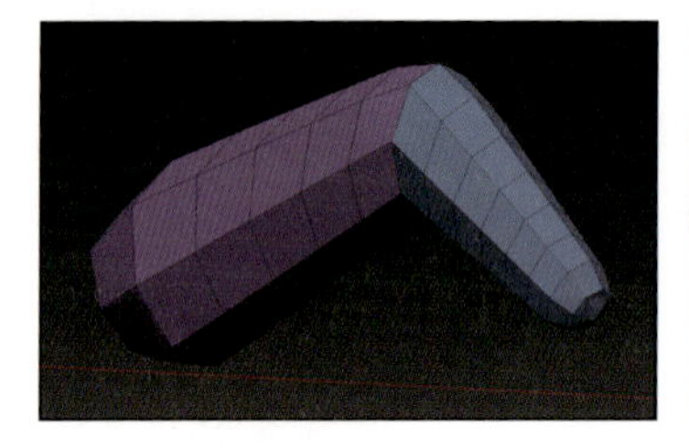

Proximity

ZSphereが複数に分岐する際、分岐の親となるスフィアを選択して数値を調整すると、分岐部分のトポロジーが変わります。

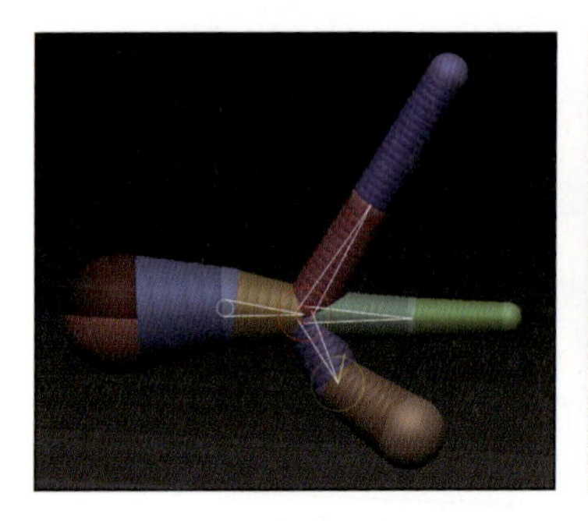
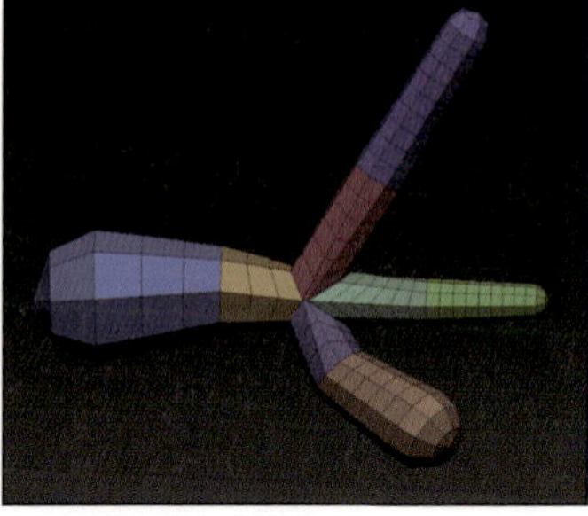
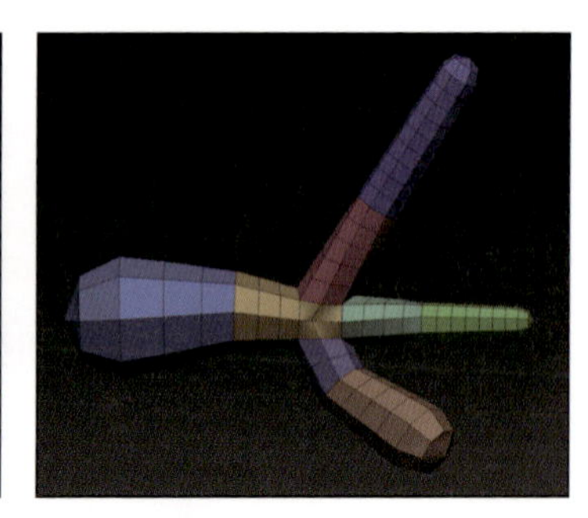

Ires

TransformのXYZ解像度を設定したZSphereが、意図通りのメッシュの分割具合にならない場合の調整用スライダです。

▶ 元のスフィア

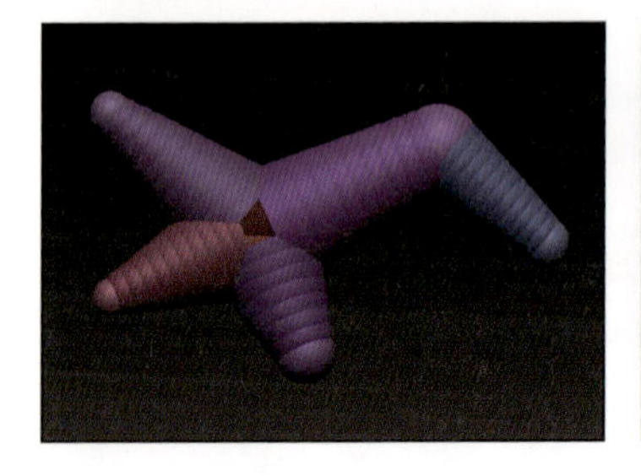

▶ Ires 1

▶ Ires 5

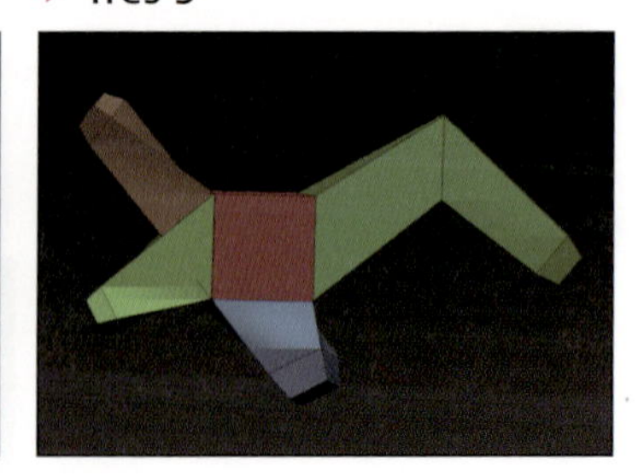

Mbr

L字やT字のスフィアの構造になっている場合、メッシュ化した際に水かきのように面が張られます。その際、水かきがどれくらい作られるかの調整用スライダです。

▶ Mbr 0

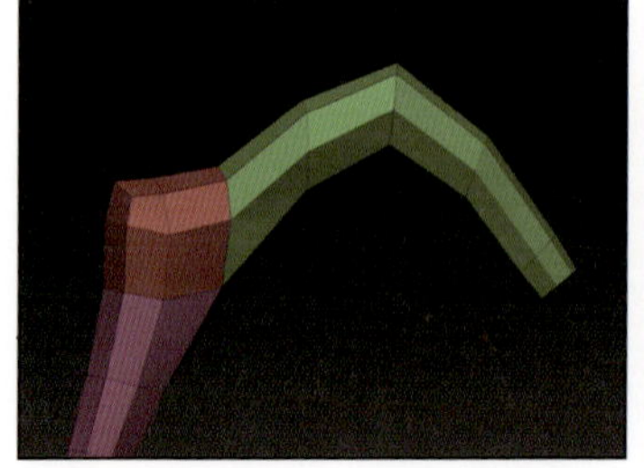

▶ Mbr 42

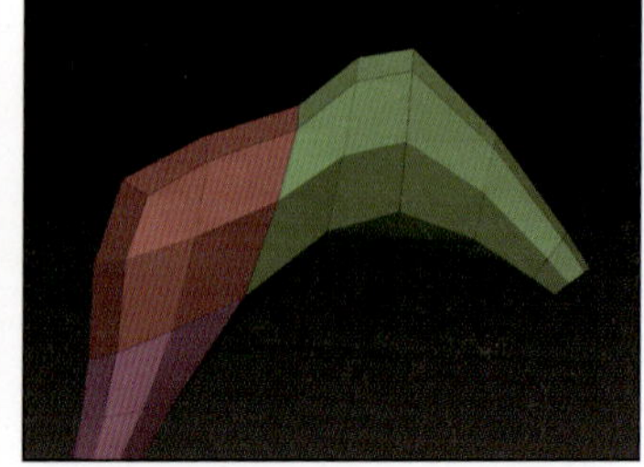

● Mc

ZSphereが分岐する場合、[Mc] ボタンがONの時、分岐から最初の子供になるスフィアはメッシュ生成はされず、分岐位置の調整用の意味合いだけになります。親から孫に、子を飛ばした面張りになります。

▶ 元のスフィア

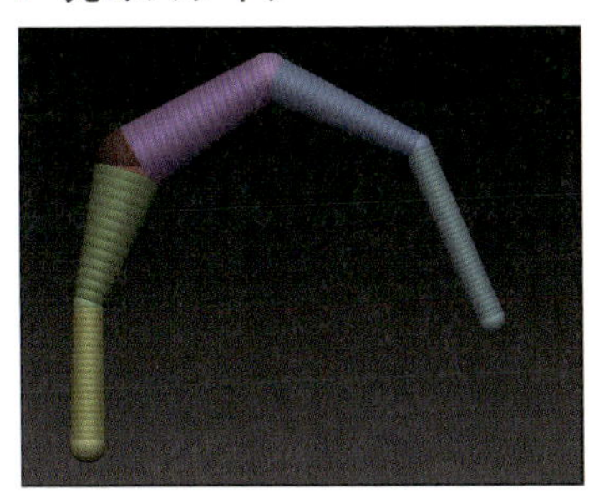

▶ Mc ボタン「OFF」

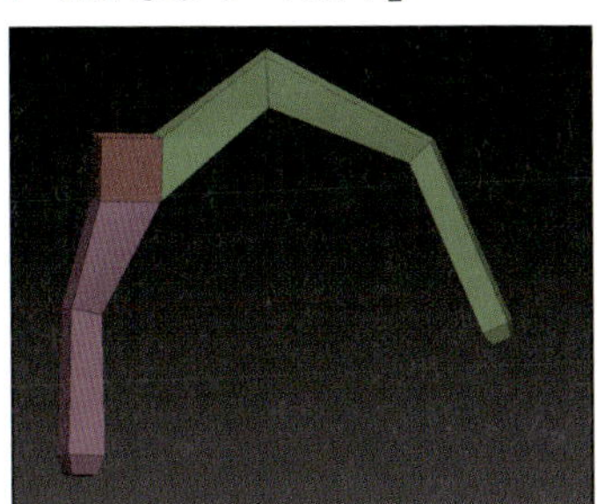

▶ Mc ボタン「ON」

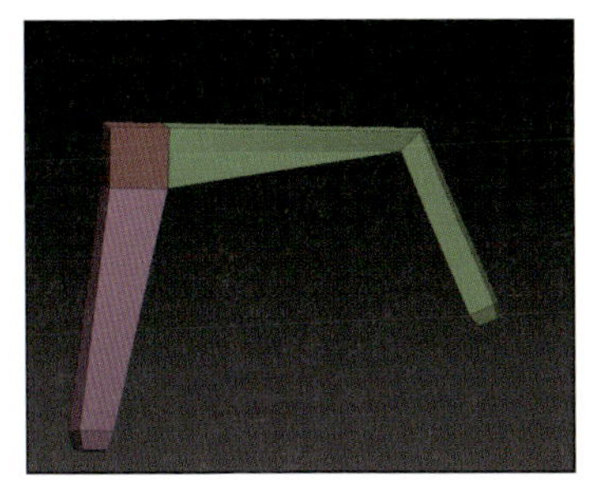

● Mp

ZSphereが分岐する場合、[Mp] ボタンがONの時、分岐の手前のスフィアはメッシュは生成されず、分岐位置調整用の意味合いだけになります。分岐の2つ手前のスフィアから分岐までの面張りになります。

▶ 元のスフィア

▶ Mp ボタン「OFF」

▶ Mp ボタン「ON」

● Pd

[Insert Local Mesh] か [Insert Connector Mesh] が使用されているZSphereに対してのみ使用することができます。ZSphere部分のメッシュを、Densityでの分割とは別に事前分割（Pre Divide）するための機能です。プレビューをONにしたままスライダを動かすとよりわかりやすいと思います。

▶ 元のスフィア

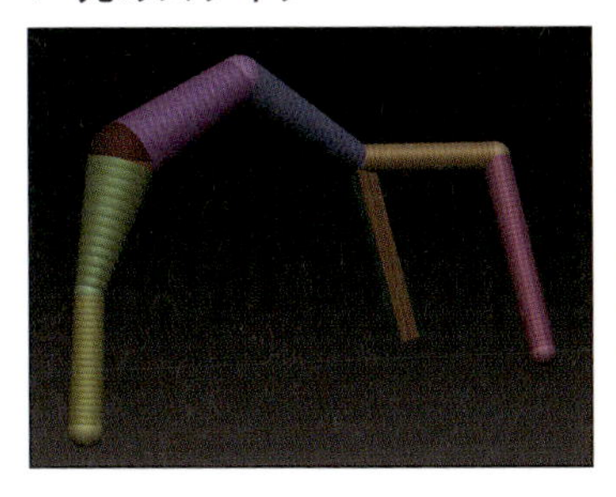

▶ Pd 0

▶ Pd 4

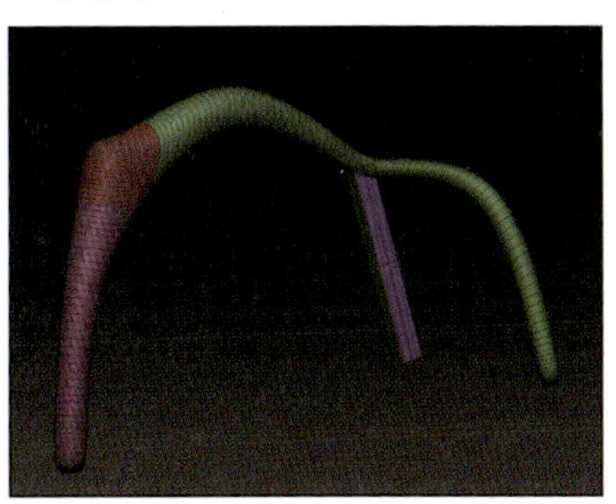

● Insert Local Mesh

Moveモード等で特定のスフィアを選択した状態でアクセスできる機能です。Toolに読み込まれているメッシュを選択中のスフィアと入れ替えることができます。この時、プリミティブは選択できません（P.33で解説した通り、プリミティブはスカルプト可能な3Dメッシュではないため）。

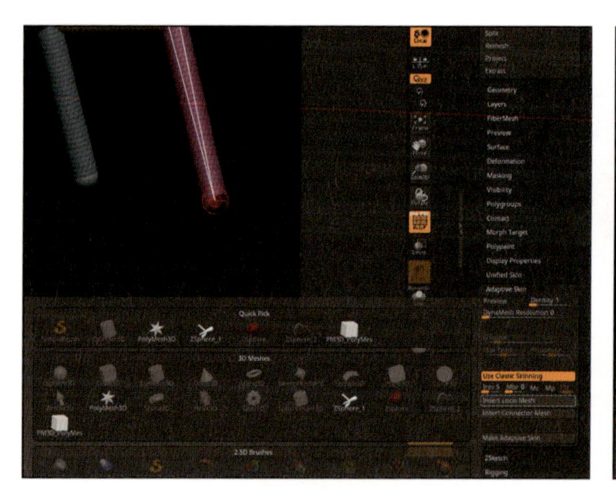
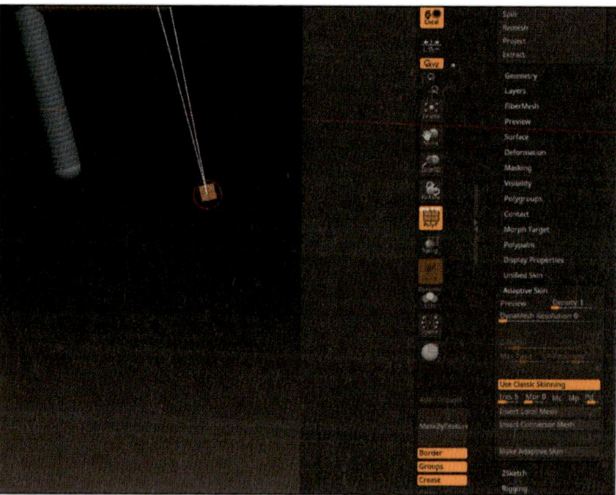

● Insert Connector Mesh

Moveモード等で特定のスフィアを選択した状態でアクセスできる機能です。Toolに読み込まれているメッシュを選択中のスフィアと、その親スフィアを繋ぐリンクスフィアとを入れ替えることができます。Insert Local Meshと同じく、プリミティブは選択することができません。

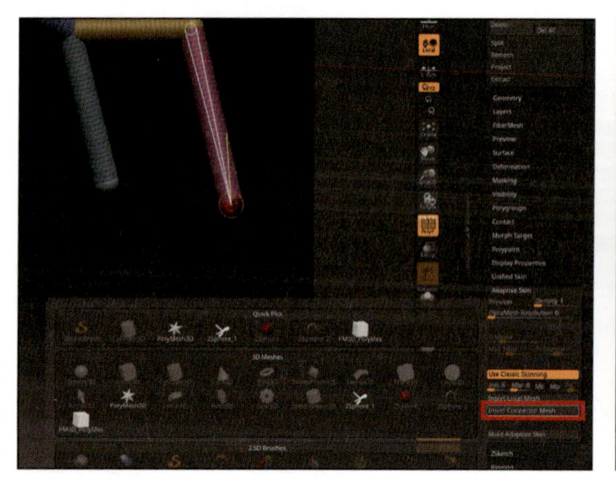

ZSphereの基本的な操作方法

では、ZSphereの基本的な操作方法を覚えましょう。ここではリファレンス的な解説に留めますので、実際の制作時における使い方や考え方は、8-01、9-02を参照してください。

まず、ZSphereをツールのポップアップメニューから呼び出してください。

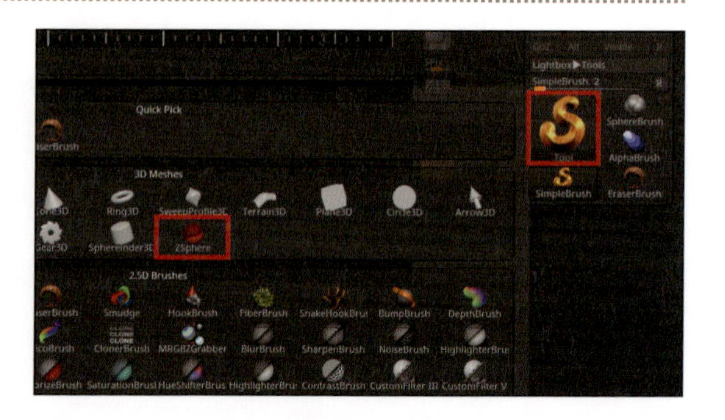

ZSphereの操作は、基本的にUI左上に表示されている[Draw][Move][Scale][Rotate]を使います。3Dメッシュ編集時と同じショートカットキー(QWER)が使えます。

▶ Drawモード

Drawモードでは、既存のスフィアの表面をドラッグすると、新しい子スフィアが作られます。

この際にShiftキーを押しながらドラッグすると、親と同サイズのスフィアが作られます。

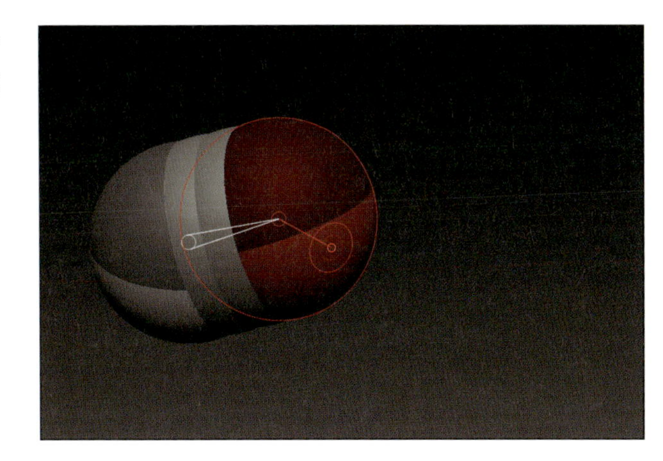

リンクスフィアをクリックした場合、親子関係になっているスフィアの間に新しくスフィアが追加されます。

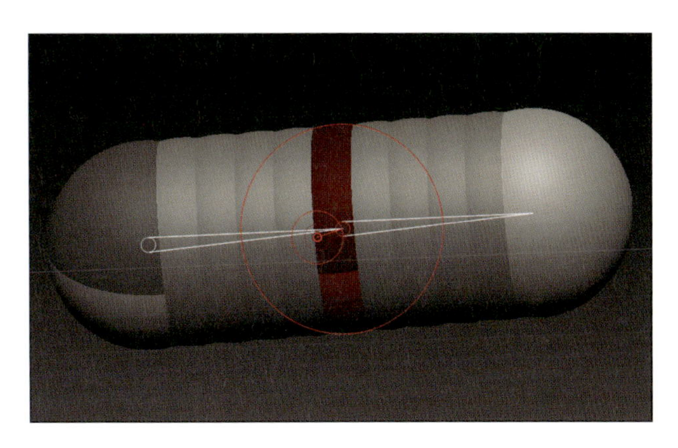

MEMO　スフィア追加の変則技

スフィア追加時、ドラッグ中に Ctrl キーを“追加で押す”と、法線方向に追加したスフィアだけが移動します（最初から Ctrl キーを押しているとマスクモードになるので注意）。この際、マウスのクリック状態は保持してください。

その状態で“Ctrl キーだけ”を離すと自由移動になります。この際も、マウスのクリック状態はそのままにしてください。

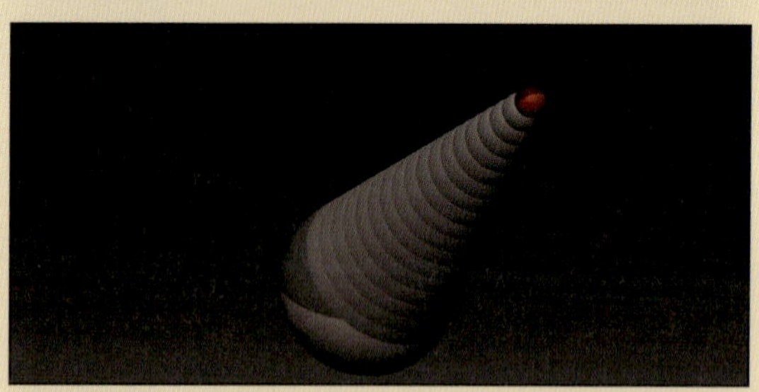

さらにその状態から、“Ctrl キーを再度押したまま”にすると、自由移動しているスフィアを拡大・縮小するモードになります。マウス操作は、同じくクリック状態を保持したままです。

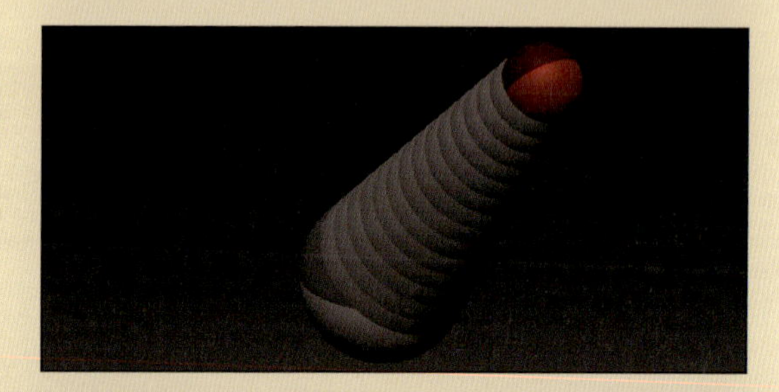

押したままではなく、Ctrl キーを短く押した場合は、押した地点にスフィアが1つ生成されます。そこから追加されたスフィア扱いで、新しく子スフィアがマウスポインタに付いてきている状態になります。ここでもマウスのクリック状態は離さないでください。

さらに Ctrl キーを短く押すと、今度はこのようにマウスのドラッグに伴ってスフィアがどんどん作られるモードになります。なお、ドラッグ中の Ctrl キー追加押し～スフィアが自動生成されるモードは、完全なシンメトリー動作をしません。シンメトリー編集するスフィアでは使わないことをお勧めします。

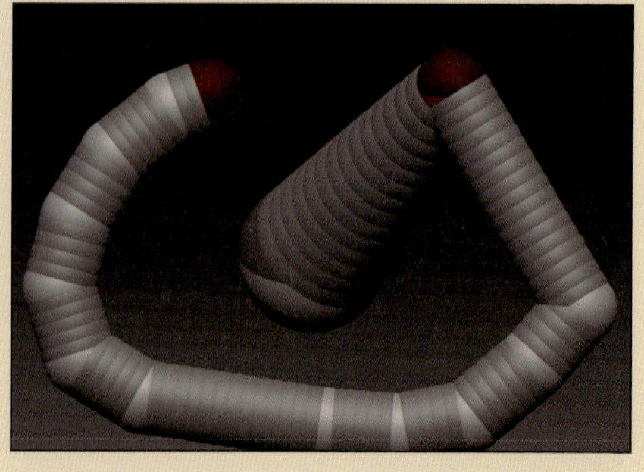

スフィアの削除をしたい場合は、Alt キーを押しながら削除したいスフィアをクリックしてください。なお、一番の親となるルートスフィアは消すことができません。

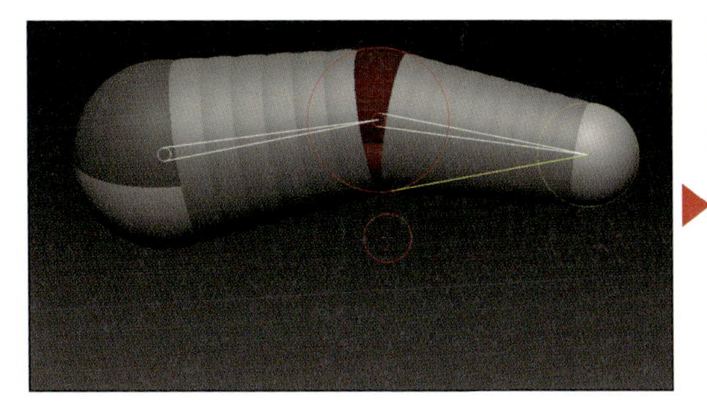
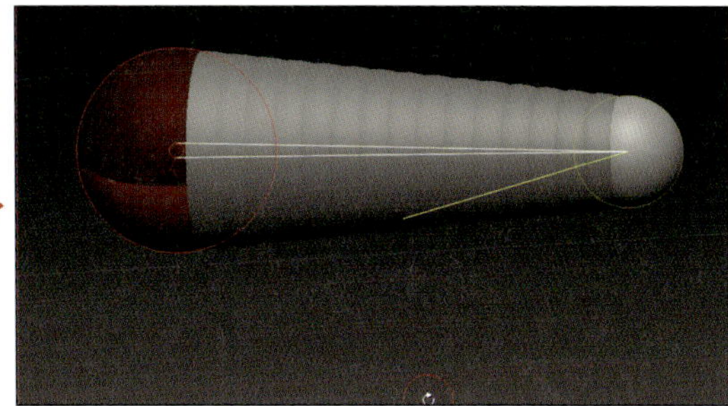

リンクスフィアをクリックした場合はリンクスフィアが消えますが、階層構造自体は残ったままになります。

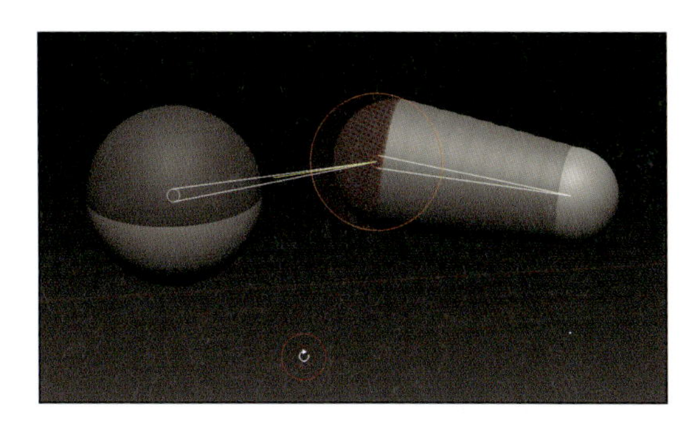

メッシュ化の新アルゴリズムでは、リンクスフィアが消えている部分に関して面張りが行われますが（左）、旧アルゴリズムではメッシュが分断されます（右）。

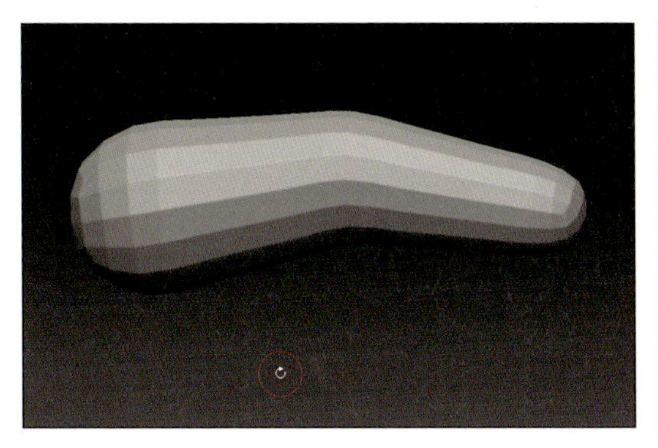
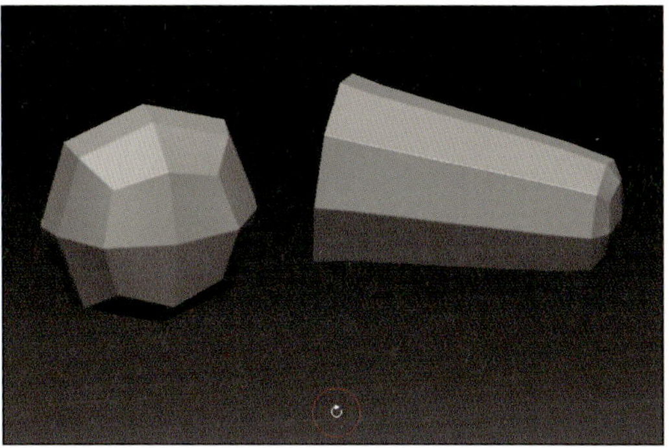

● Move モード

Move モードはスフィアの位置を調整できます。

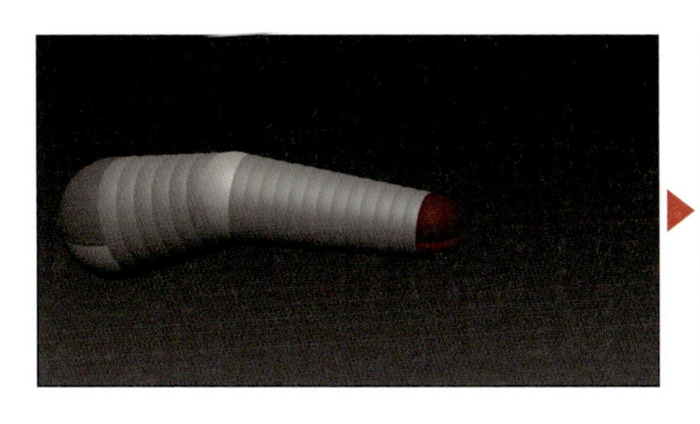
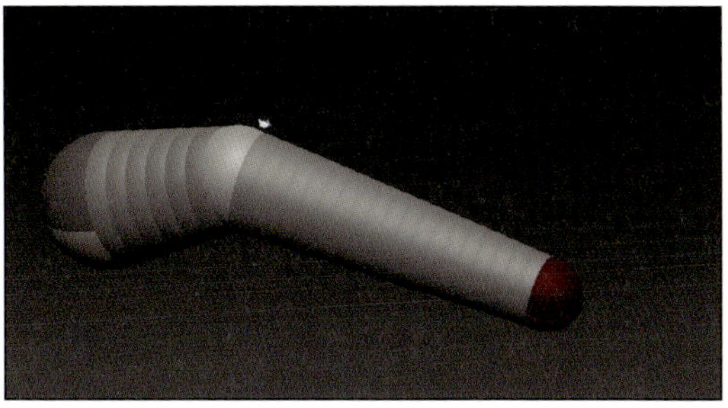

Altキーを押しながらドラッグすると、ルートスフィア、ルートスフィアの子スフィアもしくはルートスフィアとのリンクスフィアの場合は、スフィア全体が一緒に移動します。

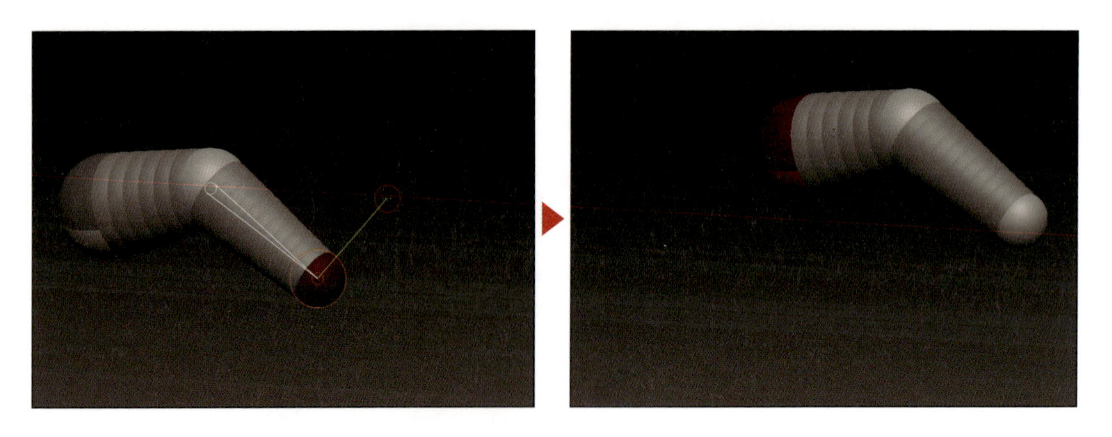

ルートスフィアから数えて孫以降のスフィア（またはリンクスフィア）の場合は、1つ上のスフィアを含んだ下位スフィアのみが一緒に移動します。

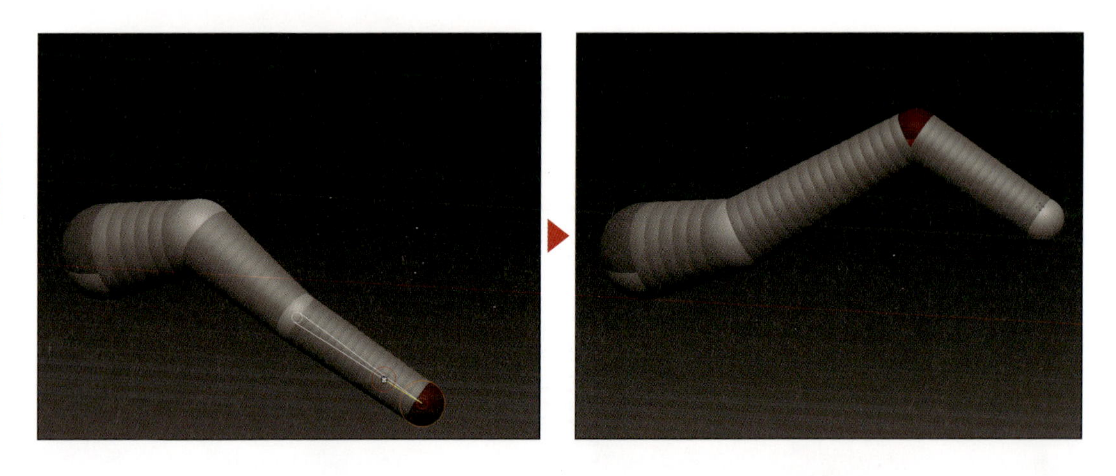

動作的にはこの2つは同じで、ドラッグしているスフィアの1つ上の階層のスフィアと、そこから枝分かれしている全てのスフィアを移動させています。ルートスフィアの子の場合、実質的に全スフィアの移動になります。

リンクスフィアをドラッグした場合、リンクの親を中心に子供が回転します。

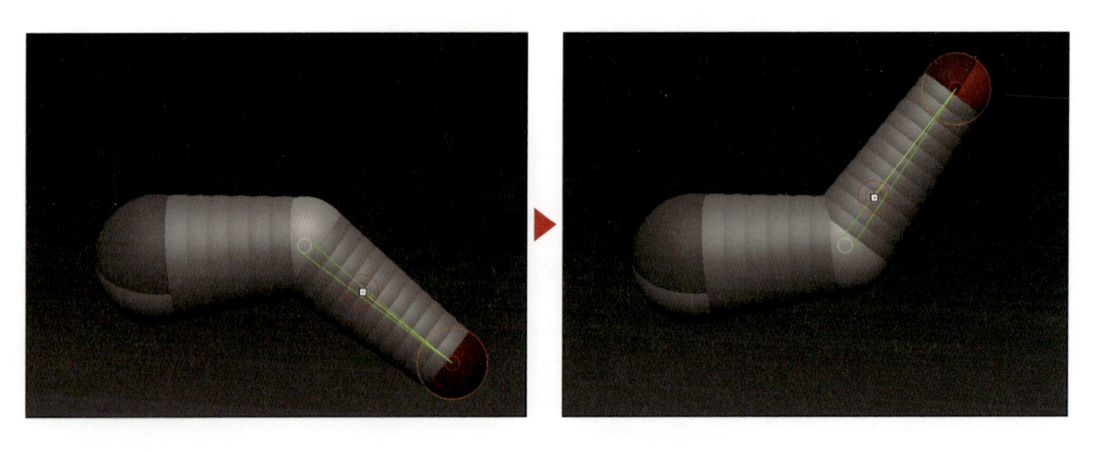

さらに下位構造がある場合は、若干関節運動的な動作をします。

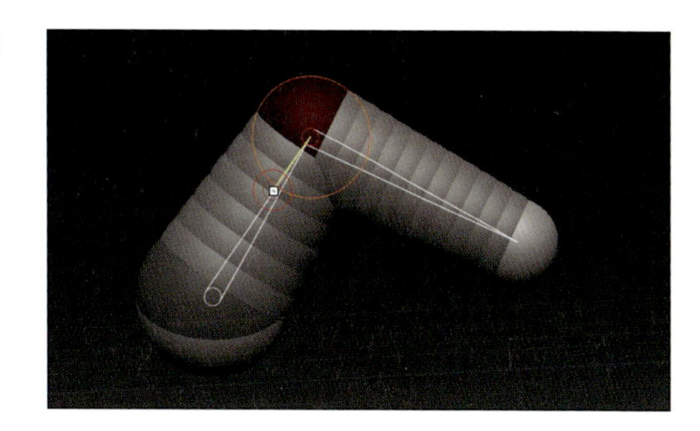

▶ Scale モード

Scale モードはスフィアの大きさを調整できます。

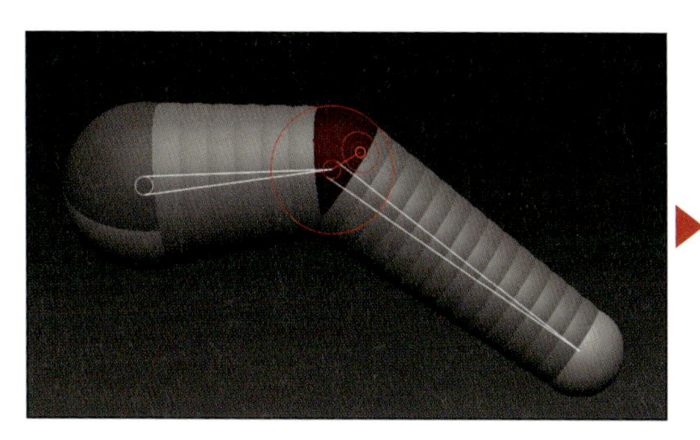

▶

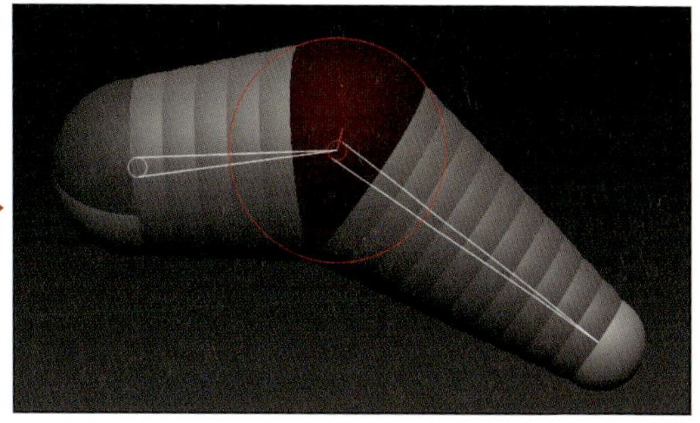

Alt キーを押しながらスフィア（またはリンクスフィア）をドラッグした場合は、1つ階層が上のスフィアとそのスフィアから見て下位のスフィア全てが一括で拡大・縮小します。

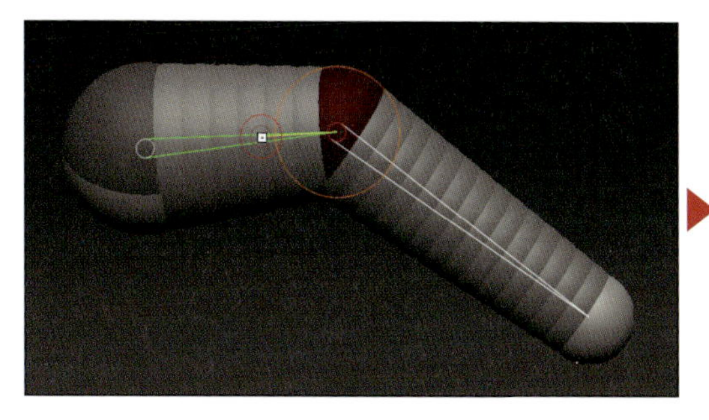

▶

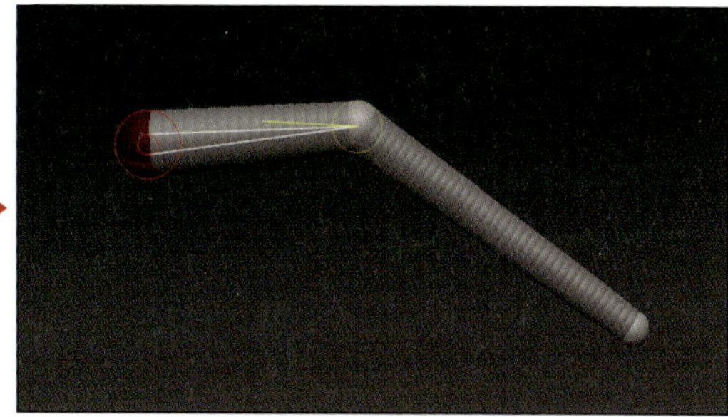

リンクスフィアをドラッグした場合は、下位のスフィアのサイズが小さくなりつつ、位置もリンク上位のスフィアを中心に移動します。

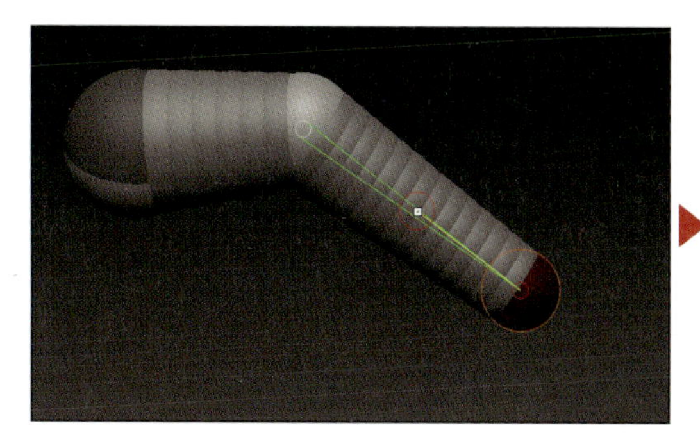

▶

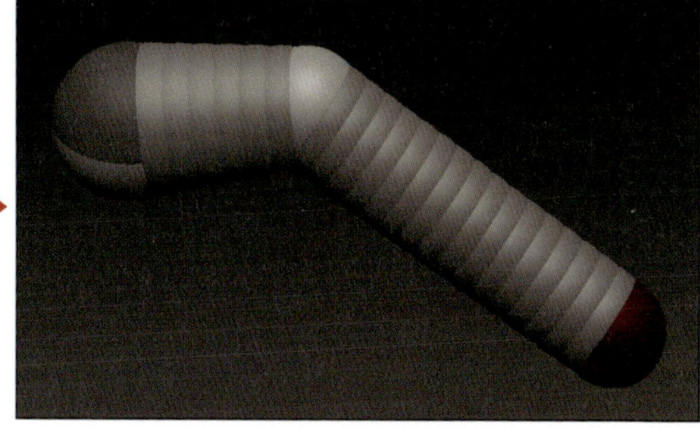

▶ Rotate モード

Rotateモードはスフィアを回転させることができます。

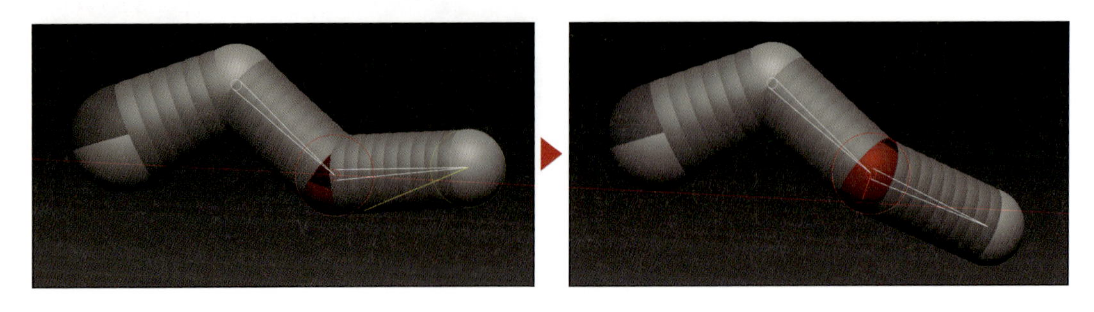

[Alt]キーを押しながらスフィアをドラッグした場合は、下位のスフィアが回転せずに対象のスフィアだけが回転し、下位構造には影響はありません。

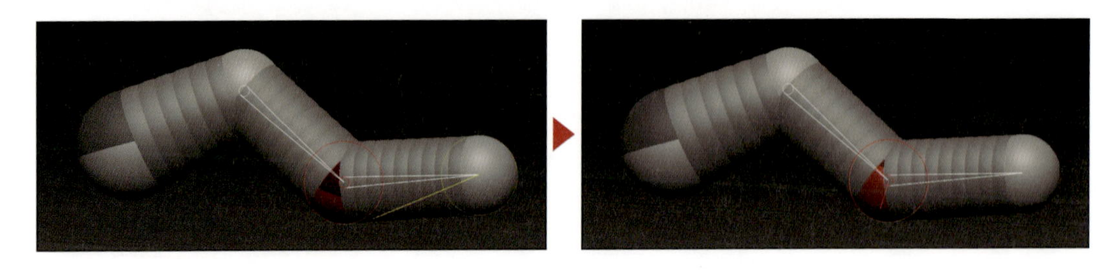

リンクスフィアをドラッグした場合は、上位のスフィアを中心に単純に回転の動作をします(Moveモードの時の関節運動的な動作と比べてみてください)。

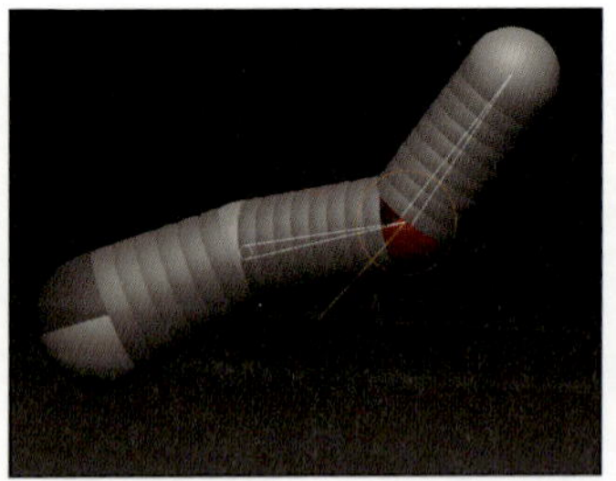

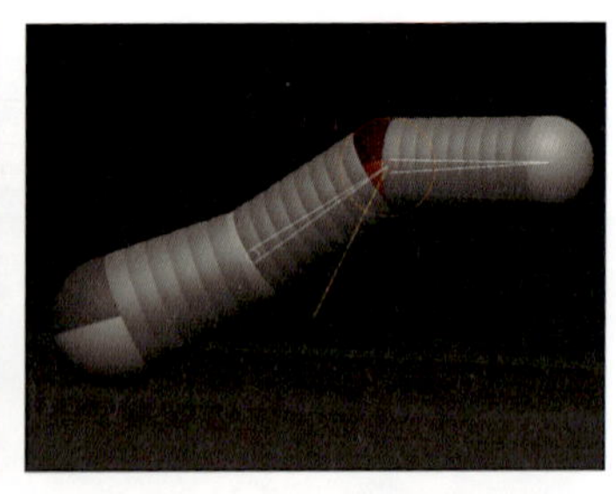

スフィアの回転はねじりの効果の意味合いを持ち、無駄に回転させるとメッシュ化させた時にトポロジーがねじれてしまうので注意が必要です。なお、スフィアの回転を行うと、Max Twistの値も連動します。

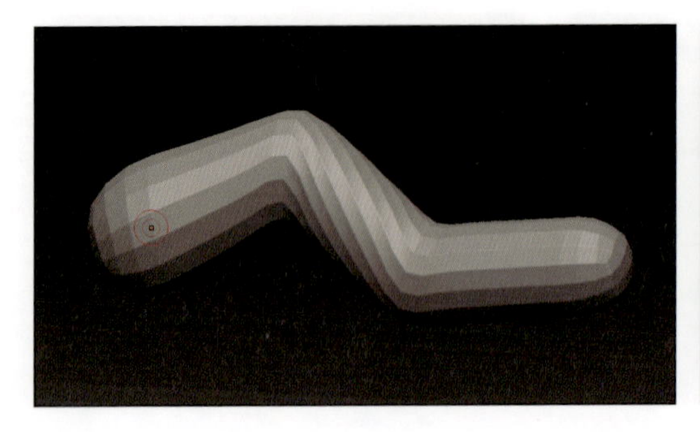

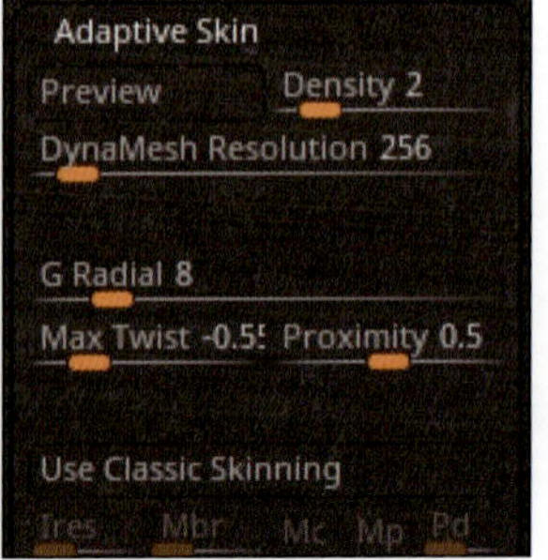

▶ プレビューの切り替え

基本的に、[Draw][Move][Scale][Rotate]の機能を使ってスフィアを構成していきます。

前述の通り、スフィアそのものがメッシュ化されるわけではなく、スフィアを元にメッシュが作られるため、スフィアを編集してる最中に適宜プレビューをON／OFFしてください。この際、プレビューされたメッシュに対してスカルプトすることは可能です。ただし、変換前のプレビューメッシュへのスカルプトや、3Dメッシュ用の機能を使った編集情報は破棄、または破損することが多いため、変換前のプレビューメッシュはあくまで変換までの見本として扱うことをお勧めします。

かなりいじりすぎたプレビューメッシュの場合、プレビューをOFFにしようとした際にこのような確認ダイアログが表示されることがあります。

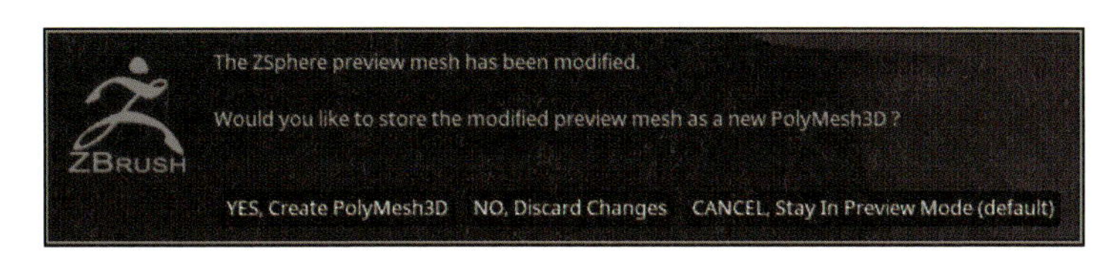

もしこのままメッシュ化したい場合は[YES, Create PolyMesh3D]をクリックしてください(後述する[Make Adaptive Skin]をクリックしたのと同じようにツールに変換後のメッシュが追加されます)。[NO, Discard Changes]をクリックした場合、編集情報が破棄され、スフィアに戻ります。[CANCEL, Stay In Preview Mode(default)]の場合、プレビューOFFをしようとする前の状態で保留となります。

MEMO ネガティブスフィア

スフィア同士が近すぎたり、リンクスフィアがめり込んだりした状態の時、リンクスフィアが半透明になることがあります。意図しないメッシュのねじれの原因等になりますので、基本的にはこの状態にならないようにします。

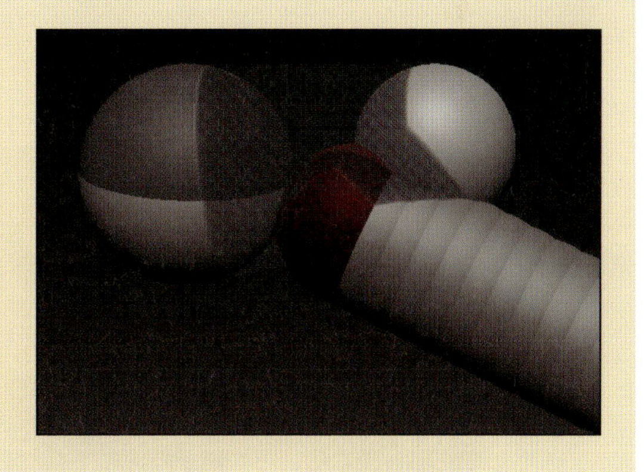

MEMO マスクに注意

Ctrl ＋ドラッグでのマスク機能は、3Dメッシュだけでなくスフィアに対しても同じように動作します。もしスフィアが動かない場合は、マスクの解除をしてください。

MEMO シンメトリー動作

［Transform］>［Activate Symmetry］のシンメトリー機能をONにすると、シンメトリー軸設定通りにDrawやMove等の操作がシンメトリー動作をします。

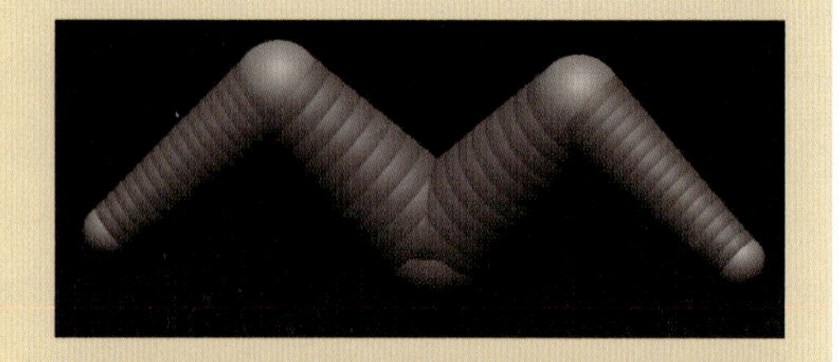

Drawモードでは、軸中心（たとえば左右対称であるX軸シンメトリーの場合）にマウスポインタを持っていくと、中心付近でポインタが黄緑色になった上、2つのサークルが1つに合体します。

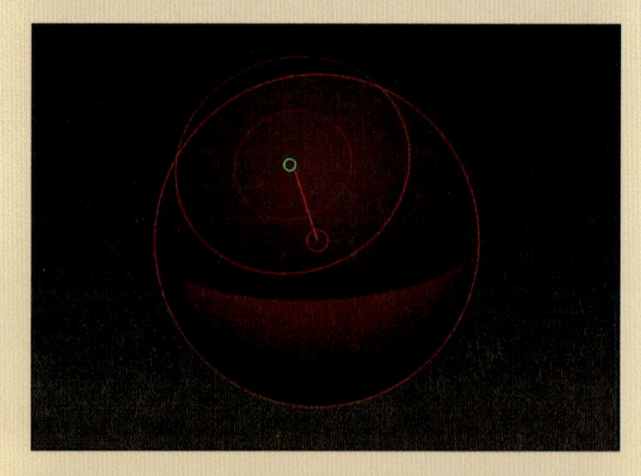

この状態でドラッグした場合、新しい子スフィアが軸中心上に作られます。

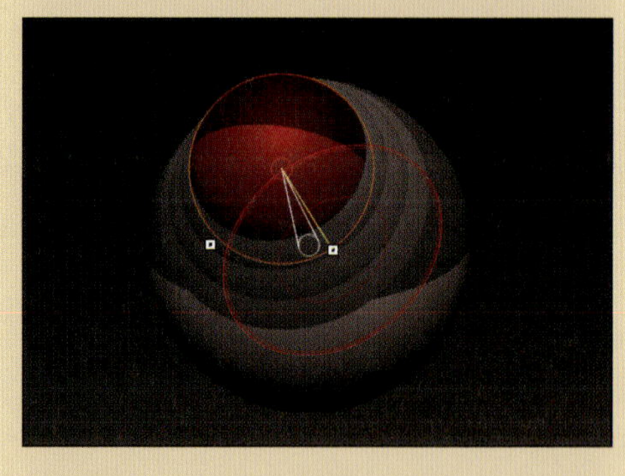

軸中心上にあるスフィアは、シンメトリー機能を切らない限り、シンメトリー軸上に拘束した状態で、Moveモードで移動ができます（X方向がシンメトリーであればYZ平面上での移動）。これは、シンメトリー機能でX方向の移動が打ち消し合っているため、結果として軸上から動かないだけです。シンメトリー機能をOFFにするとズレてしまうのでご注意ください。

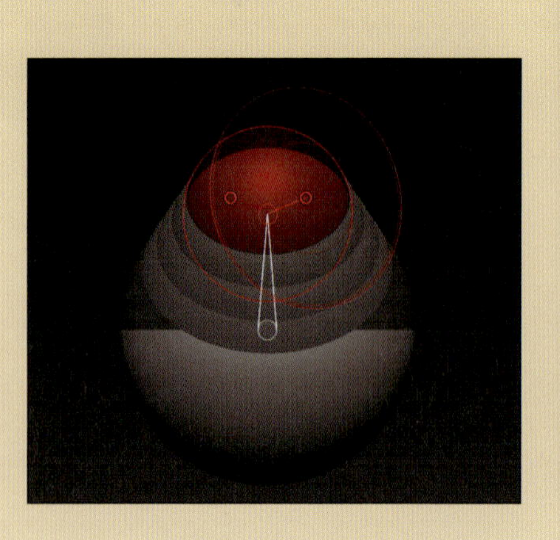

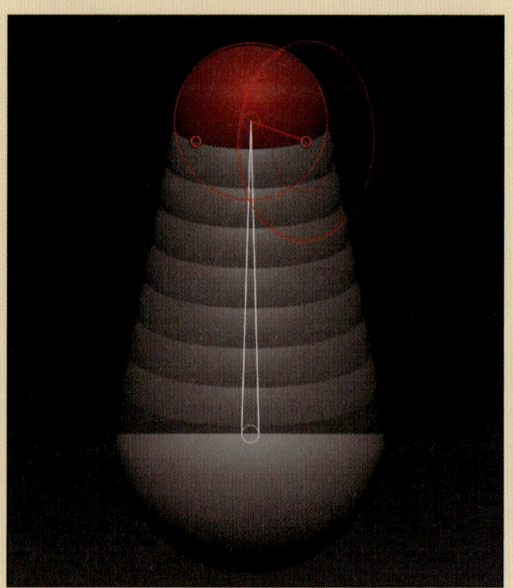

MEMO 中心からずらしてしまった場合

Activate Symmetry を有効にする前に Move モードで中心位置から移動させてしまった場合は、[Tool] > [Geometry] > [Position] で原点位置に持っていきたい軸の数値を 0 にしてください（たとえば、左右対称である X 方向の原点位置に持っていきたい場合は X を 0)。

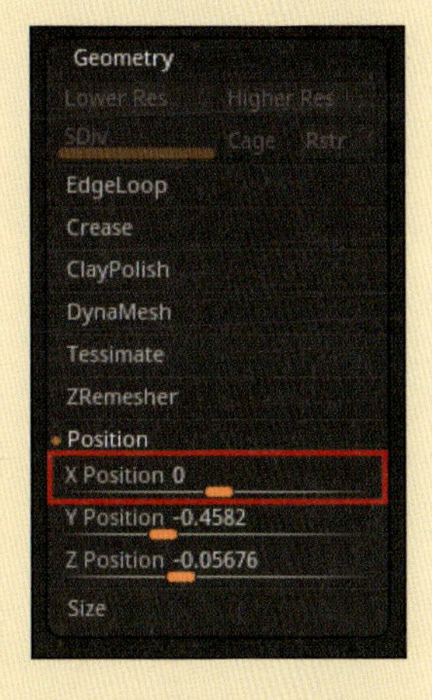

ただし、[Position] の値変更はアクティブなサブツール全体にかかってしまいます。階層をすでに作ってしまっている場合に [Position] の値を変更すると、子スフィアとの相対距離を保ったまま全体移動するので、自信のない人は ZSphere を呼び出した直後まで戻るか、デフォルトの ZSphere を呼び出し直し、確実に Activate Symmetry を有効にしたのを確認した上で作業をしてください。

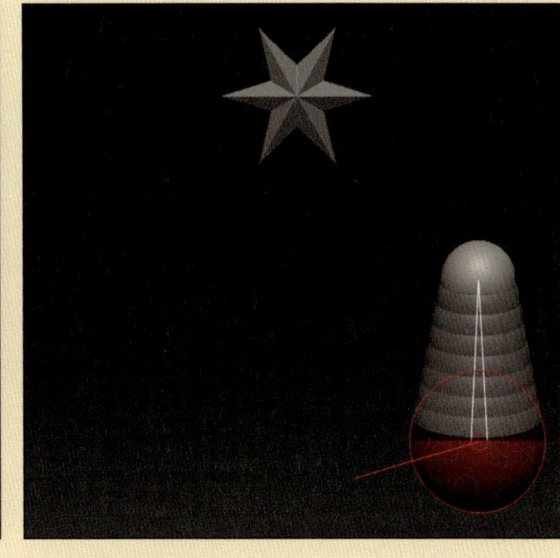

Chapter 6 メッシュ作成とリトポロジー

▶ メッシュへの変換

ZSphereの編集が終わり、スカルプト用のメッシュに変換する場合は、[Make Adaptive Skin]ボタンをクリックします。

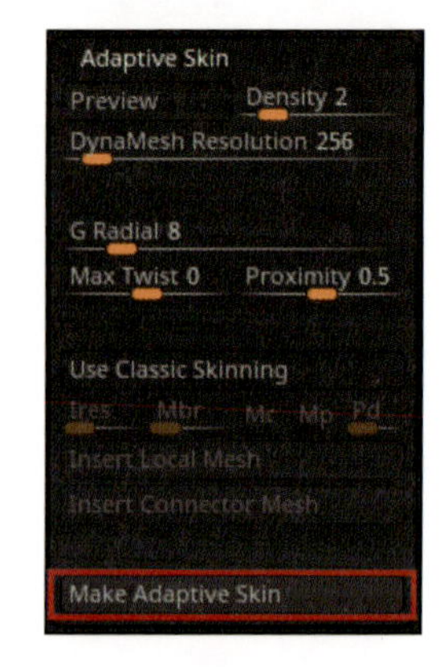

すると、メッシュに変換されたものが"新しいツール"として追加されます。現在アクティブなサブツールのスフィアが直接変換されるわけではなく、メッシュとして変換されたものが新しく生成されます。

そのため、サブツールにはスフィアが残り続け、変換されたメッシュを[Insert]もしくは[Append]で手動で読み込む必要があります。また、スフィアは変換後もサブツールに残り続けるため、手動で削除する必要があります。

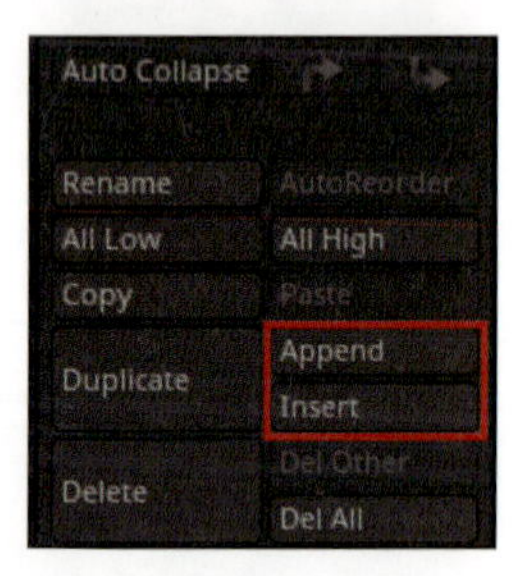

さらに、変換されたメッシュはツールパレットに残り続けるため、手動で消さない限り、ZPRファイルでの保存を使うとメッシュが貯まり続けます。

▶ 筆者作成のプラグイン

ZSphereの変換からサブツールへの追加は、前述の通り[Make Adaptive Skin]をクリックし、サブツールの[Insert]または[Append]でサブツールに追加するという手順を経ます。

これが身体の素体用であれば1回の作業で済みますが、たとえば髪の毛のベースをZSphereで作る場合、変換作業を1本1本に対して行わなければならず非常に面倒です(一応、バグ技に近い方法で一括変換することもできますが、修正される可能性があるので本書では紹介しません)。

面倒な上にヒューマンエラーも発生しやすいため、一気にツール内の全てのサブツールに処理をかけるためのプラグインを作成しました(プラグイン制作協力：葵たん　いつもありがとう！)。

本書のサポートページ(P.4)からデータをダウンロードし、zconv_v7.zscファイルを「ZPlugs64」フォルダにコピーしてからZBrushを起動してください[注6]。

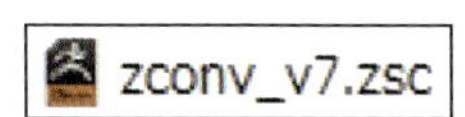

注6　免責事項：本プラグインを使用したことで発生したトラブルや損失、損害に対して、筆者はいっさい責任を負いません。当プラグイン使用は利用者の責任において行ってください。もし不具合を見つけた際は筆者までお知らせください。

すると、[Zplugin]メニューに[ZSphere Mesh cnv]というサブメニューが追加されます。

[Convert all]ボタンは、アクティブなツール内の全サブツールのうち、表示状態のZSphereを全て変換してサブツールに追加します。その後、変換時に発生したツールは削除します。

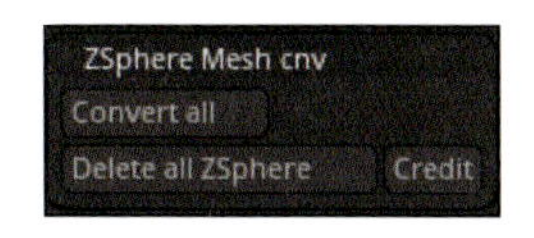

削除自体の確認ポップアップは、強制的に表示されるZBrush側の仕様のため、[OK]ボタンか[Always OK]ボタンをクリックしてください。

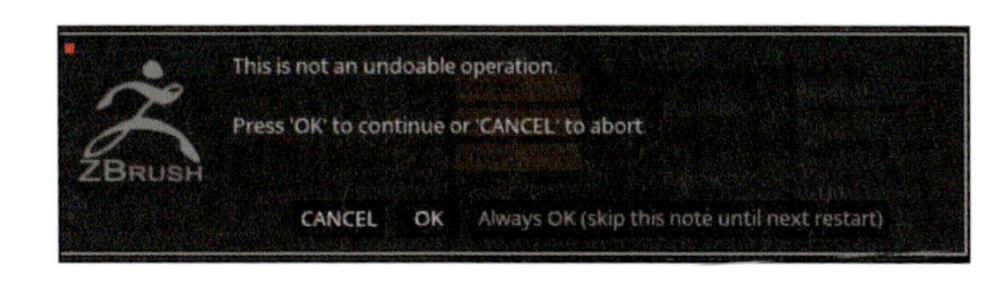

[Always OK]をクリックした場合は、ZBrushの次回起動まで確認ポップアップが表示されなくなってしまうため、事故防止のため、このプラグインでの変換作業後は一度ZBrushを再起動することを推奨します。

[Delete all ZSphere]ボタンは、アクティブなツール内の全サブツールのうち、表示状態のZSphere全てを削除します。こちらの処理でも削除の確認ポップアップが表示されるため、前述の通り注意が必要です。

SECTION

03 DynaMesh

DynaMeshは、スカルプト最中に使うメッシュを再構築する手段の1つです。とてもお世話になることの多い機能ですのでしっかり覚えましょう。

DynaMeshとは

DynaMeshとは、ZBrush 4R2から搭載されているメッシュ編集機能の1つです。[Tool]>[Geometry]>[DynaMesh]にその機能が集約されています。

DynaMesh搭載以前のZBrushでは、ベースメッシュは別ソフトで作成、マルチレゾリューションメッシュエディティング前提でスカルプトするのが基本なワークフローでした。

なぜベースメッシュを別ソフトで作成するのかというと、DynaMeshが実装されるまでのZBrushでは、スカルプト用のベースメッシュを作成するという観点において、メッシュに対して大きな形状の変更をスカルプトして加えてもトポロジーが延びてしまうだけでした。その結果、たとえそのままサブディビジョンモデリングをしたとしても、間延びしたトポロジーが基になっているため、良い結果にならなかったのです。

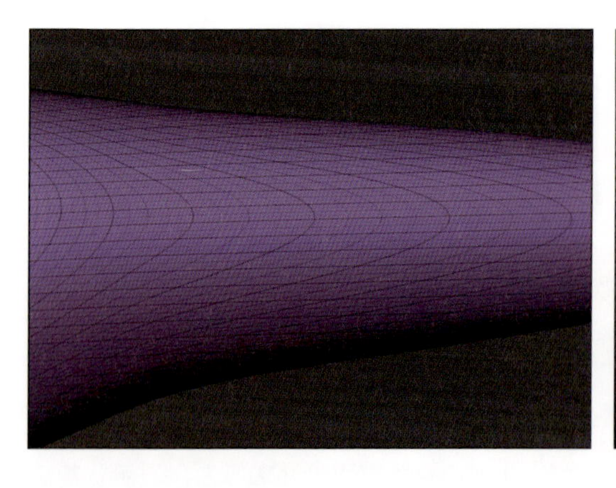

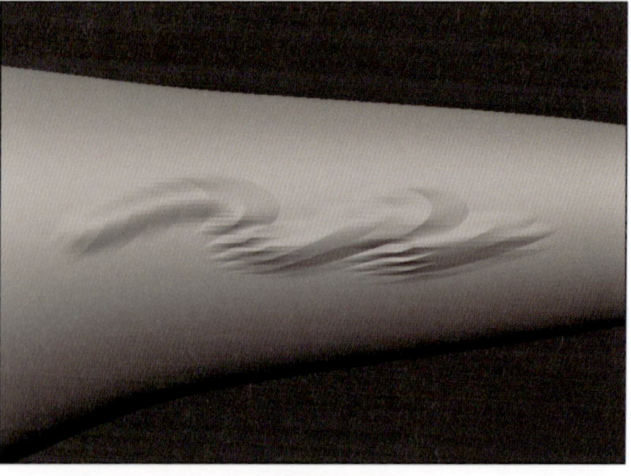

そのため、形状だけを読み取り、メッシュを現状の形を基に構築し直す機能としてDynaMeshが実装されました（類似機能としてRemesh機能がありましたが、正直あまり使い物になりませんでした）。

DynaMeshの基本的な使い方

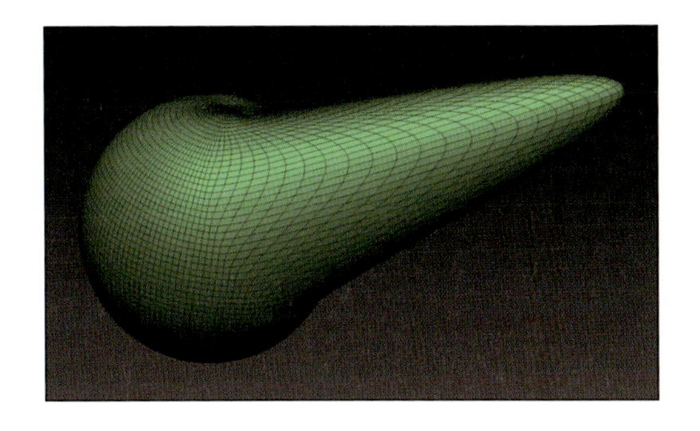

前述の間延びしたトポロジーを体験した後、DynaMeshの使い方を学んでいきましょう。

プリミティブから球体を呼び出し、スカルプト可能な状態にして、Moveブラシで球体を引っ張り、ポリフレーム表示にしてください。

この状態でDivideして分割を増やしても、Standardブラシ等でのスカルプト結果は元の間延びしたトポロジーの影響を受け、ガタガタした表面になります。

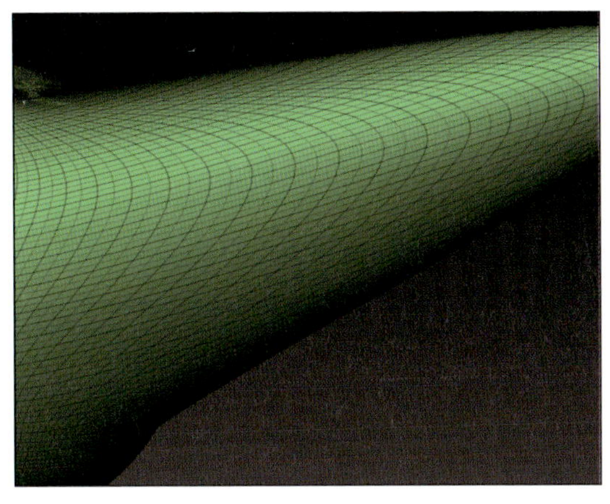

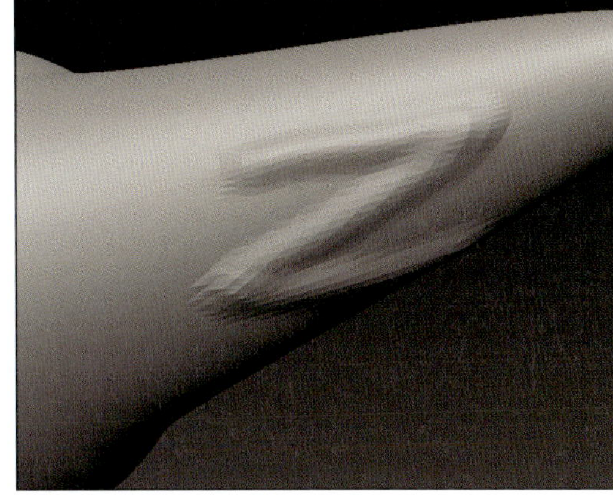

Divideする前まで戻り、[Tool]>[Geometry]>[DynaMesh]の[DynaMesh]ボタンをクリックしてください。

DynaMeshが有効になり、Resolutionに設定した解像度でメッシュの再構築が行われました。

DynaMeshは、一度有効にすると、[DynaMesh]ボタンをもう一度クリックして手動で機能をOFFにするか、無効になるいくつかの特定の機能を使わない限りずっとONのままになります。

DynaMeshの効果を再度かける(DynaMeshの更新)場合は、Ctrl+ブランクエリアをドラッグ(マスク解除の操作と同じ)です。

DynaMeshは自動更新がかかったり、Sculptris Pro (P.430)のようにストロークによって動的に作動したりする機能ではありません。

使い終わった後にOFFにしなければならない機能というわけではありませんが、マスク解除とDynaMesh更新の操作が同じため、ZBrushにある程度慣れていないと、気が付かないうちにDynaMeshの更新をかけて細かいディティールをつぶしてしまうということがあります。心配な人は、ベースの形がある程度でき上がったらDynaMeshはOFFにしておいたほうが良いかもしれません(慣れてくるとポリフレームを見ずともDynaMesh更新後のメッシュであることに気づけることもありますが……)。

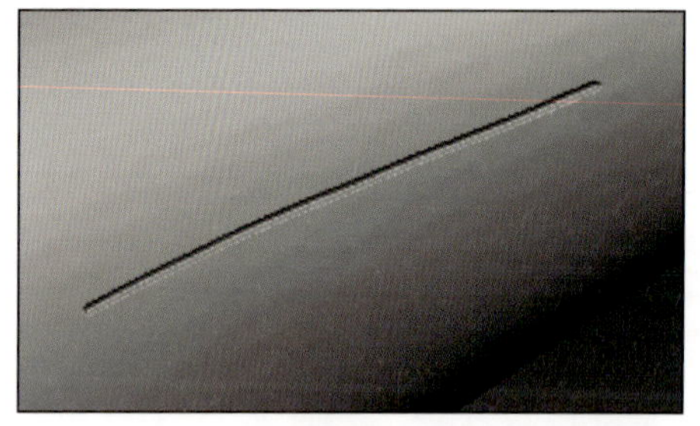

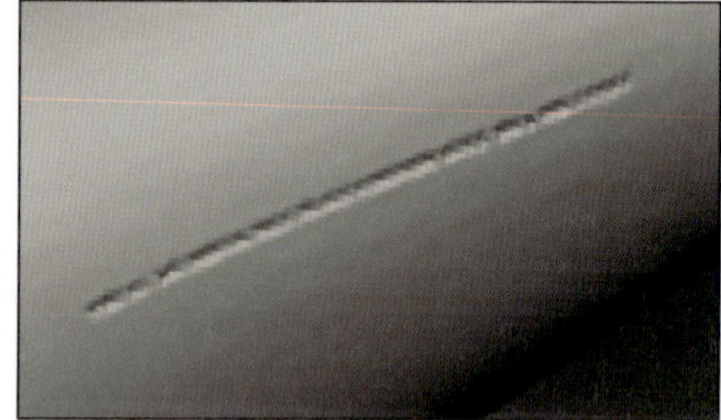

DynaMeshの制約と注意点

DynaMesh機能にはいくつか制約と注意点があります。

①マスクは併用できない

マスクがかかった状態のメッシュに対してDynaMeshをONにしようとしても、ONにはなりません。メッセージに表示されている通り、マスクがかかった状態ではDynaMesh機能を使うことができません。

▶ 意訳：DynaMeshを使うにはマスクを解除しなければなりません

NOTE: Mask must be cleared in order to DynaMesh.

これはDynaMeshを有効にする時だけでなく、更新をかける時も同様です(おそらくそのために、あえてDynaMesh更新の操作とマスク解除の操作が同じなのだと思われます)。

▶ ②メッシュの一部のみにDynaMeshの更新をかけることはできない

DynaMeshが有効なメッシュの一部を非表示にし、更新をかけようとしてもエラーが出ます。

▶ 意訳：DynaMeshを使うにはメッシュが全て表示されていなければなりません

NOTE: Mesh must be fully visible in order to DynaMesh.

なお、非表示部分がある状態でDynaMeshを有効化しようとすると、有効にならない上、いびつなメッシュができ上がるだけになります。

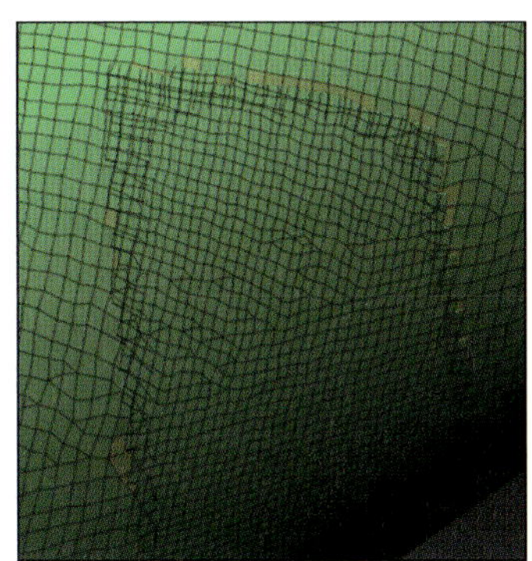

▶ ③更新にはメッシュへの変更が必要

DynaMeshの更新をする際、最後にDynaMeshを更新した後、対象のメッシュに何らかの変化がない場合は再更新ができません。

たとえば[Resolution]の値が自分の想定より高かったり低かったりした場合、メッシュに何も変更を加えずにそのまま[Resolution]の値を変え、そのまま更新をかけようとしても更新はかかりません(DynaMesh機能のON／OFFも更新と同様です)。また、この際にエラーメッセージ等は出ず、画面上には何も変化がありません。

たった1頂点をほんの少し動かすだけでも更新をかけられるので、スムースブラシ等でメッシュ表面をほんの少し撫でてやるだけでOKです(ただし、頂点の移動が発生していないと意味がありません)。

▶ ④ Resolutionの根本的な概念

Resolutionは日本語で解像度ですが、ZBrushにおいても基本的な考え方として、2Dソフト等での縦横のピクセル数である解像度に1軸追加した、3次元での解像度だと理解してOKです。

ですがこの時、「何を基準としての解像度なのか？」が問題になります。ZBrushでは、基本のサイズとして2Unit([Tool]>[Geometry]>[Size]の値、実寸値ではない)というサイズがあります。これはUnifyをした時のサイズでもありますが、このサイズにおいての分割数という考え方になります。

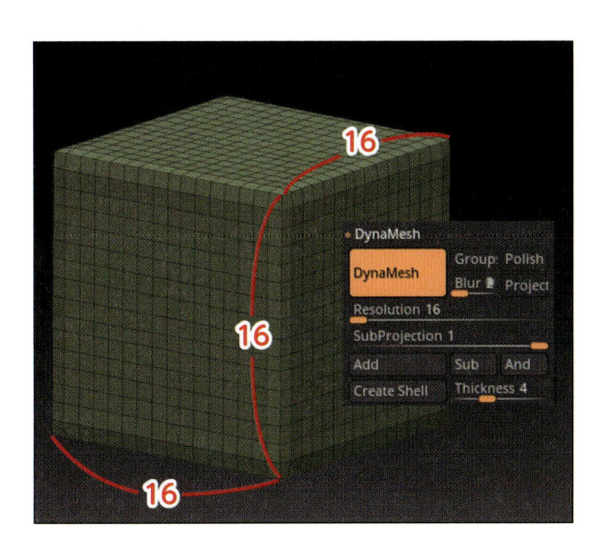

そのため、このように同形状で大きさの違うメッシュに対して同じResolutionの値でDynaMeshをかけても、形状に対してのメッシュの密度が大きく違うことが見て取れます。

初心者から非常によくある質問の1つに、「スカルプトをする上で適切な解像度はいくつか？」というものがあります。先に示した通り、ZBrush上でのメッシュの相対的な大きさによって密度が変わるため、この質問に対する妥当な数値としての答えは存在しません。

そのため筆者は、DynaMeshの仕様を説明した上で、

- **そもそも前提として仕様を理解できていない質問なので、まずは仕様を理解する**
- **密度が上がれば上がるほどスムースブラシ等の効きが悪くなるため、最初から高密度にするのは非常に悪手である**
- **ラフモデリング→徐々にブラッシュアップ→細かいディティール、というワークフローを踏襲するならば、低めの解像度から始めるべきで、その時点での解像度ではこれ以上の表現ができない段階まできたら、初めて解像度を上げてやれば良い**

この3点を覚えてもらうようにしています。

▶ ⑤シンメトリーが保証されない

ZRemesherは、Activate SymmetryがONの場合は左右対称のトポロジーのメッシュになりますが、DynaMeshは左右対称のトポロジーを作る動作はしません。

一見左右対称になっているように見えていても、よく観察すると左右非対称なことがわかります。強制的に左右対称にするためにはMirror and Weld (P.54) を使います。

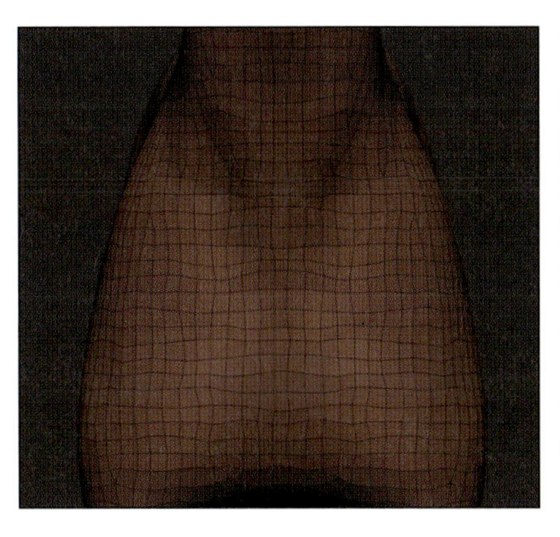
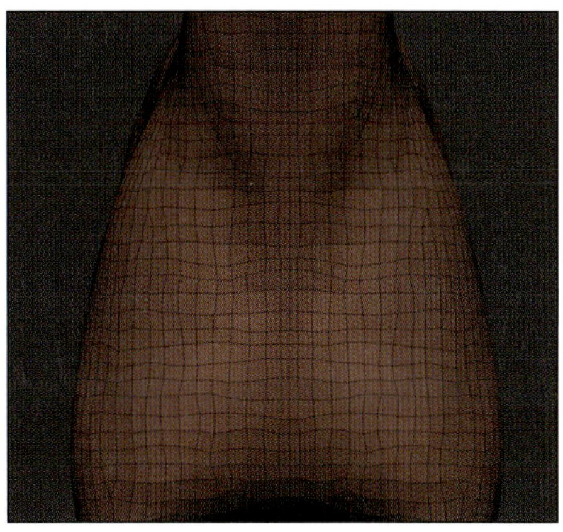

⑥薄いメッシュではメッシュが壊れやすい

このように薄いメッシュに対してDynaMeshを使うと、表と裏で頂点がくっついてしまったり穴が空いてしまったり等のトラブルが発生することがあります、このような不正なメッシュが発生した際のリカバリーは、ZBrush内では少し難しいため、厚さが薄いメッシュでのDynaMesh操作には注意してください。

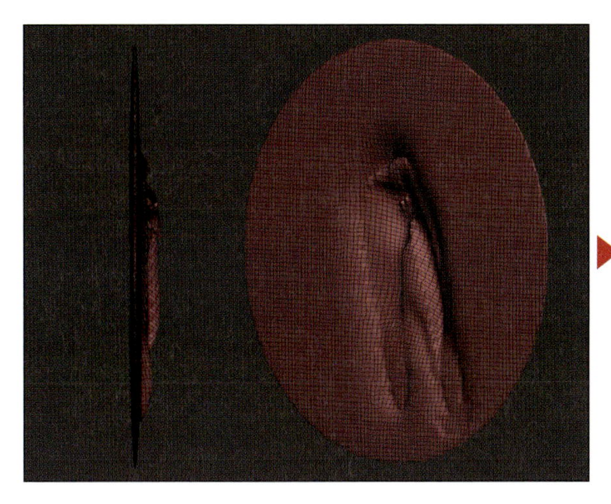
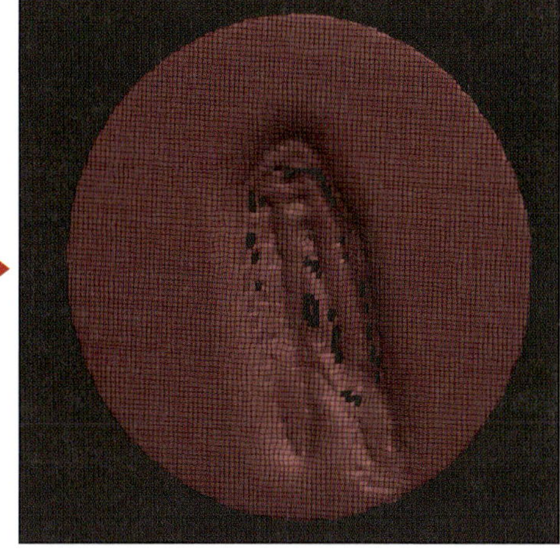

もしこのような状態になった場合は、問題が起きた部分のメッシュを削除し、面を張り直す等の対処をするか、不正な状態になる前まで戻ってDynaMeshのResolutionを上げる、DynaMesh以外のZRemesherやTessimateを使う等、別の方法を採る必要があります。

Sculptris Pro機能との違い

ZBrush 2018から追加されたSculptris Pro機能と、DynaMeshの違いやそれぞれの有利不利な点は15-01で解説していますので、そちらもご覧ください。

ポリペイントの保持

ポリペイントを使っているメッシュは、ColorizeがONになっていないとDynaMeshの有効時、更新時にポリペイント情報が破棄されます。

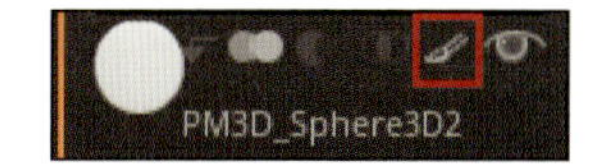

DynaMeshのメニュー

DynaMeshのメニューは次の通りです。

DynaMesh	ダイナメッシュ機能のON／OFFを切り替えるボタンです。
Group	ポリグループを基準に別々のメッシュとして扱います。
Polish	ClayPolish機能をDynaMesh更新毎にかけます。ClayPolishの設定は、[Tool] > [Geometry] > [ClayPolish] の設定が適用されます。
Blur	[Project] ボタンが有効な場合、DynaMeshの効果にスムージングを加えます。スライダはスムージング強度を設定します。
Project	DynaMesh適用時、プロジェクション効果がかかり、適用前の状態を元にディティールの転写が行われます。この機能は高解像度のメッシュで非常に計算時間がかかってしまうため、高解像度の状態では基本的にはOFFにし、必要に応じて手動でプロジェクションをかけることを筆者は推奨します。
Resolution	DynaMeshの解像度を設定します。
SubProjection	R8から追加された新機能です。[Project] ボタンがONの時に動作し、メッシュの形状を維持するために必要な分割を追加します。
Add	加算のブーリアンがかかります。デフォルト状態でのDynaMeshの適用、更新は加算扱いになります。
Sub	引き算のブーリアンがかかります。詳しくは次項で解説します。
And	掛け算のブーリアンがかかります。詳しくは次項で解説します。
Create Shell	現在のメッシュ内部を肉抜きするための機能です。IMMブラシ等で現在のメッシュを交差するように追加でメッシュを配置し、追加したメッシュに白ポリグループを設定後 [Create Shell] ボタンをクリックすると、肉抜きした上で追加したメッシュが内部への貫通する穴の役割をします。法線が反転したメッシュを、元メッシュに交差しないように配置して [Create Shell] ボタンをクリックすると、単純な内部の肉抜きになります。
Thickness	肉抜き時のメッシュの厚みを設定します。

SubProjectionの動作

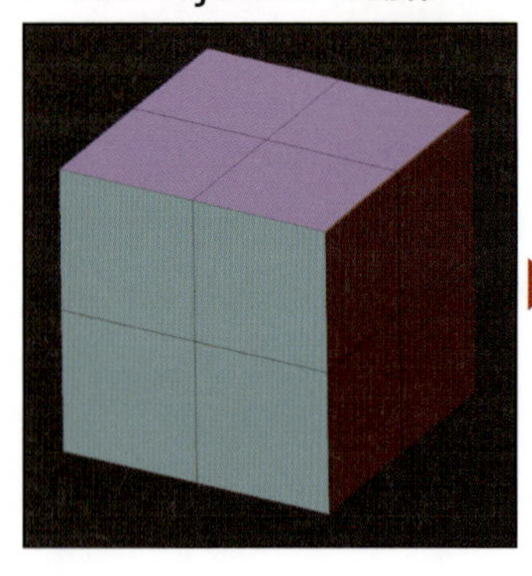

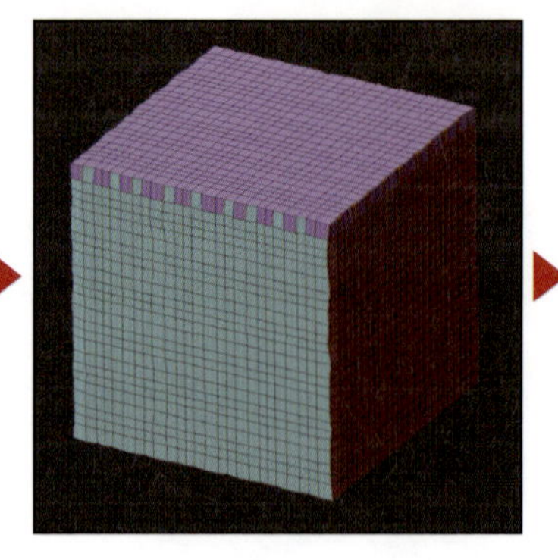

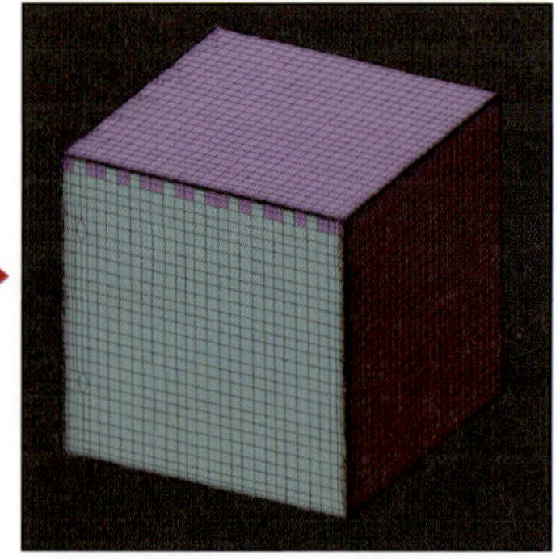

Chapter 6 メッシュ作成とリトポロジー

▶ Create Shell でメッシュ内部を肉抜きし、追加したメッシュで穴を空ける

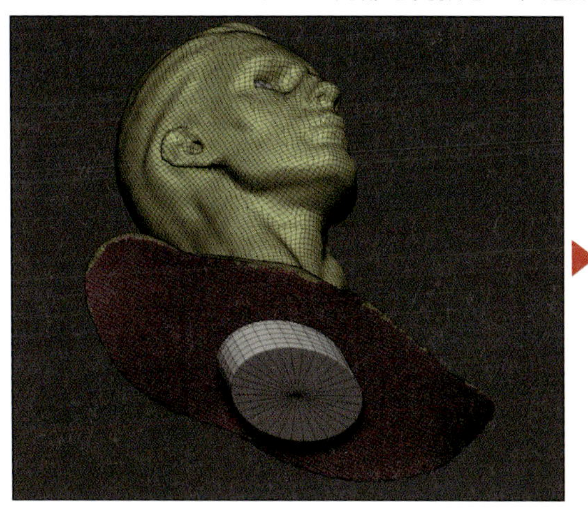

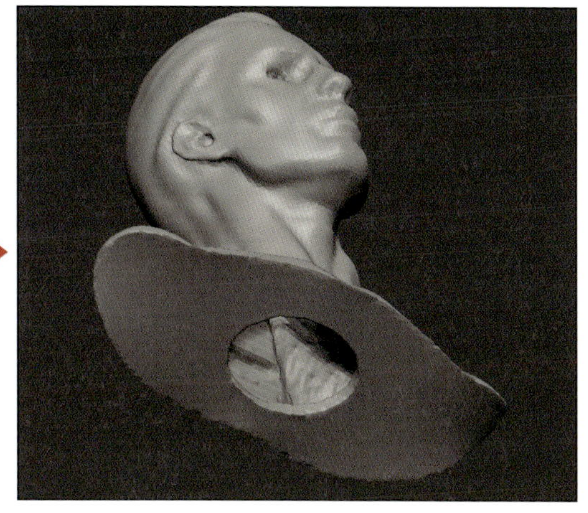

▶ Create Shell でメッシュ内部を肉抜きする

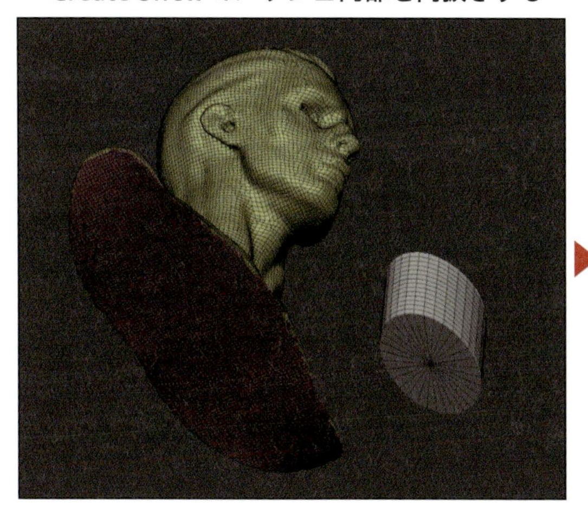

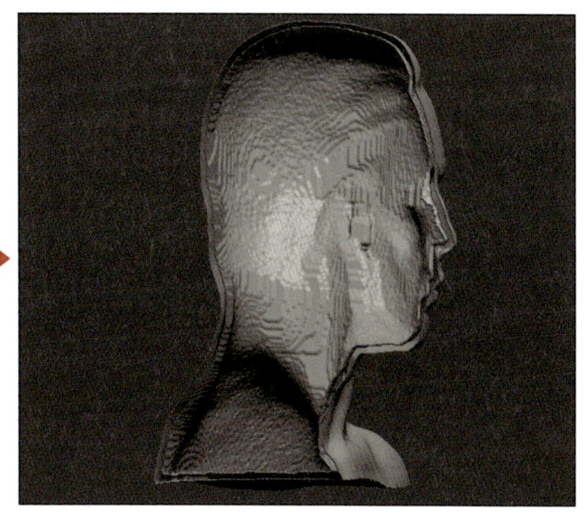

SECTION 04

DynaMesh ブーリアンと Live Boolean

3DCGでは、特定のメッシュと特定のメッシュをくっつけたり、特定のメッシュから特定のメッシュで形状を引いたりすることをブーリアンと言います。この項では、ZBrushに搭載されているブーリアン機能を学びましょう。

そもそもブーリアンって何だ？

ブーリアンとは、正確にはブーリアン演算という計算によって形状を得る機能で、3Dソフトや CADソフトではおなじみの機能です。だいたいどの3Dソフトでも、モデリング機能があればモデリング機能の1つとして存在します。

演算というとなんだか数学っぽくて難しそう、という印象があるかもしれませんが、別に恐れる必要はありません。小学生でも理解できます。

3 種類の演算方式

例として、このような2つのメッシュでの演算結果を説明します。

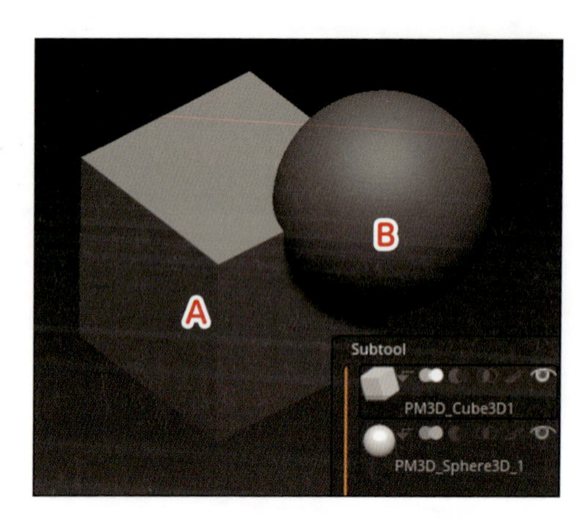

和は足し算のブーリアンです。Aの形状とBの形状が重なっている場合、重なっている部分でメッシュ同士を結合し、一体のメッシュとする計算方式です。

▶ 和

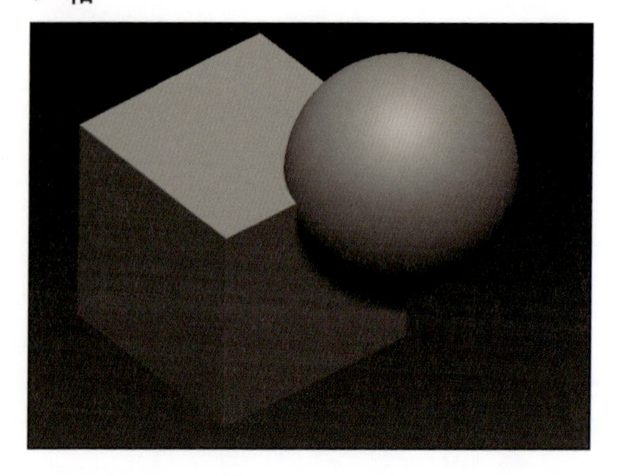

差は引き算のブーリアンです。Aの形状とBの形状が重なっている場合、Aの形状からBの形状を引き算し、その結果がメッシュとして得られます。

▶ 差

積は掛け算のブーリアンです。Aの形状とBの形状が重なっている場合、AとBの重なっている部分だけが結果として残ります。

▶ 積

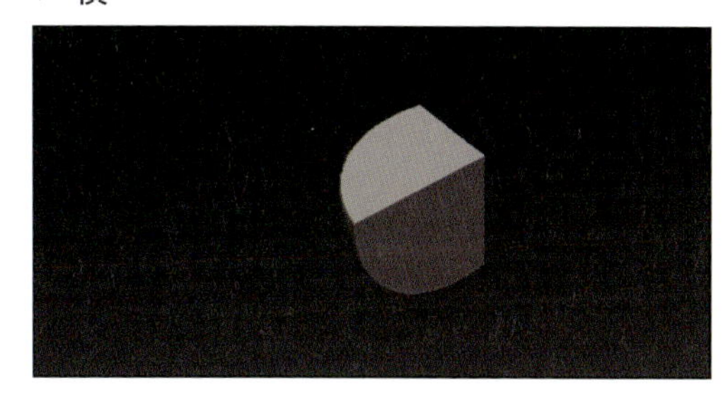

以上の3つの挙動さえ覚えればOKです。

▶ ブーリアンの演算子

ブーリアンには3種類の演算方式があるのは前述の通りです。では、ZBrushにおいてどこで設定するかというと、[Subtool] リストにそのフラグが存在します。

左から「和」「差」「積」です。デフォルトでは和になっているので、必要に応じてここをクリックして切り替えてください。

▶ 演算のフラグ

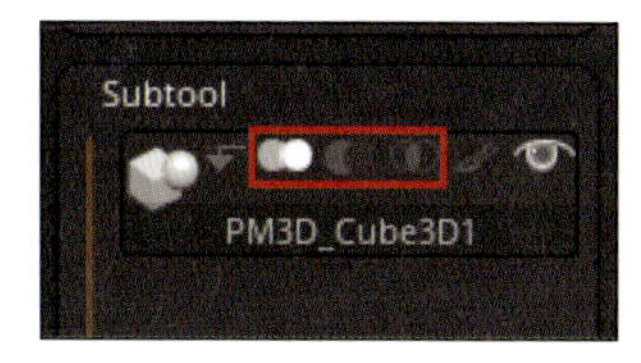

ブーリアンの使い方 [DynaMesh編]

では、実際にブーリアンの使い方を覚えましょう。まずはDynaMeshでのブーリアンです。ブーリアンはモデリングにおいて非常に強力な機能の1つなので、この項の解説を後々見直さなくても良くなるくらい、反復練習をして覚えてください。

練習用の雛形として、この画像のように2つの任意のサブツール構成を持ったツールを作成してください。またこの時、メッシュ同士がお互いに交差するように配置してください。

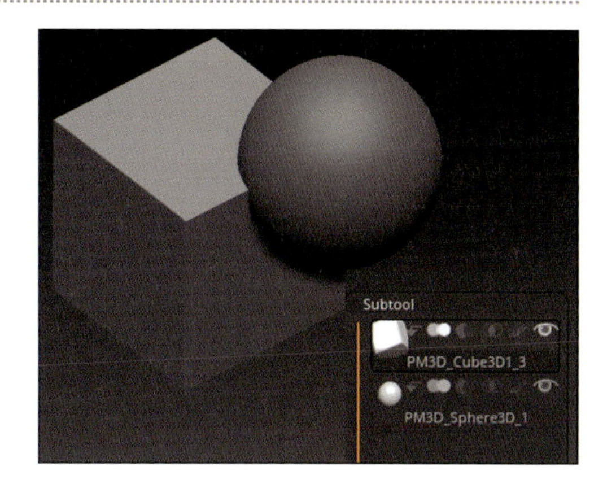

差、積でも同じ構成のツールで練習したいので、[Copy Tool]を1回クリックし、[Paste Tool]を任意の回数クリックしてToolパレットに同じ構成のツールを複製しておきましょう。

まず共通項として覚えておく必要があるのが、DynaMeshのブーリアンを使う場合、サブツール対サブツールの1対1のペアでの演算になります。そのペアは、[Subtool]メニューの中の上下関係同士となります。

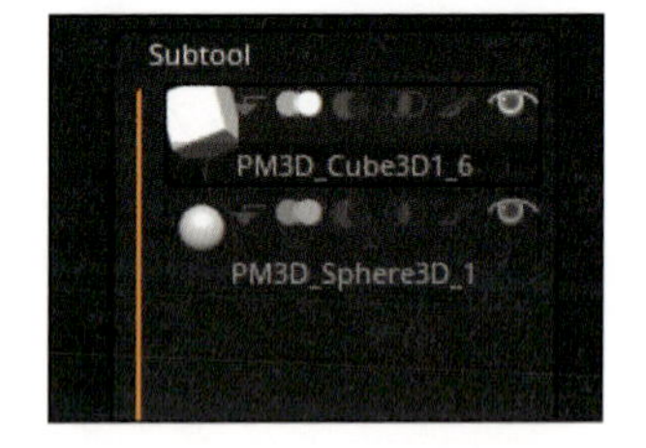

DynaMeshブーリアンでは、「和」「差」「積」どの計算でも、Merge前にペアどちらかのDynaMesh機能がONになっている必要があります[注7]。

注7　実際には、和の場合、事前にDynaMeshになっていなくても計算は行えます。本書では、Pixologic公式の推奨する手順を踏襲する形で解説します。また、「差」「積」の計算時、ZBrush 4R7までのバージョンでは事前にDynaMeshをONにしていなくても計算できましたが、4R8からは、どちらかのサブツールがDynaMesh化されていることが動作の条件となりました。

余談ですが、[MergeDown]ボタン(P.96)でサブツール同士を結合した際、DynaMeshの有効/無効のフラグは上側のサブツールの状態を継承します。

ペアの上側のサブツールをアクティブにし、[MergeDown]ボタンで下のサブツールと結合します。

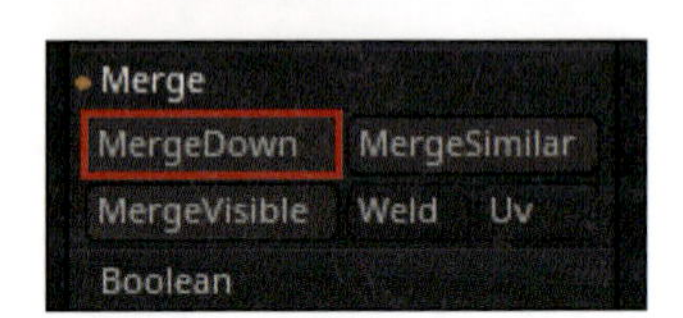

4-01「サブツール」の解説でも触れていますが、[MergeDown]ボタン等のサブツール自体の結合操作はUndoできません。ZBrushに不慣れなうちは、ブーリアン作業の1つ手前で、頭を冷静にする意味も込めてバックアップファイルを保存しておくことを強くお勧めします。

和のブーリアン

和のブーリアンはとても簡単です。足し算をしたいメッシュ同士を[MergeDown]ボタンで結合し、DynaMeshの更新を行うだけで結合されます。

差のブーリアン

差のブーリアンは少し複雑です。サブツールの構成は上のサブツールが引かれるメッシュ、下のサブツールが引くメッシュになります。

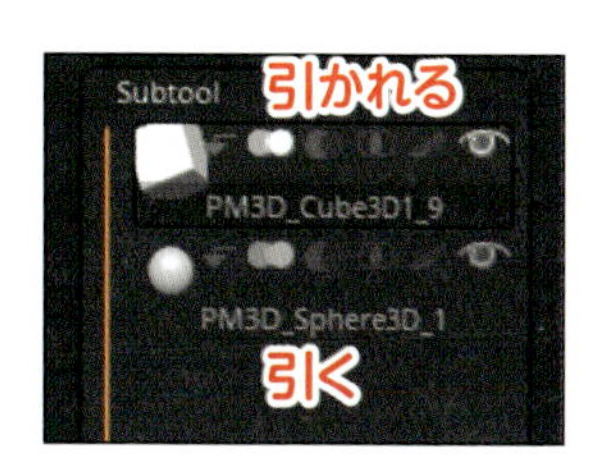

そしてブーリアン計算のフラグは、引く側のサブツールを差に設定します。

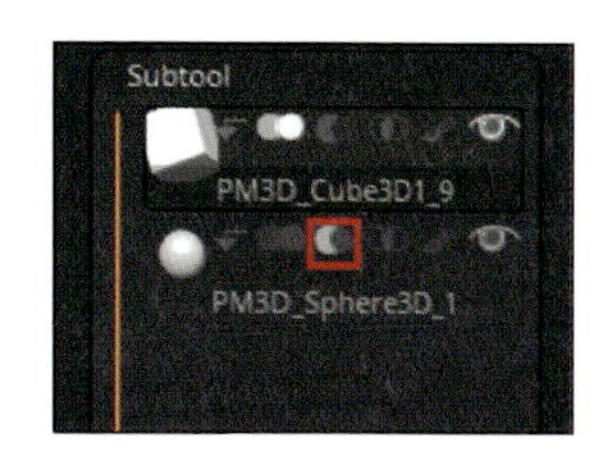

おそらくこの言葉だけで記憶するのは少し難しいと思うので、こう考えてください。ブーリアンは算数の筆算の形と同じであると。算数の筆算は小学校で習っているはずなので誰でも理解できると思いますが、引き算の筆算は上に引かれる数、下に引く数、そして演算子は引く数の左側に付けますよね？

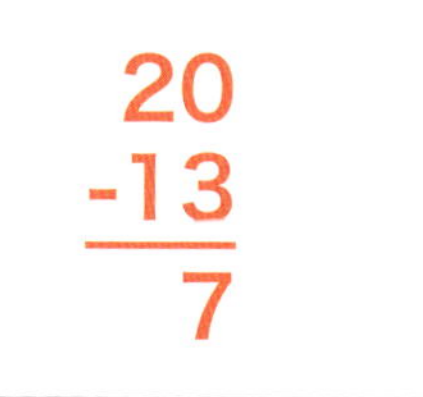

ブーリアンでのサブツールに置き換えると、奇しくもそっくりな考え方ができることがわかります。

では、どちらかのサブツールをDynaMesh化してから、[MergeDown]でサブツールを結合してください。この時、ポリフレーム表示をONにすると、引く側のメッシュのポリグループが白になっていると思います。ポリグループは基本的にグループ分けが視覚的に識別できるように色が付いているだけであり、色自体には基本的に意味がありません(黒は緑より強い、といった意味はありません)。

ただ、例外的にこの白というポリグループだけは特別な意味を持ち、DynaMeshのブーリアン演算では差、積で効果を発揮します。

▶ わかりやすいように、ベースの色が白系のマテリアルにしています

ではDynaMeshを更新してください。引き算が行われます。

▶ 積のブーリアン

積のブーリアンは、途中までは他のブーリアンと同じく、下のサブツールに積の演算子を設定し[MergeDown]をクリックするところまでは共通です。

しかし積の場合は、DynaMeshの更新ではなく、[DynaMesh]メニューの中の[And]ボタンをクリックすることによって計算が行われます(更新した場合は差のブーリアンになります)。

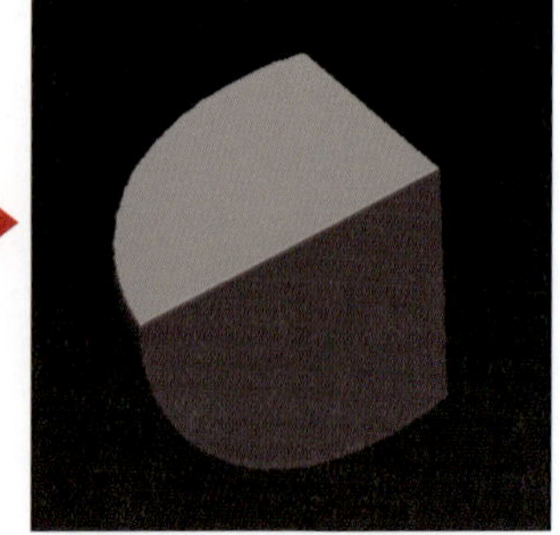

Live Booleanとは

ZBrush 4R8から、Live Booleanという新しい機能が搭載されました。Live Booleanは、DynaMeshブーリアンと異なるアルゴリズムによって計算されるため、計算後のメッシュに大きな違いがあります。それぞれにメリットがありますので、特性を活かして使い分けてください。

MEMO　ブーリアンとBooleanの記載についてのおことわり

本書では、基本的にブーリアン演算自体についてはカタカナ表記の「ブーリアン」で記載しています。ただし、Live Booleanは機能そのものの名前のため、Live Booleanを使う文脈の場合は「Live Boolean」という表記を部分的に採用しています。

DynaMeshブーリアンとの大きな違いを解説します。

① Live Booleanは3個以上のサブツールで演算できる

DynaMeshブーリアンは、1対1のサブツール同士でしか計算できませんが、Live Booleanは3個以上のサブツールで一括計算ができます。また、計算は表示状態のメッシュ同士でしか行われないため、たとえばフィギュアの分割作業等の際は、計算に関係ないサブツールを非表示にしておくことでLive Booleanの計算から除外できます。

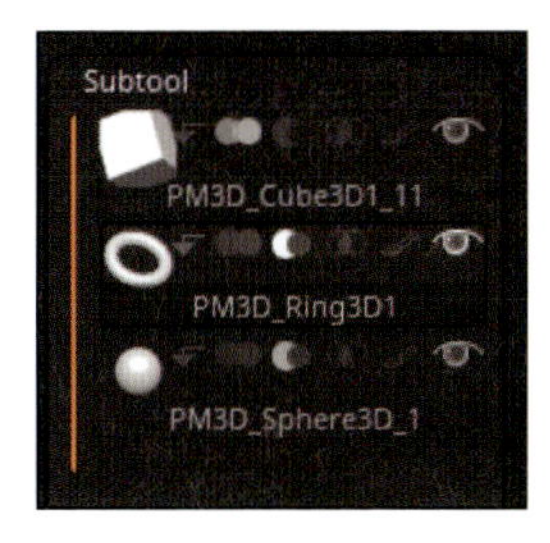

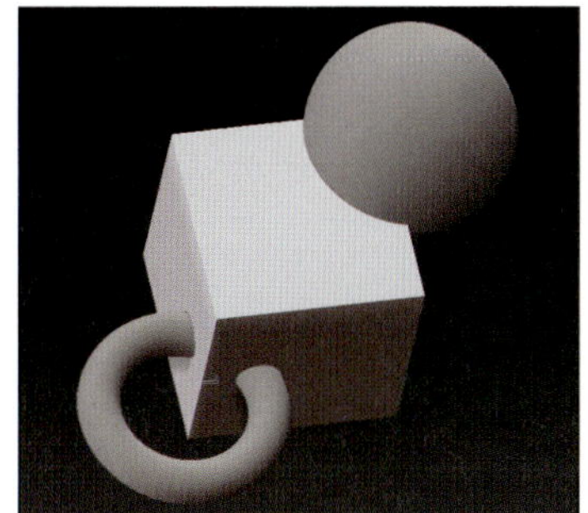

②サブツールの結合なしにプレビューを見ながら微調整を行える

Live Booleanは、内部的にはブーリアン計算結果を確定させるまではあくまで画面上のプレビューでしかないため、プレビューを見ながら位置や大きさを調整できます。

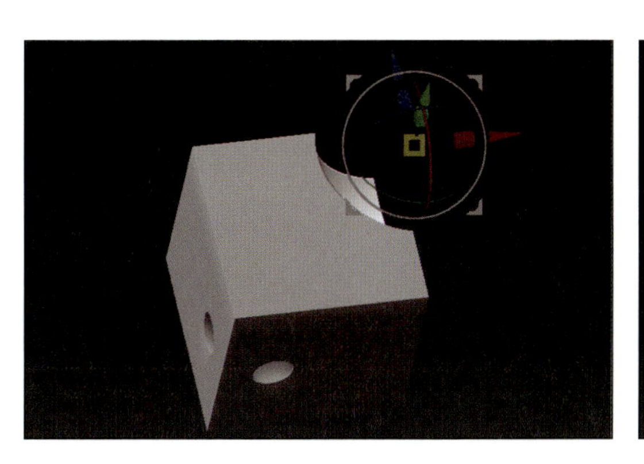
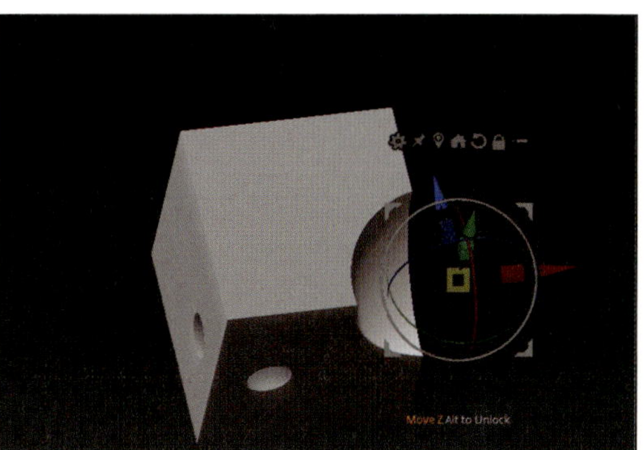

Chapter 6 メッシュ作成とリトポロジー

▶ ③交差している部分のみを計算対象としており、計算に関係ない部分のトポロジーは元の状態を保つ

DynaMeshブーリアンでは、メッシュ全体をDynaMesh計算する都合上、Resolutionの値を高めにしてもモールド等のディティールがつぶれてしまうことがあります（ものすごく密度を高くすれば再現性は上がりますが、結果として重くスカルプトしづらいだけのメッシュができ上がります）。

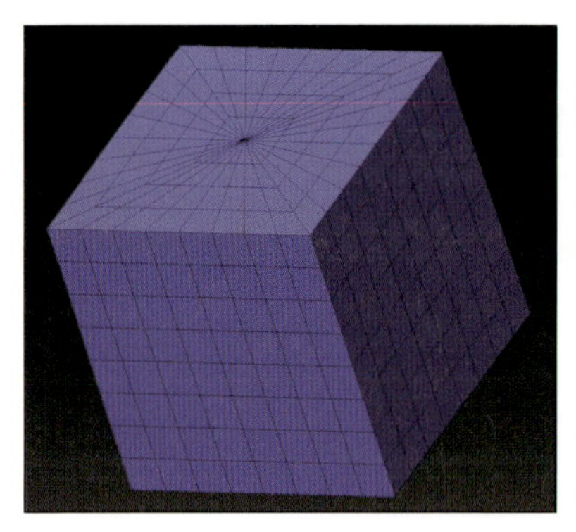
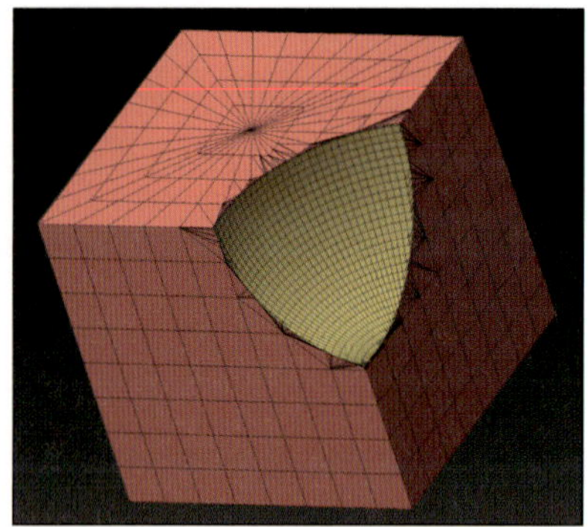

Live Booleanを使う場合、メッシュ同士の交差している部分以外は元のトポロジーが保たれるため、結果としてディティールがつぶれることがありません。

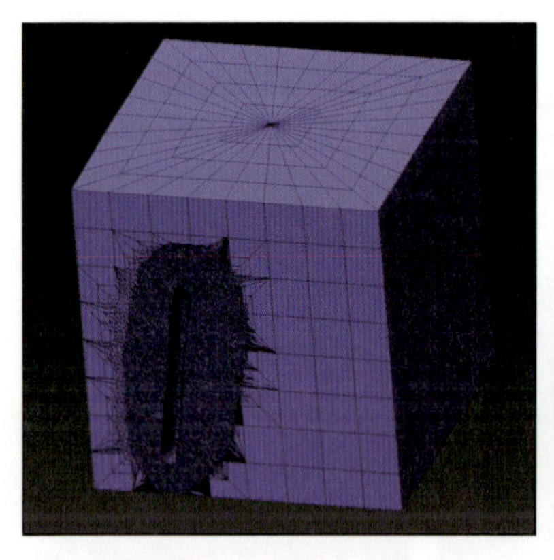
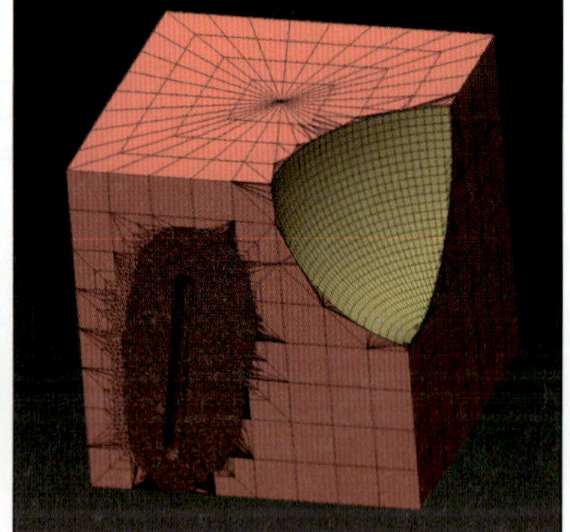

▶ ④サブツールを結合する必要がない

Live Booleanでは、DynaMeshブーリアンのように計算のためにサブツールを結合する必要はなく、計算結果は新規ツールとして生成されます。

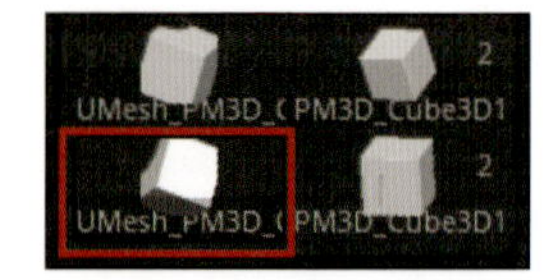

▶ ⑤ Start フラグで別々のブーリアン計算を一括で行うことが可能

Startフラグを使うことにより、サブツールをグループ分けのように扱うことができます。この機能を使い、グループ内だけの計算に分けることができ、それぞれの結果を一括で生成することも可能です。

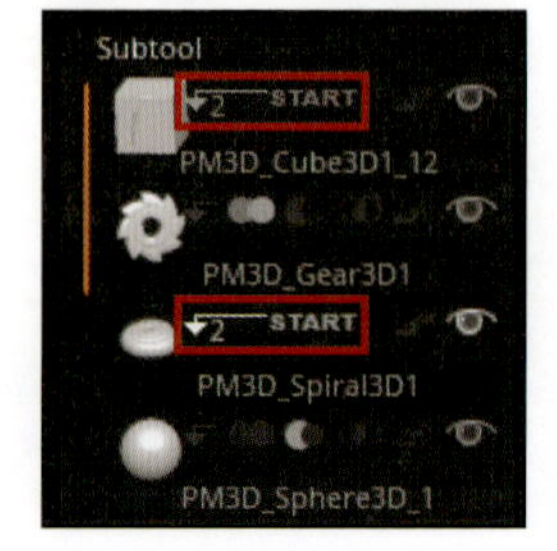

ブーリアンの使い方[Live Boolean編]

重要なメニューとボタン

では、Live Booleanの使い方を覚えていきましょう。Live Booleanに使う重要なメニューやボタンは主だって3つです。

● [Live Boolean]ボタン

このボタンがONの時にLive Boolean計算が行われます。デフォルトのUIでは左上にセットされていますが、誤って消してしまった場合は、[Render]>[Render Booleans]にボタンがあるので、ここから引っ張ってきてください[注8]。

▶ [Live Boolean]ボタン

注8　Live Boolean機能は、内部的にはレンダリング機能として動作しているため、[Render]メニューから関連機能にアクセスできます。

● [Subtool]内のブーリアン演算フラグ

DynaMeshでのブーリアンの時と同じく、「和」「差」「積」の切り替えはここで行います。

▶ ブーリアン演算フラグ

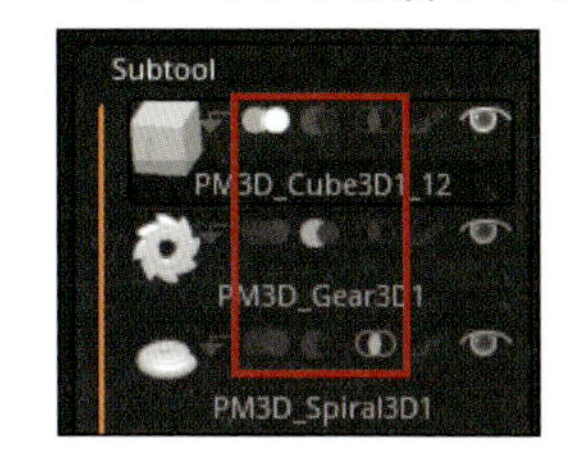

● [Boolean]メニュー

[Subtool]メニュー内に、4R8から追加された[Boolean]メニューがあります。これは、Live Boolean専用のメニューとなっており、主にプレビュー結果をメッシュとして確定させるために使います。

▶ [Boolean]メニュー

では、実際にブーリアン作業を行ってみましょう。DynaMeshブーリアンの練習の時のように、任意のメッシュが交差している2つのサブツールを持ったツールを作成し、バックアップのために複製を取っておきましょう。DynaMeshブーリアンの練習の時に使ったツールを流用してもかまいません。

▶ 和のブーリアン

足し算をしたいメッシュ同士を表示状態にし、ブーリアンの演算子は足し算に設定（デフォルトでは足し算）、[Live Boolean] ボタンをクリックしてONにします。

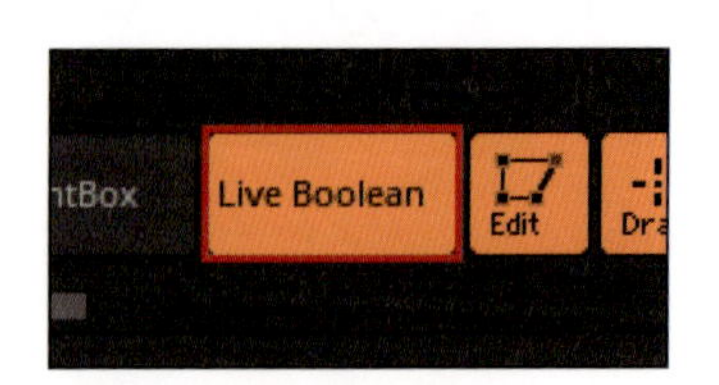

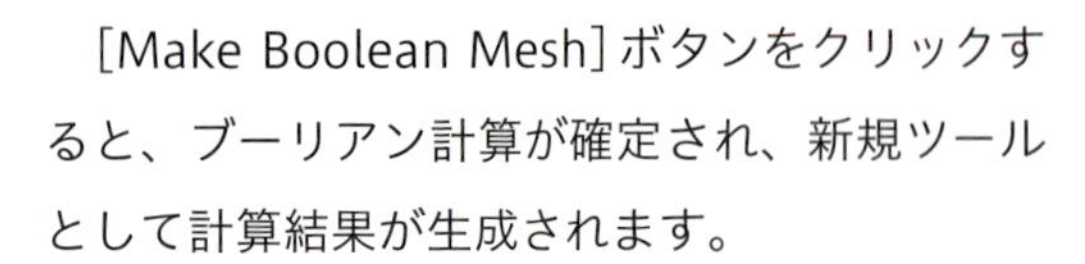

[Make Boolean Mesh] ボタンをクリックすると、ブーリアン計算が確定され、新規ツールとして計算結果が生成されます。

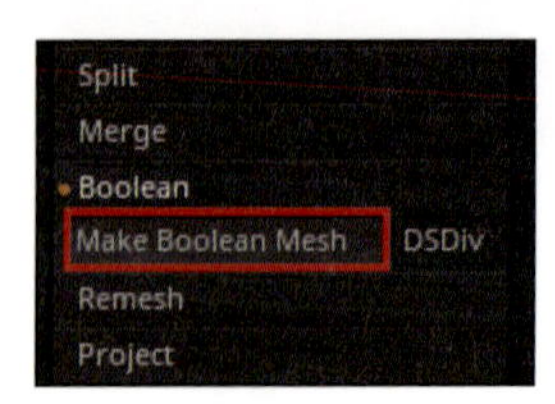

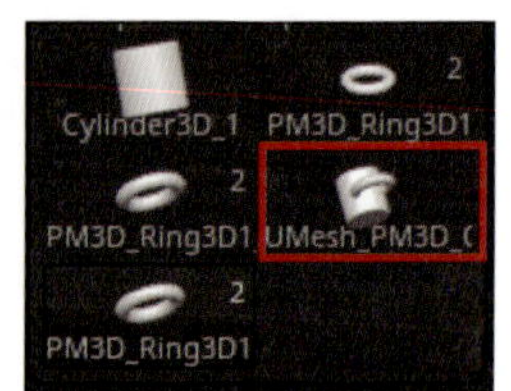

元のサブツールに計算結果を持っていきたい場合は、[Append] もしくは [Insert] から生成されたツールを読み込んでください。Start フラグで、フラグ内の複数グループを複数のサブツールとして生成されたツールの場合は、この方法は使えない（アクティブなサブツールのみが対象となる）ため、[Subtool] メニューの [Copy] [Paste] を使い1つ1つ移動させるか、いったん1つのサブツールに統合した状態で読み込み、[Split To Parts] 等でサブツールに分離させてください。

▶ 差のブーリアン

引き算をしたいメッシュ同士を表示状態にし、ブーリアンの演算子は引き算に設定してください。考え方はDynaMeshブーリアンの時と同じく筆算の形です。

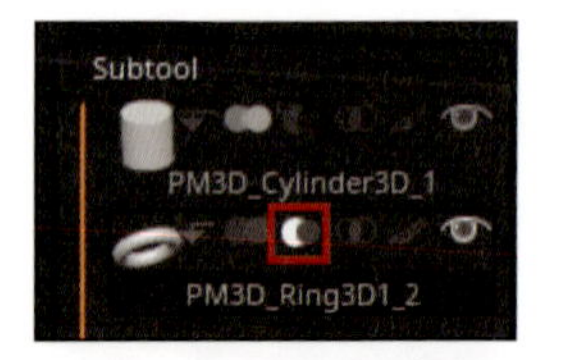

足し算の時と同様に [Make Boolean Mesh] ボタンをクリックすると、新規ツールとして計算結果が生成されます。

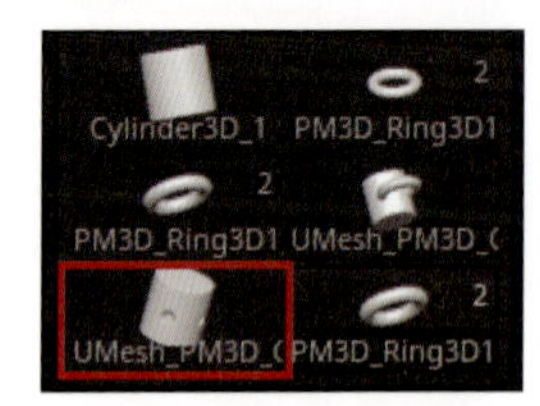

▶ 積のブーリアン

掛け算をしたいメッシュ同士を表示状態にし、ブーリアンの演算子は掛け算に設定してください。

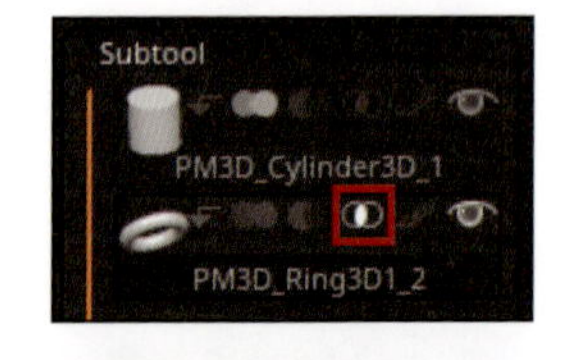

足し算、引き算と同じく、[Make Boolean Mesh] ボタンで新規ツールとして計算結果が生成されます。

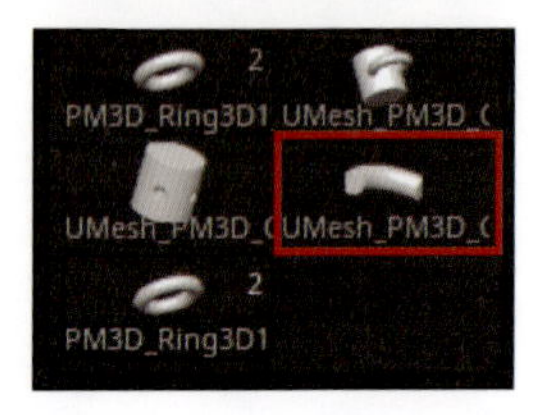

▶ 3つ以上のサブツールを使う場合

Live Booleanは、DynaMeshブーリアンとは違い3つ以上のサブツールを使用したブーリアンが可能です。その場合、上から順番にその下のサブツールに計算結果をリレーしていきます。

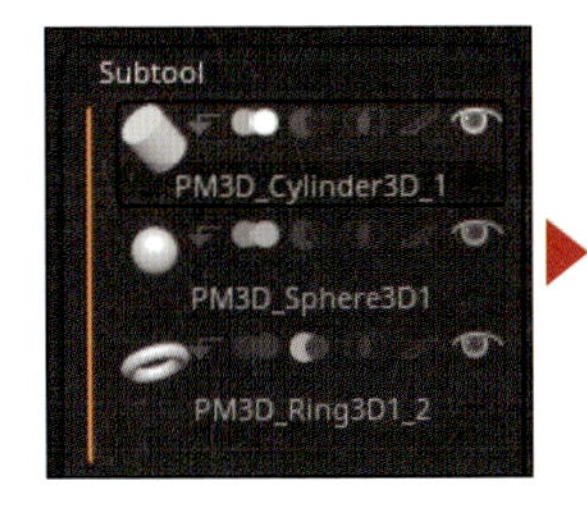

そのため、たとえばこのようなサブツール構成、フラグの設定の場合、パーツがどの順番にあるかで最終的な結果が変わってくることがわかります。

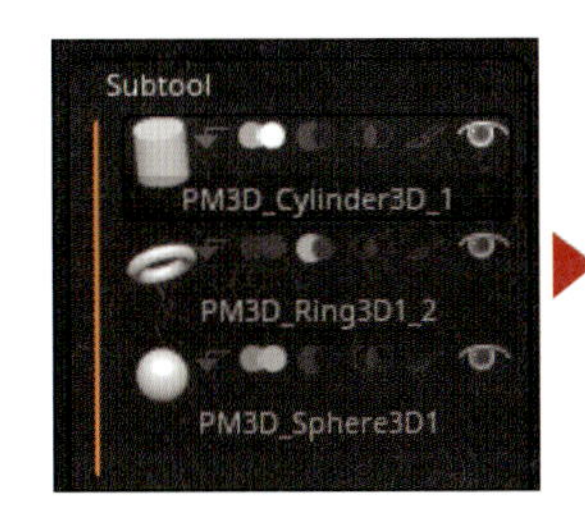

▶ Dynamic Subdivision を使用したメッシュが含まれる場合

ブーリアン演算をする際、Dynamic Subdivision機能を使用しているメッシュが含まれる場合、プレビューではDynamic SubdivisionがApplyされた時と同じ状態で計算されます。

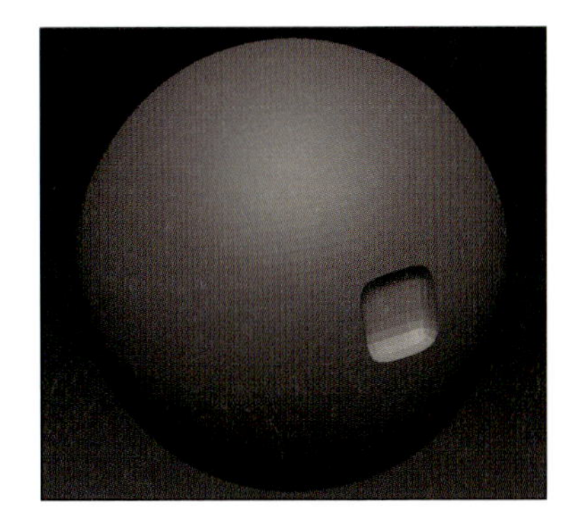

[Make Boolean Mesh]ボタンをクリックして結果を確定すると、Dynamic SubdivisionがOFFの状態でメッシュが生成されてしまいます。

もしDynamic Subdivisionの効果を適応したまま計算させる場合は、[Make Boolean Mesh] ボタンの隣にある[DSDiv]ボタンをONにしてください。

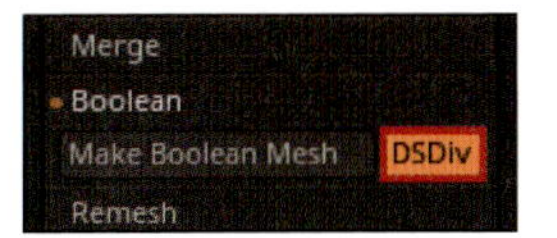

Live Booleanでよくあるミスと理由

よくあるミスとその理由について何点かまとめましたので、もし該当する状況に陥った際はそれぞれの項目を確認してください。

- ［Make Boolean Mesh］ボタンをクリックしているのにメッシュが生成されない

［Transparency］ボタン（P.45）がONになっている、［Solo］ボタンがONになっている、アクティブなサブツール以外が全て非表示になっている、といった理由が考えられます。

- ［Make Boolean Mesh］ボタンがグレーアウトしている

Live Boolean機能がONになっていない可能性が考えられます。

- ブーリアンの結果がプレビューできない

ポリフレームがONになっている、［Transparency］ボタンがONになっている、といった理由が考えられます。

MEMO　Live booleanで新規ツールを増やさずに和、差計算をする方法

バージョン2018でデフォーマの1つとして追加されたRemesh by Unionを使うと、和、差のブーリアン作業を1サブツールの中で完結することができます。

SECTION 05 ZRemesher

ZBrushには自動リトポロジー機能のZRemesherがあります。有効に使うととても強力な機能なので、ぜひ使いどころやコツを覚えてください。

ZRemesherとは

ZRemesherとは、ZBrushに搭載されている自動リトポロジー（リトポ）機能です。

元来リトポロジーとは、モデリングソフト上で手動で行うものですが、近年では自動リトポロジー機能を有するソフトや、手動リトポロジー専門のソフトも増えました。ZRemesherは、他ソフトの同種の機能と比べても見劣りしない性能を備えています。

そもそもリトポとは何か

Retopology（リトポロジー）とは、実際に行う内容を端的に日本語で表すと「トポロジーの再構築」というニュアンスになります。

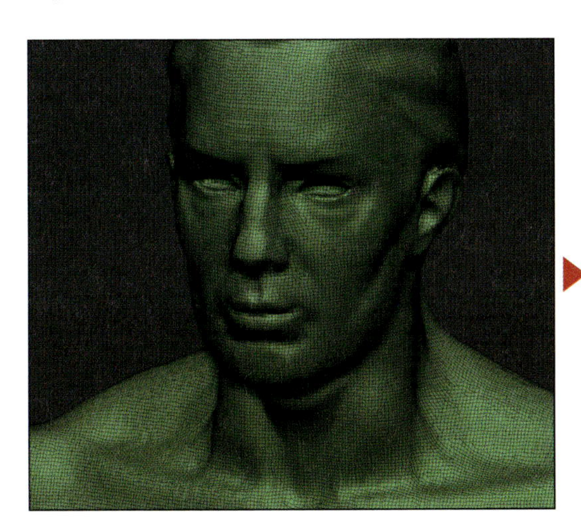

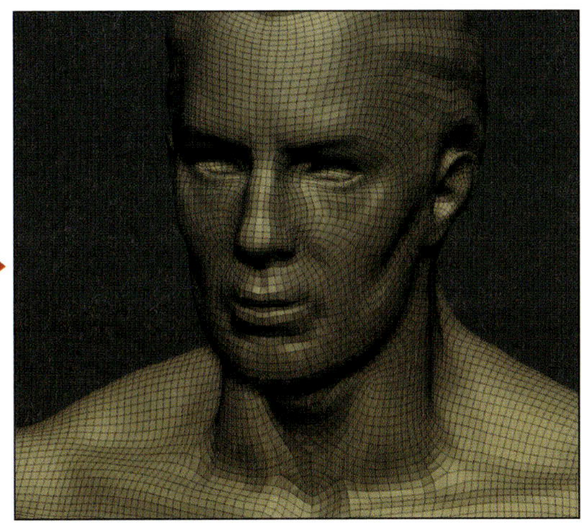

トポロジーとはなんぞや？ というところから説明すると、トポロジーとは3D分野では「ポリゴンの流れのこと」、文脈によっては「3Dメッシュ自体」を指す場合もあります。

たとえばこの3つのメッシュは同じ形をしていますが、ポリゴンを構成している頂点、エッジ、面の情報は全く違います。

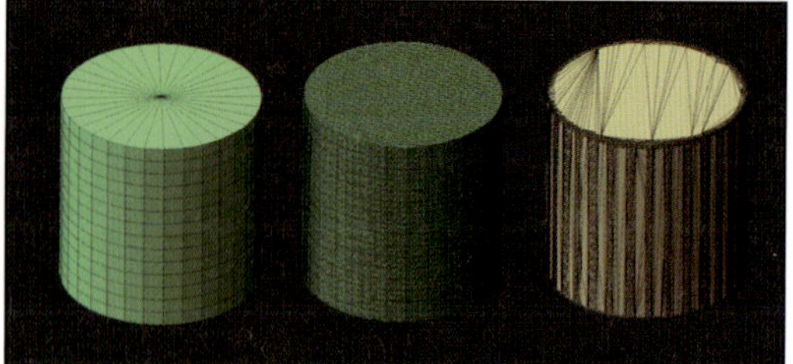

同じ形状をポリゴンで表すのであれば、どんな構成でも良いと思うかもしれません。しかし、わざわざリトポロジーという概念、作業が存在する以上、そこには理由があります。

リトポロジーをわざわざする理由は、主に以下になります[注9]。

- **ポリゴン数を減らし（リダクション）、データを軽量化するため**
- **変形時、キレイな変形をするデータにするため**
- **サブディビジョンモデリングを使う際、キレイに効果がかかるようにするため**

注9　シェーディングのためやベイクのため等、他にもケースバイケースで理由がありますが、本書では割愛します。

順に見ていきましょう。

理由①　軽量化

同じ形状でも、基本的にデータが軽いほうがメリットが多いです。ただし、闇雲に少なければ良いかといえば、決してそうでもありません。

また、これは特にゲーム系で多いですが、動作させるゲーム機の性能から割り出した1キャラ、1オブジェクトに割けるポリゴン数の仕様内に収まるよう、リトポ、リダクションをすることがあります。

理由②　変形に対応したデータ

同じ形状で別のトポロジーのメッシュが2つあるとします。それぞれを中心で曲げると、右のようになります。変形に対して適切なトポロジーのメッシュになっているのがどちらかは一目瞭然です。

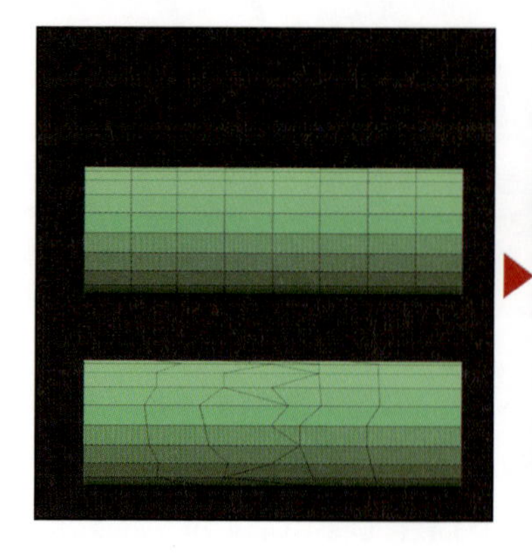
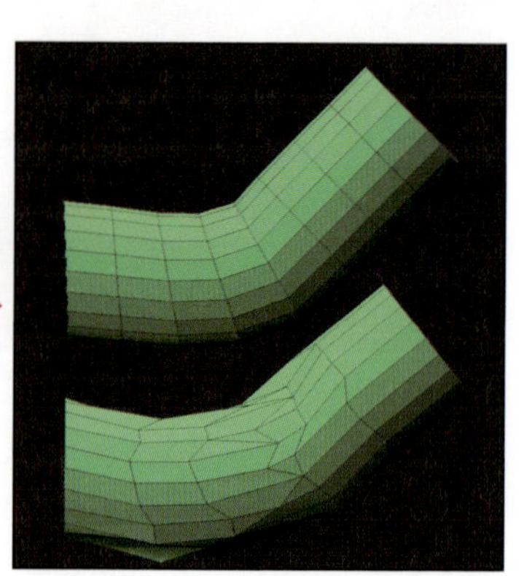

基本的に、変形に対して平行と垂直、変形する部分には変形に耐えられるだけの適切なポリゴンの分割が入っていることが重要です。

▶ 理由③　サブディビジョンモデリングでキレイに効果がかかるようにする

このように、またもや同じ形状で別のトポロジーのメッシュが2つあるとします。サブディビジョンをそれぞれにかけると、右のようになります。

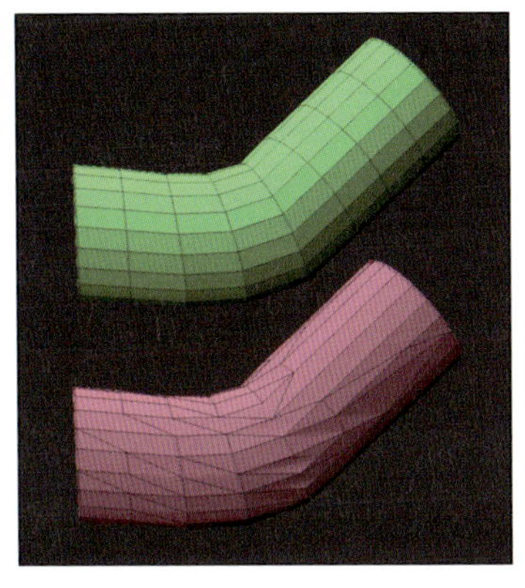
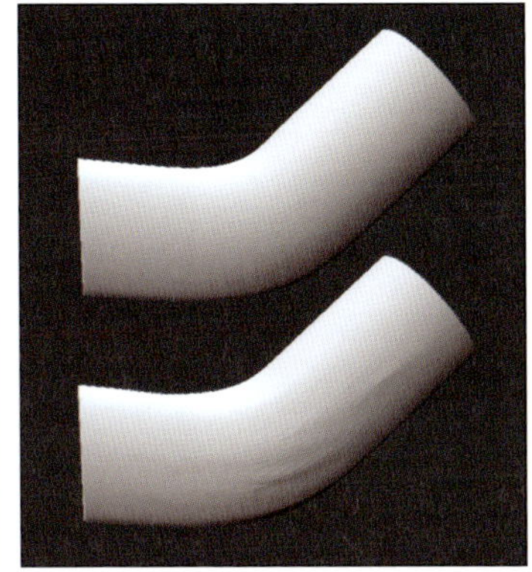
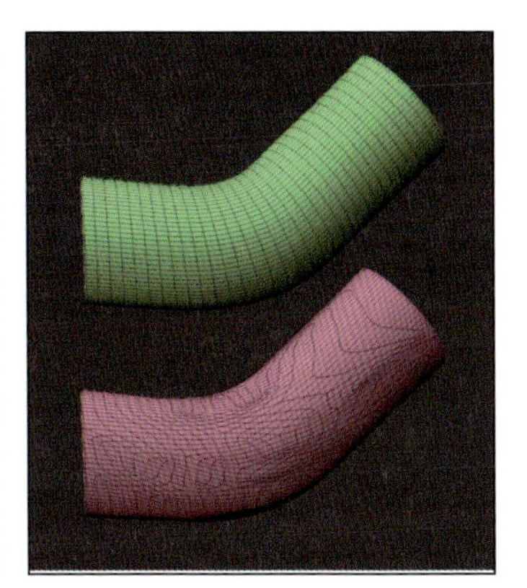

サブディビジョンモデリングにおいて、カトマルクラーク法分割を使う宿命として、トポロジーに気を使わないとメッシュが歪んだり意図しないへこみが発生したりするというものがあります。

サブディビジョンモデリングを使う使わないに関わらず、なるべく四角形で面は構成したほうが良いと書かれている文献は多いですが、「なぜ、なるべく四角形にしなければならないか」というところまで解説している文献はその2割程度です。本書では、その部分までつっこんで解説します。

まず、サブディビジョンモデリングを使わない場合ですが、四角形で構成したほうが良い理由は、

- **サブディビジョンを後々使うかもしれないから**
- **四角形で構成、かつループポリゴンのトポロジーの場合、エッジループの追加が容易だから**
- **四角形で構成、かつループポリゴンのトポロジーの場合、エッジの削減（ポリゴン数の削減）が容易だから**
- **シェーディングがキレイになるから**
- **モデリング以降のUV展開や、スキニング作業、修正対応がしやすいため**

等です。他にも細かい話はたくさんありますが、大きくはこれらの理由です。

では、サブディビジョンを使う場合に四角形で構成したほうが良い理由は何でしょうか。上記の理由に加えて、

- **三角形ポリゴンに対して1段階目のカトマルクラーク分割の結果生まれるトポロジーは、メッシュの引きつり、歪みの原因になるから**

が挙げられ、これが一番大きな理由です（レンダラーの特性等の話題はZBrushの解説から逸脱するため、本書では割愛します）。

また、引きつりに関しては、四角形ポリゴンで構成していれば絶対に回避できるというわけではありません。1頂点に対して5本以上のエッジが集約している場合、これもまた引きつりの原因になります。

よくあるのが顔のトポロジーで、目の周りの4箇所や頬のあたりにこの5本集約がくることが多いです。特に自動機能に目のループ、口周りのループを指定すると、人間の顔ではこの部分に集約が来ることが多くなります。手動リトポの場合でも、わざとこの集約を回避するようなトポロジーにしない限り、ほとんどの場合でこの部分に集約がくることが多いです。

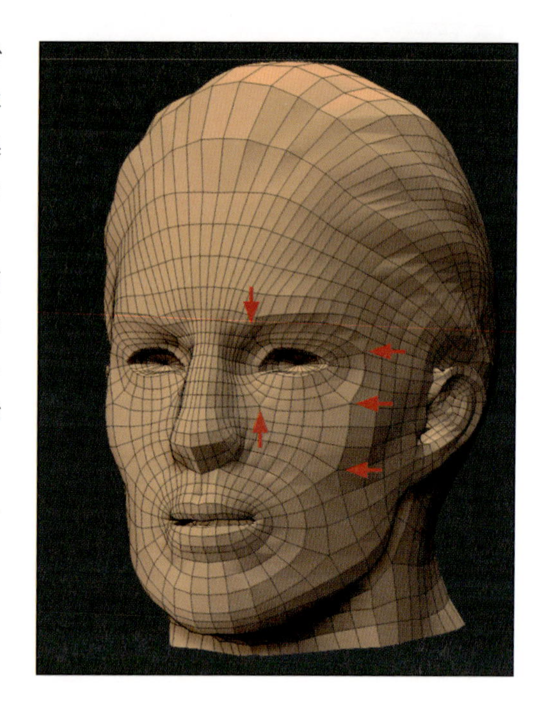

では、これがどういう時に問題になるかというと、この引きつりが見た目に影響したり、場合によってはシルエットにも影響したりするのです。

5頂点集約の結果、シェーディングが凸凹して見えます。またスムースブラシ等の効き方も、キレイな流れの場合に比べて形状に悪影響を与えることもあります。

▶ 見やすいように色調補正をしています

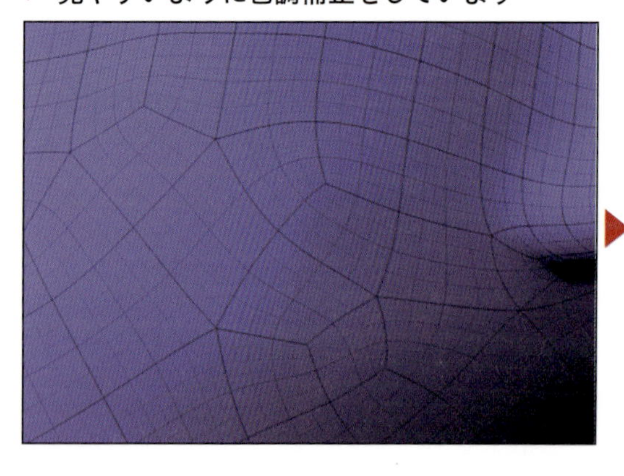

そのため、この現象を把握し、「ヘコむのやだな」と考えているであろうモデラーのトポロジーは、この問題を回避するようなものになっています。たとえば雑誌の特集記事や、トポロジーが見える状態のモデル画像が見つかったら、トポロジーを観察してみてください。ただし、そもそも前髪や顔側面の髪で隠れてしまう場合は、最終的には見えない部分です。これはモデラーのこだわりの領域でもあります。

MEMO ZRemesherに関するよくある間違い

ZRemesherに関して、よく勘違いされる事柄について解説します。

・× ZRemesherは万能リトポツールである
・× ZRemesherがあれば手動リトポは不要

ZRemesherはかなり高度で素晴らしいツールですが、どんな形状に対しても、いつでも完璧な結果を得られるツールではありません。特にゲームや、映像用かつスキニングアニメーションさせるモデルにおいて、一発で完璧な結果を得られることはありません。

・× ZRemesherで生成されるメッシュはReconstruct Subdiv機能でリダクションできる

これもかなり多い勘違いです。おそらくZRemesherで生成されるメッシュが四角形ポリゴンで構成されることと、Reconstruct Subdiv機能を間違って覚えていることから、このような勘違いが生まれるのだと思います。

たまたま結果として、Reconstruct可能なメッシュが得られる可能性はたしかにありますが、それはあくまでたまたまであり、ZRemesher自体にカトマルクラーク分割の法則に従ったトポロジーにする機能はありません。

6-01で解説している通り、Reconstruct機能はカトマルクラーク法で分割されているメッシュから逆算して下位レベルを得るための機能であり、四角形ポリゴンで構成されているメッシュ全てに対してのリダクション機能ではありません。

ZRemesher機能を使用する

ZRemesher機能は[Tool]>[Geometry]>[ZRemesher]からアクセスできます。まず、スタンダードな使い方から解説します。基本の2つを覚えておきましょう。

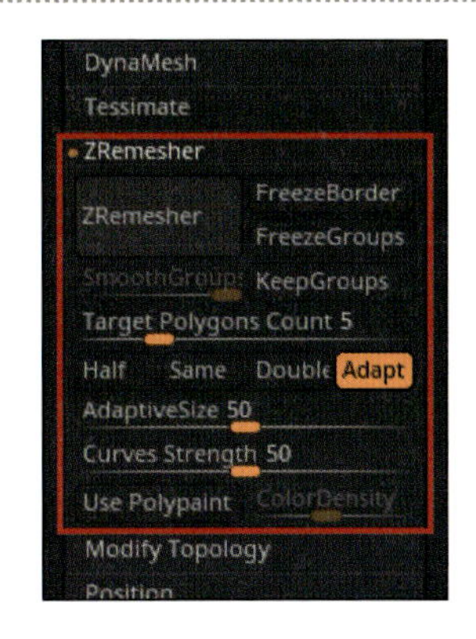

●［ZRemesher］ボタン

このボタンを押すと、各種設定を元にリトポロジー計算が始まります。計算を中断したい場合は Esc キーを押してください。

●［Target Polygons Count］スライダ

このスライダの数値×1000が、リトポロジー後の目標ポリゴン数となります。また、[Target Polygons Count]スライダの下にあるボタンのうち、左から3つはTarget Polygons Countに関わるボタンです。それぞれの機能は以下の通りです。

Half	現状のポリゴン数の半分をターゲットにします。
Same	現状のポリゴン数と同等をターゲットにします。
Double	現状のポリゴン数の倍をターゲットにします。

▶ 部分的なリトポロジー

ZRemesherは、DynaMeshと違いサブツールを分離せずとも部分的なリトポロジーをすることが可能です。

このように、メッシュの一部をSelectLassoブラシ等で非表示にした状態でZRemesherを使用し、非表示部分を再表示すると、非表示部分は元のまま維持され、表示していた部分だけの計算になっていることがわかります。

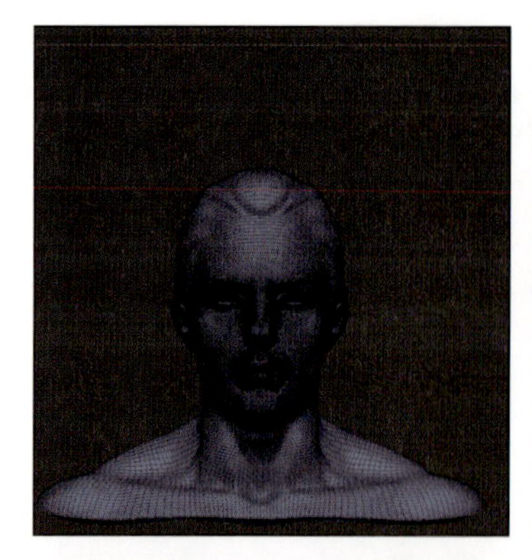
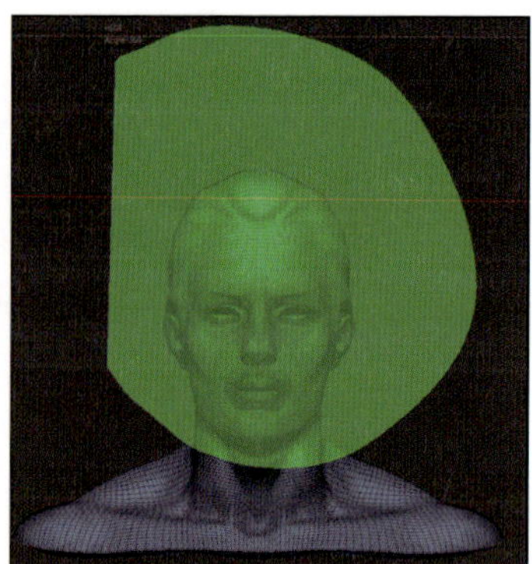

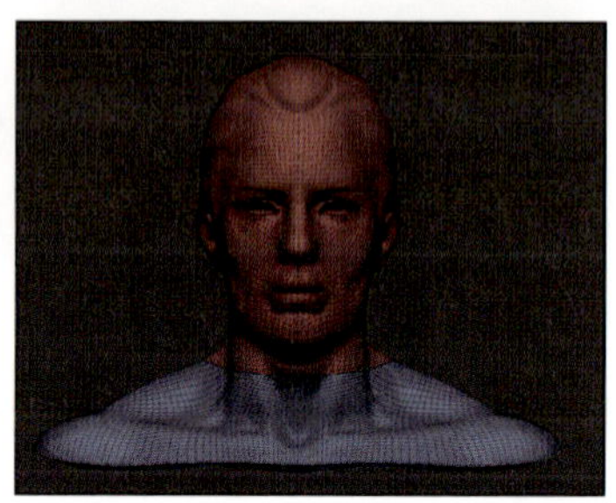

Chapter 6 メッシュ作成とリトポロジー

▶ シンメトリーなメッシュの場合

左右対称等のシンメトリーなメッシュをリトポロジーする場合は、[Transform]>[Activate Symmetry]をシンメトリーにしたい軸方向でON(たとえば左右対称であればX)にした状態で[ZRemesher]ボタンをクリックしてください。

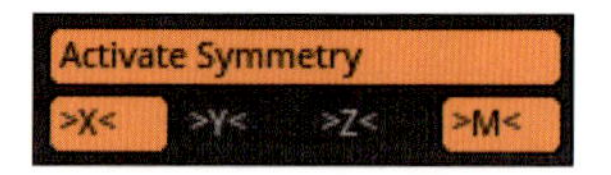

またこの時、Altキーを押しながら[ZRemesher]ボタンをクリックすると、シンメトリー用の別アルゴリズムが使用されて計算されます。

▶ 通常のアルゴリズム

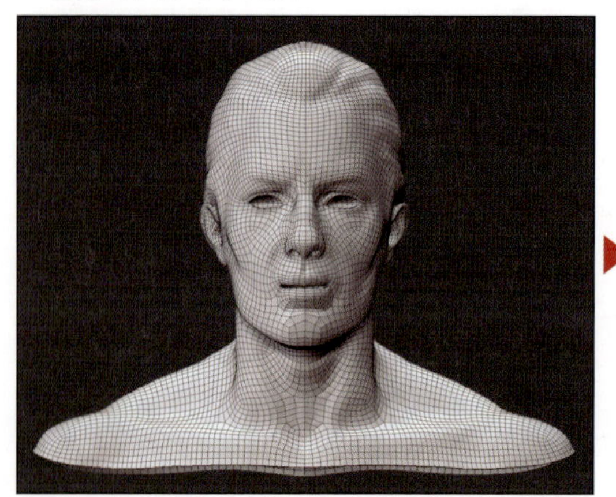

▶ 別アルゴリズム

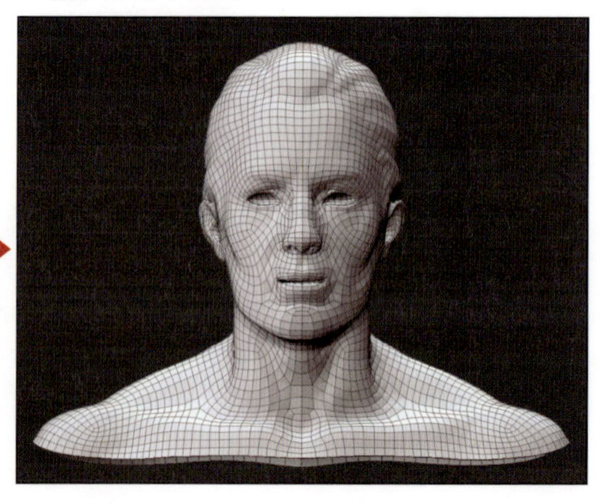

シンメトリー計算には、Mirror And Weldのように Floor座標軸プラス方向からマイナス方向に対して強制的に形状がコピーされるような動作をします。

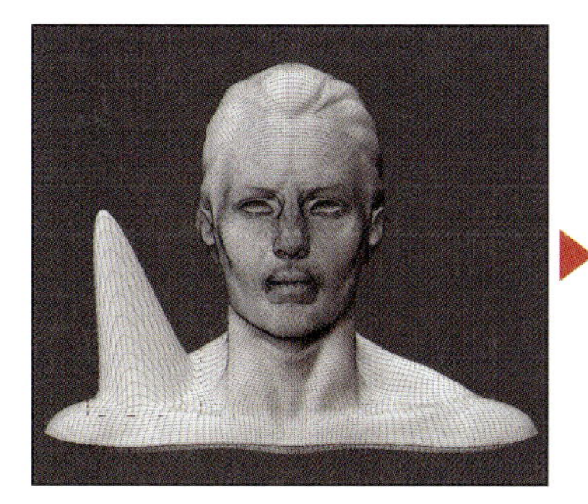
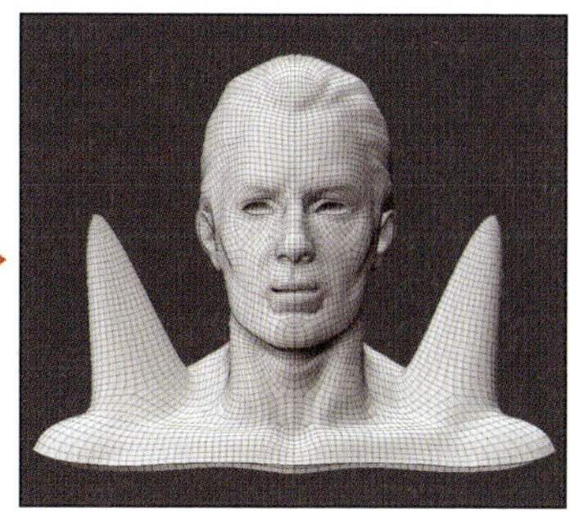

また、シンメトリー機能を使った場合は、ターゲットポリゴン数のおおよそ倍のポリゴン数でリトポロジーされます(別アルゴリズムのほうは、通常アルゴリズムよりターゲットポリゴン数に近くなります)。

Adaptive Density

Adaptive Density機能は、リトポロジー計算を行う際、局所的にポリゴンの密度を増減させ、ディティールを考慮したポリゴン数の割り振りをするための機能です。[Adaptive Density]ボタンをONにすると、[Adaptive Size]スライダやポリペイントでの密度制御が可能になります。

[Adaptive Size]スライダをそれぞれ「0%」「50%」「100%」にしてリトポロジー計算をさせた結果は次の通りです。

Adaptive Size「0%」

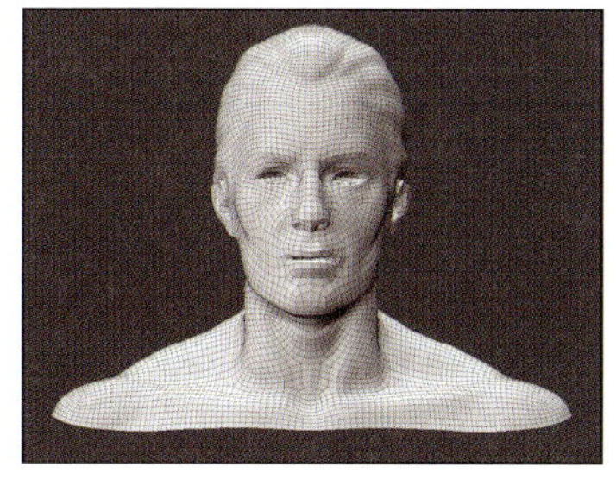

Adaptive Size「50%」

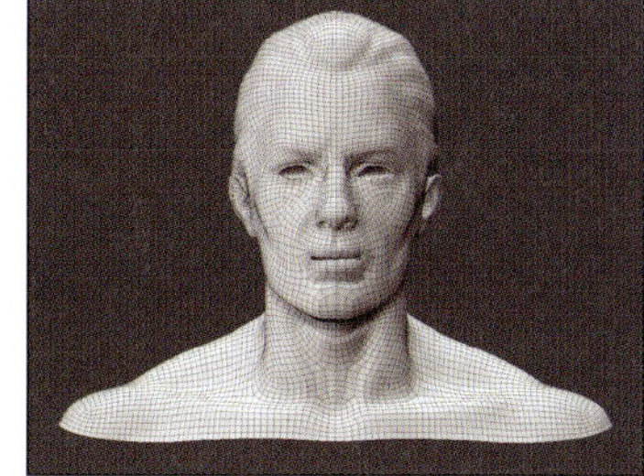

Adaptive Size「100%」

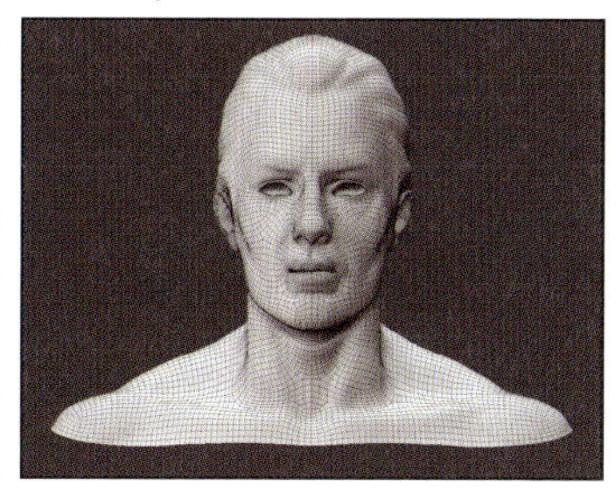

部分的にピックアップして見ていくと、このようにスライダの数字が大きいほど複雑な形状により多くのポリゴンを使うため、密度が高くなります。

Adaptive Size「0%」

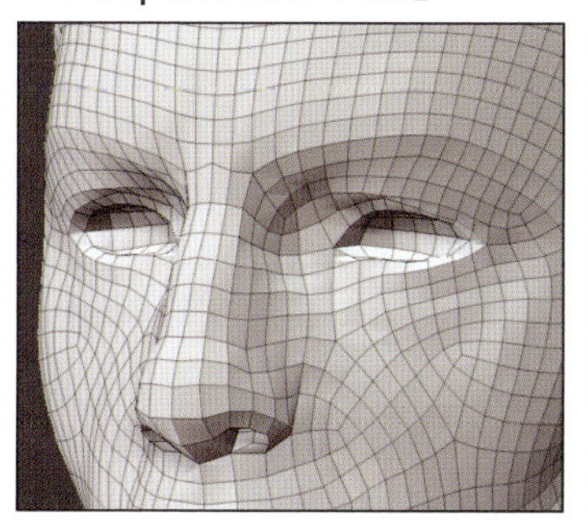

Adaptive Size「50%」

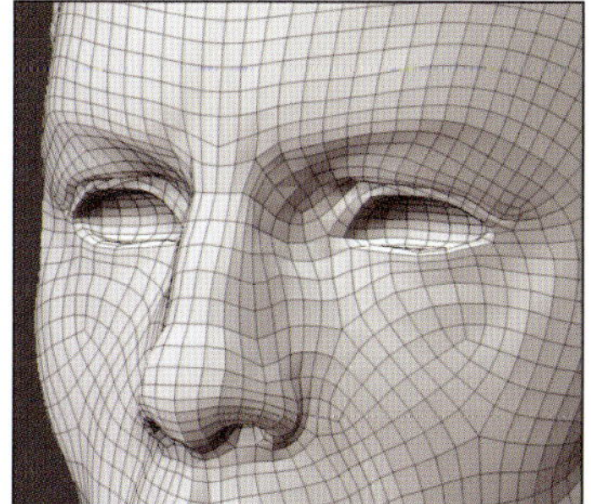

Adaptive Size「100%」

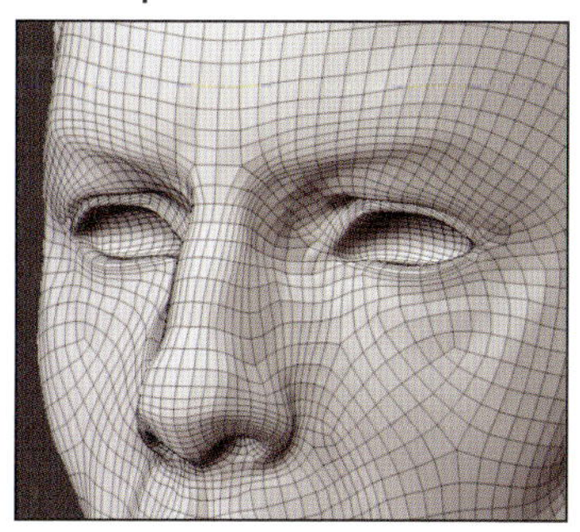

ポリペイントによる Adaptive Density 制御

[Use PolyPaint] ボタンをクリックして有効にすると、ポリペイントでの密度制御ができます。

赤 (RGB値で255,0,0) に近いほど密度が高くなり、水色 (0,255,255) に近いほど密度が低くなります。白 (255,255,255) は密度の増減なしのノーマルな状態扱いになります。

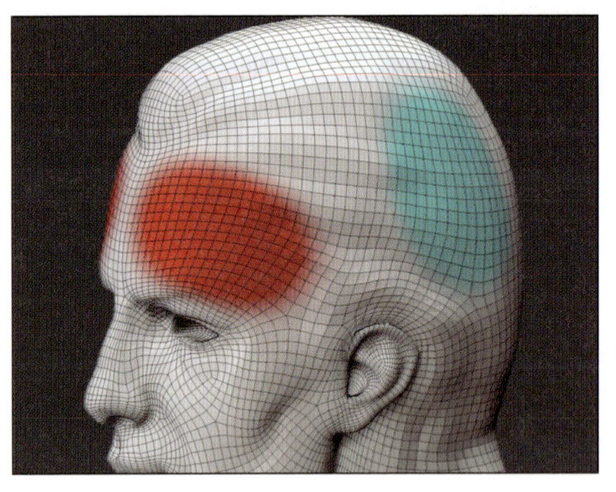

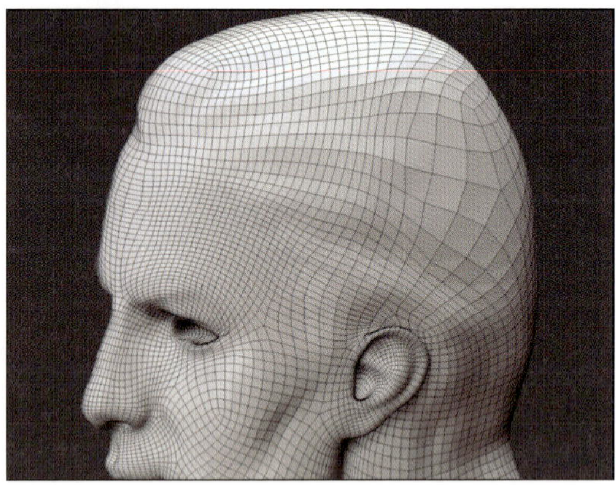

[Use PolyPaint] ボタンの右側のスライダで色を数字で指定し、パレットにセットすることができます。0.25にセットすると水色、1にセットすると白、4にセットすると赤になります。

ZRemesherGuides ブラシと Curves Strength

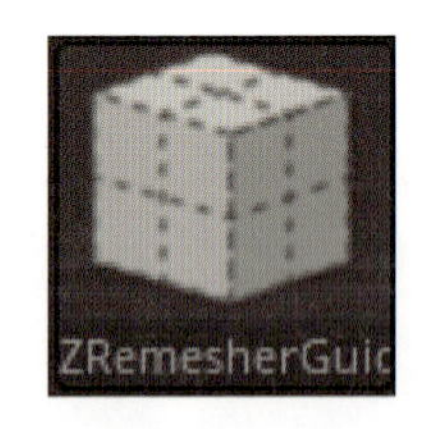

ZRemesherGuidesブラシとCurves Strengthを使うと、ある程度トポロジーの流れを制御することができます。あくまで「ある程度制御する」機能なため、トポロジーの流れを思い通りに作りたい場合は手動リトポロジーをする必要があります。

ZRemesherブラシを選択し、目的のトポロジーの流れをおおまかにカーブで作ります。[ZRemesher] ボタンをクリックしてリトポロジー計算を行います。

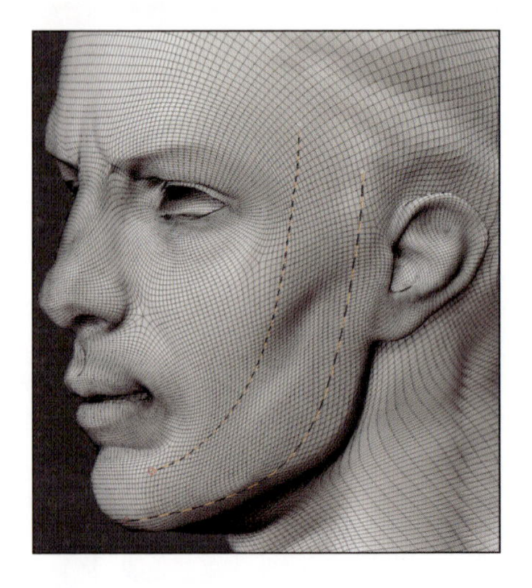

Curves Strengthは、このリトポロジー計算時、生成されるトポロジーをどれだけカーブに引きつけるか (カーブの影響度) を調整できます。

▶ FreezeBorder／FreezeGroups／KeepGroups

［FreezeBorder］ボタンは、メッシュの端となる部分の頂点数や頂点位置をリトポロジー計算後も強制的に維持するためのボタンです。元のメッシュ、［FreezeBorder］がOFFの時、ONの時の差はこのようになります。

▶ 元のメッシュ

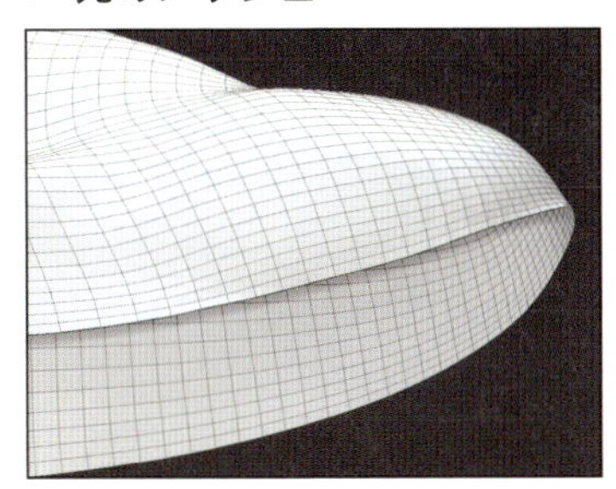

▶ FreezeBorderが「OFF」

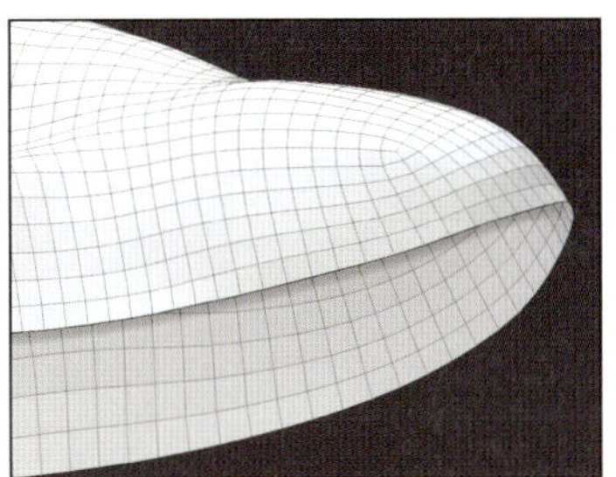

▶ FreezeBorderが「ON」

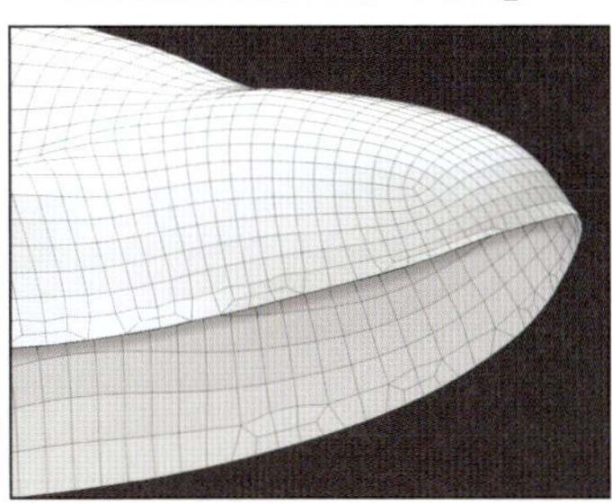

［FreezeGroups］ボタンは、ポリグループ同士の境界の頂点数や頂点位置をリトポロジー計算後も強制的に維持するためのボタンです。元のメッシュ、［FreezeGroups］がOFFの時、ONの時の差はこのようになります。

▶ 元のメッシュ

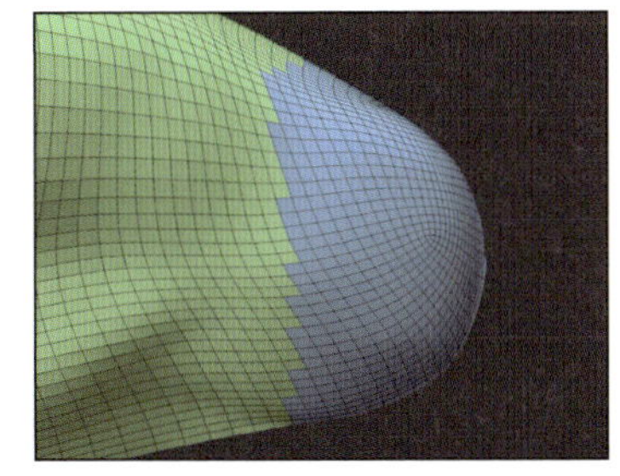

▶ FreezeGroupsが「OFF」

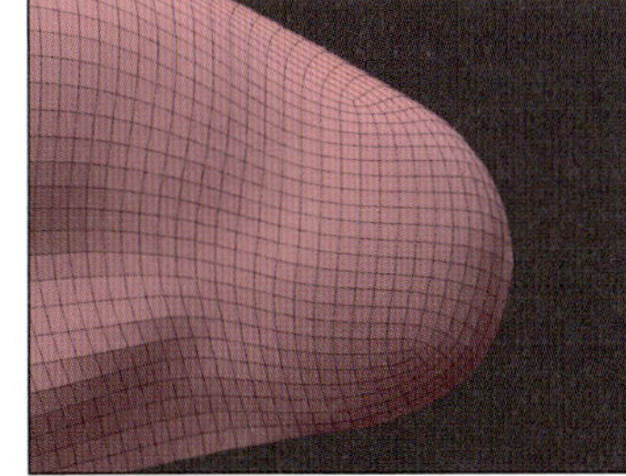

▶ FreezeGroupsが「ON」

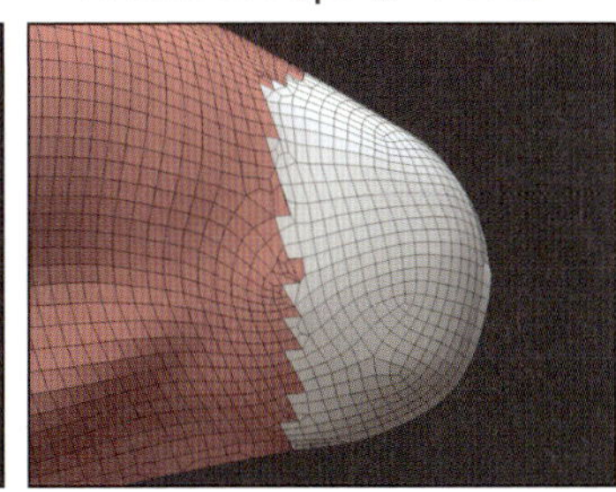

［KeepGroups］ボタンは、FreezeGroups機能に似ていますが、元のポリグループの構成を考慮しつつ、ポリグループ境界のトポロジーを滑らかにすることができます。また、この時のスムージング効果の強度は［SmoothGroups］スライダで調整できます。元のメッシュ、SmoothGroupsが「0」の時、「1」の時はそれぞれこのようになります。

▶ 元のメッシュ

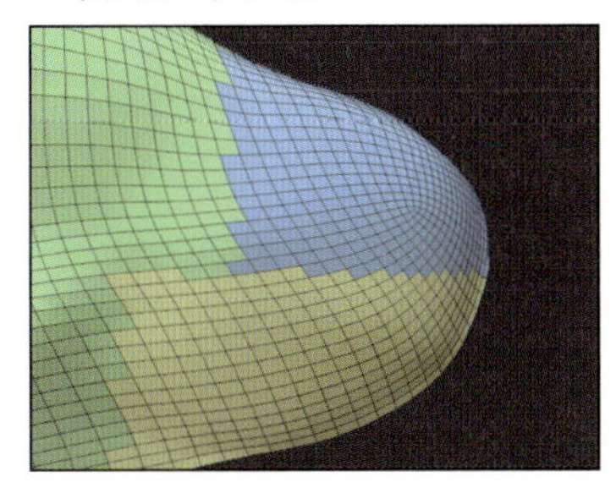

▶ SmoothGroupsが「0」

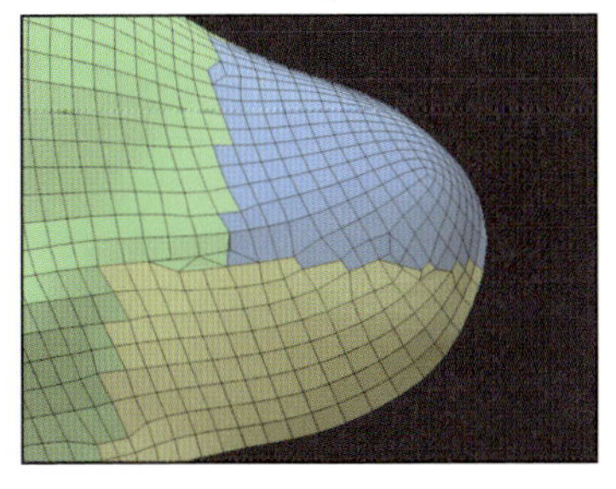

▶ SmoothGroupsが「1」

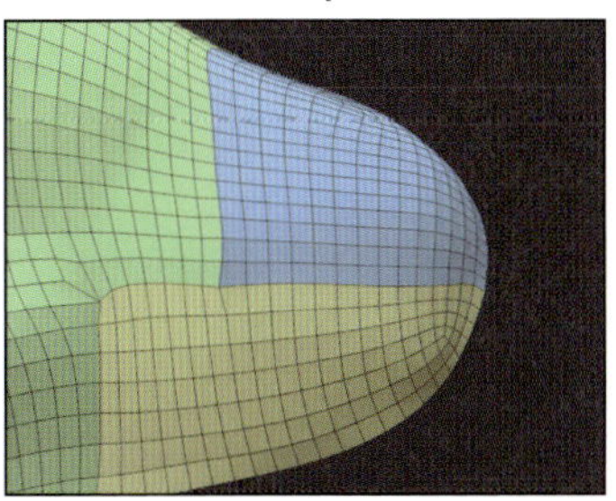

本書ではところどころでこのZRemesher機能を使用しています。使いどころの参考にしてみてください。

MEMO ZRemesherをかける前のメッシュについて

ZRemesherは、基本的に3Dメッシュデータであれば計算は行ってくれます。ただし、形状に対して無駄にポリゴン数が多いメッシュの場合、計算時間も無駄にかかってしまいます。

ポリゴンメッシュをそっくり再計算してしまいます。リトポロジー前のメッシュは形状さえ保っていれば基本的にOKなため、Desimation Masterでいったんポリゴン数のリダクション（削減）してからZRemesherを使用するほうが良い場合もあります。

MEMO 螺旋状のトポロジー

人の腕や胴体のような筒型の形状では、時々螺旋状のトポロジーになってしまうことがあります。螺旋状のトポロジーは、エッジループの追加や削除等、いろいろなケースで問題の原因になるため、なるべく避けたいトポロジーの1つです。

このメッシュは、わざと螺旋状のトポロジーで構成しています。

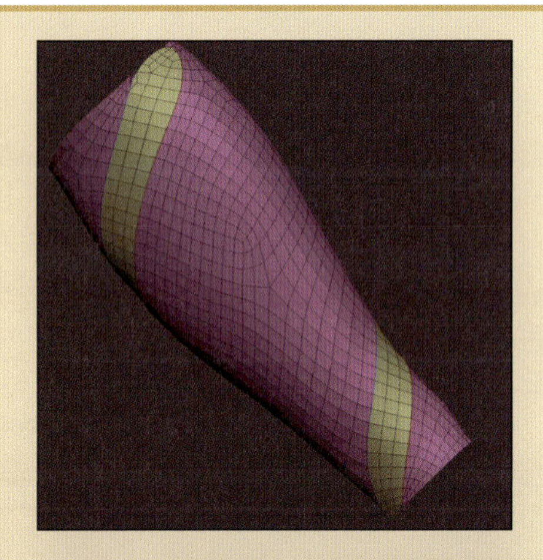

たとえば、ここにエッジループを足し、形状のRを整えたいとします。ZModelerブラシのInsert Edge Loopをしようとしても、螺旋状のトポロジーは、このようにポリゴンのループが続く限りどんどん効果を延長していってしまいます。

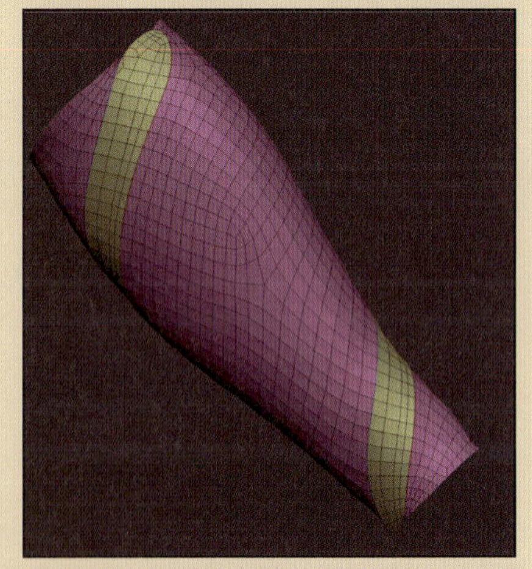

しかも、ZModelerブラシは三角形ポリゴンにぶつかってもその先へ進んでいこうとしてしまうため、複雑にいろんな方向からのトポロジーが入り組む有機的な形状では、果てしなく自分の意図しないエッジループが追加されることもあります。

ZBrush 4R6までのZRemesherと、4R7以降ではアルゴリズムの改良で螺旋は起きにくくなっていますが、もし螺旋状のトポロジーになってしまった場合は、おおむね以下の方法で対処できます。

● 方法①

SliceCurve ブラシで強制的に輪切りのトポロジーを作るとともに、輪っか状のポリグループを作って、KeepGroups 機能を使います。

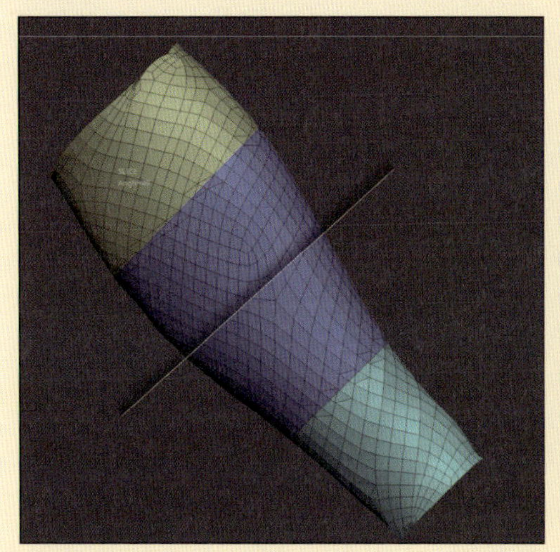
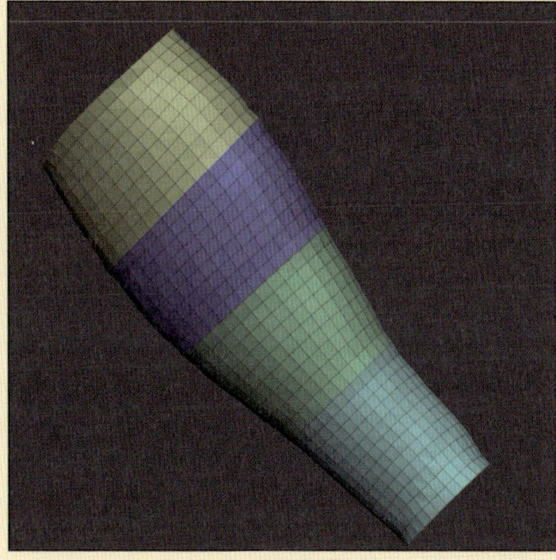

● 方法②

ZRemesher Guides ブラシを使い、ループ状にガイドを作り計算させます。カーブ系のブラシは、カーブを引いてる最中にメッシュを超えてブランクエリアまで引っ張りつつ、Shift キーを追加で押すことによってメッシュの構造の周りを取り囲むようにカーブを生成します。

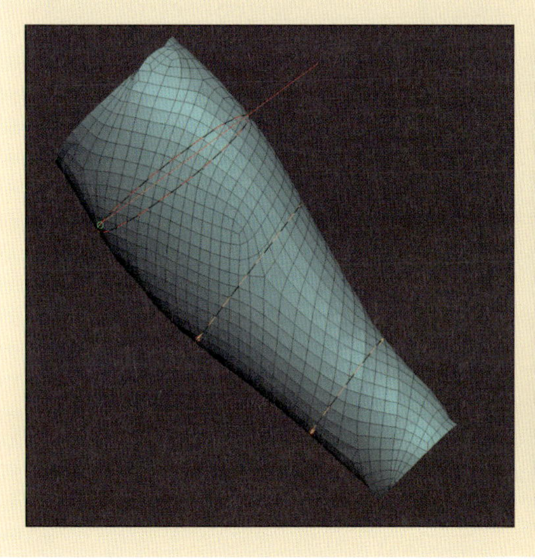
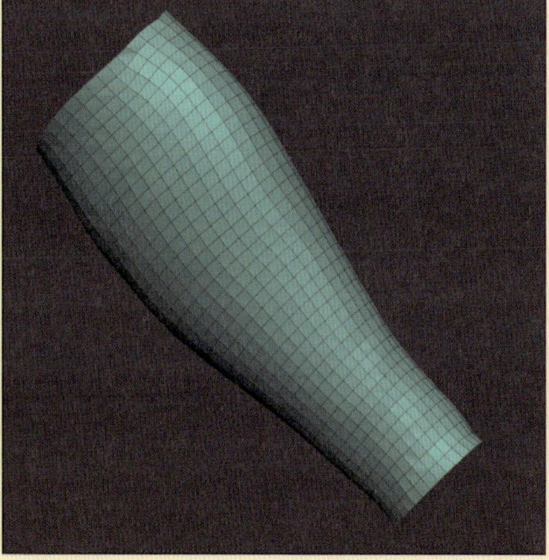

Chapter 7

作成するキャラクターと作業工程について

SECTION 01

デザインまでの工程とキャラクターについて

本書の作例キャラクターがどういう考えでデザインが作られていったか？　等を解説します。

ラリアットさんを起用したワケ

今回ZBrush本の企画が技術評論社様から筆者に来た際、オーダーとしては「流行りのデジタル原型でいきたいです！」という話だったのですが、普通の等身のスケールフィギュア本は若干飽和してきているし、何か少し違うことやりたいなーと考えました。

筆者脳内の「いつかデザインお願いしたいデザイナーさん」リストの中から、トリッキーな依頼でもこなせる絵柄の幅、趣味の幅があり、独特のデザインを持っているという点でラリアットさんを起用してみました[注1]。結果として、筆者の思っていた以上のパフォーマンスと手の早さ、提案能力で非常に助かりました。

▶ラリアットさんのオリキャラ「小葱（こねぎ）」

注1　ラリアットさんとは、ゲームやアニメの趣味もそうですが、なによりアメコミ作品好きなところ、カートゥーン好きなところで、「たぶん仲良くなれそうだわー」と依頼をするよりずっと昔から思ってたのですが、初回の打ち合わせで予定を数時間オーバーして雑談するほどものすごく意気投合。今では泊まりで遊びに来るくらいの友達っぷりに……まさかここまで仲良くなるとは…。

名前：小葱（こねぎ）

人間世界に興味のある葱の精霊
葱の花言葉は「愛嬌」「笑顔」「ほほえみ」そして「くじけない心」
花言葉を地でいくような性格で天真爛漫元気っ子
葱の花をモチーフにデザイン

キャラクターデザイン

3Dモデラーや原型師は、既存のイラストやキャラクターから立体を起こすのが仕事のほとんどです。そのため、ゼロからキャラクターデザインを起こし、モデリングするのはとてもレアケースです。

本書用のキャラクターデザインのコンセプトは、以下の要素を重視して進めていきました。

- モデリング作業工数とのバランスを見つつ、見た目が派手になりすぎず、地味すぎない
- 初心者がZBrushのみでモデリングするのが難しい形状はなくす
- ZBrushでのモデリングで覚えるべき基本機能をなるべく網羅できるようにする
- ZBrush 4R8の新機能を活かせる要素を入れる[注2]

なお、キャラクターデザイン作業は2017年5月からスタートし、ZBrush 4R8のリリース（同年6月14日）から新機能よりデザインに盛り込めそうなものをピックアップし、詰めていきました。デザインFIXには約1ヵ月、FIX後の微調整を含めて1ヵ月強での完成でした。

注2　バージョン2018は、執筆終盤のタイミングに突如リリースされたため、作例には2018新機能を活かすディティールは入れていません。あしからずご了承ください。

以下は、キャラクターデザインの変遷と決定稿です。キャラクターデザイン、設定画、イラストの著作権はラリアットさん、キャラクターモデルを始めとする、本書に関する筆者が作成した全ての3Dデータは筆者に著作権が帰属します。

キャラクターデザインの変遷

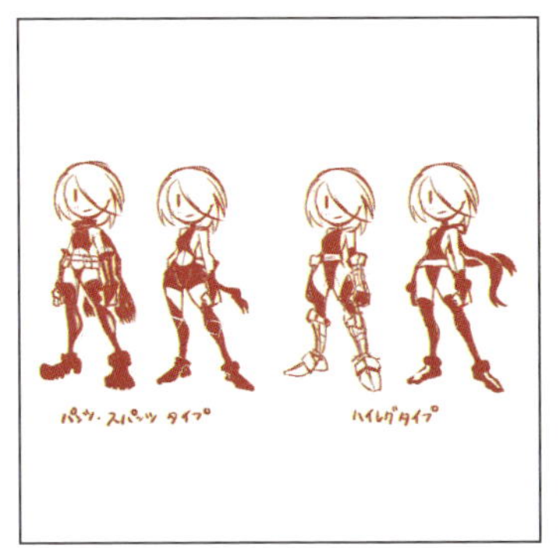

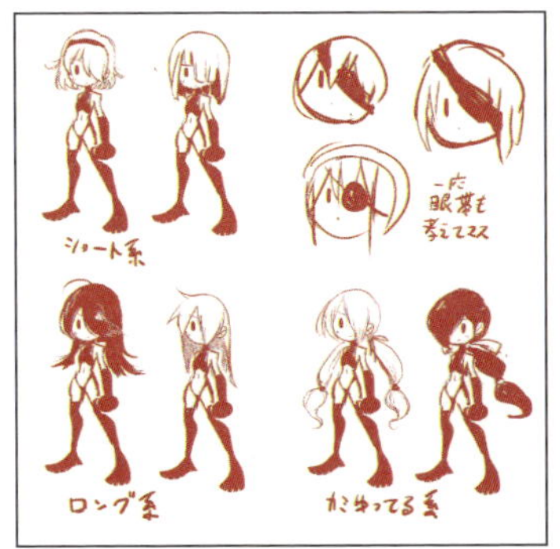

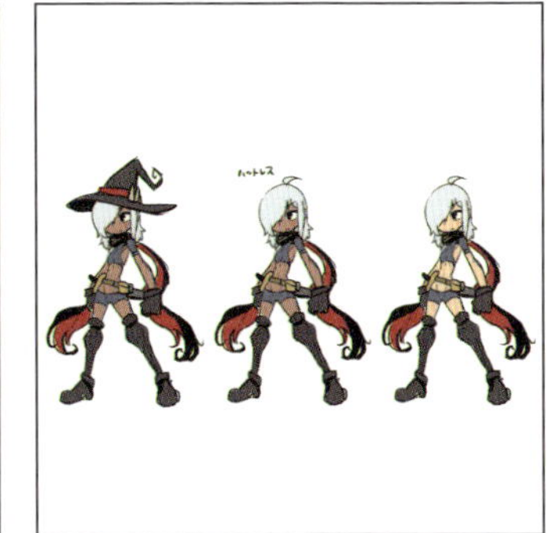

Chapter 7 作成するキャラクターと作業工程について

▶ 決定稿

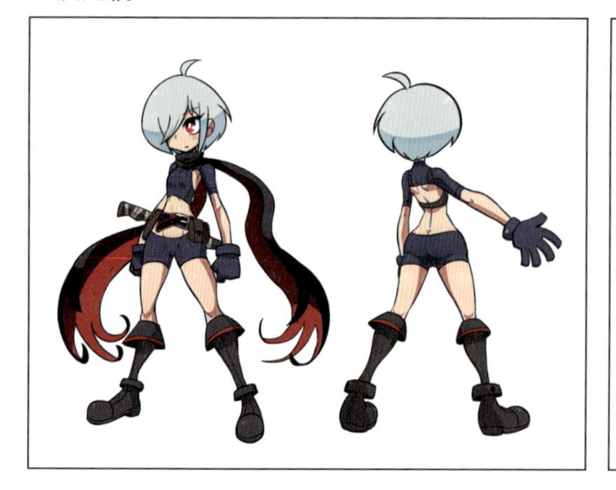

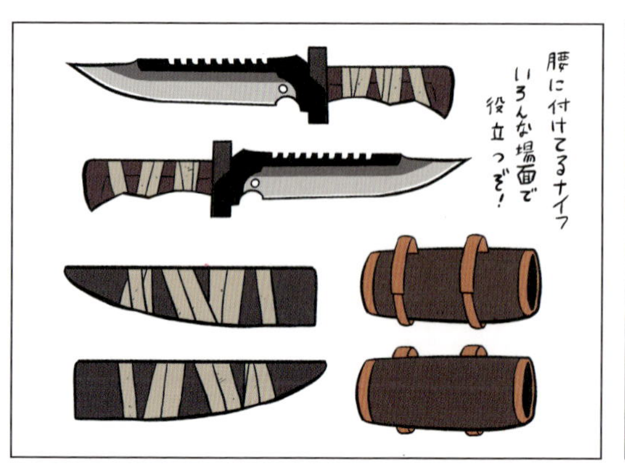

キャラクター設定

名前：サキ

歳：13 歳

森に一人で暮らしている
何でも屋としてどんな依頼でもこなす
一人称は「ボク」だが、親しい間柄の人物と二人っきりの時は「サキ」になる
意志を持ち、自在に動くスカーフを持っている（某王子の絨毯や某魔術師のマントのように！）
スカーフの名前は「スカルファー」

本人はまだ知らないが、姉が二人いる

作例モデル作業工程の見立て

モデル作成時、全ての形状を全て同じワークフローで作るのは非効率なので、デザインや形状から逆算してワークフローを考えます。

なぜ工程の見立てをするのか？

そもそもの話でいうと、プリインストールされているブラシとDynaMesh機能があれば、理屈の上ではどんな形状もZBrush単体で、力業で無理やり作ることは可能です。極論をいえば、ZBrushの廉価版であるZBrush Coreの機能だけでもどんな形状でも作ることは可能です（ただし、Coreは頂点数の上限があるので仕様の頂点数以内で）。

では、なぜそうしないか？

早い話、さまざまな機能を駆使したほうが、力業でゴリ押しするよりも効率的で早かったり、データとしてキレイだったり、修正対応等が容易だったりと、メリットが大きいからです。

なお、今回の作例は、アホ毛を含まず頭から足の裏までで20cmサイズ想定で作成しました（スカーフでかなり高さ方向にプラスされていますが、あくまでキャラクターサイズでは20cm）。

それぞれの要素に分解して考える

キャラクターデザインにキャラクターのモデリングの仕方が付属で記載されているなんてことはまずあり得ません。モデリングする際は、全部自分で考える必要があります。

その際、いきなり全体のフローを考えるのではなく、パーツや要素に分解して考えていきます。いったん脳内でワークフローを部分ごとに仮決定しておくことによって、場当たり的な作り方ではなく、計画を持って作業に着手できます。ある程度、自分の読みを頼りに作業を進められますし、着手前に懸念点、問題点を洗い出してそれを念頭に作業を進めることで、最終的に大きな手戻りや修正を抑止することもできます。

とはいえ、モデリング初心者の場合、「何が後々の失敗に繋がるか？」というのはわからないと思います。これは完全に経験を積むしかありませんので、本書で覚えたスキルや筆者の考えを参考に（あくまで参考にしてくれる程度でよいです）、どんどんいろいろなキャラクターや形状に挑戦してみてください。

要素の抜き出し

まず、このキャラクターは人物部分[注3]、武器やポーチ等の付属パーツ、スカーフ、という大きく3つのカテゴリーで構成されています。

注3　今回はぴっちりな服装なため、服や手袋や靴も人物にカテゴライズしています。

ここから、カテゴリーごとに分解し、さらに細かく分けてワークフローを考えます。

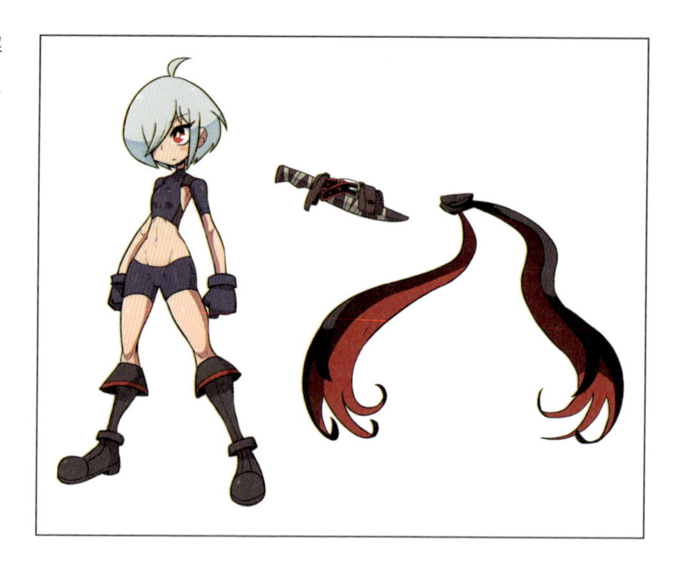

人物部分の細分化と検討

人物部分は、主に以下の要素にさらに細かく分け、ざっくりとした作成フローを考えます。

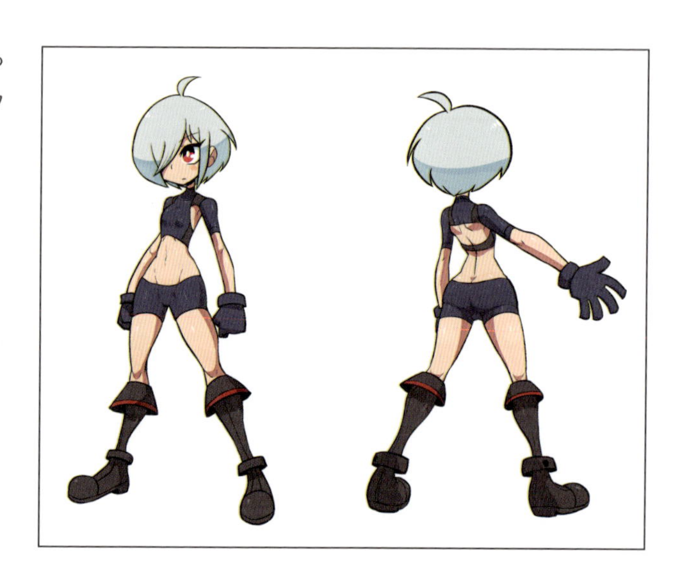

- 髪の毛
  →ZSphereでベースメッシュ作成、Dynameshで結合、整え、最終的に3パーツで構成

- 顔
  →球体からDynameshを使いつつ作成、ZRemesherでリトポ

- 身体
  →ZSphereでベースメッシュを作成、Dynameshを使いつつ作成し、ZRemesherでトポロジーをキレイにした後でポーズ付け

- 手袋
  →LightBoxのマネキンの手をベースに改造して作成

● 上半身スーツ

→ポーズ確定後、Extract と ZRemesher等で作成

● スパッツ

→ポーズ確定後、Extract と ZRemesher等で作成

● ブーツ

→ZModeler と Dynamic Subdiv でベースを作成

付属パーツの細分化と検討

付属パーツ部分は、以下の要素に分けました。

● ベルト

→ベルト用にIMMブラシを作成、IMMブラシでベースを作成

● ポーチ

→ZModelerとDynamic Subdivでベースを作成

● ナイフ

→ポーチと同じ

● ナイフの鞘

→ポーチと同じ

スカーフ

スカーフについては、以下の要素に分けました。

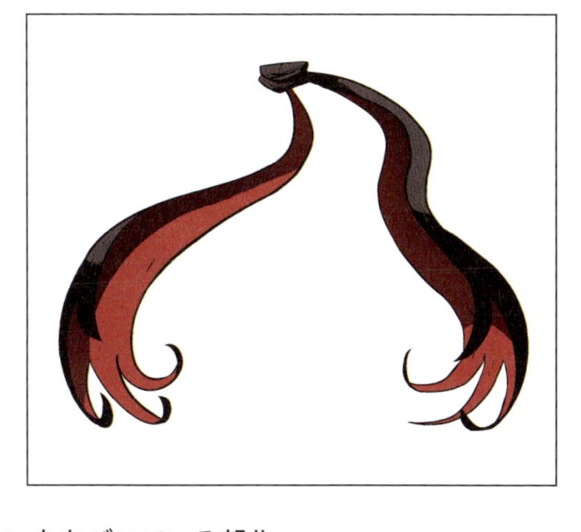

● 首周り

→シリンダーの側面をベースに作成

● たなびいている部分

→板ポリゴンをベースに作成

問題点の洗い出し

フィギュア化する前提のモデルで気を付けるべきこと

ワークフローが仮決定したら、次に問題点、懸念点を洗い出します。今回は3Dプリンターで出力してフィギュア化する前提のモデルなので、映像用、ゲーム用モデルと比較して気を付けるべき箇所がかなりあります。

まず、映像用、ゲーム用モデルとデジタル原型用の大きな違いは、

画面の中で作品が完結するのか、現実世界に物理的に存在させるのか

という点です。

これがどういう意味かというと、たとえばデータ上（画面上）であれば、細さ1ナノメートルの毛を生やすことは可能です。しかし、3Dプリンターには物理的な限界があるため、データ通りに全てのものをこの世に出力することはできません。

また、機種の出力仕様上の限界ギリギリの細いパーツを出力しても、強度的に簡単に壊れる等、出力後に問題が発生します。

細さの他にも、画面上では厚み0のポリゴンデータを作ることができますが、現実には厚みが0の物質は存在できませんから、厚みを全ての箇所に付ける必要があります。溝のディティールに関しても、細かすぎると出力でない、またはヤスリで表面を磨いた時に消えてしまう、という問題も発生します。

さらに、ここに複製のことまで考えると、厚み、細さのボーダーが上がります。

筆者の場合、アクリル出力またはUVレジン出力、かつシリコン型での複製が前提条件の場合、具体的に、右の表をボーダーラインとしています。

最低細さ	Φ 1.2mm
最低厚み	1.0mm
最低溝幅	0.2mm
最低溝深さ	0.2mm

ただし、強度が必要な場合は、パーツの大きさや荷重のかかり方等の条件で大きくプラス方向（より太く、厚く）に変わります。このあたりも、経験則と感覚が頼りになるため、心配な箇所は仮出力をする等、なるべく大きな手戻りが発生しないようにしましょう（最後になって大きく巻き戻ることほど、時間とお金が無駄になることはない…）。

▶ 今回のモデルにおける問題点、懸念点とその対策

今回の場合、デザインを見た時に挙がってきた問題点、懸念点と、それに対する対策は以下のように考えました。

- **スカーフの重さを、首に巻き付いている根本が支えることは無理**
  →スカーフはそれぞれ真鍮線で支える必要がある

- **スカーフの厚みそのままでは、真鍮線を保持できない**
  →スカーフを支える真鍮線を保持できるだけの厚みを部分的に取る必要がある

- **デザイン上、足首がかなり細くなるが、全体の荷重を支えられるか？**
  →立ち絵のポーズならおそらくギリギリラインではあるが可能
  →最終的なポーズは片足で支える必要があるため、そのままでは支えることは無理
  →そのため、台座からブーツを突き抜け、太ももまで2mmまたは3mmの真鍮線を貫通させて通す前提で考える

- **デザイン上、腕と肩の境目で分割する場合、腕や手の重みを保持できるか？**
  →若干深めに1mmまたは2mm真鍮線を通せばいけそう

- **デザイン上、首が細いが、頭部の重量を支えられるか？**
  →顔〜首のパーツはマフラーを貫通させ、身体で支える分割で保持できそう。なおかつ頭部、後ろ髪は軽量化のための内部肉抜き

以上のように洗い出しましたが、たいていはモデリングの最中、分割作業の最中、出力後、磨きの最中にミスや問題点が発覚します。この段階で悩みすぎて手が止まるくらいなら、とりあえずいったん今わかっている部分だけに気を付けてモデリングを終わらせ、問題が起きたらその時また考えるくらいの気持ちで進めていって良いと思います。

最終的には、良いものがなるべく早く上がることが正義です。仕事ならば、制作過程に何があろうと、ぶっちゃけクライアントやその先にいるお客さんにとっては関係ない＋どうでも良いことですから、あまり悩みすぎず、ガンガン手を動かしていきましょう。メンタルを強く持つのも大事です。メンタルとフィジカルが強い人が生き残ります。世の常です。この世は弱肉強食……。

Chapter 8

ZSphereとDynaMeshを使った素体の雛形作成

SECTION 01

ZSphere を使った素体の雛形作成

この節で行うこと

作業開始の準備から、ZSphere機能を使い素体のベースメッシュを作成する手順を解説します。

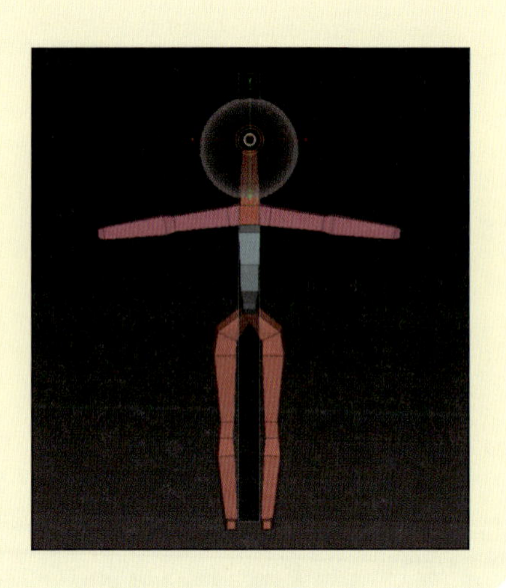

プロジェクトの下地作成とZSphereでの雛形作成

8章では、ZSphere、DynaMesh機能をメインに使いながら、キャラクター素体の雛形作成を学習します。この節では、ZSphereを使った雛形作成について解説します。

ZBrushでは、プロジェクト内の実寸管理がやや特殊です。この節では、実寸管理用、またサイズの指標用として基準棒を作成します。それから、ZSphereによる素体のベースメッシュを作成します。なお、ZSphereの機能に関しては6-02で詳しく解説していますので、わからないことが出てきたら6-02の解説を再度確認してください。

基準棒を作る

最初に、キャラクターの基準になる棒を作成します。どんな方法でもかまいませんので、キャンバスに3Dメッシュを呼び出します(2-01を参照)。ここでは、[Tool] メニューで [Cube3D] を選んでキャンバスをドラッグし、Tキーで3Dモードに入り、[Make PolyMesh3D] ボタンをクリックしました。

[Tool]>[Initialize]をクリックし、設定を下記のように変更して❶[QCube]ボタンをクリックします❷。この時点ではまだ1cm × 20cm × 1cmという意味ではなく、あくまでも「1:20:1の比率」という状態です。

X	1
Y	20
Z	1

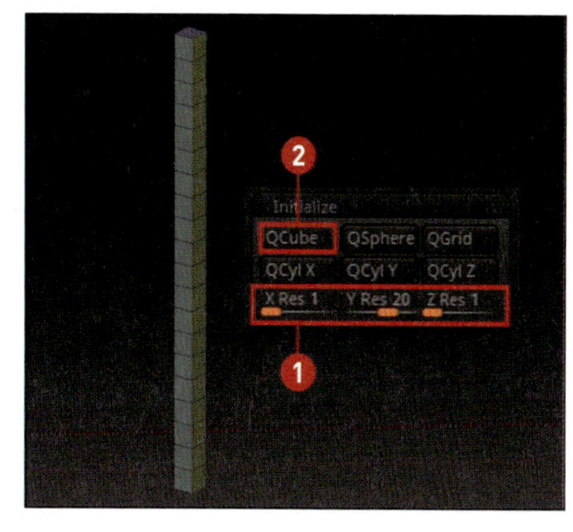

[Zplugin]>[3D Print Hub]>[Update Size Ratios]をクリックします。4つの選択肢が出てくるので、右上の「0.02 × 0.40 × 0.02mm」をクリックします。

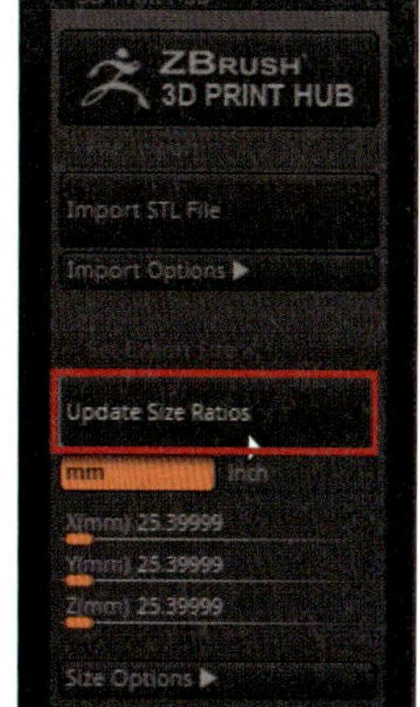

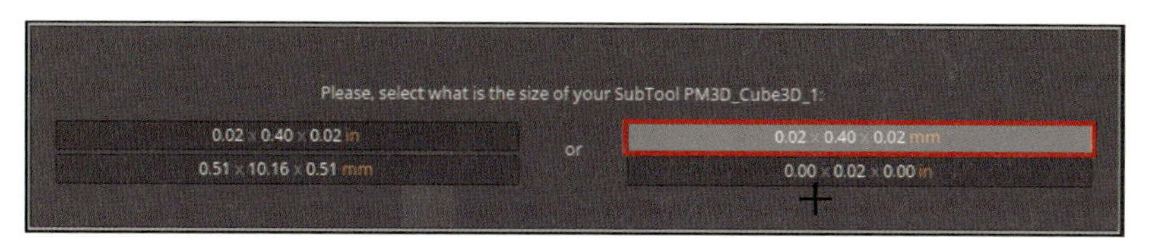

プラグイン上の書き出し設定の比率が1:20:1になったので、もう一度[Update Size Ratios]でYの値を200(mm)にすると、自動的に10mm × 200mm × 10mmになります。[ZPlugin]>[3D Print Hub]>[Export to STL]ボタンをクリックし、任意の場所に基準棒のデータをいったん書き出します。

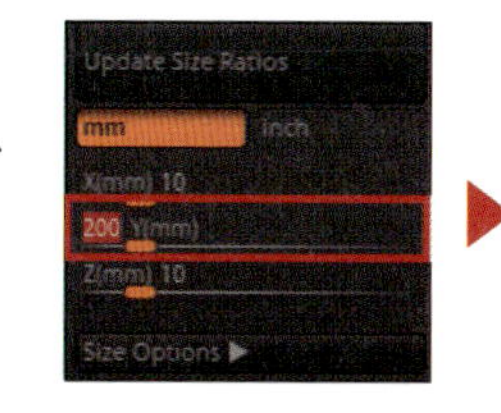

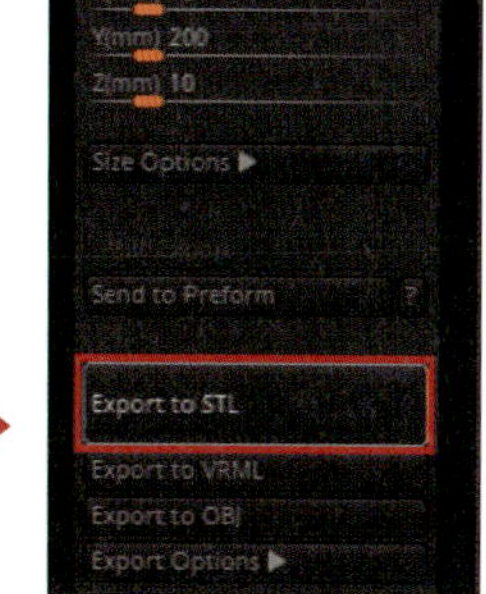

ZBrushをいったん再起動します。[ZPlugin]>[3D Print Hub]>[Import STL File]で、先ほど書き出した基準棒のデータを読み込みます。キャンバス上をドラッグしたら、Tキーで3Dモードに入ります。

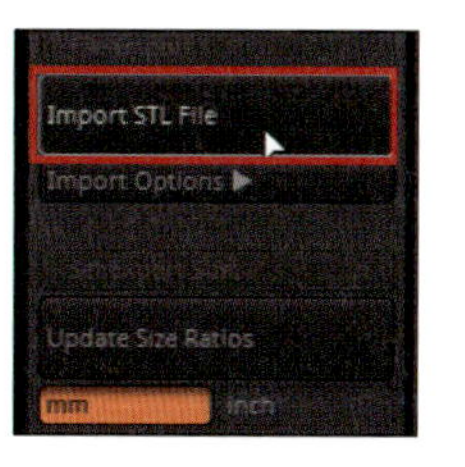

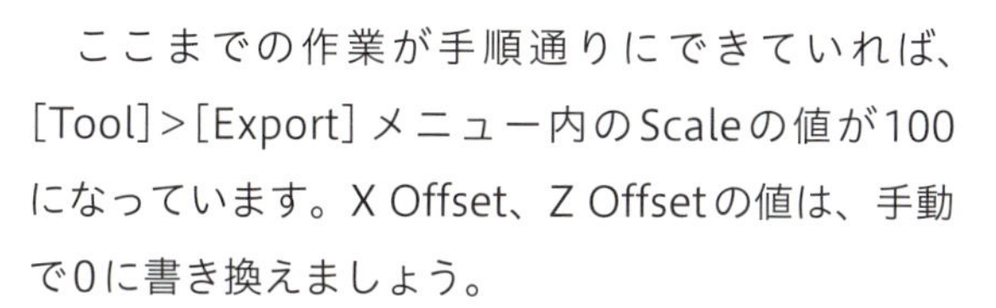
ここまでの作業が手順通りにできていれば、[Tool]>[Export]メニュー内のScaleの値が100になっています。X Offset、Z Offsetの値は、手動で0に書き換えましょう。

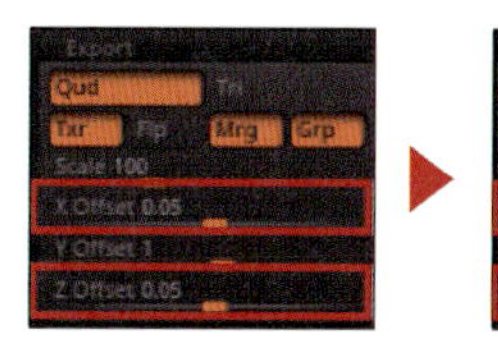

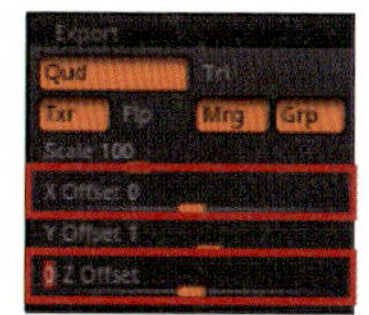

▶ ZSphereで素体のベースを作る

続いて、ZSphereで素体のベースを作っていきましょう。[Tool]>[Subtool]>[Insert]から[ZSphere]をクリックして読み込みます。これがルートスフィアになります。

左右対称な形状を作るため、[Transform]>[Activate Symmetry]をクリック(またはXキー)してシンメトリーをONにします。

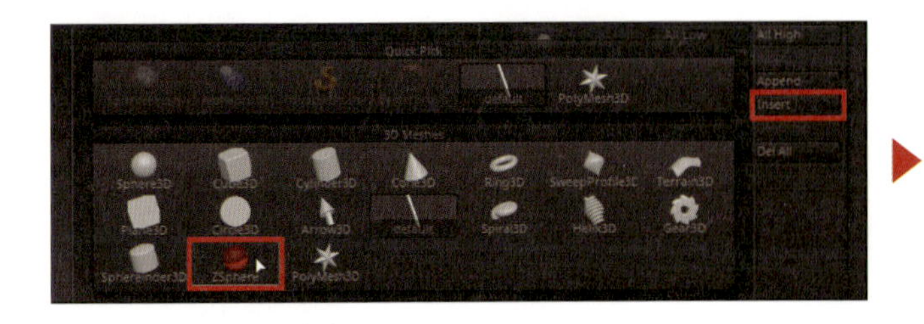

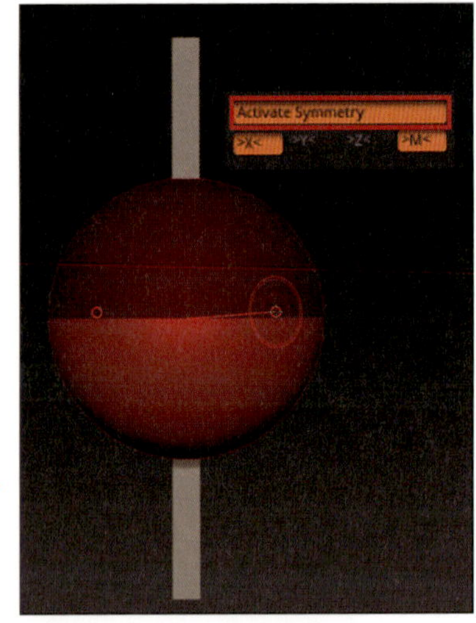

Scaleモードに切り替え(P.110参照)、ドラッグしてスフィアを小さくします。

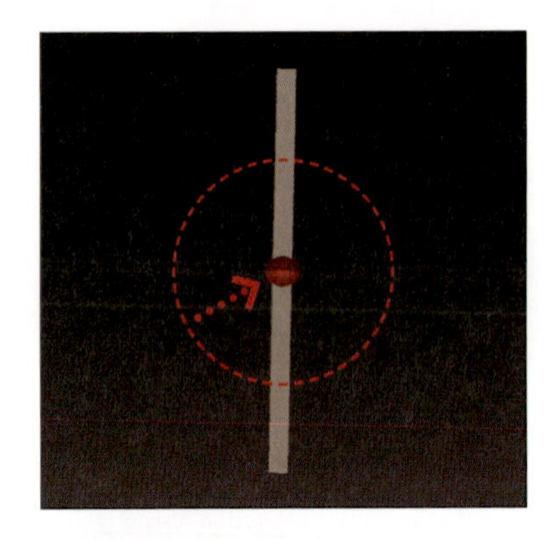

等身を大まかに合わせて作業していくので、設定画を横に表示します。筆者はPureRefというソフトを使用しています。PureRef(https://www.pureref.com/)はドネーションウェアで無料でも試用でき、動作も軽く、OS標準のビュワーに比べて圧倒的に高機能です。気に入ったら買いましょう。本書では、PureRefの使い方は割愛します。

[Tool]>[Subtool]>[Insert]で[Sphere3D]をクリックし、サブツールにSphere3Dを追加します。

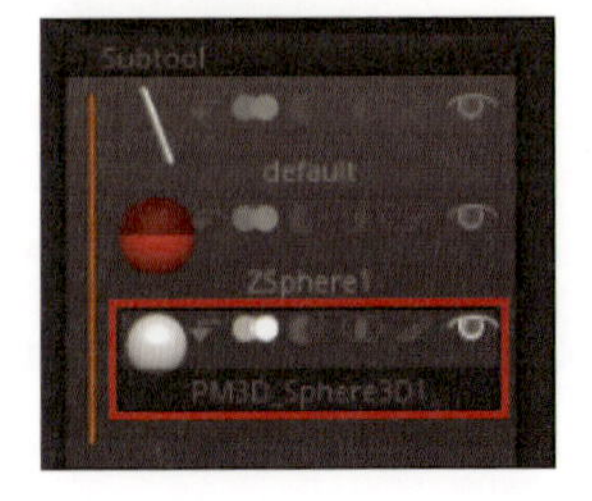

Moveモード(P.110)、Scaleモードを使って、頭の大きさと位置に調整します。厳密ではなく、だいたいでOKです。

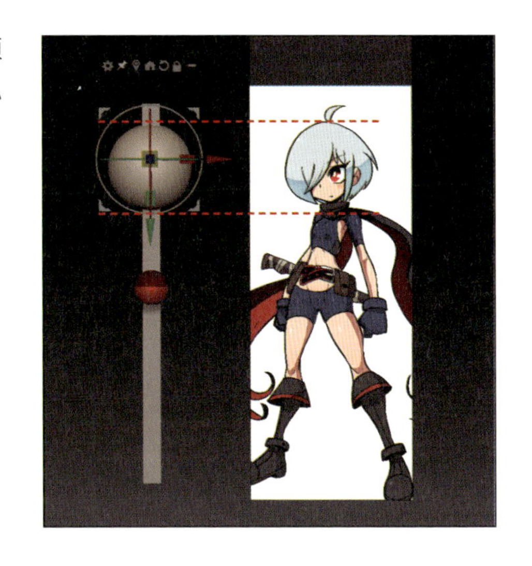

サブツールのルートスフィアを選択し、Moveモードに切り替えて、ルートスフィアをドラッグし肩くらいの位置に移動します。

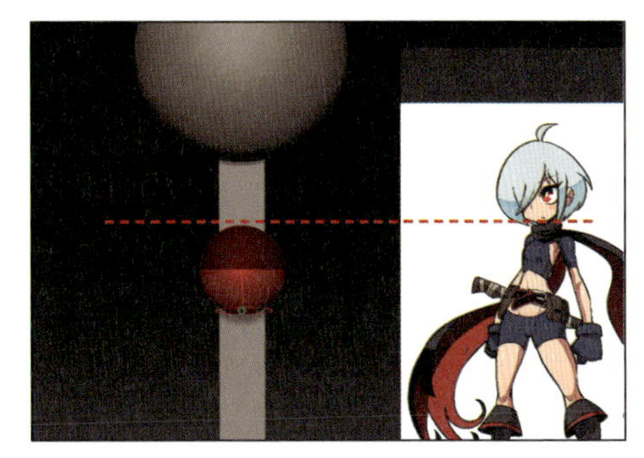

Drawモード(P.110参照)に切り替え、ルートスフィア上でドラッグして子スフィアを追加します。その際、X軸方向0の位置から生成されるようにしてください(マニピュレーターが黄緑色の状態であればOKです)。

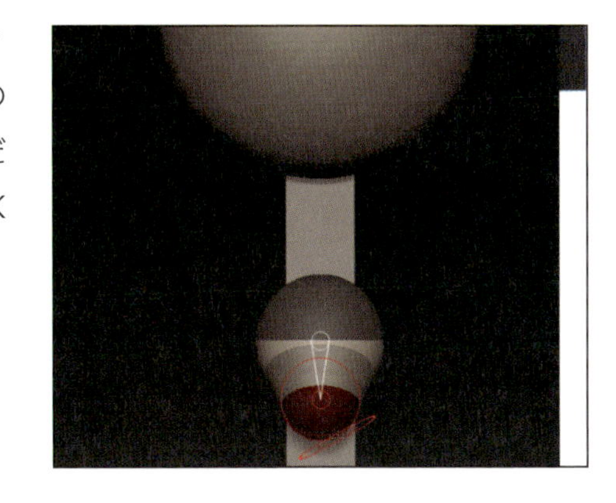

Moveモードでルートスフィアをドラッグし、頭に見立てたスフィアの中に移動します。子スフィアは、首の根元の位置にドラッグして移動します。

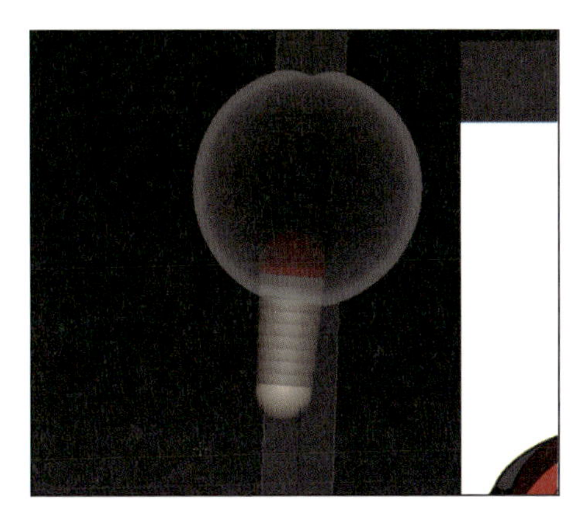

Drawモードで子スフィアの側面をドラッグして孫スフィアを追加し、Moveモードで移動します。これは肩のスフィアになります。

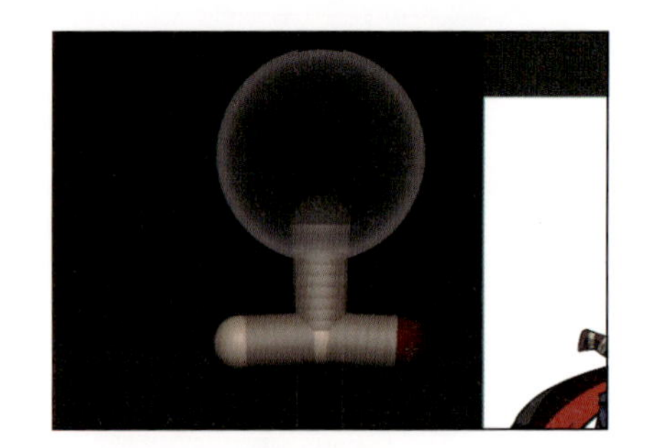

Drawモードで首の根元の子スフィアから中央に孫スフィアを増やし、Moveモードで一気に下まで下ろします。

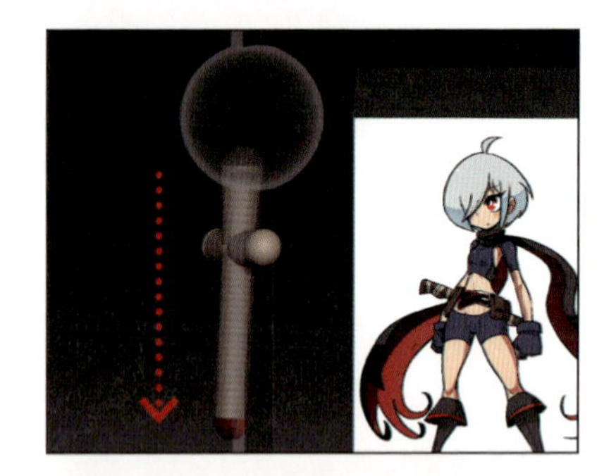

Moveモードで肩のスフィアをドラッグし、手くらいの長さまで移動させて伸ばします。

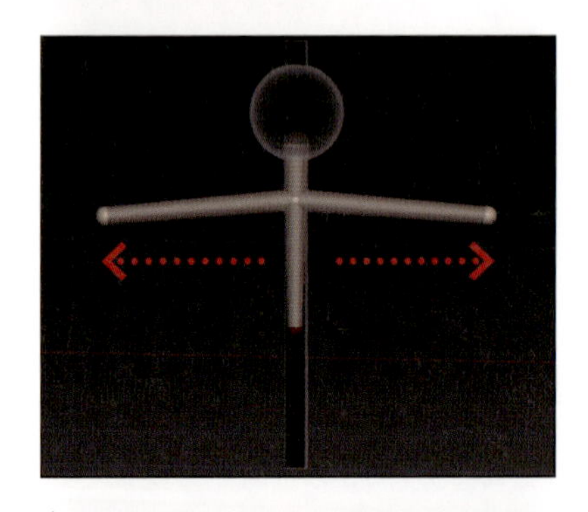

Drawモードに切り替え、下に伸ばしていたスフィアの側面をドラッグします。これで、足の付根部分にスフィアを追加できます。

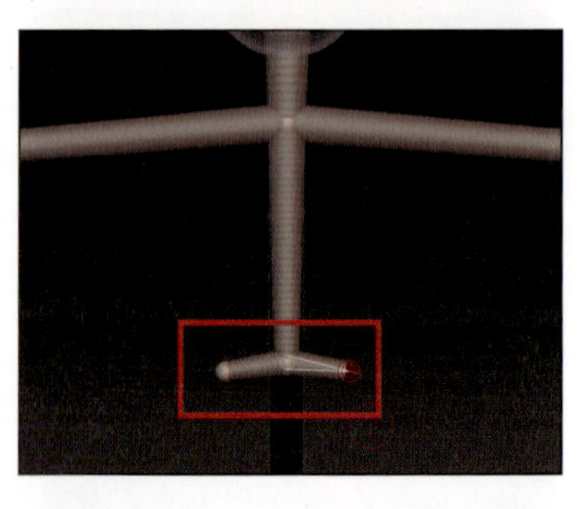

付根部分のスフィアをMoveモードで移動します。

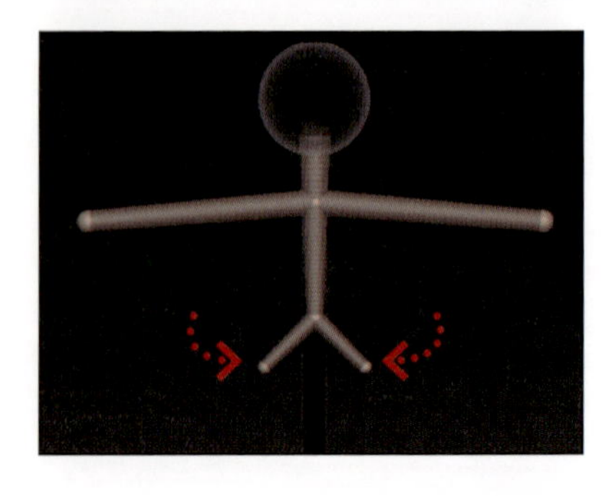

腰と移動したスフィアの間に、スフィアを追加します。腰のスフィアと足のスフィアの間あたりをDrawモードでクリックすると追加できます。

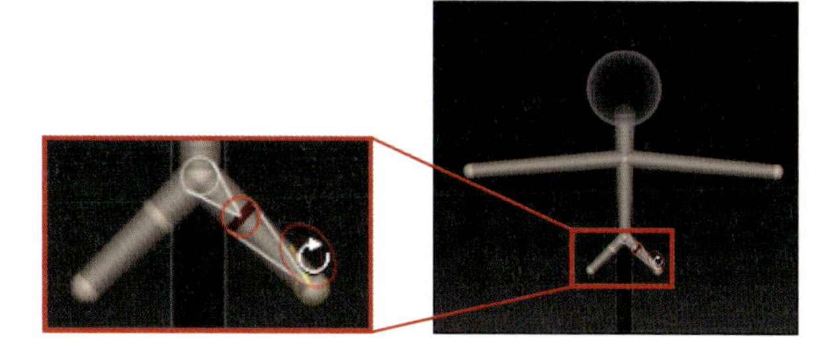

足の先端のスフィアをMoveモードでかかとの位置に移動し、腰の高さ等を調整します。

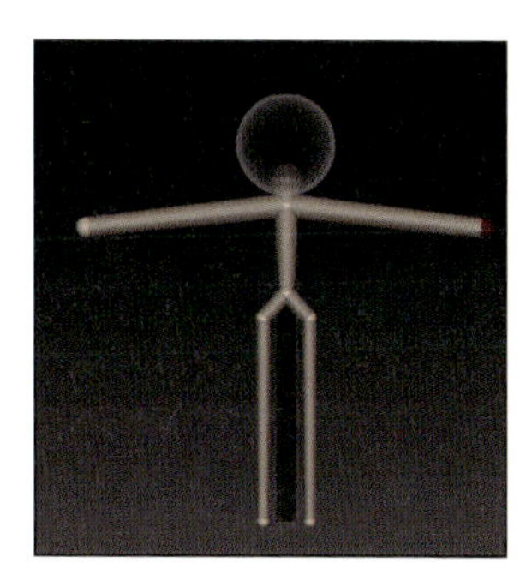

Drawモードで肩、肘、膝の位置をクリックし、スフィアを追加します。Moveモードで位置を調整します。

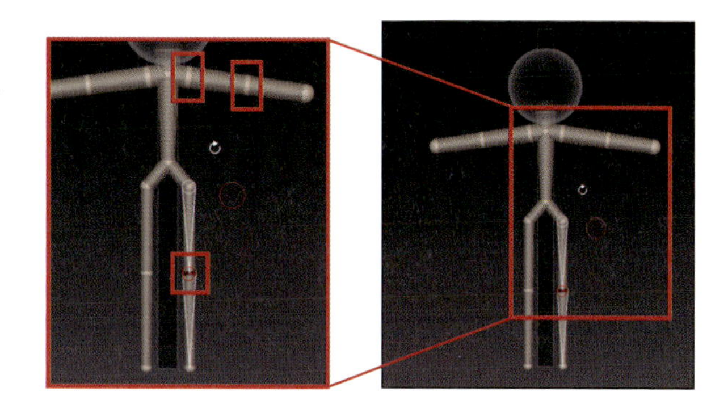

Drawモードでお腹をクリックしてスフィアを追加します。足先のスフィアをドラッグしてスフィアを追加します(つま先用のスフィアになります)。

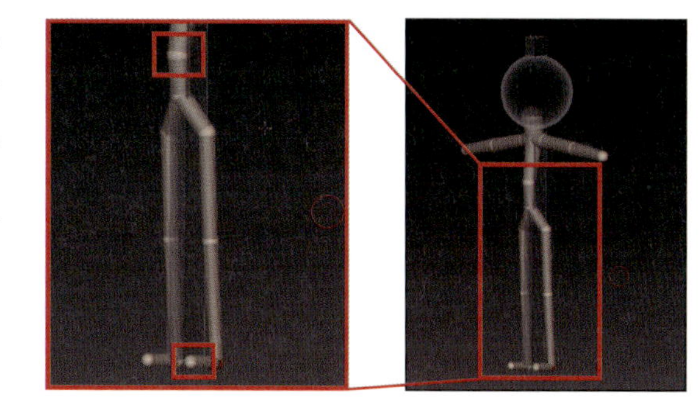

胸、お腹にさらにスフィアを追加します。

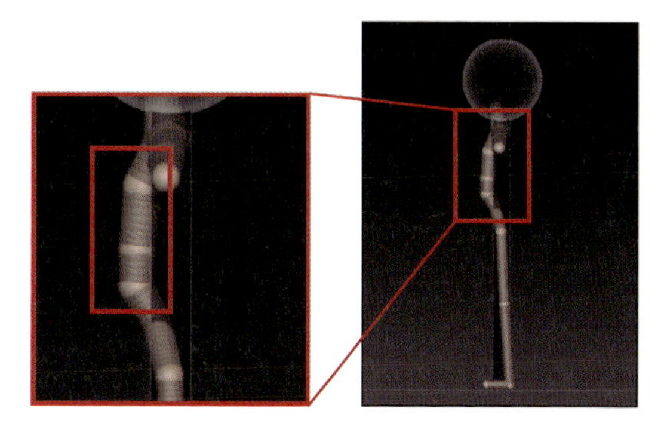

▶ メッシュのプレビューを確認する

メッシュのプレビューを行います。[Tool]>[Adaptive Skin]の設定を次のように変更してください。

Density	1
Dynamesh Resolution	0
Use Classic Skinning	ON

[Tool]>[Adaptive Skin]>[Preview]ボタン(もしくはショートカットⒶキー)をクリックすると、スフィアをメッシュに変換した時の状態がプレビューされます。

▶ スフィアの作り込みを行う

ZSphereのメッシュの生成され方は制御しづらいため、あまりスフィアを増やしすぎない程度にシルエットを作っていきます。ここでは、肘付近に1つ、脚の付け根付近に1つ、膝付近に2つ、スフィアを追加しています。

Moveモードと Scaleモードを切り替えながら、スフィアの位置やサイズを調整してください。横方向等から見て、現在構成しているスフィアの大きさや位置のみでなるべくキレイな状態を意識します。

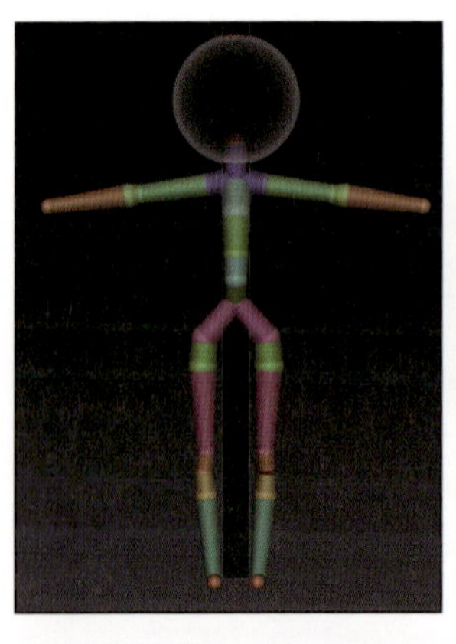

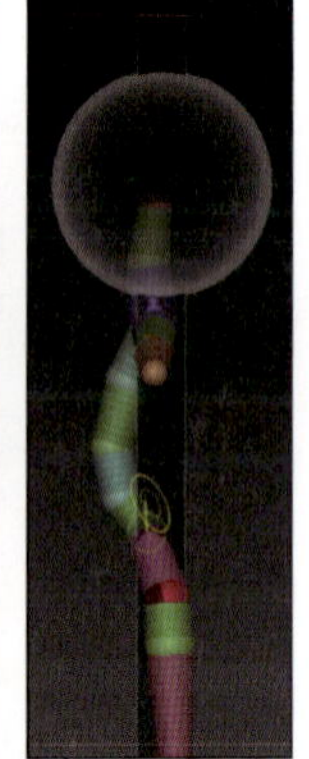

首のスフィアがルートスフィアから直接繋がっているため、Use Classic Skinningの仕様上どうしてもひしゃげてしまいます。

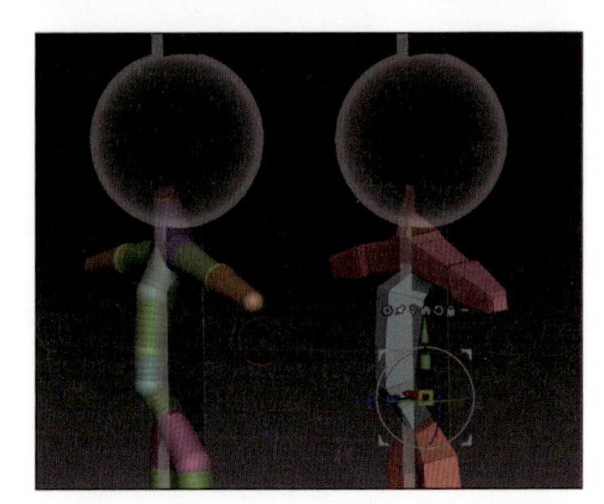

ルートと首のスフィアの間に1つスフィアを追加し、ルートスフィアとともに上方へ移動させ、実質的にひしゃげた部分を捨てる部分として扱います。

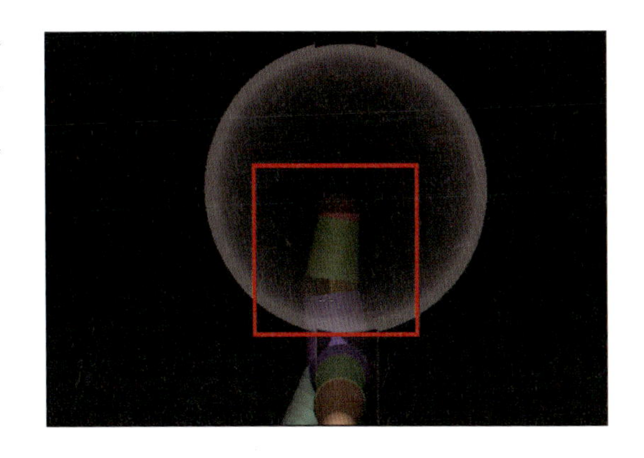

前述の通り、ZSphereで完璧な素体メッシュを求めるのは非効率なため、この程度でZSphere作業は終わります。デジタルの良いところは、後からいくらでもサイズを変更できることなので、この時点ではそれほど厳格に等身も合わせていません(今回のキャラクターはアホ毛を含まずだいたい4等身です)。

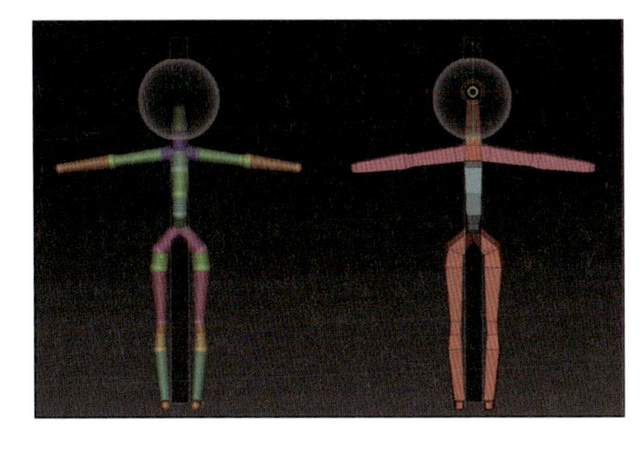

▶ スフィアのメッシュ化

[Make Adaptive Skin]ボタンをクリックし、メッシュとして確定させます。なおメッシュは「新規ツール」として生成されるため、スフィアが直接メッシュに変換されるわけではありません。

MEMO 基準棒による実寸計測

基準棒の側面1辺にアクションラインをスナップさせて生成させた際、[Preferences]>[Transpose Units]>[Calibration Distance]の値が10になっている場合は、このプロジェクト内においてアクションラインの目盛りを仮想的なものさしとして、厚さや溝の深さ等を計測するために使用できます。

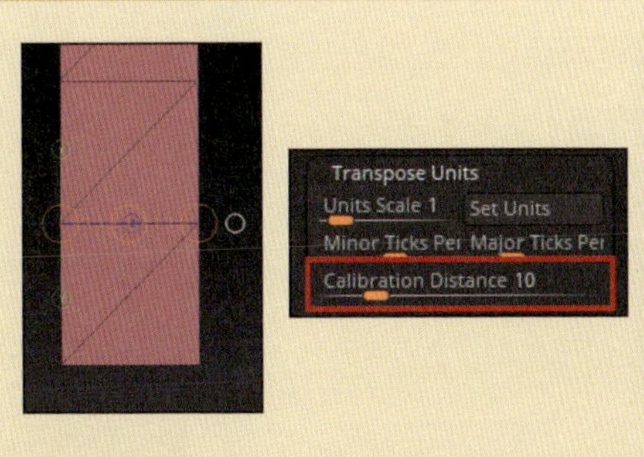

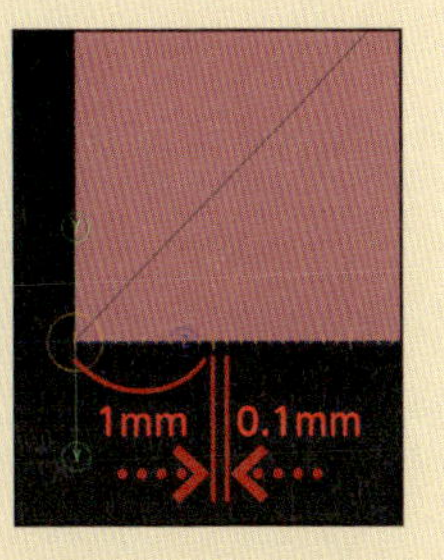

この数値を意図せず書き換えてしまうと、目盛りは前述の用途に使えなくなってしまいます。もし書き換えてしまった場合は、基準棒の1辺にスナップさせ、手動で[Calibration Distance]の値を10に書き換えてください。

SECTION 02

DynaMesh を使った素体の整形

この節で行うこと

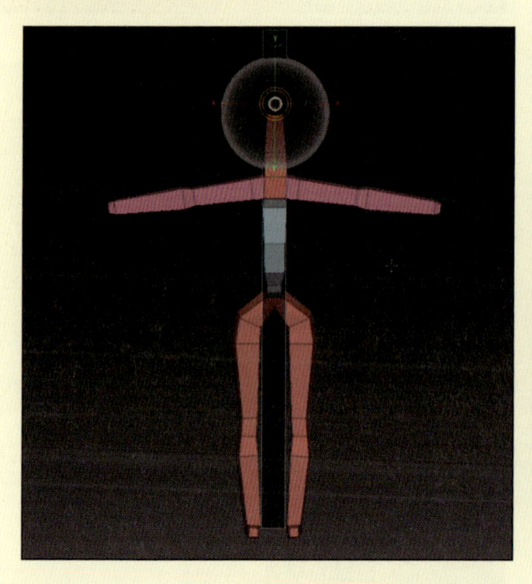

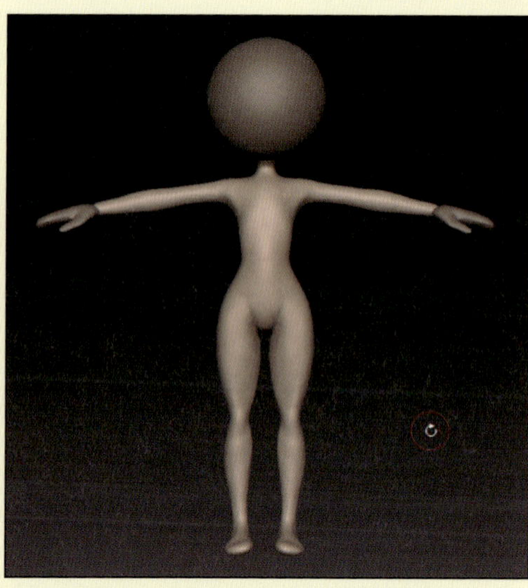

8-01 でZSphereから作成したベースメッシュを基に、素体の整形を行います。

この節では8-01で作成したベースメッシュをDynaMesh化し、スカルプトによって人体の形状らしく徐々にしていきます。DynaMesh機能については6-03で詳しく解説していますので、わからないことがあったら6-03を確認してください。

変換後のメッシュの読み込みからDynaMesh化前まで

[Tool]>[Subtool]>[Insert] で、8-01で生成したベースメッシュを読み込みます。

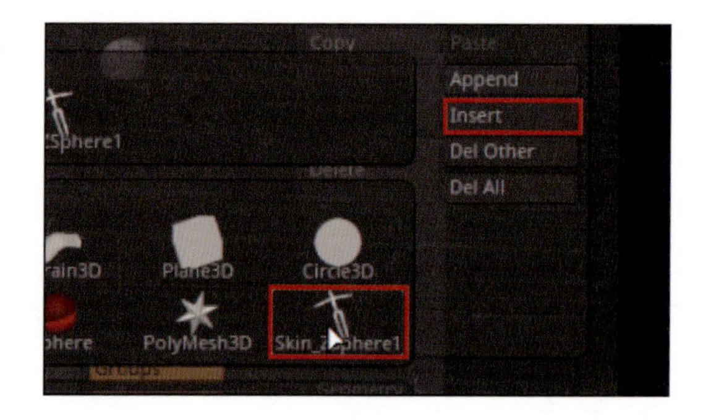

生成されたメッシュのまま整形するにはややローポリゴンすぎるので、この時点で1回だけサブディビジョンレベルを上げます（ショートカット Ctrl + D）。

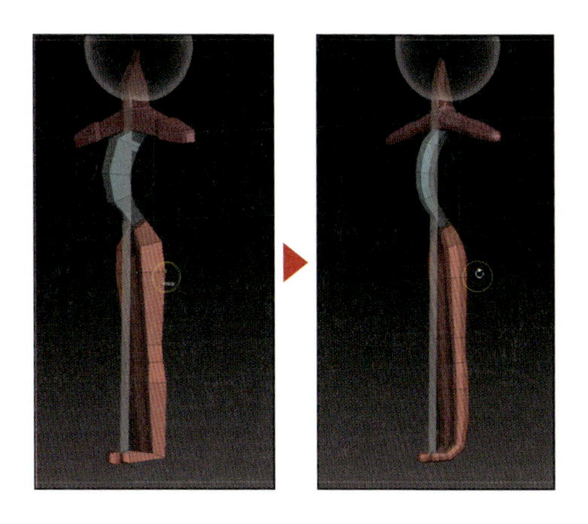

Moveブラシでシルエットを整えていきます。ですが、現在の設定のままですと、ブラシの効果範囲全てで移動が発生するため、ボリュームを出していけません。

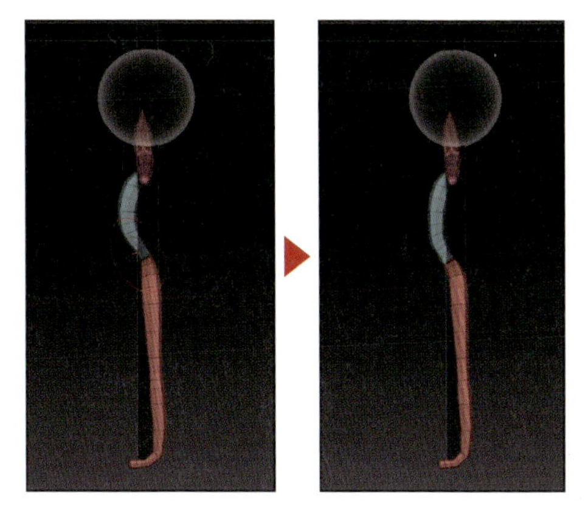

［Brush］>［Auto Masking］>［BackfaceMask］をクリックしてONにします。ブラシの動作が法線方向基準（つまり反対側を向いている面が自動的に効果の対象外になる）になります。

輪郭線を引っ張るイメージで厚みを付けていきます。

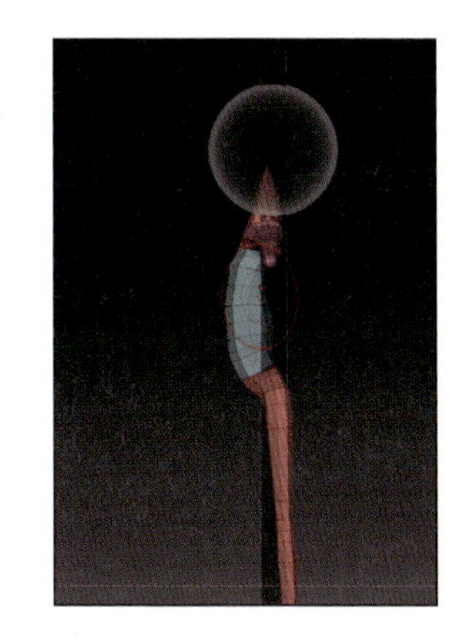

正面に視点を変えて、多方向から調整していきます。

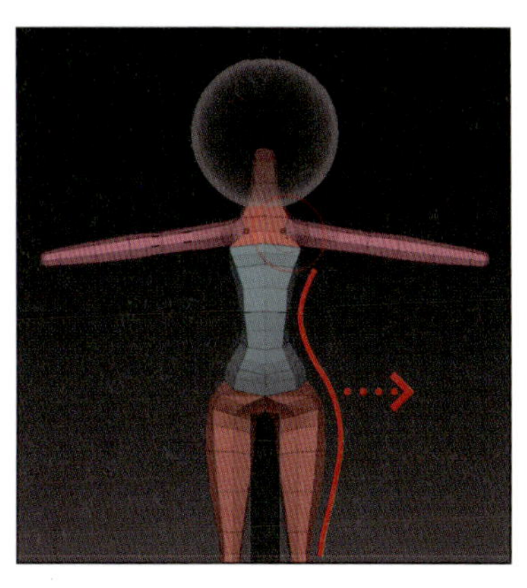

頭用のスフィアの位置をTransposeのMoveモードで少し上に移動します。

これ以上作り込んでも現段階では意味がないので、だいたいの形状が整ってきたら、ベースメッシュの編集はこれで終わりにします。

DynaMesh化して素体を作り込む

サブディビジョンレベルを削除し、[Tool]>[Geometry]>[DynaMesh]の[Resolution]を今回は168でDynaMesh化します。Resolutionの詳しい説明は6-03を参照してください。

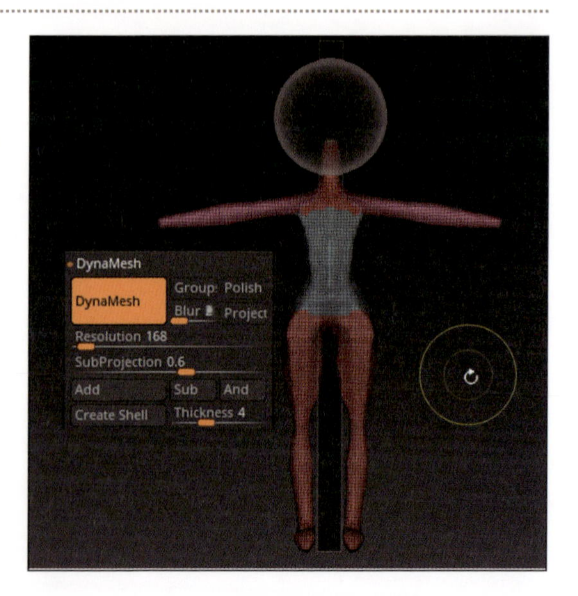

Smoothブラシ(Shiftキーを押しながらドラッグ)を弱くかけて、角張っている部分を均します。強くかけてしまうとメッシュが痩せてしまうので気を付けてください。

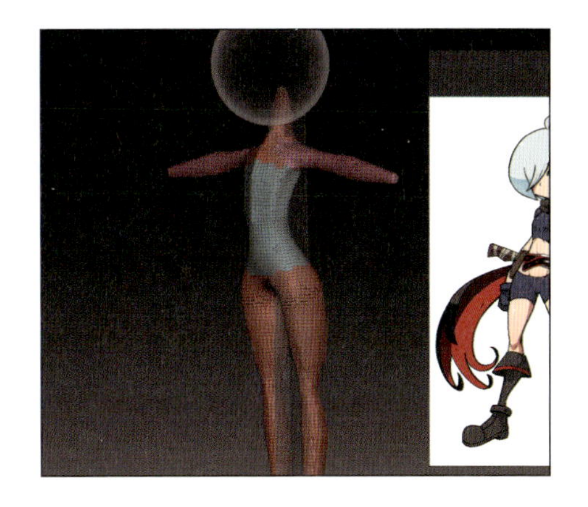

全体を均し終わったら、全体を1つのポリグループに統一しておきます(ショートカットキーCtrl+W)。

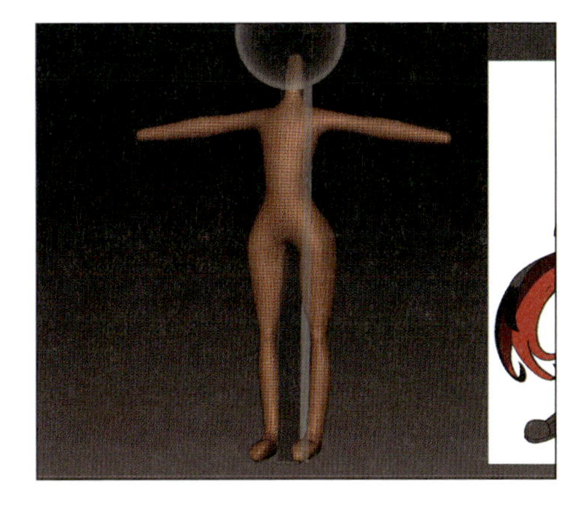

ClayBuildupブラシ(P.70)を使ってお尻部分に粘土を盛り付ける感覚でストロークします。ここからしばらくは体のいろんな箇所を少しずつ徐々に作っていきます。一箇所をずっと作り込むのではなく、全体をまんべんなく完成に近づけるイメージで進めてください。

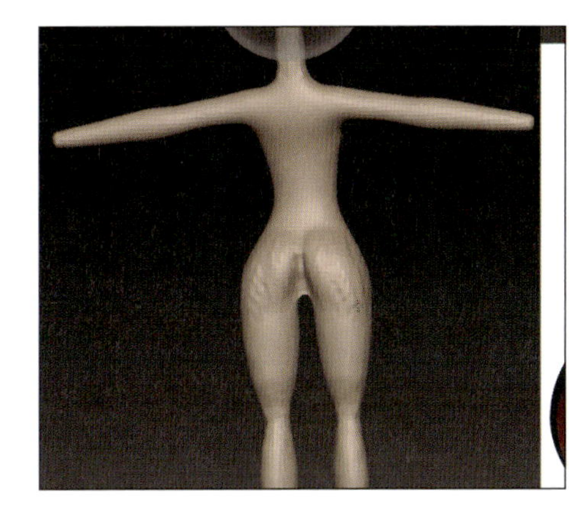

Smoothブラシ、Smooth Polish(Smoothブラシ効果中にShiftキーだけ離す)で、ClayBuildupで盛り付けた部分を均します。

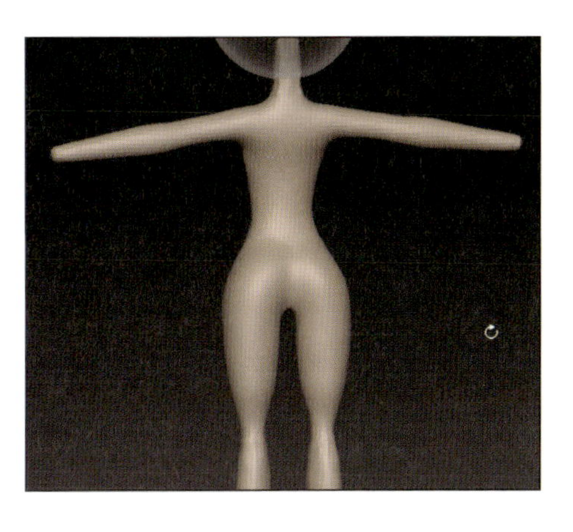

sm_crease ブラシ（P.71）でお尻の割れ目を彫ります。

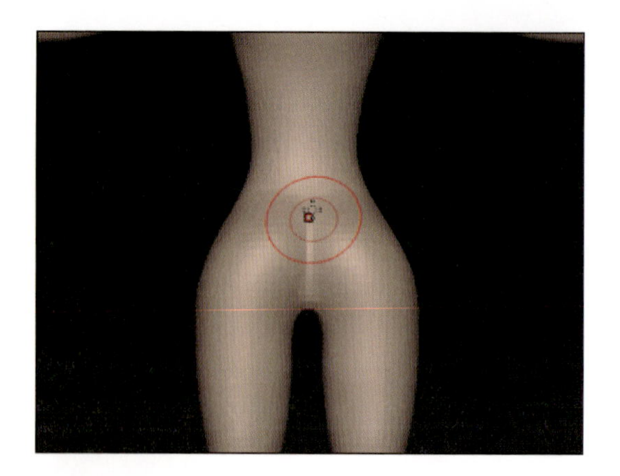

背中の肩甲骨のあたりから肩に向かってClayBuildup ブラシで盛り付けます。これ以降「盛り付ける」という表現をする時に、筆者が使っているブラシはClayBuildup です。

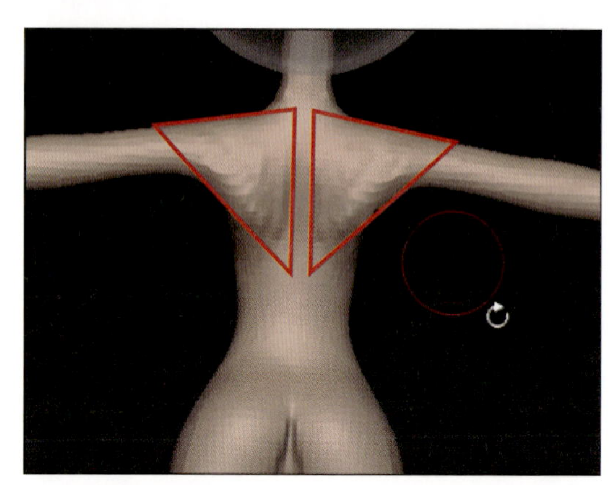

股間からお腹側、脚の付根の境目でできる溝を、sm_crease ブラシで浅く彫ります。

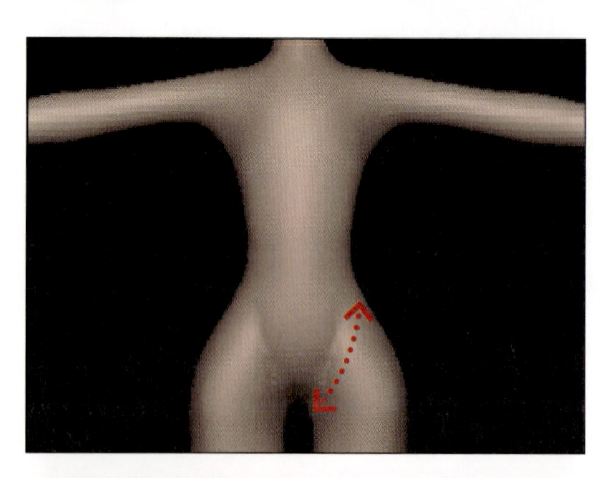

大胸筋を盛ります。胸部から肩にかけては、肩の三角筋の下に大胸筋が入り込むという構造を、この時点から少し意識していきます。

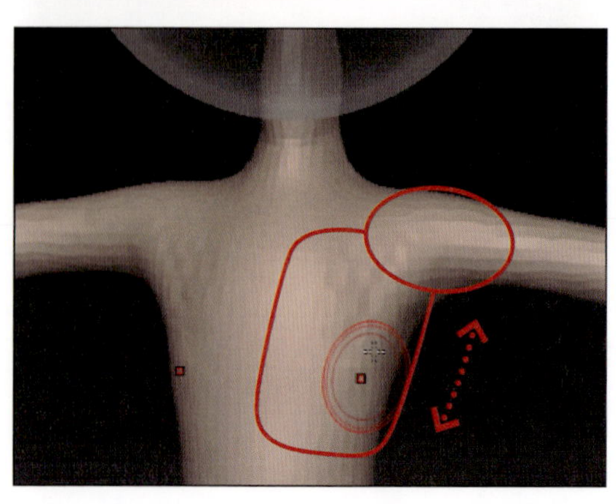

肋骨を意識しながら胸部をさらに盛ります。

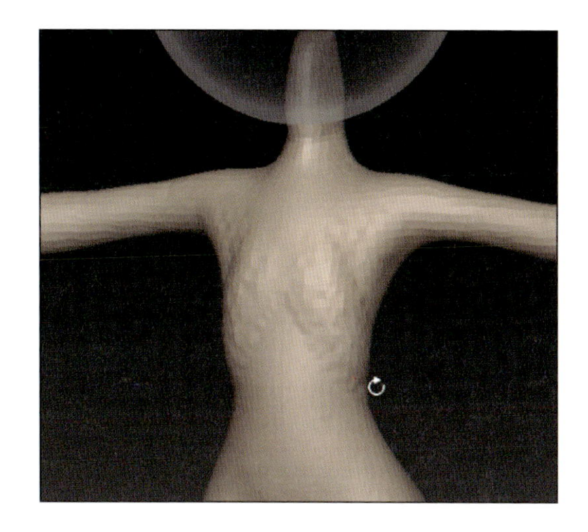

背面側も、肋骨を意識しながら盛ります。

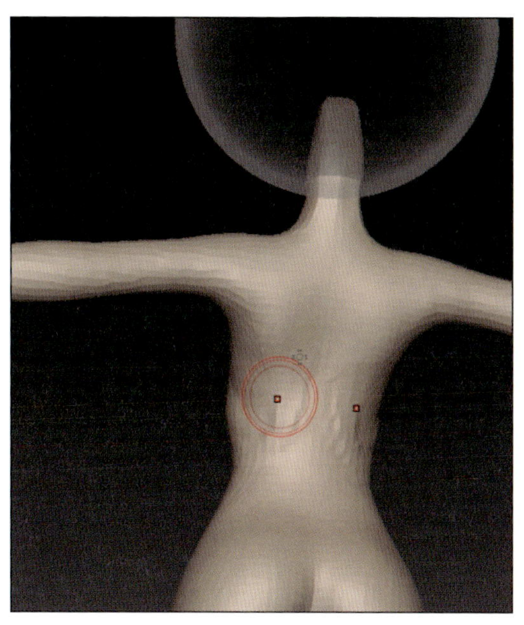

盛り付けた胸部周りを、弱めにスムースをかけて均します。

仮の手パーツを配置する

比率、バランスを見るために仮の手を追加しましょう。まず、[Tool] > [Subtool] > [Insert]でSphere3Dをサブツールに追加します。

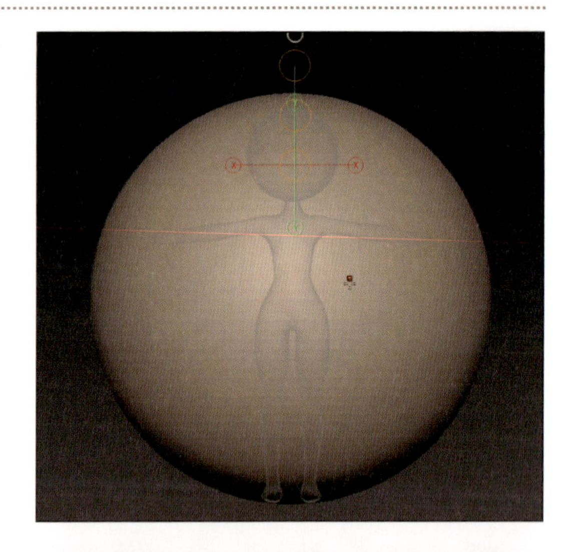

Moveモードや Scaleモードを使って、追加したスフィアをおおよその手の位置、大きさに調整します。

Moveモードで終点をドラッグし、スフィアをつぶします。

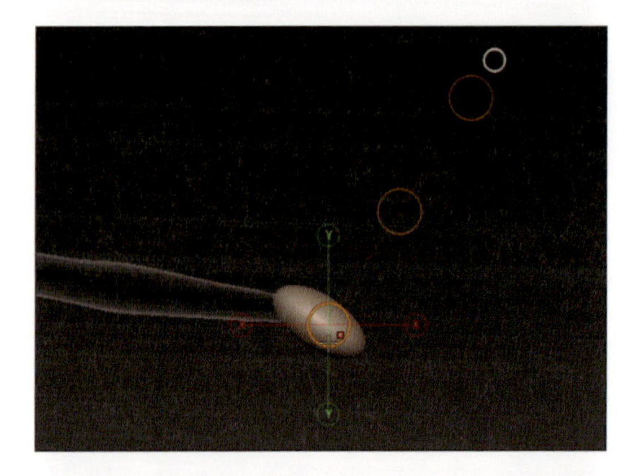

Moveブラシを主に使い、手の形状をラフに作成します。あくまで雰囲気を見るためのモノで、この仮メッシュは後で削除します。そのため、この時点では作り込みはしません。

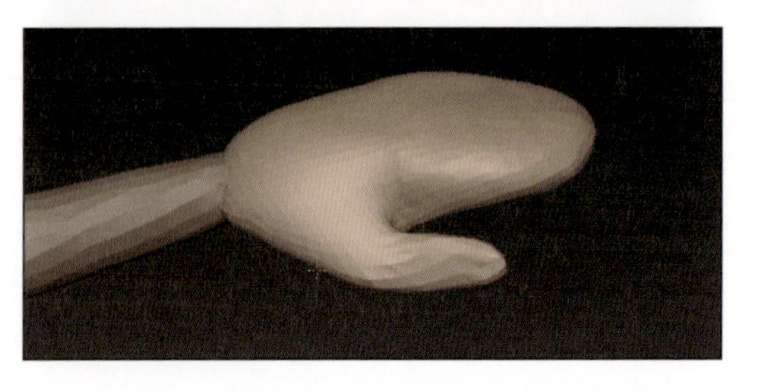

手のメッシュを反対側にもコピーします。[Zplugin] > [SubTool Master] > [Mirror] をクリックします。続いて、[Merge into one SubTool] と [X axis] にチェックを入れ、[OK] ボタンをクリックします。

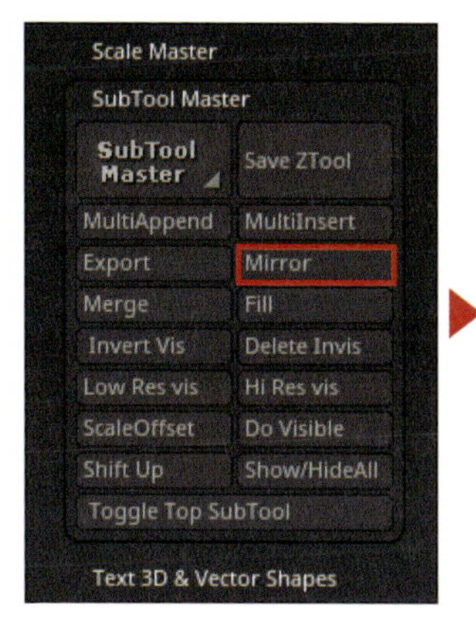

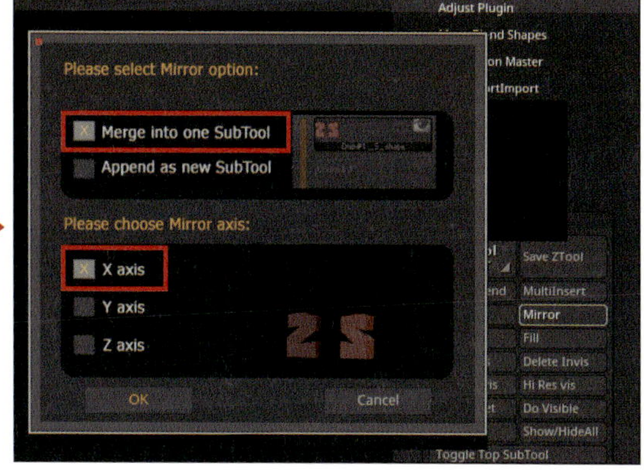

同じサブツール内の左右対称位置にメッシュがコピーされます。

Resolutionを上げてさらに作り込む

さらに素体の作り込みを進めますが、現状のResolutionは若干低めなため、作り込み度合いを進めるためにメッシュの密度を上げます。

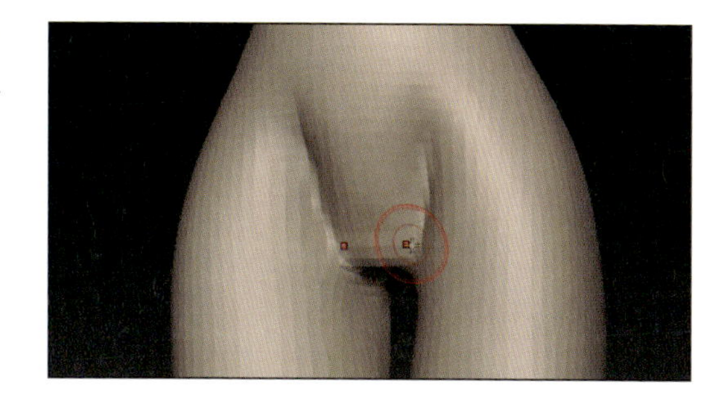

[DynaMesh] の [Resolution] を336まで上げ、DynaMeshの更新（Ctrl キーを押しながらブランクエリアをドラッグ）をします。

トポロジーを強制的に左右対称にしましょう。[Tool]>[Geometry]>[Modify Topology]>[Mirror And Weld]で左右対称なトポロジーのメッシュにします。以降、ポーズを付ける前の作業中のDynaMesh更新時には、[Mirror And Weld]を毎回適応することとします。

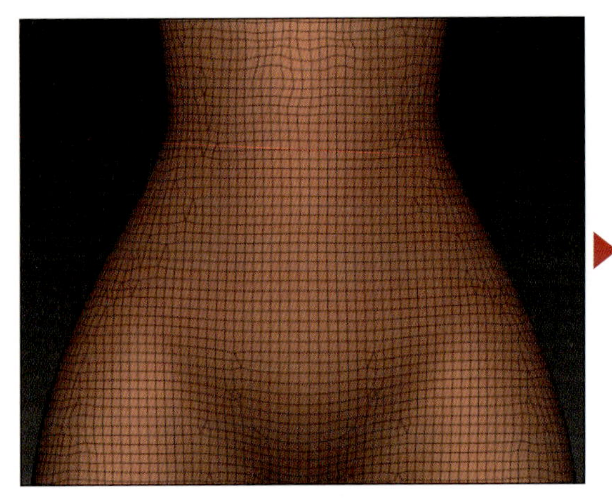

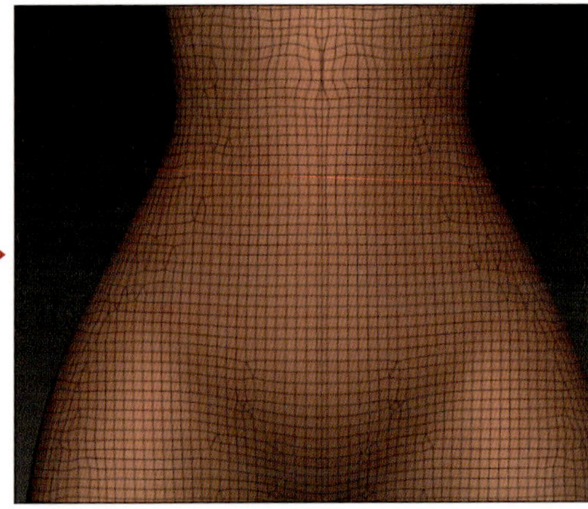

下腹部を盛り上げ、鼠径部の溝を作ります。

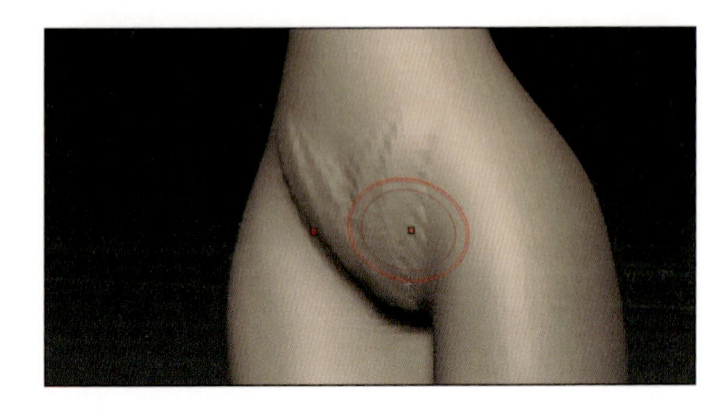

メッシュの密度が上がっているので、すでに手を入れていた部分への盛り付けと均しを再度行います。

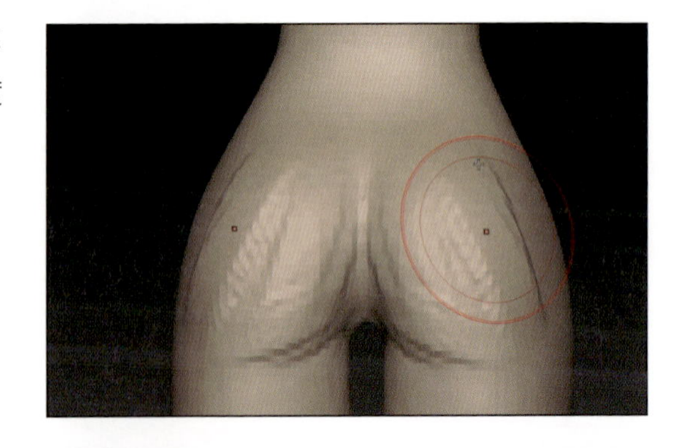

sm_creaseブラシを使い、お尻と太ももの曲率差の境界線に出来る溝(殿溝(でんこう))を彫ります。

他の部分にも言えることですが、この溝は実際にはお尻の膨らみ、太ももの曲率の違い、筋肉の付き方の違い、皮下脂肪の付き方の違いから生まれるディティールのため、彫るだけで表現するとどんどんメッシュが不自然な形状になります。

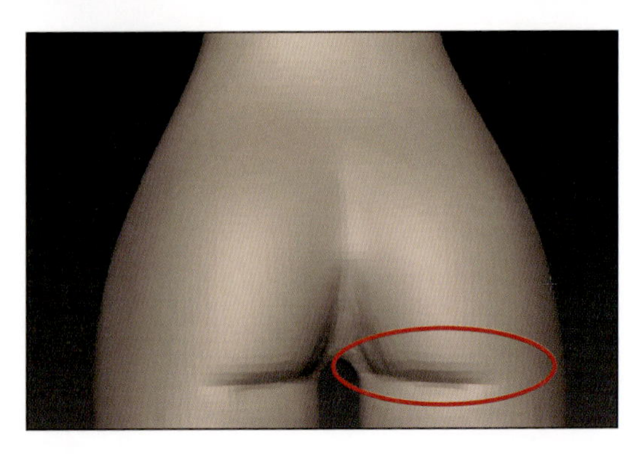

MEMO

筆者はその昔学生の頃、作成しているキャラクターのお尻がお尻っぽくならないなぁと数日間悩みに悩んだことがありました。お尻をお尻たらしめている要素の1つであるこの殿溝という溝の存在に気づいた時の「発見したったっ！」感は、筆者20代最高の高揚の瞬間でした（ホントに！）。

なお、殿溝という名称はその時点では知らず、それから5年ほど経ってから知りました。何にでも名前ってあるものなんですね。

Moveブラシを［BackfaceMask］をONにした状態で、割れ目周辺の肉を中央に寄せる感じに引っ張ります。［BackfaceMask］をONにする理由は、シンメトリー編集時はシンメトリー境界付近ではブラシの効果が反対側から相殺されてしまうためです。

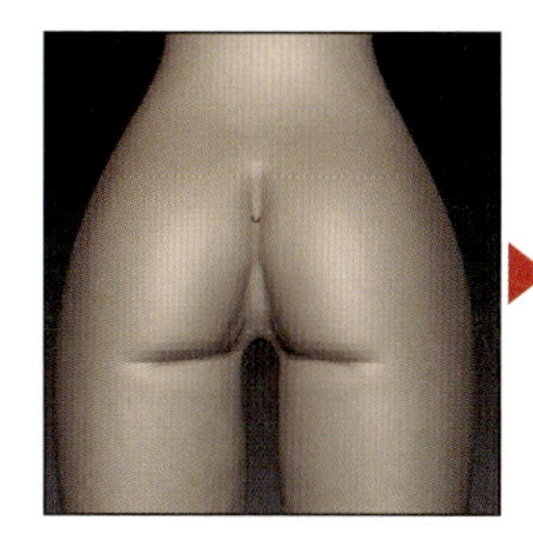

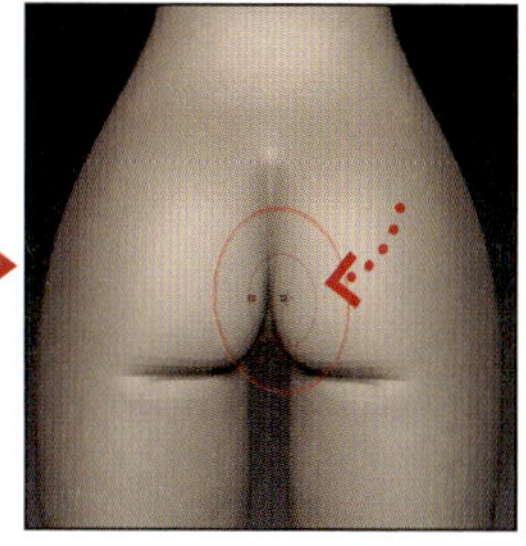

sm_creaseブラシで、大臀筋と胸腰筋膜の境界線に出来るY字のラインを彫ります。なお、ヴィーナスのえくぼと呼ばれる腰の凹みはこのY字ラインの延長線上、骨盤の上後腸骨棘（じょうこうちょうこつきょく）付近にできます。

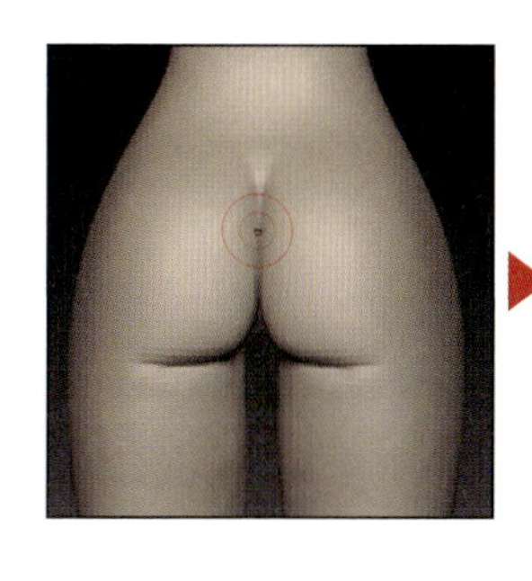

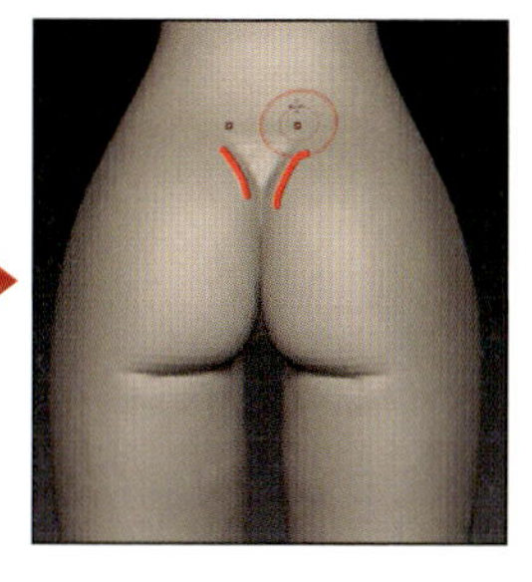

sm_creaseブラシで、背骨のラインに沿っていったん溝を彫ります。実際の構造的には、溝があるというイメージではなく、「背骨から左右に向かって僧帽筋や広背筋があり、背骨直上に筋肉がほとんどないため、相対的な関係の結果として溝が出来る」というイメージで作り進めます。

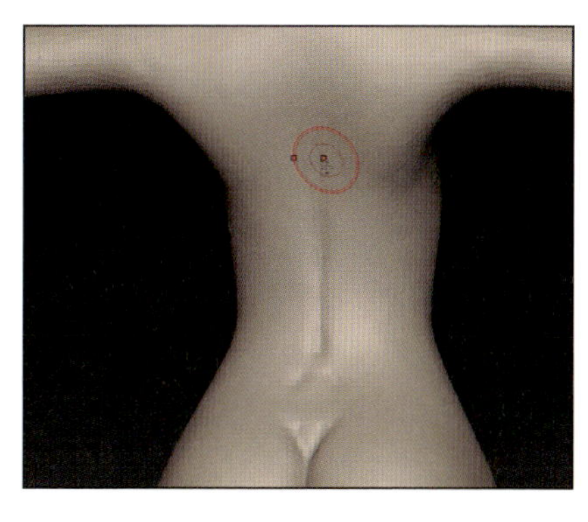

Moveブラシと Smoothブラシで、側面から足のシルエットを整えます。

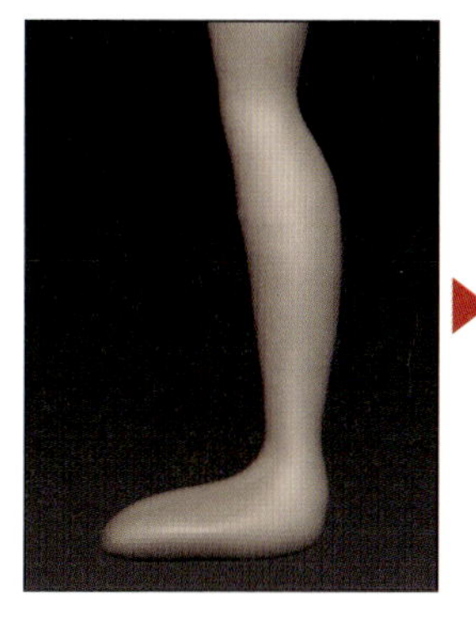

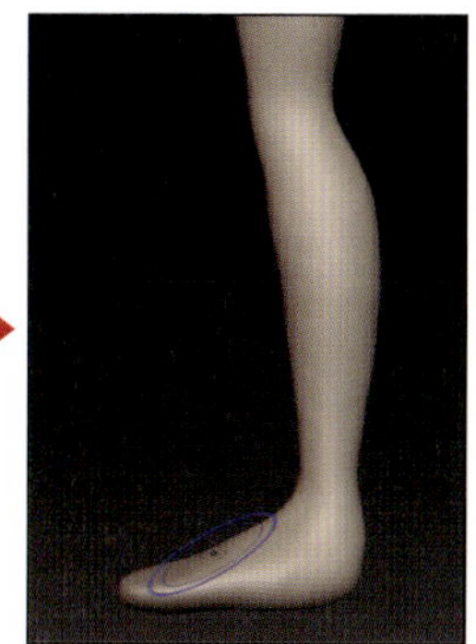

足の裏からの視点にし、Moveブラシで足のシルエットを整えます。

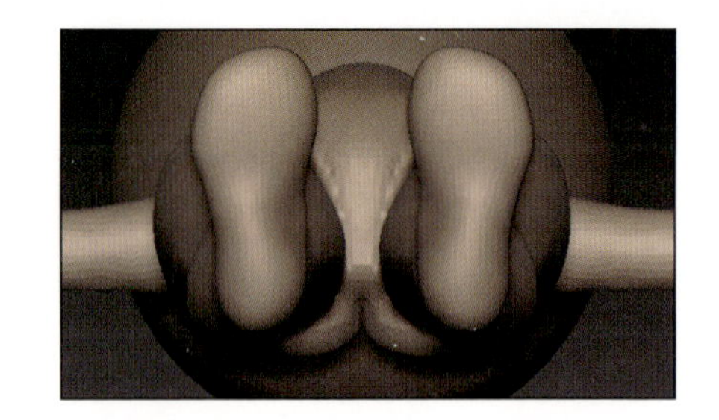

足の裏を、いったんTrimDynamicブラシである程度平らにします。

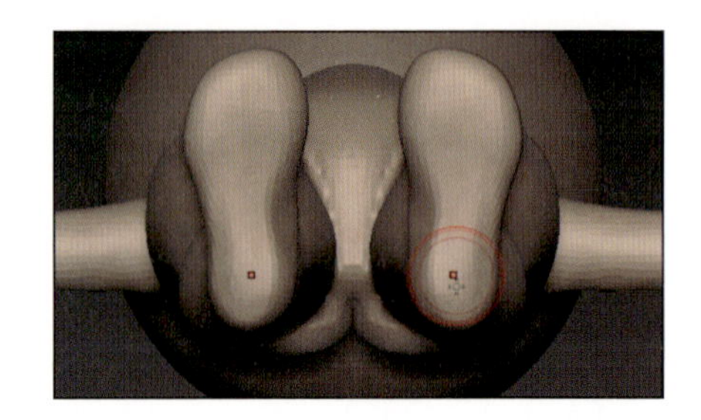

平らにした部分をSmoothブラシで少し均し、ふんわりした形状にします。

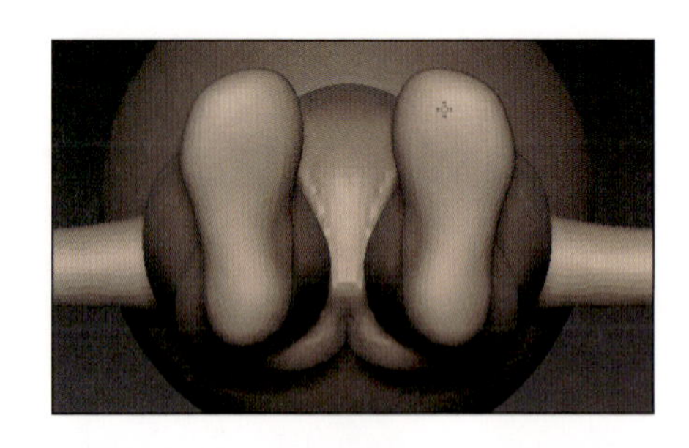

下から見ると、太ももの内股のあたりがボリューム不足なのがわかるので、盛って均します。

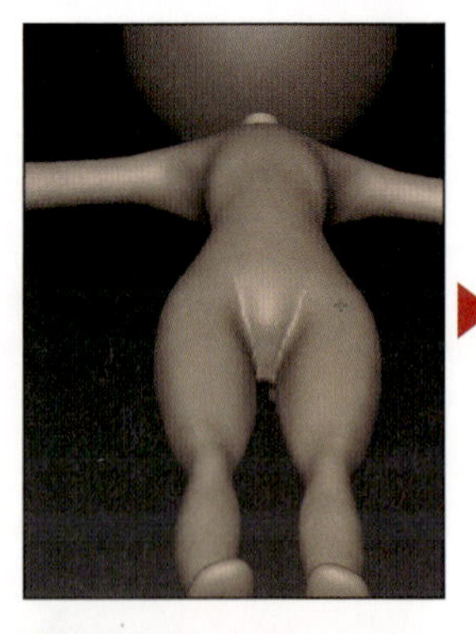

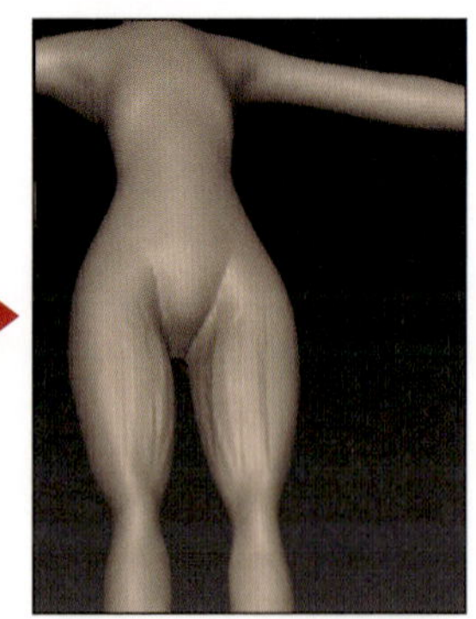

Moveブラシを大きめのブラシサイズで、膝下を外Rにします。これで素体のラフモデリングをいったん終わりとし、この章の作業は完了です。

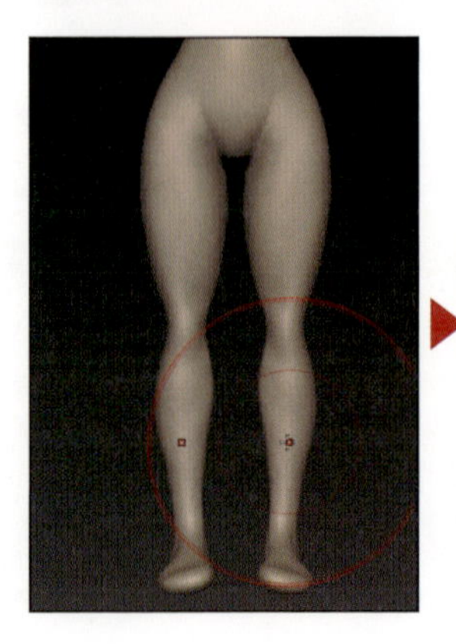

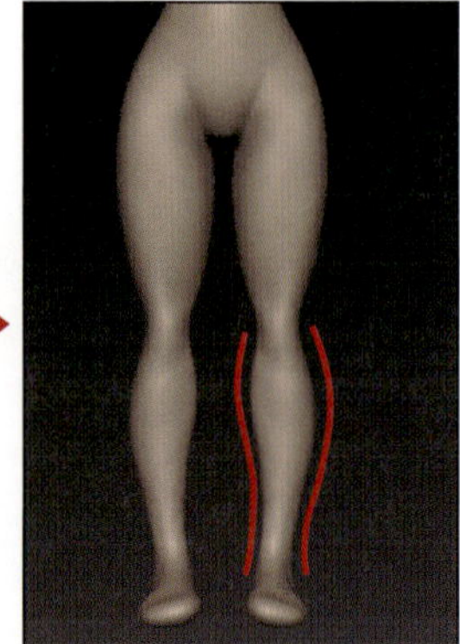

Chapter 9

素体のさらなる作り込み

SECTION 01

顔のベースの作成

この節で行うこと

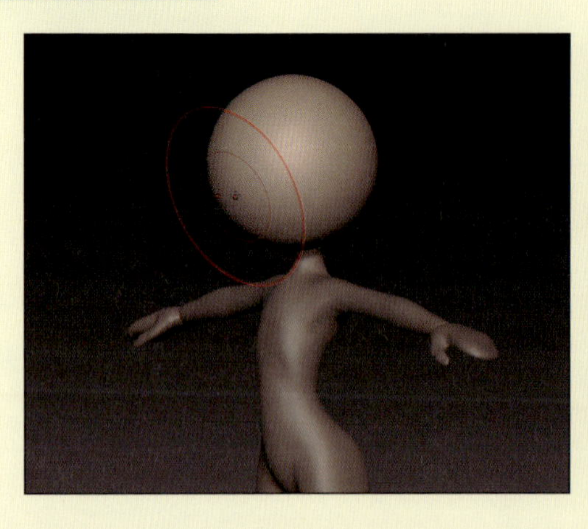

8章で仮のスフィアだった頭部の形を、徐々にデザインの形状に近づけていきます。顔は、髪の毛とのバランスで印象がガラっと変わってしまいます。そのため、ここでは髪の毛を仮置きする程度の形状までしか作り込みません。

Moveブラシを使って形状を作る

この節で主に使っているブラシはMoveブラシ(P.70)です。小さくブラシを使って形を作るのではなく、大きめのサイズで徐々に徐々に大きな形から細かい形状に推移するように作業を進めていきます。

また、この節で初めて出てくる機能にZRemesherがあります。機能やメニューに関しては、詳しくは6-05を参照してください。

おおまかな形状を作る

アクティブなサブツールを、頭部用のスフィアに切り替えてください。この時、サブツールメニューから切り替えても良いですが、Alt +スフィアのクリックで、アクティブなサブツールを切り替えることもできます。

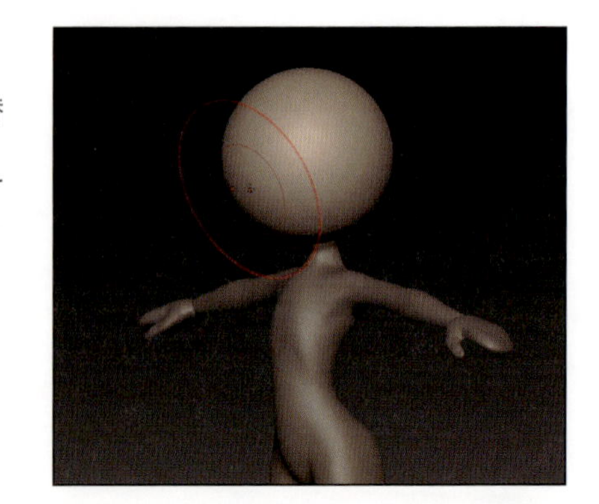

Moveブラシを大きめのサイズにし、側面から顔前面と顎のラインへ押し込みます。Altキーを押しながらドラッグすると、押し込む動作になります。この時、シンメトリーをON（P.78）にして作業を始めるのを忘れないようにしてください。

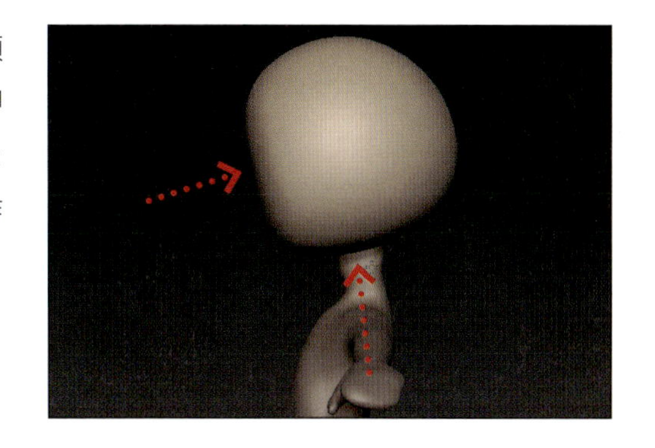

今度は前面からの視点で、側面部を押し込みます。

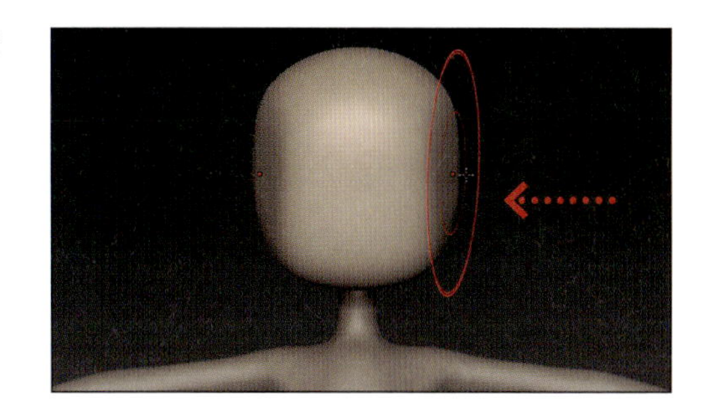

側面からの視点に戻し、おでこから鼻にかけての輪郭を大まかに押し込んで作ります。

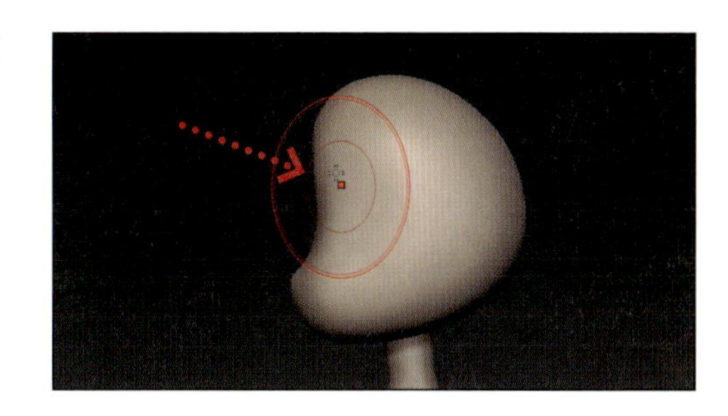

おでこを押し込みすぎたので少し戻します。

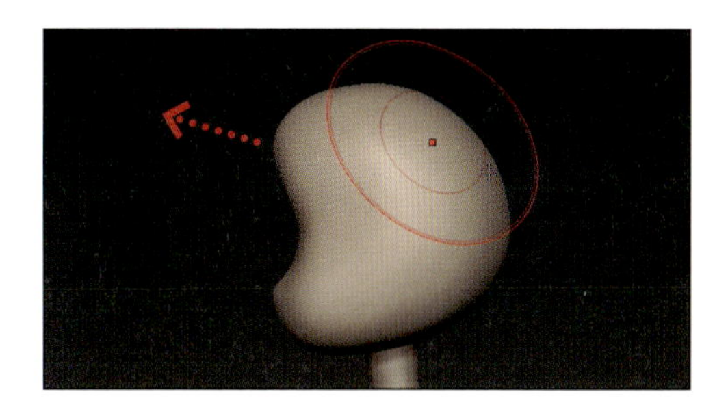

正面からの視点で、顎のピークの尖りを作ります。

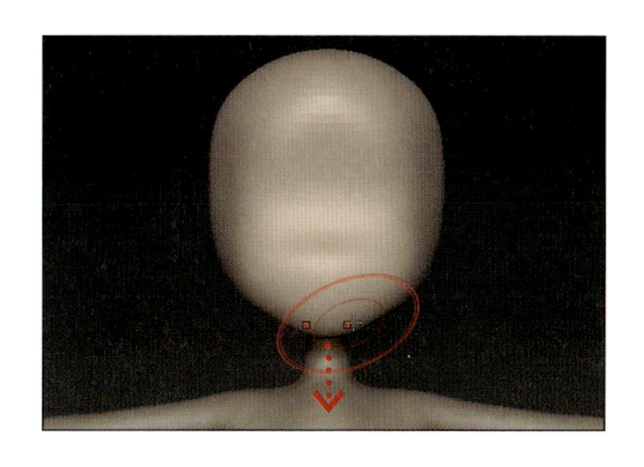

sm_creaseブラシに切り替え、耳の下の顎と首の段差を作ります。続いて、Altキーを押しながら顎のラインを出っ張らせます。

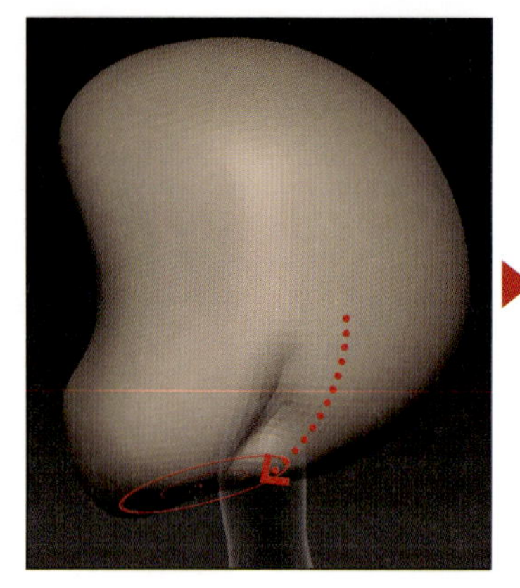

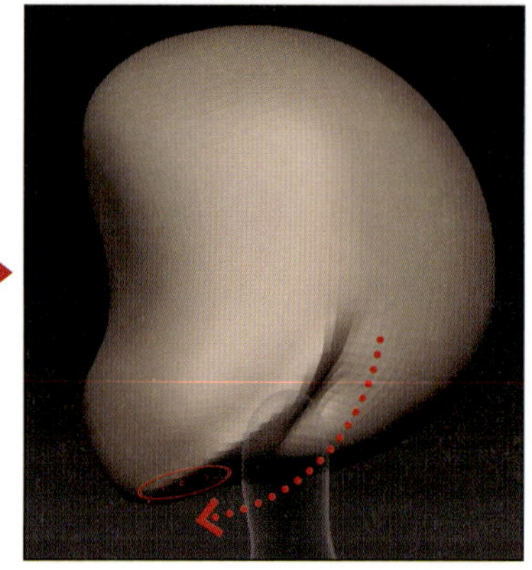

出っ張りが鋭角なのでSmoothブラシで均します。

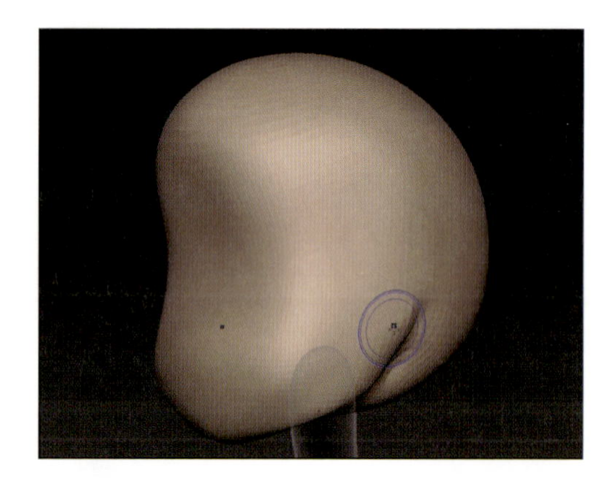

スフィアのトポロジーのままですとこの先作業しづらくなっていくので、この時点でDynaMesh化します（参考：Resolutionは448）。

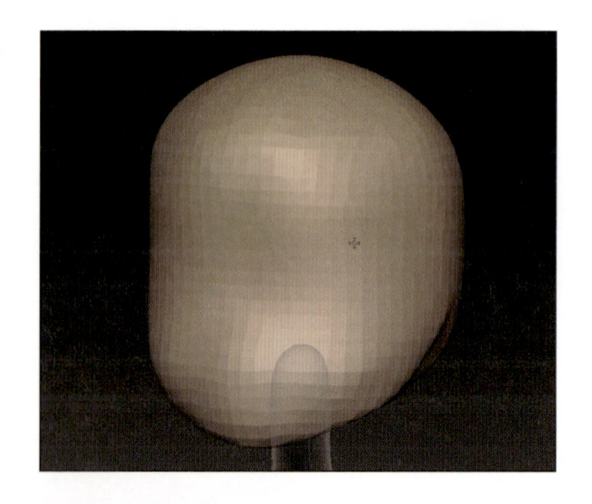

デザイン画を見比べながら、Moveブラシ等で顎のラインを寄せていきます。

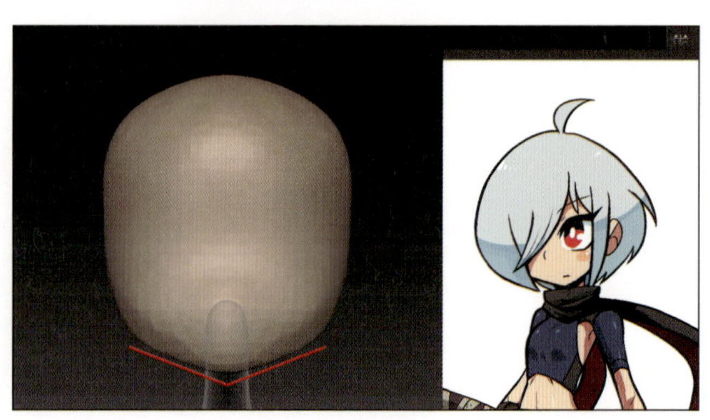

Chapter 9 素体のさらなる作り込み

側面からの輪郭も徐々に整えていきます。

Moveブラシで首を引っ張って生やします。この時、体の素体側から延びている首と交差さえしていれば、この時点ではOKです。

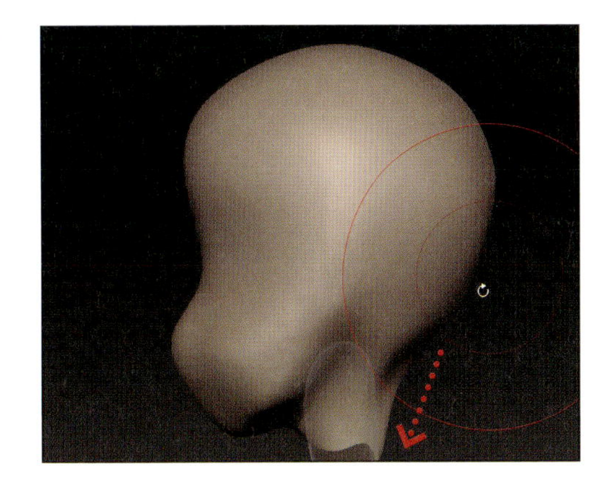

Moveブラシで中央に寄せるイメージで鼻を作ります。

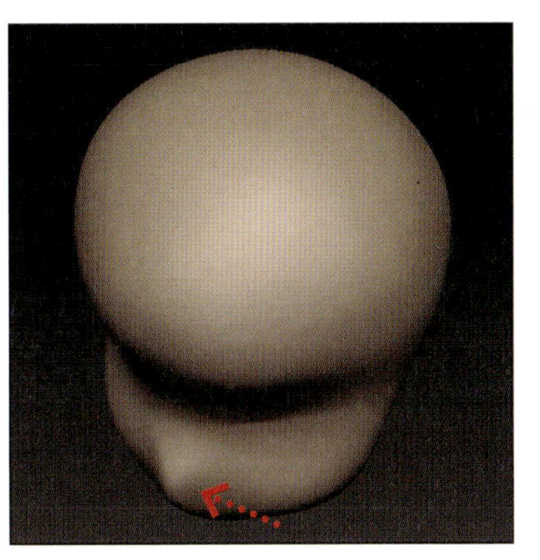

Moveブラシで鼻から顎にかけてのアウトラインを調整します。この時、口が鼻と顎を結んだ直線ライン上から前面に出てしまうと、尖った口の印象になるので注意してください。

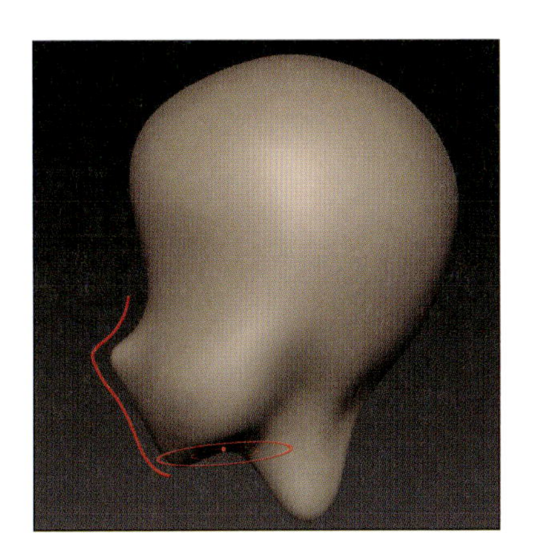

上から見た状態だと、おでこの側面側が後ろに下がっているので、Moveブラシで前に押し出します。

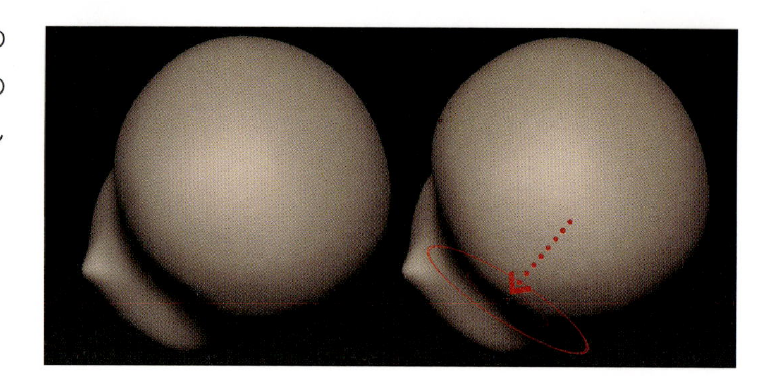

鼻の先以外にマスクがかかった状態で、TransposeのMoveモードで少し上に上げます。Moveブラシと違い、マスクの減衰以外では移動に減衰がかからないため、局所的な調整で時々こちらを使っています。

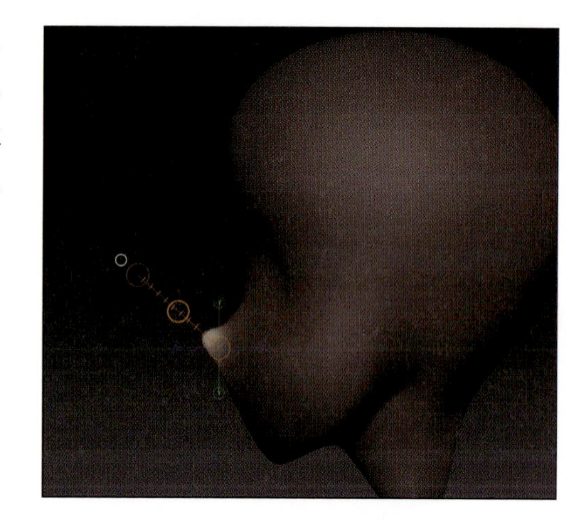

首の太さや顎のライン等をもう一度見直しながら、作り込みを進めます。

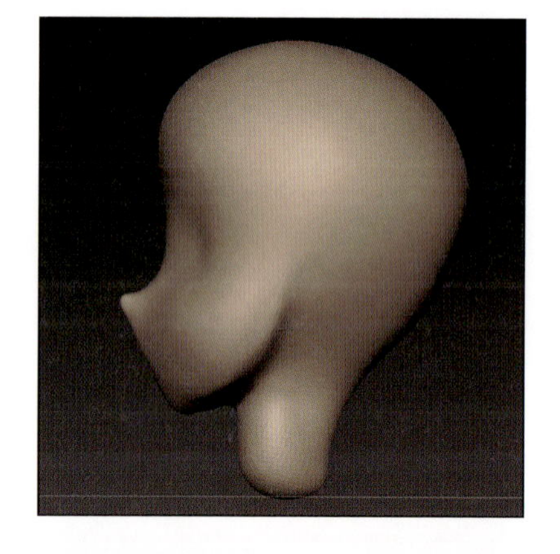

目のくぼみを、Moveブラシで少しずつ作っていきます。Altキーを押しながらMoveブラシを使うと、法線方向へのプラス・マイナス方向に押し出し、押し込みができるので、押し込みを駆使します。

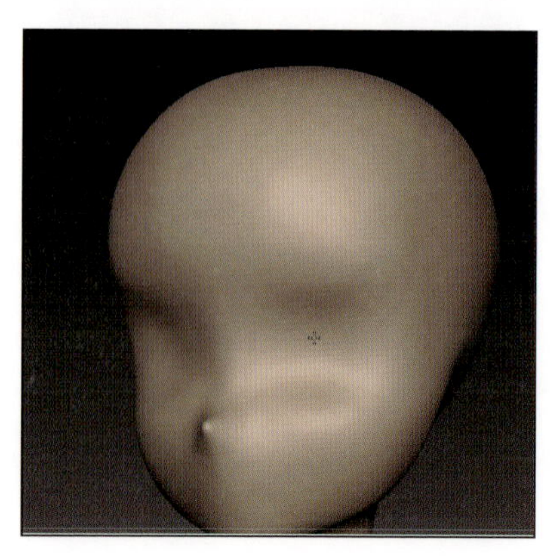

ClayBuildupブラシ、Smoothブラシ、Moveブラシで頬のボリュームを調整します。

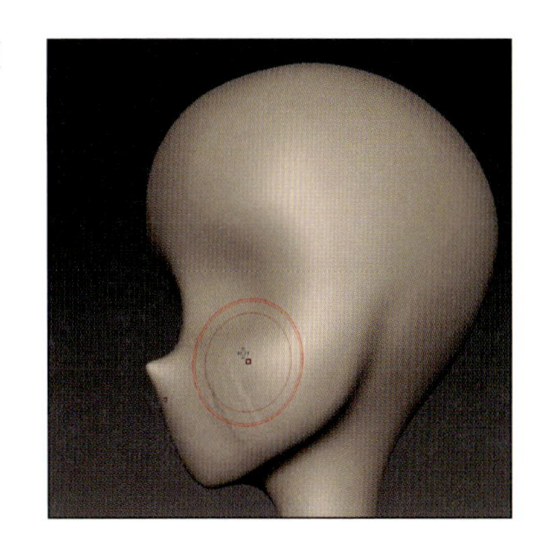

▶ 目のディティールを作る

[PolyFrame]ボタンをクリックします。MaskPenブラシを使い、目の形状でマスクを作ります。今回の作例キャラクターは一般的なスケールフィギュアよりデフォルメが強いため、目が大きめです。徐々に調整すれば良いので、思い切って大きめにマスクを描いてください。

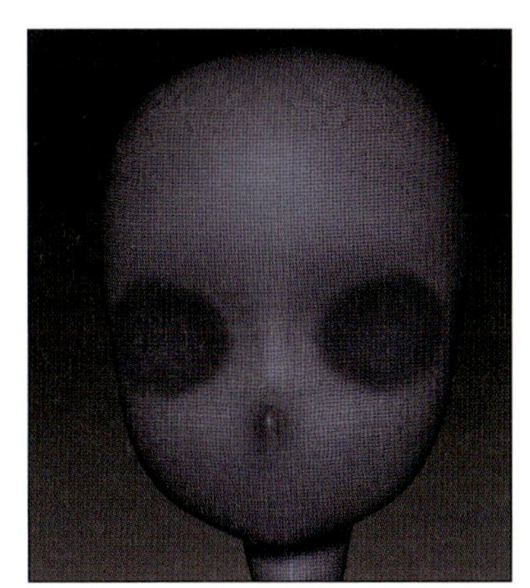

Ctrl + W キーを押し、マスクのかかっている部分を別ポリグループにします。

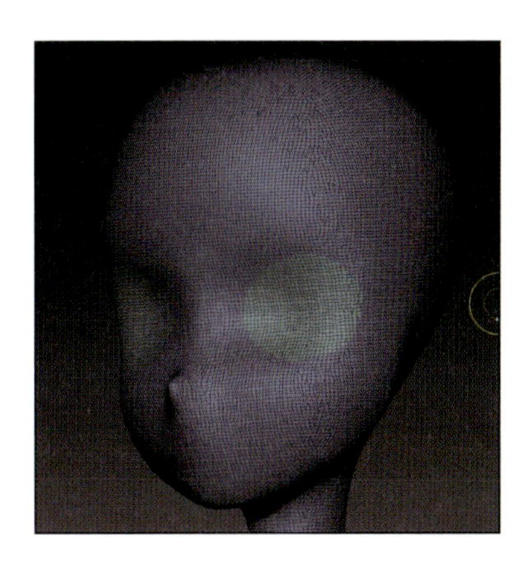

Transposeモードで、Ctrl キーを押しながら目のポリグループをクリックすると、目のポリグループ以外が全てマスクされます。

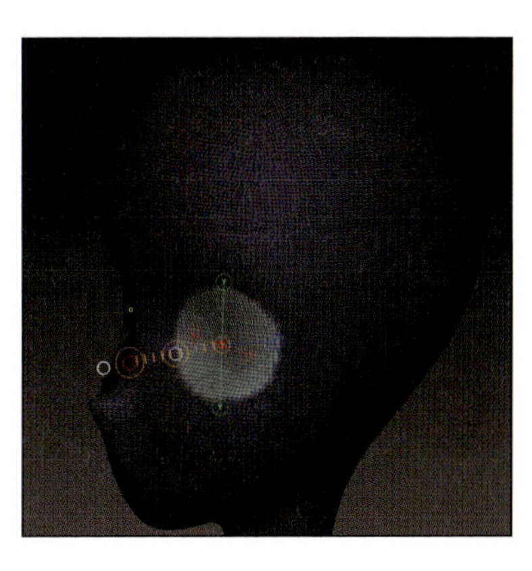

TransposeのMoveモードで終点をドラッグすると、目のポリグループのメッシュがつぶされていきます。

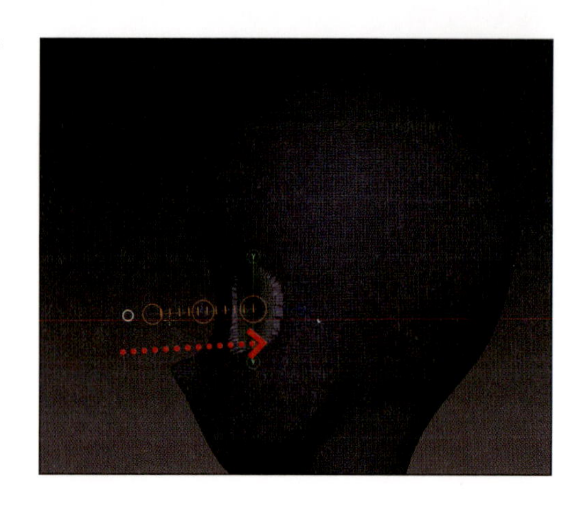

そのままMoveの中点を Shift キーを押しながらドラッグし、目のポリグループ部分を少し内側に押し込みます。

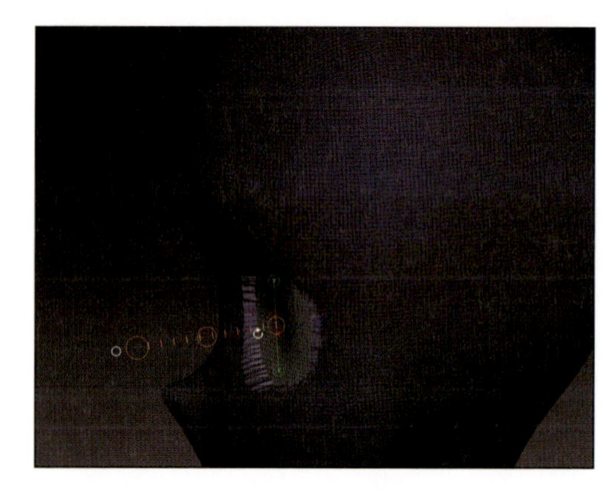

マスクを解除し、今度は目のポリグループにマスクがかかった状態にします。

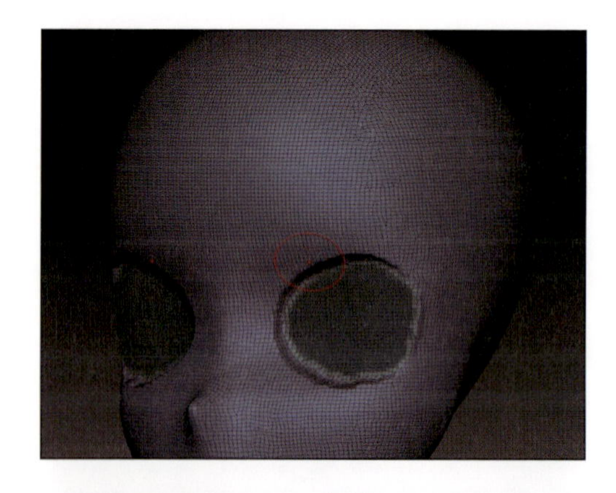

押し込んだことによってできた段差をSmoothブラシで均します。

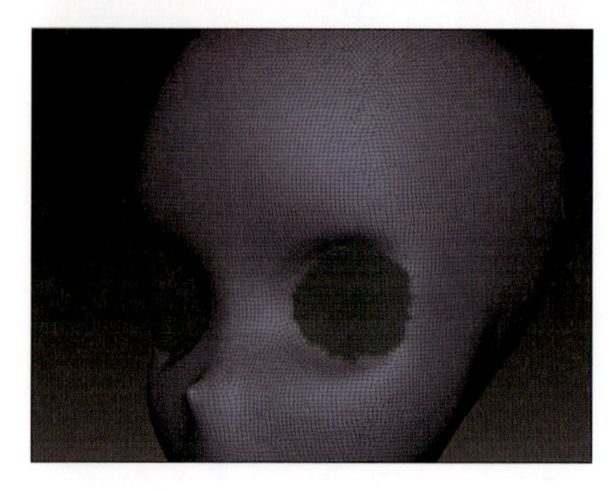

斜めから見たラインがガタガタしているので、Moveブラシで直します。

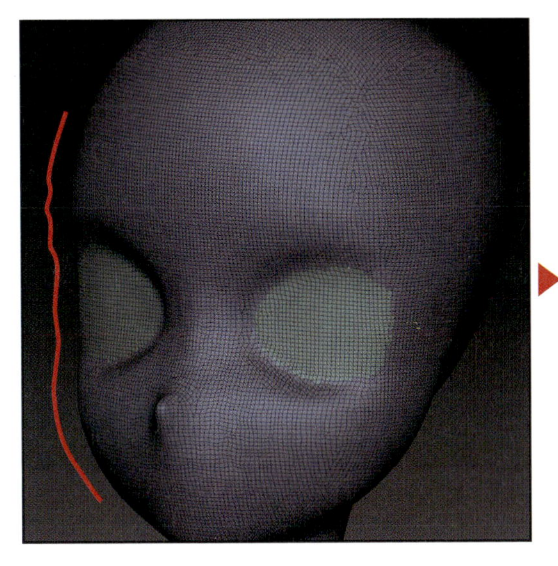

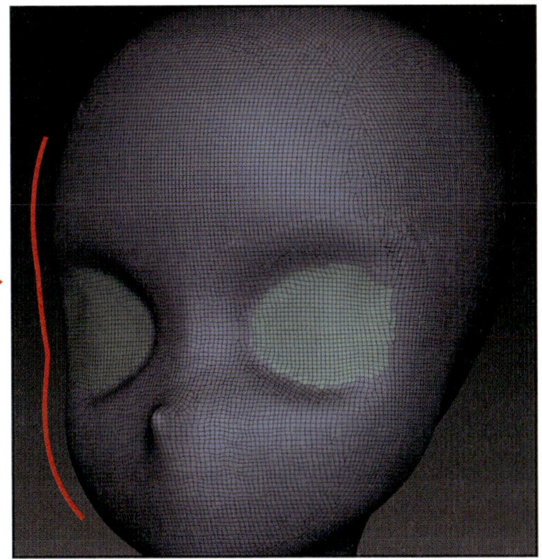

デザイン的に目が大きいため、斜めからのラインの輪郭線に目が直接かかってしまっています。こめかみ周辺をClayBuildupブラシ等で盛り上げて、なるべく輪郭線は顔自体になるように調整します。

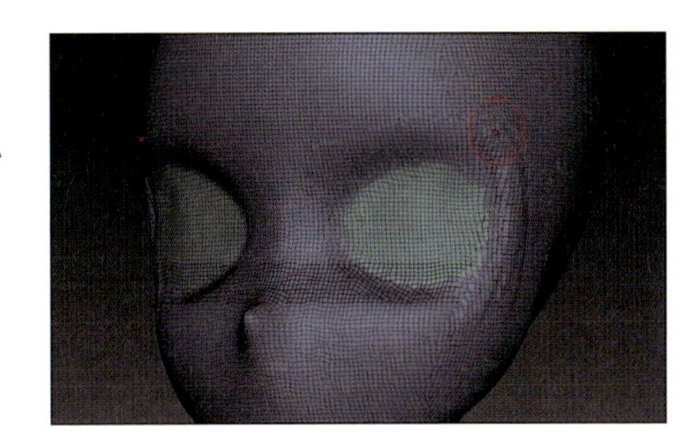

KeepGroupsを「ON」、SmoothGroupsの値は「1」でZRemesherをかけ、リトポします。

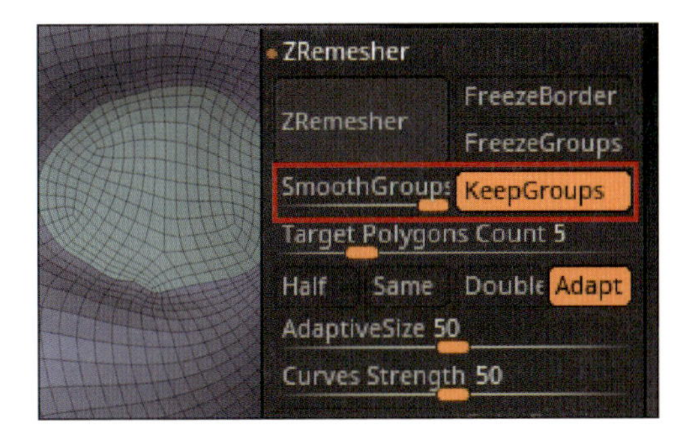

Moveブラシ、Smoothブラシでポリグループ境界のラインを整えます。この時、SmoothブラシはWeighted smooth modeの6番にするか、[Light box]>[Brush]>[Smooth]にあるSmooth Groupsブラシを使用してください(P.55)。また、作業終了時に戻すのを忘れないようにしてください。

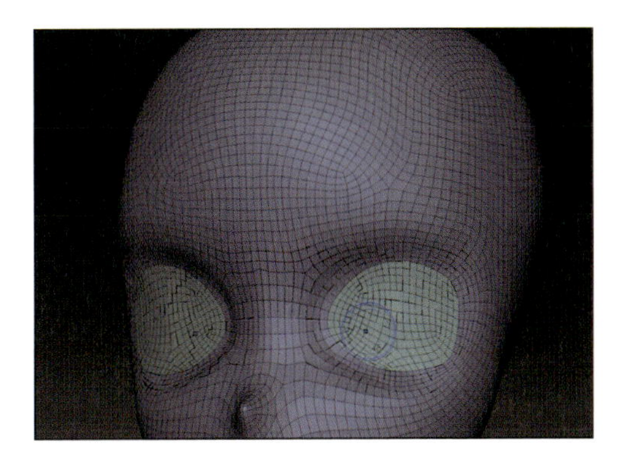

Ctrl + Shift キーを押しながら目のポリグループをクリックして、目の部分のみの表示にします。

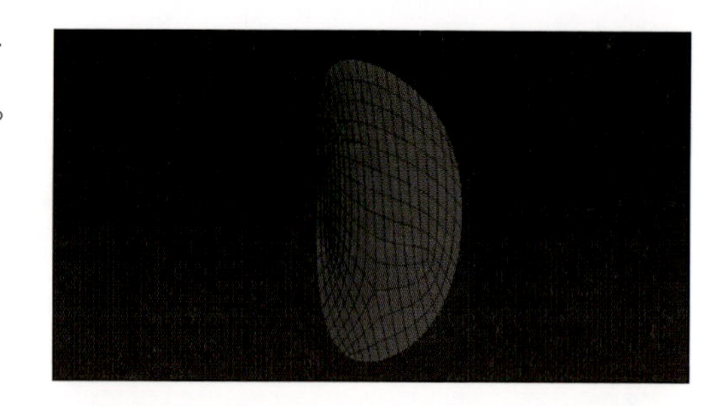

Borderだけを「ON」にして[Tool]>[Masking]>[MaskByFeatures]ボタンをクリックし、今表示されているメッシュの縁部分にマスクをかけます。

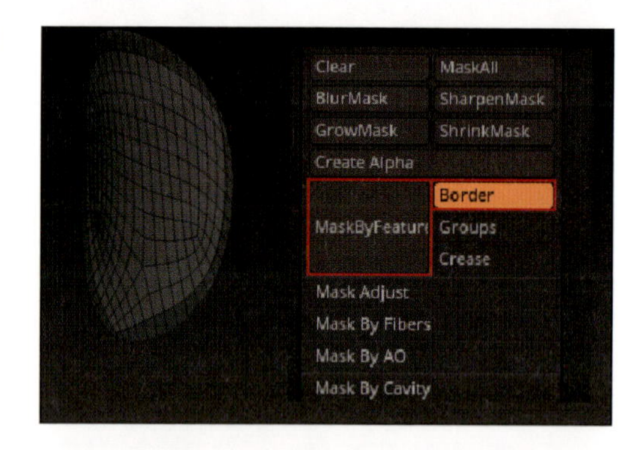

Moveブラシやsk_clayfillブラシで、前方に向かって少し膨らませます。

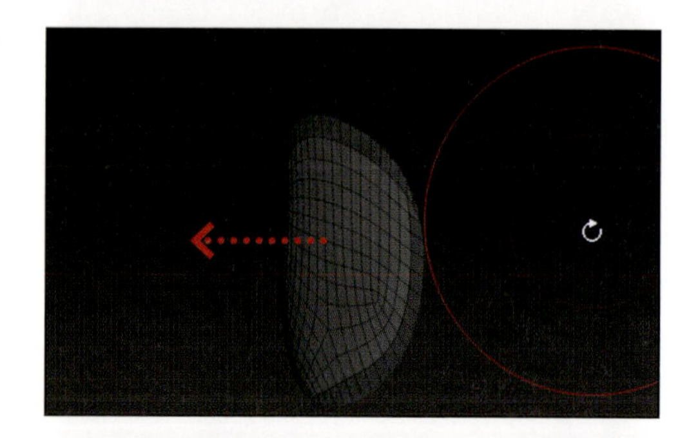

上から見ると目尻が結構下がってしまっているので、Moveブラシで前方に持ってきます。

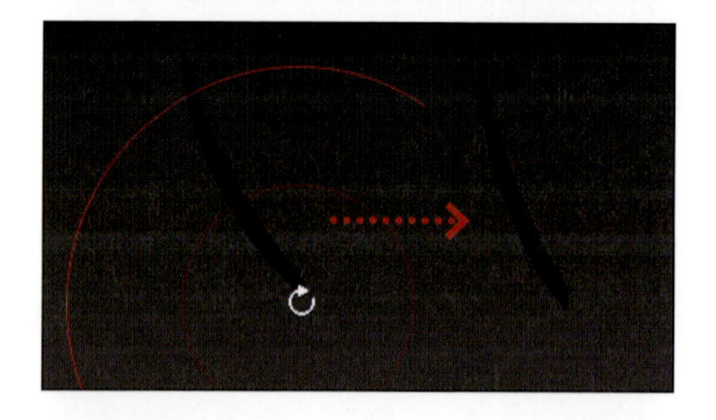

目尻を前に持ってきたため、輪郭線等の調整を再度入れていきます。Transposeモードで目の部分にマスクをかけ、さらにGroupsだけを「ON」にしたMaskByFeaturesを使い、目の部分を完全にマスクします。

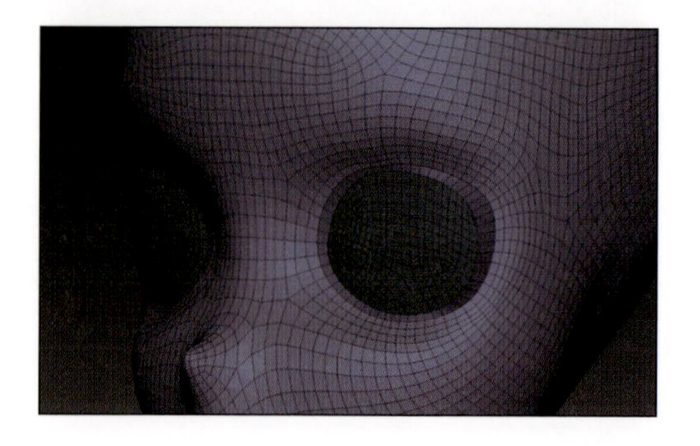

ClayBuildupブラシ、Moveブラシ、SK_Clayfillブラシ等を使って目周辺を整えます。

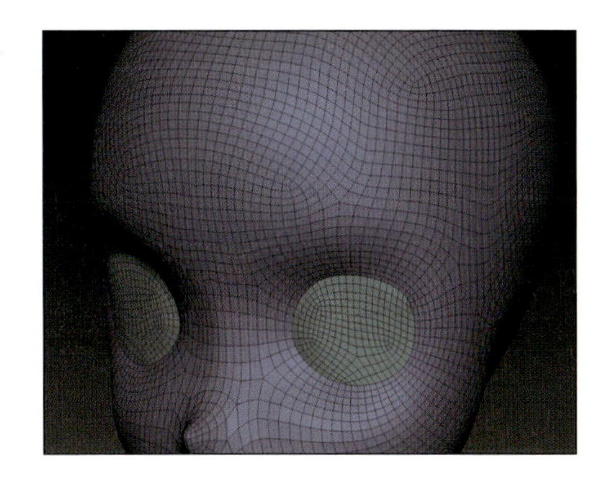

サブディビジョンレベルを1レベル上げ、大まかな形で気になるところを修正して、頭部の形状自体はいったんこれで終わりにします。

▶ 仮の耳を作成、配置する

続いて、仮の耳を作成して配置しましょう。サブツールにスフィアを追加し、サイズと位置を調整し頭部の横に持ってきます。

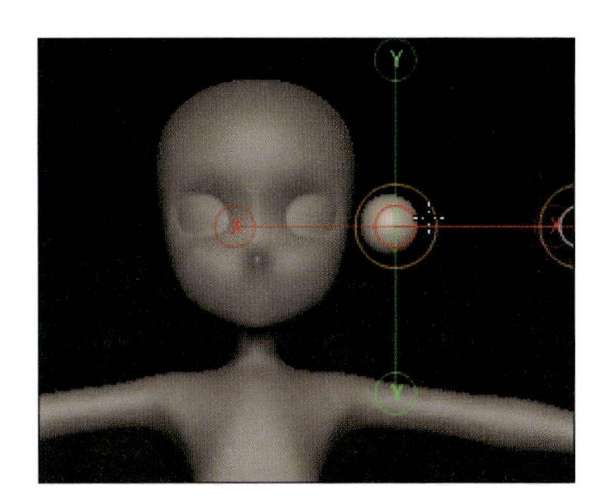

DynaMeshをかけ（参考：Resolutionは128）、Moveブラシで前面から押しつぶします。

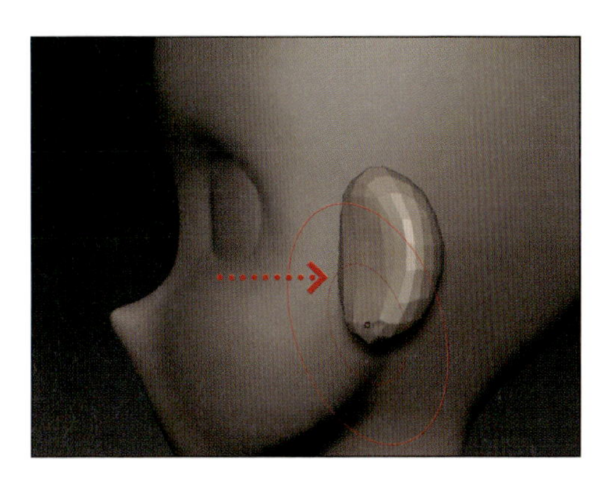

上からの視点にし、TransposeのRotateで斜めにします。

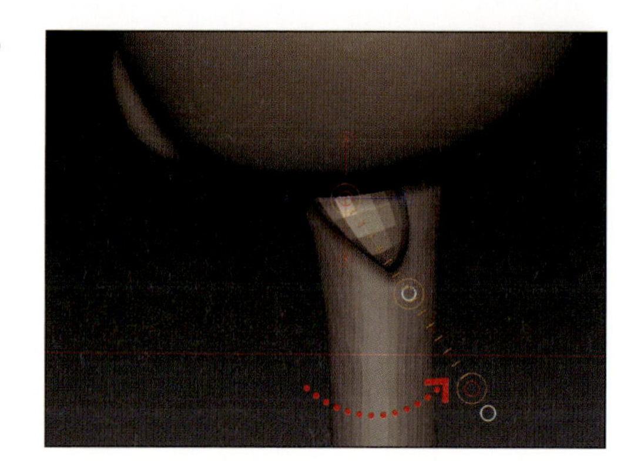

DynaMeshの解像度を上げ（参考：Resolutionは392）、Moveブラシで耳の大まかな形状を作っていきます。

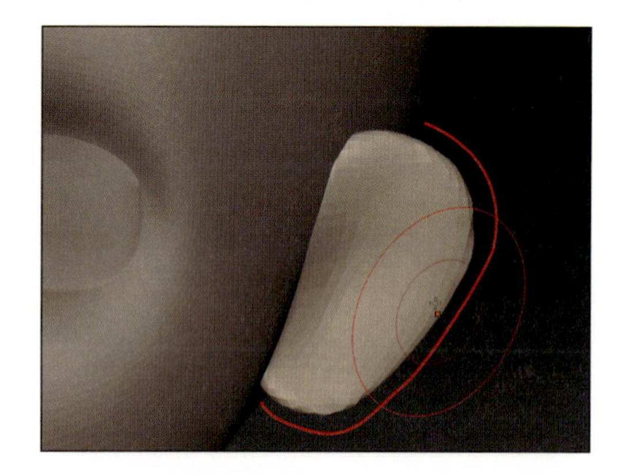

耳の後ろ側の付け根を、ClayBuildupブラシで盛ります。この時、[BackfaceMask]を「ON」にするのを忘れないようにしてください（P.54）。忘れた場合、表側も引っ張られてしまいます。

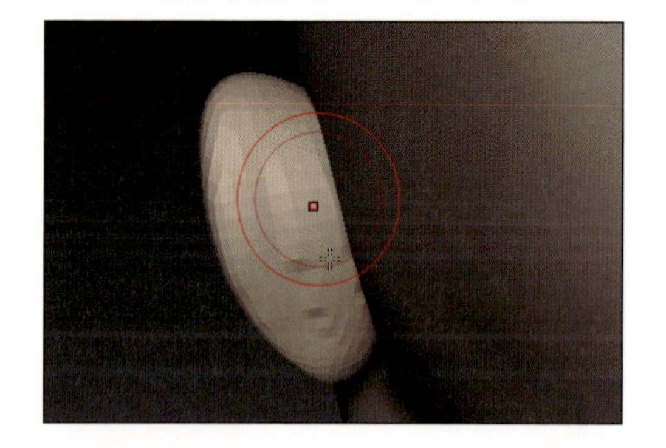

素体作成時に、仮の手メッシュを反転コピーした時と同じく、[Zplugin]>[SubTool Master]>[Mirror]で耳を反転コピーします。これで、頭のラフモデリングをいったん終わりにします。

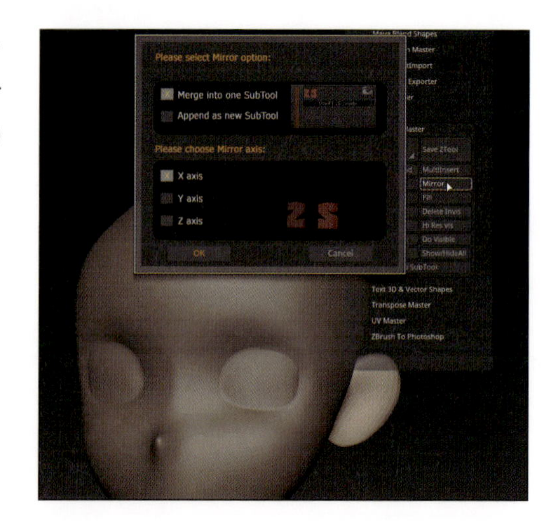

SECTION 02

ZSphereを使った髪の作成

この節で行うこと

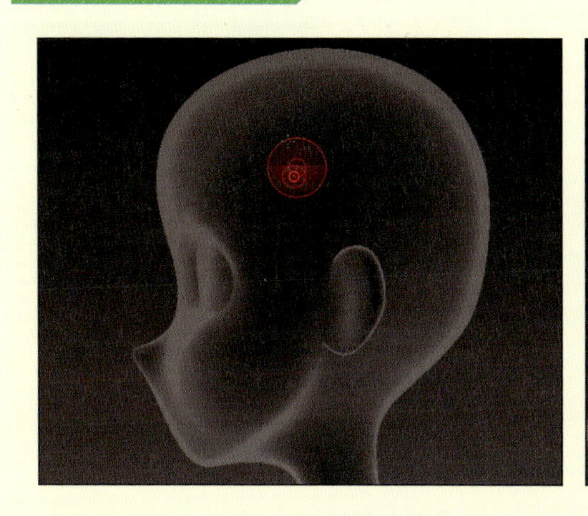

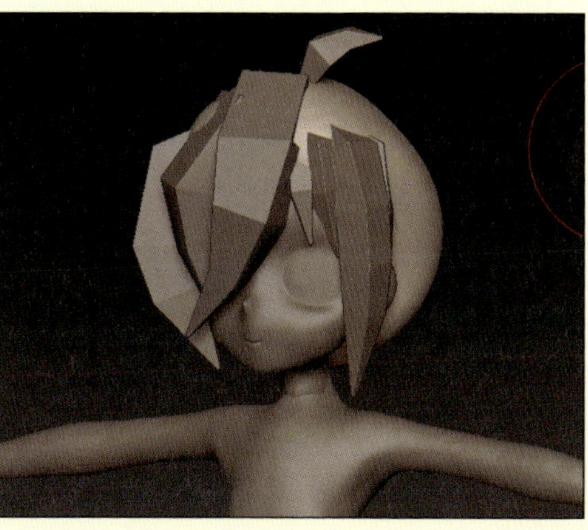

この節では、ZSphereを使った髪のベースメッシュ作成を行います。後ろ髪はいったんスフィアでボリュームのみの確認程度を行います。毛の束は、後の章で作成します。

ZSphereとSphere3Dを使った髪のベースメッシュ作成

髪の毛については、IMMブラシを使う、SnakeHookブラシを使う等、人によって多種多様な作り方があります。筆者の場合は、髪の毛のベースとしてZSphereから生成したローポリゴンなメッシュを毛束の1本1本として使用するアプローチで作成しています。

この節では、身体のベースメッシュ作成の時も登場したZSphereを主に使っていきます。

前髪のアタリを作る

サブツールにZSphereを追加し、サイズを小さくし頭部の内側に移動させます。

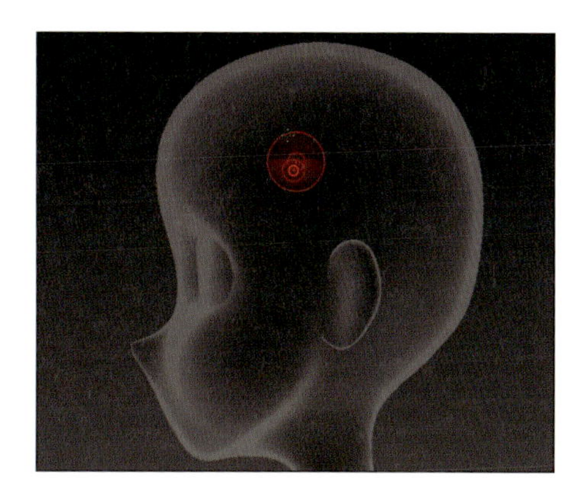

Drawモードで子スフィアを2つ作成し、片方は頭の中心側へ、片方はおでこのほうに伸ばします。なお、後にも解説しますが、ルートスフィアと頭の中心に持っていったスフィアから生成したメッシュは捨てメッシュとなります。

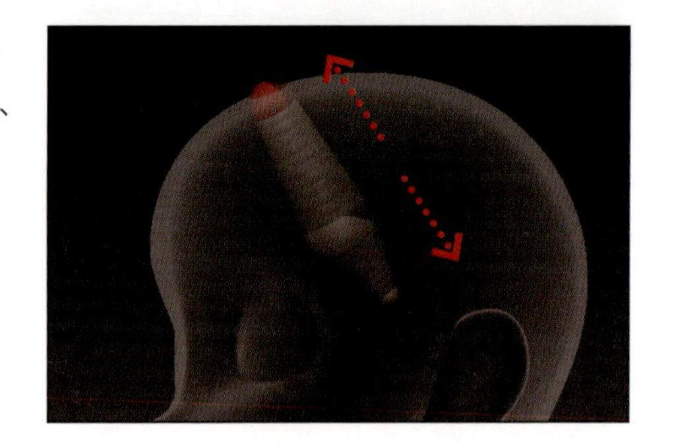

さらに子スフィアを追加、移動し、右目にかかる大きな前髪のベースとします。

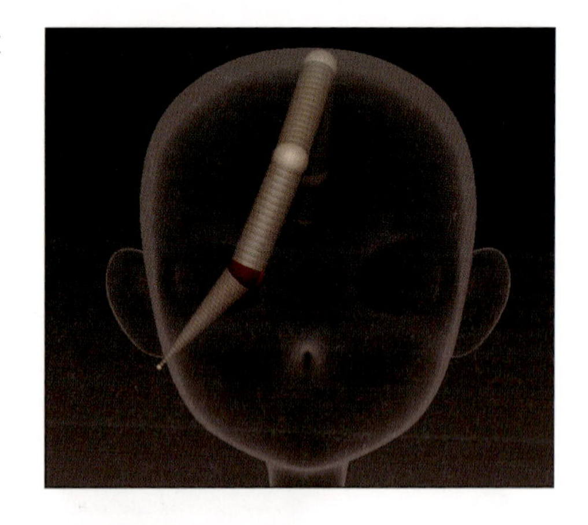

プレビューの設定を変更します。[Tool]>[Adaptive Skin]の設定を次のように変更してください。

Density	1
DynaMesh Resolution	0
Use Classic Skinning	ON

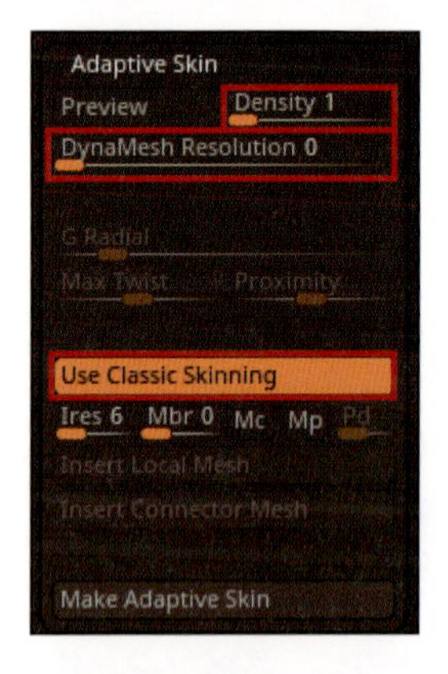

適宜プレビューモードに切り替えながらスフィアを調整してください。プレビュー状態のメッシュで調整しないよう注意してください。

Chapter 9 素体のさらなる作り込み

1本目のZSphereを雛形とし、[Duplicate]で複製します(P.94)。複製したスフィアをMoveモードやScaleモードで1本目同様に調整します。

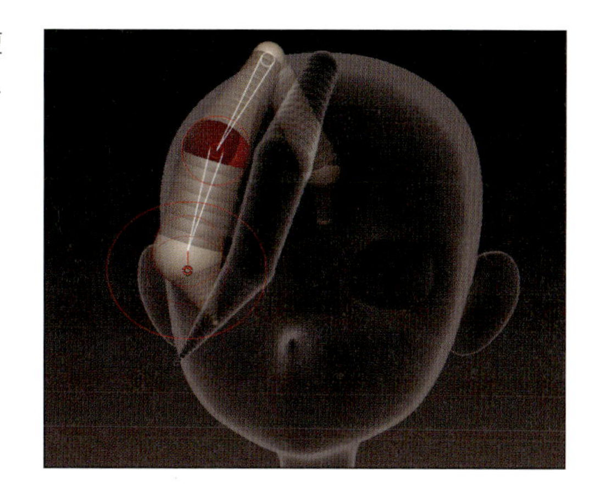

雛形の複製と調整を繰り返し、前髪に必要な分だけ配置します。

▶ 後ろ髪のアタリを作る

サブツールにSphere3Dを追加し、後ろ髪の位置に調整します。またシンメトリーを「ON」、DynaMesh化をしておきます(参考：Resolutionは128)。

Moveブラシで形状を整えていきます。

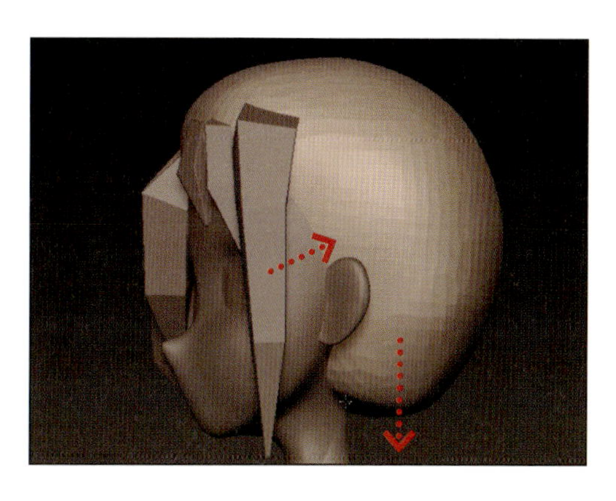

[Movie]>[TimeLine]>[Show]をONにすると、タイムラインが表示されます。

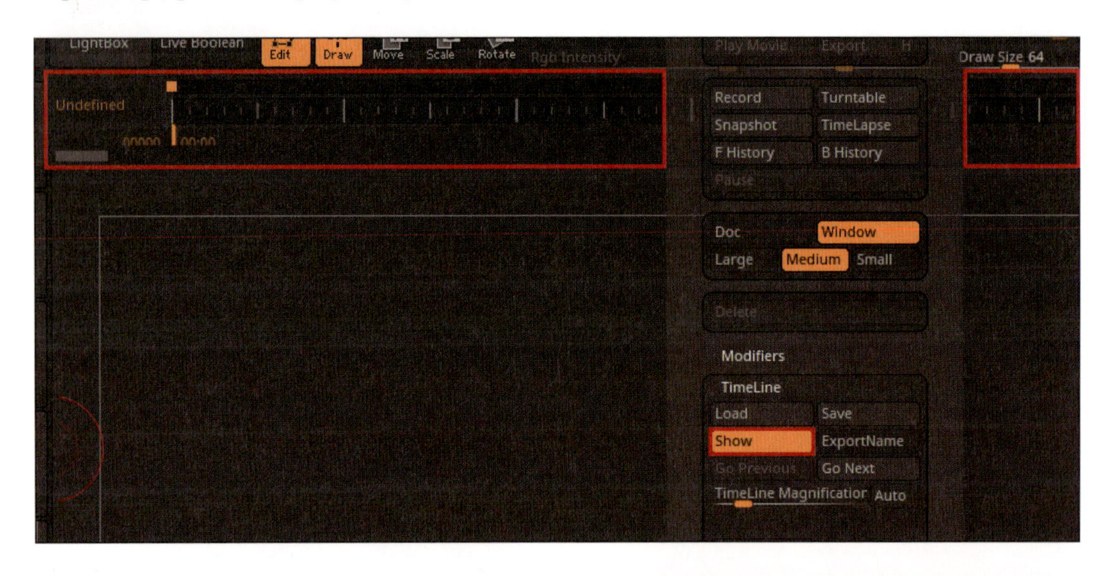

カメラの位置、角度を記録したい場合は、タイムライン上をクリックしてキーを打ちます。

MEMO タイムラインの簡易的な使い方の説明

タイムラインの簡易的な使い方の説明は次の通りです。

キーを打つ	タイムライン上をクリックする
キーを消す	キーをキャンバス上にドラッグする
キーを打った状態への移動	← → キーを押す

デザイン画になるべく合う位置、角度でキーを打ち、デザイン画を半透明にして重ねつつ、後ろ髪を調整します(デザイン画の重ねにはPureRefというソフトを使用しています)。

▶ 顔の調整とアホ毛の追加

髪の毛を付けたことにより顔の印象も変わるので、デザイン画を重ねて確認しつつ顔の雰囲気を調整します。今回は鼻の位置、目の下限ライン、耳を大きく動かしています。

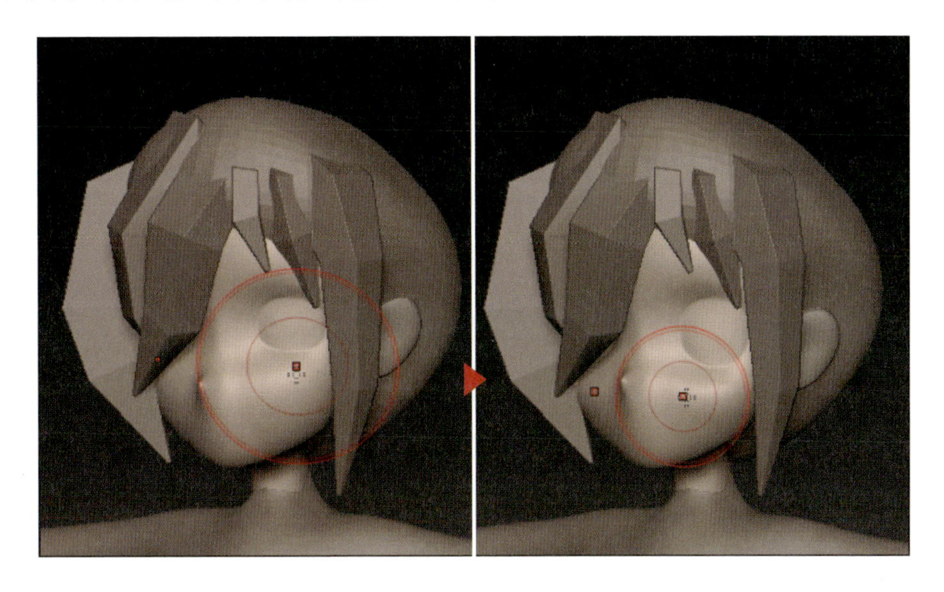

sm_creaseブラシで口のラインを彫ります。この時点ではまだ位置を仮で決めているだけなので、唇等は作り込みません。

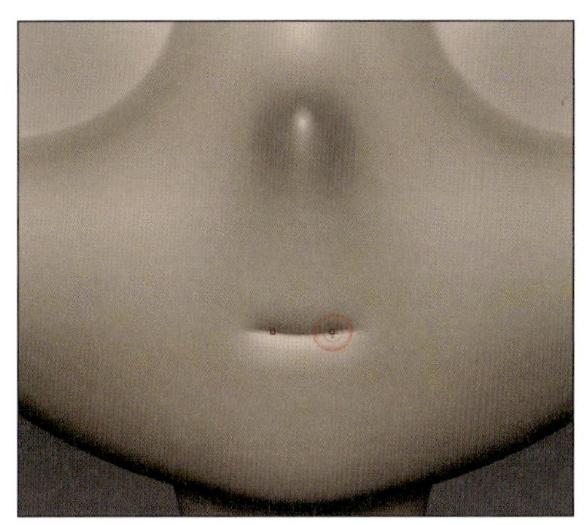

前髪用のZSphereを複製し、前髪と同じ要領でアホ毛を作ります。

SECTION

03 素体の作り込み

この節で行うこと

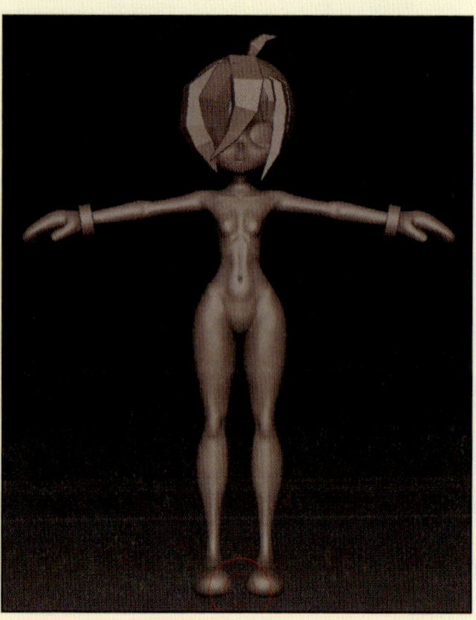

この節では、8章で作成した素体のさらなる作り込みをしていきます。一部位をずっと作り込むのではなく、全身を徐々に徐々に、平均的に作り込みながらバランスを調整します。

人体構造に沿った作り込み

この節で使う機能は、ほとんどが今まで出てきたブラシや機能で、少しだけ応用的な機能が出てくる程度です。

人体構造は、筆者は解剖図鑑を主に参考にしています。ただ、骨格や筋肉の付き方、脂肪の付き方は性別差、人種差、年齢差等のさまざまな要因で個人差が大きいため、日常的に良いなと思った写真等をストックする癖を付けると良いと思います。本書では、なるべく筋肉や骨の名称で示せる部位は名称を記載していますので、解剖図やネット等で検索してみてください。

▶ 上半身を徐々に作り込む

まず、上半身を作り込んでいきましょう。Clay Buildupブラシで鎖骨の盛り上がりを作ります。

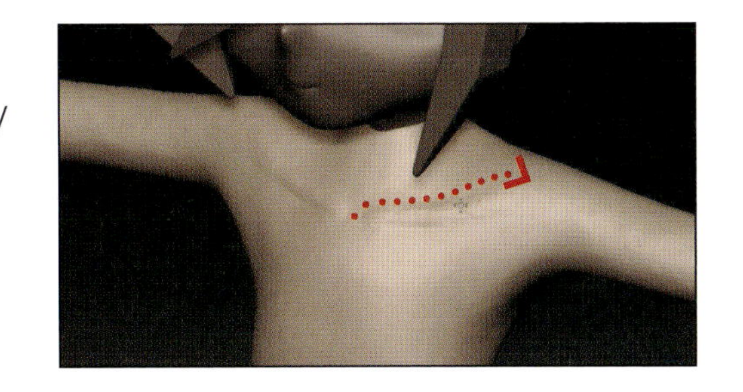

三角筋は、肩パットをイメージして盛る感じです。この時、盛りすぎるとムキムキしたキャラクターになってしまうので注意してください。また、このタイミングでDynaMeshのResolutionを632まで上げ更新しました。

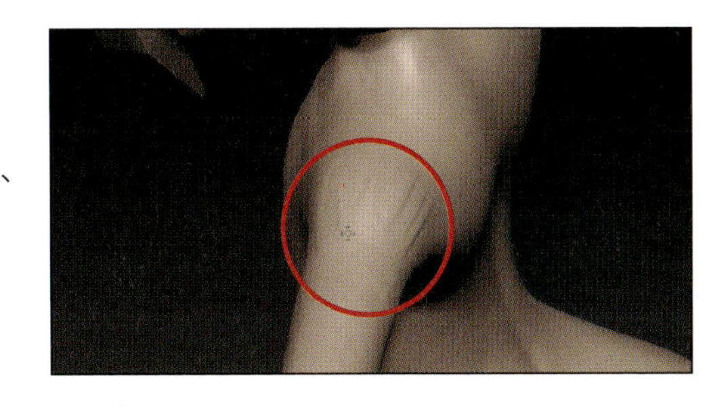

大胸筋は、肩の三角筋に入り込むように存在しているので、肩から胸への繋がりを意識して盛っていきます。先ほどのDynaMeshのResolutionが少し低かったので、ここでさらに768まで上げています。一気に強めに盛るのではなく、弱めに複数回盛り付け、盛った部分を均します。

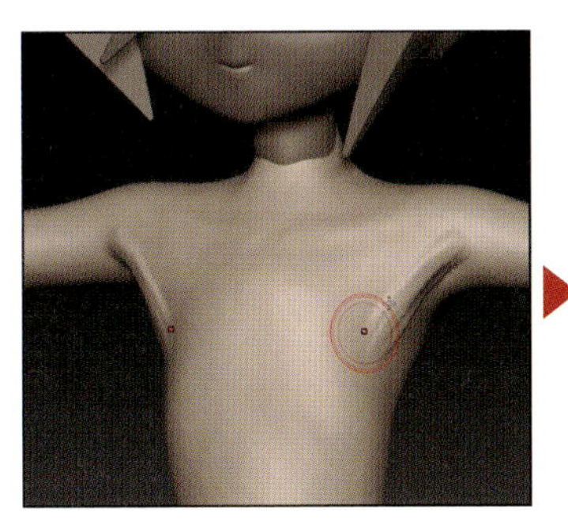

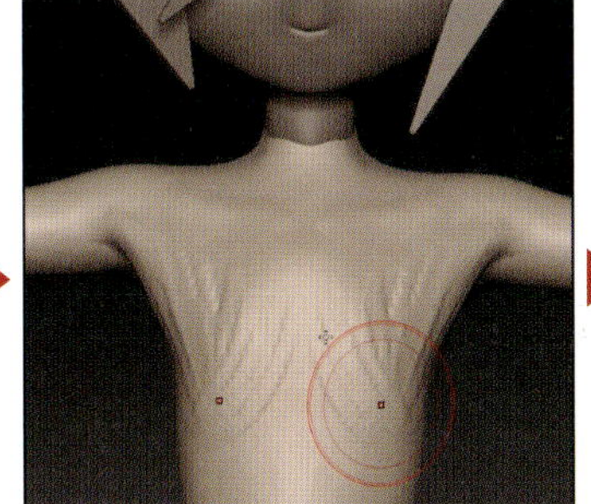

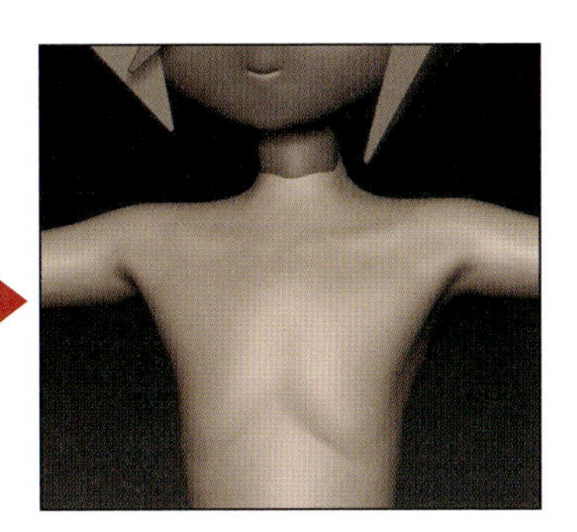

続いて、上腕二頭筋の膨らみをMoveブラシで作ります。

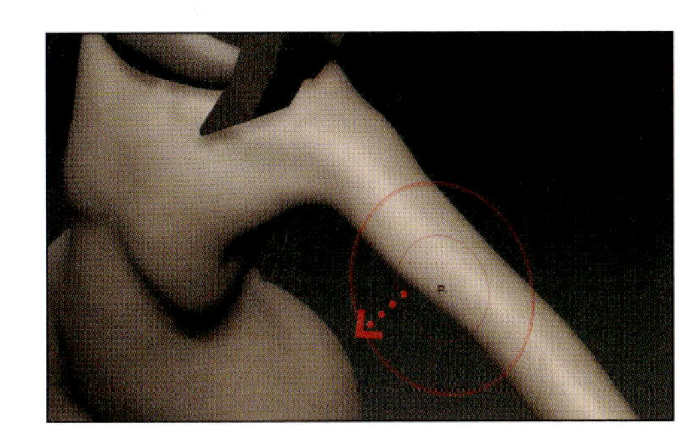

腕橈骨筋と尺側手根伸筋という2つの筋肉による腕の膨らみを、Moveブラシで作ります。

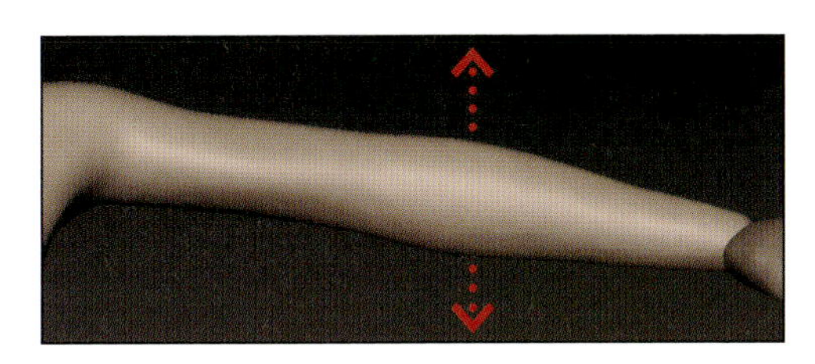

腹筋の盛り上がりを、下腹部から肋骨のあたりにかけて作ります。キャラクターデザインにもよりますが、あまり女の子キャラで腹筋を目立たせすぎるとマッチョになってしまうので程々に、盛りつつ均すイメージで進めます。

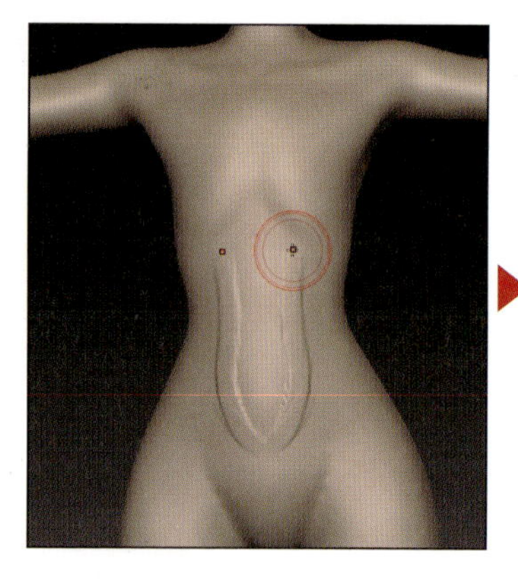

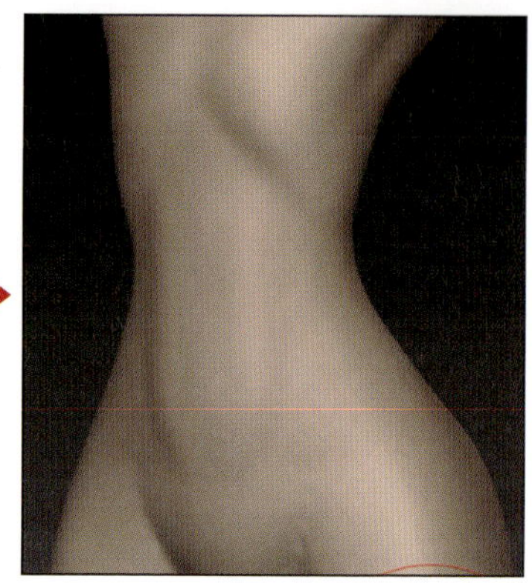

sm_creaseブラシで、腹筋中央にできるへこみを彫ります。さらに、おへそもsm_creaseブラシで彫ります。この時点で、さらにDynaMeshのResolutionを880まで上げました。

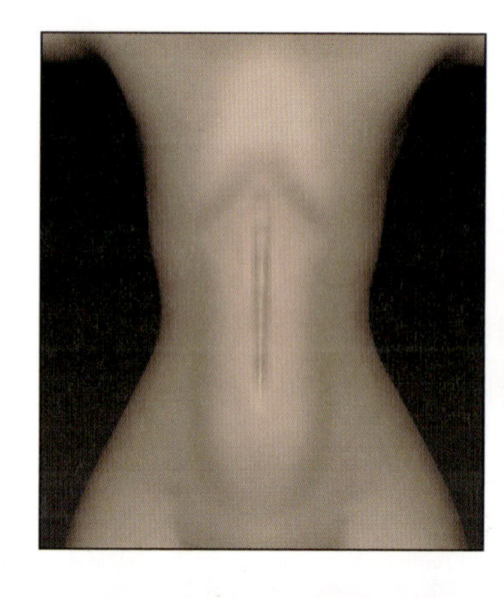

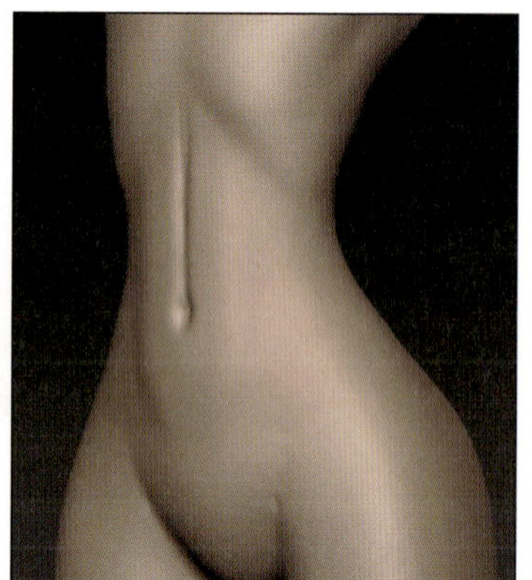

骨盤（腸骨）の盛り上がりもバランスを取るために重要なので作ります。盛った部分を均しつつ、Moveブラシで位置等を調整します。

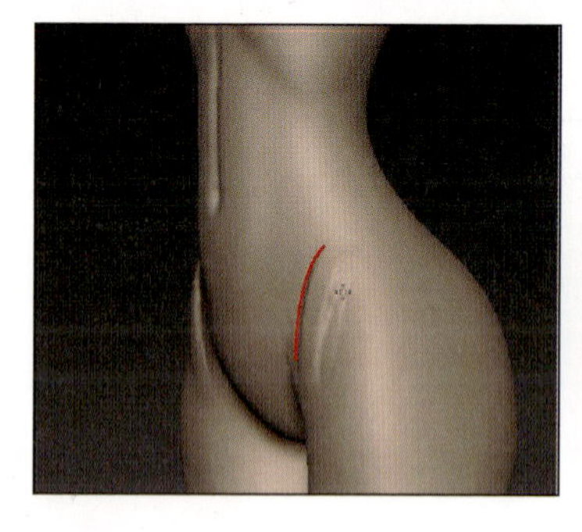

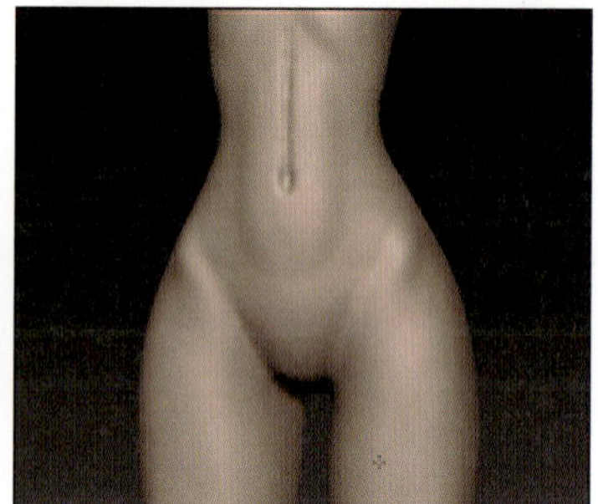

MEMO おへその位置

骨盤の腸骨の身体前面に膨らみとして出っ張っている部分の一番上から、正面から見た肋骨の下限のくびれを対角線に線を引いた時、この線のクロスしてる地点から少し下がだいたいおへその位置になります。個人差はあり、クロス地点より上の人もいますが、だいたいはクロスしてる地点とそこから数センチ程度下の範囲内になります。

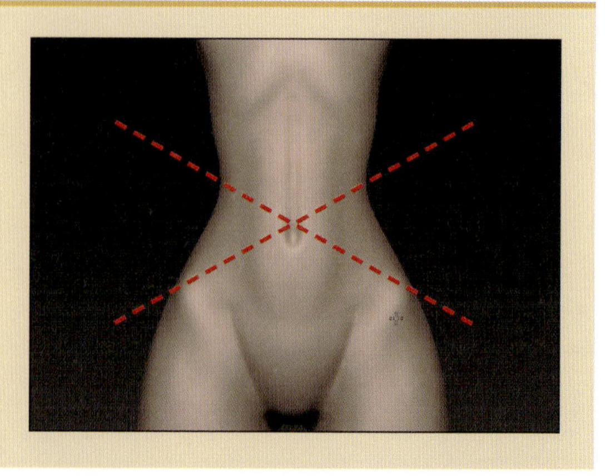

鼠径部のラインをsm_creaseブラシで彫ります。

sm_creaseブラシで、おへそより少し上にできる左右の腹筋の凹みを付け、Smoothブラシで均します。

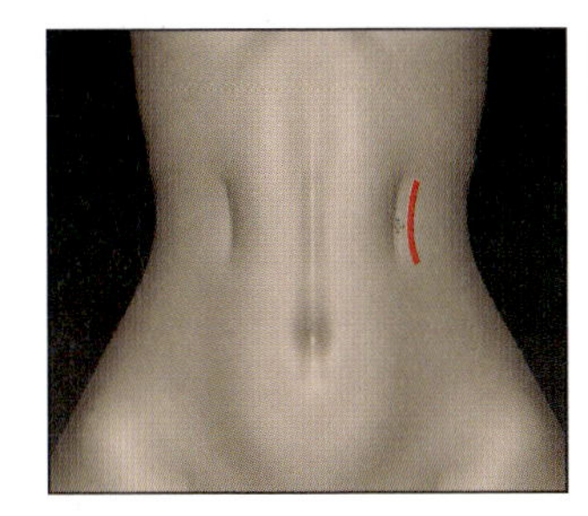

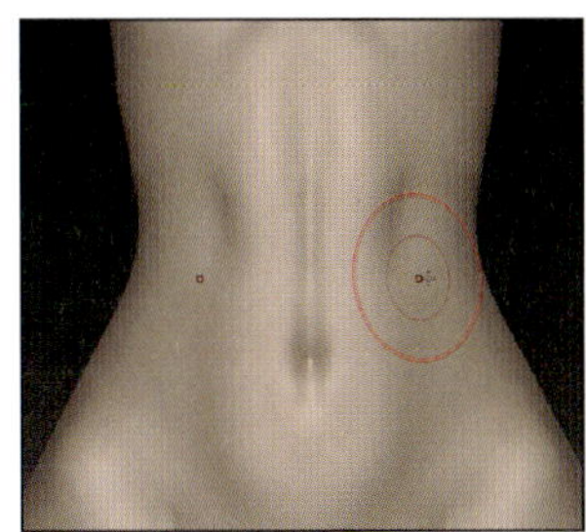

続いて、断面表示による編集を行います。SelectRectブラシ（Ctrl＋Shift＋ドラッグ）でおへそ周辺を部分表示にします。普通のスカルプトでは深さの調整をし辛い場合がありますが、このように断面表示の状態で、Moveブラシで引っ張ることによる調整に置き換えることができます。

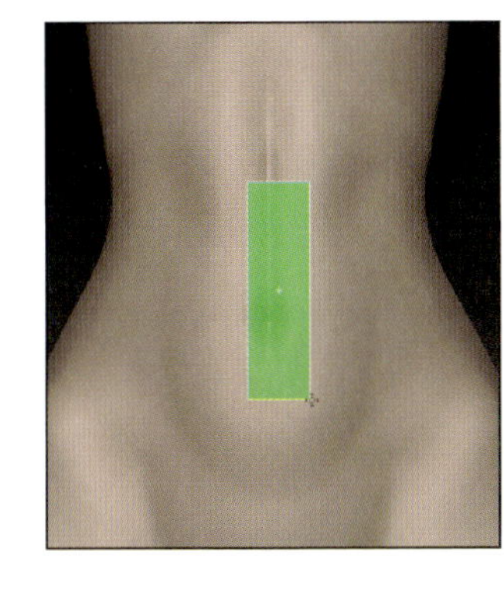

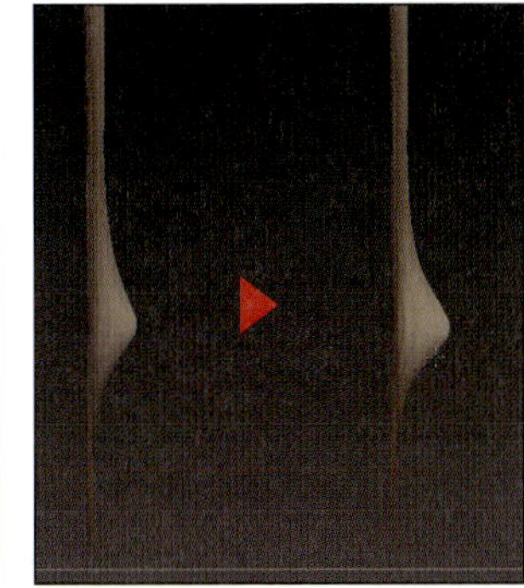

肩甲骨による盛り上がりと、周辺の筋肉（僧帽筋や大円筋等）をイメージして盛ります。

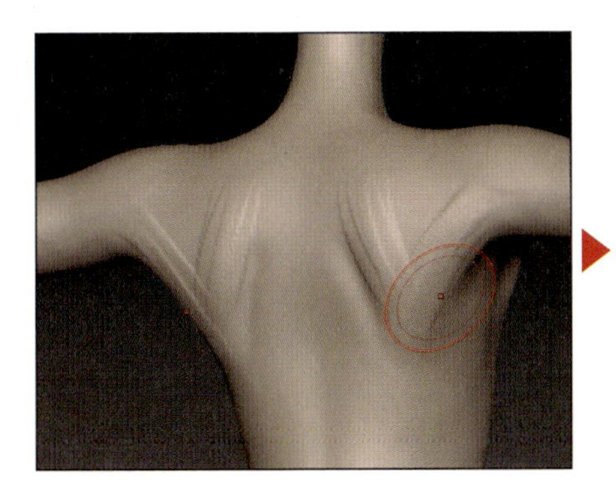

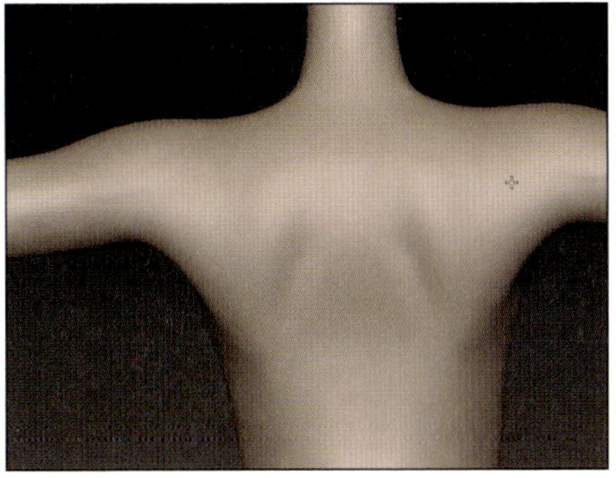

MEMO　ワキはくぼみで作らない

「ワキはくぼみで作らない」とはどういう意味かというと、ワキはその部分が陥没してへこんでいるわけではなく、肩の三角筋に前後で入り込んでいく筋肉があり、その結果として前後を覆われているためワキとしてのくぼみができるというイメージで作る、ということです。

肩から首に向かって背面側は僧帽筋が走っているため、僧帽筋に沿って盛ります。ただし、本書の作例はデフォルメキャラクターなので、あまりやりすぎるとアンバランスになります。元デザインの細さをなるべく継承します。

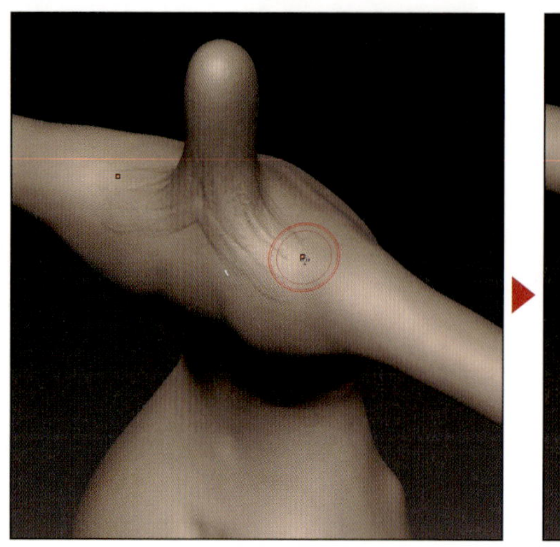

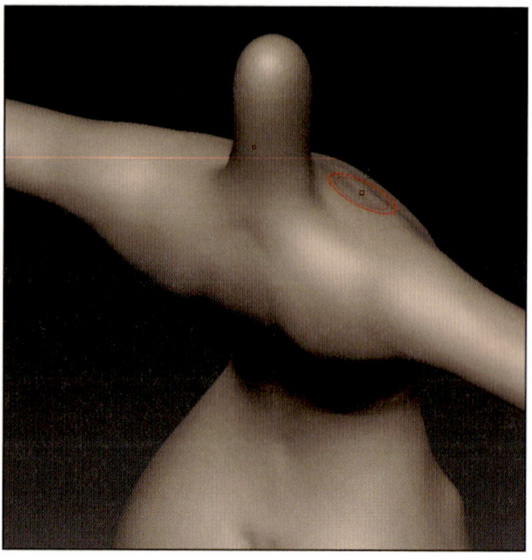

背骨と広背筋の差による段差が弱くなっていたので、sm_creaseブラシで彫り直します。背中の下部にいくに従って背骨周辺の筋肉の盛り上がりとの差が強くなるので、それを意識して背骨の両脇を盛ります。

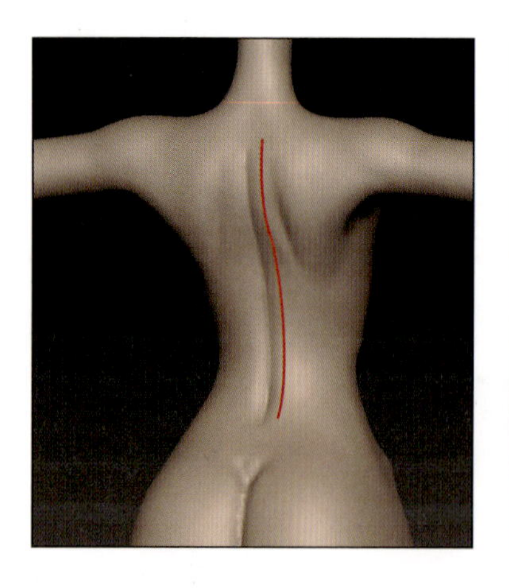

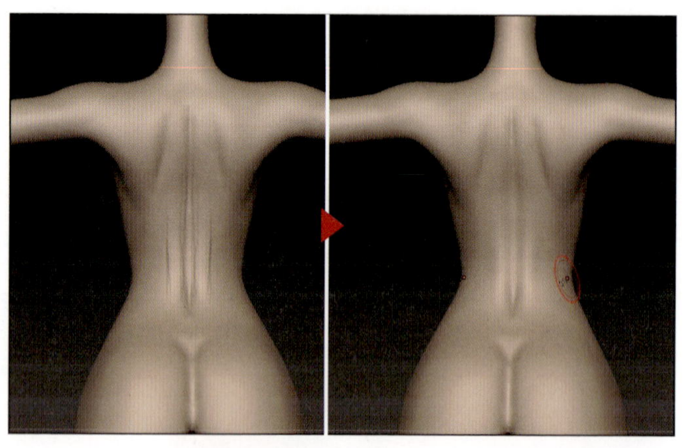

背骨の溝の終わりとお尻の割れ目の終わり、ヴィーナスのえくぼを繋いだひし形の内側を少し盛って膨らませます。この部分を「ミカエルのひし形」と呼びます。

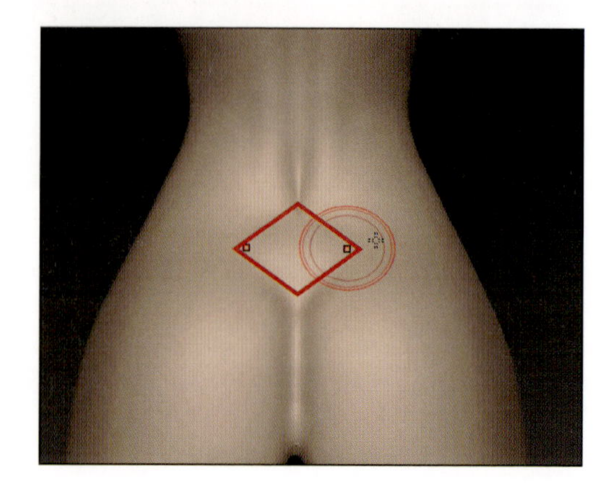

▶ 下半身を徐々に作り込む

続いて下半身を作り込んでいきます。

ここまでで何回かのDynaMeshの更新を行いました。その結果、お尻の割れ目のような深い溝周辺は荒れてしまうため、おへその修正の時と同じくSelectRectブラシで断面状態にします。Moveブラシ等で、お尻の割れ目を内側に引っ張り修正します。

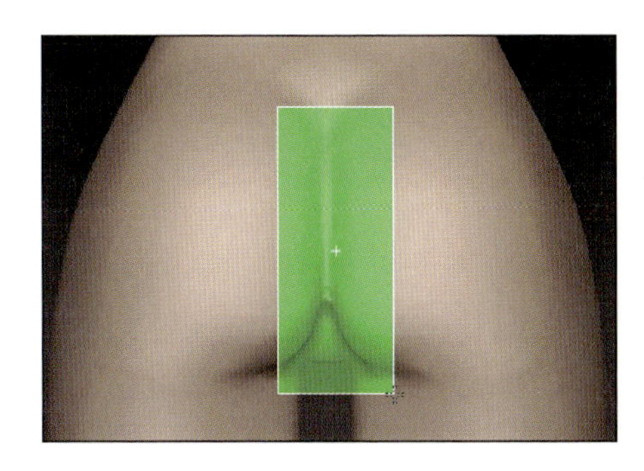
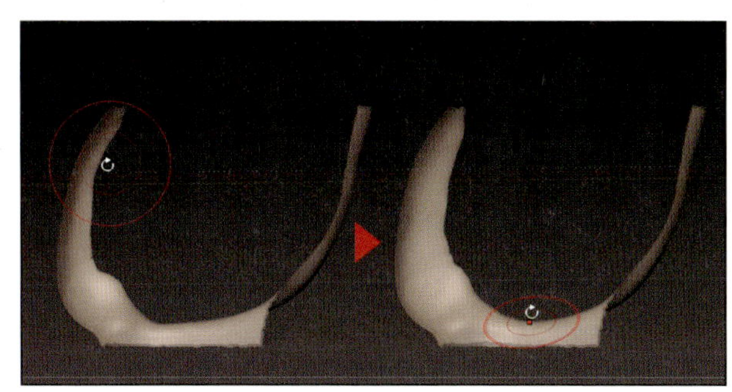

Moveブラシでお尻の割れ目周辺のメッシュを中央に寄せます。8-02でも出てきた通り、この時は[Backface Mask]をONにしてください。殿溝もsm_creaseで彫り直し、少し均して周辺と馴染ませます。

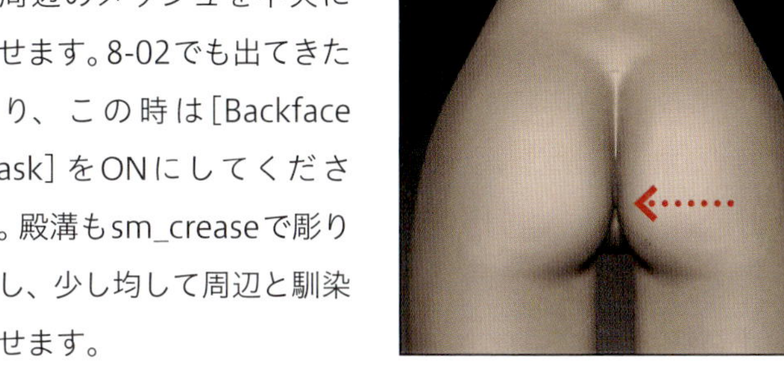
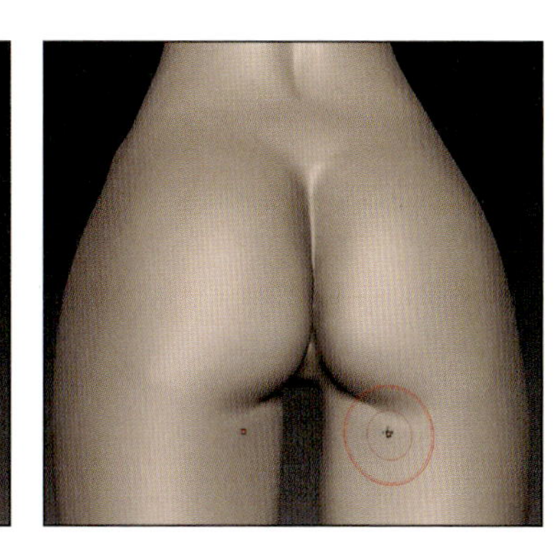

続いて、膝のお皿を盛ります。

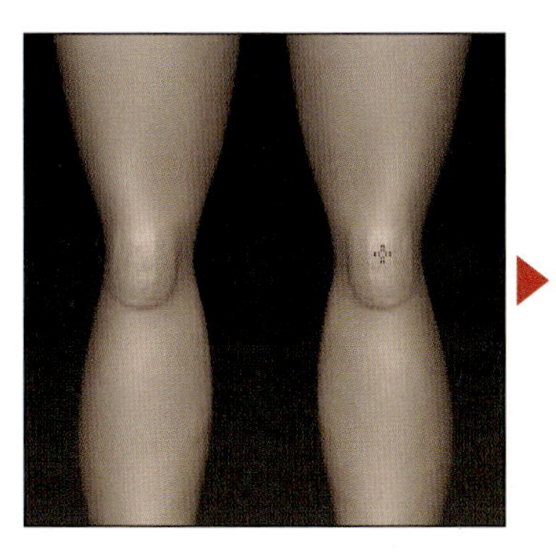
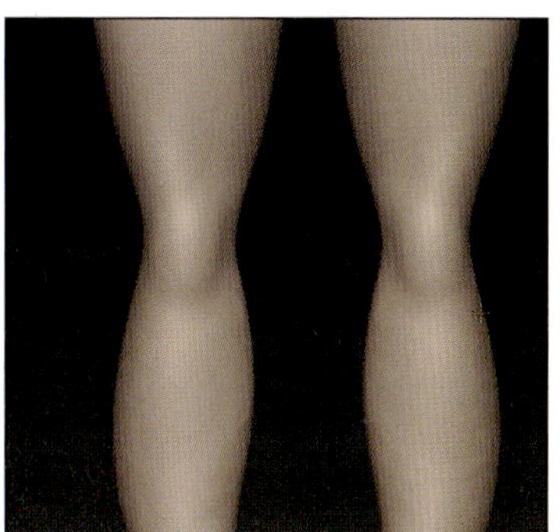

続いて膝裏周辺を作り込みます。上側は、半腱様筋、大腿二頭筋の流れに沿って盛ります。下側は、下腿三頭筋の流れに沿って盛ります。

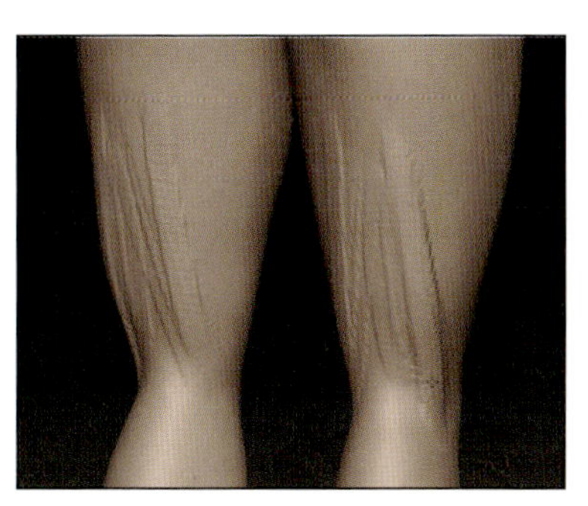
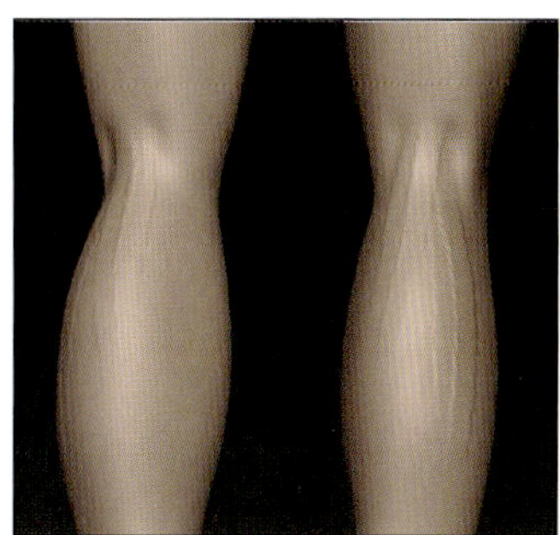

▶ 胸部の修正と作り込み

鎖骨が肩に向かってほぼ直線になっているので、Moveブラシで真ん中のあたりを前方に動かします。真上から見た時、左右の鎖骨のシルエットで弓のような形状をイメージすると覚えやすいと思います。

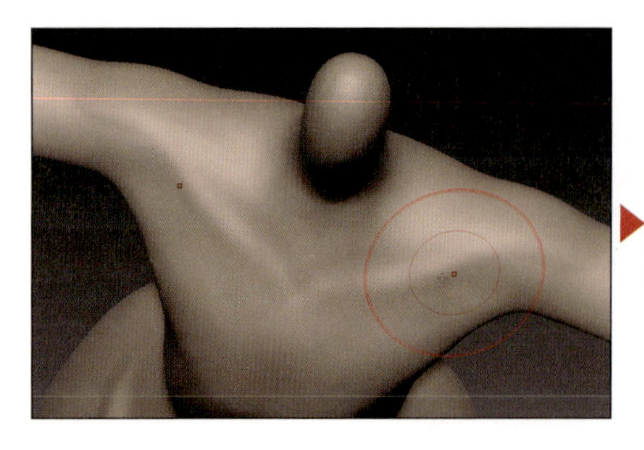

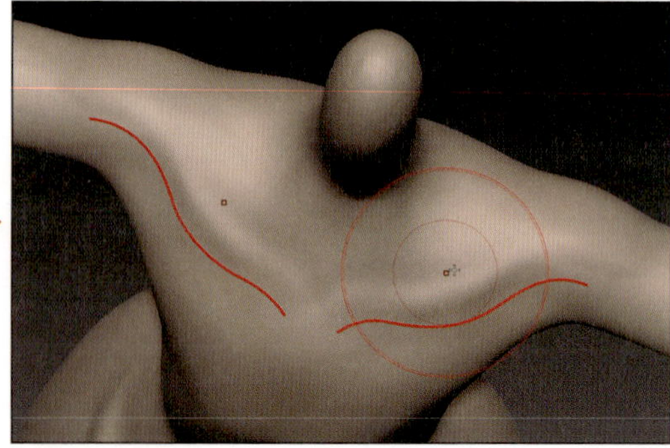

正面から見ると鎖骨の中央部分がかなり下がっているので、こちらもMoveブラシでやや水平に近づけます。

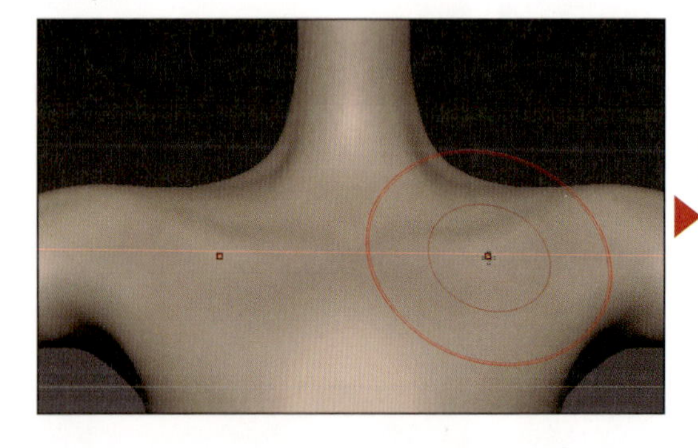

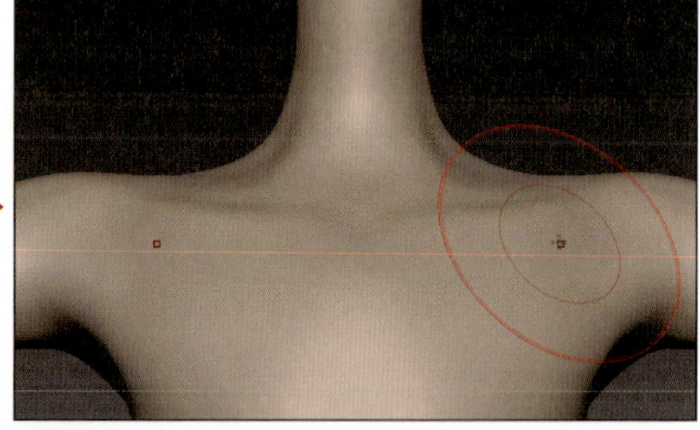

続いて胸を盛ります。この時皮膚の下に胸の形に合わせた水風船が入っているイメージをしながら盛っていくと胸の形状を意識しやすくなります。今までの均しにはSmoothブラシを使っていましたが、このようにやわらかい形状の場合は、盛りつつ均せるSK_ClayFillブラシも有効です。

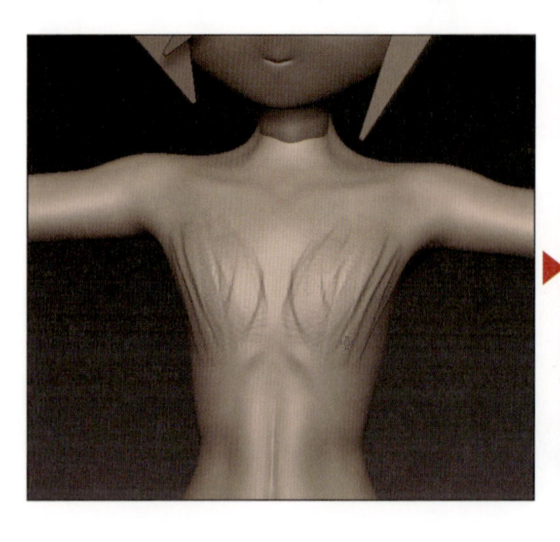

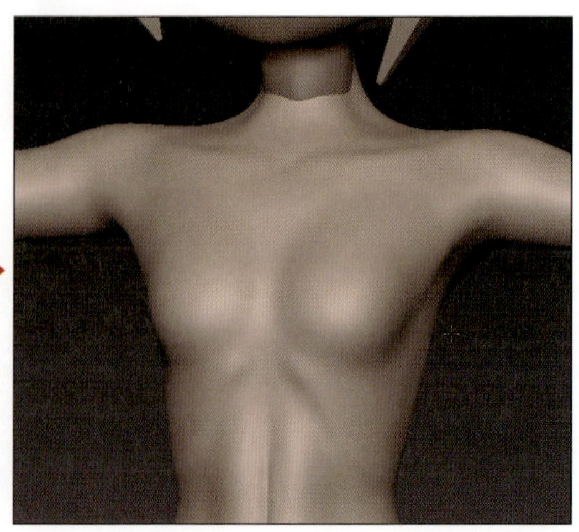

乳首を作りたい位置にMaskPenブラシでマスクし、マスクを反転します。

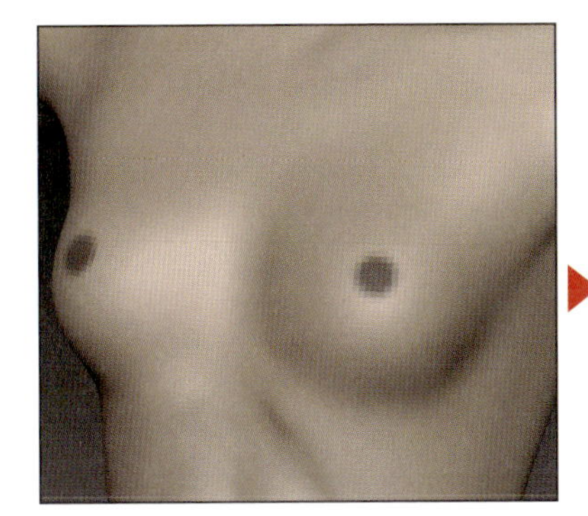

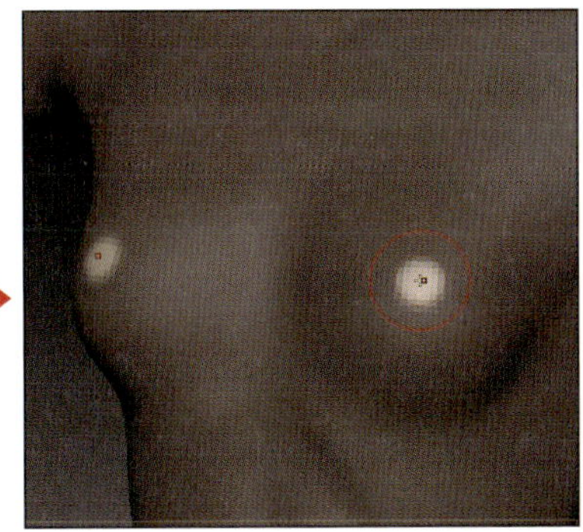

Moveブラシを Alt キーを押しながらドラッグし、乳首を押し出します。マスクを解除し、少し均して周辺と馴染ませます。

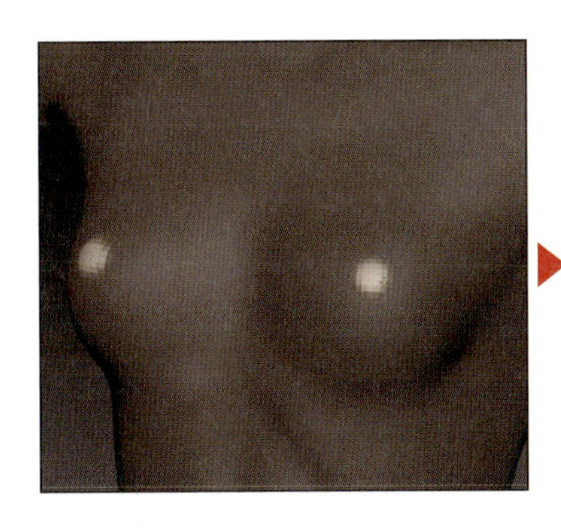

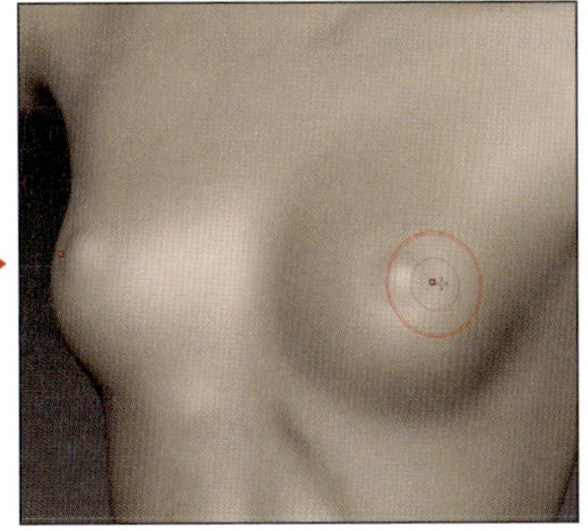

腕のディティールを作り込む

腕のディティールを作り込んでいきましょう。まずは肘関節のへこみです。sm_creaseブラシで縦に溝を引き、均します。

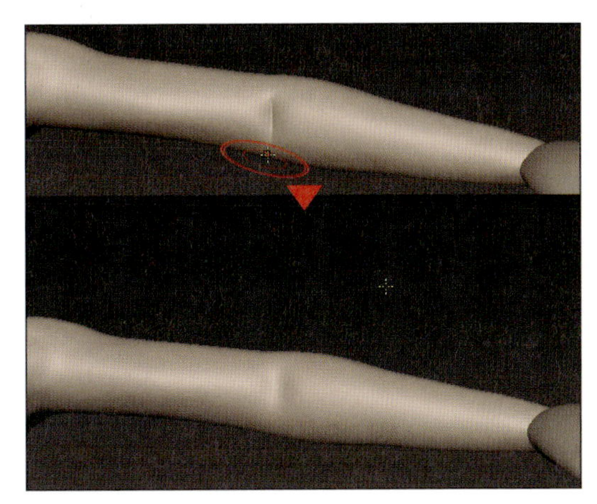

続いて、Moveブラシで肘の骨の出っ張りを作ります。

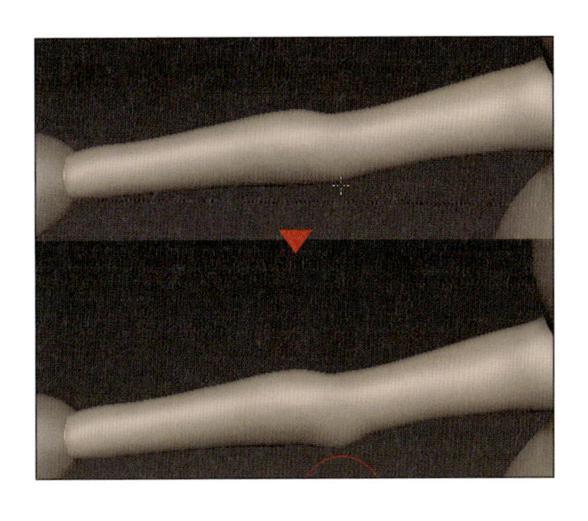

イラストのテイストに合わせる

ある程度素体の形は整ってきました。続いて、イラストのテイストに合わせるための調整を行いましょう。

今回の作例キャラクターはデフォルメが強いため、デザインをしていただいたラリアットさんにデフォルメイラストを描く際に意識している点をお聞きしたところ、次の通りでした。

- 女性的な部分のパーツは女性らしさの体型にしている（腰まわり等）
- デフォルメにもリアルにもなりすぎない塩梅を意識している
- メリハリも意識している
- 意識して手足頭は大きめに誇張している
- 半分アメコミ、半分カートゥーンというラインを意識している
- デフォルメでも（太ももとかお尻とか）盛るところは盛る。デフォルメすぎないバランスに調整している
- デフォルメにしすぎないと言いつつも、アナトミック的に嘘をつきたくなる時がある

現在の素体はメリハリに欠け、手足が小さいままなため、どうしても大きなシルエットでの印象がまだ似ていません。ここでは、主にその点に留意して調整していきます。

足を調整する

ふくらはぎがデザインに比べて細かったので、Moveブラシで太くします。

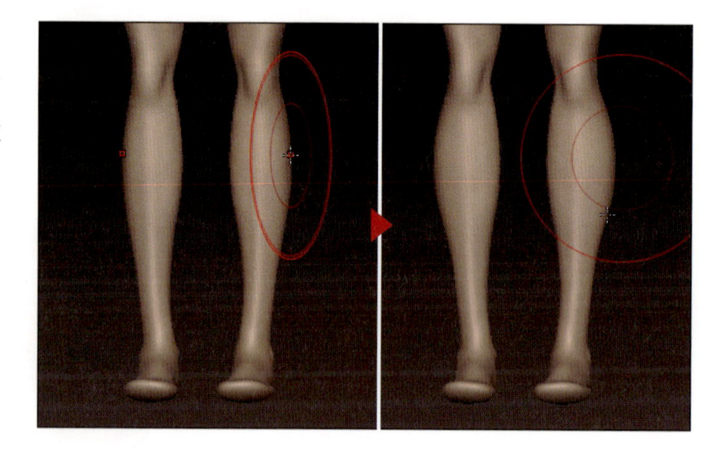

足の大きさをイラストに合わせていきます。まず足首以外にマスクをかけ、マスクの境界は10回ほどぼかしをかけます（Ctrlキーを押しながらメッシュをクリック）。アクションラインを画像のように生成します。

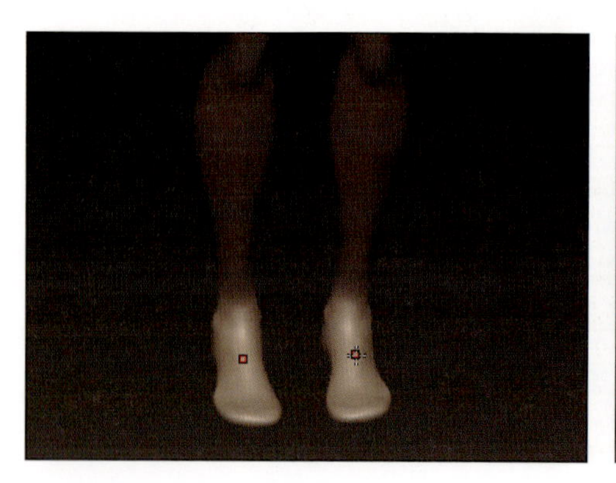

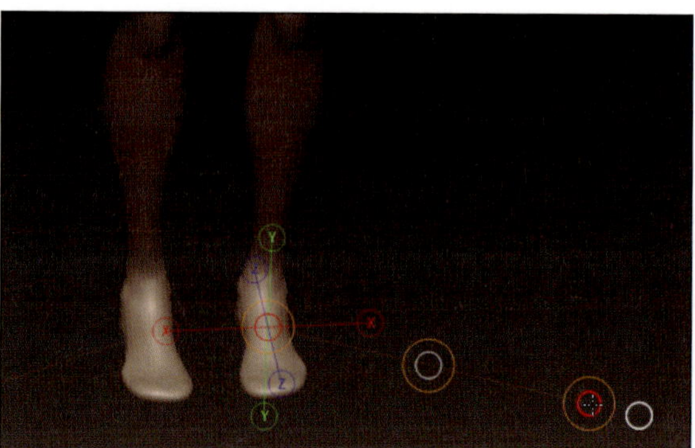

TransposeのScaleで終点をドラッグし、足を大きくします。

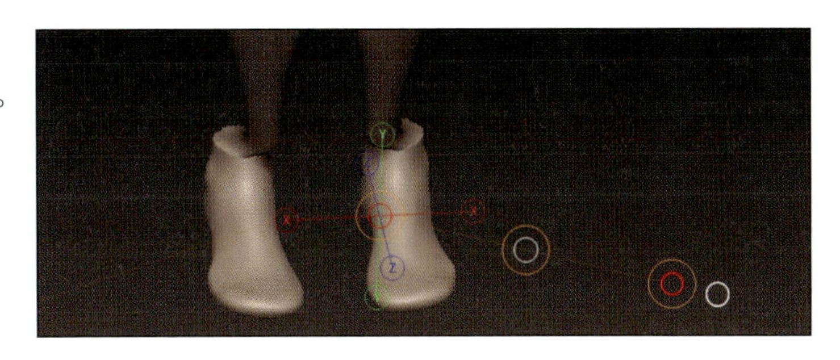

大きさを変えたことにより足首からずれてしまったので、TransposeのMoveで中点をドラッグし、位置を調整します。同様にして前後方向も修正します。

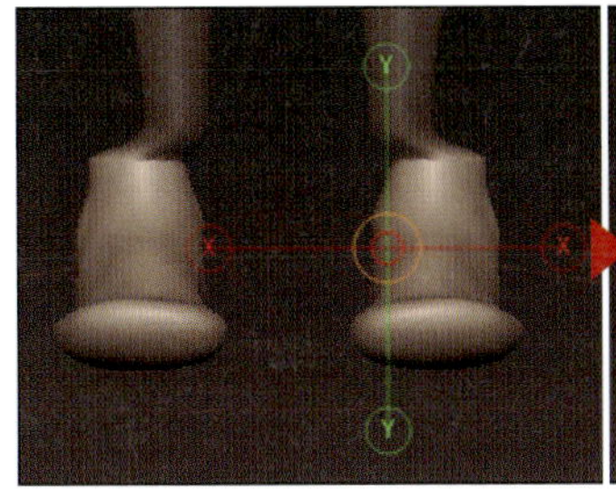

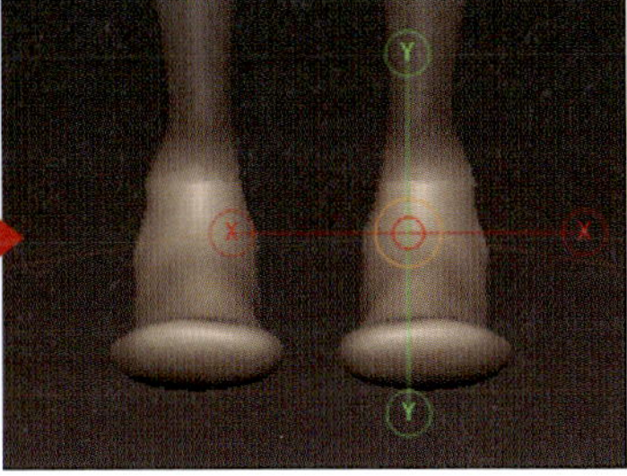

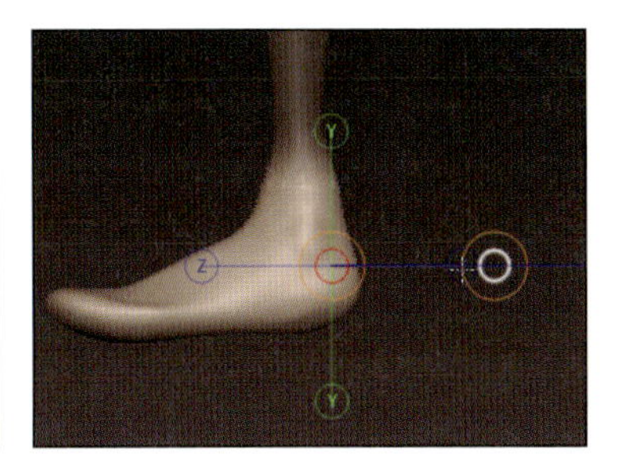

つま先をMoveブラシで上に大きくします。

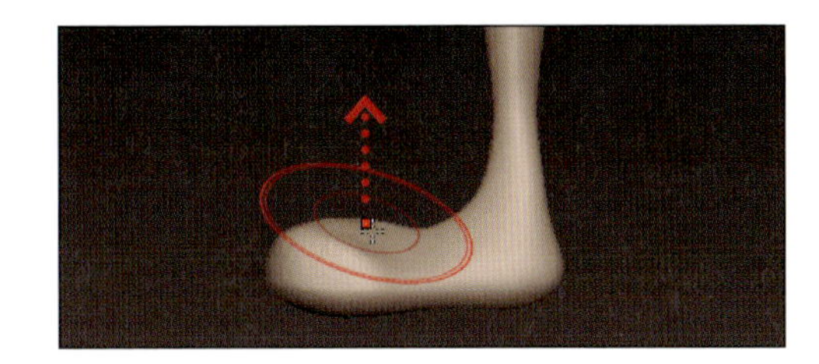

最後に、Moveブラシ、ClayBuildupブラシ、Smoothブラシ等で形状を整えます。

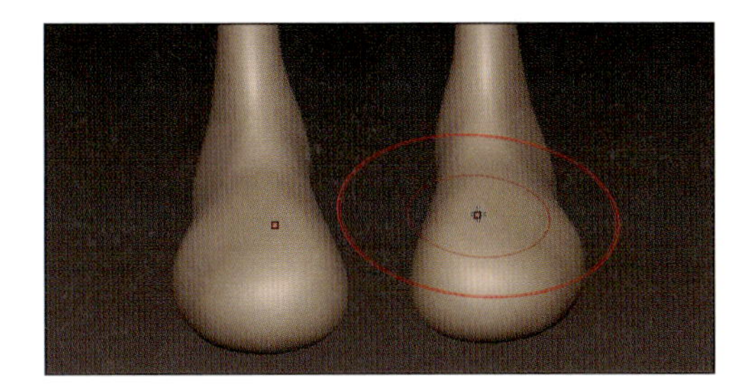

手と胸部を調整する

足と同じく、TransposeのScaleとMoveで手の大きさを変更します。

胸部がややデザインより横幅が広いため、Moveブラシを大きめのサイズにし、中央に寄せるようにドラッグして幅を少し細くします。

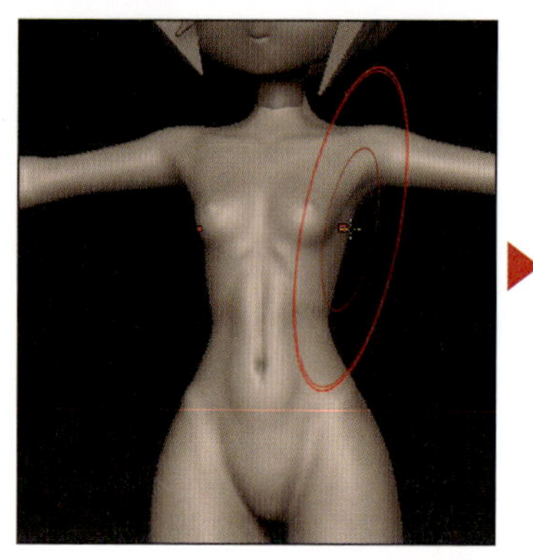

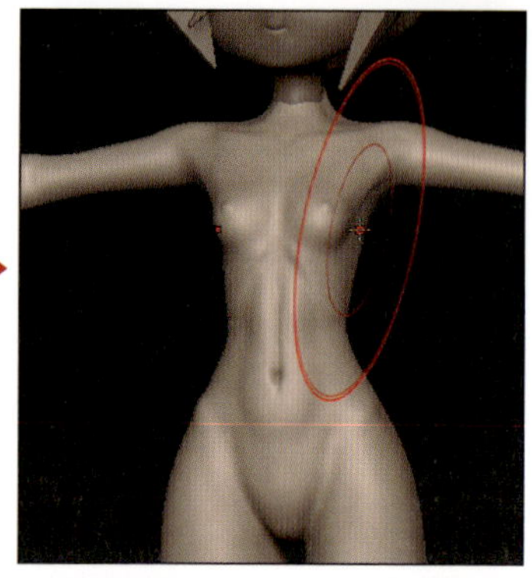

続いて、手袋の手首部分を調整します。手袋の手首部分はリング型の形状になっているので、サブツールにプリミティブのCylinder3Dを追加し、位置、サイズ、角度を調整します。

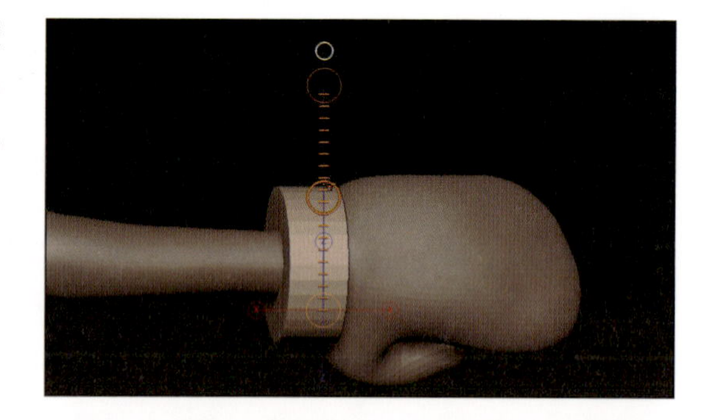

手のラフモデルを作成した時と同じく、[Zplugin]>[Subtool Master] > [Mirror] でコピーします。

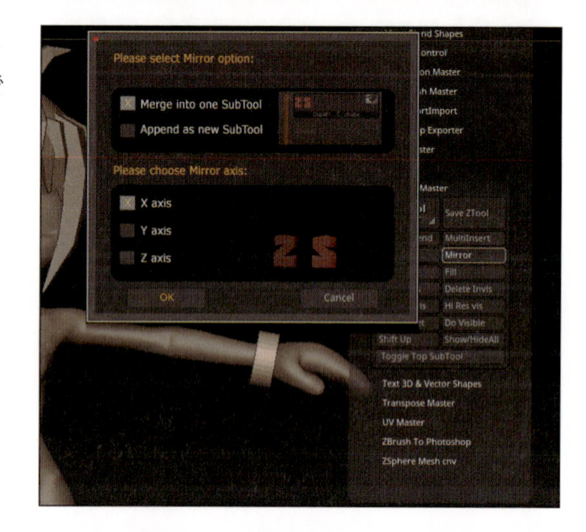

▶ 下半身を調整する

視点を正面からにし、Moveブラシを大きめにして、太ももを外側へ太く、膝を少し内側に、膝から足首にかけてを若干外Rにします。

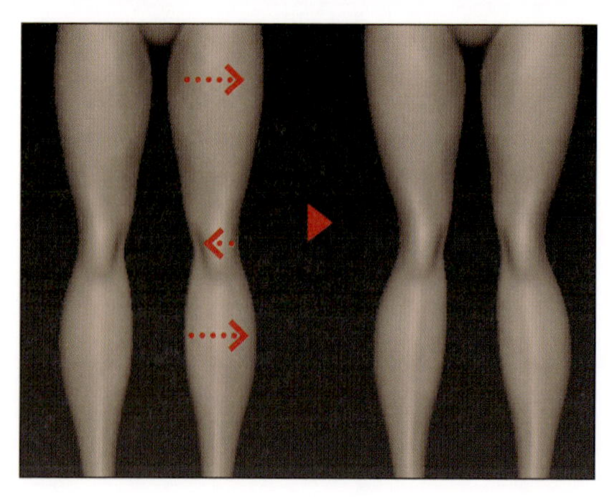

続いて視点を側面からにし、正面の時と同様にMoveブラシを大きめにして、お尻を少し大きく、太ももを前に、ふくらはぎを後ろにします。それぞれボリュームアップと大きな曲線をイメージして修正してください。

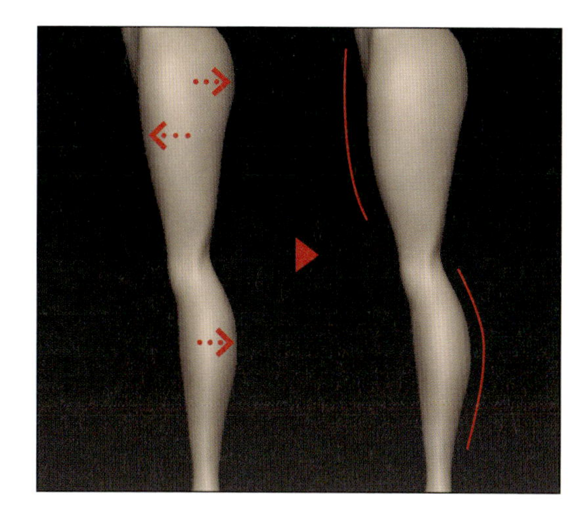

バランスを整える

胸がデザインより少し大きく盛っていたためこちらは、ボリュームを落とします。

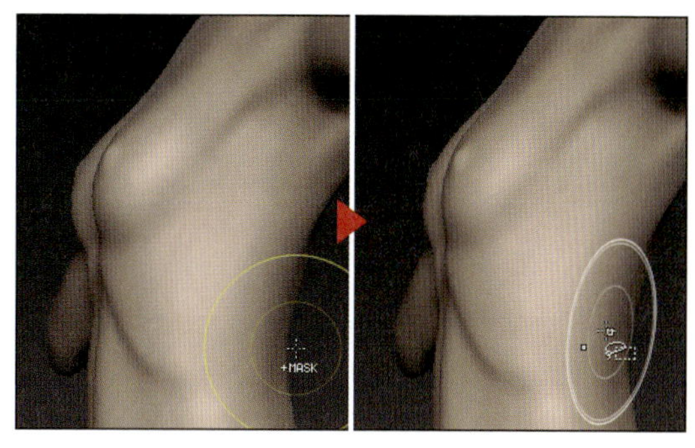

続いて、腕のシルエットラインが違うのでこちらも修正します。

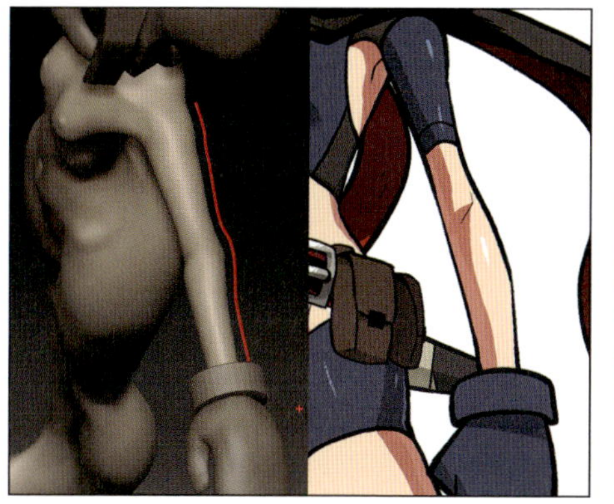

歪みのチェックをします。Moveブラシを大きめに使っても、どうしても手を入れれば入れるほど、メッシュの表面が歪んでいきやすいです。常に見続けているマテリアルだと気づかない事があるので、歪みチェックには、NormalRGBMatマテリアルがお勧めです。面の法線方向の差が視覚的に見やすくなります。

● NormalRGBMatマテリアルで歪みをチェックする

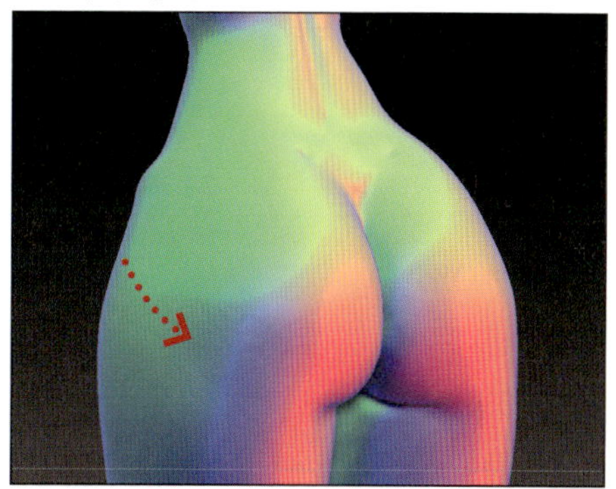

SECTION

04 ProjectAll

ProjectAllは、サブツール間でディティールの転写をするための機能です。

ProjectAllのメニュー

ProjectAll機能は、[Tool]>[Subtool]>[Project]に集約されています。

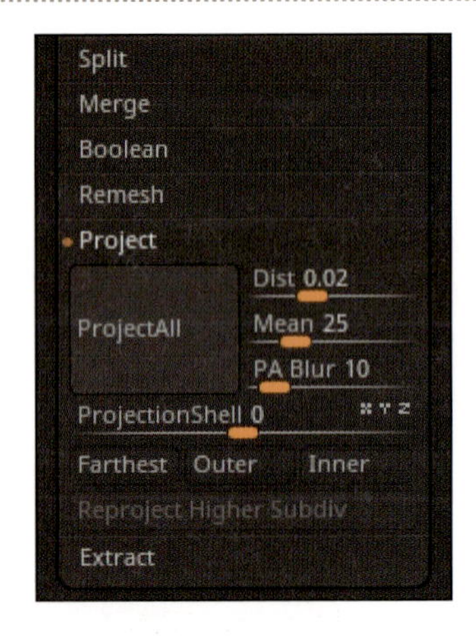

ProjectAll

転写を実行するためのボタンです。各種パラメーターを調整後、このボタンで転写計算を行います。転写対象（ターゲット）はアクティブなサブツール、転写元（ソース）は現在表示状態になっている他サブツールとなります。

Dist

転写する側（ソース）とされる側（ターゲット）の形状差を読み取る最大距離設定です。形状によっては、この値を高くしすぎると読み取りたくない場所の形状を取得してしまうため、必要な量に留めてください。

Mean

ソースとターゲットの形状差の平均を取り、その平均を計算のスタートとします。形状により効果の差がわかりづらいですが、通常であればデフォルト値、もしくは少し高いくらいの値でだいたいの場合OKです。

PA Blur

転写時の形状にスムージングをかけるパラメーターです。

ProjectionShell

プロジェクションの距離設定をターゲットメッシュ内側もしくは外側方向のみから読み込まれるようにするためのパラメーターです。プラスの値でスライダ下の[Outer]ボタンがONになり、マイナスの値で[Inner]ボタンがONになります。スライダを動かしている最中メッシュが膨らんだりしますが、仮想的にスライダの値での計算に使われる範囲を示しているだけなのでメッシュには影響はありません。波打った形状等、単純な距離だけでの指定をした場合、お互いに計算が干渉してしまう場合にはこちらを調整してください。

Farthest

ソースの最も遠い部分を計算の基準にします。

Reproject Higher Subdivi

引きつったトポロジーをリラックスさせつつ投影します。

ソースメッシュは表示状態になっている全てのメッシュが対象になるため、目的のソースメッシュのみを表示した状態でターゲットのサブツールをアクティブにし、[Dist]で距離指定、[ProjectALL]で計算が実行されます。

この時、ソースメッシュを複数表示していれば複数ソースとして計算されますが、場合によってはキレイな結果にならないので、慣れないうちはソースとターゲットを1:1にするほうが良いです。

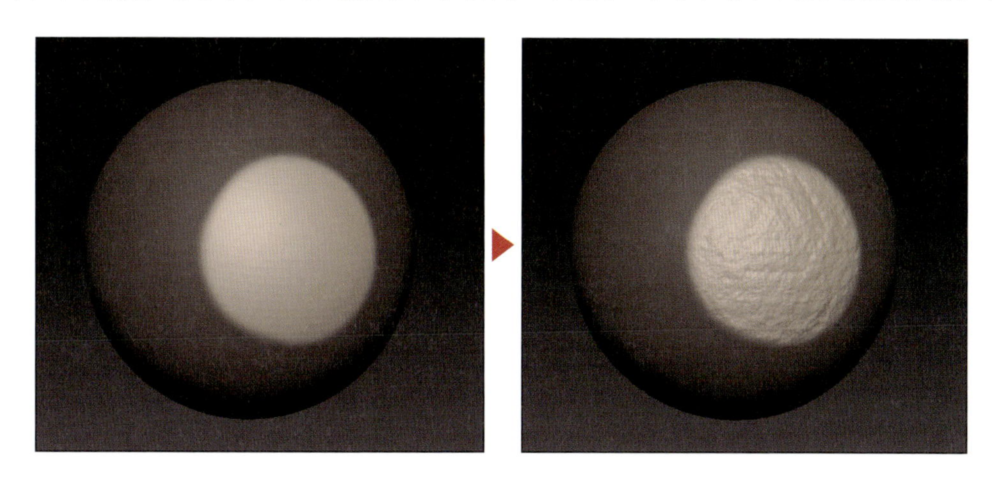

Project機能はマスクと併用できるため、部分的な転写等も可能です。

Project機能の使いどころ

よくあるオーソドックスな使い方を2つ紹介します。

パターン1：リトポ前のメッシュからリトポ後のメッシュへの形状の転写

DynaMesh機能等で細かいディティールまでスカルプトしたメッシュは、DynaMesh特有の格子状のトポロジーになっているため、場合によってはリトポを途中で挟んだほうが良い場合があります。

サブツールを複製し、ZRemesherや手動でリトポをしてキレイな流れのトポロジーに構成し直します。

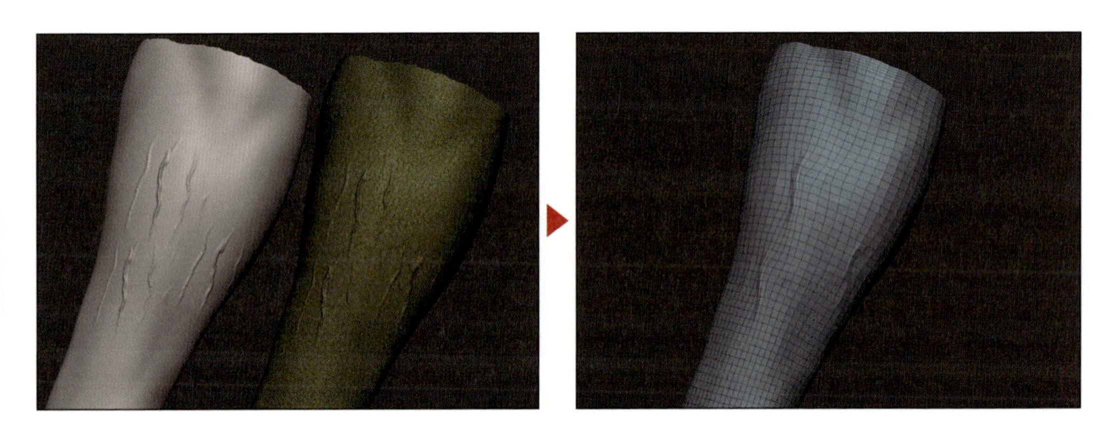

リトポ後のメッシュに対してサブディビジョンをかけ、細かいディティールを転写していきます。ターゲットメッシュが、ソースメッシュにある細かいディティールを再現するのに十分な分割具合になるまでサブディバイドをかけます。その後Project機能を使い、リトポ後のメッシュに対して細かいディティールを転写します。

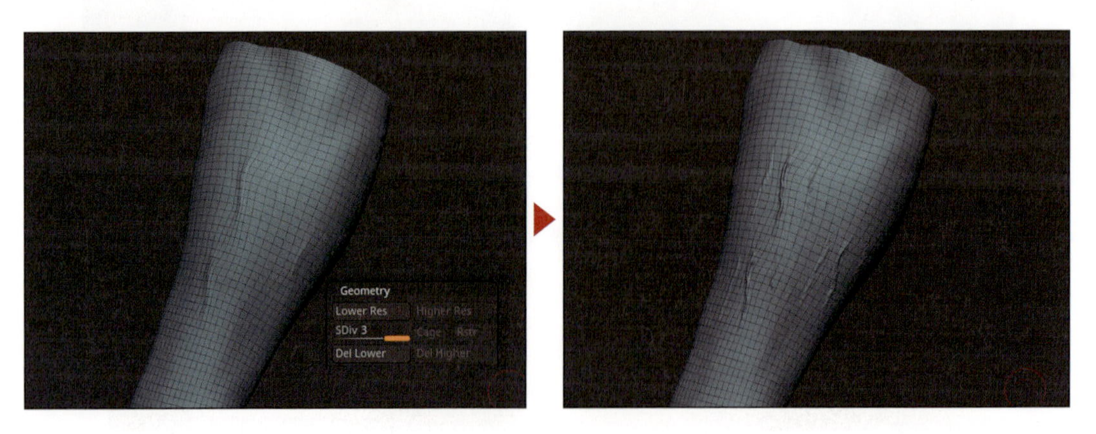

この時、基本的には最上位レベルに対して転写をかけるだけで良いですが、形状によってはキレイに転写されないことがあります。そういう時は、Lv1から順々にそれぞれのレベルで転写をしながら、上位レベルに切り替えてください。

▶ パターン2：別サブツール管理してるメッシュ同士の重なり部分を見た目上キレイに繋げる

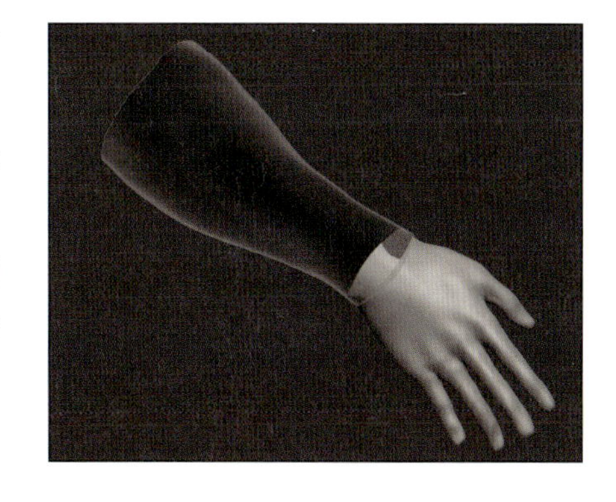

ワークフローの都合上、素体の一部を別パーツに分けている場合、たとえば頭と身体の間つまり首の部分や、手首等でお互いのメッシュをめり込ませてる状態のままモデリングすることもあります。

その場合、最終的には1つのメッシュとすることが前提ですが、まだ1つのメッシュにしたくないがキレイに繋がってるように見せたいという場合を考えてみます。

ここでは、この腕と手の場合を例に説明します。

素体と手のサブツールを複製し、2つを結合して1つのサブツールにして、これを転写用のダミーとしていきます。結合したダミーサブツールをDynaMesh化し、手首の接合部分をキレイに整えます。

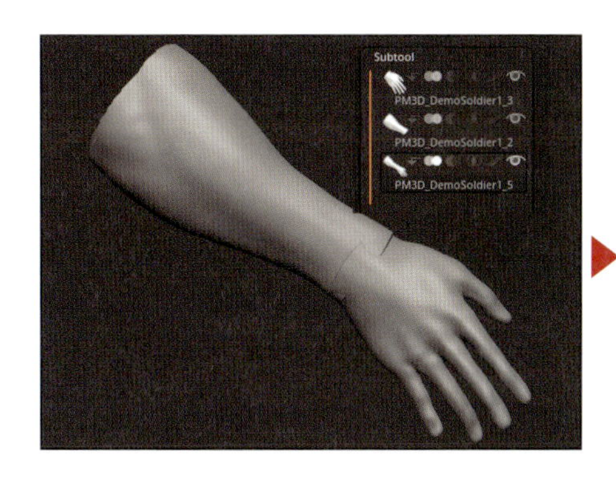

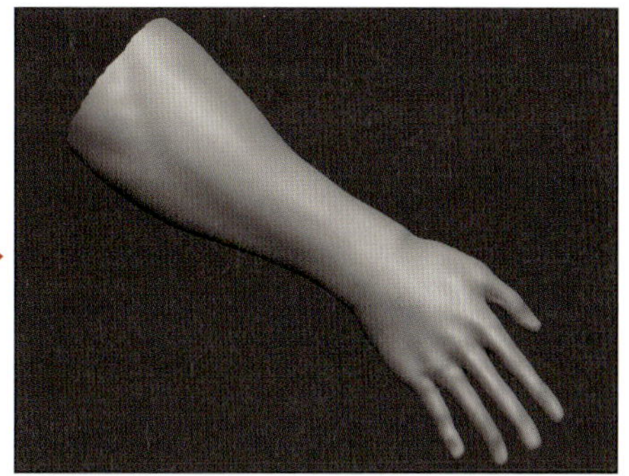

整え終わったら、「元の手」「腕」に分かれているサブツールのそれぞれの接合面をSliceブラシ等で切り取り、穴の空いたメッシュにします。

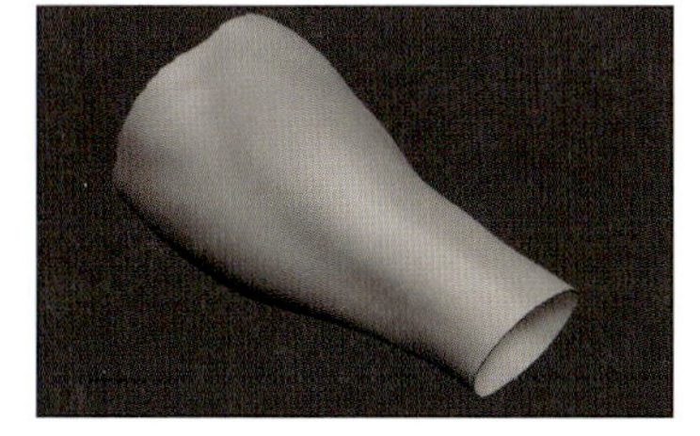

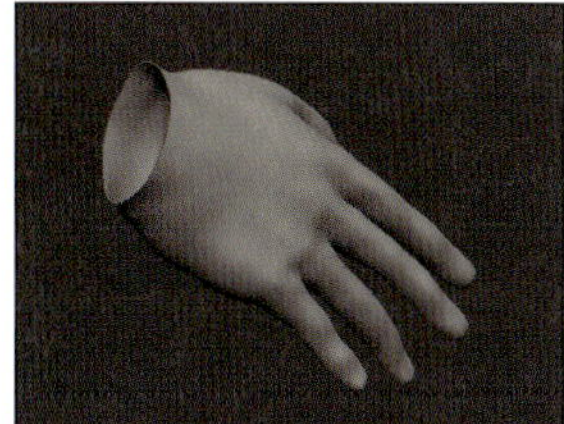

Moveブラシ等で、2つのパーツが少し重なるように縁を調整します。その後ダミーをソースとし、転写します。

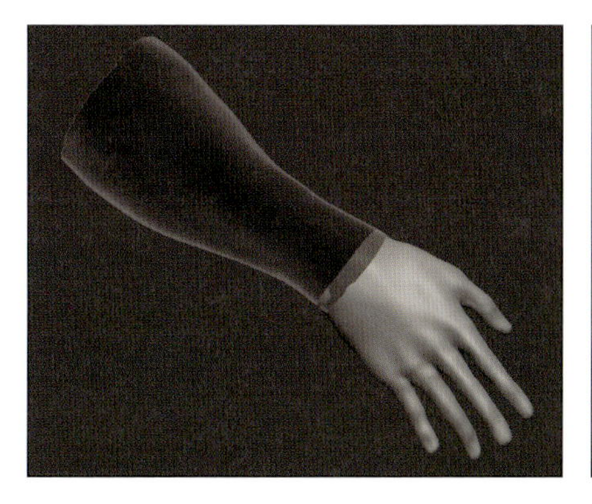

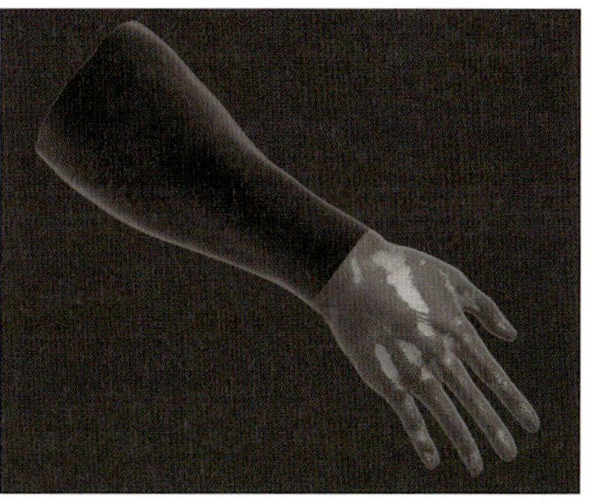

するとこのように、サブツールの構成は保ったまま、見た目上はキレイに繋がった状態を作ることができます。

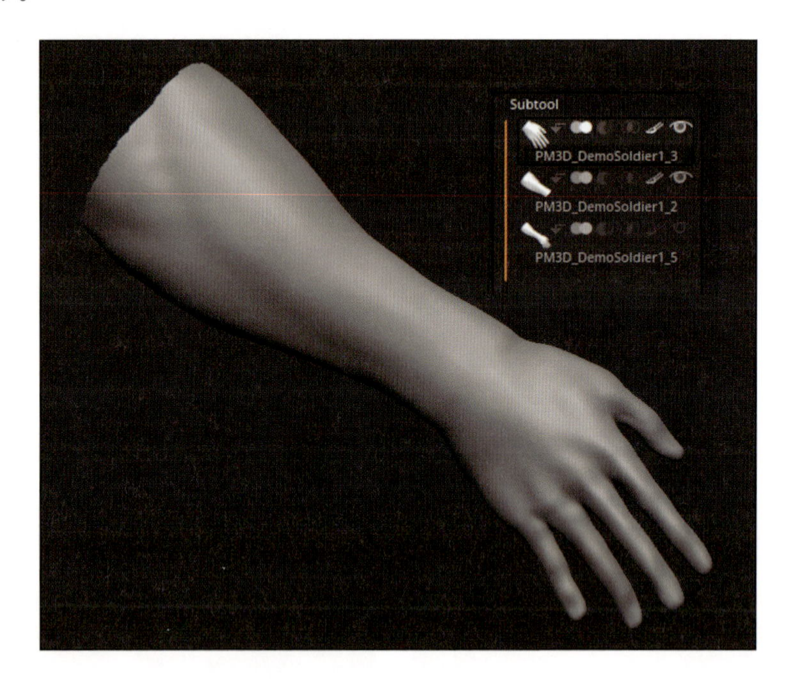

MEMO 手を分ける理由

全身がくっついた状態でモデリングすることももちろん可能ですが、DynaMesh は体積でメッシュ全体を一律の密度で再構築する機能なため、隣り合った指同士がくっつかないようにするためには、必然的にResolution の値を上げることになります。

しかし、指同士がくっつかないほどの Resolution にすると、メッシュの密度が高すぎるゆえに体側の作り込みをするうえで作業の妨げになることがあります。そのため、手のサブツールを分けています（本書の作例の場合は、「手袋をしている」「シームレスにする必要がない」という単純な理由から、結合する理由がないため結合していません）。

ポリペイントの転写

ソースメッシュのポリペイントがON、かつターゲットメッシュのポリペイントがOFFの場合、このような確認のポップアップが出ます。

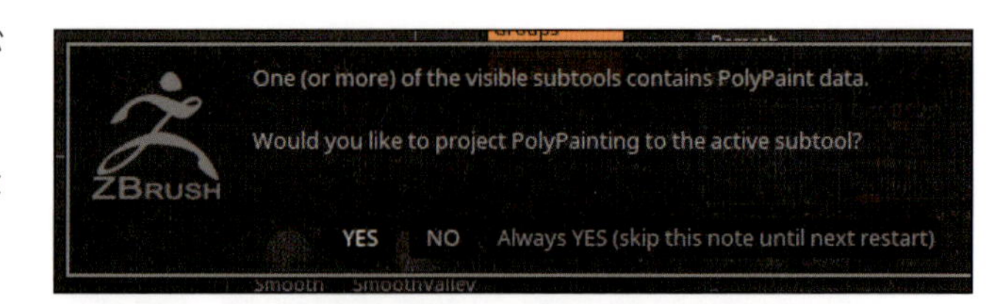

意訳すると、「ソースメッシュにはポリペイント情報がありますが、ターゲットメッシュもポリペイントをONにしますか？」という意味です[注1]。

注1　転写しますか？　とは聞いていませんが、ポリペイント転写も行われます。

なお、ポリペイントは頂点に対して色情報を持たせているに過ぎないので、転写のソースよりターゲットのメッシュの密度が低い場合、密度なりの転写となります。

Chapter 10

武器・ポーチ・ベルト・靴の作成

SECTION
01 ZModeler ブラシの使い方

ZModelerブラシとは、他のスカルプトでよく使うブラシとは大きく特徴の異なる特殊なブラシです。ZModelerが実装される前のZBrushでは、ポリゴンモデリング的なアプローチの操作がかなり難しかったのですが、その頃と比べると格段にできることが増えました。

ZModelerブラシの呼び出し方とインターフェース

ZModelerブラシは、機能が単体としてあるわけではなく、ブラシの一種として存在しています。そのため、呼び出す時はブラシパレットを展開し、ZModelerブラシをクリックします。

ZModelerブラシの大きな特徴として、まずこのブラシを使った操作全てがトポロジーを変更する扱いになるため[注1]、サブディビジョンレベルを持った状態のメッシュには使うことができません。

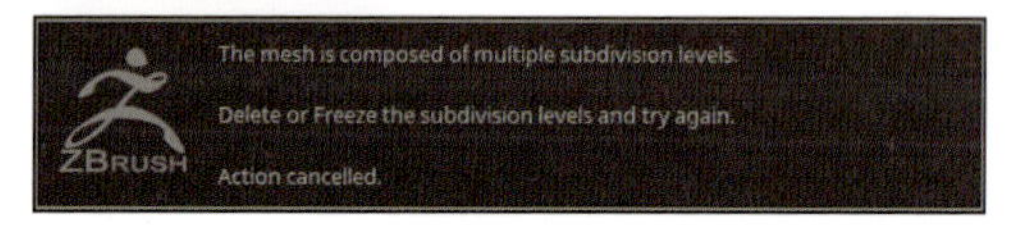

注1　ZModelerブラシ内のMaskやPolygroup等、結果的にトポロジーに変更がかからないものも全て、サブディビジョンレベルを持ったメッシュに対しては使用不可です。

もしサブディビジョンレベルを持っているメッシュに対して使う場合は、Del Lower等でサブディビジョンレベルを削除してから使います。

ZModeler ブラシを呼び出す

ZModelerブラシを学習するために、まずは何のメッシュでも良いのでキャンバス上に呼び出し、[Initialize]からQCubeを呼び出し、[PolyFrame]ボタン(P.45)でポリフレーム表示にしてください。

ZModelerブラシのポインタをメッシュの上に持っていくと、面の上にある時、辺の上にある時、頂点の上にある時で、ポインタ中心の少し下にある文字が変化しているのが見て取れると思います。

これは、ZModelerブラシが面に対して、辺に対して、頂点に対してそれぞれで別々の操作を設定できることを意味します。なお、Curveが設定されたエッジに対しても別の操作を設定できます。

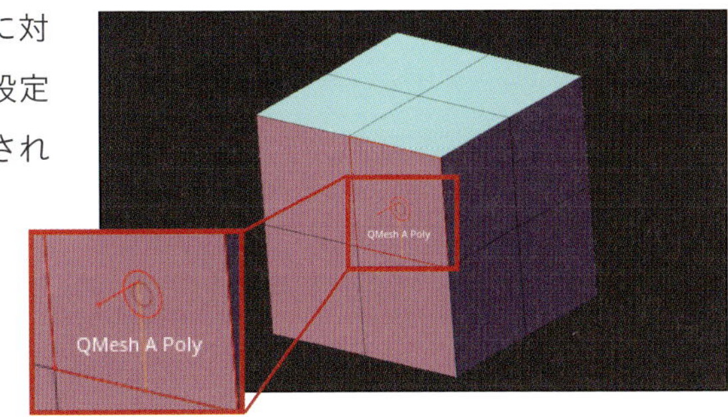

メニューを表示する

次に面、辺、頂点それぞれの上にある時に スペース キーを押したままにしてください。それぞれメニューの種類、個数が違うのが見て取れます。メニューをクリックすることで、機能を切り替えることができます。

ポインタが面にある時のメニュー

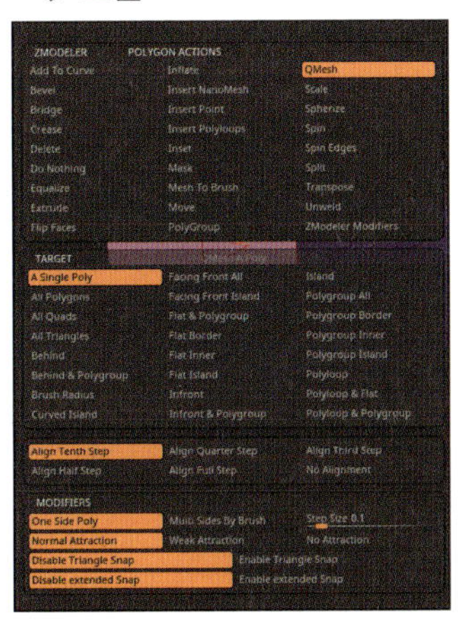

ポインタが辺にある時のメニュー

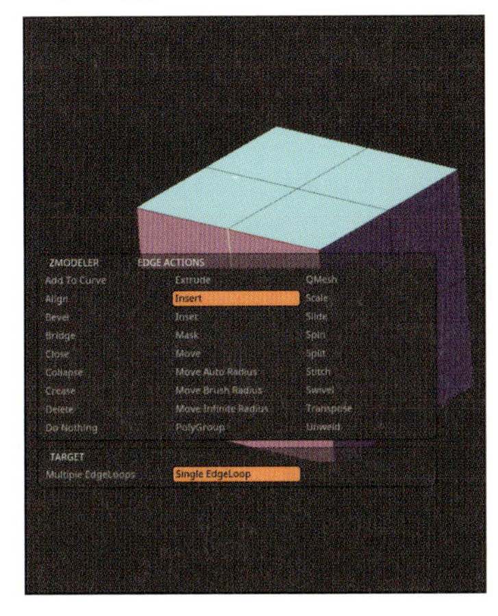

ポインタが頂点にある時のメニュー

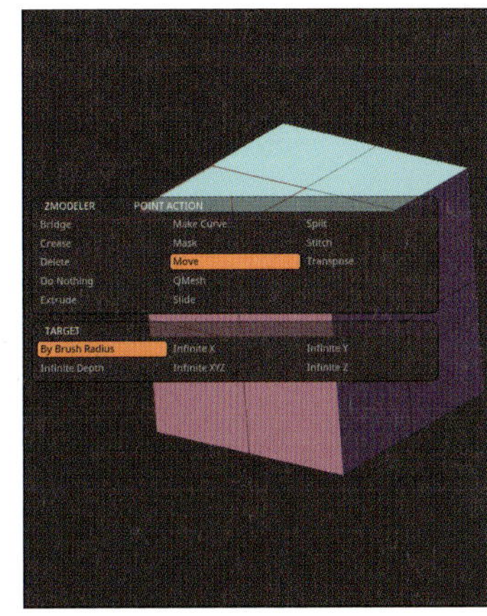

ZModelerブラシを使ってみる／POLYGON ACTION

では、練習として面の上で スペース キーを押し、[POLYGON ACTIONS] ウィンドウ内の設定で [Extrude]（押し出し）を選択してください。どの面でも良いのでドラッグすると、押し出しが行われます。このように、ACTIONではZModelerブラシの動作の種類を決定します。

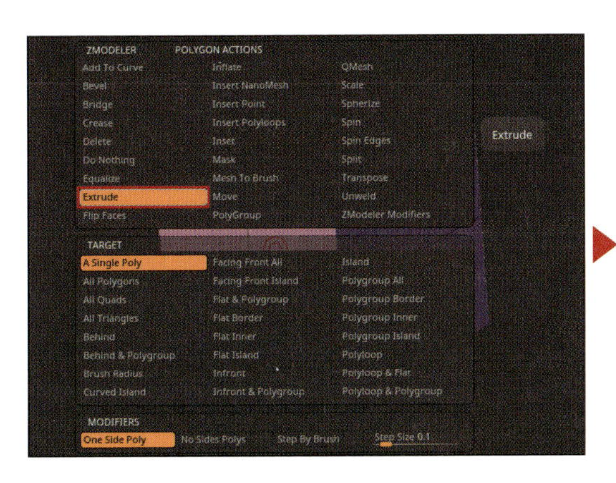

次にメニューの［TARGET］ウィンドウ内の設定を［Polygroup Island］にし、先ほど押し出しをした面とは別の面をドラッグしてください。今度は、地続きになっている同じ色のポリグループが押し出されました。このように、TARGETではACTIONに設定した動作が実行される対象を決定します。

Ctrl ＋ Z キーで押し出し前に戻り、今度はメニュー内の［MODIFIERS］を［No Side Polys］に切り替えてください。その状態でまた面をドラッグして押し出しをすると、先ほどと違い、対象となっている面だけが分離して押し出しが行われます。このように、MODIFIERSはACTIONの動作設定を切り替えるようなオプション的メニューになっています。

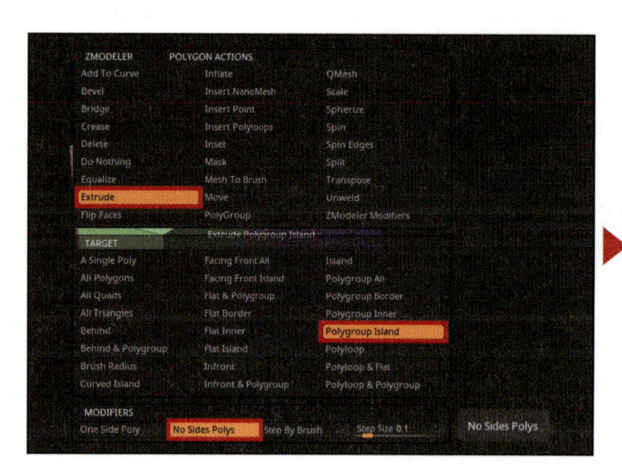

次に、PIONT ACTIONSを［PolyGroup］にしてください。

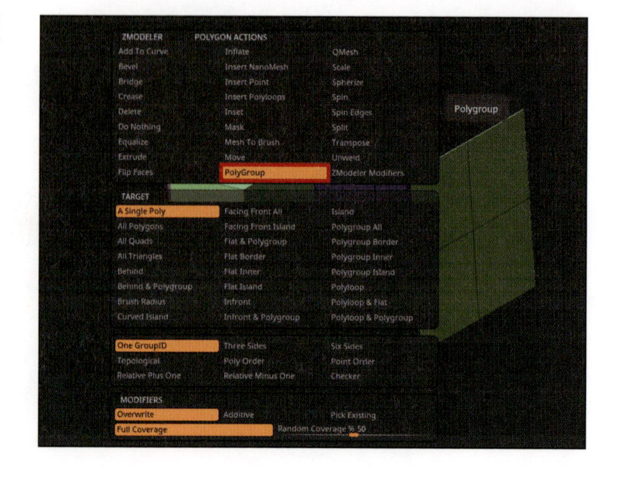

PolyGroupでは、ブラシのポインタの文字に「ALT=New,SHIFT=Pick」という記述があります。面をクリックしたままの状態で Alt キーを押すと、ポリグループの色がどんどん変わっていきます。

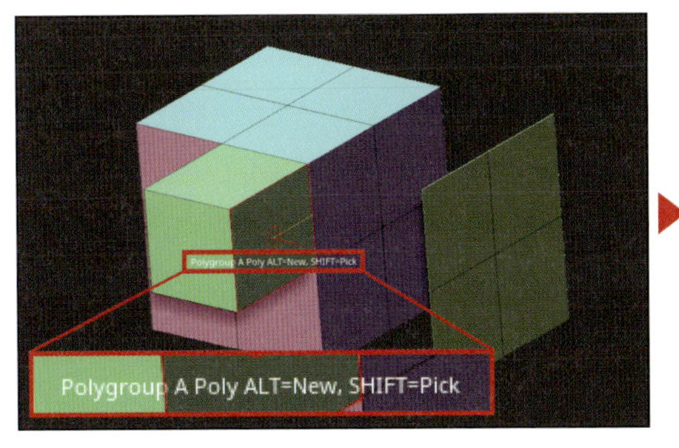

面をクリックしたままの状態で Shift キーを押すと、Shift キーを押す前にいったんポリグループが変化してしまいますが、Shift キーを押すと元のポリグループの色に戻ります。この時、クリックした面のポリグループがブラシ内に記録されます。

そのまま別の面をクリックすると、ブラシ内に記録されたポリグループが割り当てられます。

▶ 機能の作用する方向について

ZModelerブラシのPOLYGON ACTIONには動作の方向というものがあります。[Initialize]からQCubeを再度呼び出し、Ctrl + W キーでメッシュ全体を同じポリグループに統一してください。

［POLYGON ACTIONS］は［PolyGroup］のまま、［TARGET］を［Polyloop］に切り替えてください。

ブラシポインタが面の上にある時、よく観察すると面の中央に面の法線方向の赤い線が出ていること、その線から面の外側に向かってオレンジ色の線が出ていることがわかります。このオレンジ色の線が、動作の方向を示しています。横方向にオレンジ色の線が出ている状態で面をクリックすると、その方向のポリゴンのループに添ってポリグループが変更されました。

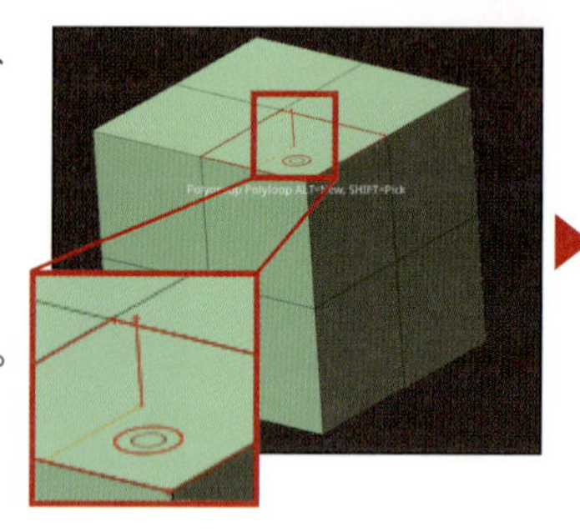

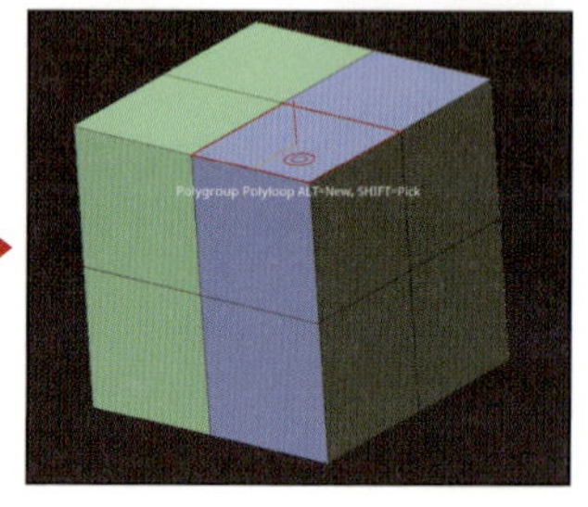

横方向になるようにブラシのポインタを動かして面をクリックすると、今度は横方向に、ループ状にポリグループが変更されました。

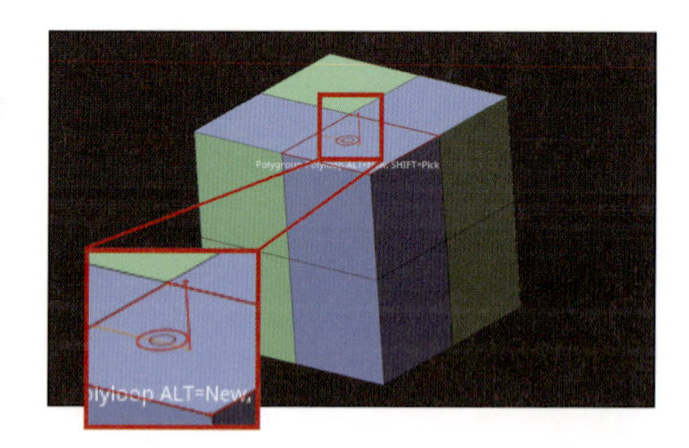

▶ 白ポリグループ

POLYGON ACTION時、Alt キーを押しながら面をクリックまたはドラッグすると、白いポリグループが割り当てられます。これは他のポリグループと違い、白いポリグループに変化させた面のみに一括で効果をかけることができます。

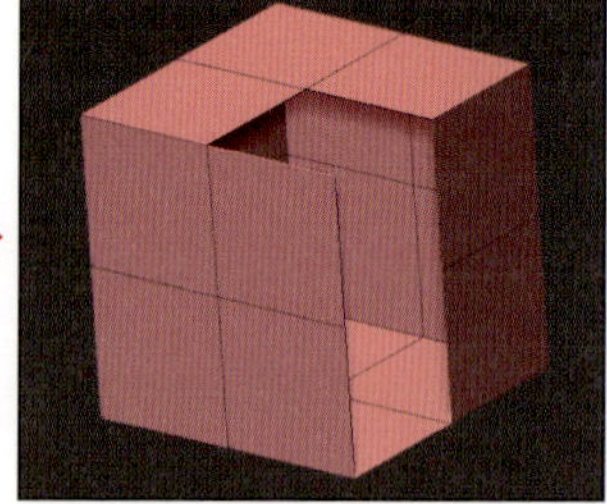

たとえばこのように白ポリグループを割り当てた状態で［POLYGON ACTIONS］を［Delete］に設定し、白ポリグループになっている面をクリックすると、たとえTARGETがA Single Polyになっていたとしても、強制的に白ポリグループになっている面に一括で効果がかかります。

▶ EDGE ACTION

ZModelerブラシの基本とともに、面(POLYGON ACTION)での基本は覚えたので、次に辺(EDGE ACTION)を覚えましょう。辺の上にポインタを移動し、[スペース]キーを押してください。そうすると[EDGE ACTIONS]ウィンドウが開きます。

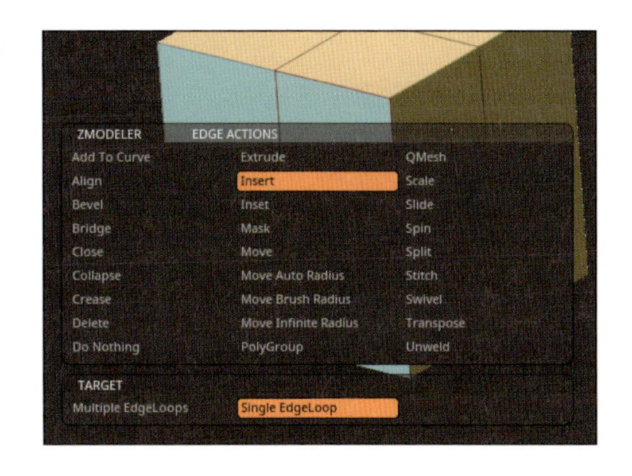

初期状態では[Insert]が設定されているので、そのままエッジをクリックしてください。するとエッジループが追加されます。この時、エッジループはポリゴンが連続している限りエッジが追加されます。

三角形ポリゴンにぶつかった時は、このように無理やりエッジループが連続するようにエッジが追加されます。

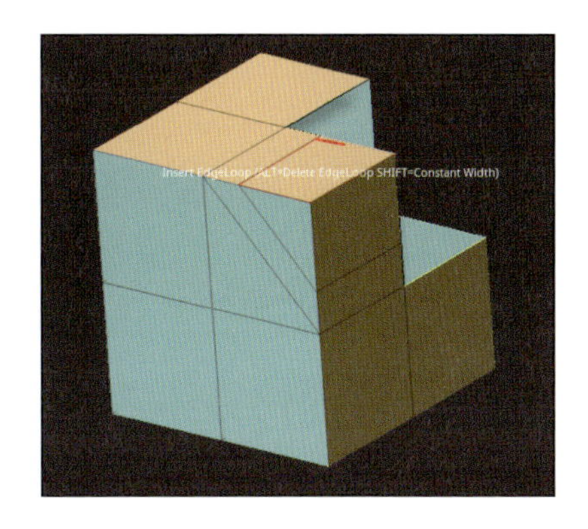

この時、クリックした位置でエッジの入り方に差が出るため、注意が必要です。

▶ クリックした位置によってエッジの入り方が異なる

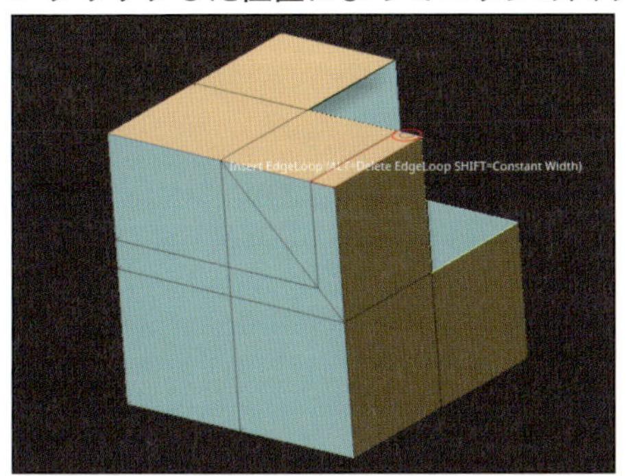

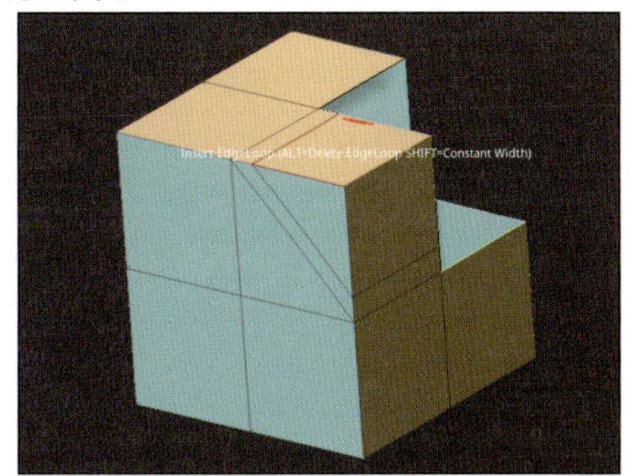

次に、[EDGE ACTIONS]を[Crease]に、[TARGET]は[Edge]にしてください。エッジをクリックすると、クリックした場所のエッジにCreaseが設定されます。

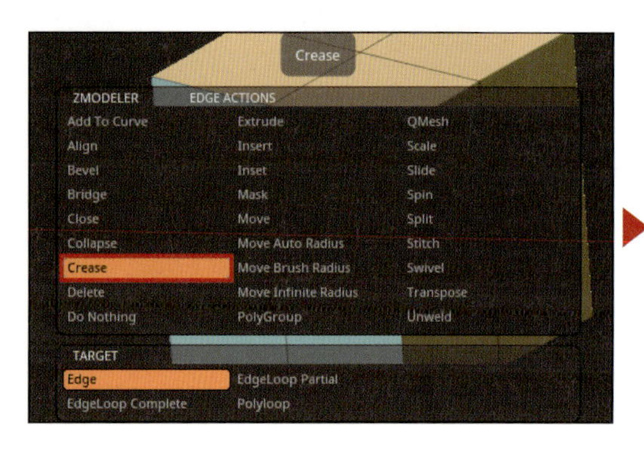

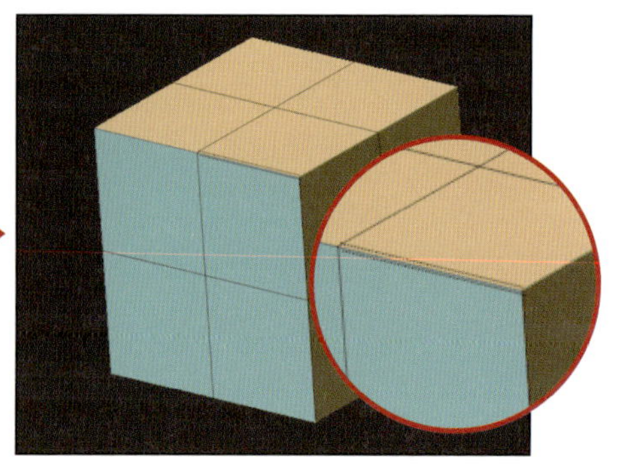

Ctrl + Z キーを押してCreaseを入れる前の状態に戻し、今度は[TARGET]を[EdgeLoop Partial]に変更してください。Cubeの縁をクリックすると、連続した2つのエッジだけにCreaseが入りました。EdgeLoop Partialでは、エッジの連続が途中から分岐している場合、分岐した場所でエッジループの処理がストップします。

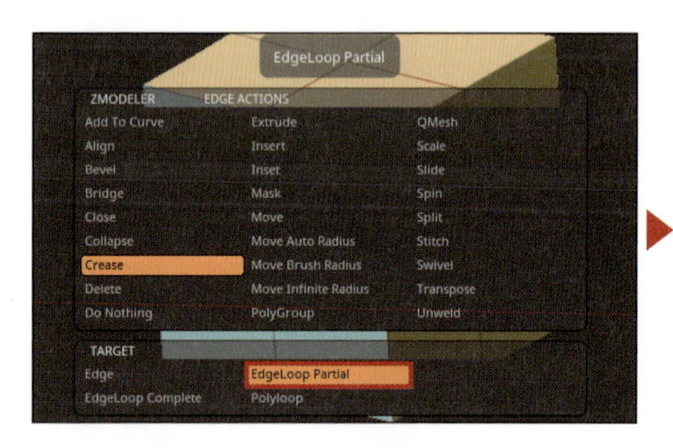

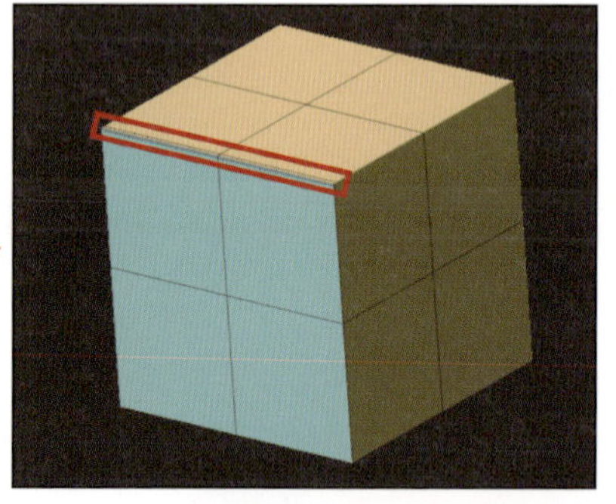

[TARGET]が[EdgeLoop Complete]の場合は、分岐に到達した時、分岐をどちらかに突き進む動作をします。この時の突き進む方向も、クリック時のポインタの位置で変化します。

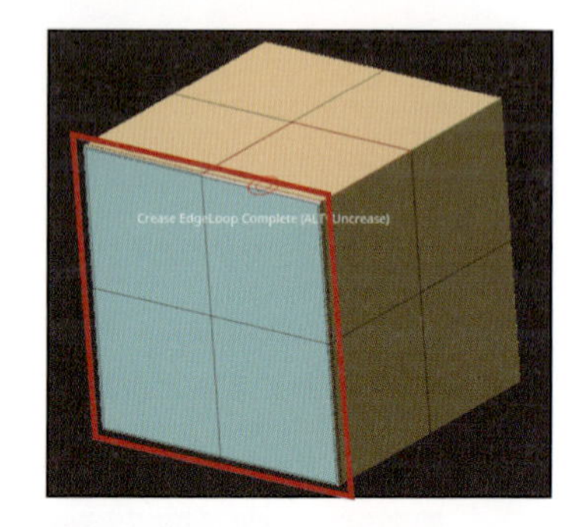

[TARGET]が[Polyloop]の場合、クリックしたエッジとT字に直交するエッジに対するポリゴンのループに添ってCreaseが追加されます。

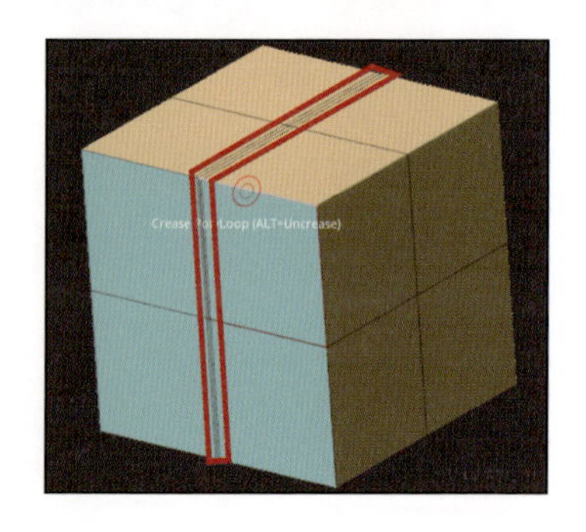

POINT ACTION

面、辺と使い方を学んだので、最後に頂点用のアクション（POINT ACTION）を覚えましょう。［PIONT ACTION］を［Slide］に設定し、頂点をドラッグしてください。

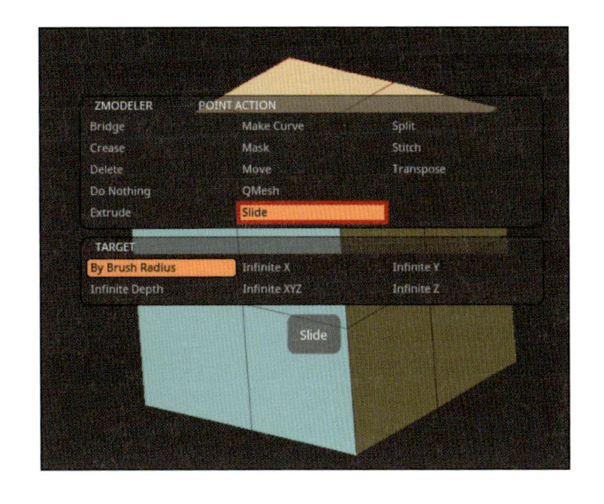

すると、頂点がエッジ上を滑るようにスライドします。

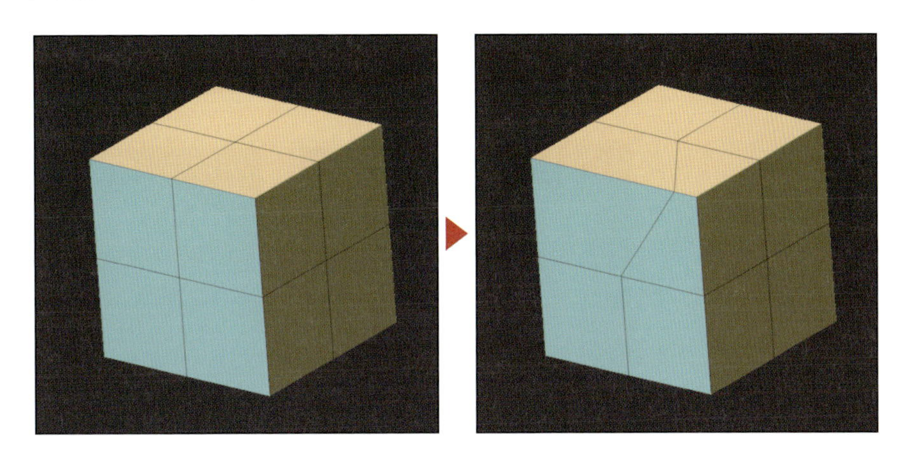

次に［PIONT ACTION］を［Stitch］に設定してください。Stitchは、クリックした2つの頂点をくっつける動作をします。この時、MODIFIERSの設定による動作の違いは次の通りです。

To End Point	くっついた頂点の位置は２番めにクリックした頂点の位置になります。
To Mid Point	くっついた頂点の位置はクリックした２点間の中間の位置になります。
To Start Point	くっついた頂点の位置は１番目にクリックした頂点の位置になります。

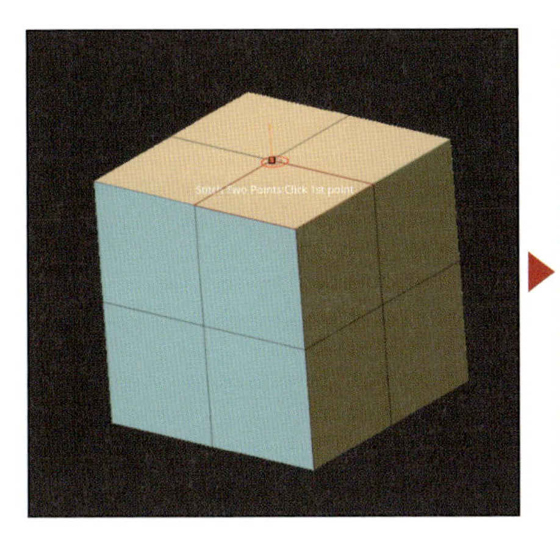

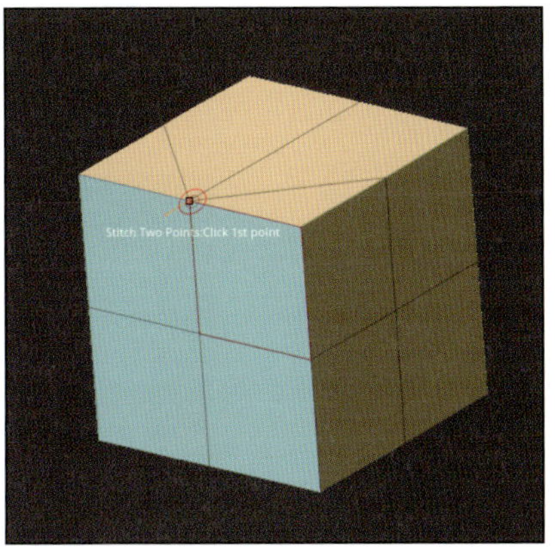

よく使うACTION

面、辺、頂点それぞれにたくさんのACTIONが用意されていますが、無理に全て覚える必要はありません。筆者も、ACTION全てを使っているわけではありません。

ACTION、TARGET、MODIFIERSの組み合わせを全て紹介するとものすごく膨大になってしまうため、ここでは、筆者のよく使うACTIONを以下に紹介します。

POLYGON ACTIONS

- **Delete**

面を削除します。

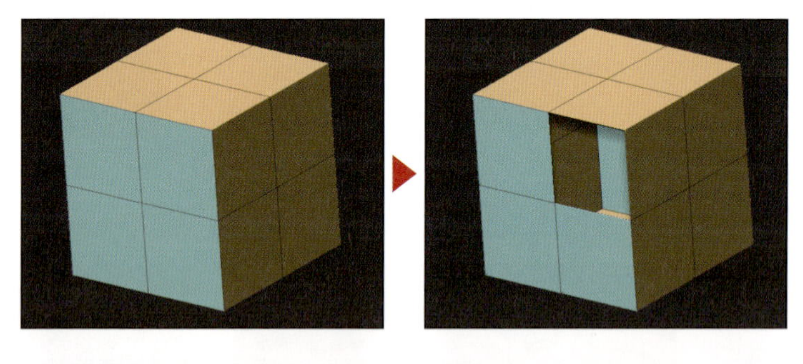

- **Extrude**

面を押し出します。

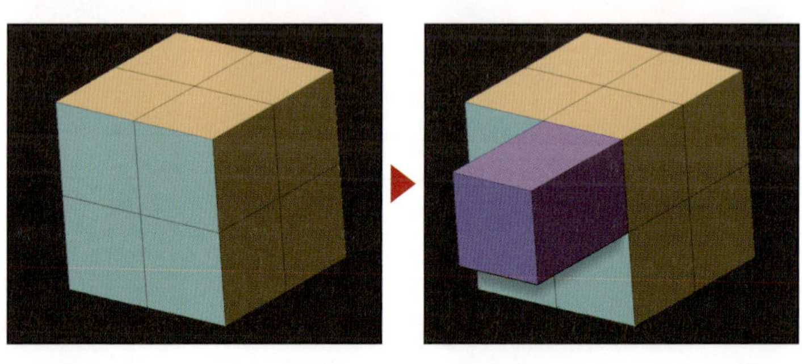

- **Polygroup**

ポリグループを設定します。

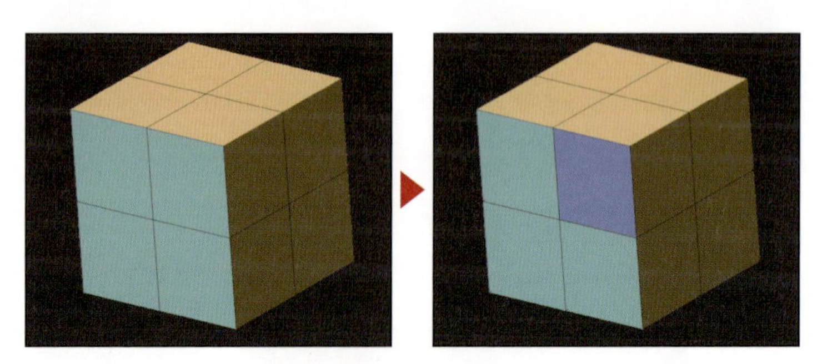

EDGE ACTIONS

- **Bridge**

エッジ間を橋渡しするように面を張ります。

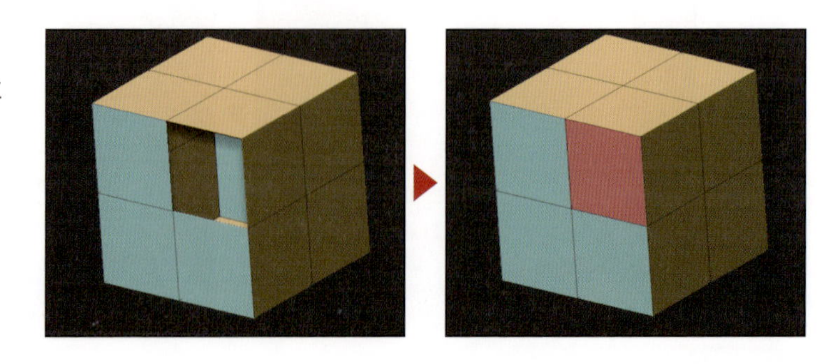

- **Insert**

エッジループを追加します。

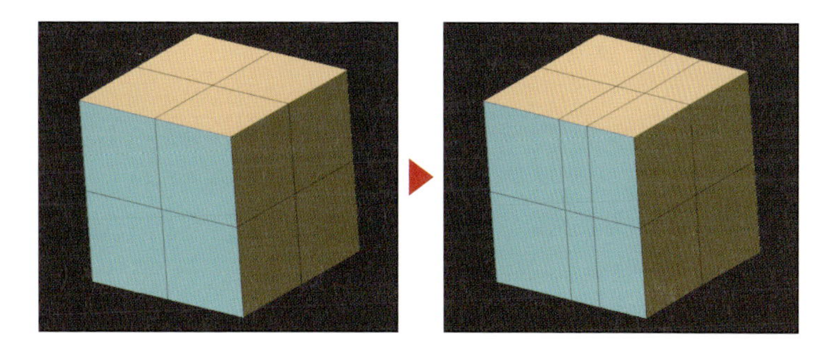

- **Mask**

エッジに含まれる頂点に対してマスクをかけます。

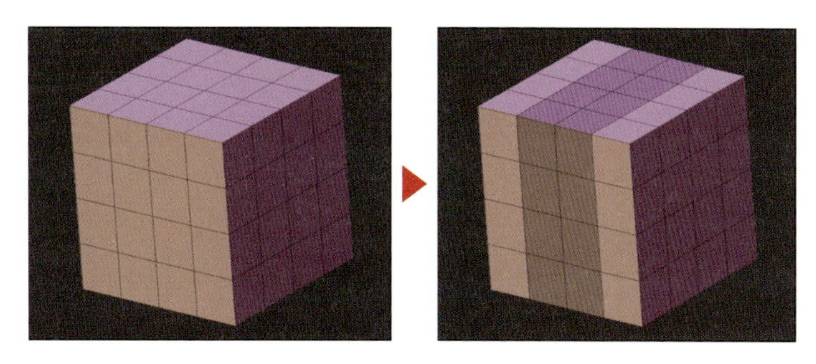

- **Slide**

エッジをスライドさせます。

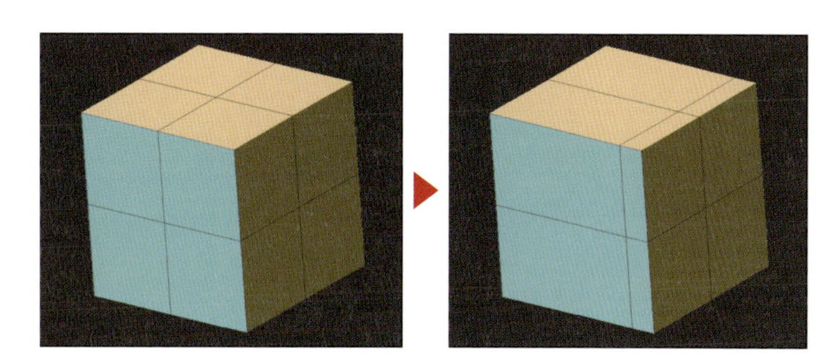

POINT ACTION

- **Slide**

頂点をスライドさせます。

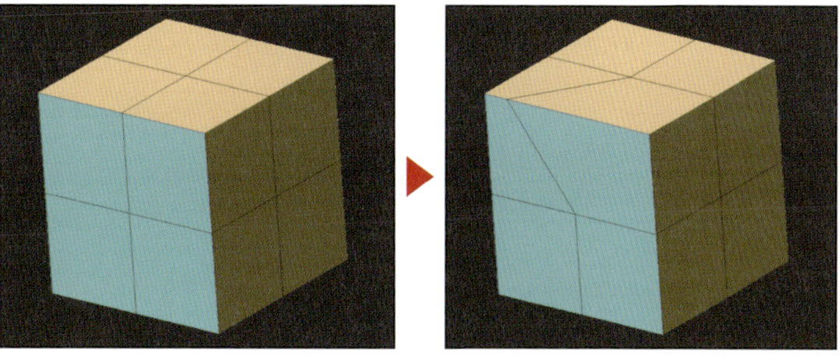

- **Stitch**

頂点同士をくっつけます。

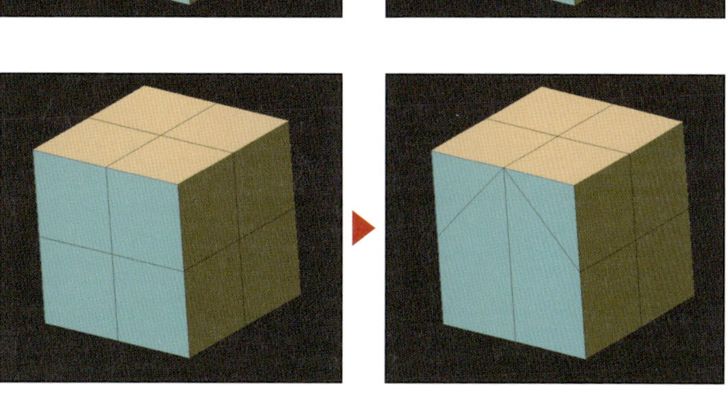

よく使うTARGET

ACTION同様、TARGETもさまざまな種類がありますが、こちらも以下に紹介する基本的なものをまず押さえ、徐々に慣れていけば良いと思います。なお、解説用ACTIONには、視覚的にわかりやすいInsetを使用しています。

● A Single Poly

クリックした1つのポリゴンのみにACTIONでセットされた効果がかかります。

● All Polygons

表示されているポリゴン全てに対してACTIONでセットされた効果がかかります。

● Polygroup All

クリックした面と同一のポリグループが割り当てられている面全てに対して、ACTIONでセットされた効果がかかります。

● Polygroup Island

クリックした面と同一のポリグループが割り当てられ、かつ、クリックした面と地続きになっている面に対して、ACTIONでセットされた効果がかかります。

● Polyloop

クリックした面からポリゴンが連続している限り、地続きになっている面に対してACTIONでセットされた効果がかかります。

EDGE ACTIONのTARGETでは、POLYGON ACTIONのTARGETと違い、ACTIONごとに使えるTARGETの種類に差があります。基本的には、EDGE ACTIONの項で解説した「Edge」「EdgeLoop Complate」「EdgeLoop Partial」の動作を押さえておけば基本的にOKです。

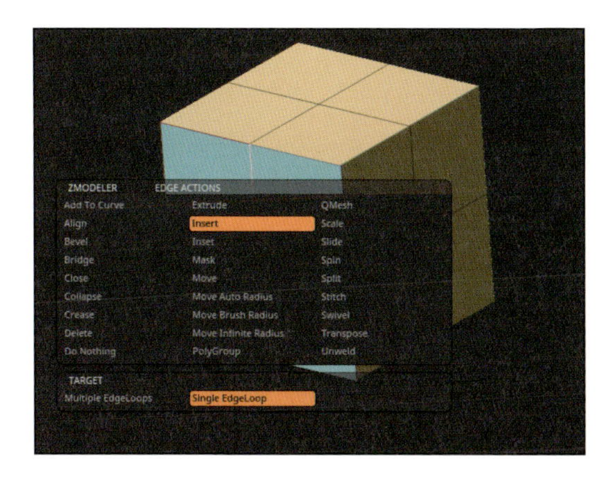

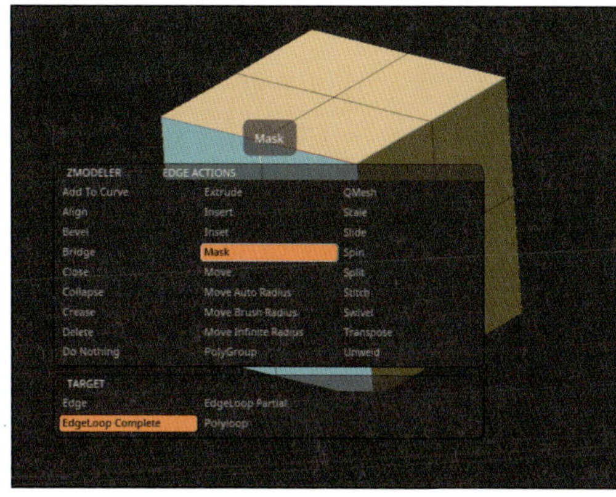

POINT ACTIONのTARGETも、EDGE ACTIONと同じく、ACTIONごとに使えるTARGETに差があります。加えてPOINT ACTIONの場合、ほとんどのACTIONはTARGETがPointのみの機能が多いため、その他の解説は割愛します。

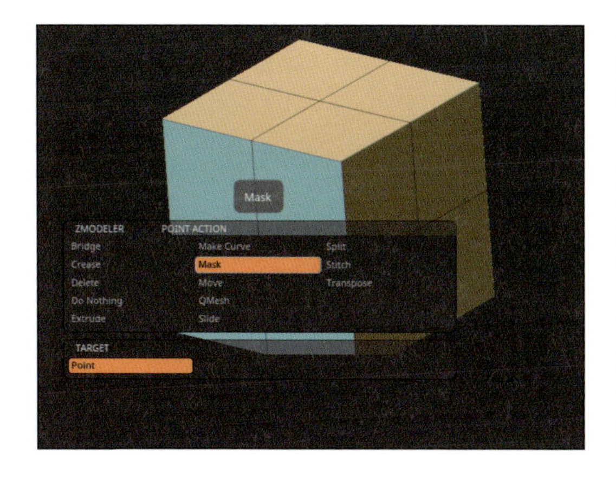

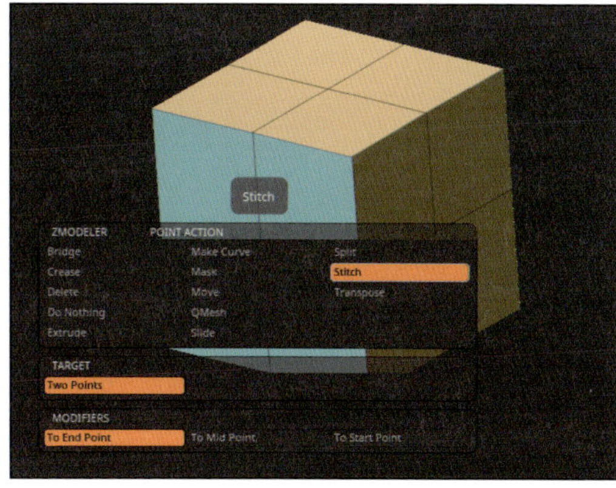

本書籍での作例では、ほとんどここで紹介された機能の中からしか使っていません。本書籍で紹介した機能をまず身に付けて、紹介していない機能に関しては徐々に使ってみて、使いどころを発見していくのが良いと思います。

SECTION
02 Dynamic Subdivision

Dynamic Subdivisionとは、ZModelerブラシとともにZBrush 4R7で実装された機能です。この機能は、サブディビジョンレベルを持ったメッシュに対してのトポロジーの変更が原則できない代わりに、ある程度サブディビジョンでの分割の恩恵を受けつつ、ZModelerブラシ等の機能を使うために実装されました。

Dynamic Subdivisionとは

Dynamic Subdivisionとは、簡単に言うとサブディビジョンレベルを上げた状態を見た目上シミュレートしつつ、トポロジーの変更を含んだモデリングを可能にするための機能です。Maya使いの方であれば、「スムースメッシュプレビュー（テンキー3番）」に似たようなものと聞けばすんなり想像できると思います。

実メッシュはローポリゴンであっても、内部的には分割を上げる計算をしているので、過剰に効果をかけすぎるとZBrush自体が重くなることに気を付けてください。

Dynamic Subdivisionの使い方

では、ここで基本的な概要と使い方を学んでいきましょう。

▶ Dynamic Subdiv メニュー

メニューは[Tool]>[Geometry]>[Dynamic Subdiv]に集約されています。

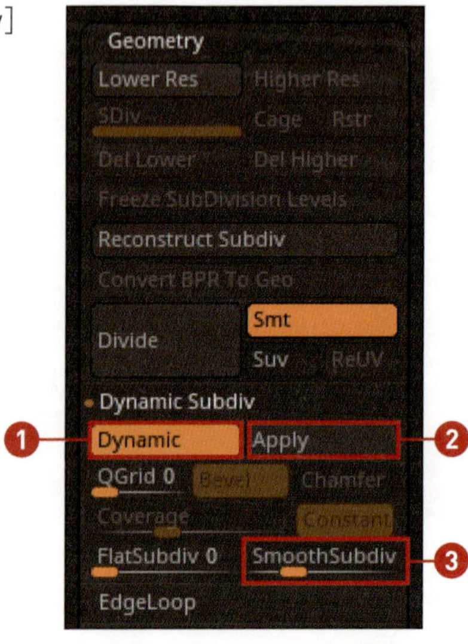

では、学習用に先にQCubeを呼び出してください。[Tool]>[Initialize]から行います。

❶ Dynamic

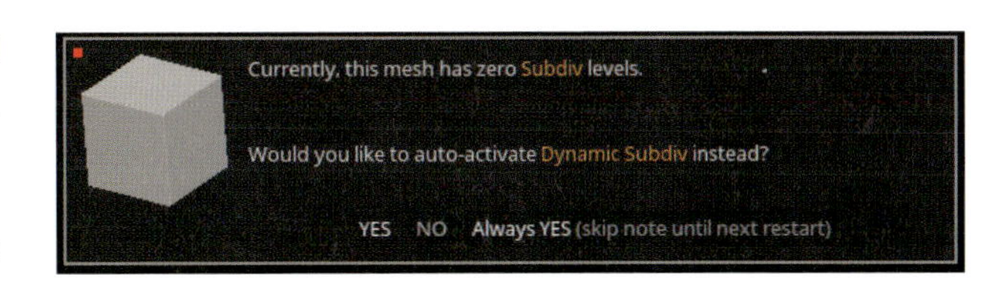

Dynamic SubdivisionモードをON／OFFするためのボタンです。ショートカットはDキーです。
サブディビジョンレベルを持っているメッシュに対しては、Dキーは上位のサブディビジョンレベルへ切り替えるためのショートカットです。サブディビジョンレベルを持たないメッシュに対しては、Dynamic SubdivisionをON／OFFするために動作します。4R8以降では、ONにするかどうかの確認ダイアログが出るようになりました。

❷ Apply

Dynamic SubdivisionのONの状態を、サブディビジョンレベルとして変換します。このボタンが押されるまでは、あくまでも見た目上分割が増えてるように見えているだけで、実際のメッシュ（以下 実メッシュ）はDynamic SubdivisionがOFFの時のメッシュです。Flat Subdivision（[Flat Subdiv]）、Smooth Subdivision（[SmoothSubdiv]）はサブディビジョンレベルに変換されますが、QGridの場合はサブディビジョンレベル無しの実際のメッシュとして確定されます。
なお、[Apply]ボタンでサブディビジョンレベルに変換した後、Dynamic Subdivisionに逆変換するといったことはできません。

❸ SmoothSubdiv

このスライダは、デフォルトでは2に設定されています。スライダの数値を変えると、メッシュの滑らかさが変化していることがわかります。

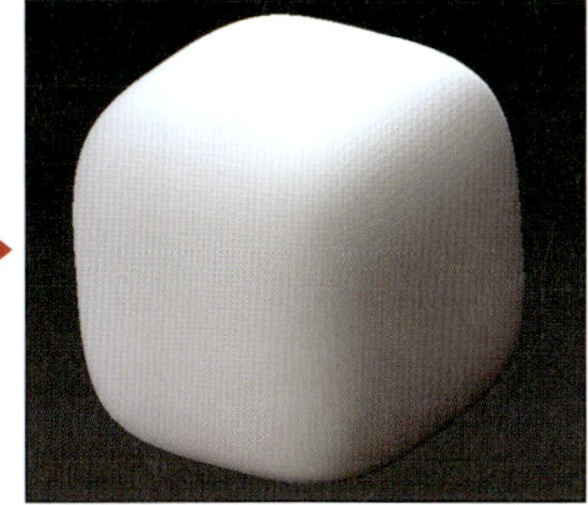

▶ Dynamic Subdivision を使用する

Dynamic SubdivisionがONの状態で[PolyF]ボタンを押してください。すると、メッシュの周りにオレンジ色のマチ針のようなものが表示されました。

これは、Dynamic Subdivisionがかかっていない状態での実メッシュの頂点位置がプレビューされています。前述の通り、あくまで見た目上のサブディビジョン計算が行われてるだけであり、[Apply]ボタンで確定させるまでは、あくまで[Dynamic]ボタンをOFFにした時に表示されるメッシュが実際の存在するメッシュとなります。

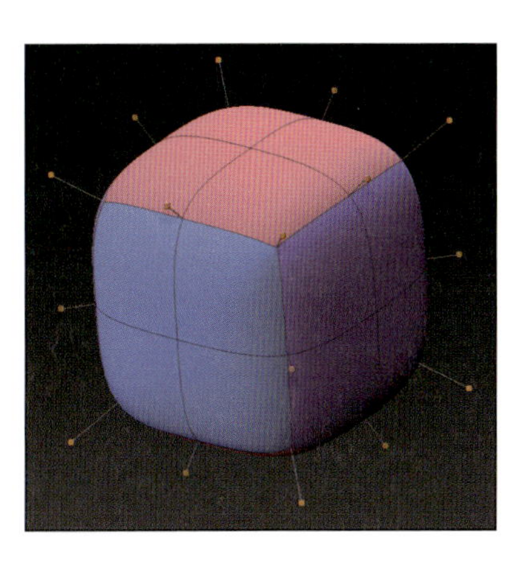

［Dynamic］ボタンのON／OFFを繰り返して確認することで、実メッシュの頂点位置と、マチ針状の頂点位置表示が一致していることがわかると思います。

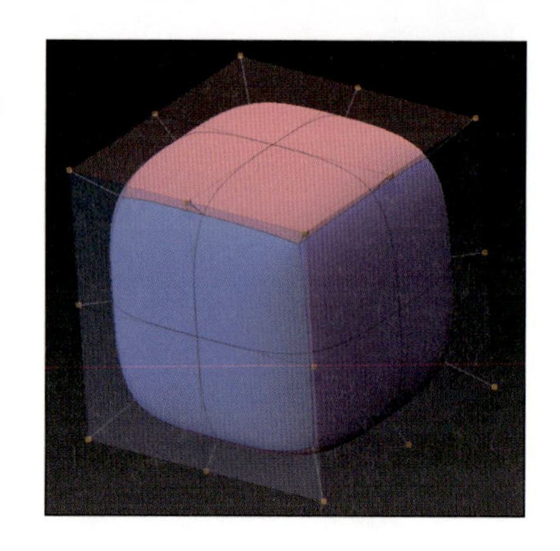

Dynamic SubdivisionがONの状態でも、編集対象は実メッシュです。そのため、たとえばこのCubeの丸まった角を直接Moveブラシで掴んで移動させようとしてもできません。これは、実際の頂点位置がブラシのポインタの効果範囲に存在しないためです。

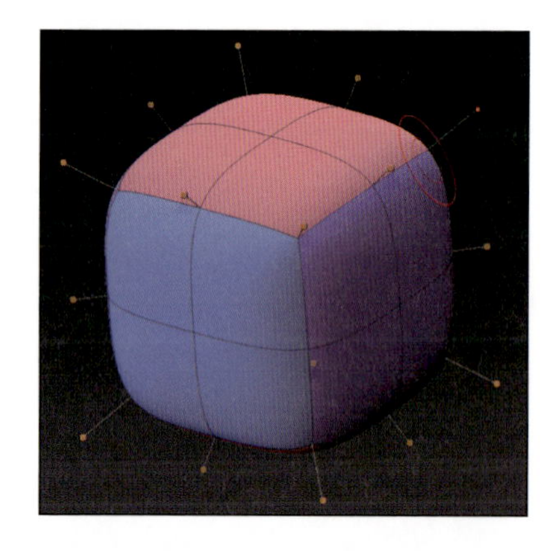

この場合は、実際の頂点位置であるオレンジの丸を掴んで動かすことで変形します。

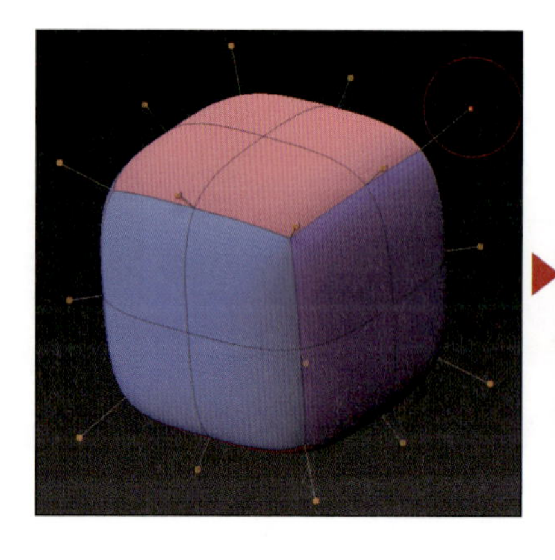

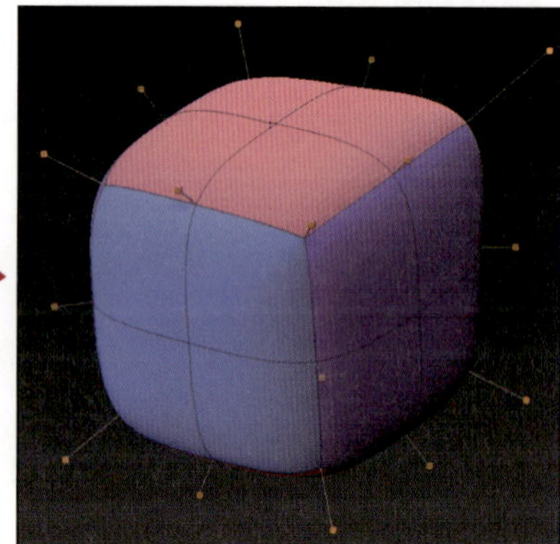

ZModelerブラシ等を使う場合も、実メッシュのエッジ位置で操作するか、いったんDynamic SubdivisionをOFFにしてZModelerブラシを使った後、再度Dynamic SubdivisionをONにします。

最後に［Apply］ボタンを押し、サブディビジョンレベルに確定させて作業が完了します。ワークフロー上で［Apply］ボタンを押すタイミング自体は任意です[注2]。

注2　たとえばデジタル原型用データであれば、分割作業に入る直前でもOKですし、他ソフトに持っていくためのデータであれば書き出し直前でもOKです。

Flat Subdivision と QGrid

筆者は、基本的にDynamic Subdivision機能ではSmooth Subdivision（[SmoothSubdiv]）しか使いませんが、別の分割方式もありますのでこちらも解説しておきます。

まずFlat Subdivision（[FlatSubdiv]）ですが、こちらは通常のサブディバイド時にSmtオプションがOFFの時の、メッシュを滑らかにしていくスムージング機能が無効状態の、単純にポリゴンが細分化された状態と同じです。[Apply]後も丸まらず、分割だけが増えた状態になります。

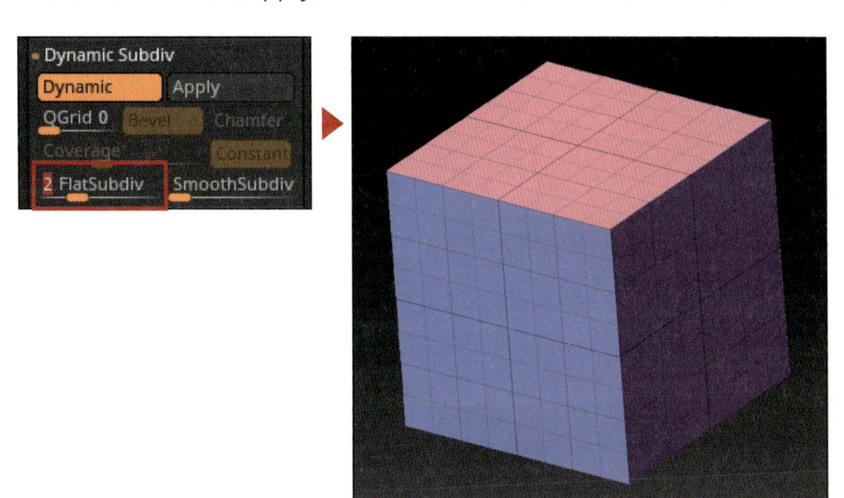

QGridは、細分化に関してはFlat Subdivisionと同じアルゴリズムで動作します。QGridスライダの数値を上げると分割が増えます。

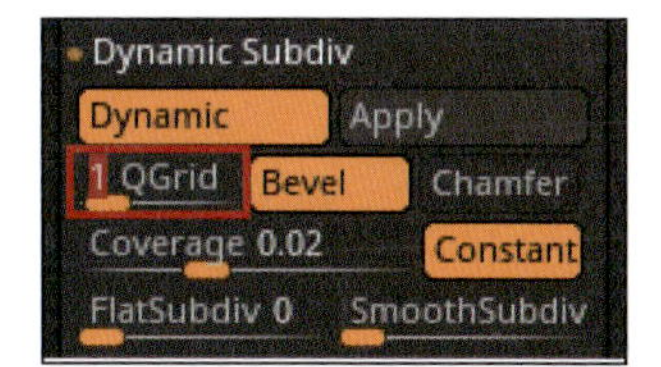

デフォルトでは自動的に面取り（ベベル）がされていますが、ベベルのON／OFFは[Bevel]ボタンで切り替えられます。

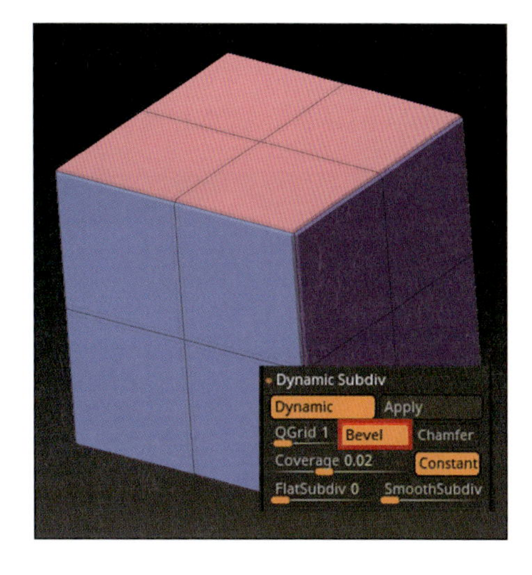

その横にある[Chamfer]ボタンは、ベベルに少し丸みの効果を与えます。

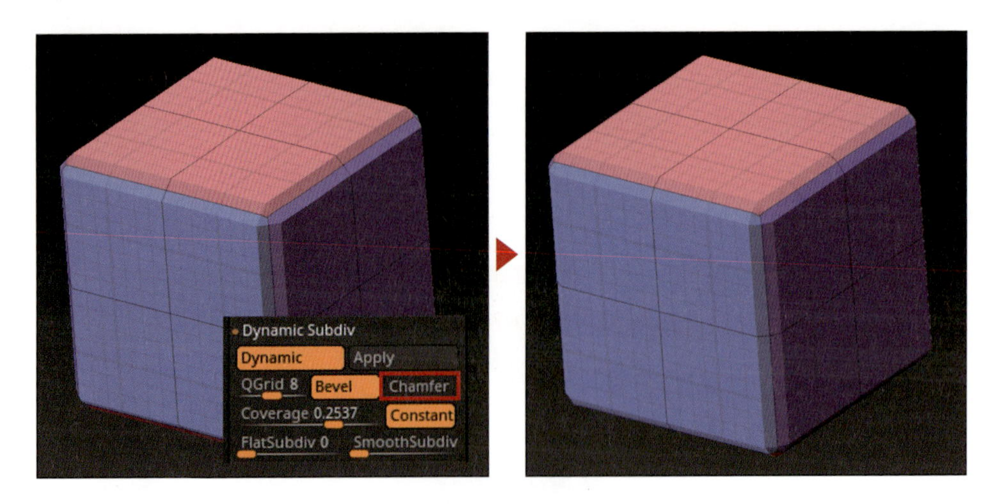

[Coverage]スライダは、追加される分割線の分布を調整します。数値が1の場合、均等に分割線が入ります。

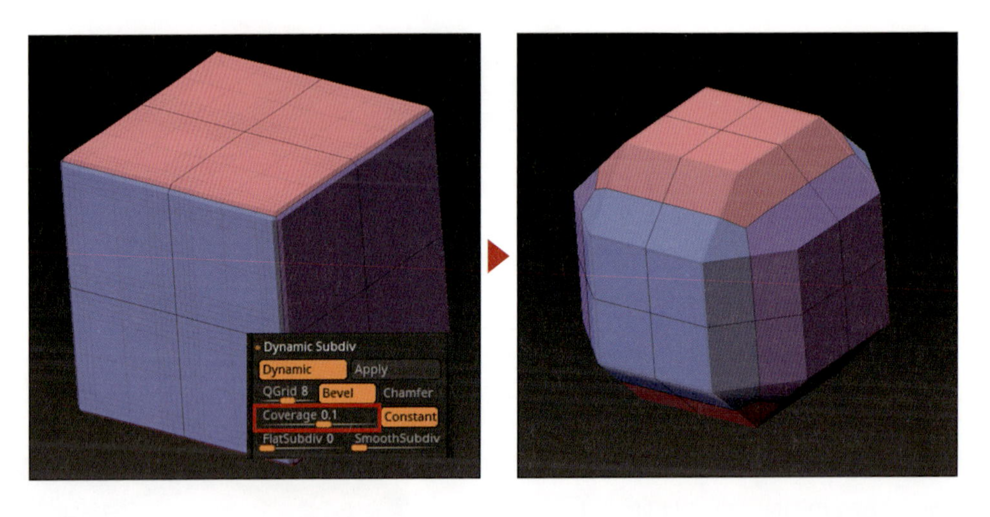

[Constant]ボタンをONにすると、分割線の追加がエッジの長さに影響されず一定になります。

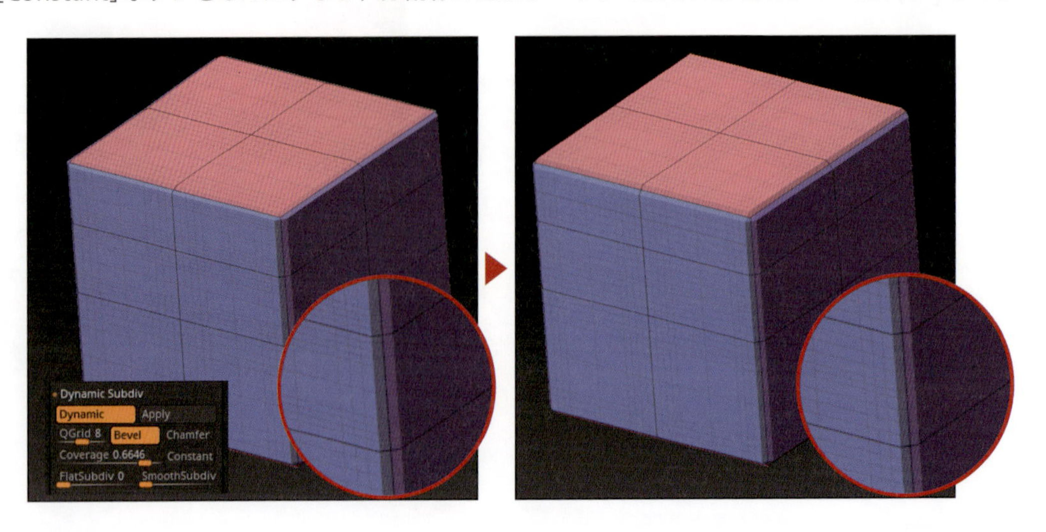

QGridをApplyした場合は、サブディビジョンレベルには変換されず、メッシュとして確定されます。

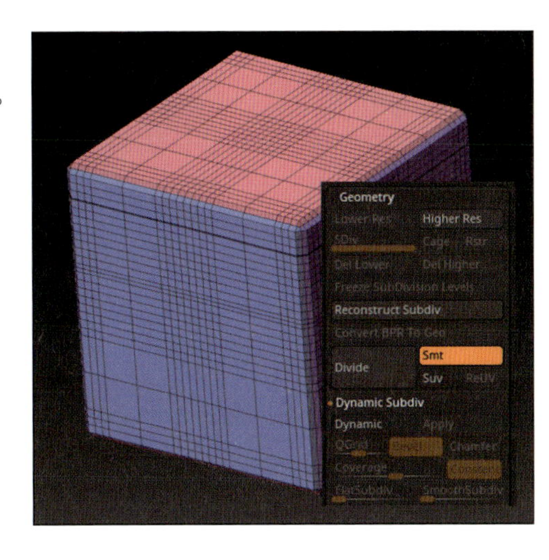

効果の順番

Dynamic Subdivision機能は、ここまでで紹介した通り3つの種類があります。それぞれ排他利用ではなく、混合して使うこともできますが、その場合の効果はQGrid→Flat Subdiv→Smooth Subdivの順番で計算が行われます。どのスライダから調整したとしても、この計算順序になります。

MEMO サブディビジョンレベルとの二重がけ、DynaMeshモード中の使用に注意を

ここまでの解説にあった通り、Dynamic Subdivision機能は実メッシュにサブディビジョンレベルがかかった時の状態を内部的に計算し、見た目に反映している機能です。そのため、実際に作業に使っているメッシュがローポリゴンでも、分割の計算が行われているため、スライダの数値を上げれば上げるほど重くなっていきます。

Dynamic Subdivision機能の注意点の1つが、通常のサブディビジョンと共存ができてしまうことです。つまり、サブディビジョンレベルがすでに存在しているメッシュに対して、Dynamic Subdivision機能をONにすることができるということです。

この時、たとえば通常のサブディビジョンがLv2、Dynamic SubdivisionのSmooth SubdivisionがLv2の場合、内部的にはサブディビジョンLv2の状態からさらにDynamic Subdivisionの計算としてサブディビジョンが2回かかってしまうため、意図せずDynamic Subdivisionがかかることにより、指数関数的に計算が肥大化してしまいます。

また、Dynamic Subdivision の分割はここまでで何度も出てきている通り、[Apply] ボタンを押すまでは実際のメッシュには変換されず、ActivePoints や TotalPoints の数値にも反映されません。

▶ Dynamic Subdivision が ON でも OFF でもデータ上の頂点数は変わらない

ActivePoints: 386
TotalPoints: 386

DynaMesh モードでの編集中にうっかり Dynamic Subdivision を ON にしてしまうのは、初心者の方にかなり多いです。

4R8 以降と違い、R7 の頃はサブディビジョンレベルのないメッシュに対して D キーを押すと、強制的に Dynamic Subdivision がかかってしまうため、気づかない間に Dynamic が ON になっており、ZBrush が異常に重くなるという状況に陥っているケースが多々見受けられました。

R8 からはセーフティーとして、ダイアログが表示されるようになりました。もちろん、何も考えずに「何となく Yes」みたいな使い方ではせっかくの確認も意味を成しません。キッチリ自分の今やってる操作を把握しておきましょう。

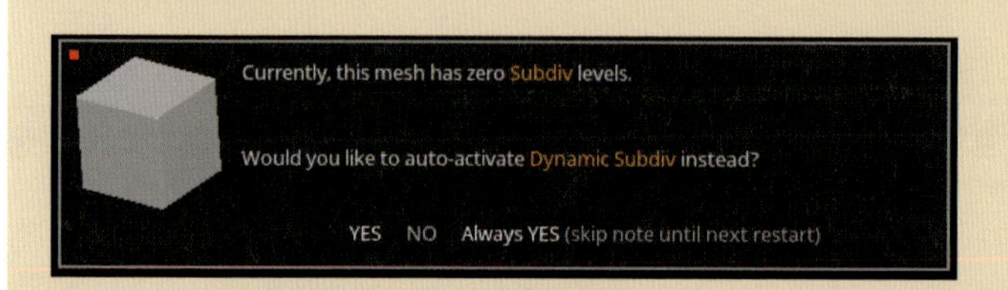

ZBrush に慣れてくると、Dynamic Subdivision が ON になっているのが体感でわかるようになってきたりもしますが（挙動やカメラ操作時の重さ、実際の分割に対してメッシュがやたら滑らかに見える等で違和感に気づく）、慣れてくるまでは 2-05 で解説した通り、[Dynamic] ボタンを常に見える場所に置いておくことを筆者は推奨しています。

SECTION 03

武器の作成

この節で行うこと

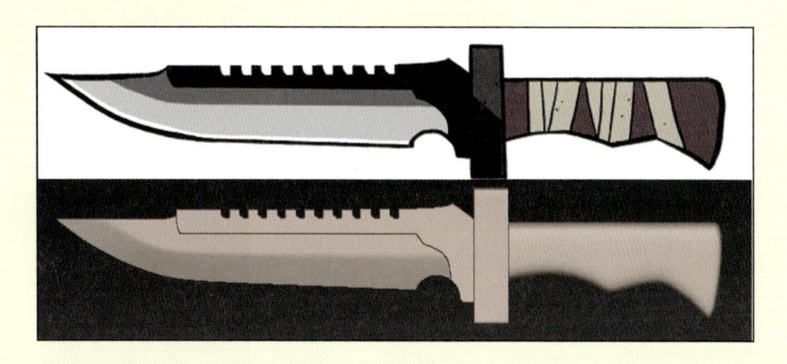

この節では、作例キャラクターの持っているナイフを作成します。

ここで使う主な機能

ナイフの作成には、この章の前半で解説したZModelerブラシとDynamic Subdivision機能を主に使っていきます。

また、この章で作成するパーツは、作業をわかりやすくするために新規ツールとして編集し、キャラクターのポーズを付けた後コピーして配置します。Live Booleanの確定（[Make Boolean Mesh] ボタン）は配置時にすれば良いので、この節の時点ではまだしなくても良いです。

武器を作成する

基準用の箱を配置して新規ツールを作成する

素体のサブツールに新しくCube3Dを読み込み、立ち絵で描かれているナイフの長さと位置に調整配置します。

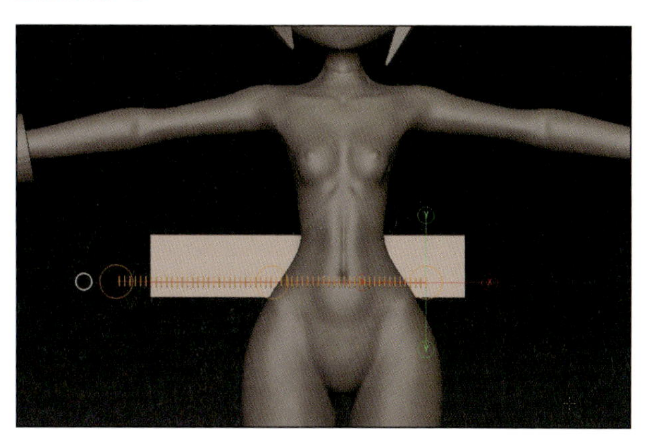

［Tool］>［Make PolyMesh3D］ボタンをクリックすると、現在アクティブなサブツールのみの単体の新規ツールが生成されます。この節では、こちらを選択して作業していきます。

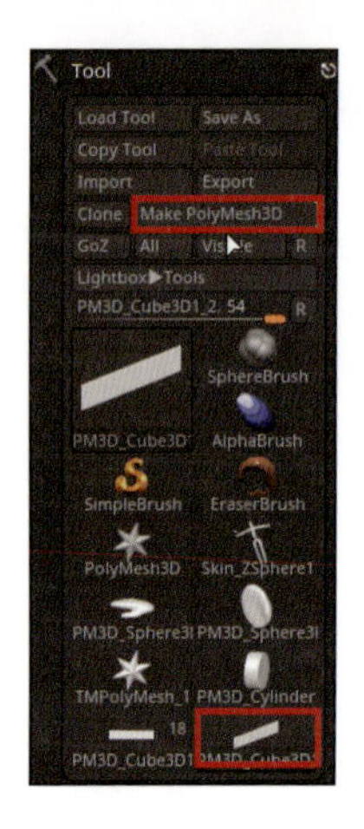

▶ **QCube からナイフの柄の作成を開始する**

サブツールに任意のプリミティブを追加し、追加したサブツールを選択した状態で［QCube］ボタンを押してQCubeを呼び出してください。

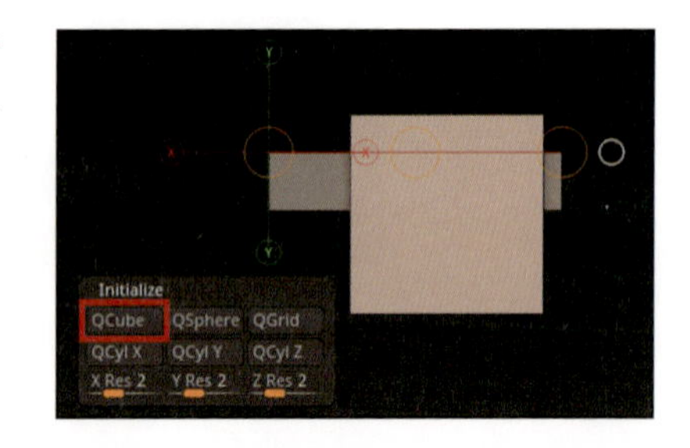

素体キャラクターに対してX方向に、最初の基準のCube3Dを伸ばしていたので、これを修正します。これは、ナイフをX軸に対して左右対称に編集したいためです。TransposeのRotateモードで、Shiftキーを押しながら終点をドラッグし、基準のCube 3DをZ軸の方向に向けます。

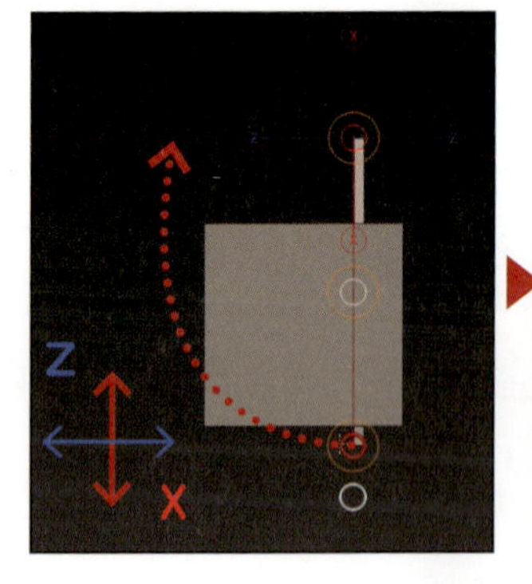

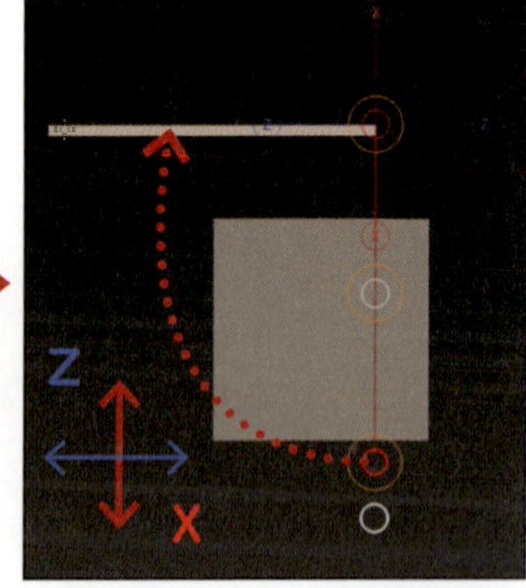

Z軸方向からの視点にし、PolyFrameをON（P.45）にして実際のトポロジーが見える状態で、真ん中からアクションラインを引きます。この時、Shiftキーを押してしっかり軸方向にスナップしてください。基本的に、今後のアクションライン生成は軸方向にスナップを前提としています。

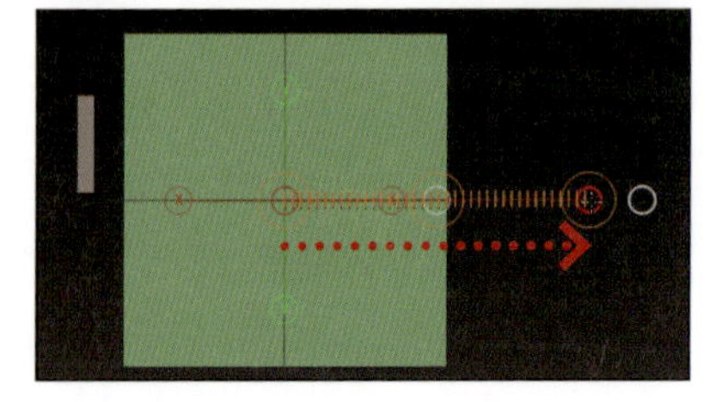

MEMO　カメラのスナップとアクションラインのスナップ

かっちりした形状をモデリングする際は、カメラのスナップとアクションラインのスナップを絶対に忘れないようにしてください。1度でも忘れると、後から大きく手戻しする必要が出てくる場合もあります。後々で苦しまないためにも、カメラのスナップ、アクションラインのスナップにはしっかり慣れましょう。

シンメトリー機能をONにし、TransposeのMoveモードで終点をドラッグし、QCubeを押しつぶします。

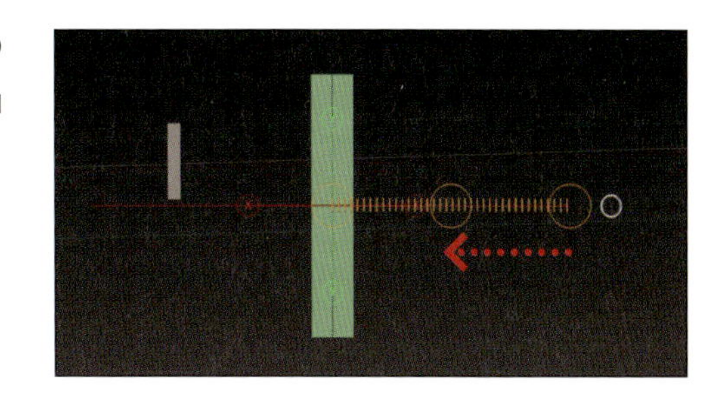

テンプレート画をPureRefで表示し、QCubeを柄の大きさに調整します。

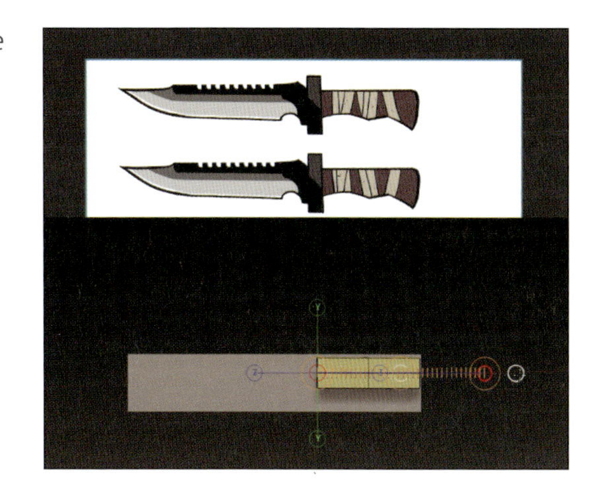

▶ ZModeler ブラシで作り込む

ここからはZModelerブラシで作り込んでいきます。ZModelerブラシのEDGE ACTIONの[Insert]で、2本のエッジループを追加します。

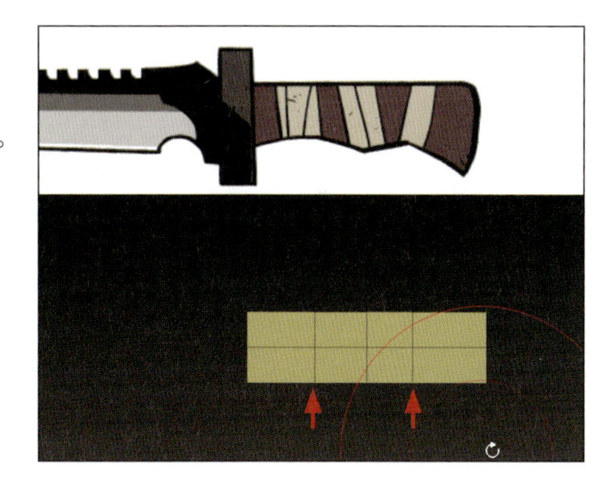

柄の端っこのRを作るため、Rの上下の頂点に対して Ctrl キーを押しながらブランクエリアをドラッグし、MaskRectブラシでマスクをかけます。

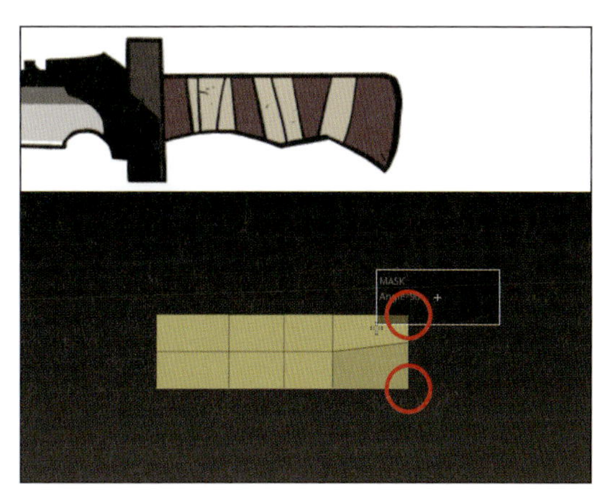

マスクのかかっていない部分を移動させます。TransposeのMoveモードで中点をドラッグし、メッシュを少し移動します。この「頂点に対してマスクをかける、移動させる」という組み合わせは、今度も頻出するとても重要な操作です。しっかりここで覚えてください。

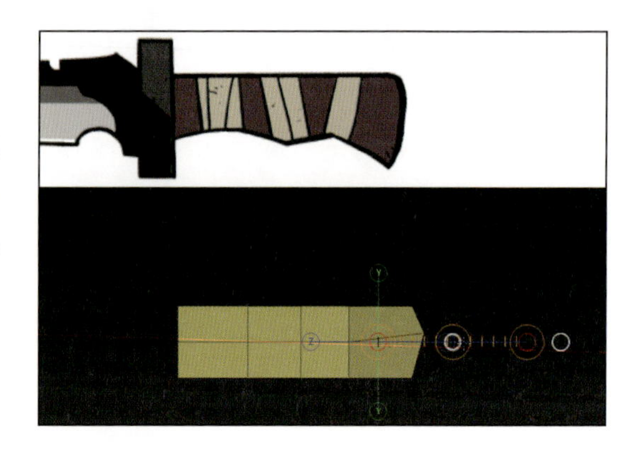

先ほどと同じく、右側から2番目のエッジの列の下2つ分をマスクします。

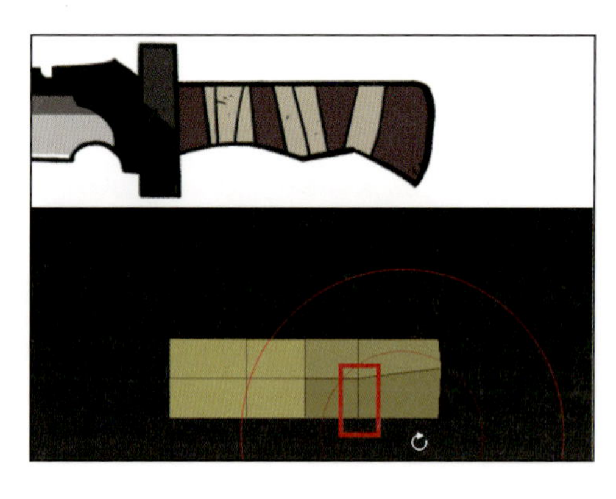

ブランクエリアをCtrlキーを押しながらクリックし、マスクを反転します。TransposeのMoveモードで中点をドラッグし、頂点を上に移動します。

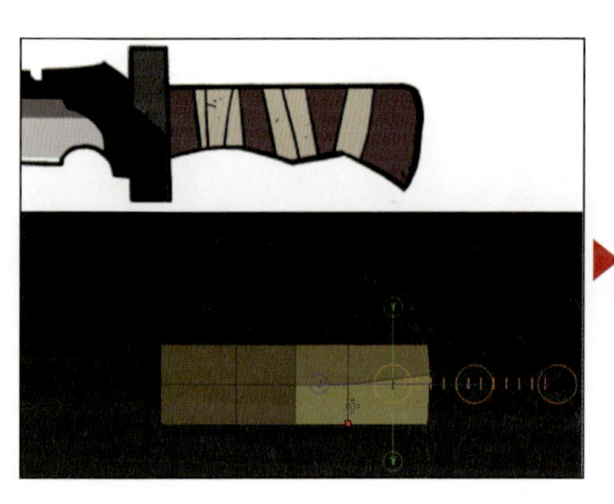

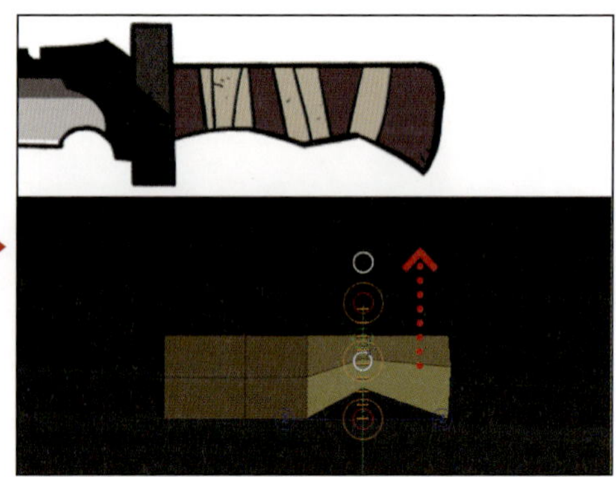

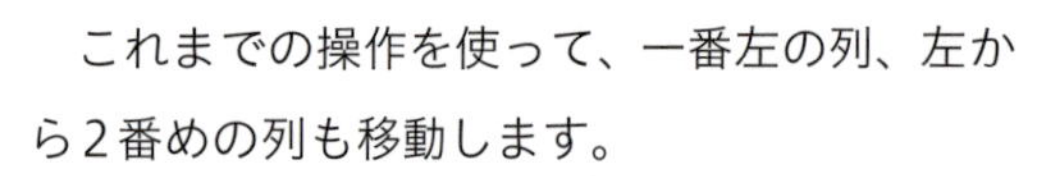

これまでの操作を使って、一番左の列、左から2番めの列も移動します。

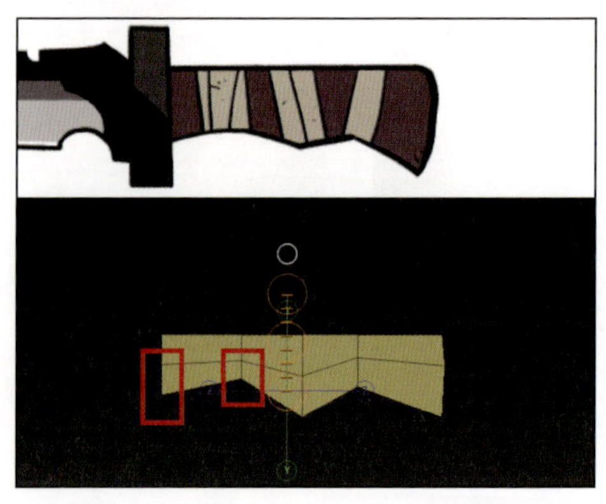

▶ Crease と Dynamic Subdivision

[Tool]>[Geometry]>[Crease]>[Crease PG]ボタンをクリックし、ポリグループ基準のCreaseを生成します。QCubeは隣り合った軸ごとの面同士は別のポリグループがデフォルトで割り当てられる仕様ということを覚えておくと良いです。

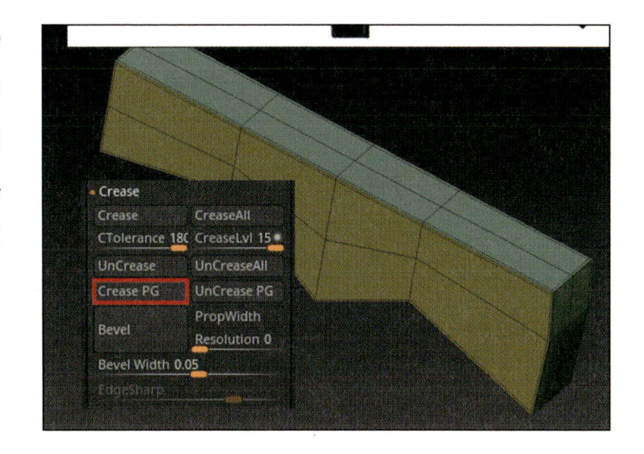

[Tool]>[Geometry]>[Dynamic Subdiv]>[Dynamic]ボタンをクリックし、Dynamic Subdivision機能をONにします。

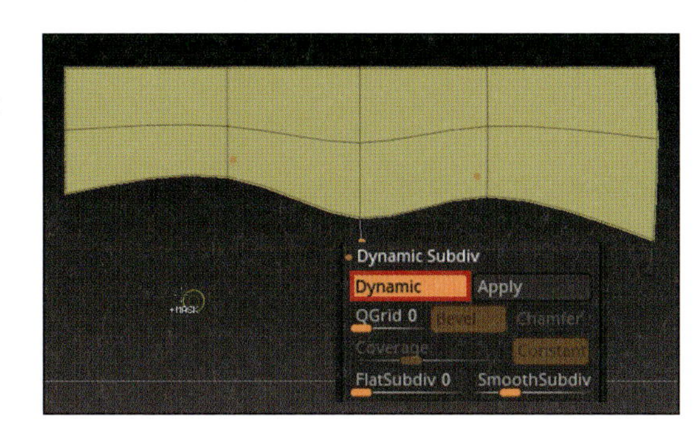

先ほどと同様に、なるべくマスクと移動を使って調節します。エッジを追加して曲率を制御したい場合は、必要最低限になるようにZModelerブラシのEDGE ACTIONの[Insert]でエッジループを追加します。

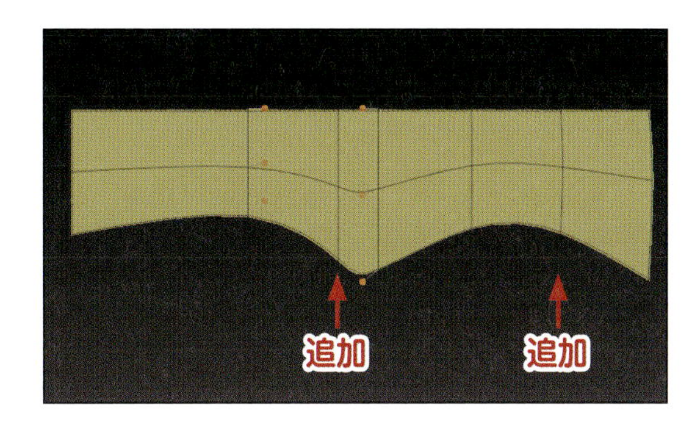

カメラをZ方向からにし、真ん中を通っているエッジの一番以外をマスクします。TransposeのMoveで上に持ち上げ、丸みを付けます。

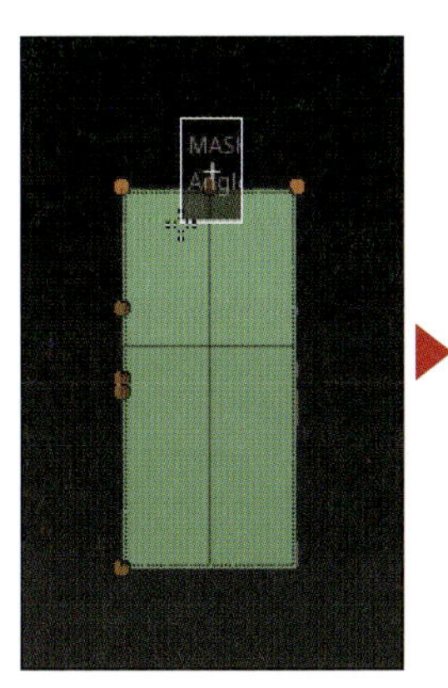
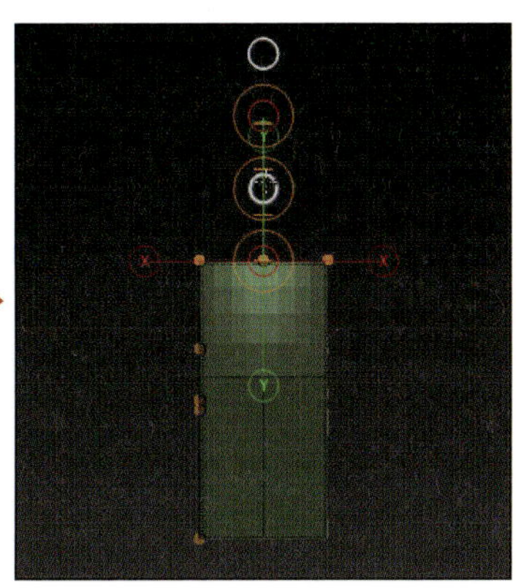
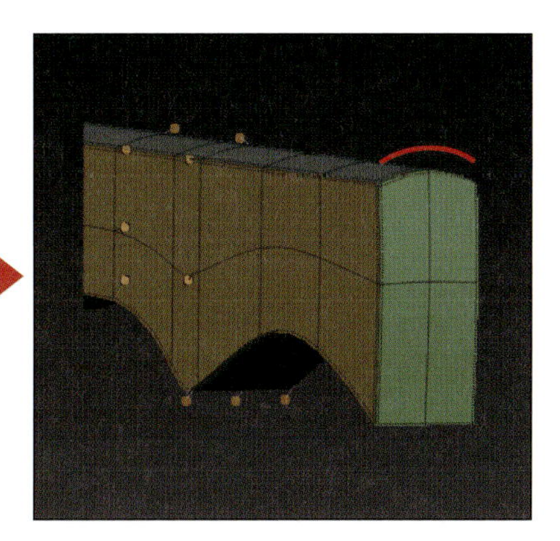

同じく柄の下側にもマスクと移動を駆使して丸みを付けます。上側と違い、Mask Rect一発でマスクがかけられないので、カメラを多方向から動かしながらマスクを調整し、下側の中央エッジだけマスクがかかってない状態を作ってください。

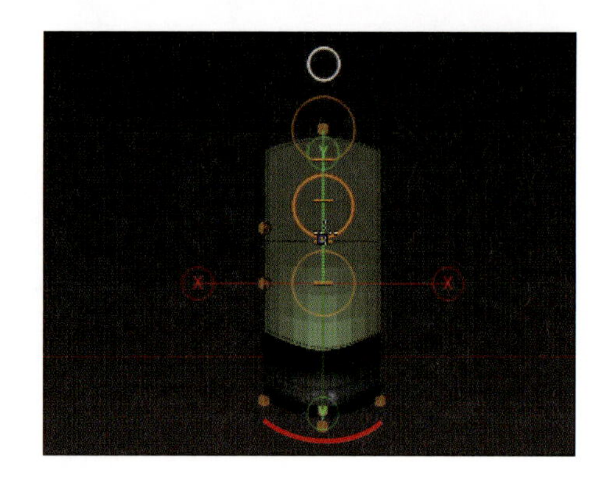

▶ 少し高度な丸み調整

Creaseはエッジを尖らせてくれますが、強弱による尖り具合の微調整はできません。ここでは、制御用エッジループを追加して尖り具合を調整します。なお、追加したエッジループの位置の微調整には、EDGE ACTIONの[Slide]、TARGETを[Edge Loop Complete]を使うと便利です。

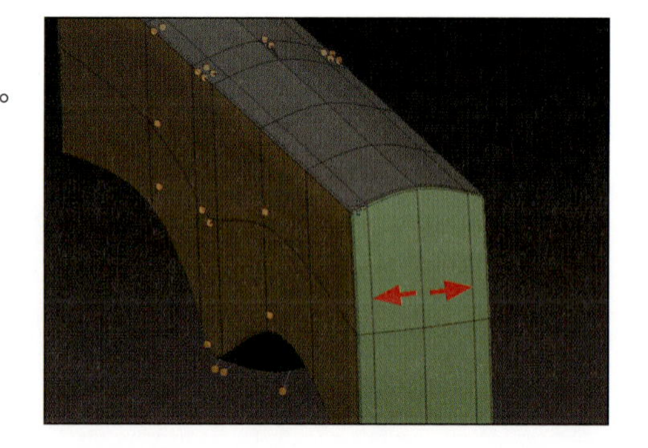

ZModelerブラシのEDGE ACTIONを[Crease]にし、TARGETは[Edge]のまま、Altキーを押しながらCreaseのかかっているエッジをクリックし、角の立っているエッジからCreaseを除去します。結果として尖った角にRが付きます。

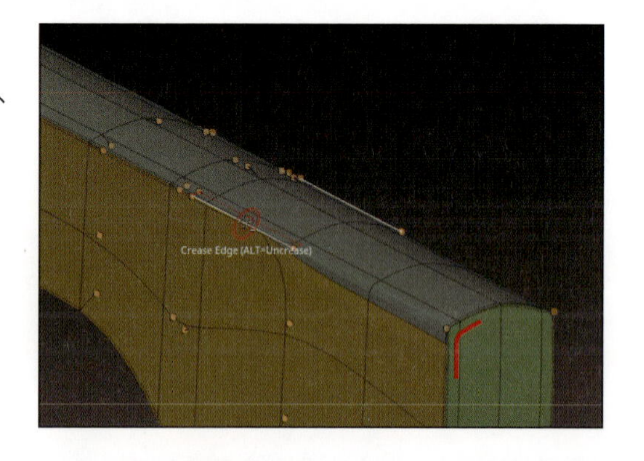

同様に、エッジループの追加とCreaseの解除で柄の頭部分も丸めます。これで柄はいったん完成とします。

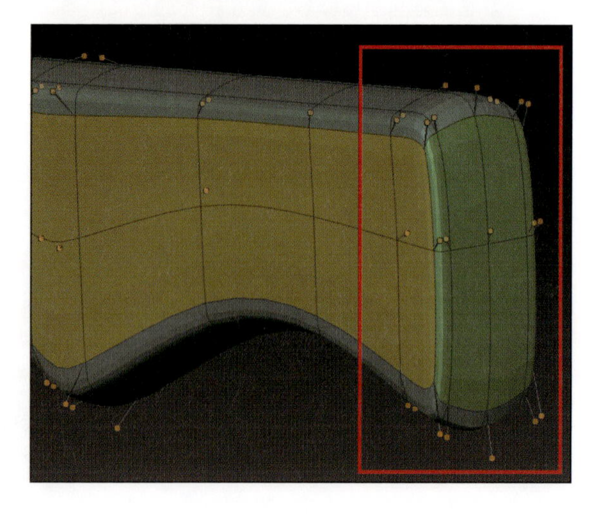

Chapter 10 武器・ポーチ・ベルト・靴の作成

鍔の作成

P.283と同じく新しいサブツールを追加してQCubeに置き換え、位置と大きさ等を調整します。

エッジループを画像のように追加します。

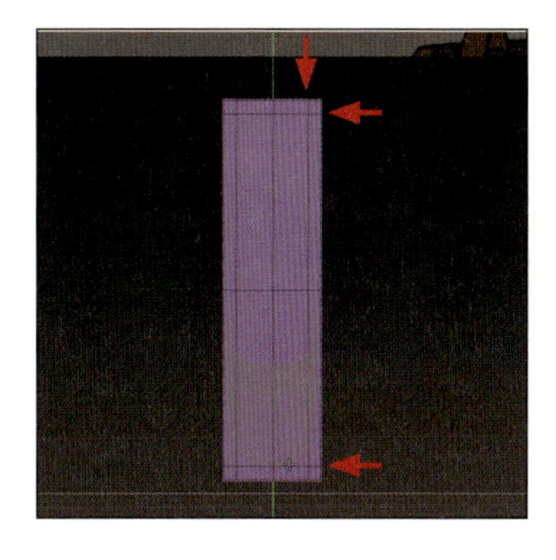

Creaseを、Z方向に向いている面（画像では紫面）の外周に沿って設定します。Dynamic SubdivisionをONにして、鍔はいったん完成とします。

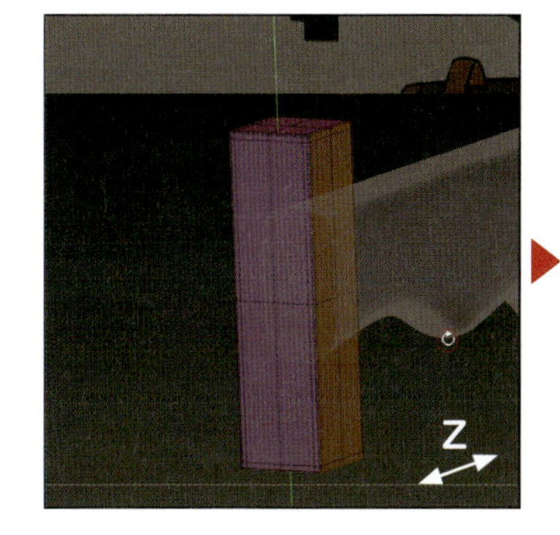

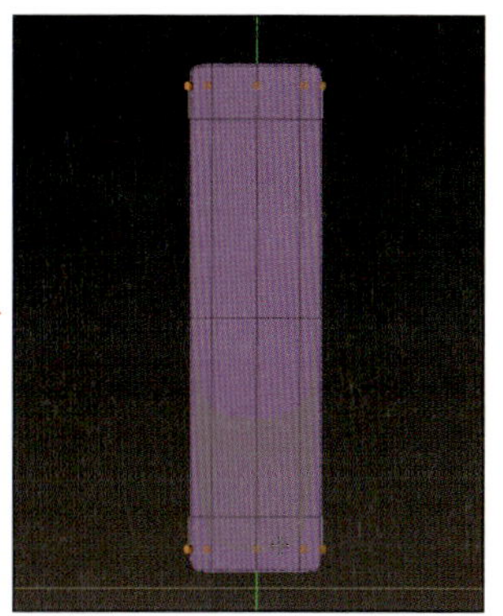

刃先の作成

P.283と同じく、新しいサブツールを追加してQCubeに置き換え、位置と大きさ等を調整します。

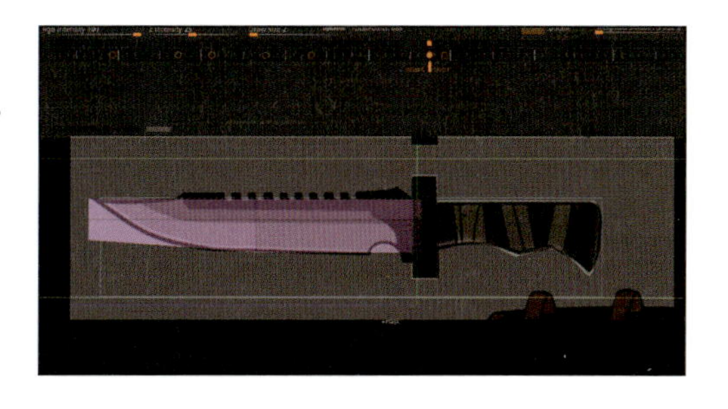

刃先のあたりに2ループ分のエッジループを追加します。

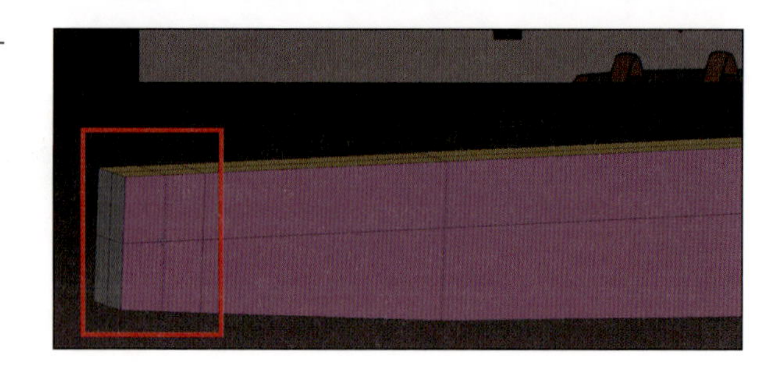

ZModelerブラシのPOINT ACTIONを[Stitch]に変更します。

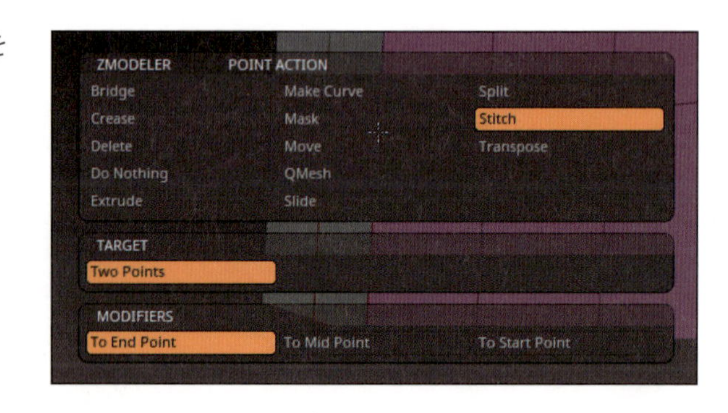

画像で示している真中の頂点を、上部の頂点に結合します。

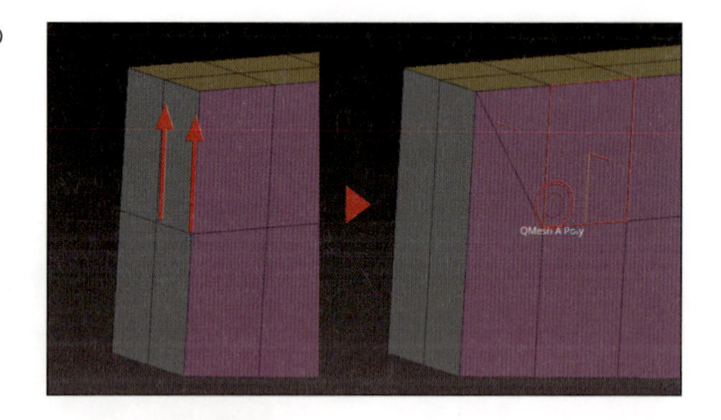

同じくこちらの頂点も、上部の頂点に結合します。

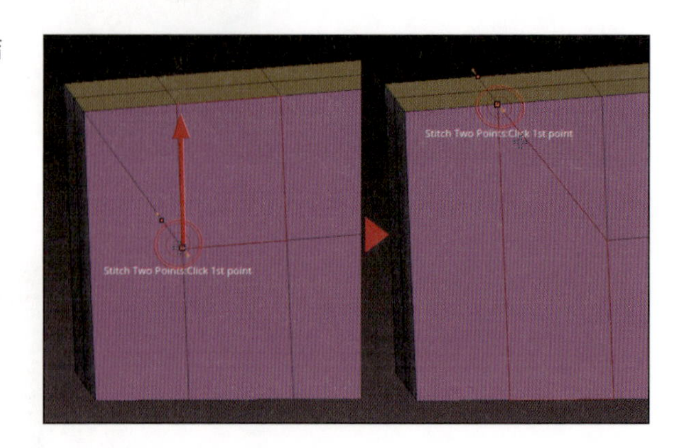

こちらも上部の頂点に結合します。

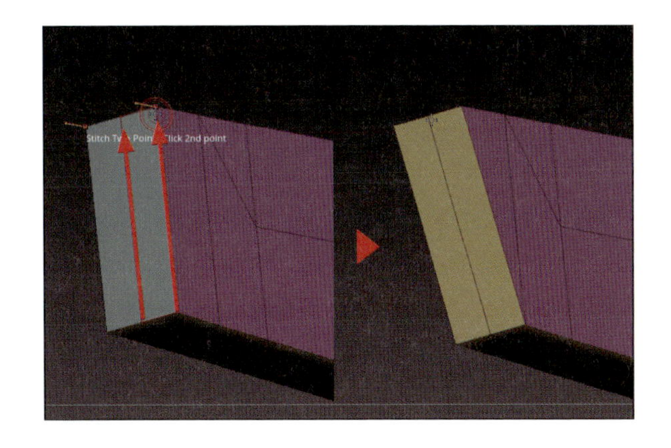

刃の刃渡りの部分も中央に結合していきます。これを鍔のほうまで繰り返します。

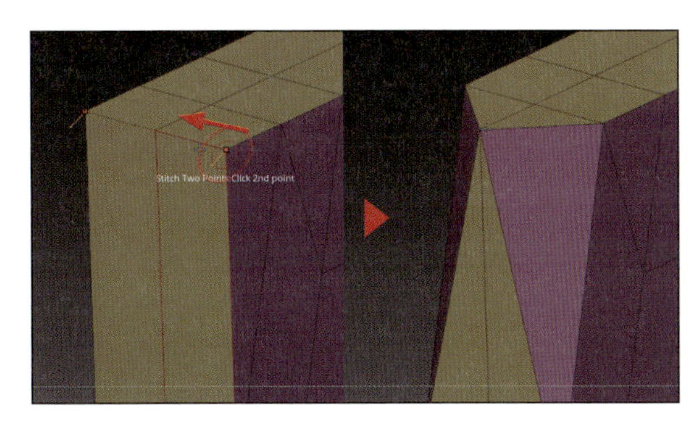

[Crease PG]ボタンをクリックし、ポリグループ基準のCreaseを設定、ならびにDynamic SubdivisionをONにしてください。

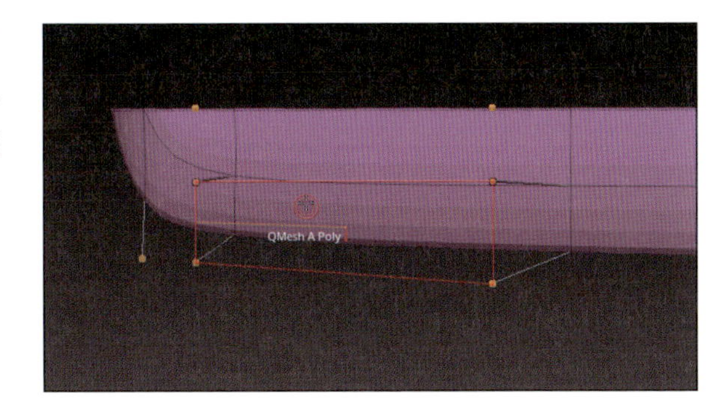

刃渡りを挟むポリグループが同一のため、CreasePGでは刃渡り部分にCreaseが入りません。EDGE ACTIONを[Crease]にし、刃渡り部分に手動でCreaseを追加します。

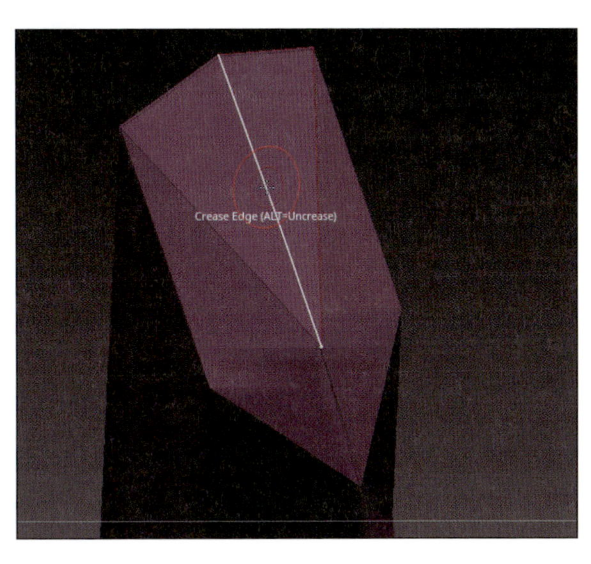

テンプレート画を重ねてシルエットを修正します。この時もマスクとTransposeのMoveを主に使います。

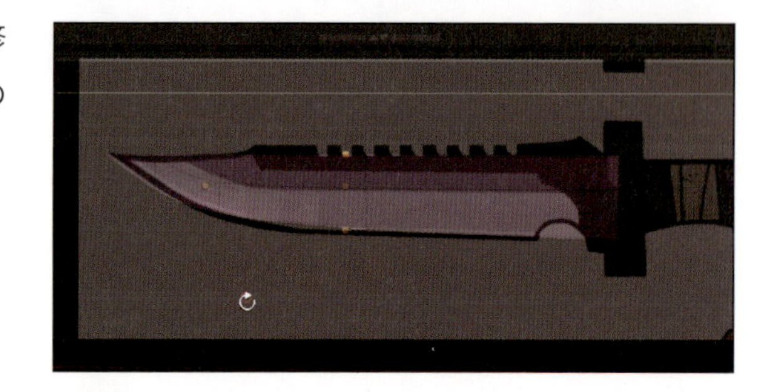

上から見て、刃先に向かって尖らせます。

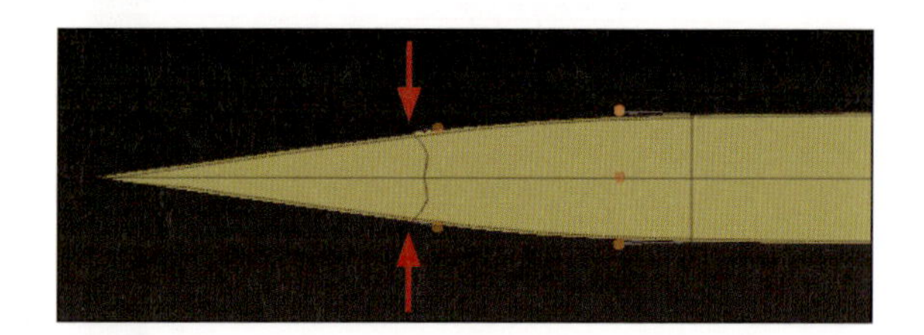

最終的には、刃の側面の微妙なRの調整用にエッジループを1ループ足し、Dynamic SubdivisionのON／OFFを切り替えながら微調整した結果、画像のようなトポロジーにしました（今回の出力サイズでは、ほとんど目立たない拘りな部分になります）。

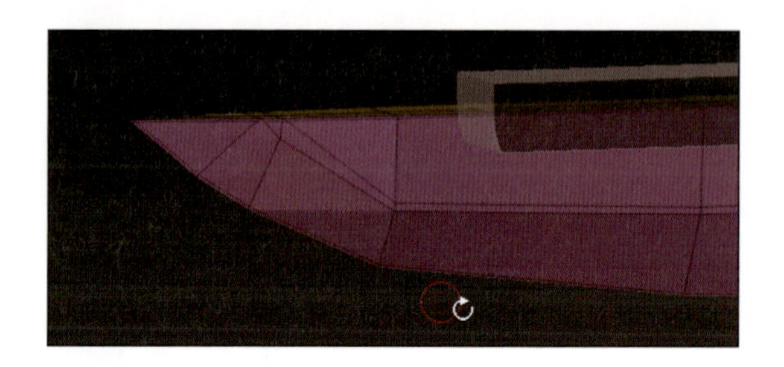

▶ 保持パーツの作成

イラストで刃を支えている黒いパーツを作成します。これまで通りQCubeを追加、調整し、Y軸方向の中央エッジを上方向に移動しておきます。

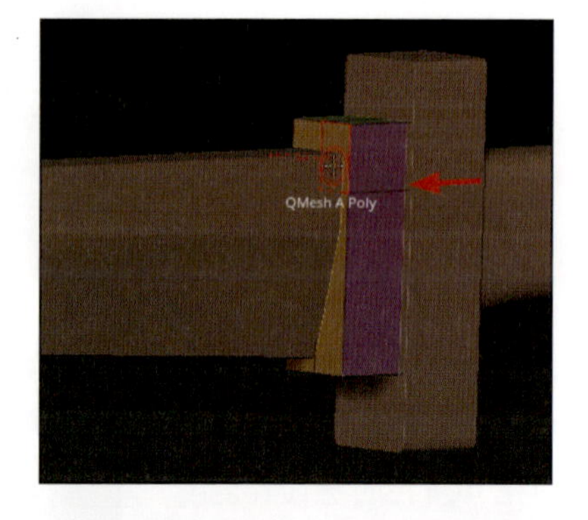

POLYGON ACTIONを［Extrude］に設定し、この画像のように押し出しをします。また押し出し後はテンプレート画を重ねて長さを調整します。

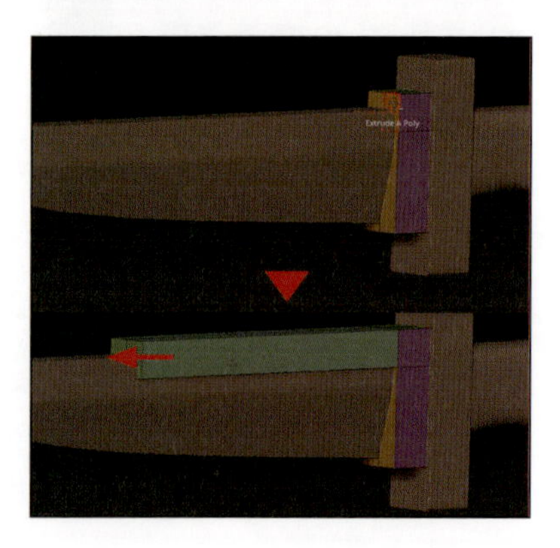

2箇所にエッジループを追加し、図で示している2箇所を移動します。

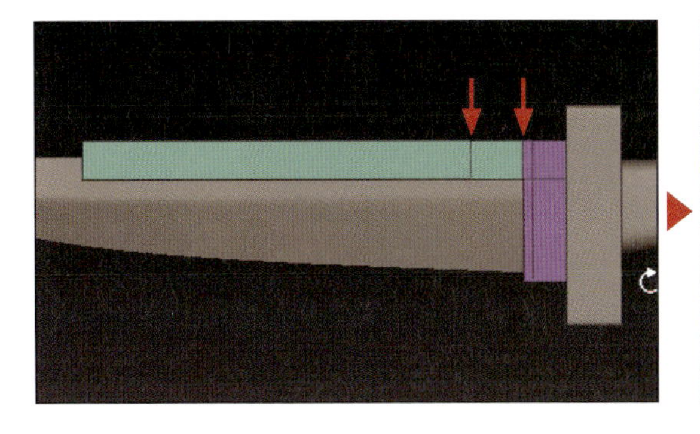
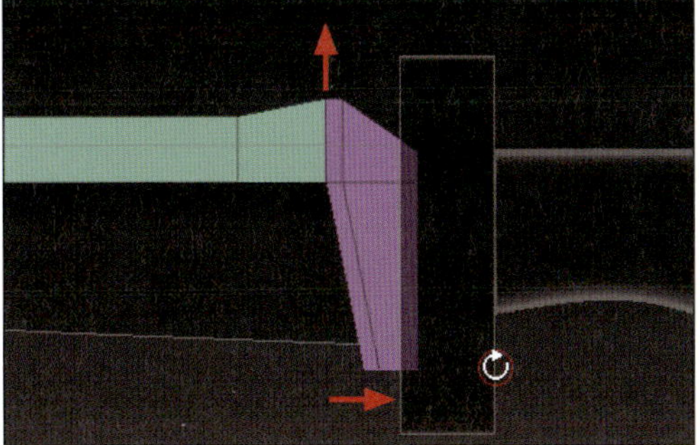

次の作業の下地として、エッジループの追加と、Alt キーを押しながら該当する4枚のポリゴンをクリックし、白ポリグループを割り当ててください。

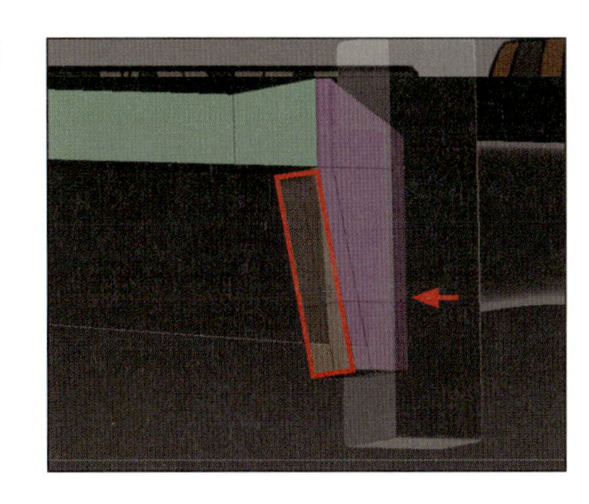

POLYGON ACTIONを［QMesh］に設定し、押し出しをします。Extrudeと違い、押し出した先の近い頂点と自動的に結合する効果があるため、場合によって手数の短縮ができます。

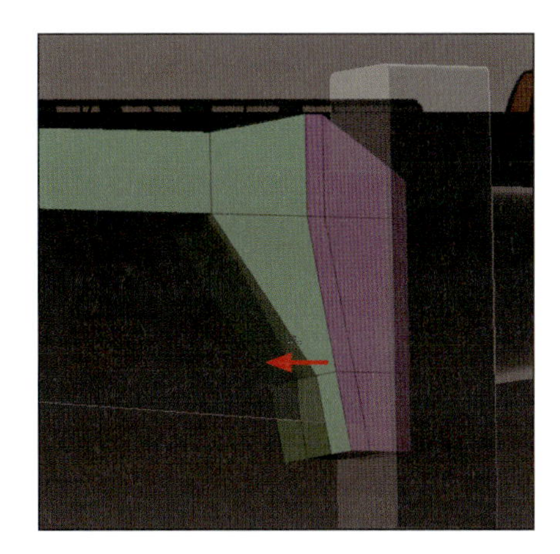

さらにエッジループを2本追加します。

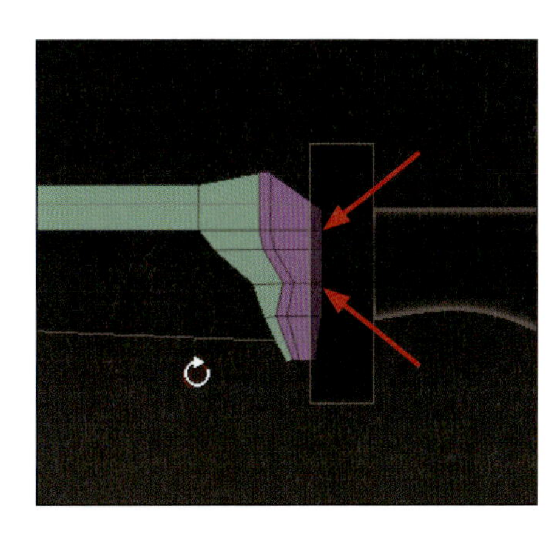

ややポリグループが煩雑になってきているため、一度 Ctrl + W キーを押し、1つのポリグループに統合します。

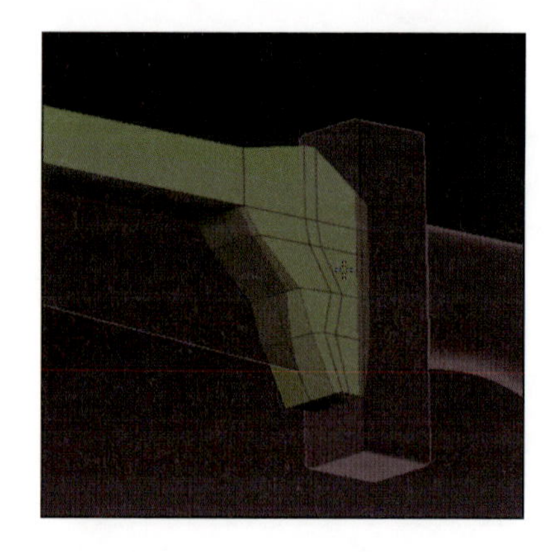

POLYGON ACTIONを［Polygroup］に、TARGETを［Polyloop］に設定し、図のようにポリグループを割り当てます。

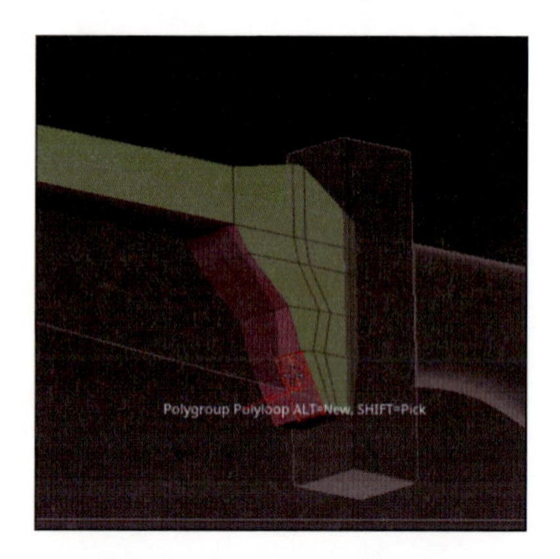

これまで同様にCrease PGと、手動でCreaseを設定します。図の赤い矢印が手動でCreaseを追加した部分、白い矢印にはエッジループを追加し、全体の形状を調整しました。

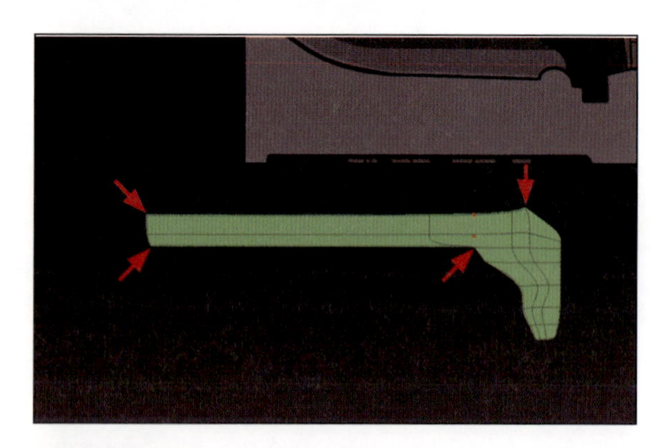

保持パーツに向かって刃の背が少し反り上がるデザインなため、エッジループの追加とトポロジーの修正をしました。

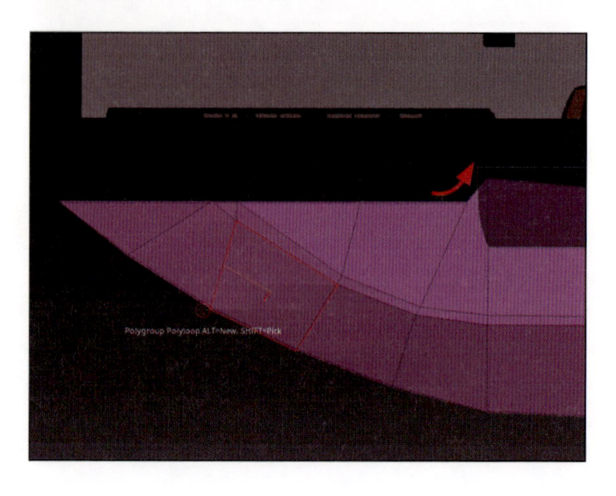

▶ Live Booleanで鍔付近の丸い削り取りを行う

今まではQCubeを読み込んでいましたが、今回は[QCyl X]ボタンをクリックし、キャップがX軸を向いているシリンダーを読み込み調整します。

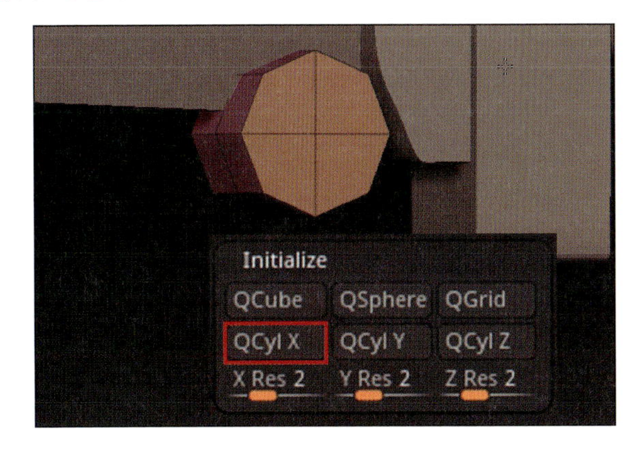

[Crease PG]をクリックしてキャップの縁にCreaseをかけ、サブディビジョンレベルを3まで上げて滑らかにします。

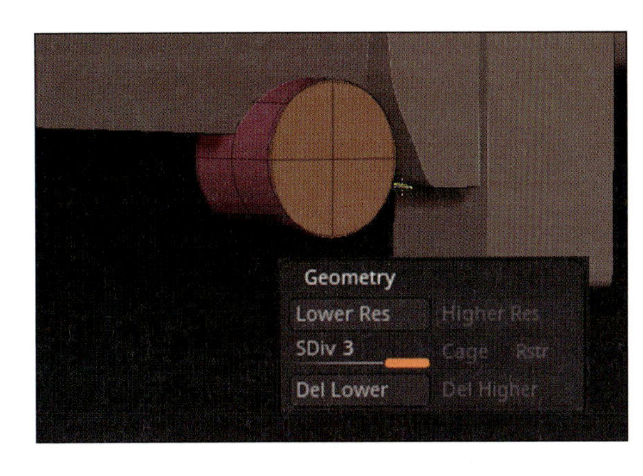

シリンダーの位置と大きさを調整します。

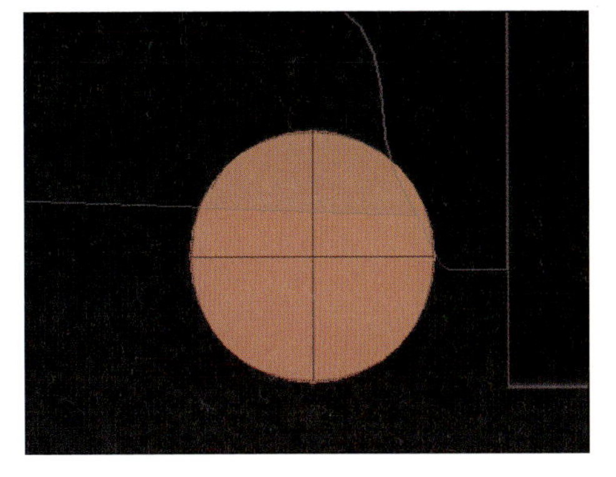

[Live Boolean]ボタン（P.183）をクリックして機能を起動します。また、サブツールのシリンダーのブーリアンフラグを差に切り替えます。

▶ Liveboolean で保持パーツの切り込みを行う

QCubeを読み込み、位置とサイズの調整、並びに真ん中のエッジループの位置を少し前方に移動します。

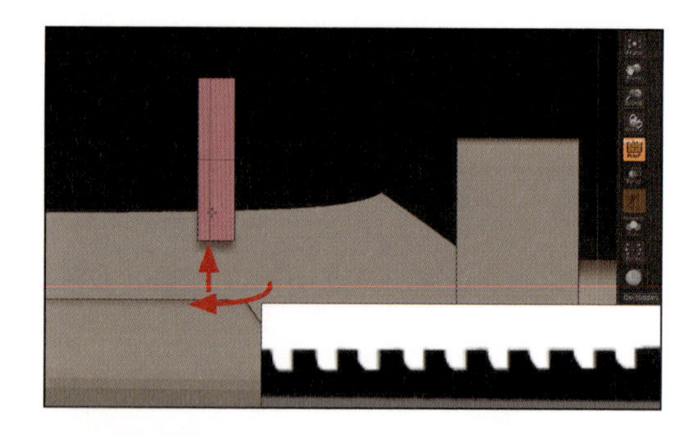

マスクとTransposeのMoveを使い、左下の頂点を上に移動させて斜めのラインを作ります。

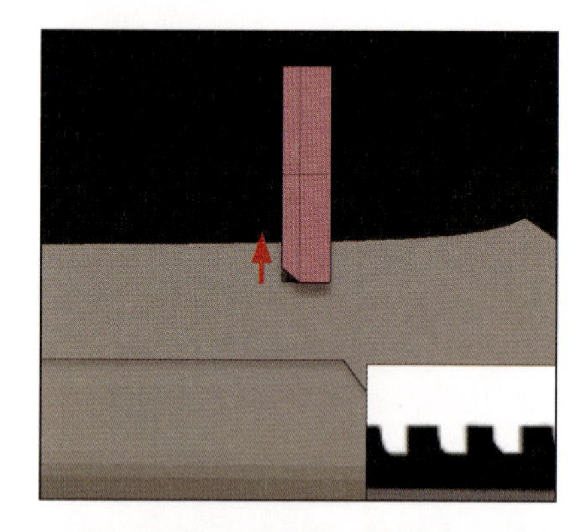

作った削り取りパーツをコピーしたいので、TransposeのMoveの中点を Ctrl キーを押しながらドラッグし、移動コピーをします。その際、動かしている途中で Shift キーを押すとアクションラインと平行に移動します（最初から Ctrl ＋ Shift ではなく、Shift は追加で押してください）。

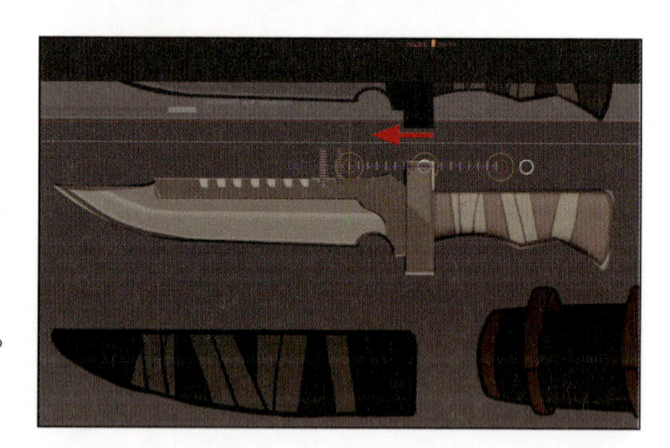

移動とコピーをした直後に、数字の 1 キーを押すと直近の操作が繰り返されます。この際、カメラ等の操作も繰り返しの対象なので、移動とコピーをした直後にそのまま 1 キーを押すようにしてください。

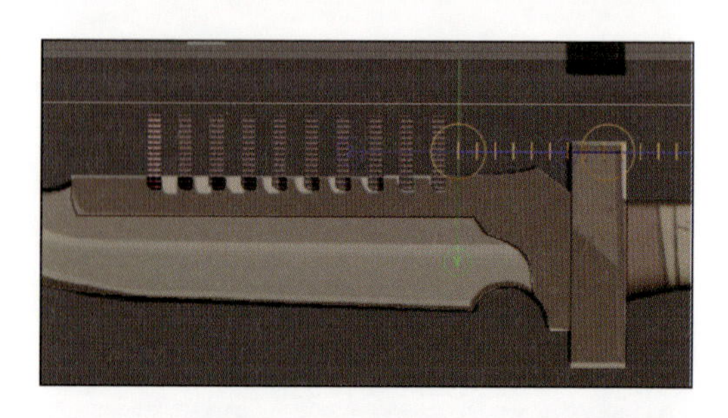

シリンダーと同じくブーリアンフラグを差に変更し、ナイフはいったん完成となります。

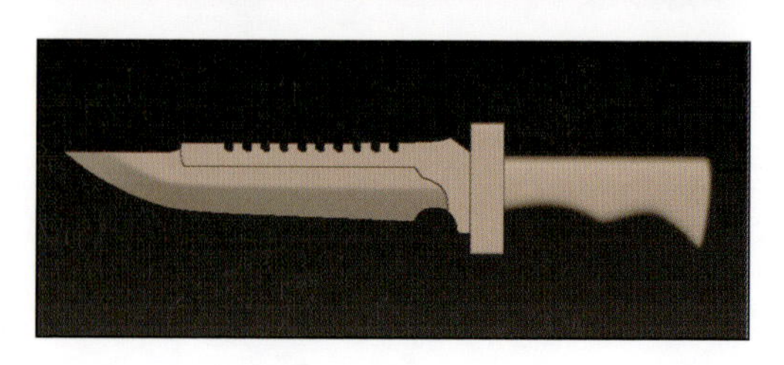

SECTION

04 鞘・ポーチの作成

この節で行うこと

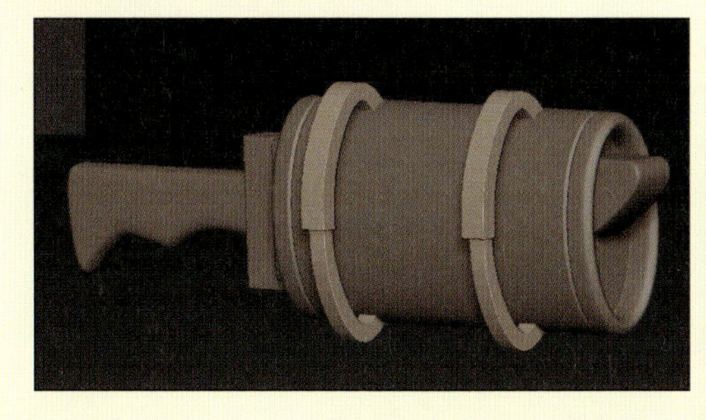

この節では、作例キャラクターの腰のベルト周りの鞘やポーチ等を作成します。

ここで使う主な機能

この節でもナイフの作成と同様に、ZModelerブラシとDynamic Subdivision機能を主に使用していきます。基本的な操作や作り方のアプローチは、形状が違ってもナイフの作成と似ています。

鞘・ポーチを作成する

鞘の作成

ナイフの節（P.283）と同じくQCubeを読み込み、図のように形状を調整します。Dynamic SubdivisionのONとCrease PGも適用しています。

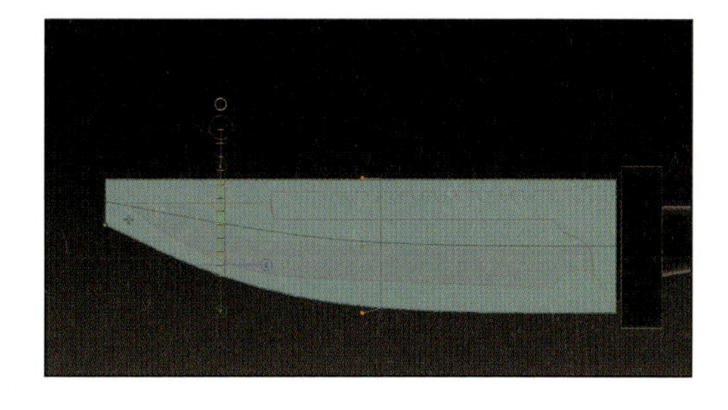

手動で先端部分のCreaseを解除し、丸みを作ります。

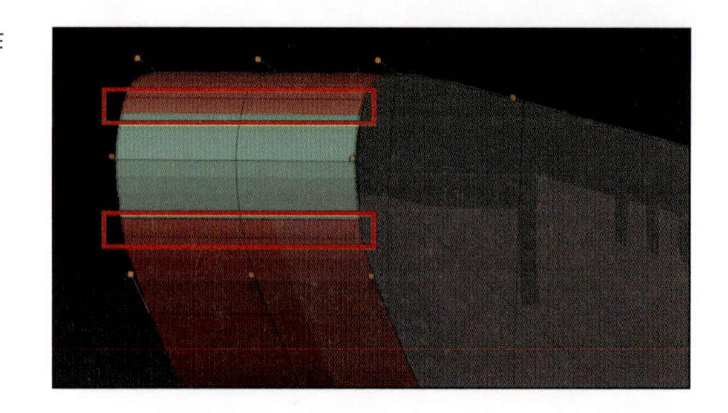

差込口側のポリゴンに白ポリグループ(P.268)を割り当てます。

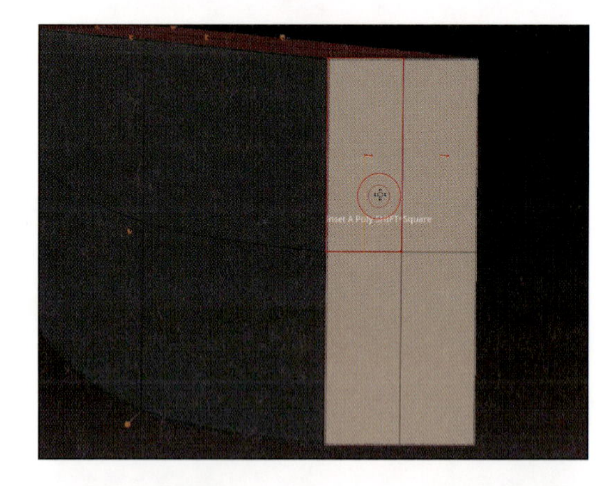

POLYGON ACTIONを[Inset]に、MODIFIERSを[Inset Region]に設定します。

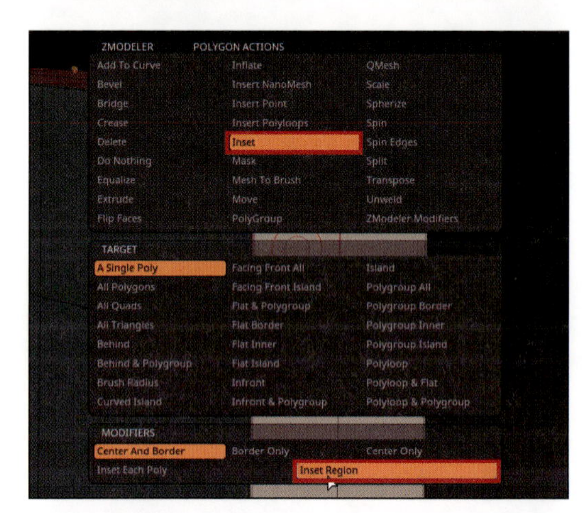

Insetを使用して、差込口に1ループポリゴンを追加した状態にします。なお、Dynamic Subdivisionを適用した時に丸まらないように手動でCreaseも追加しています。

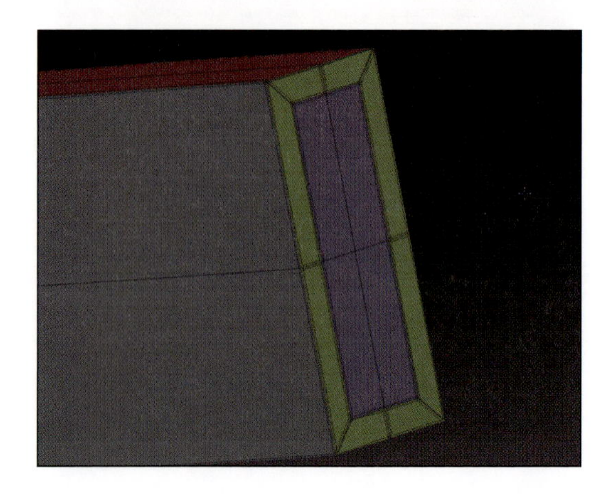

POLYGON ACTIONを[Extrude]、TARGETを[Polygroup Island](白ポリグループを使用してもOKです)にし、押し込みます。また、丸まってほしくない部分にはさらに手動でCreaseを追加します。

鞘を入れているポーチの作成

[Tool]>[Initialize]>[QCyl Z]ボタンをクリックし、Z方向にキャップが向いているシリンダーを読み込み、位置と大きさ、形状を調整します。

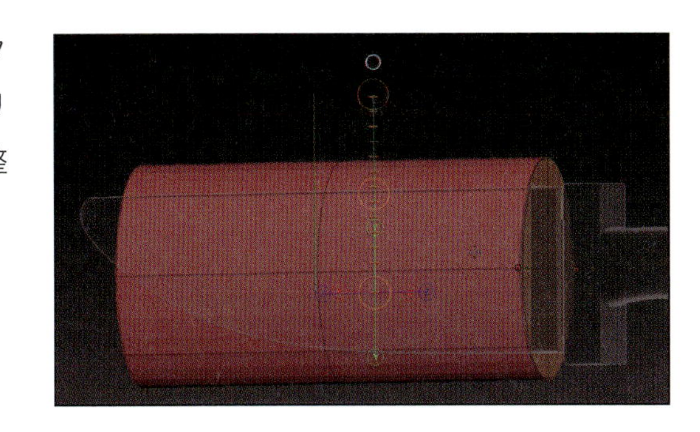

POLYGON ACTION[Extrude]のTARGETを[Polygroup Island]に変更し、外側(前手順の赤いポリグループが割り当てられている部分)を押し出し、厚みを付けます。

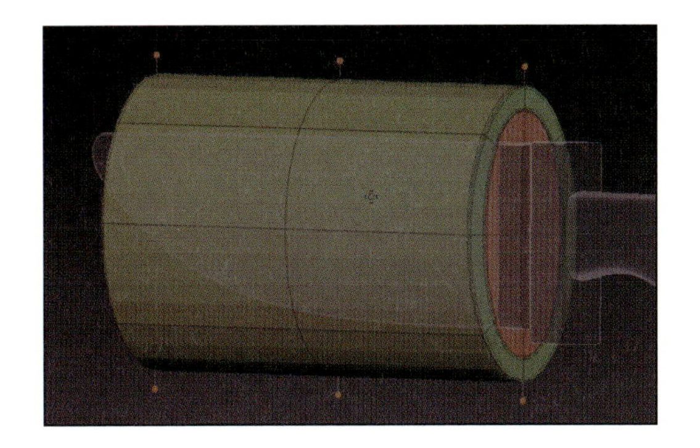

鞘の差込口の時と同様にExtrudeで押し込みます。反対側も同様に押し込んでください。

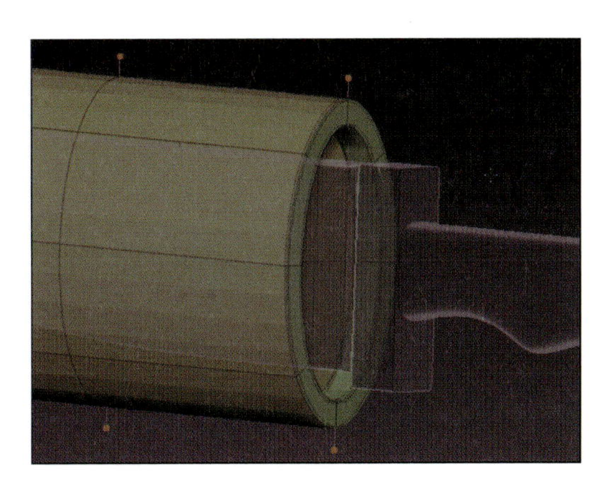

側面に丸みを付けたいので、まずはエッジループを追加します。これも反対側にも同じようにしてください。

EDGE ACTIONを[Mask]、TARGETを[EdgeLoop Complete]に設定し、追加したエッジループにマスクをかけます。反対側にもマスクをかけたら全体のマスクを反転し、追加されたエッジループ以外にマスクがかかっている状態にします。

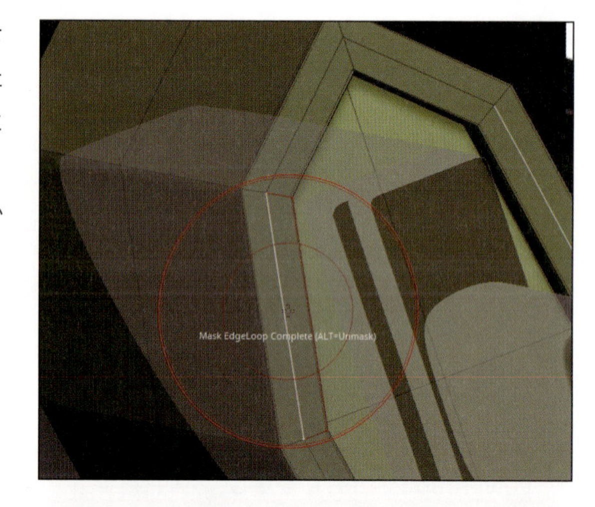

ポーチのZ方向中央からアクションラインを水平に引き、TransposeのMoveの終点をドラッグして丸みを付けます。

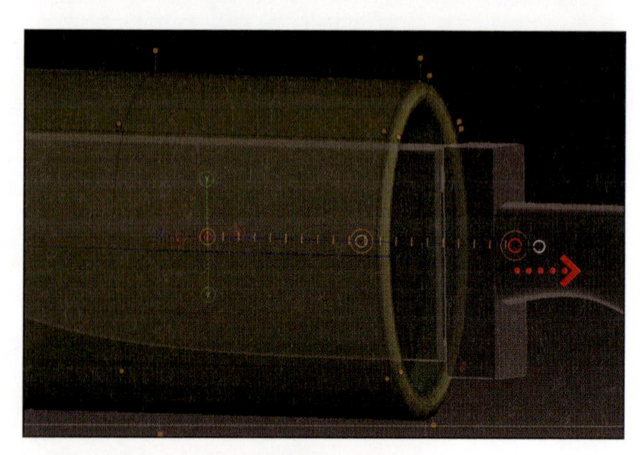

最初からONでもよかったのですが、次の作業から設定変更をしたほうが特に良いので、シンメトリー軸をZに、ローカルシンメトリー機能をON(P.83)にします。

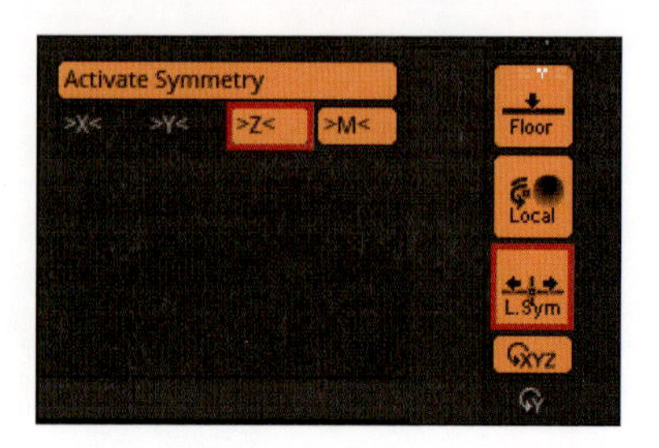

Dynamic Subdivisionを[Apply]ボタンのクリックで確定し、さらにサブディビジョンレベルを5まで上げ、手動でエッジループの追加を行います。色分けラインの幅のエッジループになるように調整後、サブディビジョンレベルを削除、EDGE ACTIONの[Mask]で1ラインのマスクを作ります。

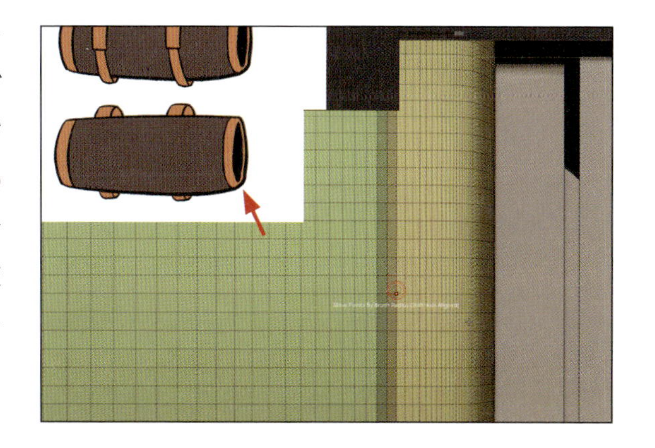

マスクを反転し、TransposeのMoveの終点を右ボタンでドラッグしてマイナスのInflate効果をかけ、溝を作ります。

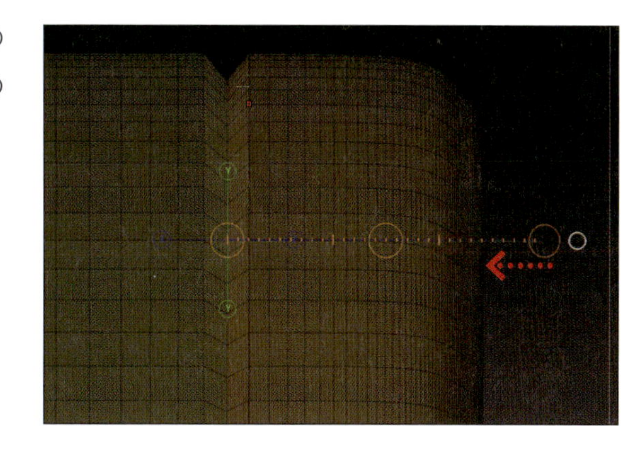

ポーチのベルトを作成する

ポーチのベルトもQCubeから作成します。これまで使ったDynamic SubdivisionやCrease、マスクと移動で作成していきます。

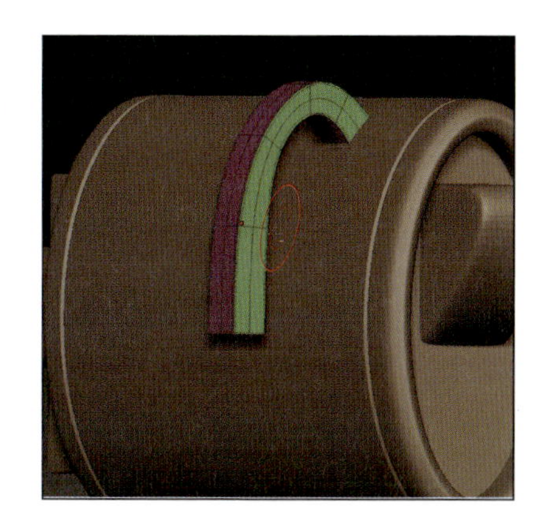

ベルトのサブツールを複製し、回転、移動、サイズの調整をし、ベルトの下半分にします。

上下のサブツールを結合し、TransposeのMoveの中点をCtrlキーを押しながらドラッグして、ベルトのメッシュを複製します（Shiftキー追加押しでの水平移動を忘れずに！）。

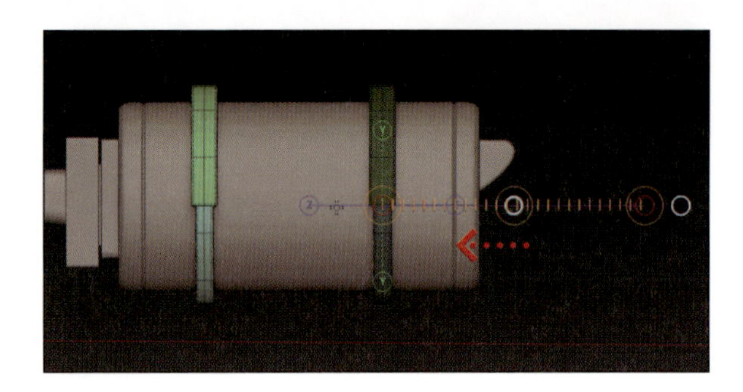

▶ サイドポーチを作成する

基準用のCubeを作ります。ナイフ作成時と同じく（P.283）、素体のサブツールでサイズを調整したCubeを新規ツール化します。

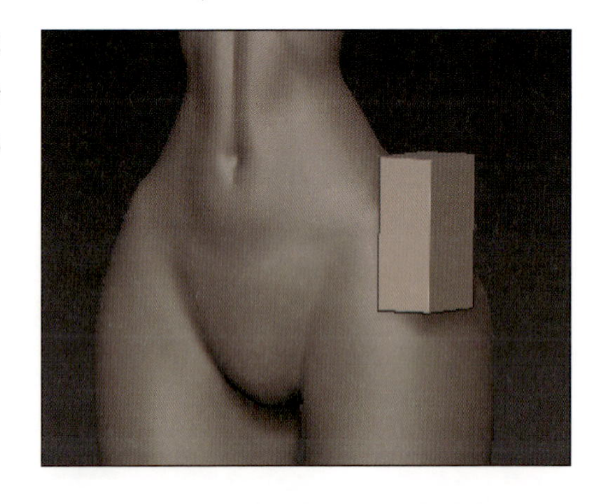

QCubeを読み込み、基準のCubeのサイズに合わせて、図のようにエッジループを追加します。

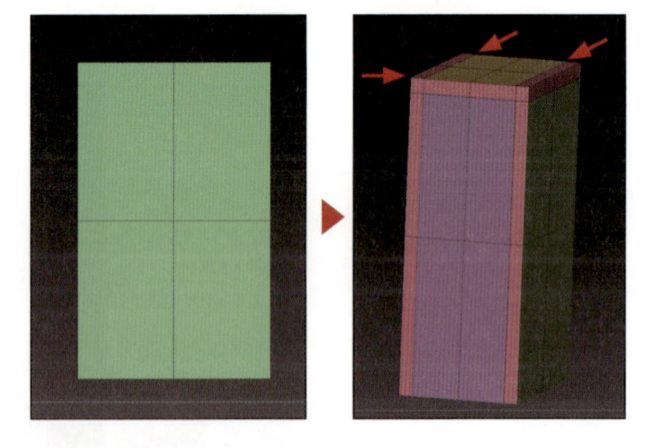

図のようにポリグループを割り当ててください。図における赤いポリグループ部分が同一になってることが重要です。

▶ 下から背面側を見た場合

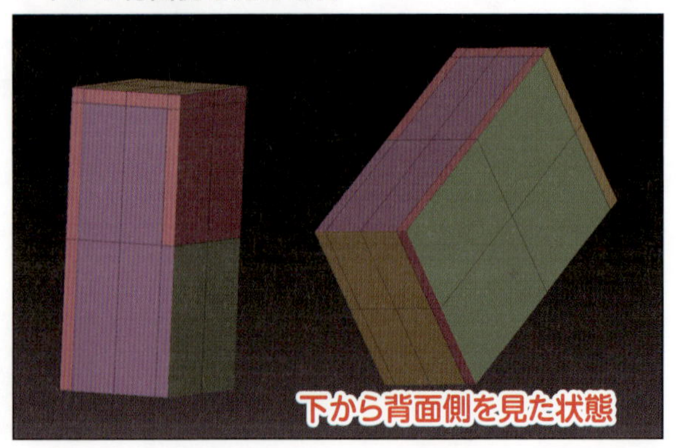

POLYGON ACTION[Extrude]のTARGETを[Polygroup Island]にし、赤いポリグループの部分を押し出します。

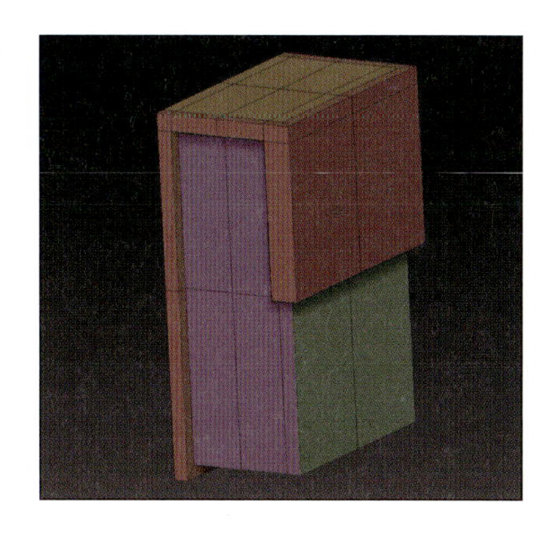

Dynamic SubdivisionをONにした状態で、角を立たせたい部分が維持できるように、ほとんどのエッジにCreaseを設定します。

上蓋を上方向に丸みを付けたいので、中央の頂点を少し持ち上げます。

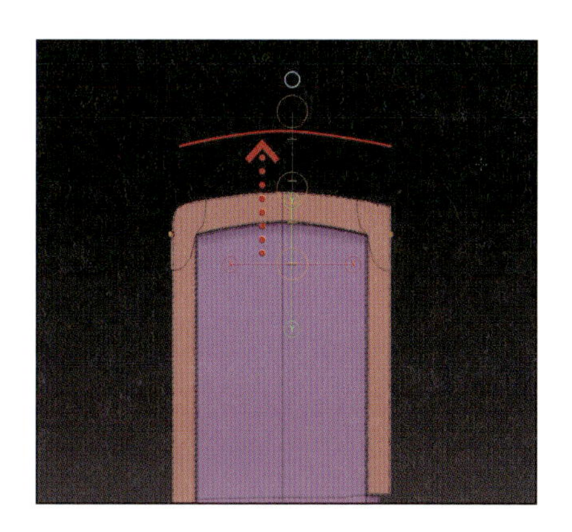

蓋とポーチ自体の底面にもほんのりRを付けたいので、こちらも中央部分の頂点を下に少し下げます。

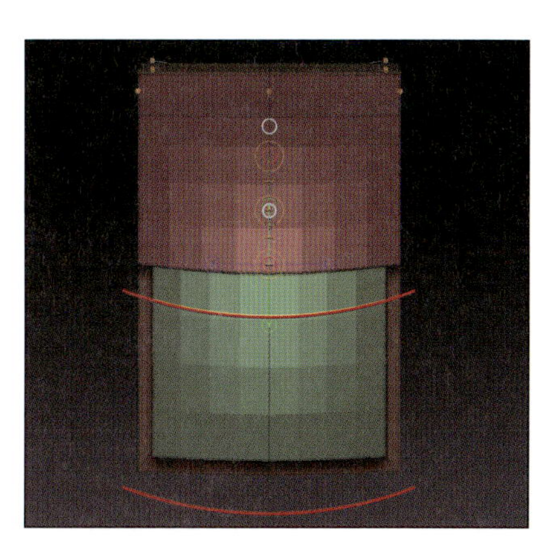

ポーチの留め具用にQCubeを追加し、調整します。

[Tool]>[Geometry][Crease]メニューの[Crease LV]スライダを1に設定し、[Crease PG]ボタンをクリック、サブディビジョンレベルを4まで上げると、このように角を少し丸めた状態になります。

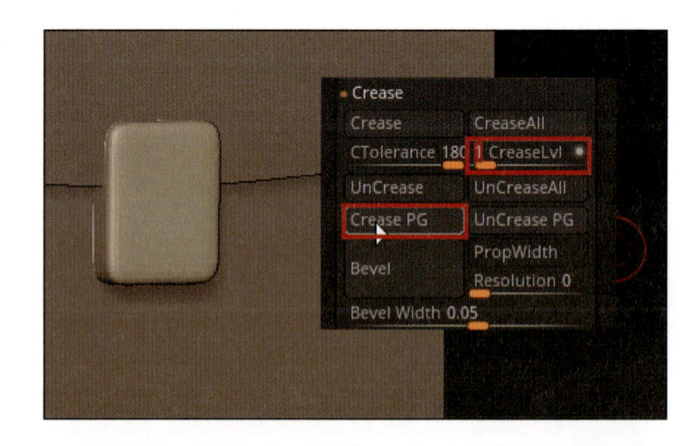

鞘のポーチと同じようにQCubeからベルトを作成します。赤い部分はExtrudeで押し出しをして段差を付けています。

キャラクターから見て右側面に装備している長いポーチは、左側面用ポーチの下部を伸ばして作成しています。

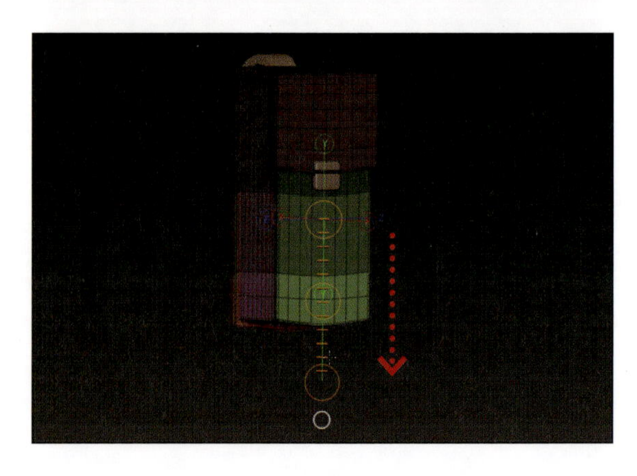

Chapter 10 武器・ポーチ・ベルト・靴の作成

SECTION
05 ベルトの作成

この節で行うこと

この節では、作例キャラクターの腰のベルトを作ります。直接巻き付けた状態ではなく、インサートメッシュブラシとカーブモードいう機能を併用します。

インサートメッシュブラシとカーブモード

この節でも、他の節と同様にZModelerブラシとDynamic Subdivision機能を主に使用していきますが、新たにインサートメッシュブラシという機能とカーブモードという機能も使います。この機能に関しては、詳しく解説しているページは本書にはないため、この節の作業を通して学んでください。

ベルトを作成する

インサートメッシュブラシの元となるメッシュを作る

この章の今までのパーツと同じく、QCubeを読み込みます。X方向の幅を5.65mmとしました。寸法計測に関しては8-01の最後で解説しています。

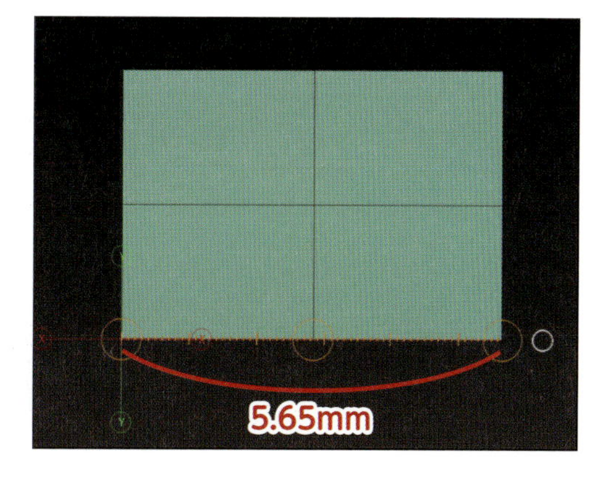

Z方向(厚み)は1.7mmに調整します。

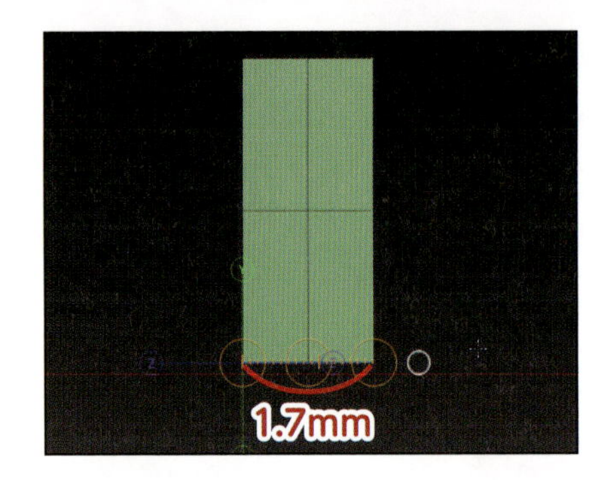

図の位置にエッジループを追加します。この時、X方向のシンメトリーをONにするのを忘れないようにしてください。

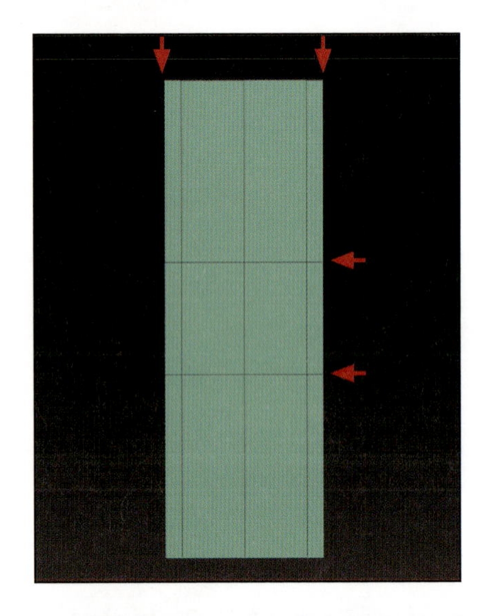

Y軸方向の面(図で白ポリグループを割り当てている部分)を削除します。反対側も削除します。

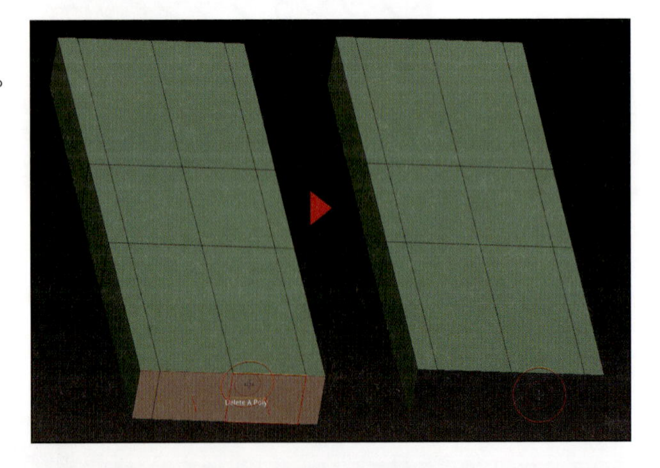

図で白ポリグループを割り当てている部分を、Extrudeで押し込み段差を付けます。

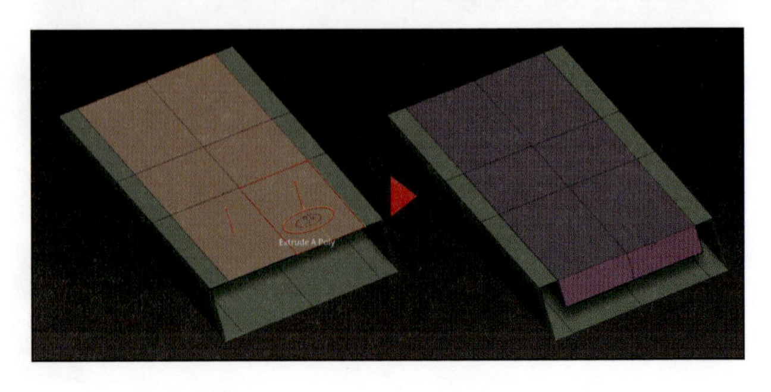

Chapter 10

武器・ポーチ・ベルト・靴の作成

図で白ポリグループを割り当てている部分の面が不要なため、POLYGON ACTIONの[Delete]で削除します。

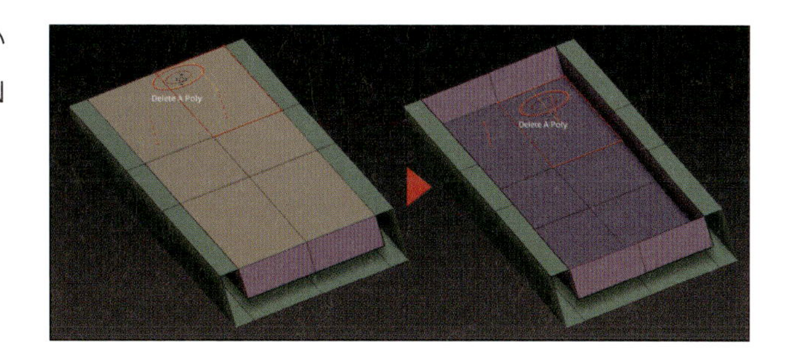

図で示した部分にエッジループを追加します。

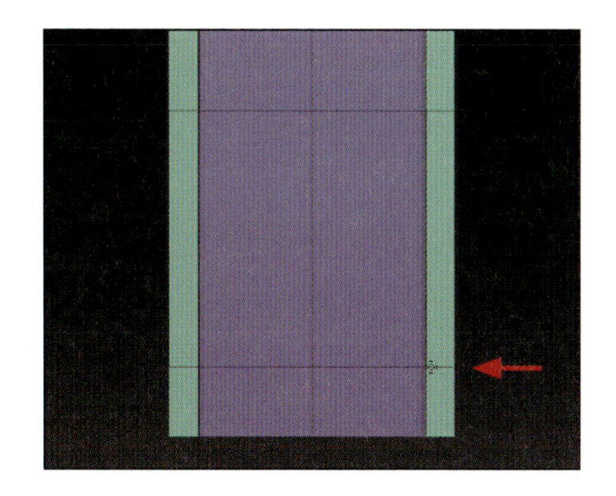

図で白ポリグループを割り当てている部分の面が不要なため、POLYGON ACTIONの[Delete]で削除します。

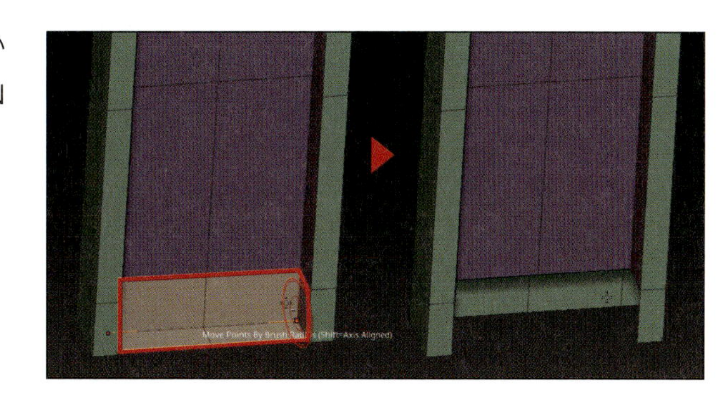

シンメトリーをいったんOFFにし、EDGE ACTIONの[Bridge]で図のようにエッジ間に面を張ります。

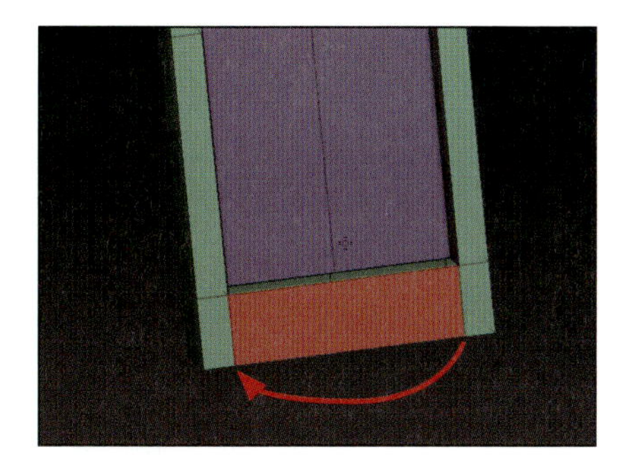

EDGE ACTIONの[Insert] でTARGETを[Multiple Edgeloop]に切り替えてエッジを足します。この機能は、1回で複数のエッジループを足す機能ですが、最小の状態では1本だけを真ん中に足してくれます。

こちらも面張りをします。ここからはまたシンメトリーをONにしてください。

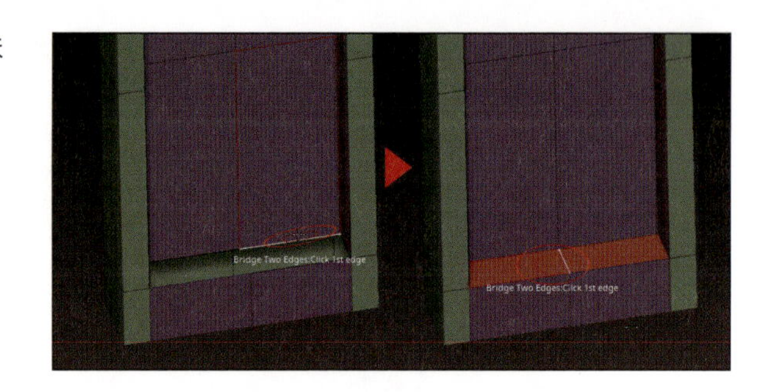

上側にも、下側と同様の操作をします。またY軸方向(縦方向)の幅は上側のほうが狭くしています。

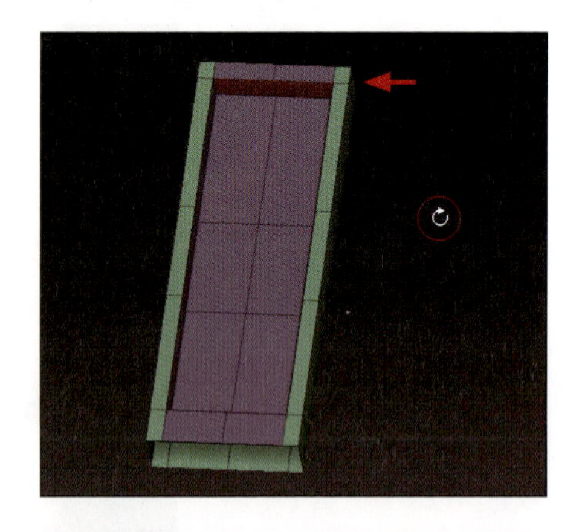

穴の空いている部分をBridgeで埋めます。こちらもY軸方向の両側で行います。

Insertを[Multiple Edgeloop]のままエッジループを足します。

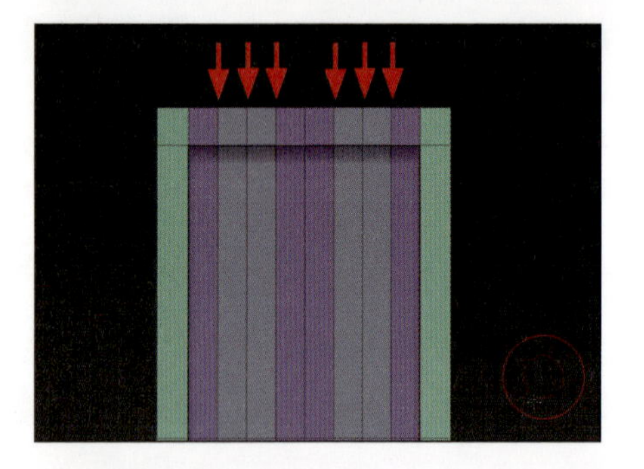

矢印の位置にエッジループの追加、ならびに画像のように頂点を移動し丸い形状にします。

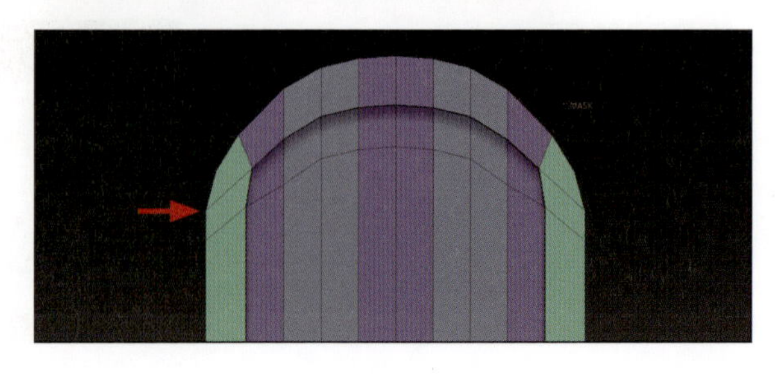

サブディビジョンレベルを上げても縁が丸まらないようにCreaseを設定し、全体のポリグループをこの時点でいったん統一します（Ctrl + Wキー）。

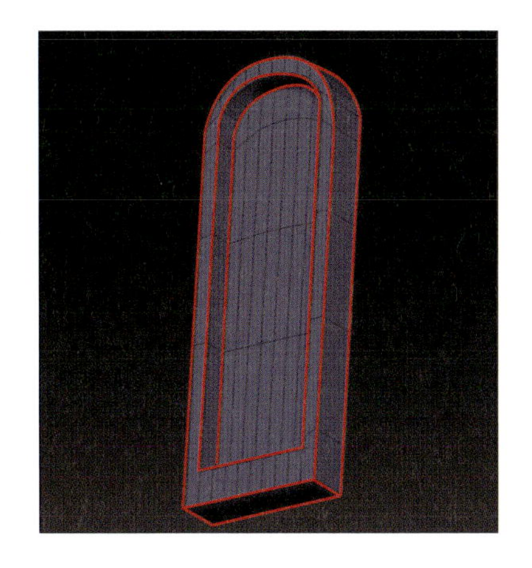

現在の横方向のエッジで分かれているこの「a」「b」「c」の区画がこの先の作業で重要なため、覚えておいてください。

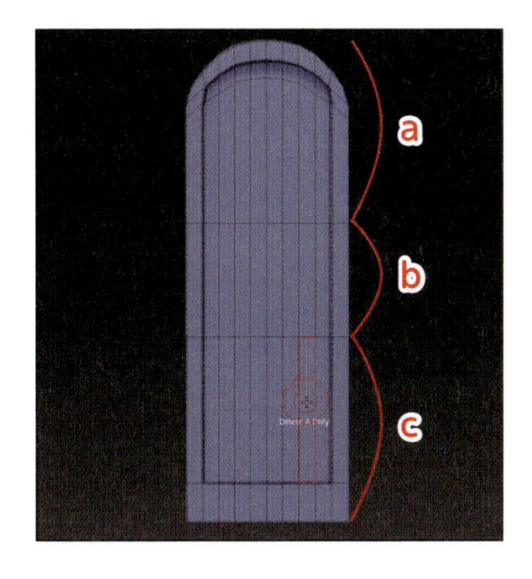

横方向へのエッジを、縦の間隔がだいたい同じになるように追加します。

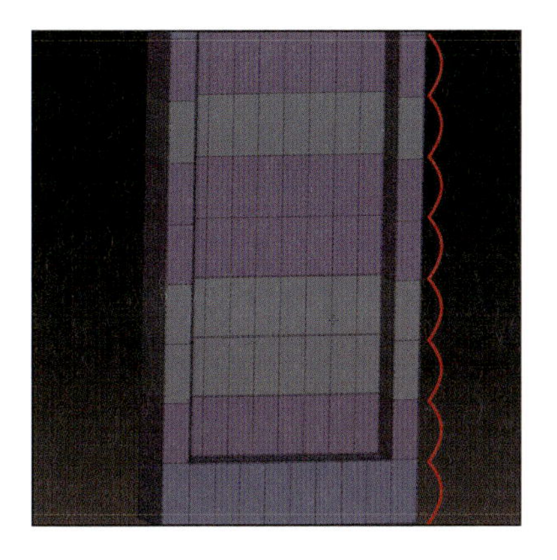

a区画だけはエッジループ挿入時に上部丸みに影響されてしまうため、マスクとTransposeのMoveの終点ドラッグで水平に直します。

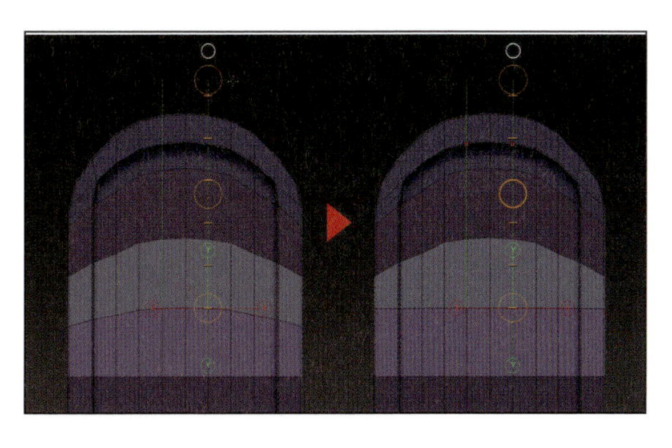

Chapter 10 武器・ポーチ・ベルト・靴の作成

下部の縁部分に、エッジの追加と頂点の移動で丸みを付けます。

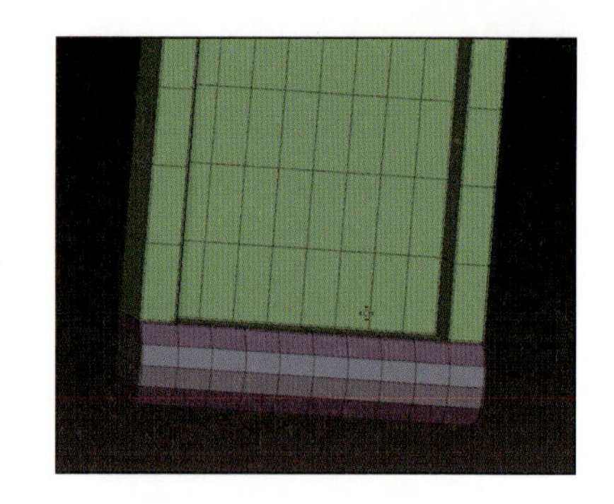

図のようにa、b、cそれぞれの区画ごとにポリグループを割り当てます。

▶ カーブブラシ化する

インサートメッシュブラシ化します。ブラシのポップアップメニュー内にある[Create Insert Mesh]ボタンをクリックします。この時、メッシュの表示角度がブラシの挿入時の法線方向に反映されるため、カメラをZ方向からにしっかりスナップした上でボタンをクリックしてください。

[Stroke]>[Curve]>[Curve Mode]ボタンをクリックし、ブラシをカーブモードにします。

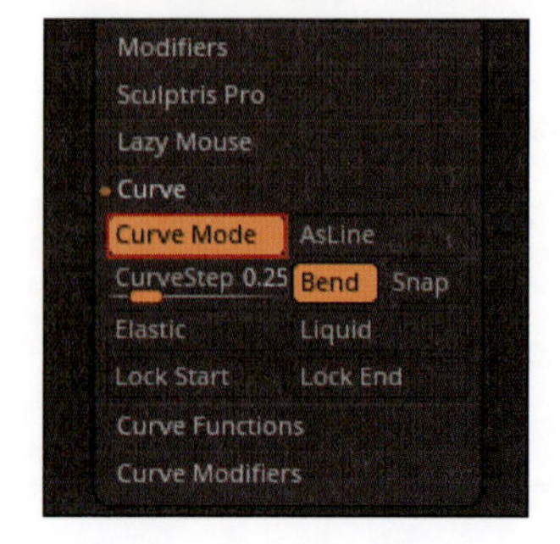

[Brush]>[Modifiers]>[Weld Points]ボタンをON、ならびに[Curve Res]スライダの値を6にします。

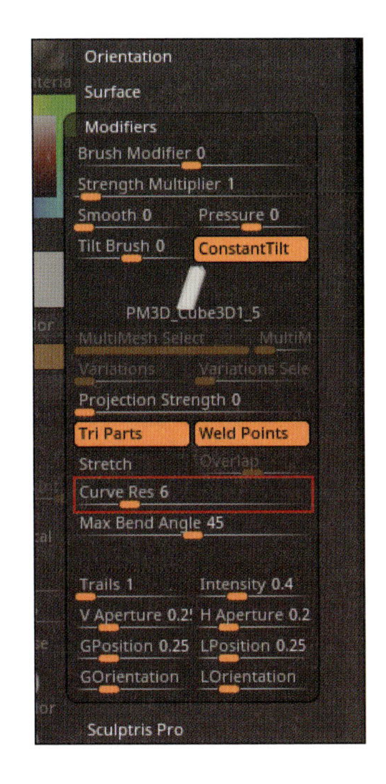

メッシュ上で現在のカーブブラシのままラインを引くと、ベルトのメッシュが生成されます。

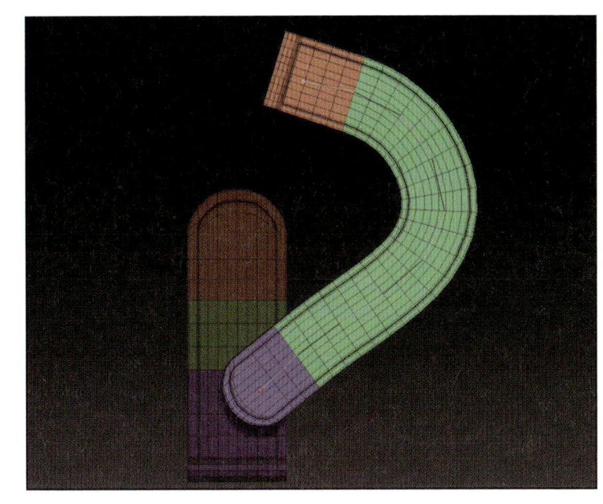

保存は、ブラシポップアップメニュー内の[Save As]ボタンから行ってください。保存しなかった場合、ZBrushの終了でブラシデータは破棄されますので、注意してください。

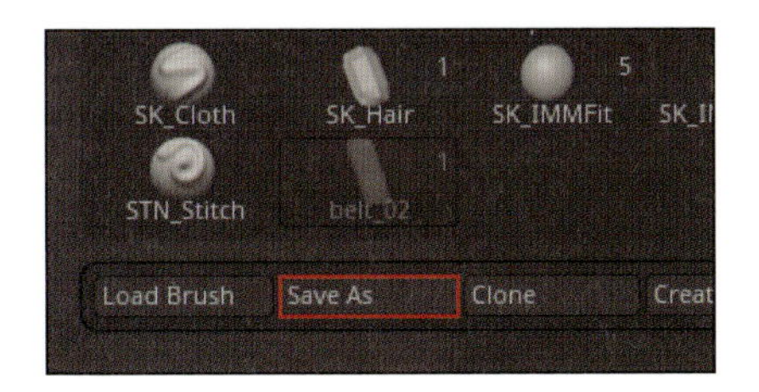

MEMO Tri Parts ブラシ

今回作成したブラシは、厳密な機能名を補足すると、「インサートメッシュブラシ」かつ「カーブブラシ」かつ「Tri Parts ブラシ」という複合した機能の合わせ技となっています([Brush] > [Modifiers] > [Tri Parts] ボタンで ON / OFF)。Tri Parts ブラシは、今回の区画 b にあたる中間のポリグループのメッシュをリピートし、始点と終点に区画 a、c を割り当てる ZBrush 特有のおもしろい機能となっています。

SECTION 06

靴の作成

この節で行うこと

この節では作例キャラクターの靴を作ります。

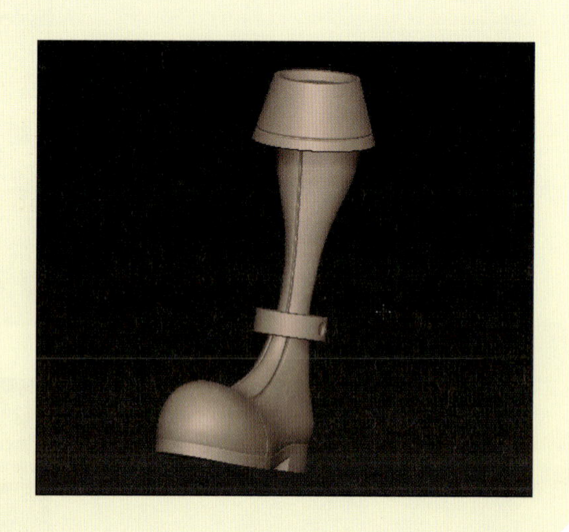

ここで使う主な機能

靴の作成には、主にZRemesher機能とDeformer機能を使います。ZRemesher機能は6-05、Deformerは5-02で解説しています。また、スジボリには、ポーチの制作で解説したスジボリ(P.301)に加えて、Chiselブラシと Lazy Mouse2.0の交差点保護機能を使ったスジボリも使用します。

靴を作成する

ブーツのシリンダー形状パーツのベースを作る

Cylinder 3Dをサブツールに追加し、位置、大きさを調整し、側面の水平方向のエッジをEDGE ACTIONの[Delete]、TARGETを[EdgeLoop Complete]で削除します。

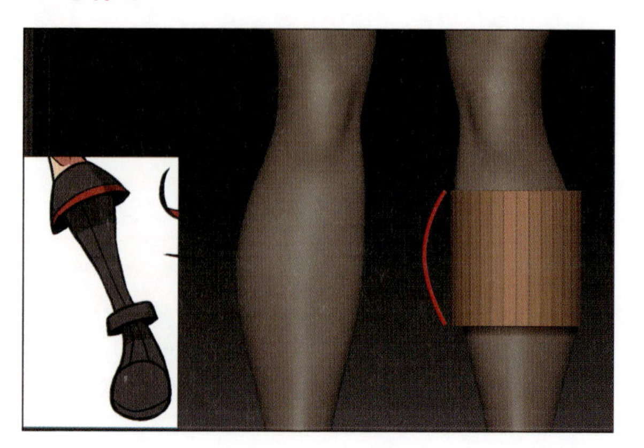

シリンダーをテーパー形状にします。シリンダーの上面にマスクをかけ、下面の中央からアクションライン(P.110)を引き、Scaleモードの終点をドラッグし、下面のみ大きくします。

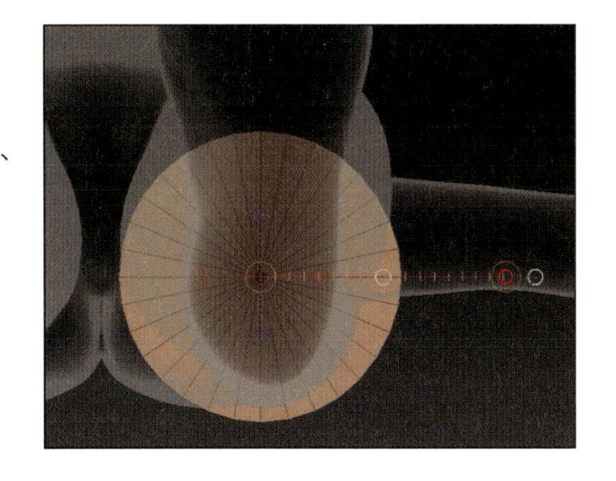

同じくこちらにもCylinder3Dで足首用のパーツを配置します。

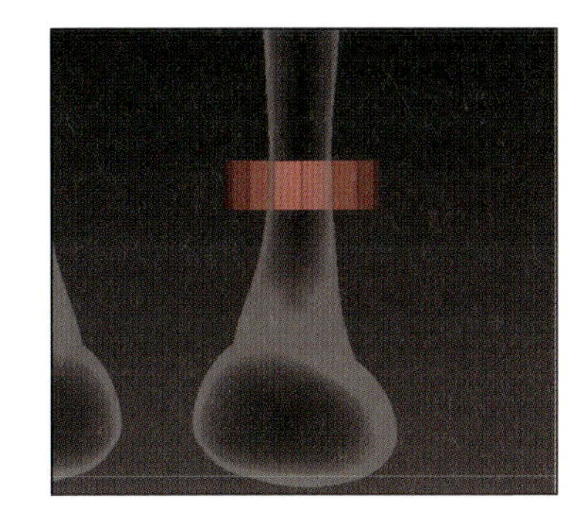

▶ 素体を複製してブーツのベースメッシュにする

素体のサブツールを複製し、Select Rectブラシと[Del Hidden]ボタン(P.56)でふくらはぎより上を削除します。

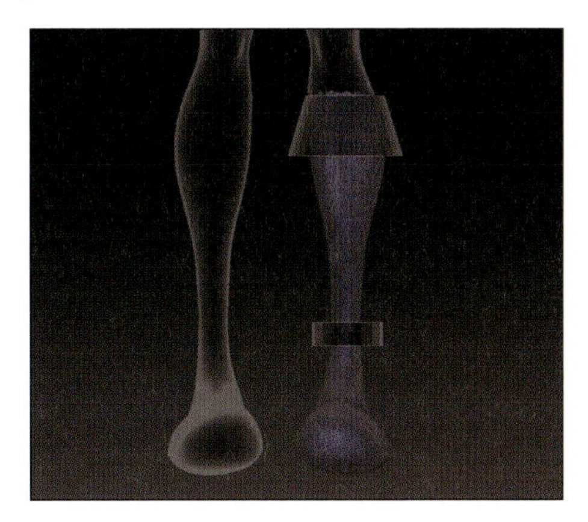

縁を水平にしてメッシュを分けたいので、Slice Curveブラシで図の赤線の部分でカットし、ふくらはぎ～足首、足首～足の2つのメッシュでポリグループを分けます。

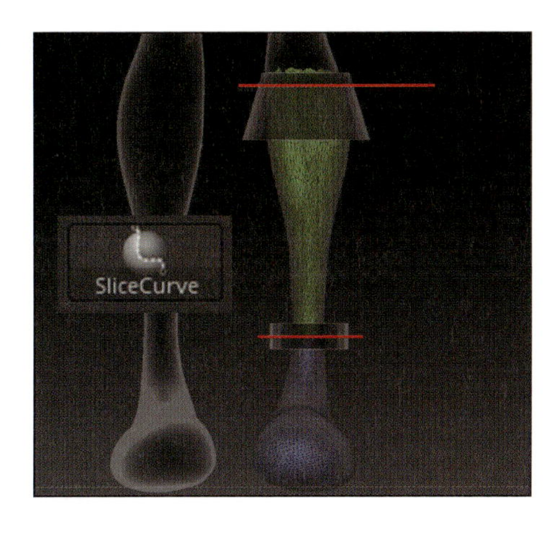

[Tool]>[Subtool]>[Split]>[Groups Split]で2つのサブツールに分離させます。

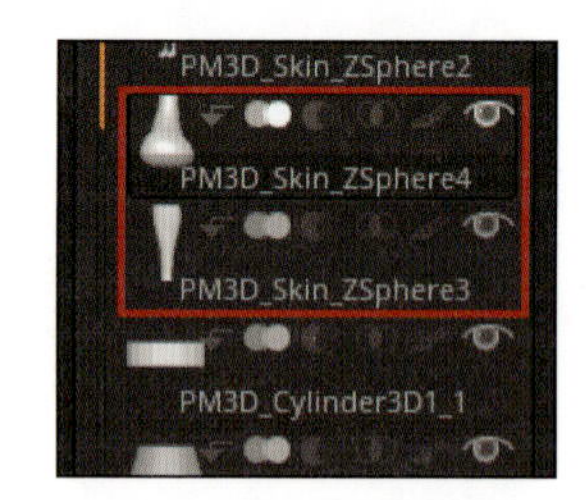

ふくらはぎ～足首部分のサブツールにZRemesherをかけます。ターゲットポリゴン数を1.5(1500ポリゴン)で適用します。

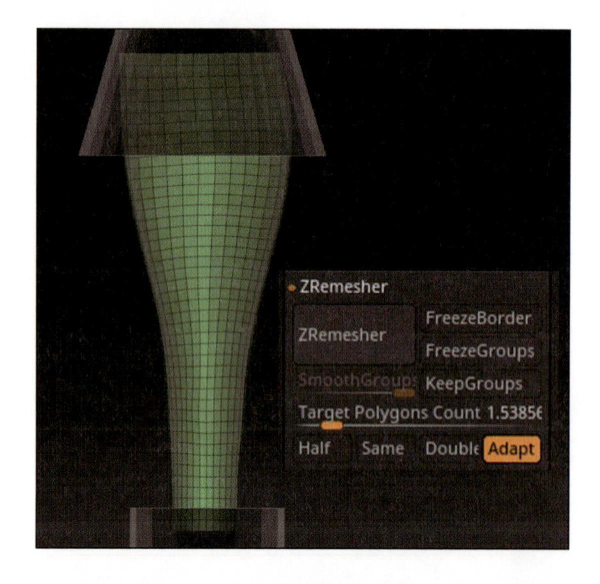

続いて、足首～足部分にZRemesherをかけます。ターゲットポリゴン数を0.5(500ポリゴン)で適用します。

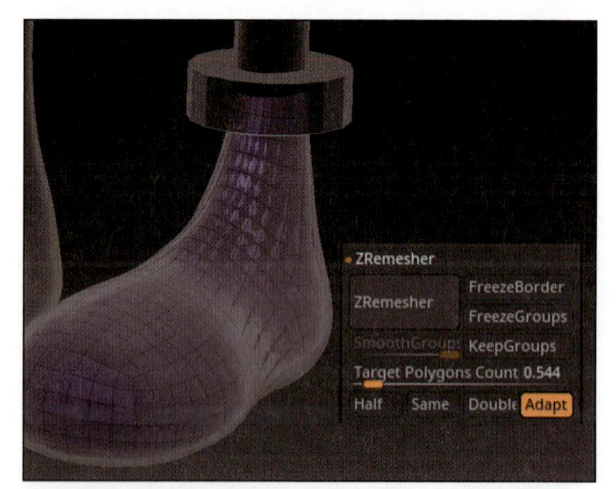

最後にMoveブラシで靴の形状を整えます。

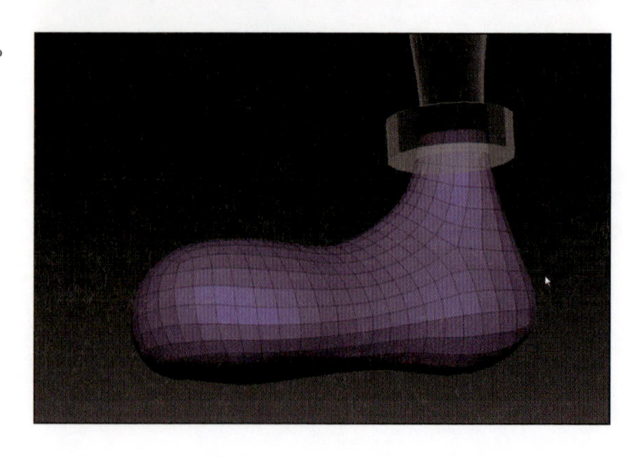

Chapter 10 武器・ポーチ・ベルト・靴の作成

靴底を作る

SliceCurveブラシで図のようにメッシュをカットします。

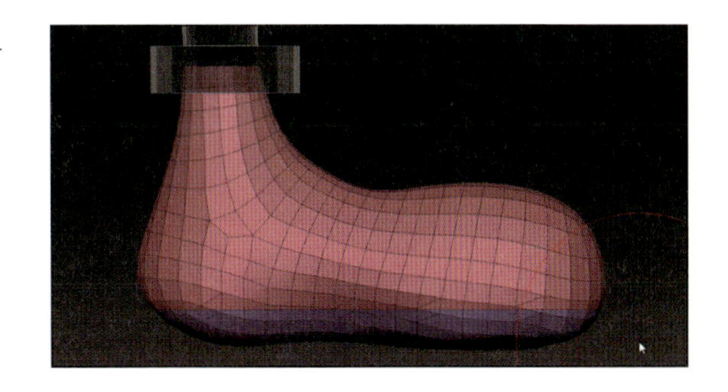

底以外にマスクをし、カットしたラインから真下にアクションラインを引き、Moveの終点をドラッグして底をつぶします。

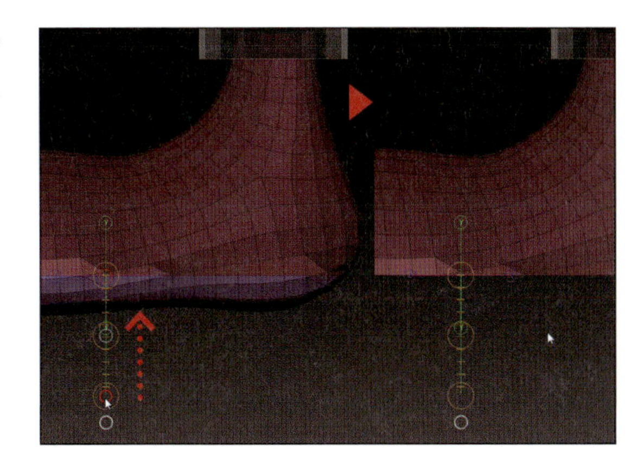

カメラを真下からにスナップし、Moveブラシで靴底の形を整えます。

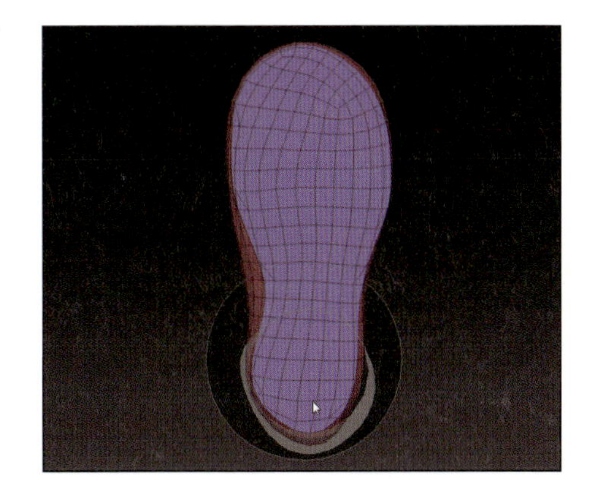

［KeepGroups］をON、［SmoothGroups］スライダを0にし、ZRemesherをかけます。

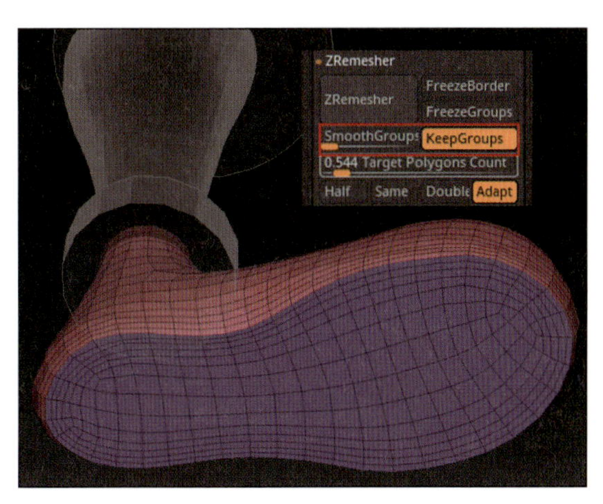

[Ctrl]キーを押しながら靴底をクリックすると、靴底以外にマスクがかかり、クリックした面に垂直にアクションラインが作られます。

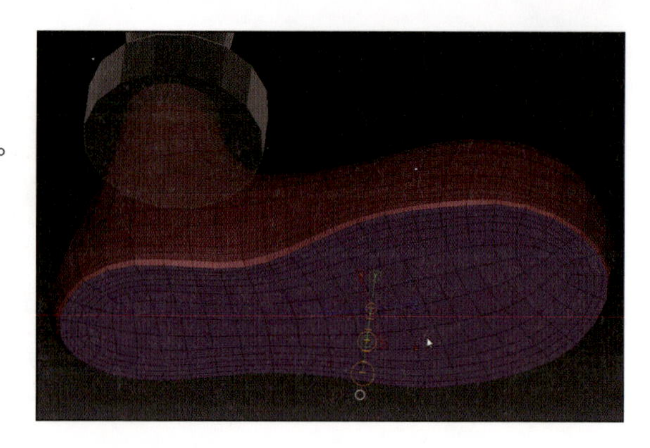

TransposeのMoveモードにし、[Ctrl]+[Alt]キーを押しながら中点を下にドラッグしている最中に、追加で[Shift]キーを押して垂直にスナップします。

ZModelerブラシのPOLYGON ACTIONを[Extrude]に、TARGETを[Polyloop]にして側面を押し出します。

靴底の側面の縁、靴底と靴本体との境界線のエッジループ3ラインにCreaseを設定します(P.103)。

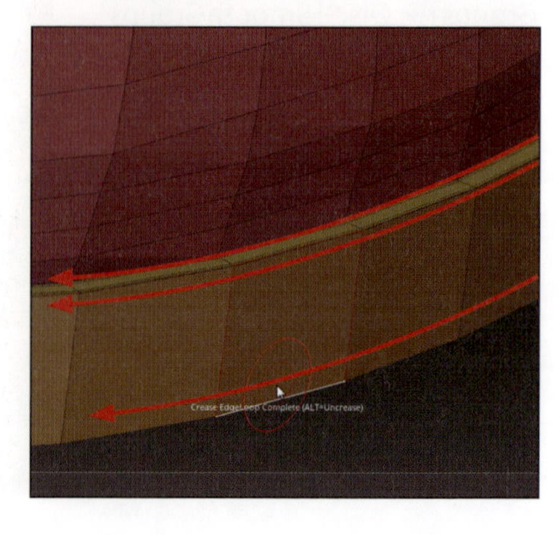

▶ かかと部分を作る

かかと部分の範囲に白ポリグループを割り当て(P.268)、境界線をTransposeのMoveの終点ドラッグで直線化します。

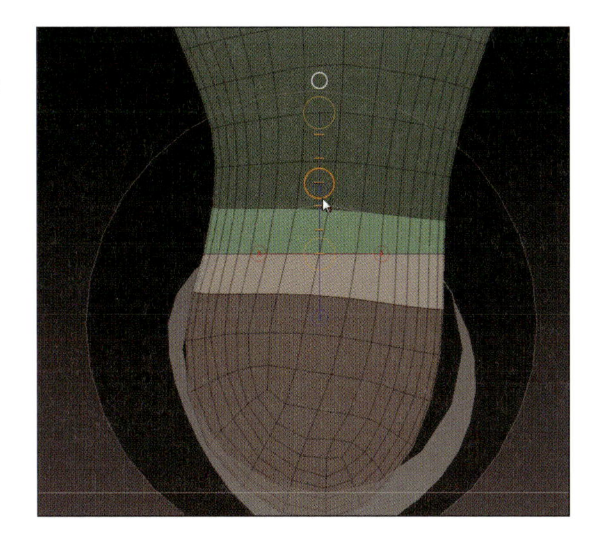

POLYGON ACTIONの[Extrude]でかかとの厚みを付けます。

▶ Deformerで形を整える

Gizmoの回転値をリセット(オペレーターアイコンの を Alt キーを押しながらクリック)してからDeformer(P.131)を起動し、[Z Divide]を8にします。

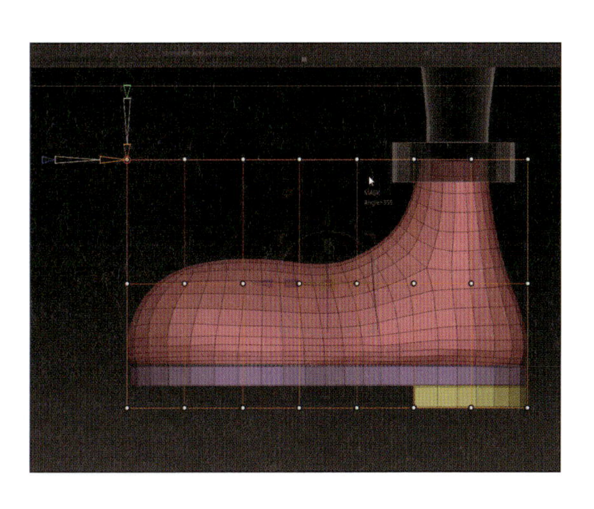

Chapter 10 武器・ポーチ・ベルト・靴の作成

図のようにDeformerで変形させます。変形が終わったらDeformerを確定しておきます。

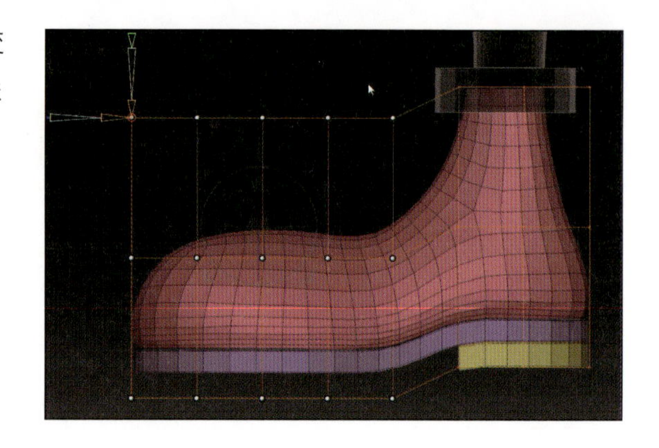

マスクとTransposeのMoveを使い、かかとの長さを調整します。

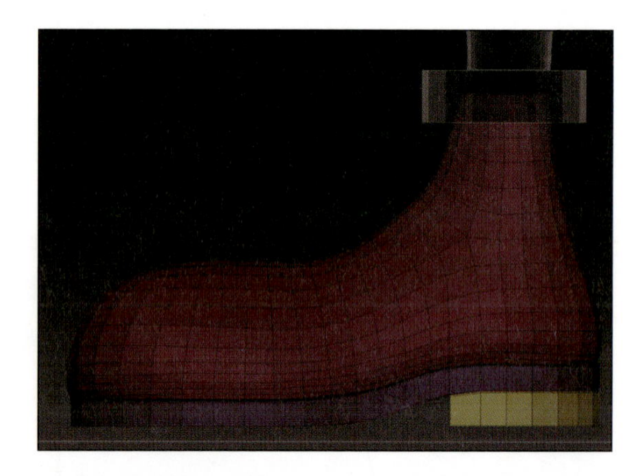

再度Deformerを適用し、つま先を少し上に持ち上げます。変形が終わったらDeformerは確定してください。

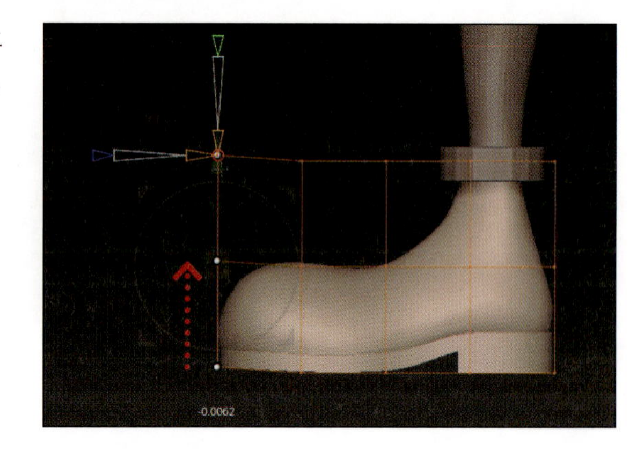

▶ 足首のパーツの仕上げ

シリンダーのキャップ部分にCreaseを設定します。サブディビジョンレベルを上げて外周部分を滑らかにした後、サブディビジョンレベルは削除します。

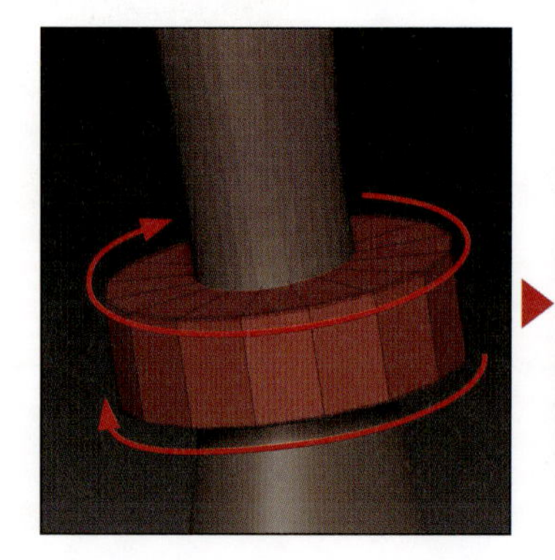

Chapter 10 武器・ポーチ・ベルト・靴の作成

側面にある黒い丸部分に穴を開けるため、シリンダーを追加します。

Live Boolean (P.183) を使い、シリンダーで側面に穴を開けます。

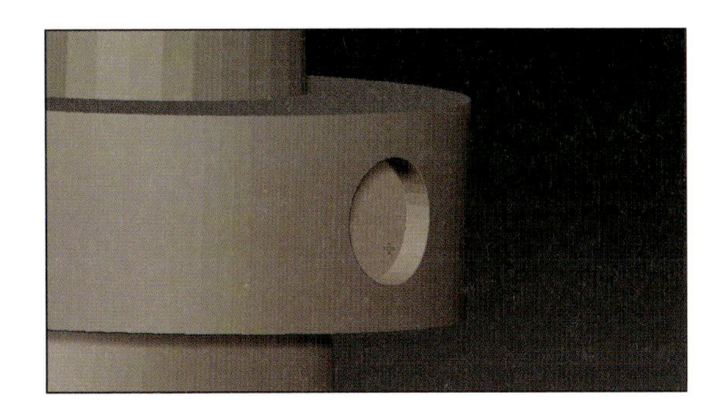

スジボリを行う

サブディビジョンレベルを4まで上げ、サブディビジョンレベルを削除後、[Tool] > [Morph Target] > [StoreMT] ボタンをクリックします (画像はクリック後)。

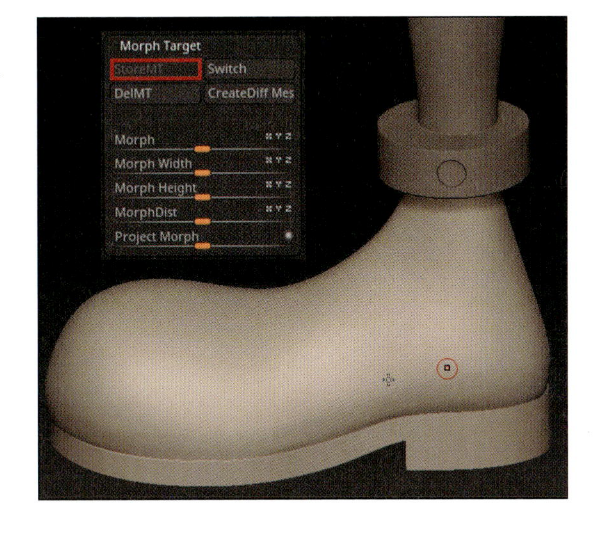

靴の本体部分以外がマスクされた状態にし、ChiselブラシのBrushTip2でスジボリをします。今回のような一筆書きできない場合は、[Stroke] > [Lazy Mouse] > [LazySnap] の値を上げてストロークを継続できるようにします。

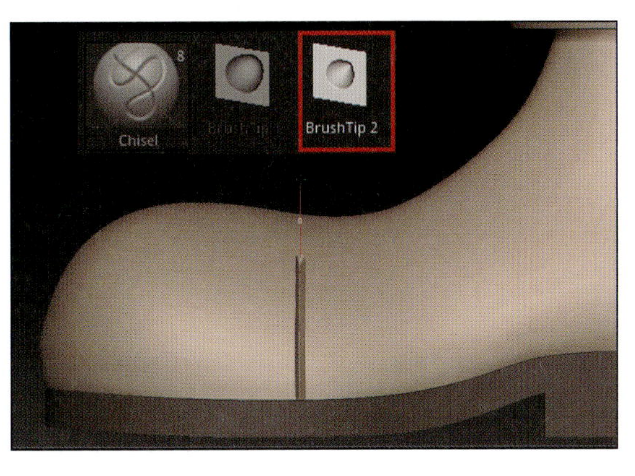

足首に向かうラインもスジボリします。

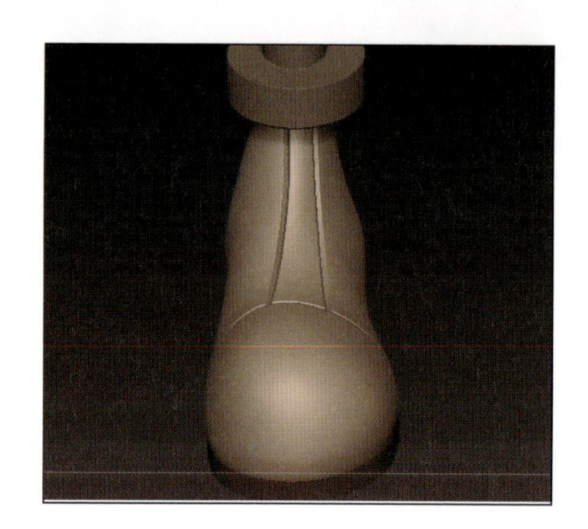

▶ 折り返しのスジボリを行う

足首のリング型のパーツと同じくCreaseとサブディビジョンを活用し、折り返し部分の外周を滑らかにします。

10-04のナイフの鞘とポーチでのスジボリの時(P.301)と同じく、エッジループの追加とマスクの作成とInflateでスジボリをします。

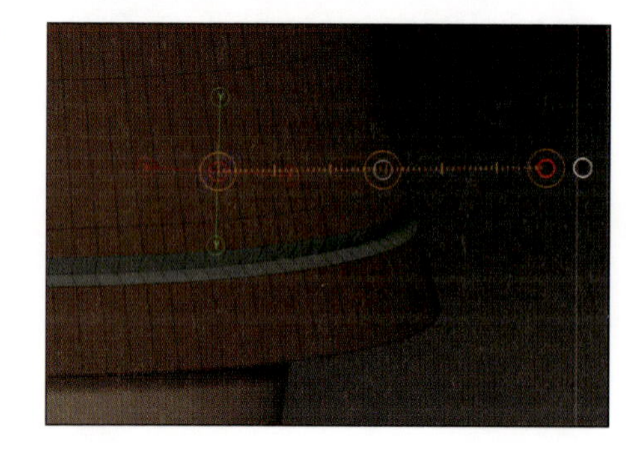

▶ 残りの部分のスジボリを行う

ふくらはぎ〜足首のパーツのサブディビジョンレベルを上げ、P.319と同じくChiselブラシでスジボリをします。

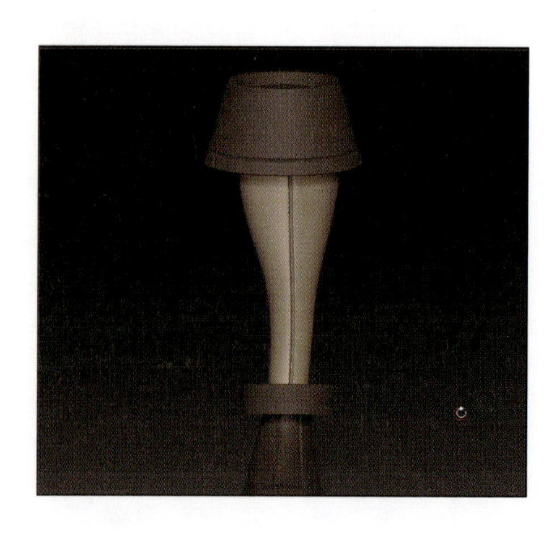

こちらも同じくスジボリをします。

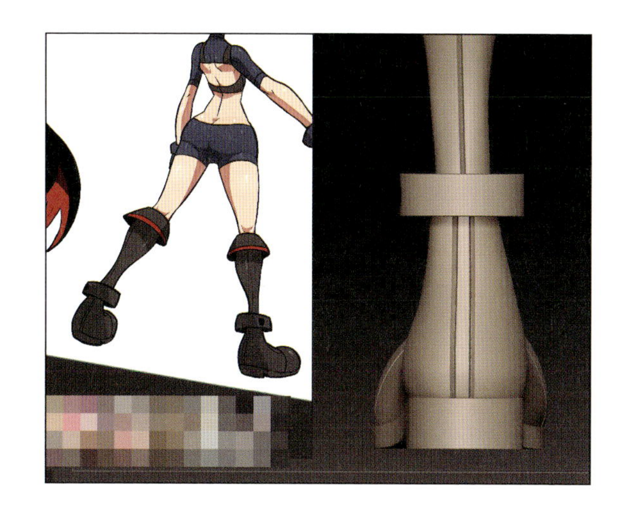

▶ 靴底の溝をスジボリする

靴底の溝のスジボリですが、いくつかの方法があります。ここでは、スジボリ用メッシュを用意しLive Booleanで引くという方法を使います。まずQCubeを読み込みます。

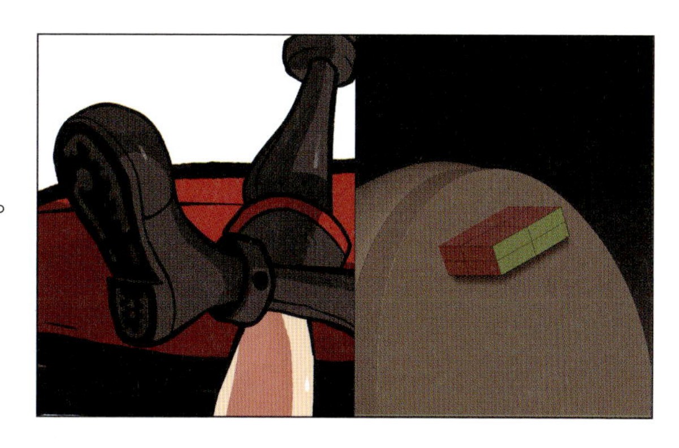

図で表示している部分以外を削除します。

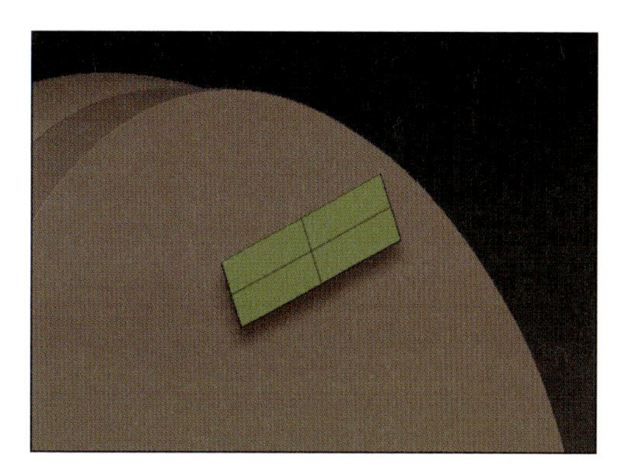

ここから先はマスクと頂点移動、エッジループの挿入と削除で板ポリゴンを編集していきます。

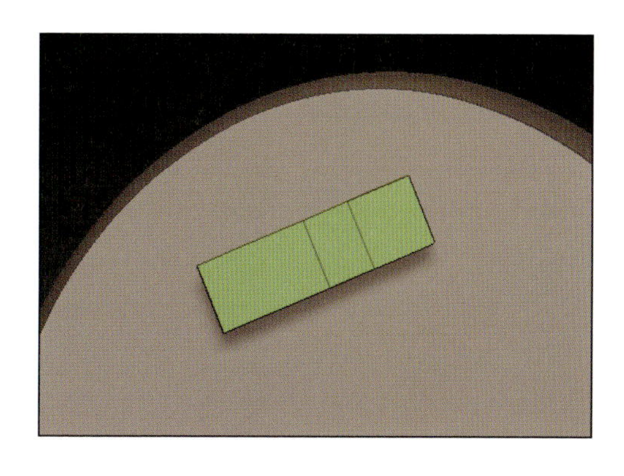

MEMO EDGE ACTIONのExtrudeを使わない理由

他のソフトでモデリングしたことがある方であれば、Extrudeでエッジを延長していく方式をすぐに思いつくと思います。

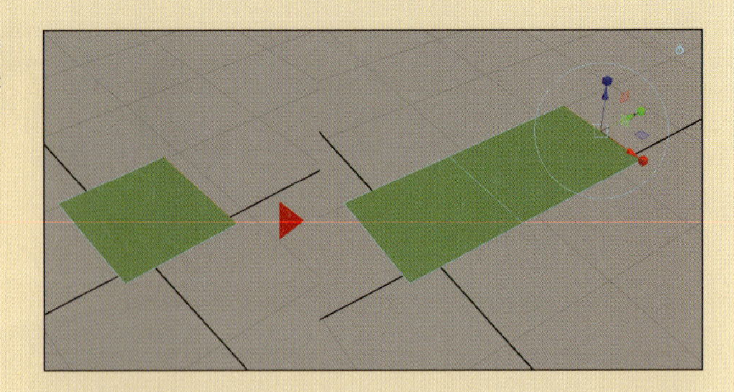

しかし、ZBrushのEDGE ACTIONの[Extrude]は他ソフトのエッジのExtrudeとは挙動が違うため、今回のアプローチでは使えません（仕様変更してほしい部分です……)。

Chapter 10

武器・ポーチ・ベルト・靴の作成

前述の通り、マスクとエッジループと頂点移動で板ポリゴンを編集していきます。

ギザギザ部分は、エッジループをまず追加します。頂点を移動し、不要な面をPOLYGON ACTIONの[Delete]で削除します。

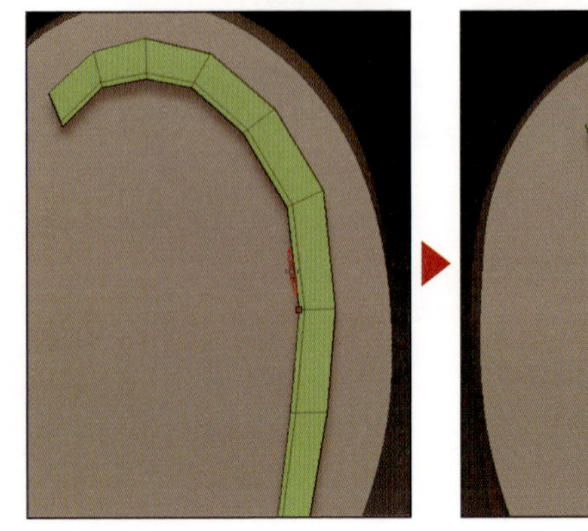

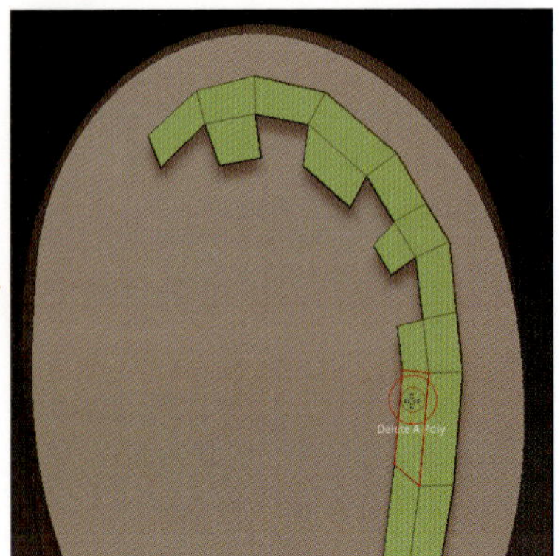

今までの作業を繰り返して、前方部分の溝を彫るための板ポリゴンを作成します。

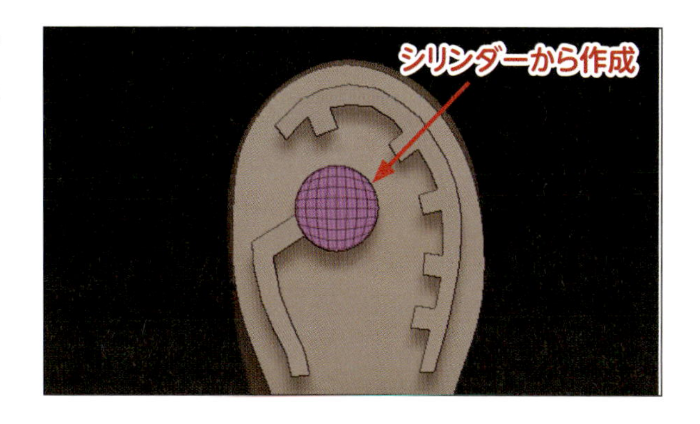

かかと部分のR形状は、シリンダーをベースに作成しています。厚みは最初は消さず、厚みがあるまま側面をPOLYGON ACTIONの［Extrude］で押し出して1段延ばしておきます。

かかと部分も、ギザギザはDeleteで作ります。

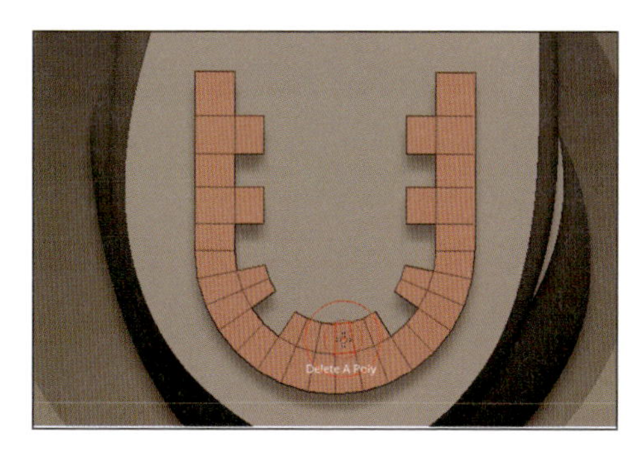

最終的に板ポリゴンはこのようになりました。

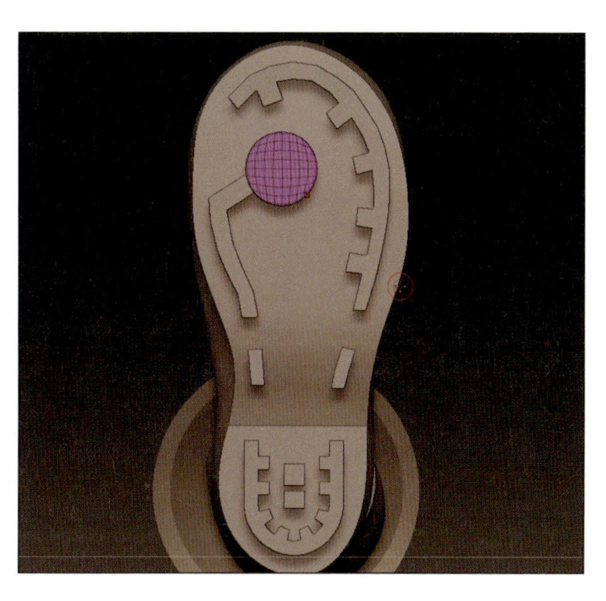

POLYGON ACTIONの[Extrude]で厚みを付け、縁にCreaseを設定します。またDynamic Subdivisionも適応します。

厚みと位置を調整し、溝用メッシュを靴のメッシュに交差させます。これでは溝の深さは一定になりませんが、問題ありません。

[Tool]>[Subtool]>[Boolean]>[Make Boolean Mesh]ボタンを、[DSDiv]ボタンがONの状態でクリックしてLive Booleanを確定させます。この時生成される確定後のメッシュに対して作業を続行します。

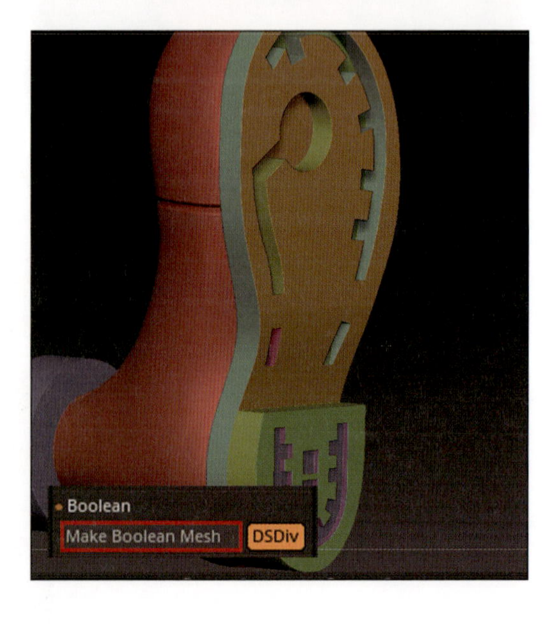

溝の壁面と底面を削除します。

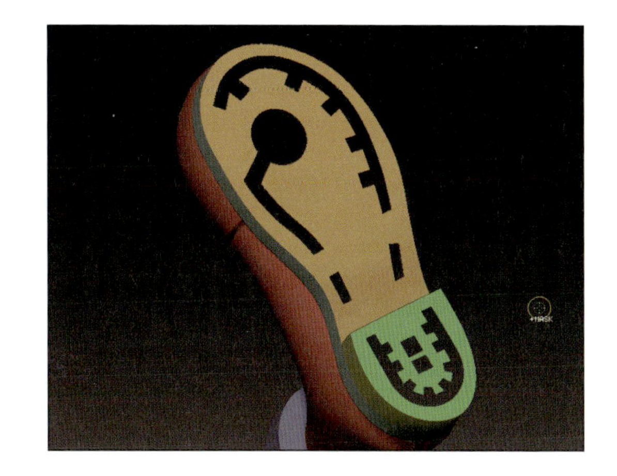

Close Holes（P.56）で穴を塞ぎます。しかし、今回の形状ですとこのように面貼りが意図しない形になる場合があります。

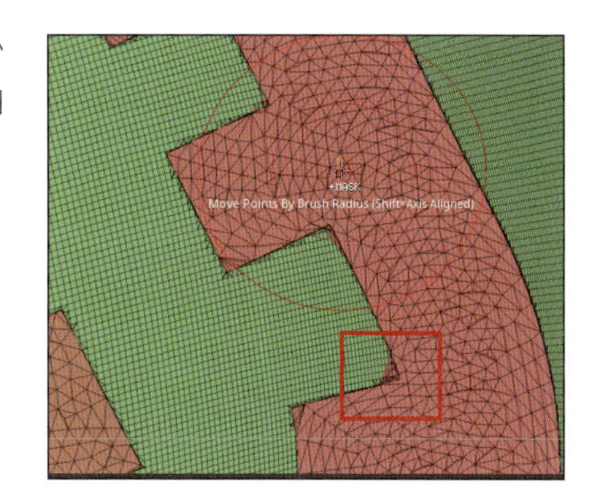

その場合は、Close Holesを使用する前まで戻り、問題箇所のエッジを画像のようにガイド状にEDGE ACTIONの[Bridge]で面張りをしてからClose Holesをすると、先ほどのような問題を回避できることが多いです。ぜひ覚えてください。

Extrudeで押し込んでも良いですが、別の方法を学習しましょう。Close Holesで塞いだ部分のみを表示し、TransposeのMoveで押し込みます。

Chapter 10 武器・ポーチ・ベルト・靴の作成

[Tool]>[Geometry]>[EdgeLoop]>[Edge Loop]ボタンをクリックすると、表示状態のメッシュと非表示状態のメッシュの間を補間するように面が張られます。結果として、全箇所で同じ深さの溝ができあがります。

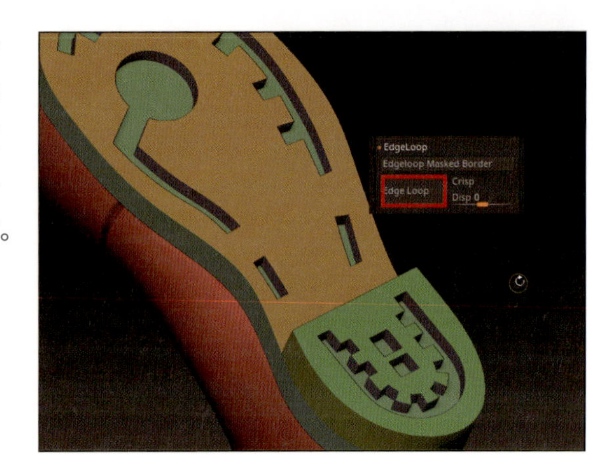

▶ ふくらはぎの折返し部分の押し込み

折り返し部分が単純なテーパー型のシリンダーなので、中に押し込みます。キャップ部分に白ポリグループを割り当て、Transposeモードの状態でCtrlキーを押しながらキャップ部分をクリックし、真ん中からアクションラインを引きます。

Scaleモードにし、Ctrl+Altキーを押しながら終点をドラッグし、ポリゴンのループを追加します。これをもう一度繰り返して2ループ作ります。

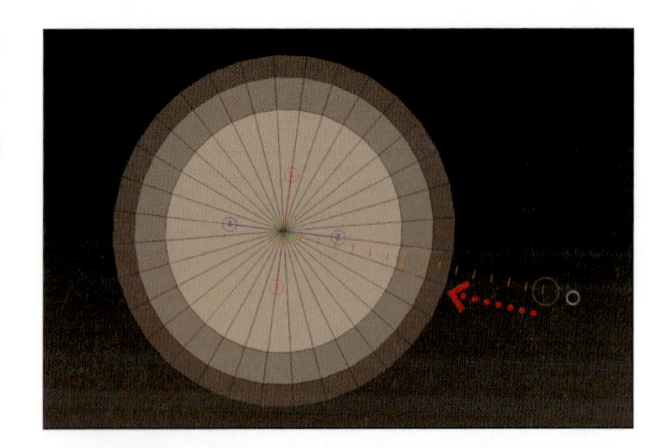

Moveモードにし、中央部分のみ押し込みます。これまでの手順を膝側のキャップにも行ってください。

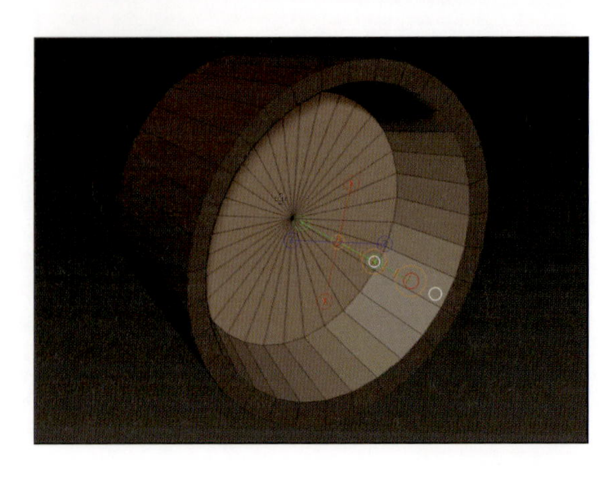

Chapter 11

素体の仕上げ
～パーツの配置

SECTION
01 素体の仕上げ

この節で行うこと

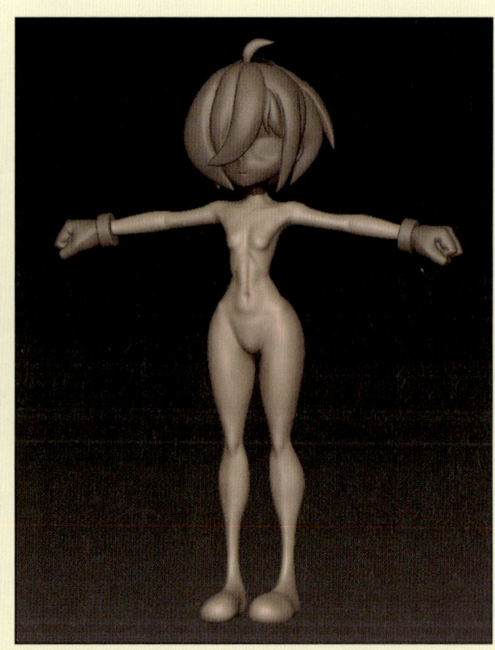

この節では素体の仕上げをしていきます。

ここで使う主な機能

この章では、ラフ状態に留めていたパーツを、より最終的な状態に近づけていきます。ここで使う機能は、これまでの章に出てきたものが主です。

ラフ状態の各パーツを仕上げていく

髪の毛の ZSphere をメッシュに変換する

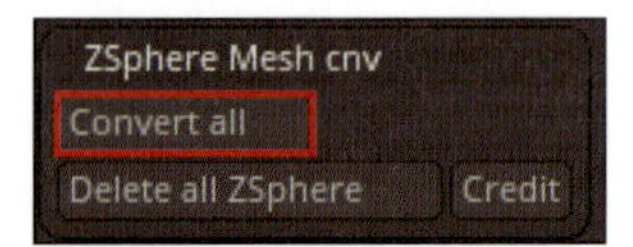

ZSphereで作成していた仮の髪をメッシュとして確定させます。1本1本変換するのは手間なので、筆者は自作のプラグインを使用しています（次ページのMEMO参照）。必要なメッシュを表示状態にし、[Zplugin]>[ZSphere Mesh cnv]>[Convert all]ボタンをクリックします。

これまで本書で何度も解説した通り、ZBrushはツールやサブツール自体の削除等の動作はUndo(Ctrl+Z)することができません。そのため、このプラグインを使用する場合、変換後の生成されたツールや、ZSphereを自動削除するように動作しますが、確認のダイアログが出てきます。

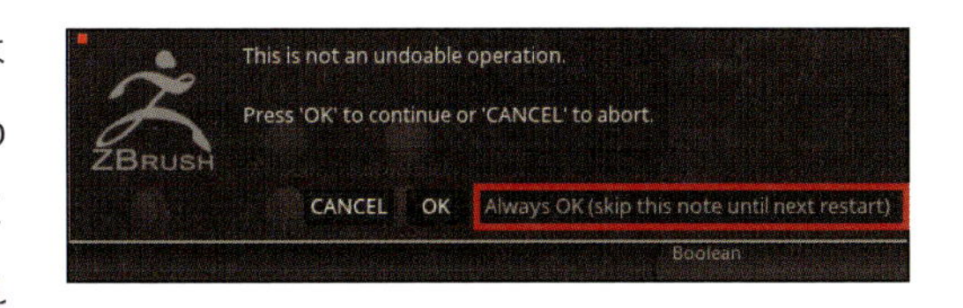

普段は押さないほうがヒューマンエラーが減るので推奨しませんが、今回は[Always OK]ボタンをクリックしてください。この警告はZBrushの仕様上プラグイン側で回避できないため、申しわけありませんが[Always OK]のクリックだけは手動となります。

ZSphereの変換が済んだら、サブツールに残っているZSphereは不要ですので、こちらは[Delete all ZSphere]で削除できます。こちらも警告が出ますので[Always OK]ボタンをクリックしてください。

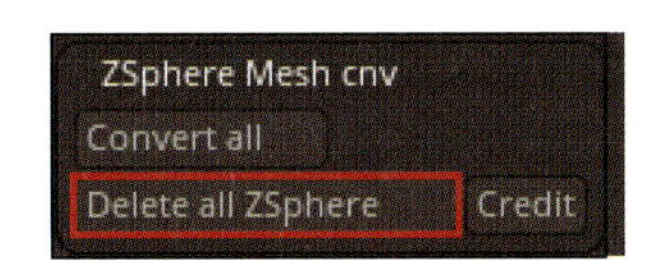

ヒューマンエラーを防止するため、不要なZSphereの削除まで終わったらいったんデータを保存し、ZBrushを再起動してください。

MEMO 筆者謹製プラグイン

本書のサポートページから、プラグインをダウンロードすることができます。ここに用意したmk7_misc_tool_01.zsc、zconv_v7.zscでいくつかの作業を自動化することが可能です。

この節では、ZSphere Mesh cnv（zconv_v7.zsc）を使用します。詳しい説明は6-02に記載してあります。

▶不要部分を削除する

ルートスフィアと制御用のダミー部分が不要なため、SelectRectブラシで必要な部分をクリックし、不要部分を非表示にした上でDel Hiddenで削除します(P.56)。これを全ての髪のメッシュで行ってください。

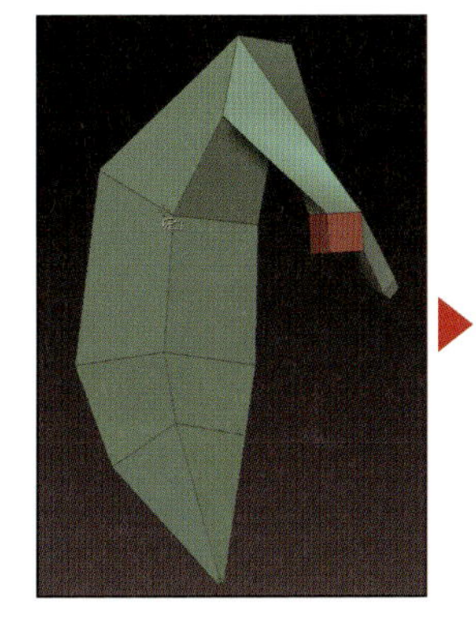

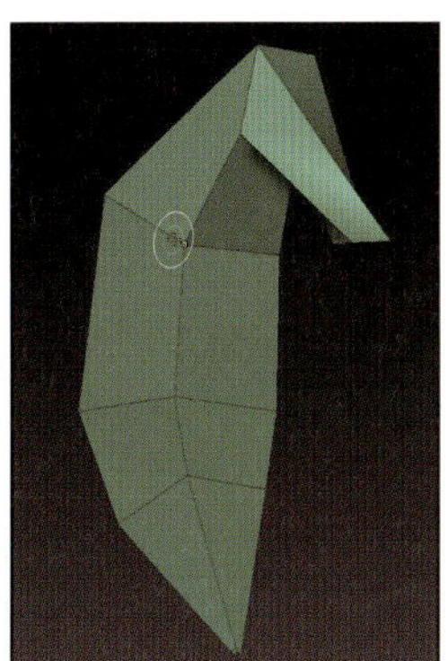

この先の工程では、先端部分のメッシュが残っていると困るため、SelectLassoブラシやSelectRectブラシで非表示にし、Del Hiddenで削除します。これも全ての髪のメッシュで行ってください。

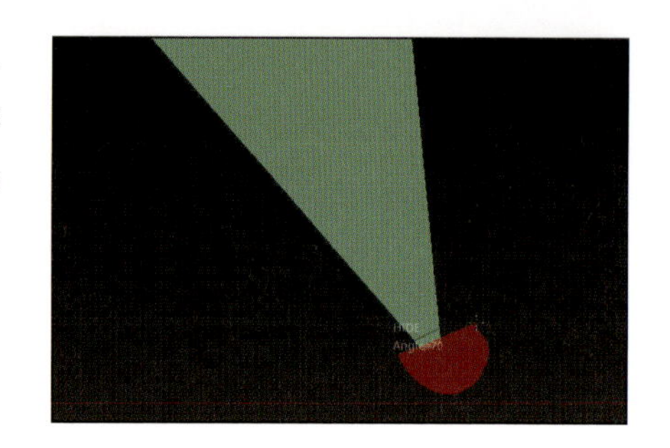

MEMO 先端が残っていると困る理由

この先の工程でエッジループを縦方向に追加しますが、ZBrush（特にZModelerのEDGE ACTION [Insert]）の以下のような仕様が問題になることがあります。

- エッジはループでしか追加できない
- ZSphereで作成したメッシュの先端は四角形で構成されているので、対面のエッジにエッジが延長される
- EDGE ACTIONのInsertは、三角形ポリゴンにぶつかった時にそこで止まらずエッジを延長し続けるという特性から、先端をマージして三角形で回避することも不可

これらが原因で、エッジループの追加で余計なエッジがどんどん増えてしまい制御し辛いメッシュとなってしまいます。そのため、先端の削除でこれに対処します。

なお、先端を削除することにより穴が空きますが、最終的にDynaMeshを適用する際に穴が塞がるので、穴が開いてることはほぼデメリットになりません。

▶ 頭部および前髪を修正する

顔がやや前後方向につぶれ気味なので修正します。Mask Lassoブラシで図のようにマスクをかけます。

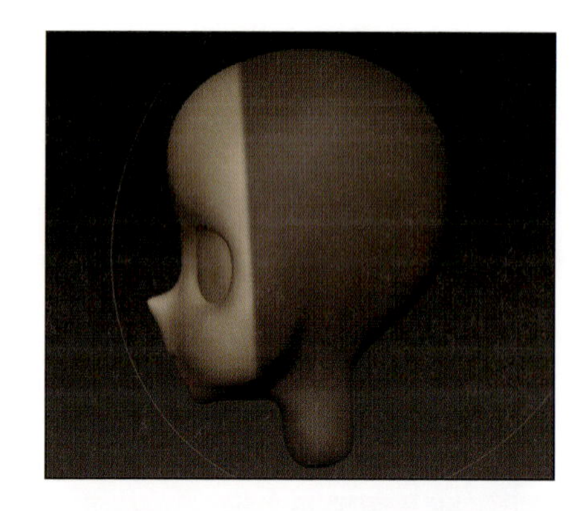

Ctrl キーを押しながらマスクをかけた部分をクリックし、境界をぼかしてください（回数は10回以上で、強めにぼかしてください）。

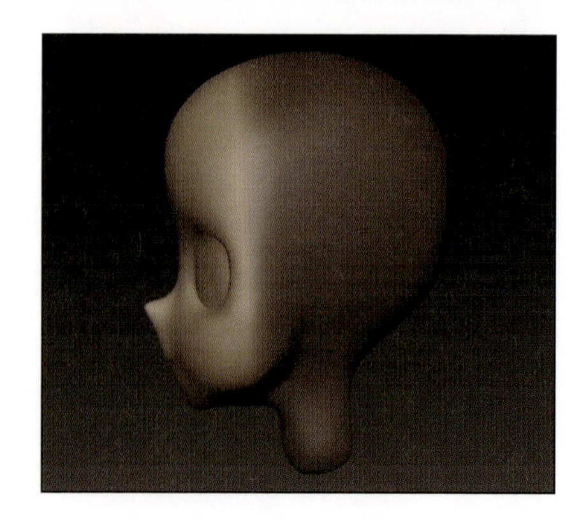

Transposeのアクションラインを水平に引き、中点を Shift キーを押しながらドラッグして前方に少し出します。

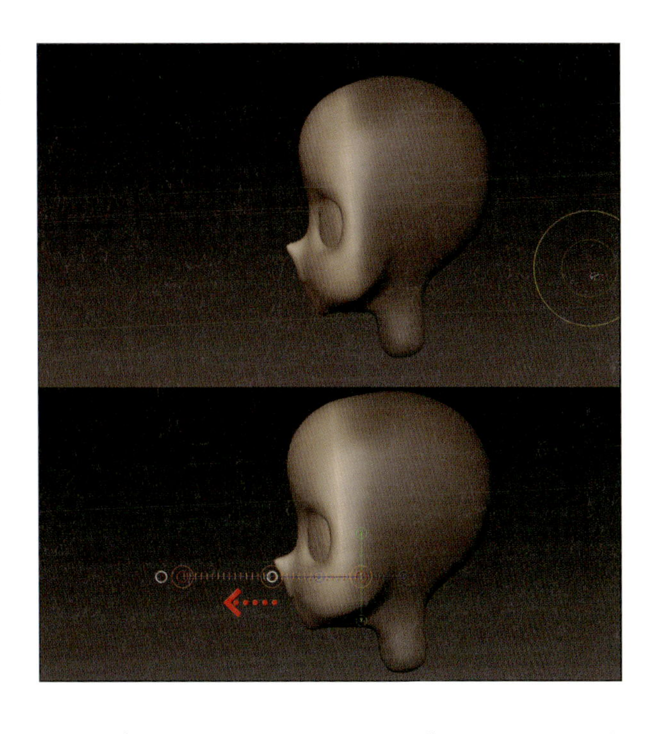

前手順の結果発生した境界線の歪みをSmoothブラシで均します。この時、ブラシを大きめに使うため、目の部分はマスクで保護します。

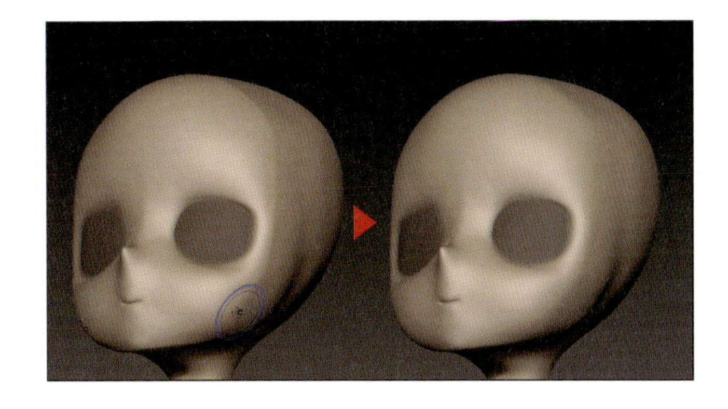

MergeDown (P.96) 等を使い、1本1本バラバラだった前髪のサブツールを1つのサブツールにまとめます。以降の作業 (P.339) でまたバラバラにしますが、ここでマージをする目的は、一括で位置等を調整することです。

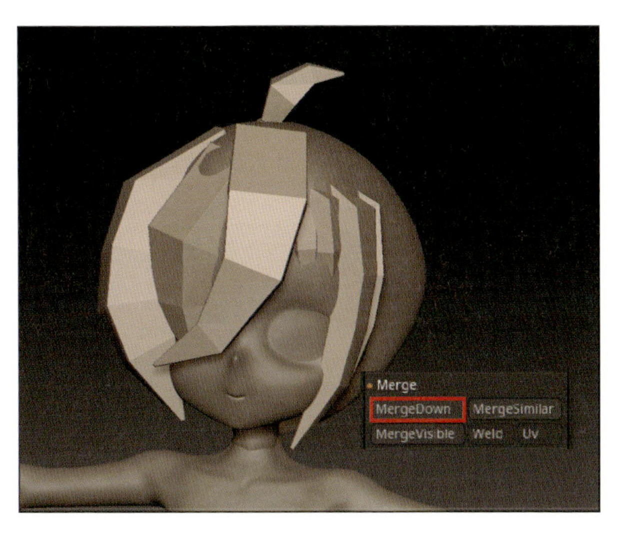

Auto Groups (P.56) で房ごとに別々のポリグループを割り当てます。

マスクとMoveブラシを主に使い、髪の毛の位置、形状を修正します。

MEMO 房を追加したい時

このように後から房を追加したくなった場合、またZSphereから作るのは少し手間なので、すでに作成している房の中から似た太さの房をコピーして流用します。

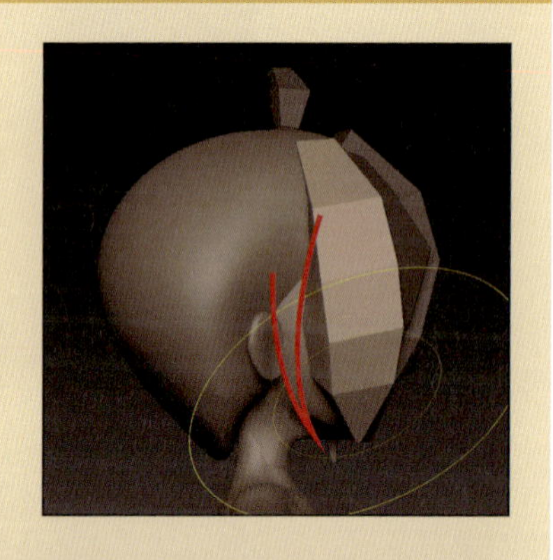

流用したい房以外にマスクをかけ、Transposeの Move の 中 点 を Ctrl キーを押しながらドラッグすると、目的の房だけコピーすることができます。

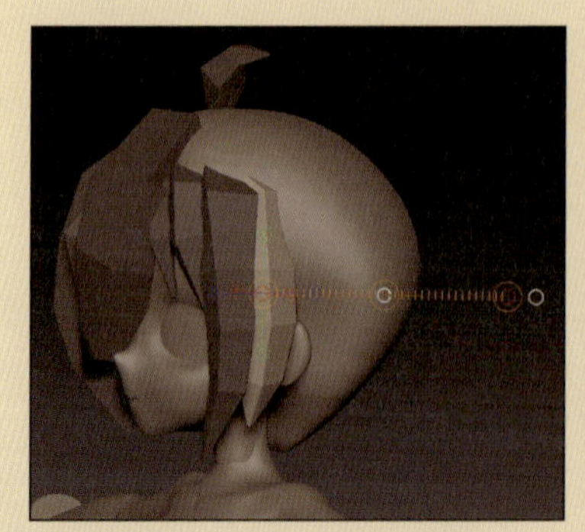

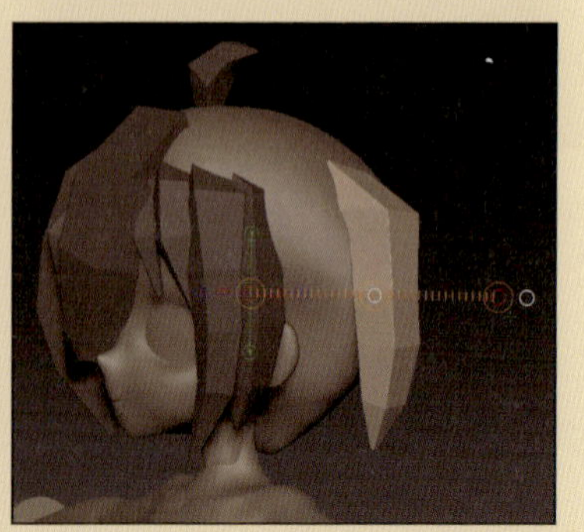

なお、サブディビジョンレベルが存在しているメッシュにはこの技は使用できません。

▶ 手を作成する①——マネキンハンドの配置

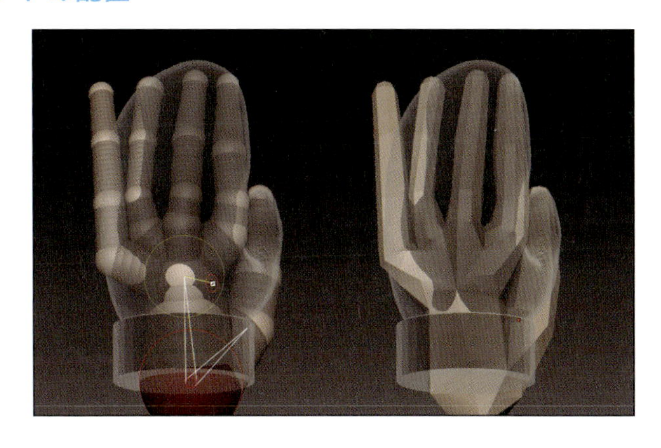

手の制作については、素体や髪の毛と同じくZSphereから作ることも不可能ではありません。しかし、工数がかなりかかること、実はZBrush単体でこのような局地的に分岐が多い、かつ細い形状が密集するタイプのベースメッシュを作るのはやや難易度が高いため、筆者も普段はMayaで作成したベースメッシュから作業をスタートすることが多いです（その日の気分と締切までの猶予で、ZBrushオンリーで作ることもありますが…）。

本書はZBrushの解説書ですから、ZBrush内で作業を完結、かつR8から実装されたGizmoの特性を活かしながら作成するフローを解説しています。

Mannequin_Human_Handを開く前に、現在作業中のファイルを必ず保存してください。保存が完了したら、[LightBox]＞[Project]＞[Mannequin]＞[Mannequin_Human_Hand.ZPR]を読み込みます（これはZPRファイルなので、現在の作業中のプロジェクトが閉じられてしまいます）。

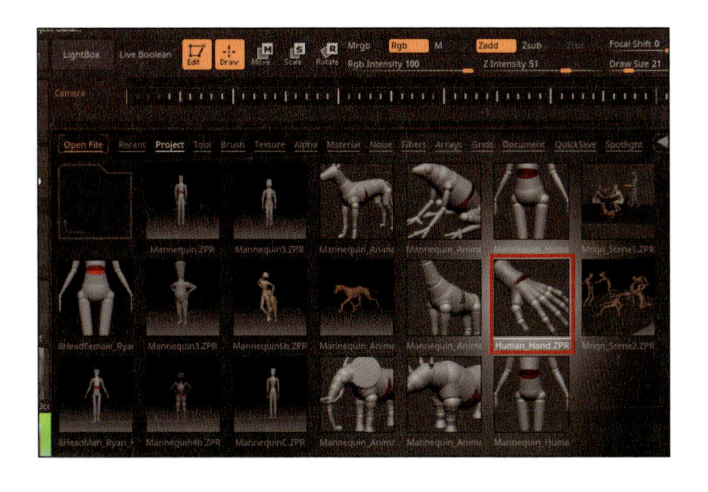

[Adaptive Skin]メニュー（P.151）の[DynaMesh Resolution]の値を0にし、[Make Adaptive Skin]ボタンをクリックしてツールを生成し、生成された新しいツールを選択します。

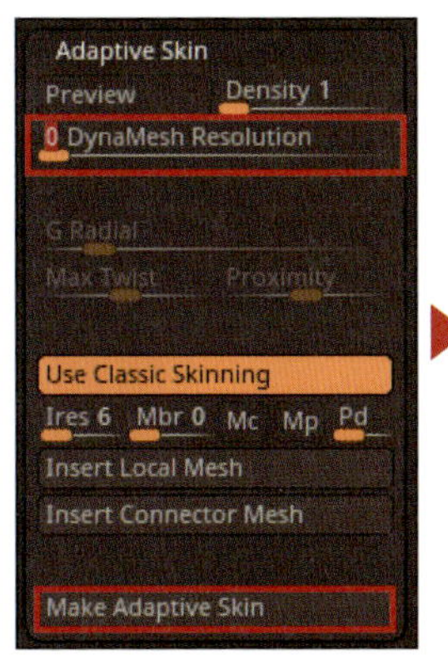

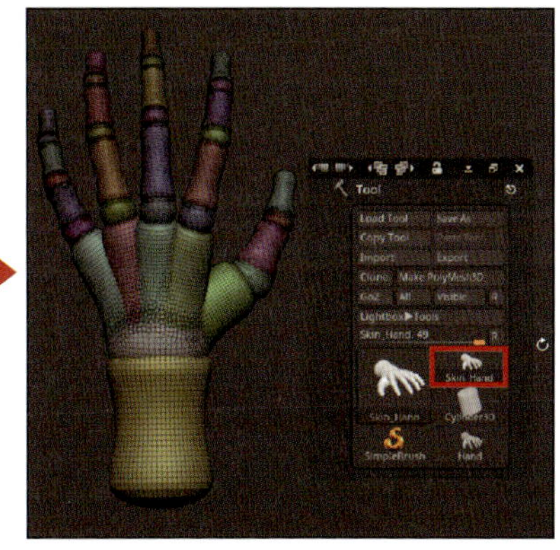

[Subtool] メニューの [Copy] ボタンをクリックし、メッシュをいったんメモリ上にコピーします。

作成中のキャラクターのプロジェクトファイルを開き直し、[Subtool] メニューの [Paste] ボタンをクリックして、先ほどコピーしたマネキンハンドのメッシュをペーストします。またペースト後、大きさや位置を仮の手のメッシュにだいたい合わせます。

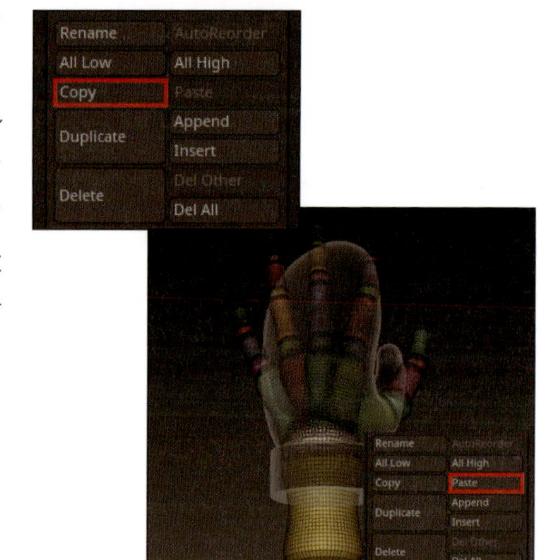

▶ 手を作成する②——握りこぶしを作る

この次の工程で、マネキンハンドのパーツを全てサブツールとしてバラバラにします。ただし、素体のサブツール構成内でバラバラにすると非常にわかりづらくなるため、いったんマネキンハンドがアクティブな状態で [Tool] > [Clone] ボタンをクリックし、マネキンハンドだけを新規サブツール化します。

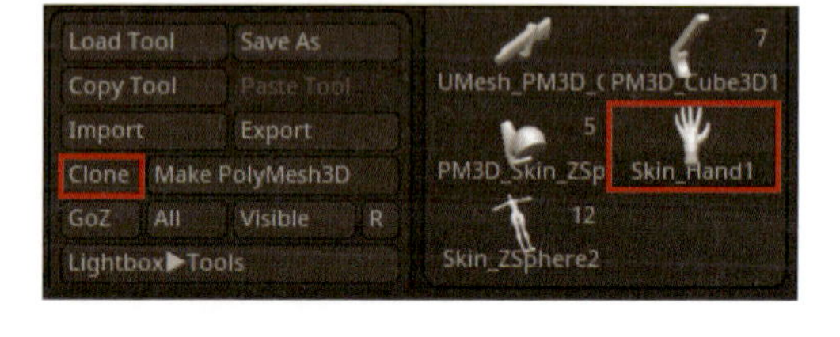

[Tool] > [Subtool] > [Split] > [Split To Parts] ボタンをクリックし、マネキンハンドをパーツごとにサブツール分けをします。

ここからはマネキンハンドの球体部分を関節（回転の軸）と見立てて操作していきます。Gizmoの基本的な操作に関しては5-02で解説していますので、こちらも併せて参照してください。

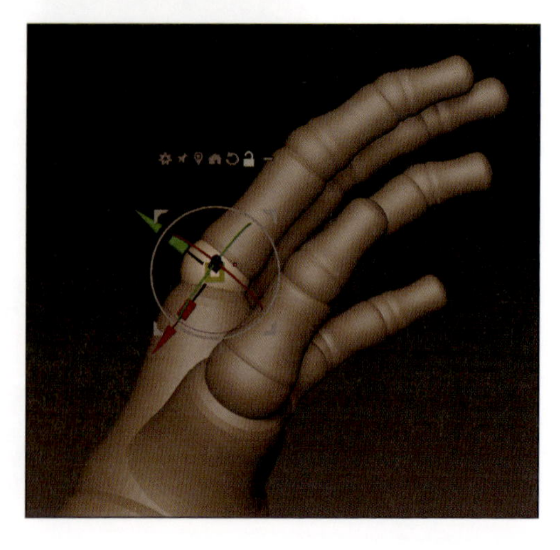

Gizmoを Alt キーを押しながら回転軸の中心へ移動と回転させ、回転方向に軸を揃えてください。回転軸の中心にGizmoを移動する際は、オペレーターアイコンの [Go to Unmasked Mesh Center] を併用すると手数の短縮になります。

また、オペレーターアイコンの [Transpose All Selected Subtools] をONにし、軸より子供となるパーツを Ctrl + Shift キーで同時トランスフォームが有効な状態にしてください。

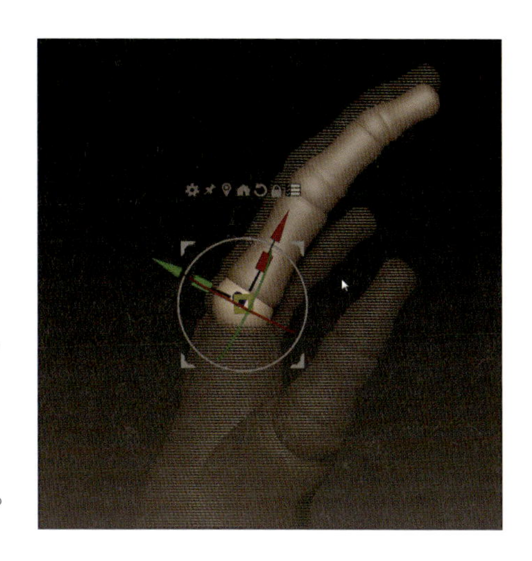

軸を回転させて、パーツを関節の動きで手の形を作っていきます。

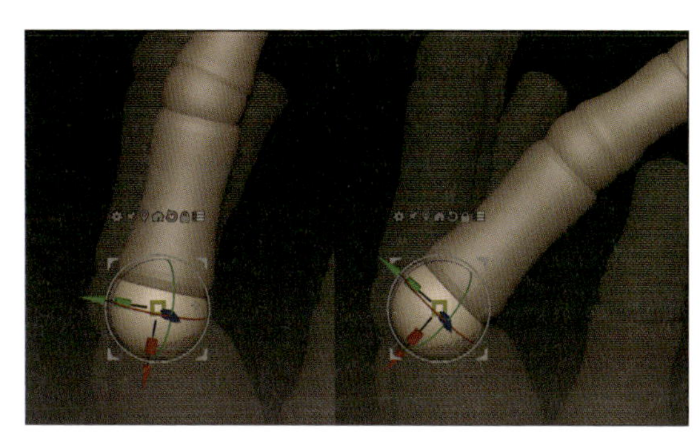

MEMO 回転軸の子供のGizmoについて

Gizmoの位置はサブツール毎に固有で保持されますが、Gizmoは他サブツールからの影響を受けません。たとえば指の第1～第3関節のそれぞれの位置にGizmoを移動回転させ調整した後、第3関節で回転させても、第1、第2関節のGizmoは元の場所に残ったままになります。現状は反映させる方法がない（？）ようなので、いずれ仕様変更が入ることを祈って待ちましょう。

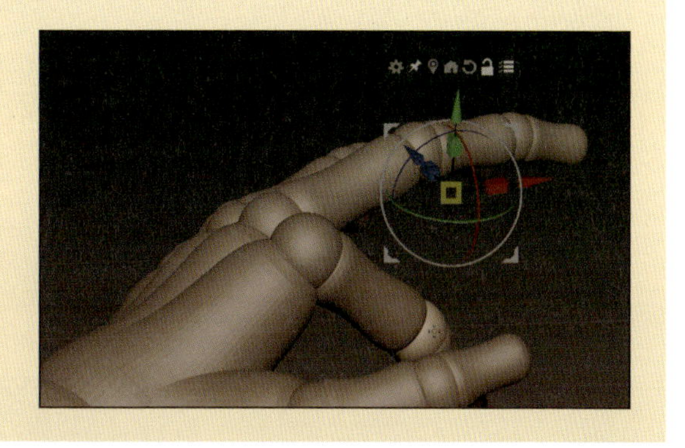

ひたすら回転を繰り返して握りこぶしを作ってください。なお、今回の作例キャラクターは手が大きいので、Inflate（P.116）やScale（P.122）で各パーツを大きくしています。

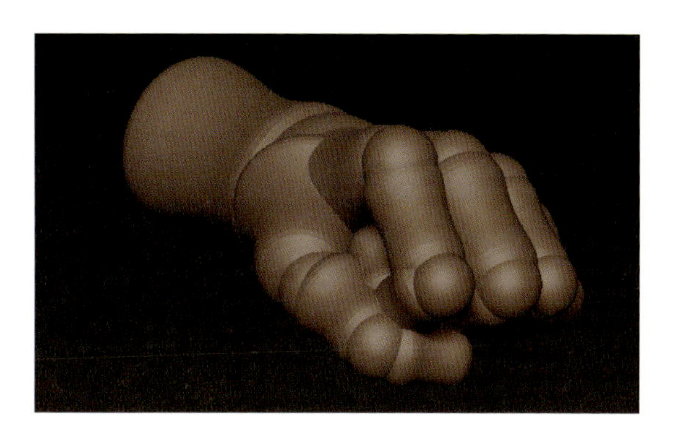

手を作成する——素体への配置から仕上げまで

手のパーツを全て表示した状態で[Tool]>[Subtool]>[Merge]>[MergeVisible]をクリックし、1つのサブツールにまとまった新規ツールを作成します。またAuto Groups(P.56)でパーツごとにポリグループを分けておきます。

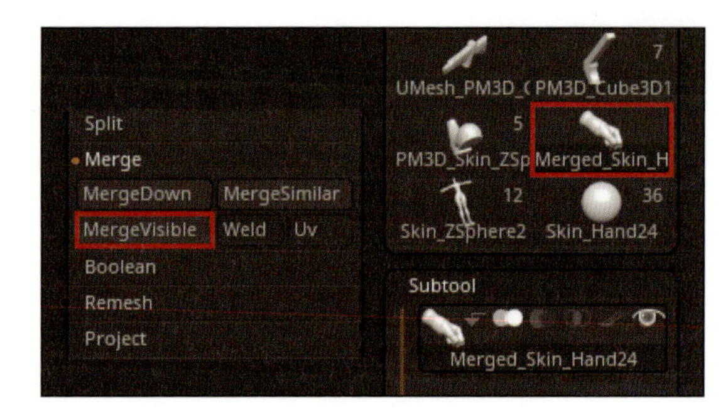

[Subtool]メニューの[Copy]と[Paste]を使い、素体のツールにツールを移植します。

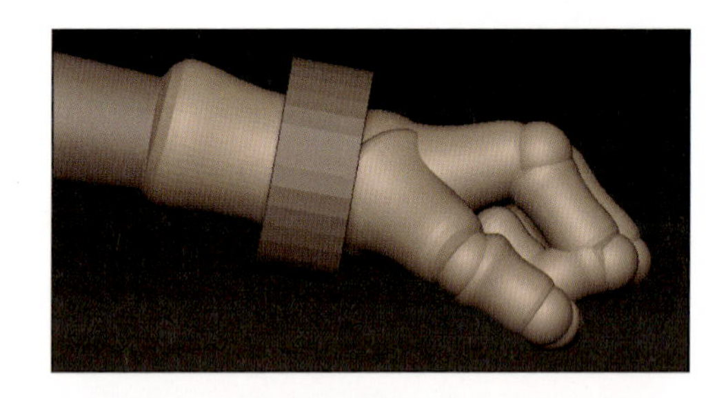

手首部分のパーツが不要なので削除します。

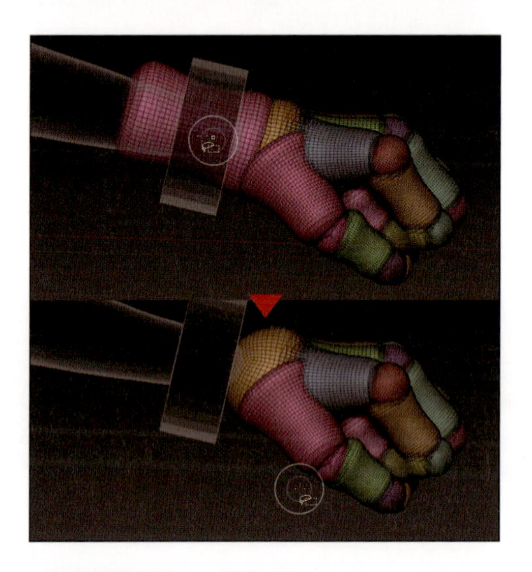

手の甲のパーツを大きくして手首まで伸ばします。

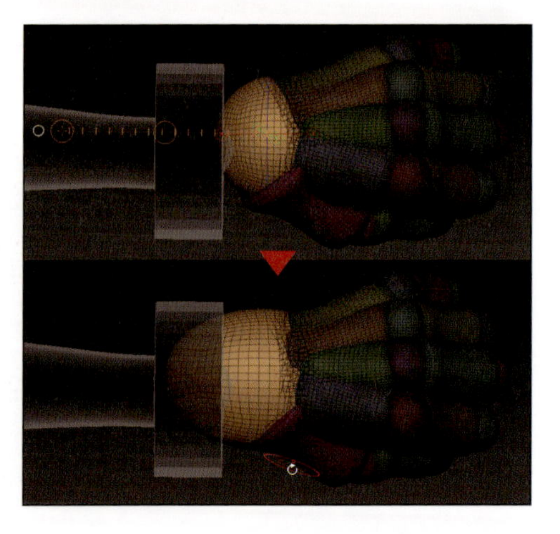

指ごとにポリグループを割り当て直し、それぞれ別サブツールにしてDynaMeshを有効にします（参考：Resolution 1424）。

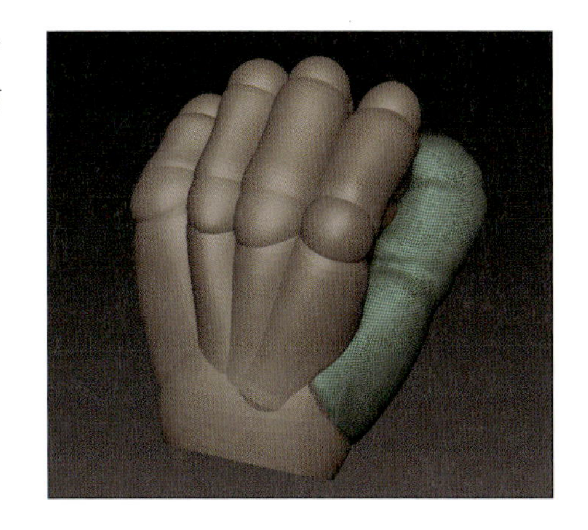

ClayBuildupブラシやSmoothブラシ、sm_creaseブラシ等で指ごとに形状を整えます。このようにディティールが密集している形状は、ある程度のところまでは別サブツールで管理するほうが、お互いに影響を受けないため作業が楽になります。

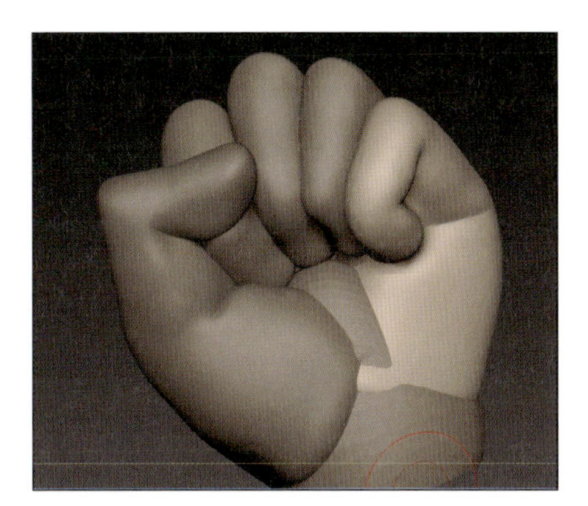

バラバラで編集した指がある程度納得がいく形になってきたら、サブツールを統合し、DynaMeshで結合します（参考:Resolution 1560）。

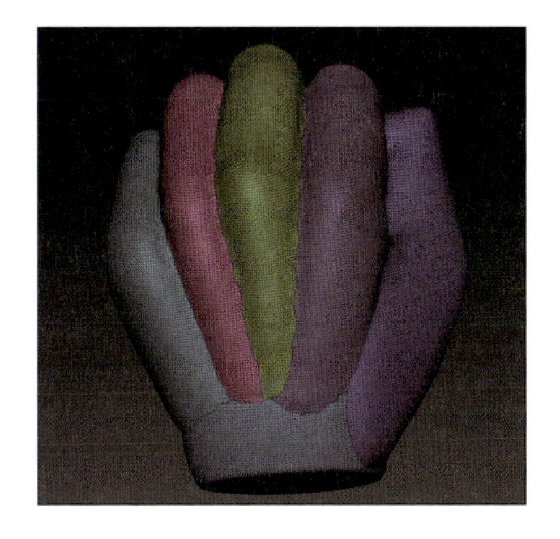

ここでは、やや大きめで少し誇張した手として作っていますが、これは元デザイン自体と、ラリアットさんのこだわりである「意識して手足・頭は大きめに誇張している」を継承しています。

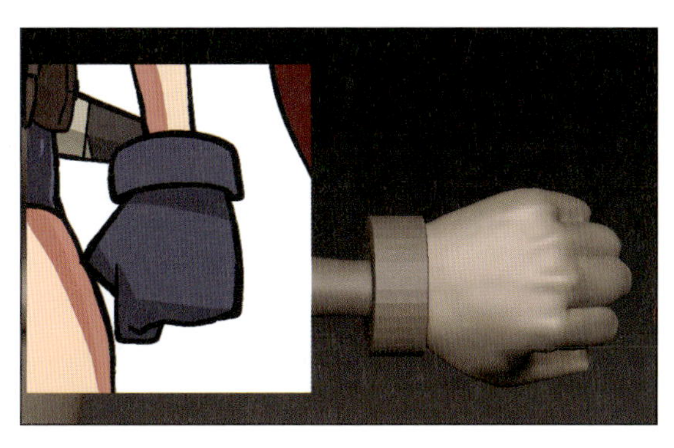

ディティールが入り組んでいる形状を調整する際は、Moveブラシでの調整も良いですが、Deformerでの調整も強力なため使ってみてください。調整が終わったらSubtool MasterのMirror (P.225) メニューので右手用に複製します。

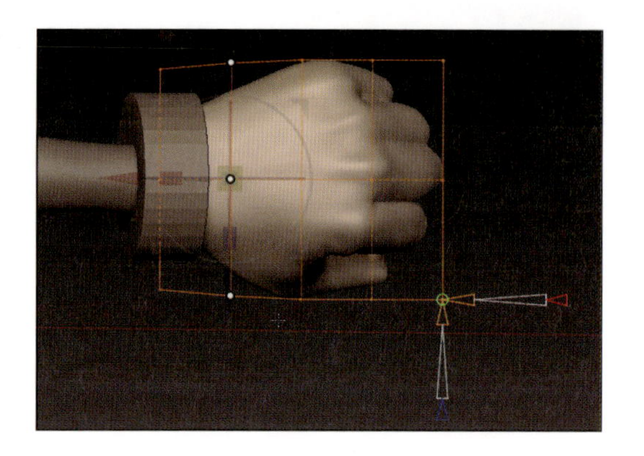

MEMO 隙間埋め

握りこぶしの指の隙間は埋めています。これは、複製や塗装を考えた場合、隙間が埋まっているほうが今回は良いためです（必ずしも埋めなければいけないというものではなく、ケースバイケースです）。

MEMO 素体としてストックしておく

身体や手の素体を一度作成し、このように関節でパーツ分けしておけば、後々の制作でも流用できます。自分だけのオリジナル素体を作っておき、定期的にアップデートしておくと良いと思います。いくら作っても、ほとんど電気代と自分の作業時間、作業時間分のPCの寿命くらいしか消費されませんので。

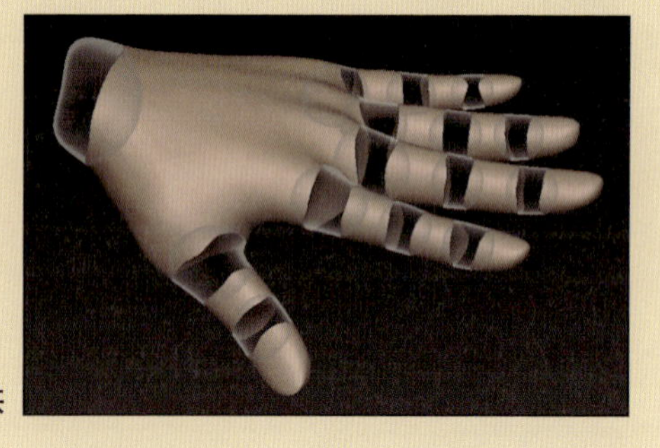

▶ 筆者の一番弟子のtoshiさん提供

▶ 頭部を修正する

顔の表面に、やや滑らかではない部分があるので修正します。慣れると、通常のマテリアルのままシェーディングやハイライトで、こういった修正が必要な部分に気づけるようになります。慣れないうちはNormalRGBMatマテリアル (P.88) を使うと、視覚的にわかりやすくなります（面の法線方向基準で色が付くため、面の法線の変化＝波打ったり歪んでいる部分がわかりやすい）。

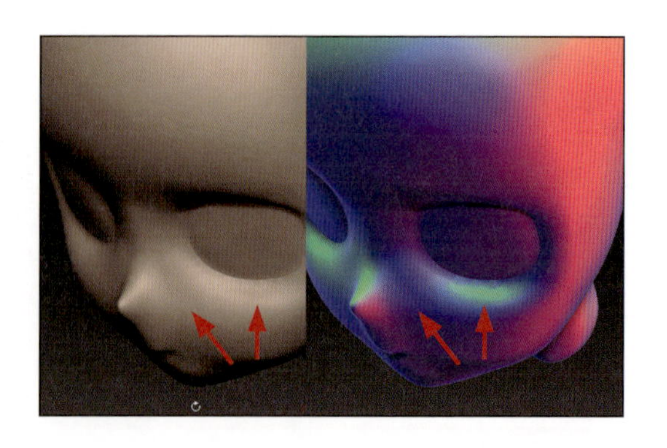

頬から鼻にかけてのラインを修正するため、Smoothブラシ等で均します。この時、目の部分には影響を与えたくないのでマスクしてください。

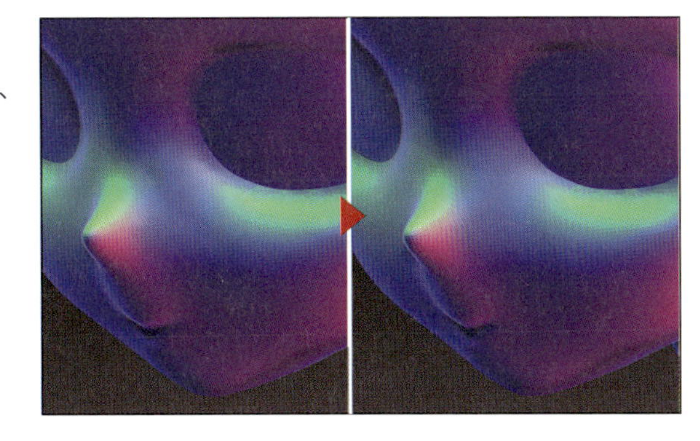

目の下も同じく均します。

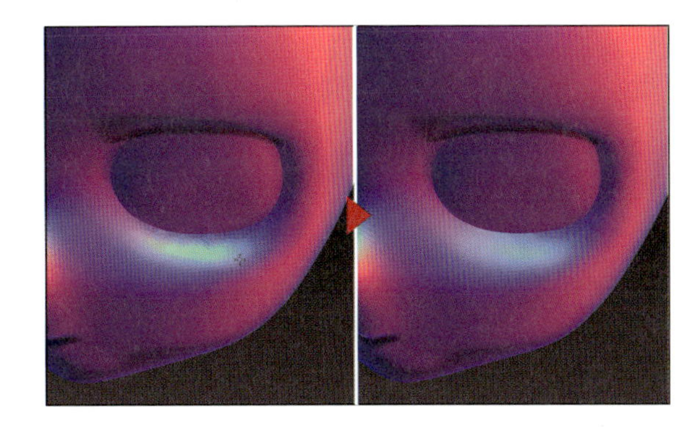

頭部が前後につぶれ気味なので、Moveブラシを大きめに使い修正します。頭部は大きな球体をイメージして修正しましょう。

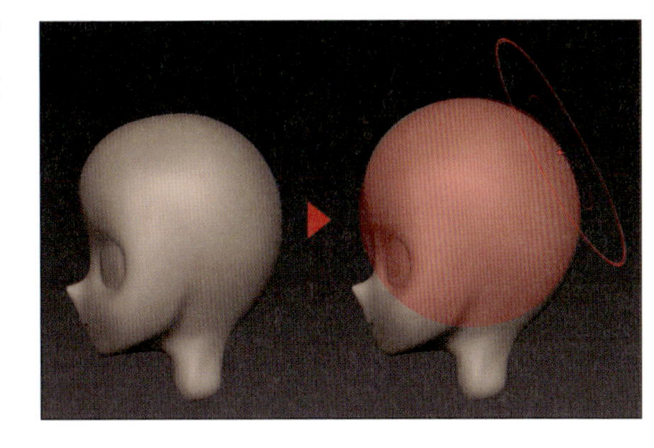

▶ 髪の毛を作り込む

一度まとめてあった前髪を、Split To Parts (P.95) で別のサブツールに再度分け、一房ごとに作り込んでいきます。Dynamic Subdivisionでのプレビューの ON／OFF を適宜切り替えながら進めていきます。

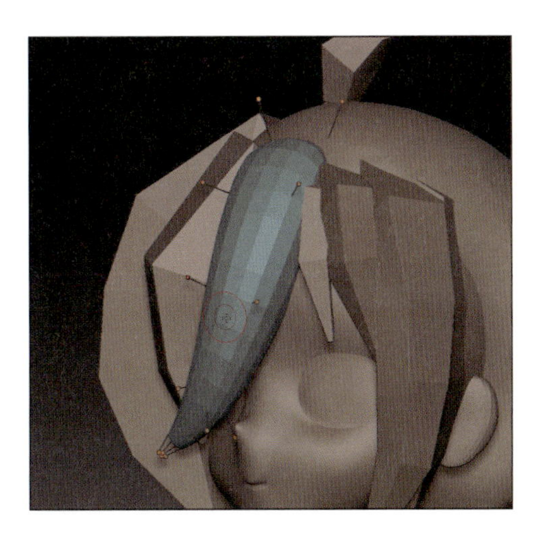

現状のベースメッシュは非常にローポリゴンなため、EDGE ACTIONの[Insert]でエッジループを足し、曲率や丸まり具合の制御用エッジとします。この時、必要最低限のエッジに留めることを常に意識してください。

EDGE ACTIONの[Swivel](TARGETは[EdgeLoop])を使いエッジを調整します。Swivelは、単純な移動や膨張や回転とは微妙に異なる、髪の毛の筋に沿ったエッジループの調整に便利なのでぜひ覚えてください。

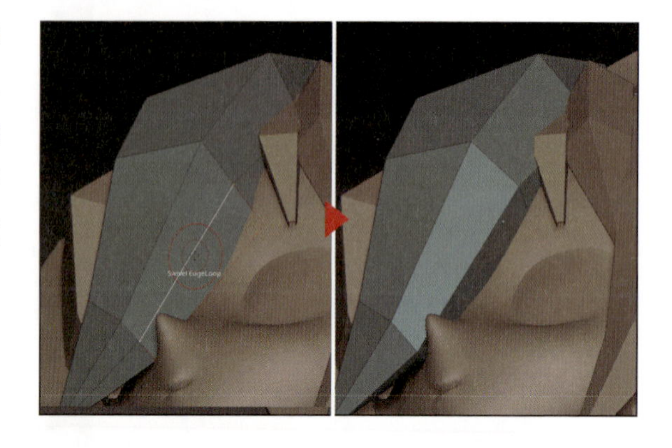

毛先を調整します。毛先の頂点以外をマスクし、TransposeのScaleで尖らせ、Moveで位置を調整します。先端は前述の通り、DynaMesh化時に穴が塞がるのでマージする必要はありません。

Moveブラシや今まで解説した方法を活用して、房を1本1本最終的な形状にしていきます。

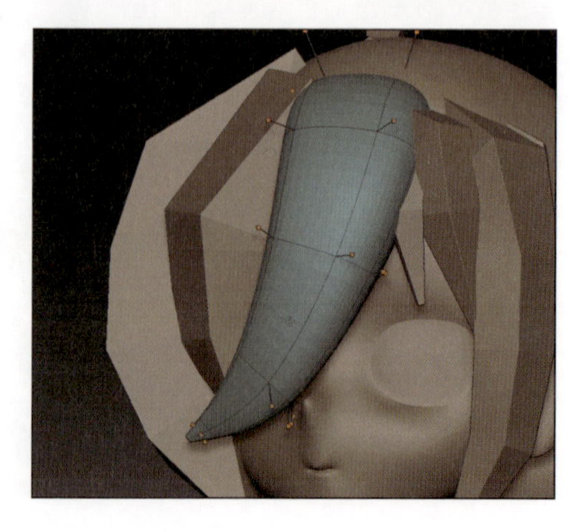

全ての房を同じように調整したら、いったん前髪の作業は終わりにします。なお、Dynamic SubdivisionのSmooth Subdivision Levelsの値を3または4に上げています。

前髪の房を複製し、斜めのアングルから見えるいくつかの毛束用に後ろ髪に移植します。

耳を作り込む

サブツールとして分けて作っていた耳を、頭のサブツールとDynaMeshで結合します（参考：Resolution 1456）。

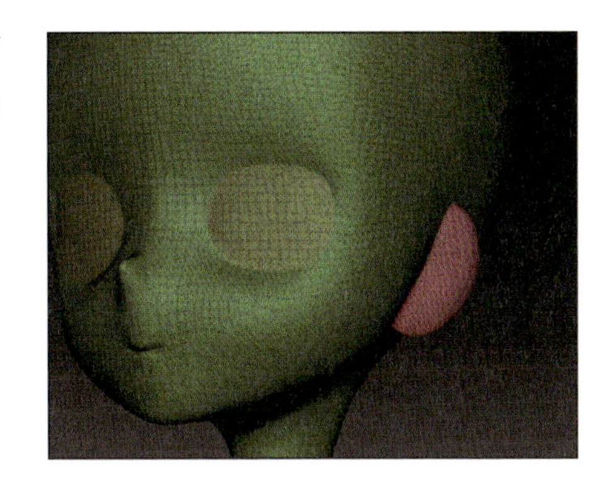

耳のディティールを作っていきます。sm_creaseブラシで耳の上側からの凹みを、勾玉を描くイメージでガイドを引き、ClayBuildupブラシで彫り、Smoothブラシで均します。

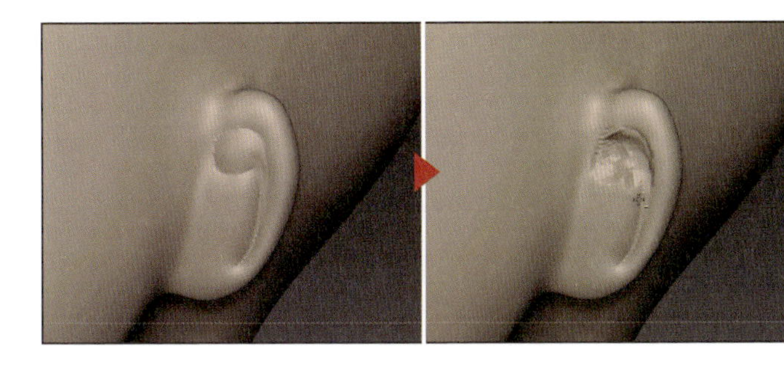

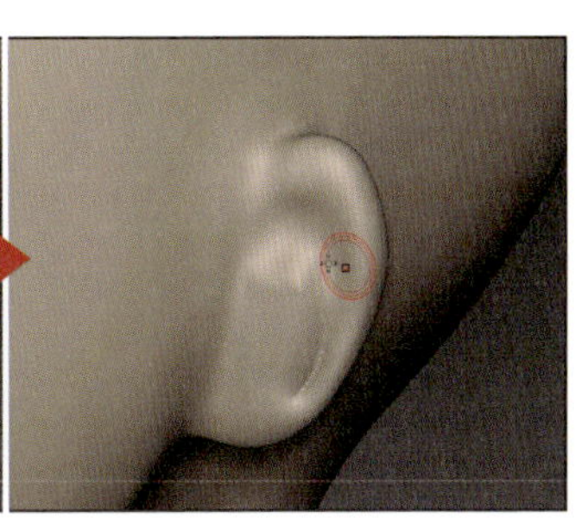

耳の穴周辺も同じ要領で彫ります。耳珠（耳の穴の前の前方にある膨らみ）はMoveブラシで引っ張り出します。

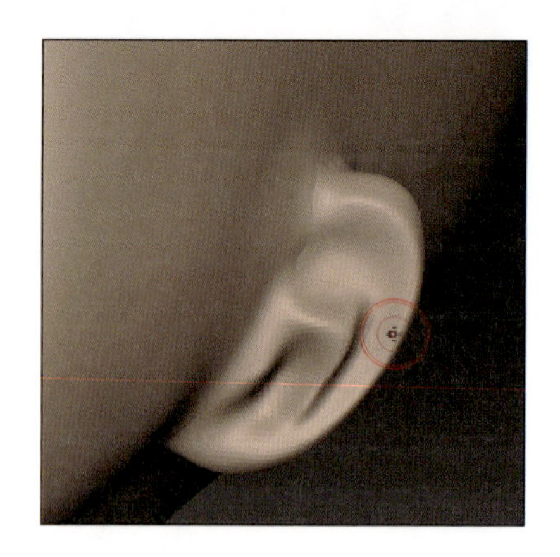

あまりリアルに作り込みすぎてもデフォルメキャラなデザインとミスマッチになるので、この程度に留めておきます。

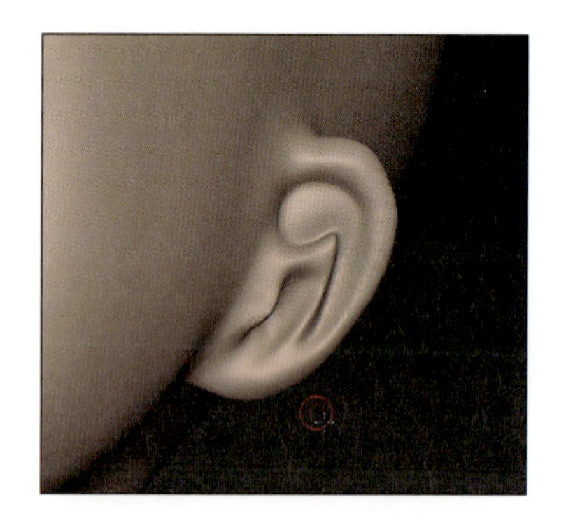

Chapter 11 素体の仕上げ～パーツの配置

▶ 口を作り込む

sm_creaseブラシで口を彫り直します[注1]。

注1　画像では立ち絵版準拠で彫り直しているため口角が下がっていますが、最終的には一枚絵版の口角が上がった状態になります。この時点で口角を上げておいてもOKです。口角の修正は、主にMoveブラシで行います。

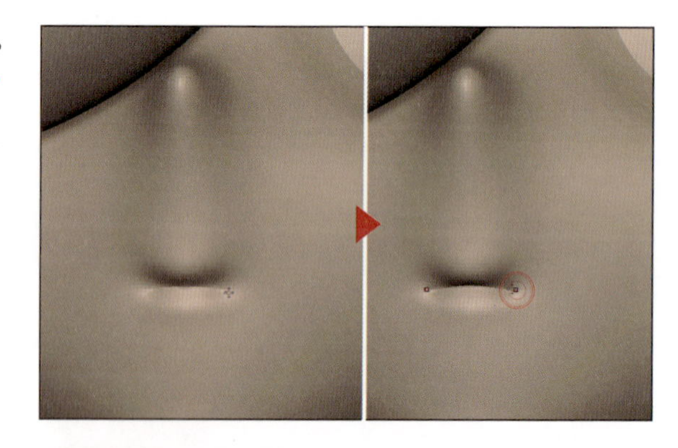

Standardブラシを弱めに使い、唇を中央から口角に向かって減衰する感じでほんのり盛ります。盛りすぎると分厚い印象の唇になってしまいます。今回のキャラクターはデフォルメ調なため、溝はしっかり、唇はうっすらというイメージで作っています。

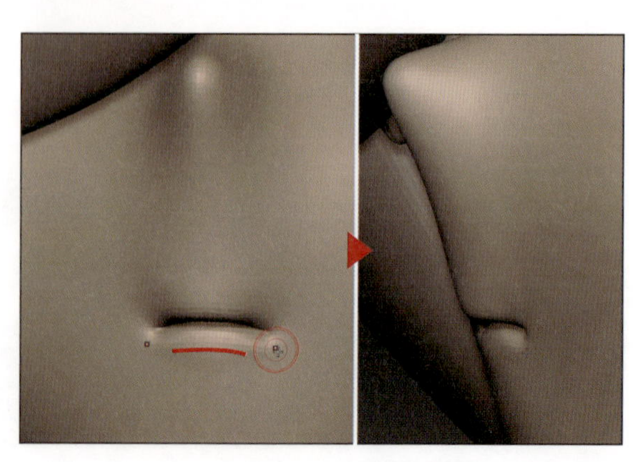

▶ 前髪を結合する

前髪（アホ毛は別パーツにするため含まず）のDynamic Subdivisionを確定させ、サブディビジョンレベルを削除、サブツールを統合し、DynaMeshを有効にします（参考：Resolution 1072）。

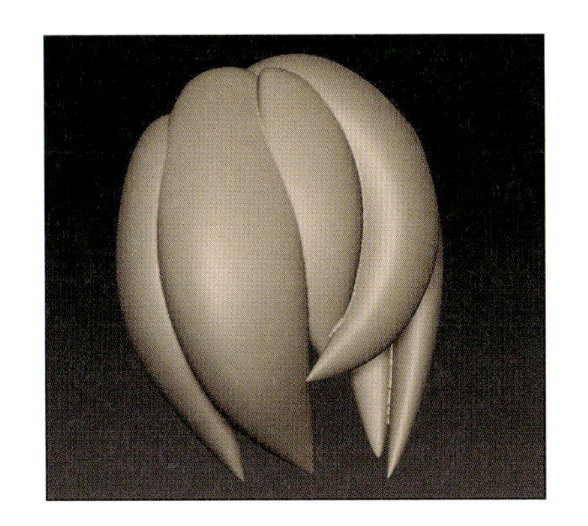

房の溝の根本側（頭頂部側）は、SmoothブラシやSK Clayfillブラシ等で均します。また、結合後自体の形状も同時に直していきます。

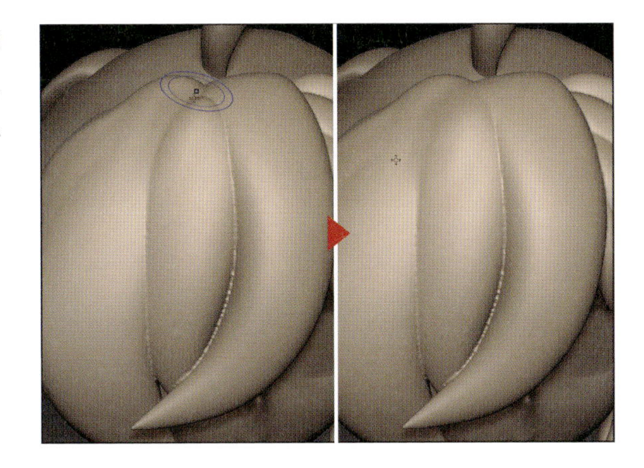

溝の彫り直しには、sm_creaseブラシ、SK Slashブラシ、SK Clothブラシ（Altキーでマイナス動作に）を使っています。

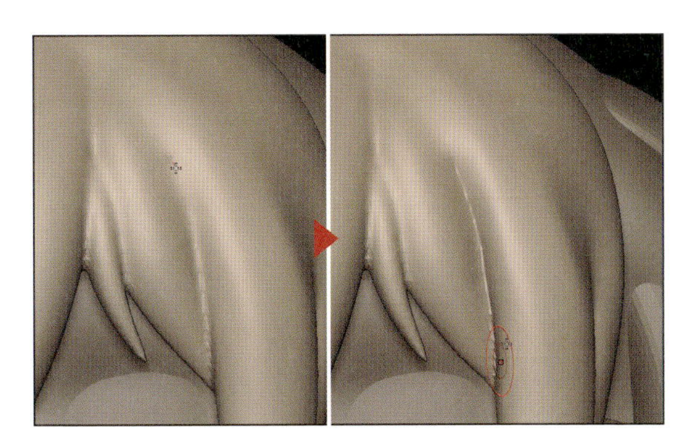

ポーズを付けた後、仕上げでさらにスジボリ等は足すため、現時点ではこれくらいにして、いったん前髪の調整を終わります。

後ろ髪の房を配置する

前の手順（P.241、331、339）を応用し、後ろ髪の房を配置していきます。イラストではつるっとした描き方になっているため、房1本1本をどう取るかイメージしづらいですが、赤い線のように大きな流れで考えていきました。

P.339の前髪のように、現時点でDynaMesh化して結合したいところですが、今回の作例ではマフラーによる襟足の干渉が懸念点として存在するため、今回はあえて房の状態のまま作業を次に進めます[注2]。

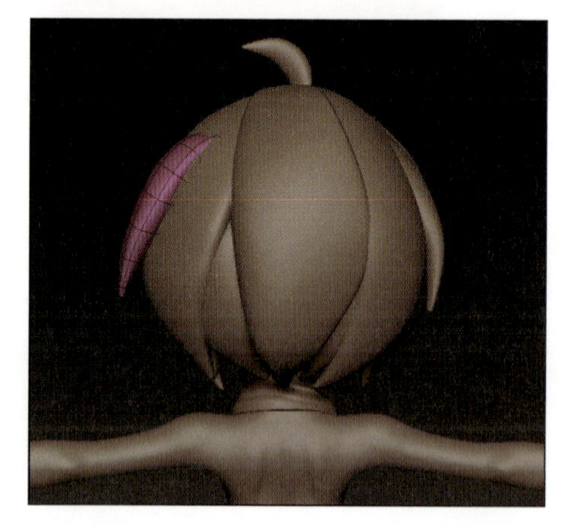

注2　房の結合後、干渉の調整のためにに大きく動かすと、それだけ表面が汚くなってしまい直す手間が増えるからです。

次の節に向けて結合する

次の節（P.346）でリトポ後に形状転写をするためのメッシュを作成します。頭と身体のサブツールを複製し、サブツールのマージ、DynaMeshで結合します（参考：Resolution 1424）。

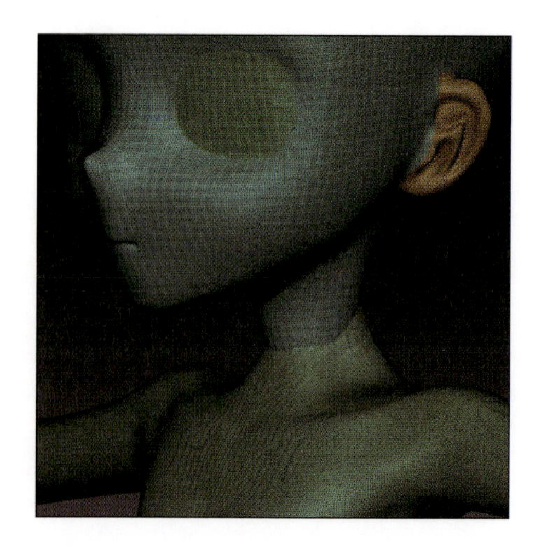

首と身体の交差している部分をSmoothブラシ等で均し、鎖骨の中央から耳の下〜耳の下背面よりの範囲に繋がる胸鎖乳突筋（きょうさにゅうとつきん）のディティールを、ClayBuildup、Smoothブラシ等で作ります。

胸鎖乳突筋は、首を首たらしめている大事なディティールです。また、顔のすぐ下に位置するので視界に入りやすいため、ココを意識してディティールを作るだけで、単純な円柱をぶっ刺したような3Dモデルと比べぐっと存在感が増すポイントです。

首周りですと、他にも僧帽筋の肩から首、背面から首への繋がりも首を首たらしめている要素として重要です。

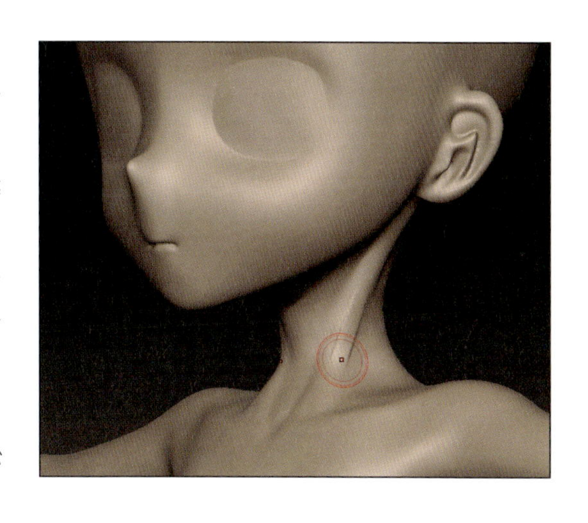

今回のキャラクターは首にマフラーを巻いてしまうためほぼ見えないことと、末端パーツに至る部分を細くデフォルメして描いているため、盛った結果太くならないように気を付けなければなりません。アナトミー本を片手にモデリングしていると、ついつい筋肉だけにフォーカスしてしまい、結果としてムキムキなモデルになりがちです。筋肉の上の脂肪、筋肉の上の皮膚等、トータルでの人体ということを意識すると良いかなと思います。

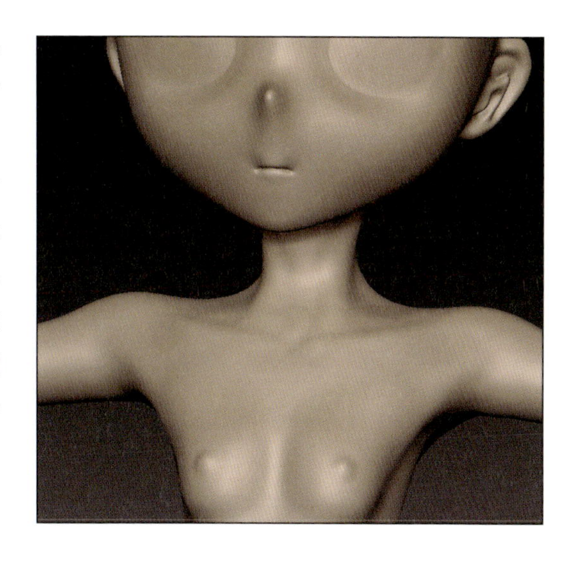

MEMO 胸鎖乳突筋

胸鎖乳突筋は人間が首を回転させるために重要な筋肉で、かなりハッキリと形状が見える筋肉です。筆者は、海外ドラマ等を見ている時に徐々に俳優の胸鎖乳突筋だけに視線がいき、「いい胸鎖乳突筋してるなぁ」なんて考え始めてしまい、ドラマの内容が全く脳みそに入ってこず、しょっちゅう巻き戻してシーンを観直すというクセに最近わりと困っています（本当に困ってます）。

筋肉や脂肪等のお気に入り部位が自分の中にできあがると、フィギュアの観察眼が変わったり、フェチズムにまで進化したりと楽しいですので、ぜひ自分のお気に入り部位を見つけて高めていきましょう。同志に出会えて語り合うと楽しいよ！（胸鎖乳突筋フェチ、お尻の殿溝フェチの人はぜひ筆者とお友達になりましょう）

SECTION 02

ZRemesher による素体のリトポ

この節で行うこと

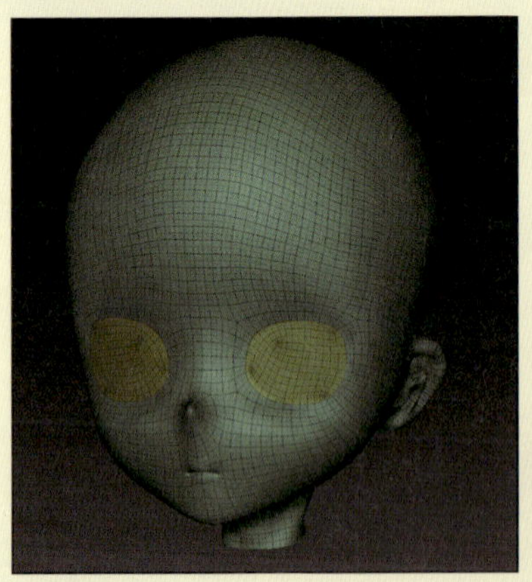

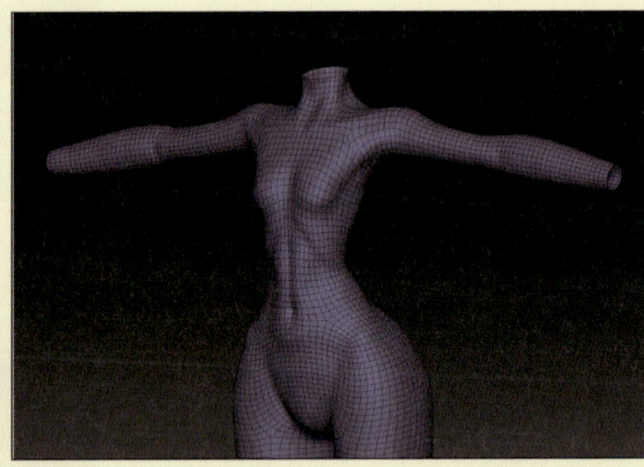

この節では、11-01の最後で作成した結合メッシュをソースとした転写と、頭部と身体のZRemesherでのリトポを行います。

ここで使う主な機能

この節でメインに使うZRemesherは6-05、Project ALLは9-04で詳しく解説しています。

転写とリトポを実行する

素体のカットと転写を行う

11-01の最後で結合したメッシュではなく、結合していないほうの素体のメッシュのサブツールを選択し、SliceCurveブラシで首の部分でメッシュをカットし、上の部分は削除します。身体側、頭部側の双方の縁が相手側にかぶるよう、少し長めにカットしてください。

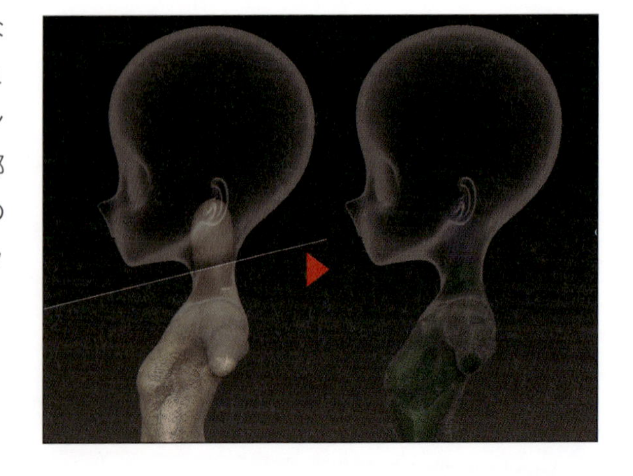

首～肩にかけて転写を行うため、首～肩以外にマスクをかけます。

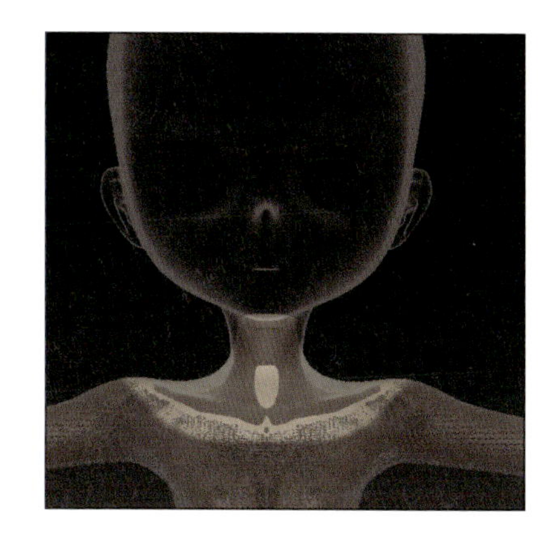

11-01の最後で作成した結合メッシュと、身体のメッシュだけが表示されている状態で[ProjectAll]ボタンをクリックし、ディティールを転写します。

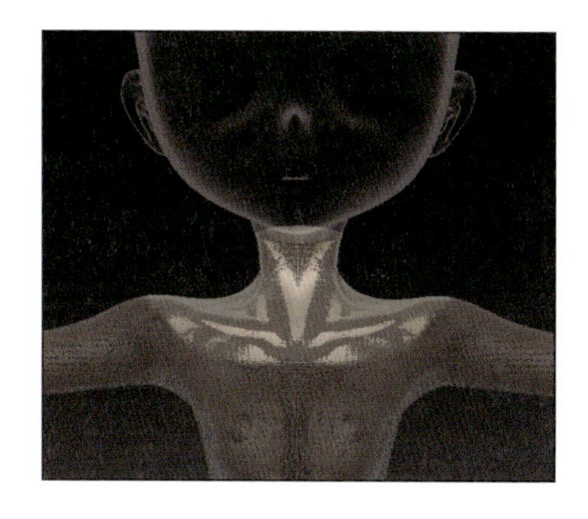

転写前と後を確認し、もしちゃんと転写されていなければパラメーターの調整をしてProject ALLをかけ直したり、ZProjectブラシを使ってみてください。

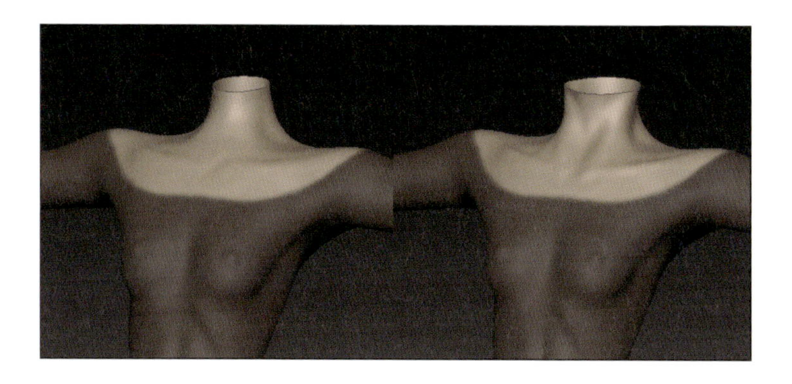

身体側と同じく、メッシュのカット～転写までを頭部にも行います。カットする際は、身体側にメッシュが少しかぶるように長めにカットしてください。

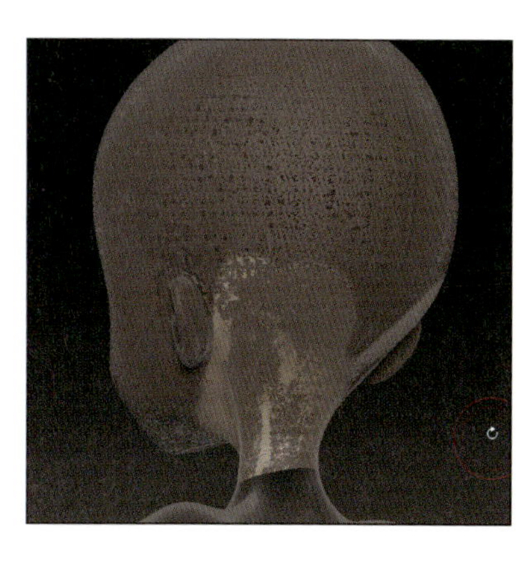

頭部、身体両方が別サブツールのまま地続きになったら、次のステップに進みます。

▶ リトポ

リトポ後にProjectAllで形状転写を行うため、頭部のサブツールを複製してから、ZRemesher Guidesブラシを使い、図のようにカーブを引きます。目の部分は、[Stroke]>[Curve Functions]のFrame Meshを、PolygroupsのみをONにして[Frame Mesh]ボタンをクリックし、カーブを作ります。

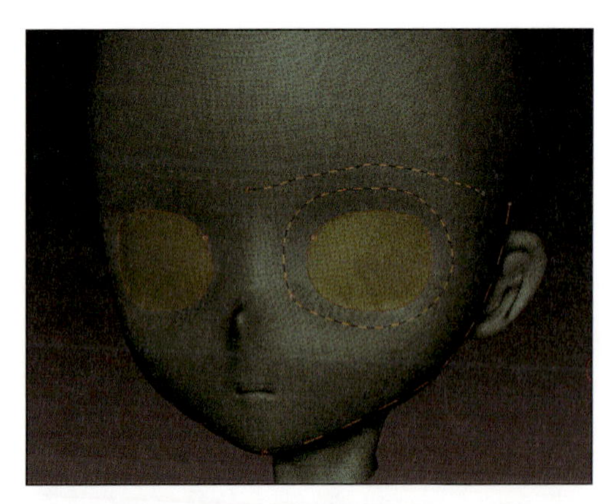

ZRemesherの設定を変更し、ZRemesherを適用します。

KeepGroups	ON
SmoothGroups	1
Target Polygons Count	3.58
Curves Strengh	65

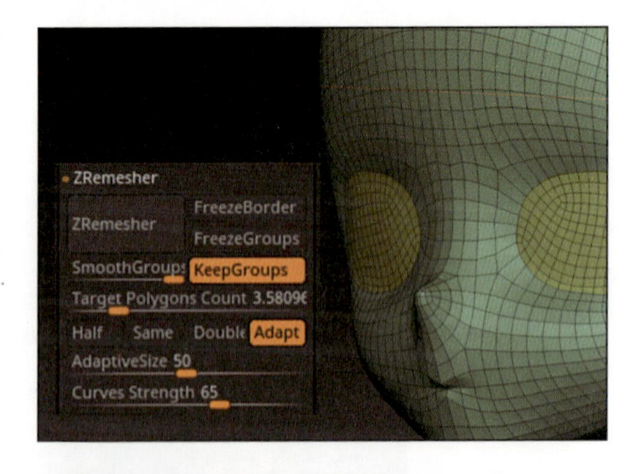

サブディビジョンレベルを4まで上げ、Project ALLで形状の転写をします(ソースはガイドを引く前に複製した頭部メッシュです)。

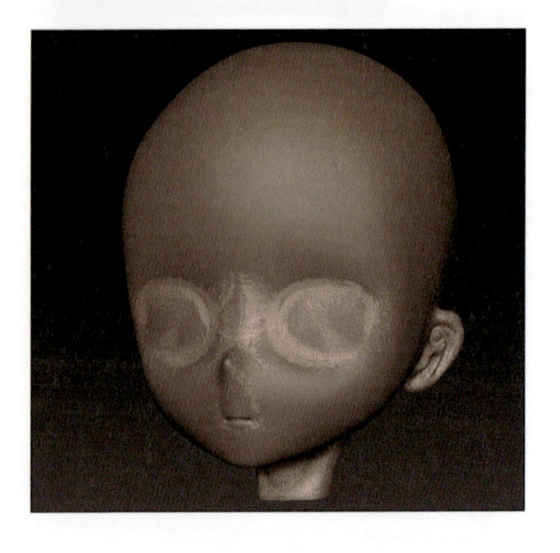

ZRemesherのリトポ時、シンメトリーがONになっていると強制的にシンメトリーなメッシュになりますが、稀にシンメトリーなメッシュになっているはずなのにPosable Symmetryの判定が通らないことがあります。

転写後の時点で、一度[Use Posable Symmetry]ボタンをクリックし、判定が通ることを確認してください(P.79)。これは頭部も同じく行ってください。

もし判定がFull Symmetryで通らなかった場合は、サブディビジョンレベルをいったん1まで下げ、上位レベルを削除後、Mirror and Weld(P.54)を使い強制的にシンメトリーなメッシュにしてから再度サブディビジョンレベルを上げ、ディティールの転写を行ってください。

手首、ふくらはぎより先が不要なため、SliceCurveブラシで削除します。

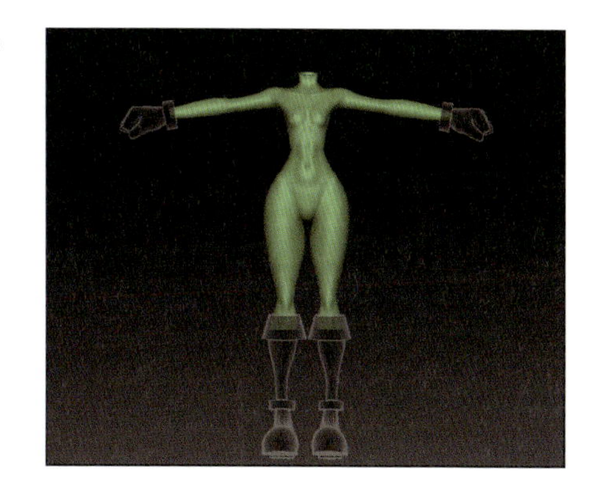

MEMO Posable Symmetryの注意点

リトポ作業の収録中、どうしてもこのSliceCurveブラシでカットした直後にZBrushが落ちてしまいました。

原因は、Posable Symmetryが有効になっているメッシュだったためです。Posable Symmetryが有効になっているメッシュに対して強制的なトポロジー変更の動作を加えるとZBrushが非常に不安定になりますので、もし類似の作業中にZBrushが不安定になる場合は、Posable SymmetryがONになっていないか確認してください。

もしONになっている場合は、[Delete Posable Symmetry]ボタンをクリックし、Posable Symmetry機能をOFFにしてください。

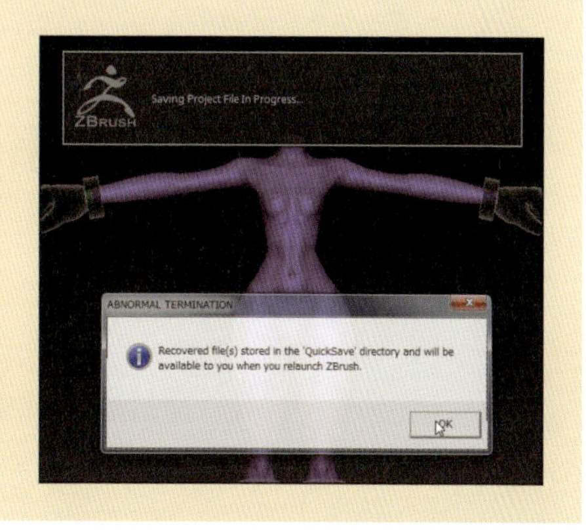

リトポ前に、頭部の時と同じく最後の転写用のメッシュを複製してからZRemesherを適用します。今回は標準設定のままですんなり思い通りの結果が得られたので、ガイド等は使わず、設定も変更しませんでした。

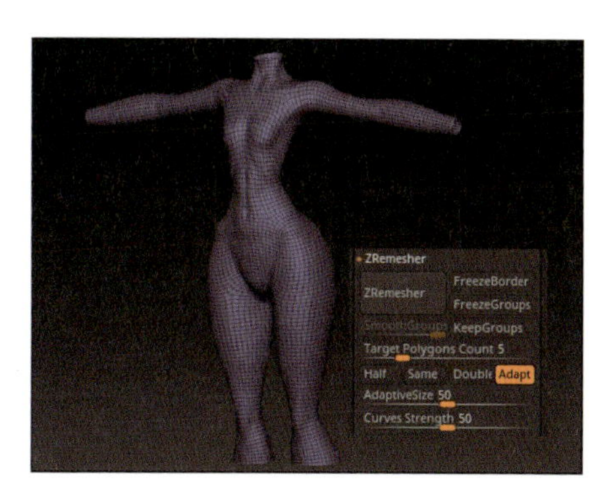

リトポ後は、SelectLassoブラシのポリゴンループ非表示（ブラシのポインタがエッジの上にある状態でクリック）を使い、腕や胴体、太もも等が螺旋状なトポロジーになっていない、つまりキレイな輪切りのポリゴンループ構造になっていることを確認します。現在のZRemesherのアルゴリズムは改良されて、螺旋トポロジーが発生しにくくなっていますが、もし螺旋になってしまう場合は、ガイドブラシやガイドとなるポリグループを作成して対処します。

頭部と同じくサブディビジョンレベルを4まで上げ、ProjectALLで形状を転写します。

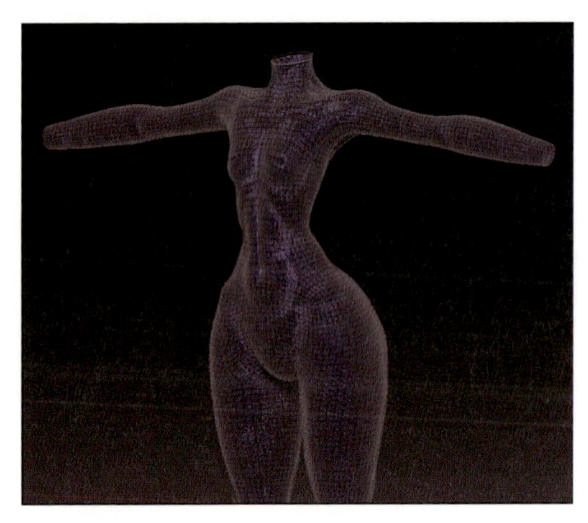

Chapter 11

素体の仕上げ～パーツの配置

MEMO リトポ後の修正

ZRmesher でのリトポ後、どうしても対称軸付近、特にお尻周りは元のようになりません。

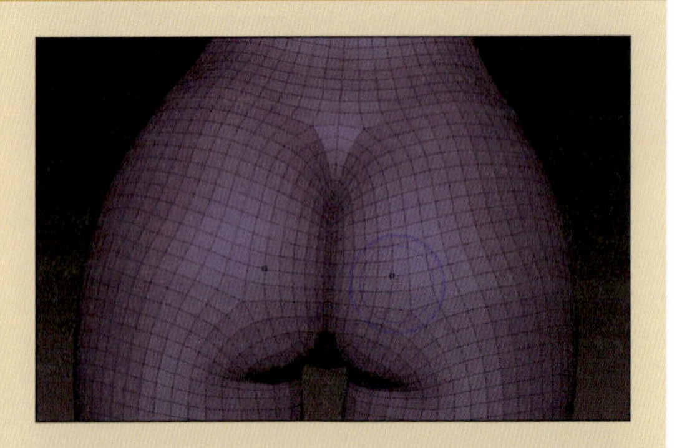

そこで、9-03 の手順（P.249）のように断面表示にし、修正します。この後ポーズを付けることと、最終的にスパッツを履かせてしまうため特段必須な修正ではありませんが、お尻フェチな筆者はどうしても気になってしまうので直します。

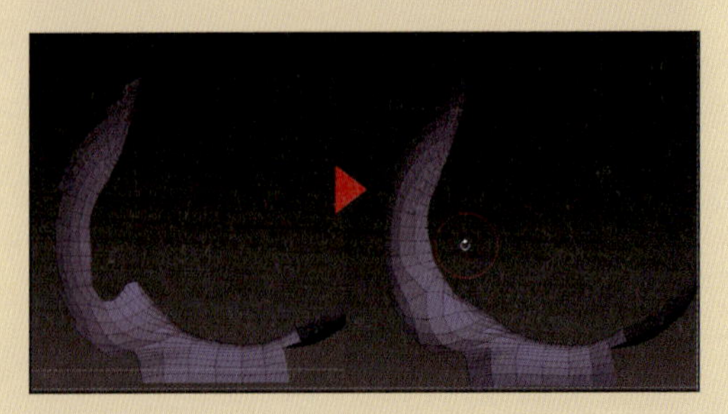

SECTION 03

Transpose・アクションラインの使い方［応用編］

5-01で解説したアクションラインの基本操作の他に、次の節（11-04）でポージングに使うTransposeに内包されているマスク機能について解説します。

Topological Masking

これまでの章で出てきたマスクは、基本的に手書きや範囲でのマスク生成、ポリグループ基準のものでした。Transposeモードには、Topological Maskingという、メッシュのトポロジーを考慮したマスク生成機能があります。なお、アクションラインで解説しますが、Gizmoでも同様にTopological Masking機能を使うことができます。

Topological Maskingの使い方

Topological Maskingの使い方はとても簡単です。

Transposeモード（MoveでもScaleでもRotateでもどれでもOKです）にし、Ctrlキーを押しながらメッシュ上をドラッグするだけで、ドラッグした量にしたがってマスクが生成されます。

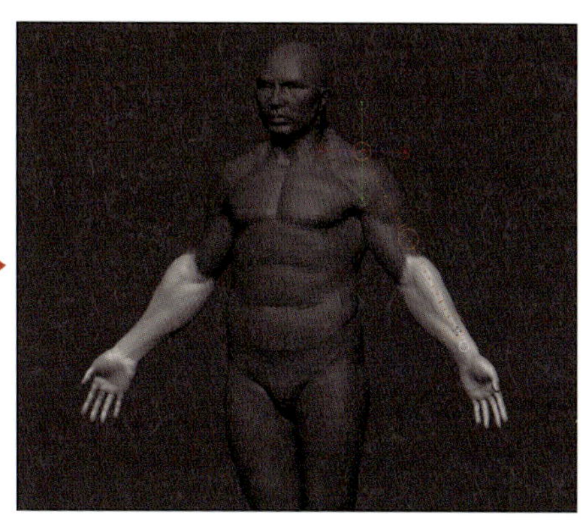

一度作ったマスクを延長したり、既存のマスクに追加する形でTopological Maskingを使いたい場合は、Ctrl＋Altキーを押しながらドラッグしてください。

Topological Maskingは細かい調整がしづらいため、ある程度マスクを作ったら、後はMaskLassoブラシやMaskPenブラシで自分の望む状態のマスクに修正しましょう。

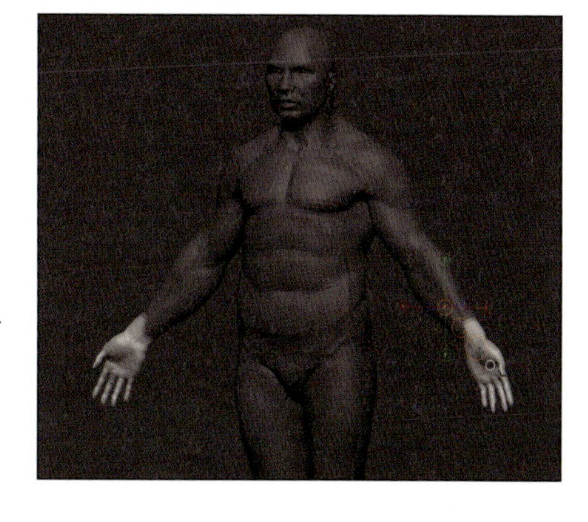

SECTION
04 ポージング

この節で行うこと

この節では、キャラクターのポーズを付けていきます。

アクションライン・マスク・Transpose Master

素体にポーズを付ける際に主に使う機能は、アクションラインとTransposeのRotate、Move、そして複数サブツールを一括で操作するために使うTranspose Masterという機能です。

Transpose Masterに関する詳細な解説は本書にはありませんが、この節で紹介する範囲の機能を使うだけでも非常に強力なため、ぜひ基本機能だけでも覚えてください。以下にTranspose Masterの特徴を列挙しておきます。

- 複数のサブツールを一括で操作することができる
- 操作対象全てのサブツールが統合された新規ツールとして生成される
- サブディビジョンレベルが存在するメッシュは、サブディビジョンレベルが最低レベルで編集し、編集前のメッシュに対して反映してくれる（つまり滑らかな変形がさせやすい）

キャラクターにポーズを付ける

Transpose Master へ転送する

Transpose Masterは、機能の開始時、表示状態になっているサブツールのみが動作の対象となります。そのため、ポーズ付けに必要なパーツは全て表示状態にします。

また、台座の指標としてシリンダーを追加し、ポーズ付け時に中心や垂直をわかりやすくするための基準棒もTranspose Masterの動作対象にしています（基準棒は絶対にサイズを変えないように厳重注意！）。

なお、靴は10章ではコピーしていませんでしたが、この時点でSubtool MasterのMirror（P.225）で右足用を生成しています。

［ZPlugin］>［Transpose Master］>［TPoseMesh］ボタンをクリックしてください。しばらく待つと新規ツールとして編集用のメッシュが生成されます。なお、本書では［TPoseMesh］ボタンと、ポーズ付け後に現在のツールに戻ってくるための［TPose|SubT］ボタンの2つしか使いません。

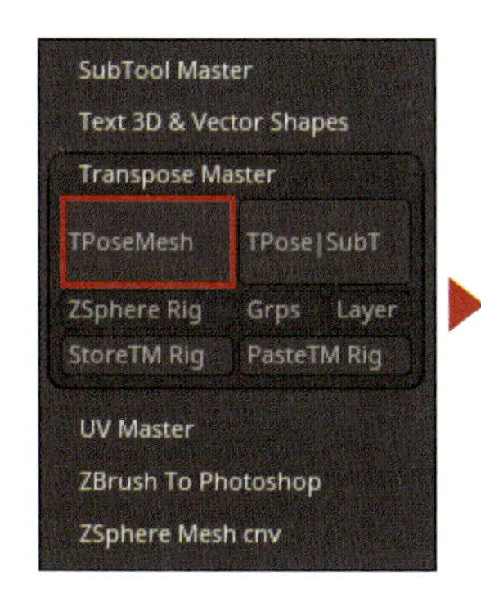

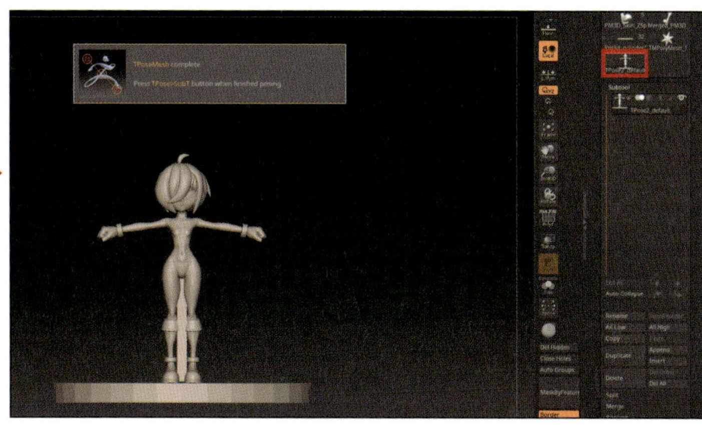

Transpose Masterを使うと、このように1つのサブツールに統合され、それぞれのサブツール毎にポリグループが新たに割り当てされます（これはあくまでTranspose Masterの機能用のため、最後に元のサブツール構成に変形の情報を転送する際、元のポリグループは保持され、形状変化だけが転送されます）。

▶ ポージングを行う

基準棒を非表示にし、台座にマスクをします。Gizmoを表示し、向かって左後方をキャラクターに向かせるイメージでY軸回転させます。

Transpose Masterは、基本的に動かしたくない部分にマスクをし、アクションラインやGizmo、場合によってはMoveブラシ等で変形させていくフローとなります。この際、トポロジー的な変更は絶対に行わないでください（DynaMeshを使ったり、Sculptris ProモードをONにする等）。元のツールに情報を転送した際、メッシュが破損します。

ポーズ付けの原則は、**キャラクター全体の移動や回転→腰を中心として関節毎に回転→徐々に末端へ**というイメージになります。3Dソフトでアニメーションを付ける時の考え方と同じでOKです。

次に、X軸回転で前傾姿勢にします。ポージング中は特に、常に見える場所に最終的なポーズのイラスト等を配置して見比べたり、時には重ねたりしつつポーズを調整していきます。

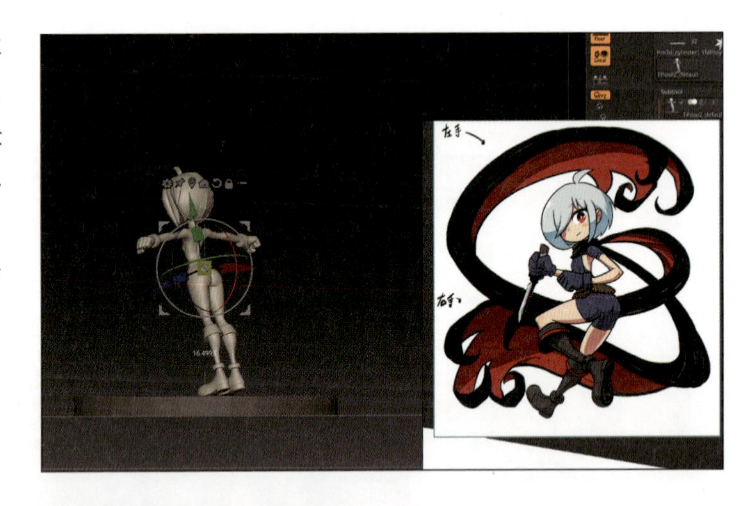

足からポーズを付けていきます。右足の足の付根（お尻周辺も含みます）を動かしたいので、動かしたい部分にマスクをかけ、マスクを反転します。今回の作例キャラの場合、ブーツの折り返し部分が左右でかなり近いため、しっかりマスクをしないと片側の回転に引っ張られてしまいますので注意してください。

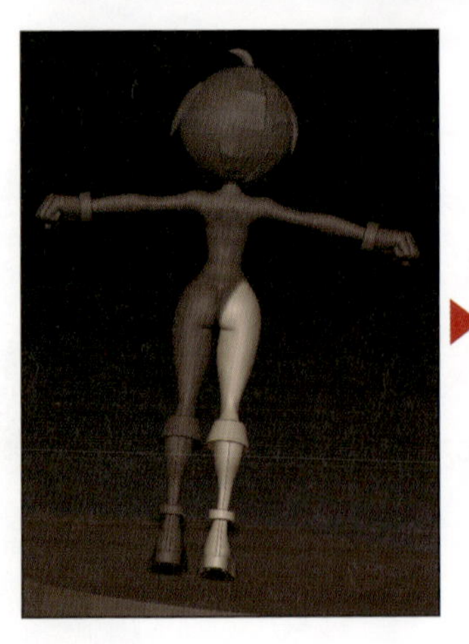

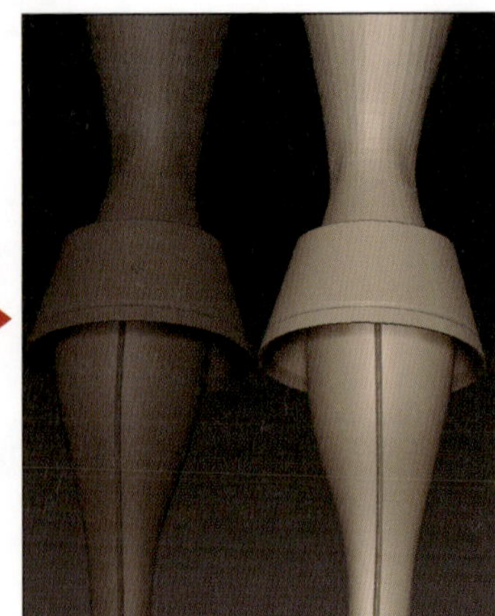

TransposeのRotateで右足を回転させて前に出します。

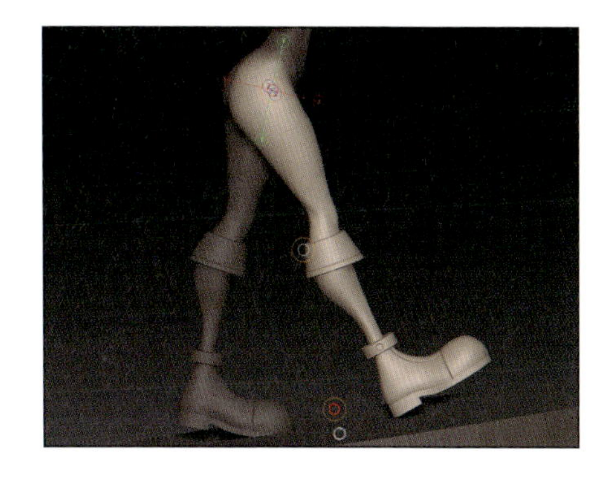

左足も同じように前に出します。

適宜、このようにPureRefの不透明度を下げてポーズイラストを重ね、角度等を確認します。

足全体の回転が定まったら、同じようにして次は膝までをマスクし、回転させます。

11-05でも修正をしますが、ポージング中でも回転の結果伸びてしまった部分はMoveブラシ等で適宜修正します。

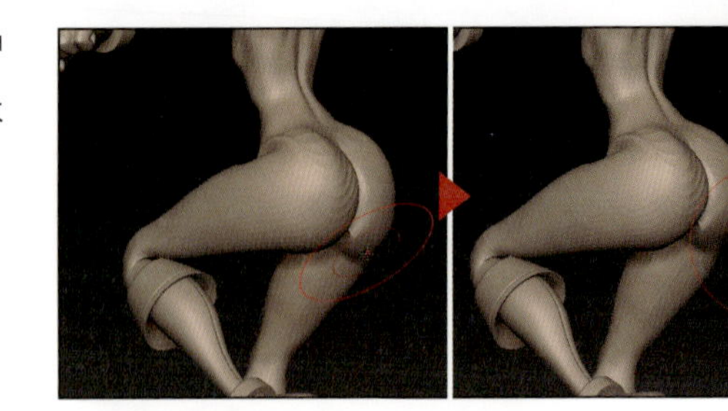

上半身をねじって回転させます。お腹周辺を滑らかにねじるため、広範囲に渡って回転の影響を減衰するよう、マスクの境界をかなり広めにボカします。

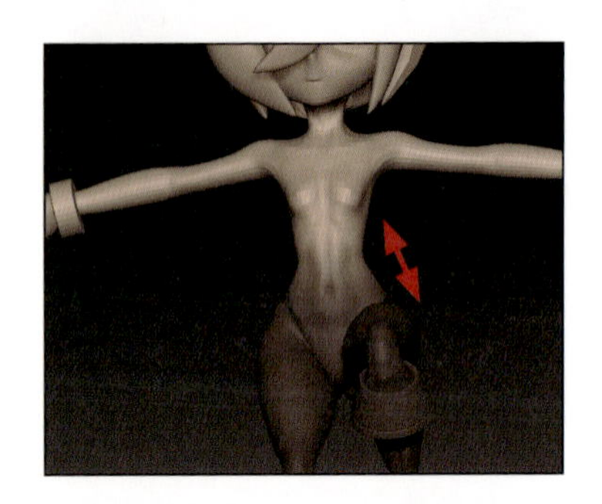

上半身の回転のコツですが、今までは回転は終点をドラッグしていましたが、おへそのあたりから身体の回転軸に沿ってアクションラインを引き、中点をドラッグして軸回転させます。こうすると、正面のカメラアングルで確認しながら回転させることができます。

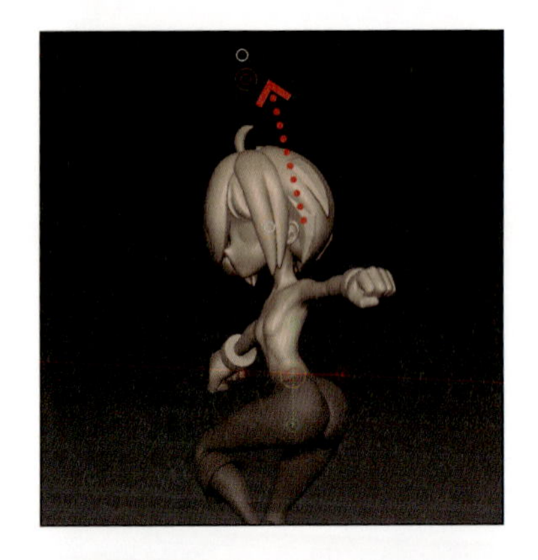

これまでの工程を腕、頭でも繰り返し、ポージングを完了させます。

［TPose|SubT］ボタンをクリックし、元のツールにポーズの情報を転送して、ポージングを終わりにします。

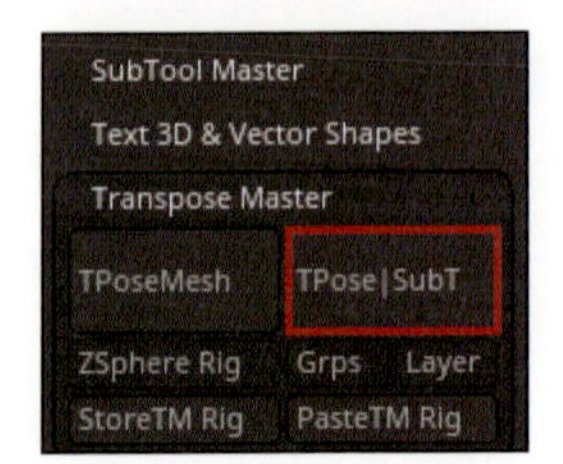

Chapter 11 素体の仕上げ～パーツの配置

SECTION 05

ポーズを付けたことによるねじれ等の解消

この節で行うこと

この節では、11-04でキャラクターにポーズを付けたことによってできた歪みを直していきます。

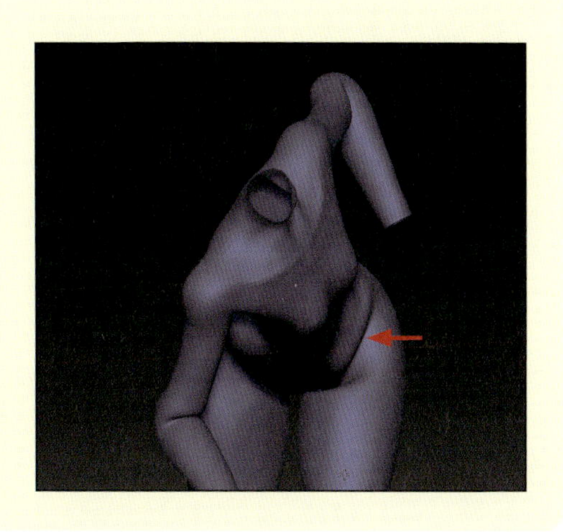

マスクとポリグループを活用する

曲げた関節部分を修正する際、片側を動かしたくないような場所にはポリグループを割り当てます。何度も同じ箇所を修正する際、マスクの作り直しをいちいちせずに済むので、最初にポリグループを割り当てておきましょう。

めり込んで交差しているメッシュには、Topological Maskingでマスクを作ります。これで、メッシュの流れ基準でマスクが生成されるため、その状態でポリグループを作成すると良いでしょう。

修正作業を行う

めり込みを修正する

このようにTranspose Masterでポーズを付けた後を見ると、関節部分が歪んでいたりめり込んだりしています。

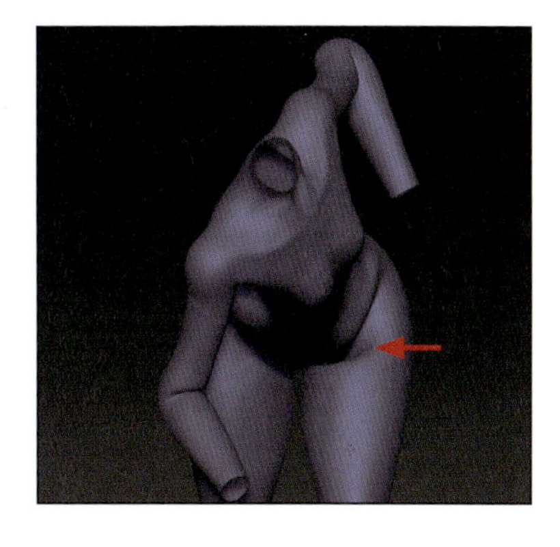

Topological Masking (P.351) を使い、太ももにマスクを作成します。

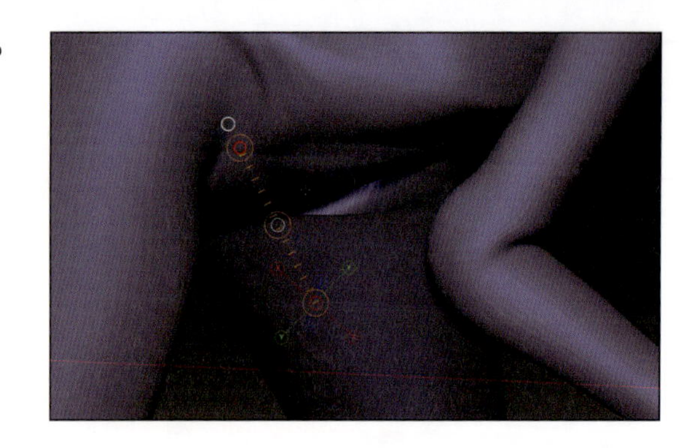

Topological Maskingは便利な機能ですが、細かい微調整ができないため、MaskPenブラシやMaskLassoブラシで修正します。

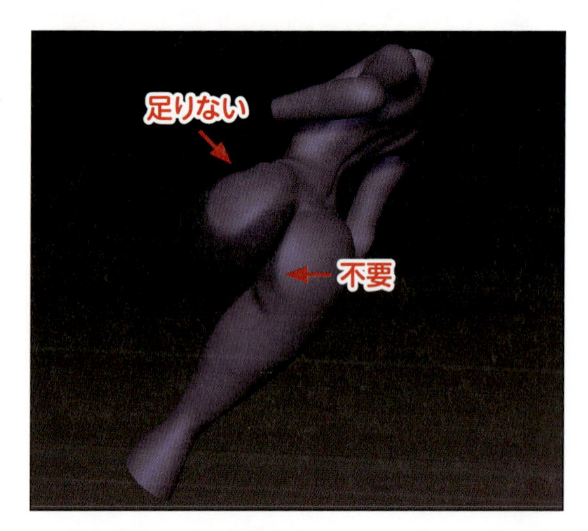

MaskLassoブラシのようなLasso系ストロークには、マウスストロークの始点と終点は直線で結ばれるという特徴があります。操作のコツとして、マウスストロークでなぞって範囲を作るという感覚ではなく、始点と終点で作られる直線だけを意識して活用する感覚で使うと便利です（画像はMaskLassoブラシを Alt キーを押しながら、マスクを消すモードにしています）。

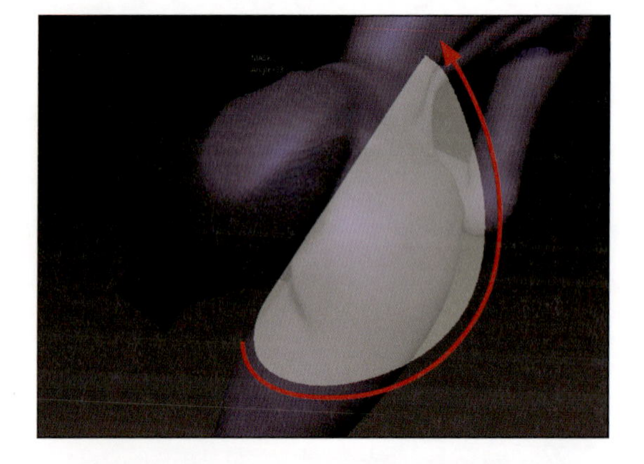

Ctrl + W キーを押し、マスクをポリグループ化します。

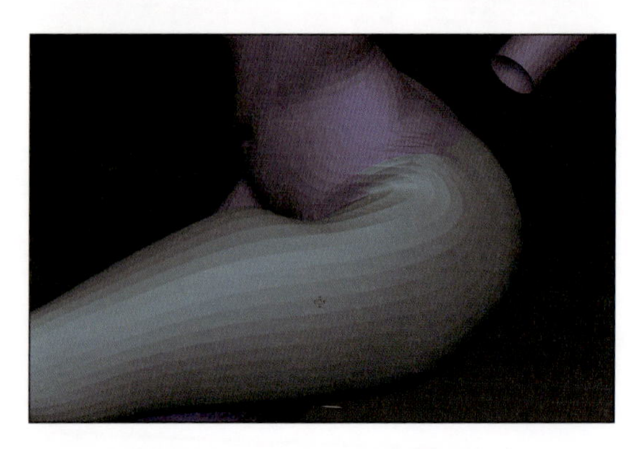

Chapter 11 素体の仕上げ～パーツの配置

Transposeモードで Ctrl キーを押しながら太もものポリグループをクリックし、太もも以外にマスクをかけ、Moveブラシ等で修正していきます。

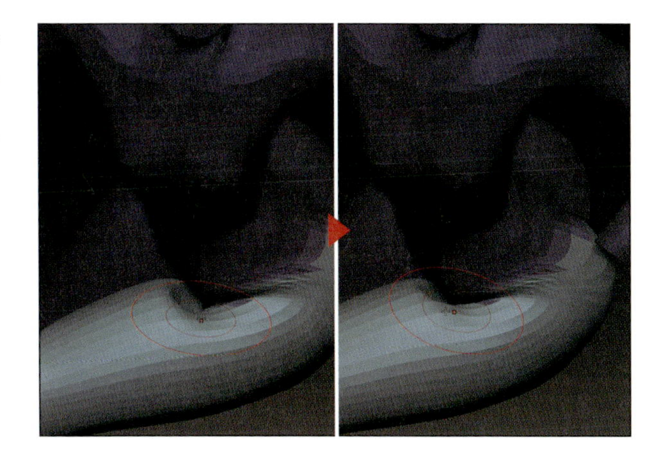

素体作成等で覚えた機能を活用し、腰回しの歪みの修正やポーズに合わせたシルエットに修正していきます。

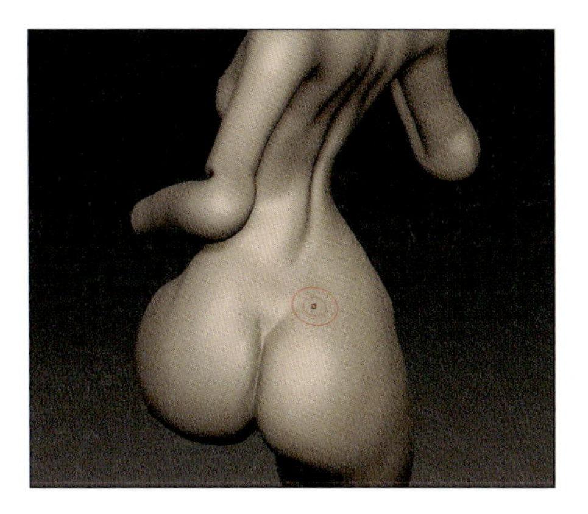

顔の修正の時にも使ったNormal RGBMatマテリアル（P.88）を使用すると歪みが見やすいため、ぜひ使ってみてください。

膝も太ももの修正と同じくポリグループを分け、マスク、スカルプトで修正します。

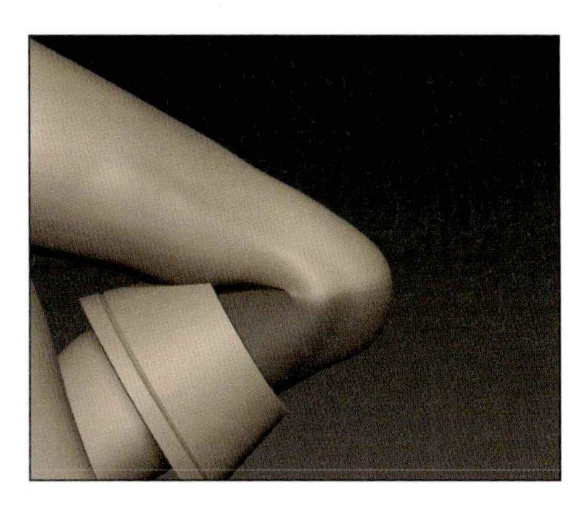

腕も太もも等と同じくめり込みを修正します。また、イラストの腕のシルエットと違ってしまっているので、こちらもMoveブラシ等で修正します。

肘もイラストに合わせて修正します。

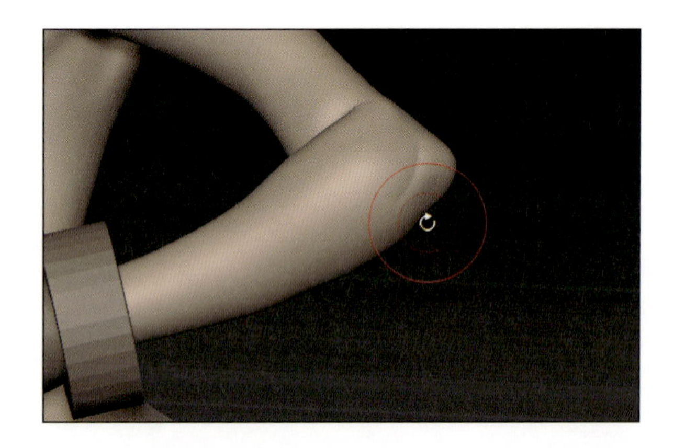

手の角度もTransposeのMoveやRotateで修正します。

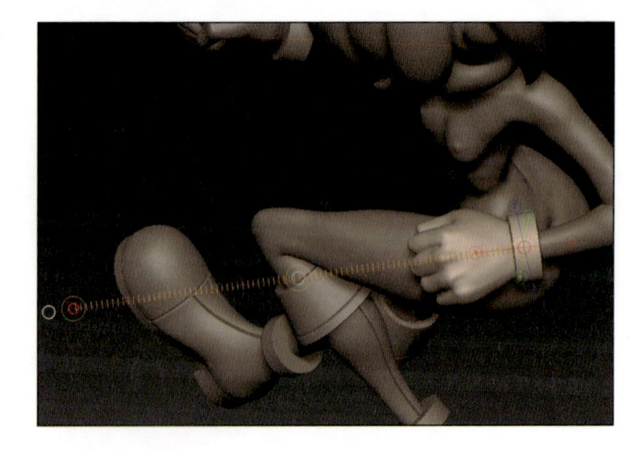

▶ ナイフを配置する

ナイフ本体の関連するパーツのみを表示し、[Tool]>[Subtool]>[Boolean]>[DSDiv]ボタンをクリックしてONにします。その状態で[Make Boolean Mesh]をクリックして、Live Booleanを確定させ、新規ツールとしてメッシュを生成します。

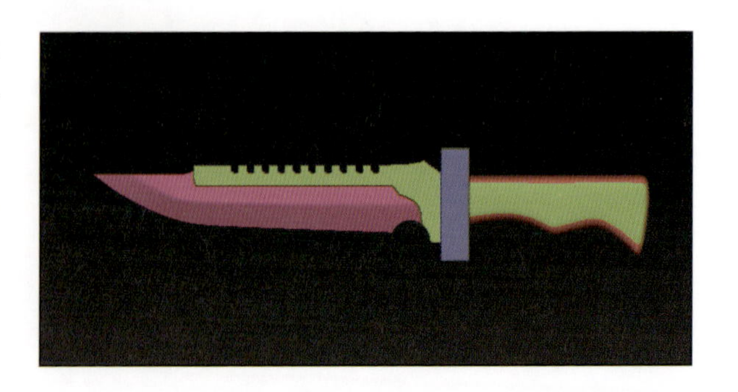

[Tool]>[Subtool]>[Insert] ボタン、もしくは[Append]ボタンでサブツールにナイフのサブツールを追加し、位置と角度を調整して右手に持たせます。

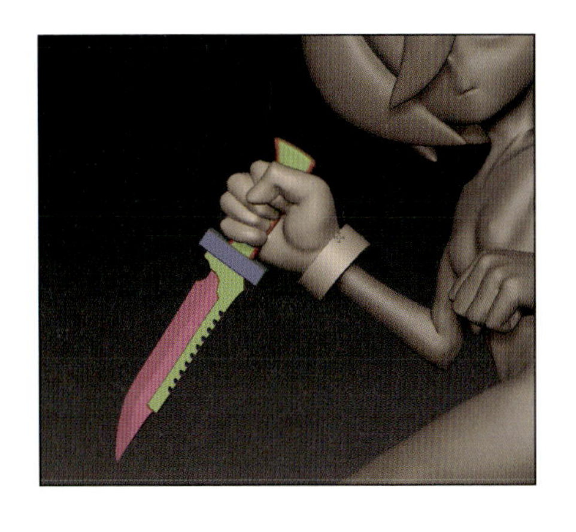

ナイフの柄の部分が少し見えてしまっているので、手をMoveブラシ等で修正します。

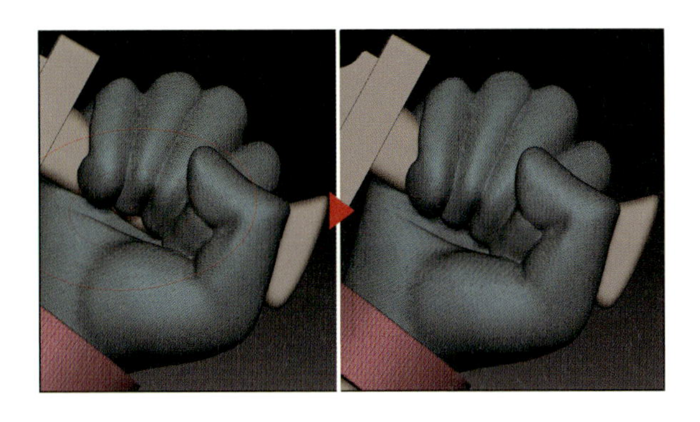

握りこぶしと比べて手の中にナイフの柄を握り込んでいるので、指の角度もなるべく修正します。

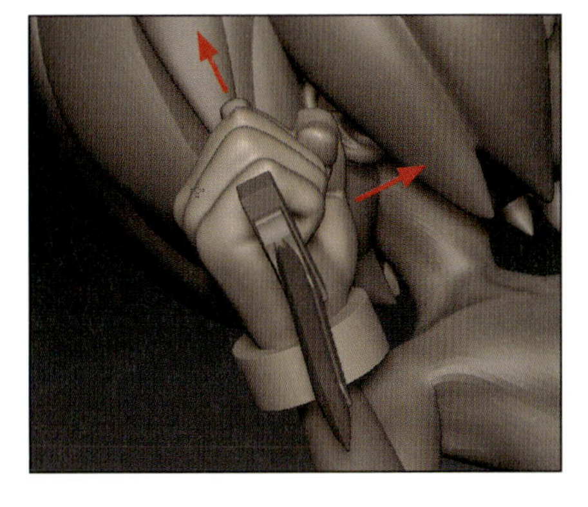

MEMO 柄を見えなくした理由

柄が微妙に指からはみ出て見えてしまっている部分を修正しました。理由は、塗装時に塗り分けがしづらいためで、若干造形的に嘘をついて塗装の手間を少し下げるという意味合いで、今回は隠すようにしました。

MEMO 筋肉の流れをポリペイントで描いてガイドにする

ポーズを付けた状態だと筋肉の流れがわからなくなる時は、解剖図鑑等を見ながらメッシュに直接ポリペイント（P.104）で筋肉の流れを描き、それをガイドとしてスカルプトすると迷いが少なくなります。ぜひ試してみてください。

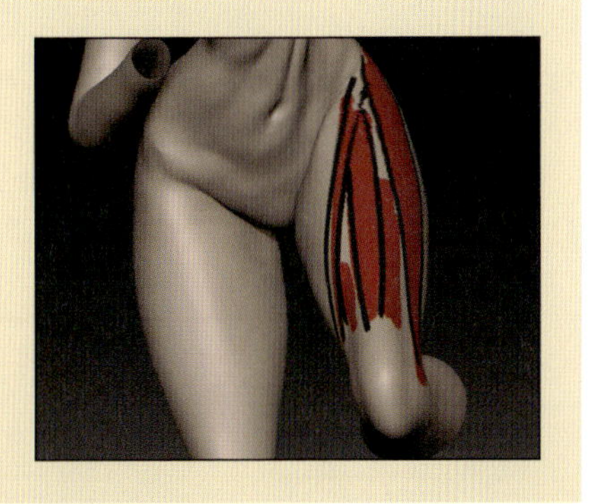

SECTION

06 顔のポリペイント

この節で行うこと

この節では、ポリペイント機能を使い目を描き込みます。

Posable Symmetryとポリペイント

通常のシンメトリー機能は位置を基準に動作します。すでにポーズを付けているため、顔は正位置から移動と回転が発生しているので、Posable Symmetry機能を使い、トポロジー的にシンメトリーを判定させて作業します。

ポリペイントについては4-03で詳しく解説しています。また補足として、ポリペイントのMain Color、Secondary Colorを切り替えるショートカット（Vキー）、ブラシポインタの直下にあるポリペイント情報をコピーするスポイト機能のショートカット（Cキー）を覚えておいてください。

消しゴムのような機能はないので、「白でペイント＝消しゴム」という感覚でメインカラーとセカンダリーカラーに塗り色と白（RGB = 255,255,255）をセットし、切り替えながらペイントします。

▶ Posable Symmetryを有効化しカラーをセットする

サブディビジョンレベルは現在4で、細かい描き込みにはまだ微妙に分割が足りません。そこでサブディビジョンレベルを5に上げ、顔のサブツールのPosable Symmetry（P.79）を有効化します。

リトポ作業の節（11-02）での作業がしっかりできていればFull Symmetry判定になっているはずですが、もしできていない場合は、最悪やり直しかシンメトリー無しでのポリペイント作業となります。

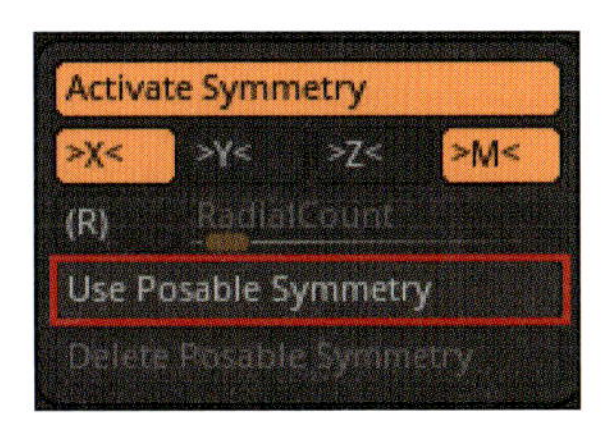

SK Penブラシに切り替え、メインカラーをRGB値「7,7,7」の黒にします。「0,0,0」の黒にしないのは、完全な真っ黒だと黒すぎて馴染まないためで、少しだけ数値を上げています。

また、顔のサブツールのポリペイントをONにしてください（サブツールのブラシマーク）。

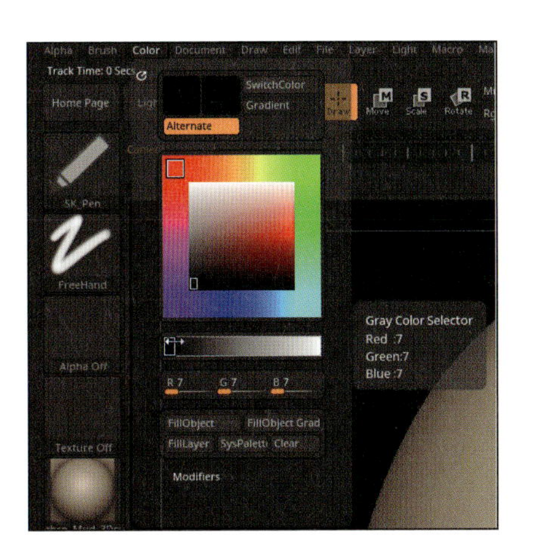

▶ 目のポリペイントを行う

まつ毛のラインを描きます。

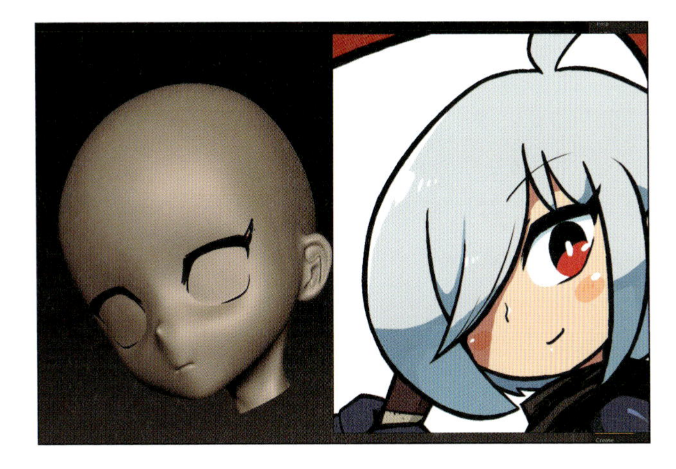

続いて、黒目のベースを描きます。視線が正面ではないので、ここからはシンメトリーを解除して左右の目を個別に描きます。黒目の楕円と上半分の黒部分を同じく描きます。ZBrushにはバケツツール的な機能はないので（Fill Objectはありますが）、全て手書きで塗りつぶしています。

RGB値を「105,105,105」にし、黒目の赤い部分を描きます。

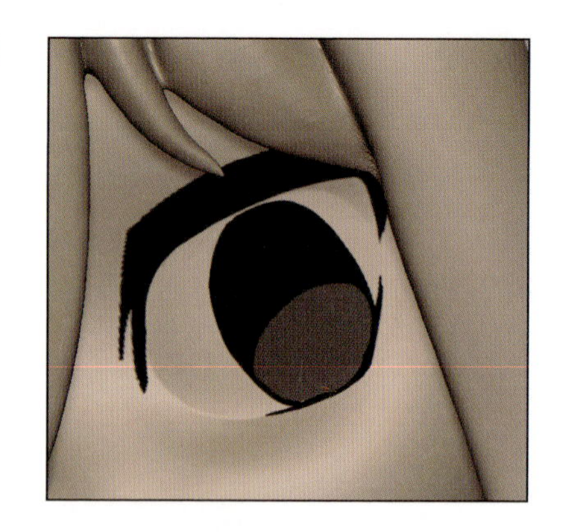

次に瞳孔とハイライトを描きます。本書のキャラクターは瞳孔が白いため、RGB値「255,255,255」でハイライトといっしょに描いてしまいます。ハイライトを描き終わったら、各色をスポイトで拾って細かく修正します。

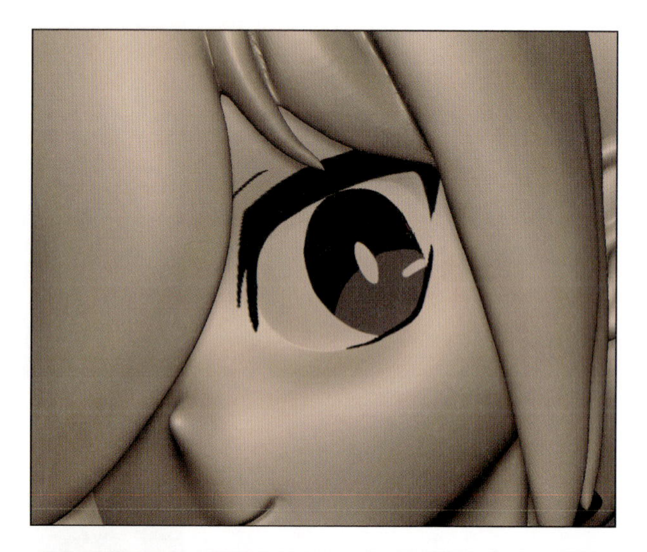

目を描くとバランスの指標になるため、この段階でMoveブラシ等で前髪も微調整します。毛先の調整では、TransposeのMoveで Alt キーを押しながら終点をドラッグするベンド曲げが便利です。

MEMO Layers機能

ZBrushの［Tool］メニューにLayersという機能がありますが、これはPhotoshop等のレイヤー機能とは異なるものです。ここでは、目の雰囲気だけ確認できれば良いことと、最終的にフィギュアに貼るデカールは後にIllustratorで作成するので、筆者はメッシュに直接力技で目を描いています。

SECTION 07

パーツの配置

この節で行うこと

この節では、10章で作成した鞘やポーチ、ベルトを配置します。

パーツとベルトを配置する

11-05でナイフのみ先行して配置していましたが、10章で作成した他のパーツもLive Booleanを確定させ、ツール化しキャラクターの素体に配置していきます。

また、10-05で作成したベルトブラシを使い、ベルトも配置します。

本来であれば、パーツの配置の前に服を作るのが順当ですが、今回の作例キャラクターの場合はほぼ身体に密着した衣装のため、パーツが先でも特に問題ありません。そのため、服の作成は後回しにしました。

腰まわりのパーツを配置する

ナイフの時と同じくLive Booleanを確定し、サブツールに読み込み配置していきます（P.360参照）。左手が干渉していますが、他のポーチを配置後に調整します。

同じくポーチも配置していきます（左腰の小さいポーチは、同じものを複製しています）。

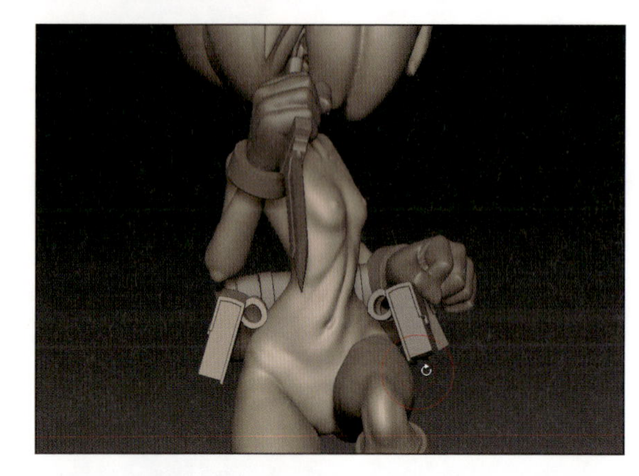

左腕が腰のパーツに干渉しているので、ポージングの時と同じようにTranspose Master（P.352）を使い、腕の角度を変え干渉を回避します。

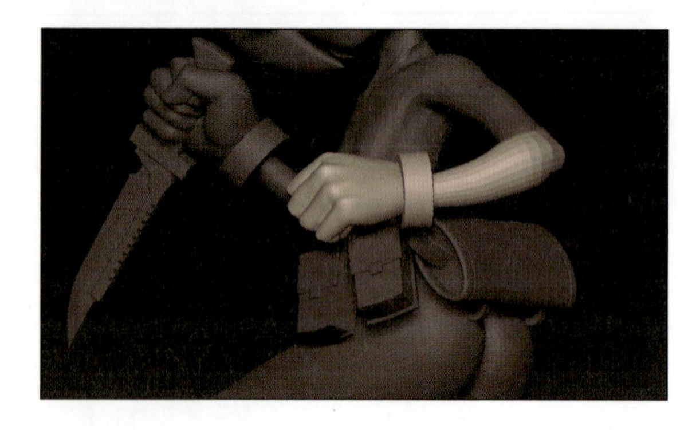

ベルト用のガイドメッシュを作成する

QCubeを読み込み、上面と底面を削除してください。

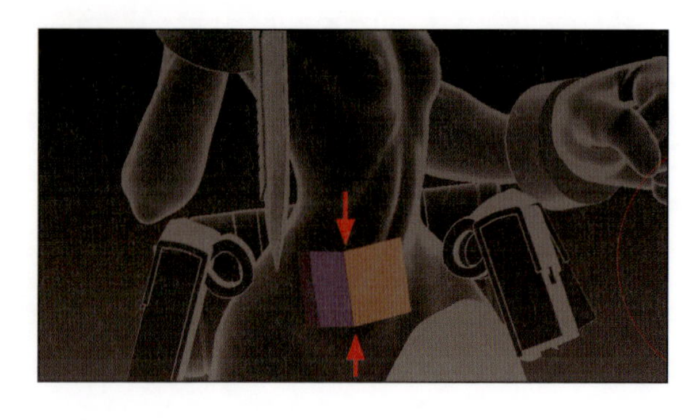

Moveブラシ等で、腰をだいたい取り囲むように変形させます。

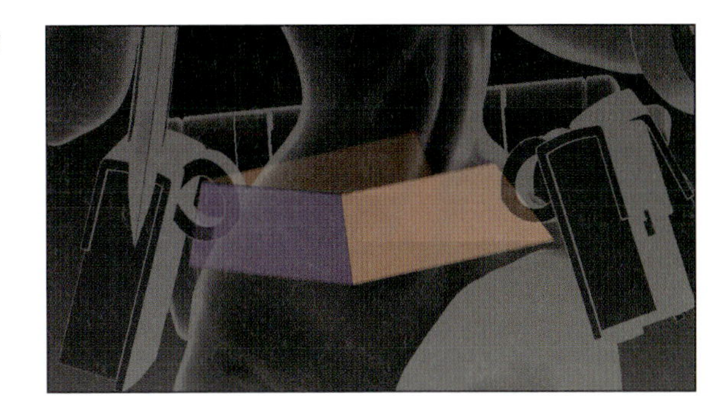

サブディビジョンレベルを3まで上げ、サブディビジョンレベルを削除し、横に走る3本のエッジループを削除します。

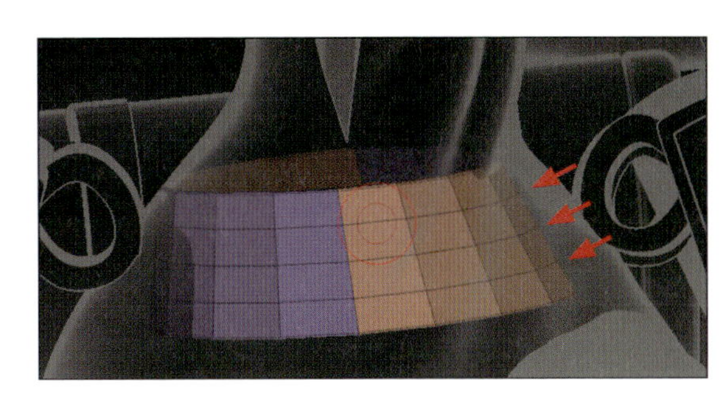

MoveブラシやPolish By Features（P.103）等を使い、ベルトの通るラインを意識して調整します。Polish By Featuresでポリグループの境界周辺で曲率が変わってしまうので、ポリグループは1つに統一しています。

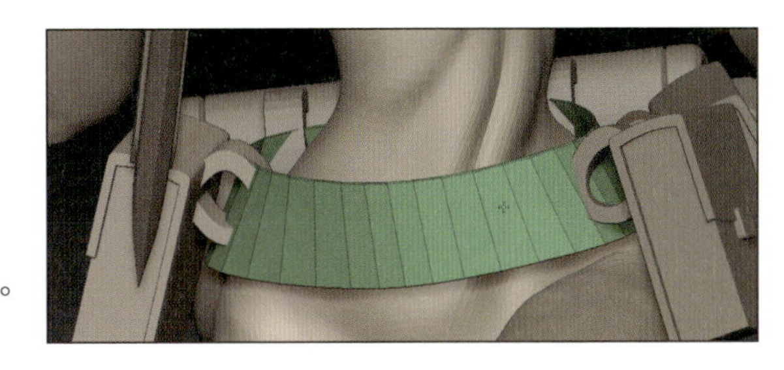

おへその前のあたりの1ポリゴンを削除し、向かって右側から前方に縁の1エッジ分を前方側に移動させます。

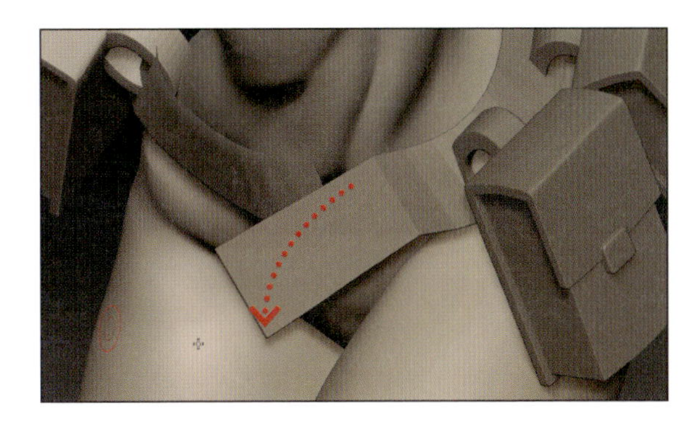

ZModelerブラシでEDGE ACTIONを[Insert]、TARGETを[Multiple EdgeLoops]にし、伸ばした部分にエッジを他と同じくらいになるように足して、ポリグループを統一しておきます。

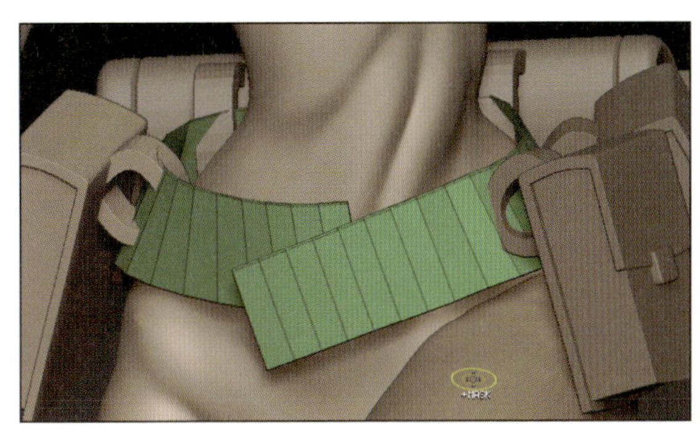

ガイドの真ん中にエッジループを追加し、さらにその追加したエッジループにCreaseを設定します。

▶ カーブを生成しベルトへ変換する

[Stroke]>[Curve Functions] > [Frame Mesh] 機能を使い、Crease基準でカーブを生成します。

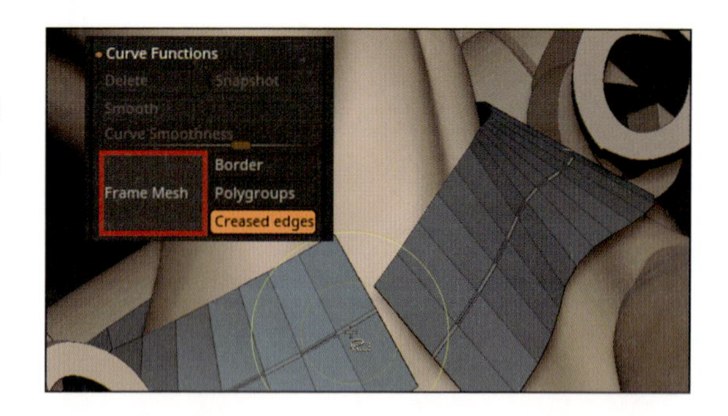

10-05で作成したブラシに切り替え、カーブをクリックするとカーブに沿ってベルトが生成されます。ベルトのサイズはブラシサイズに依存します。

もし通す部分を調整したい時は、Undo (Ctrl + Z) で少し戻り、ガイドのメッシュを調整して、再度カーブとベルトを生成してください。

ベルトがこれでOKという状態であれば、ベルトと関係ない部分（素体等）をクリックし、カーブブラシを確定させます。

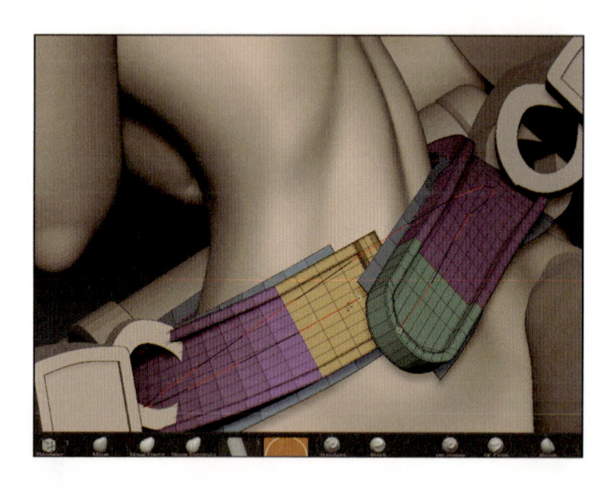

▶ ベルトに合わせてパーツを調整する

配置したベルトに合わせてポーチの位置を再調整し、ポーチの固定用ベルトもMoveブラシ等でベルトが中を通るように調整します。

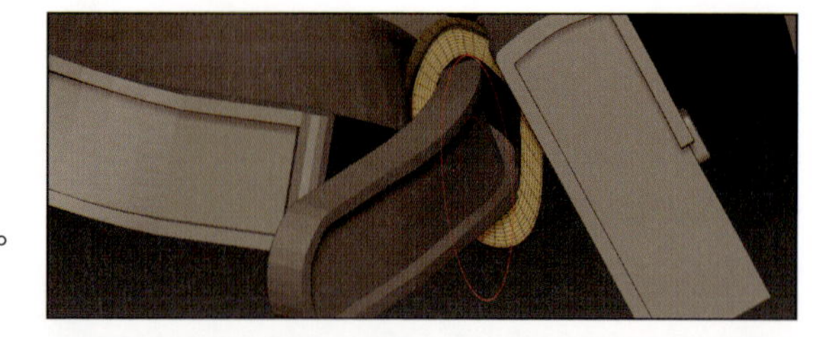

全てのパーツを調整してこの章は終わります。

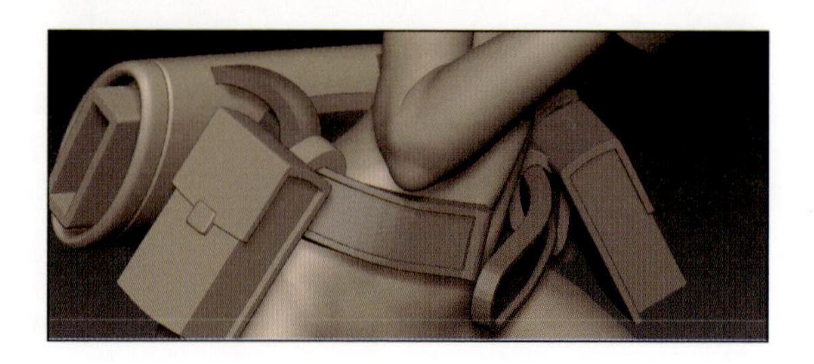

Chapter 12

服の作成

SECTION

01 Extract の使い方

ここでは、Extract機能の使い方と、Extract機能を作った服のベースメッシュの作り方を学びます。Extract機能は既存のメッシュを元に新しくベースとなるメッシュを作る機能です。

Extract機能とは

Extractとは、直訳すると「抜き出す」「抽出する」という意味です。本書では、主に素体から服のベースメッシュを作るためにExtract機能を使います。

Extractのメニューは[Tool]>[Subtool]>[Extract]にあります。

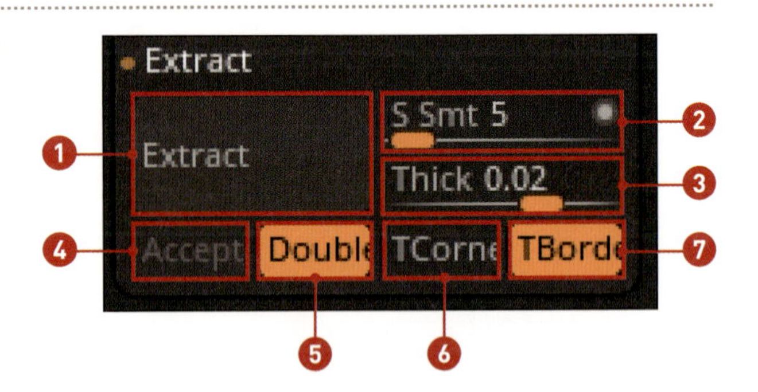

① Extract

このボタンを押すと、メッシュに対して抽出したい部分にマスクを作っていた場合、Thick等のパラメーターによって最終的に生成されるメッシュがプレビューされます。マスクがない場合は表示されているメッシュ全体が対象になります。プレビュー状態はカメラの操作等のキャンバスの何らかの更新でリセットされます。

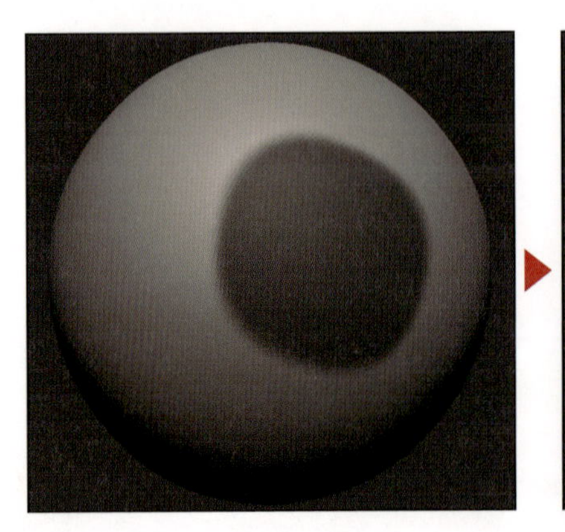

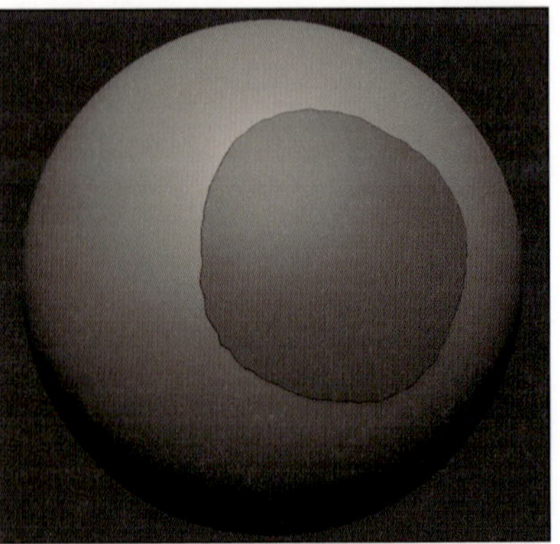

② S Smt

メッシュ生成時の境界線のスムージング度合いを調整するスライダです。

▶ S Smt「0」

▶ S Smt「70」

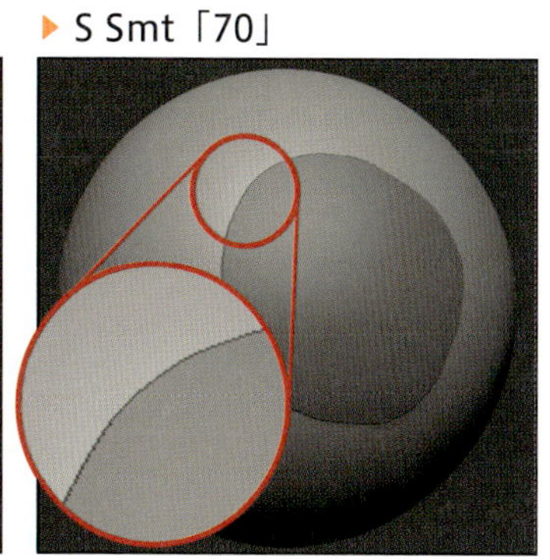

③ Thick

生成されるメッシュの厚みを決定します。[Double]ボタンがOFFの時はプラスの値で法線プラス方向への押し出し、マイナスの値で法線マイナス方向への押し出しとなります。値が0の時は、[Double]ボタンの状態に関わらず厚み無しのメッシュが生成されます。

▶ Thick「0.02」

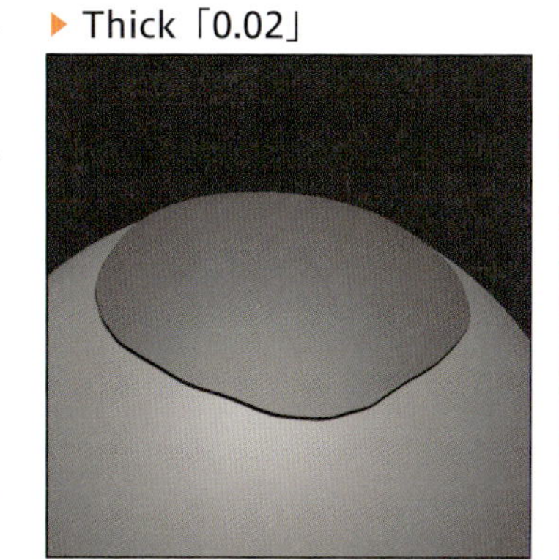

▶ Thick「0.1」

④ Accept

[Extract]ボタンをクリックし、プレビュー中のみクリックすることができるボタンです。このボタンを押すことによって、新しいサブツールとしてプレビューされていたメッシュが追加されます。

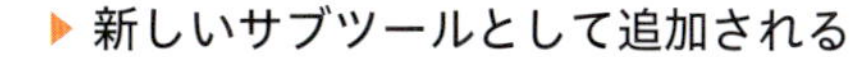

▶ 新しいサブツールとして追加される

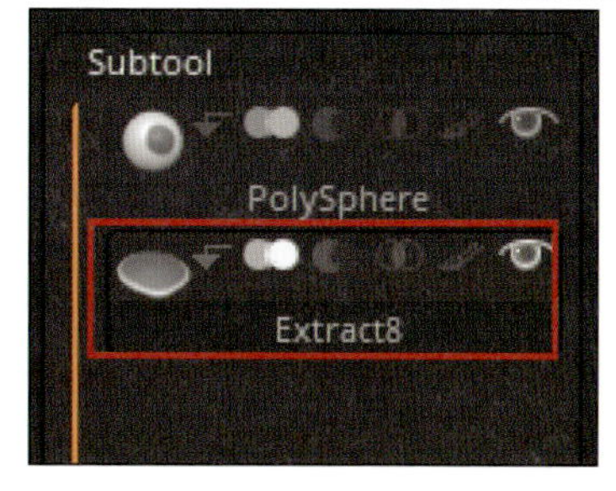

⑤ Double

Thickの値がプラスの場合、法線マイナス方向に同じ厚み分メッシュが作られます。マイナスの場合は、法線プラス方向に同じ厚み分のメッシュが作られますが、法線が反転したメッシュが生成されますので注意してください。

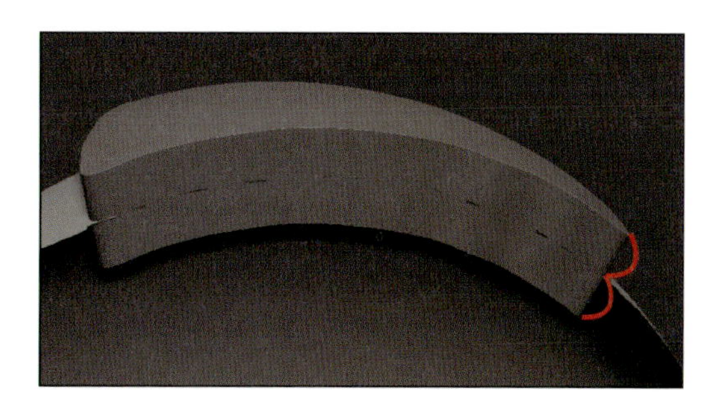

▶ ⑥ TCorner

生成されるメッシュの境界線に三角形ポリゴンが含まれることを許可します。

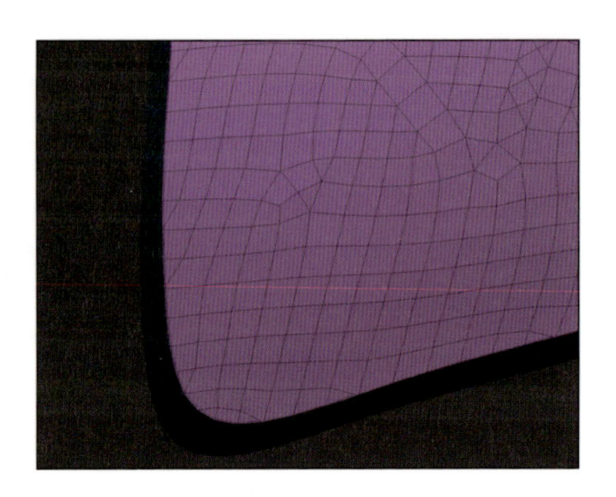

▶ ⑦ TBorder

生成されるメッシュの境界線に沿って、四角形ポリゴンが1ループ分生成されたトポロジーになります。

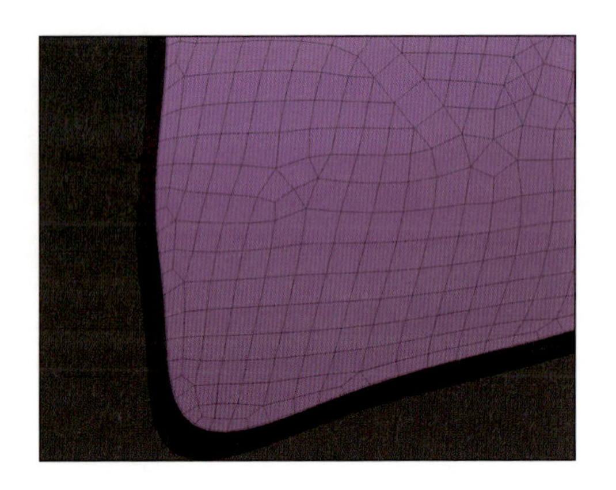

生成されるメッシュの特徴

Extractで生成されたメッシュを、PolyFrame表示をON（[PolyFrame]ボタンをON）にして観察してみましょう。「厚みの側面は1周分キレイな四角形ポリゴンのループになっている」「厚みのプラス側、マイナス側、側面はそれぞれ別ポリグループになっている」「側面との境界線にはCreaseが設定されている」という特徴があります。

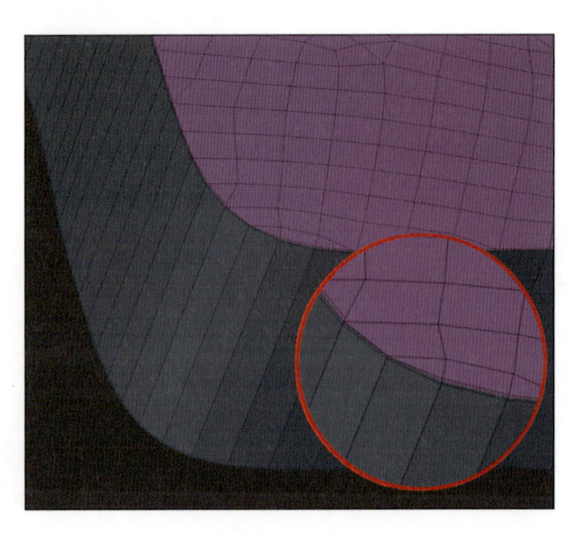

SECTION 02

Extractを使った服のベースメッシュ作成

この節で行うこと

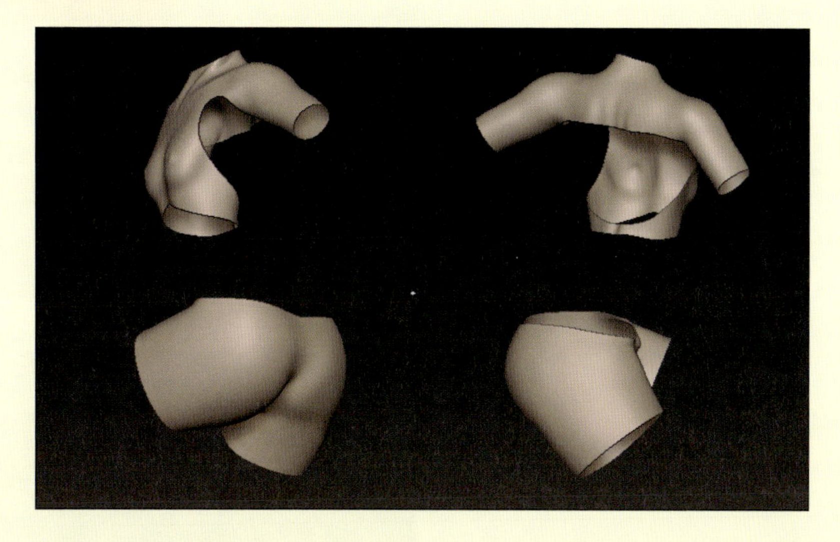

この節では、Extract機能を使い素体のメッシュからスパッツ、上半身のボディスーツの基となるメッシュを作成します。

スパッツを作成する

12-01で解説しているExtract機能をメインに使い、メッシュを生成していきましょう。まず、スパッツを作成します。

最初に、身体のメッシュをDynaMesh化します(参考：Resolution 1640)。

続いて、スパッツの形にマスクを作ります。MaskPenブラシやMaskLassoブラシ、TopologicalMasking機能を使い、マスクを作りましょう。

[Tool]>[Subtool]>[Extract] のThickスライダを0にし、[Extract]ボタンをクリックします。そのまま[Accept]ボタンをクリックし、メッシュを生成します。

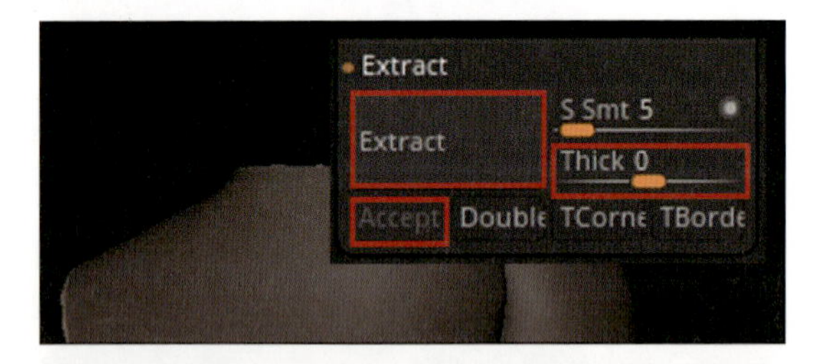

Extractで生成したメッシュは縁部分が波打つ特徴があるので、縁部分を削除します。Extractで生成した直後のマスクがかかったままの状態で、[Tool]>[Geometry]>[EdgeLoop]>[Edgeloop Masked Border]ボタンをクリックし、マスクの境界線でエッジループを作ります。この時、マスクの外側に別ポリグループが割り当てられるので、別ポリグループが割り当てられた部分を削除します。

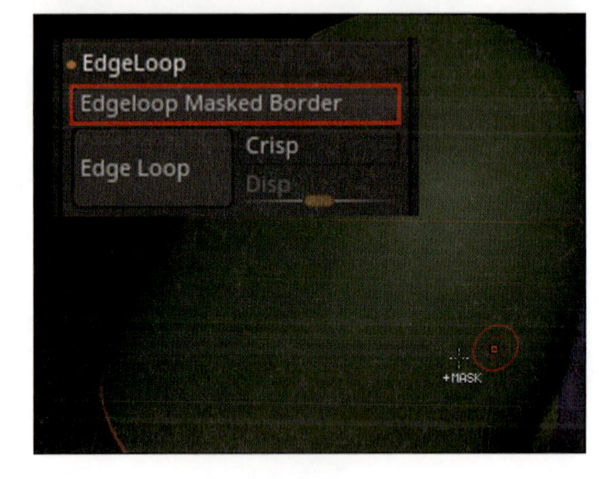

標準設定のまま、ZRemesherを1回実行します(P.187参照)。

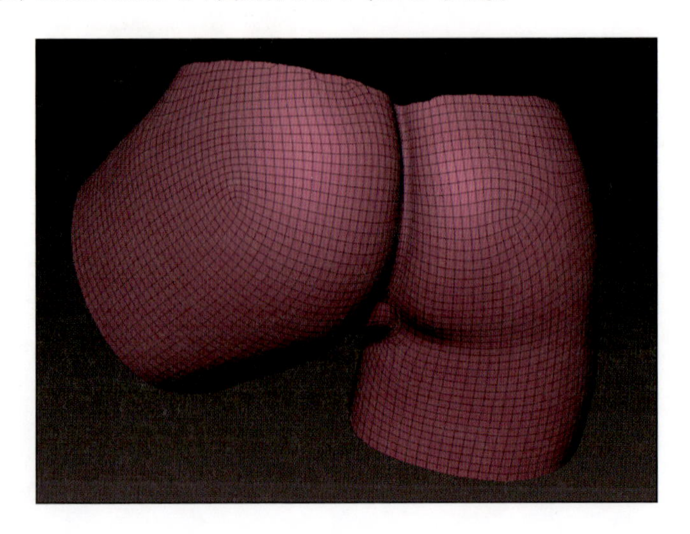

縁部分がポリゴンのループになってる状態を作っていきます（前の手順で、一発でキレイなループができている場合は、この手順は不要です）。

BorderのみONにして[Frame Mesh]ボタンをクリックして、縁の部分にカーブを生成します。ZRemesher Guide ブラシを選択し、縁にZRmesherガイドのカーブを作り、再度ZRemesherを実行してください。

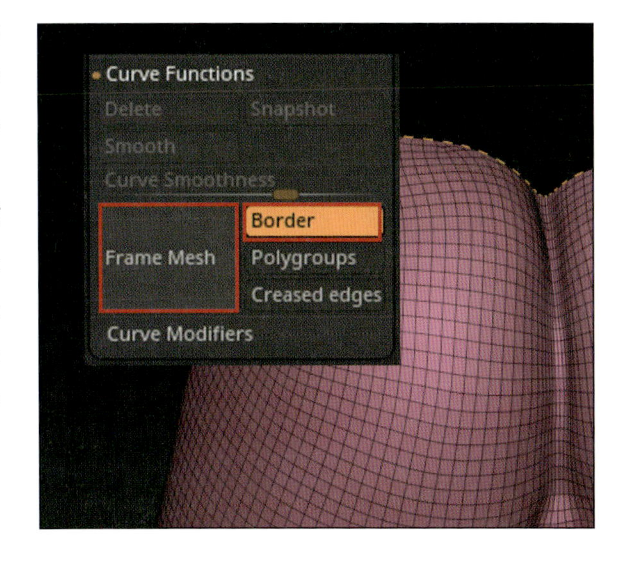

SelectLasso ブラシのエッジループ非表示を使い、縁部分がループポリゴンになっているか確認します。

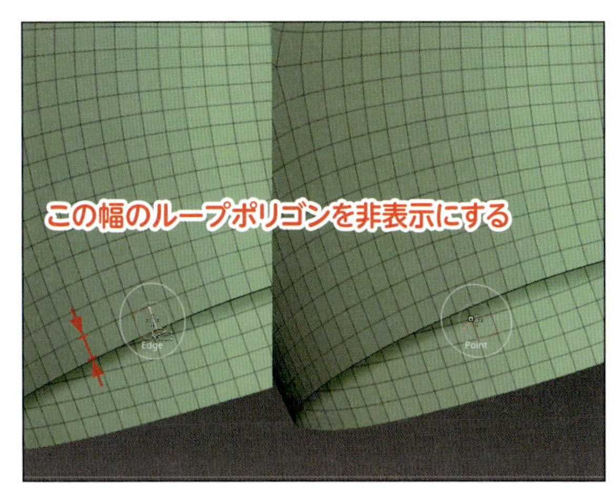

ZModelerブラシのPOLYGON ACTIONを「Polygroup」、TARGETを「Polyloop」に設定し、それぞれの縁に別々のポリグループを割り当てます。

ぶかぶかなショーツやスパッツを、わざとお尻の割れ目に挟むように履くことは普通ではありませんし、レオタードタイプのボディスーツでない限り、お尻の割れ目に密着した状態には通常なりません。　ショーツであれば、まだ谷間に向かって少し入り込みますが、今回の作例はスパッツなので、ショーツより布全域にわたって締め付けによる張力がかかるため、基本的にショーツほどはお尻の谷間に布が落ち込んでいきません。ただし、ポーズや、スパッツ自体のお尻の谷間部分に走るシーム（縫い目）の影響で谷間側にやや落ち込んでいるケースもあるので、100%ではありません。

素体からExtractしただけのメッシュでは、上から下までお尻の割れ目に沿った形状になってしまいます。そこでMoveブラシ等を使い、下から上に向かって徐々に左右の張りが強くなるイメージ、かつ上から見た時にお尻の丸みの左右のピークを橋渡しするイメージのアウトラインに直します。

その際、割れ目から外に持ってきた部分とそれ以外で密度に差が出てしまうので、Keep GroupsをON、SmoothGroupsを1にしてZRemesherを実行します。

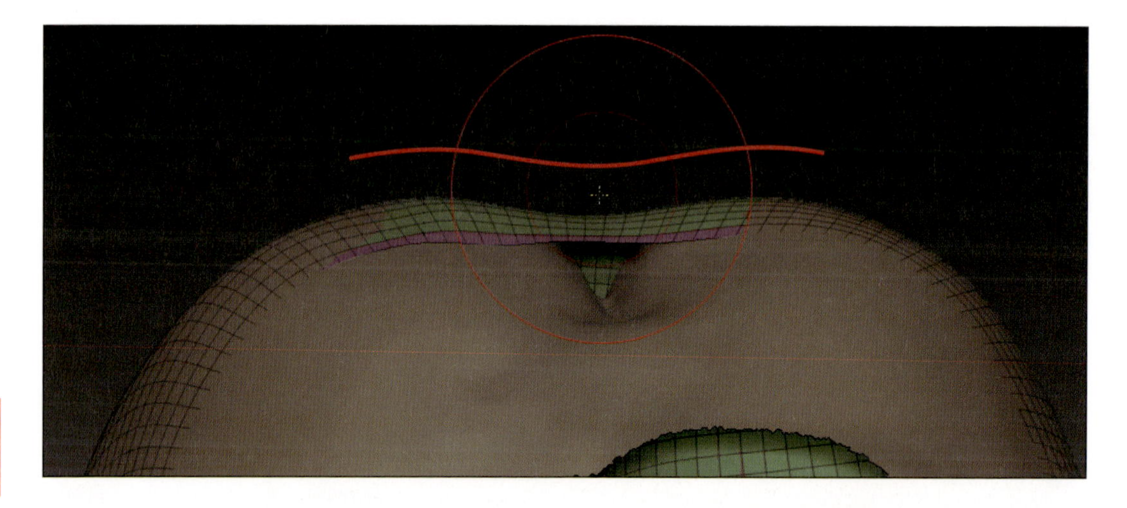

ZRemesherをかけ直したことにより、縁部分のポリゴンループ部分が2列になっている場合は、真ん中のエッジループを削除してください。

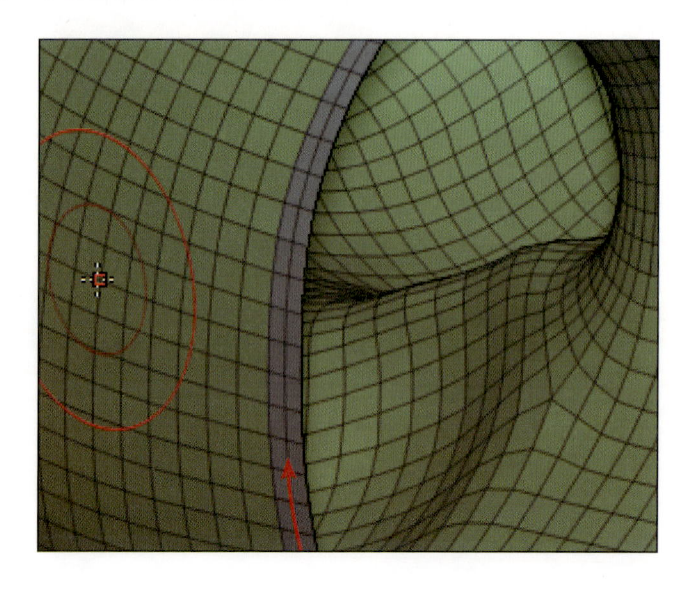

縁のポリゴンループの幅をアクションラインで適宜計測してチェックしつつ、ZModelerブラシのPOLYGON ACTIONを「Slide」にし、頂点をスライドさせて幅を調節します。大変ですが、これを3つの縁の全ての頂点に対して行ってください。スパッツの3つの縁全ての調整には、筆者でも30分かかりました。休憩しつつノンビリやると良いと思います。

太もも側の縁	1mm 幅
お腹側の縁	1.5mm 幅

ボディスーツを作成する

ボディスーツも、スパッツと全く同じワークフローで作成します。縁の幅は全て1mm幅で作成しました。

背骨のくぼみを越える部分については、お尻の割れ目の時と同じく、広背筋や肩甲骨から橋渡しされるイメージで修正します。

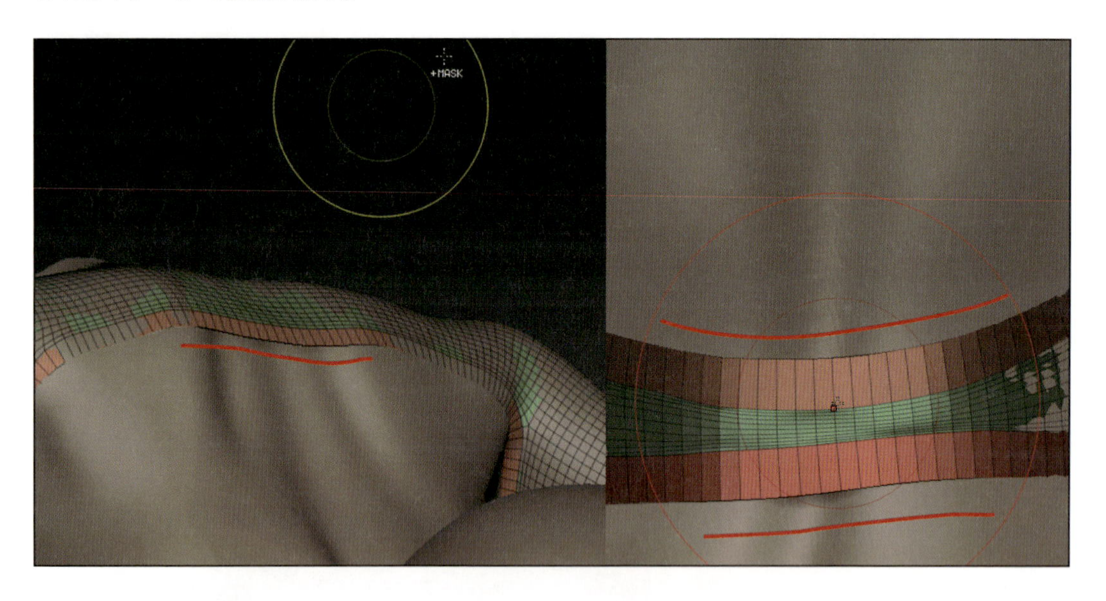

ボディスーツの調整が終わったら、服のベースメッシュ作成は終了です。

Chapter 13

仕上げ

SECTION

01 スカーフの作成

この節で行うこと

この節では、キャラクターが身に付けているスカーフを作成します。普通のスカーフではなく、先端が手をモチーフとしているデザインになっているため、少し難易度が高めですが頑張ってください。

Bend Curveデフォーマでスカーフを作る

この節では、新しくBend Curveデフォーマを使用します。詳しい使い方の説明は5-02に記載しています。

首に巻き付けている部分を作る

YResのみ1にしたQCylinderを、首の周りに外周が来るように配置します。

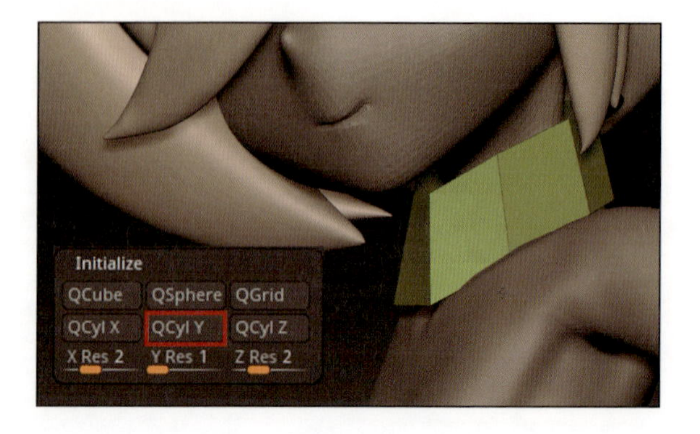

Crease PGでキャップと外周の堺にCreaseを設定し、Dynamic SubdivisionをONにしてMoveブラシ等で調整します。

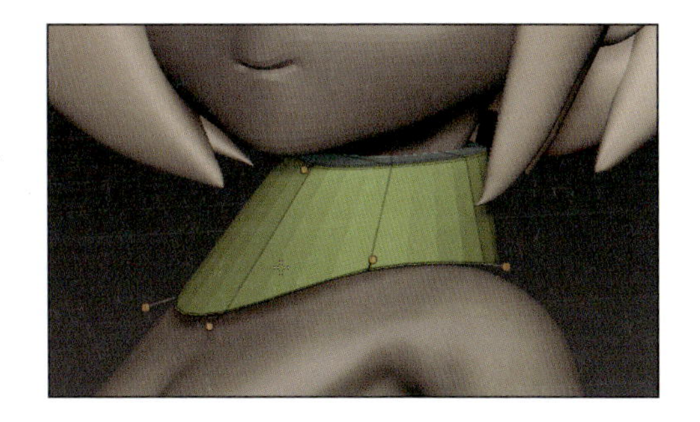

「ある程度、首の周りに巻き付けた形状にできたな」という段階まで調整したら、Dynamic Subdivisionを確定しサブディビジョンレベルを削除、キャップ部分（上面、底面）を削除してください。

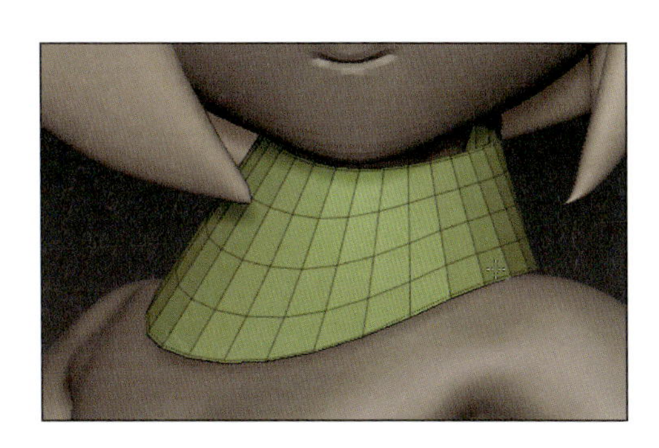

上部のエッジループ以外にマスクをかけ、TransposeのScaleの終点ドラッグで上部を大きくします。

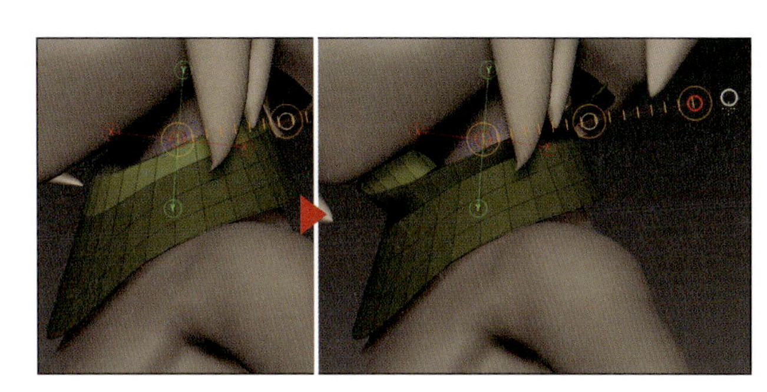

マスクをいったん解除し、Mask By FeaturesをBorderのみONにして適用、その状態でPolish By Featuresを弱めに何回かかけ、なだらかなRになるように均します。

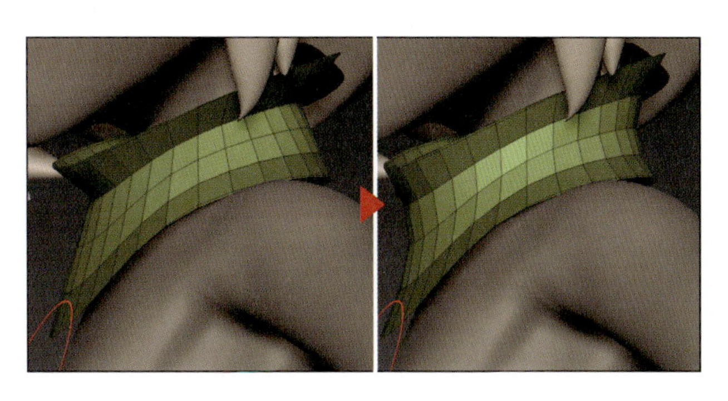

ZModelerブラシのEDGE ACTIONを［Mask］に、TARGETを［Edgeloop Complete］にし、横方向の真ん中のエッジループにマスクをかけます。

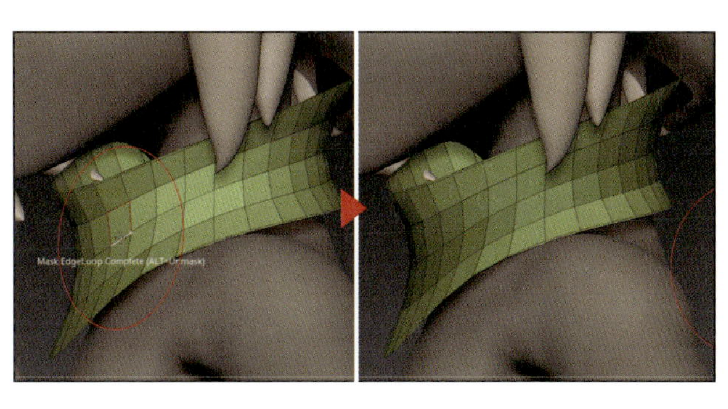

マスクを反転し、TransposeのScaleの終点ドラッグで中央部分を膨らませます（MoveのInflateではなくScaleを使ってください）。

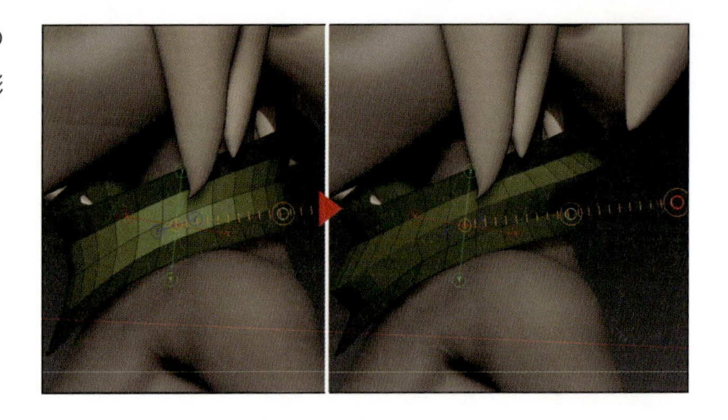

横のエッジループ3本にZModelerブラシでCreaseをかけ、サブディビジョンレベルを3まで上げます。

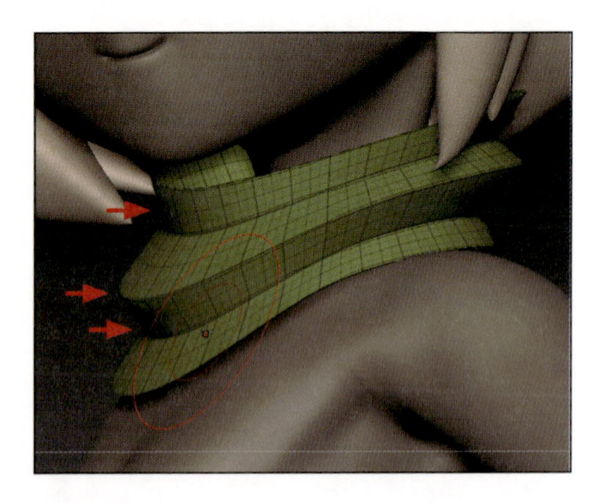

Mask By FeaturesをBorderのみをONにして縁にマスクをかけ、[Tool]>[Deformation]>[Polish]を弱めにかけて均します。Polish By Featuresの場合はCreaseが設定されたエッジの鋭角が維持されてしまうので、ここではPolishを使ってください。

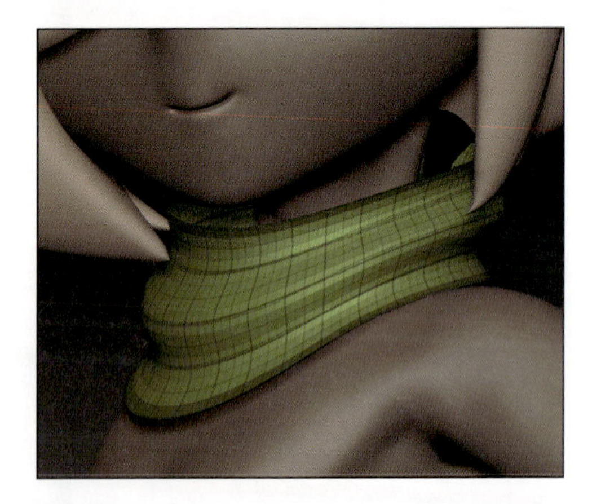

[Tool]>[Geometry]>[Crease]>[UnCreaseAll]ボタンをクリックして全てのCreaseを解除後、サブディビジョンレベルを5まで上げます。

スカルプトをしなくても、このようにCreaseとサブディビジョンレベルを活用することによって大きな流れをキレイに作成することができます。とはいえ、これでは味気ないので、ここから先はスカルプトのアプローチでシワを作っていきます[注1]。

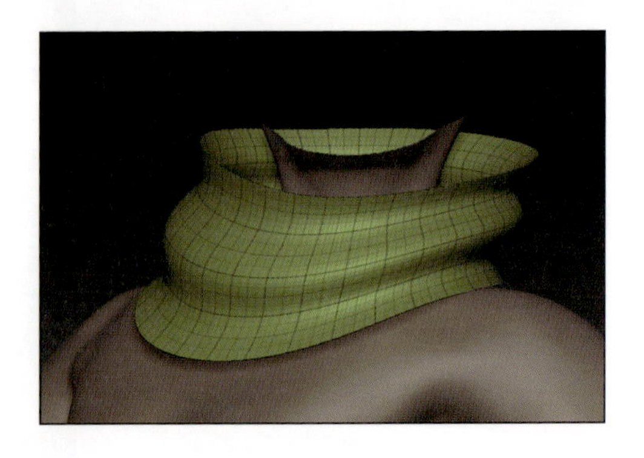

注1　作業の邪魔になるので髪の毛のサブツールは非表示、顔のサブツールは首周り以外を非表示にしています。

SK Clothブラシやsm_creaseブラシを使い、シワを作り込んでいきます。シワを作り込む際、後ろ側に2本マフラーの先が繋がっていくのをイメージして流れを考えると良いと思います。

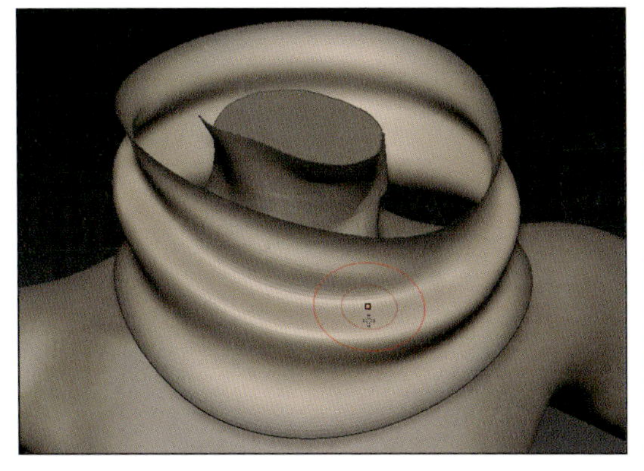

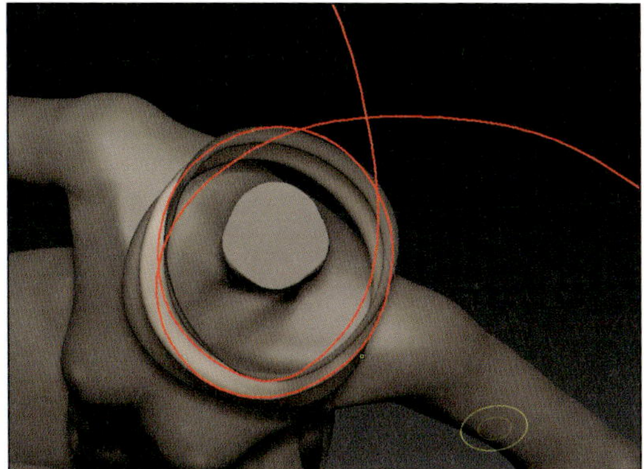

もしイメージが湧きづらい時は、スカーフを自分で巻いて写真を撮ったり、身近なものを使って資料になるミニチュアを作ってみるのも良いと思います（今回は液晶タブレットのペン立てと布の切れ端で作りました）。

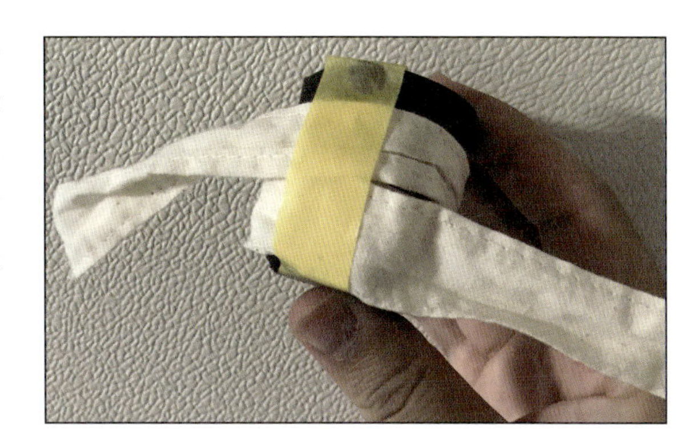

今回はこのくらいのシワでいったん完成とします。

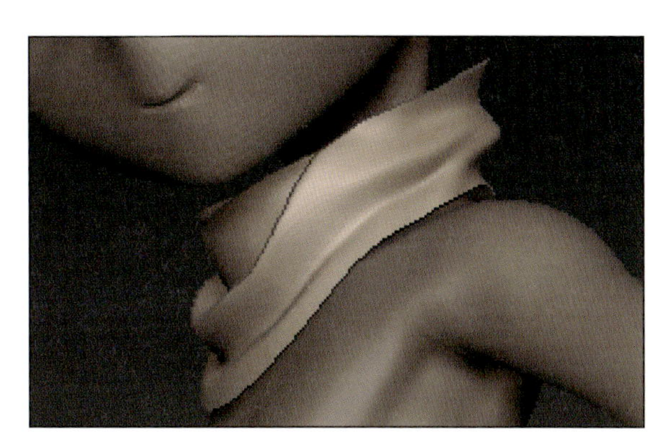

▶ なびいている部分のベース作成する

QCubeを、XResを「20」、YResとZResを「1」にして読み込み、SelectLassoブラシで前面側だけの面を囲みます。

▶ 前面側

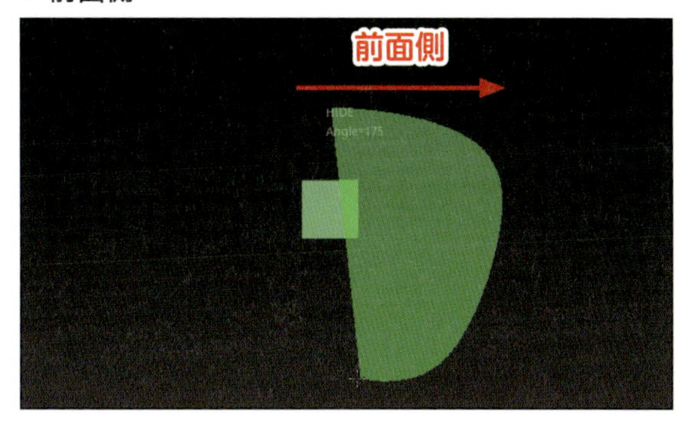

表示されている部分以外は不要なため、[Del Hidden] (P.56) で削除します。

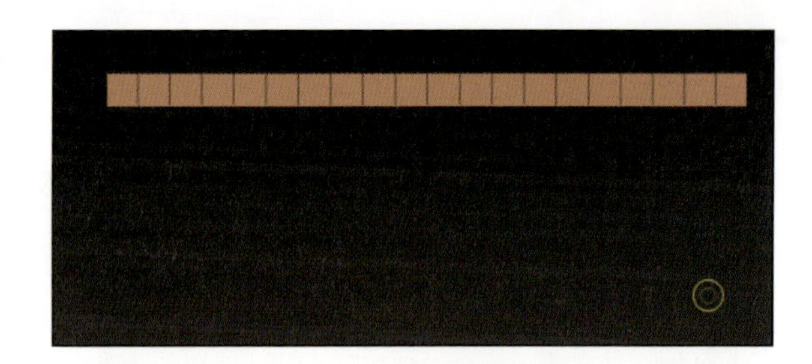

縦幅と位置を調整し、画像のようにしてください。

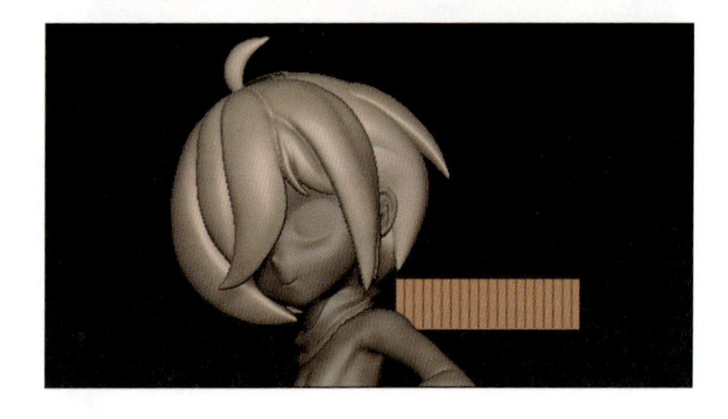

Gizmoのオペレーターアイコンの [Customize] から [Bend Curve] を選択します。

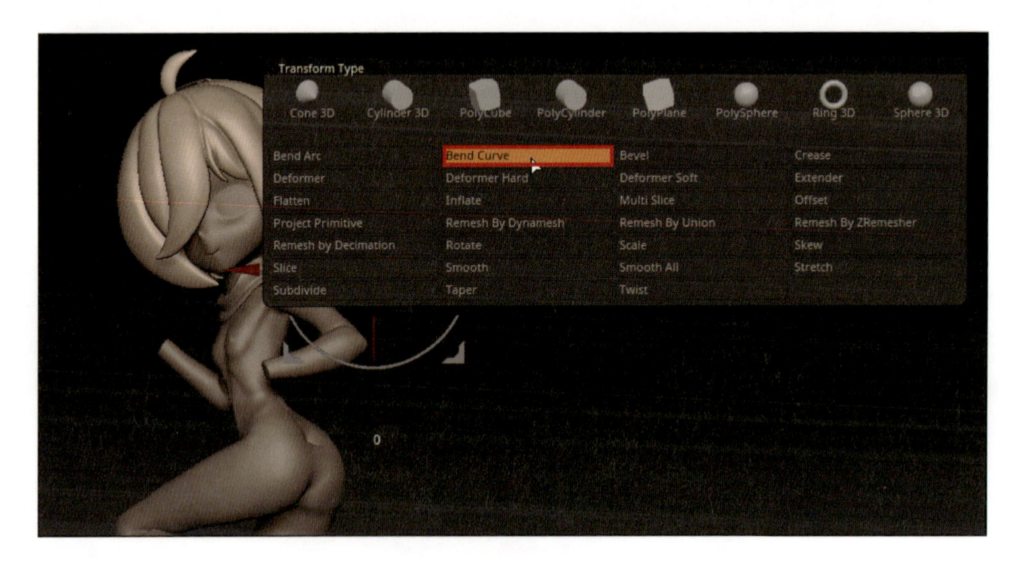

Curve Resolution (P.130) を5にし、9つの制御ポイントに変更します。

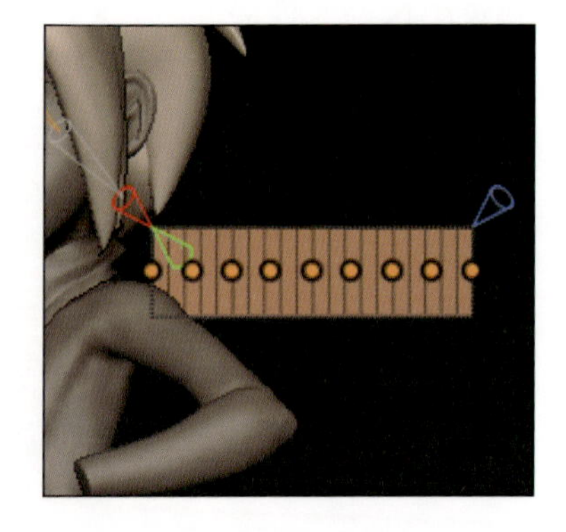

制御ポイント（オレンジ色の球）をドラッグしてマフラーの形を作っていきます。また、制御ポイントのScale、Twist（P.131）を調整し、徐々にデザイン画に近づけていきます。

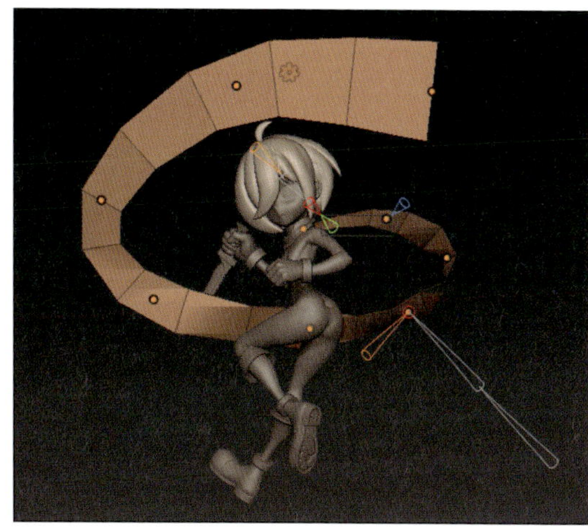

今回のマフラー製作時、制御ポイントが若干複雑に入り組んだ結果、Twistが制御しきれずどうしてもメッシュが意図せずねじれてしまいました。このような場合はいったんその部分は諦めて、後でポリゴンモデリング的アプローチで解決します。

上側の調整と並行して、下側のマフラーも同じように調整していきます。Bend Curveでの細かい調整はやや難しいため、デザイン画を重ねてみてある程度似てきた段階で[Accept]ボタン（P.129）をクリックしてBend Curveを確定し、ここから先はMoveブラシ等で調整していきます。

ねじれの原因になっているポリゴンを、ZModelerブラシのPOLYGON ACTIONを[Delete]にし、削除します。

▶ ねじれの原因

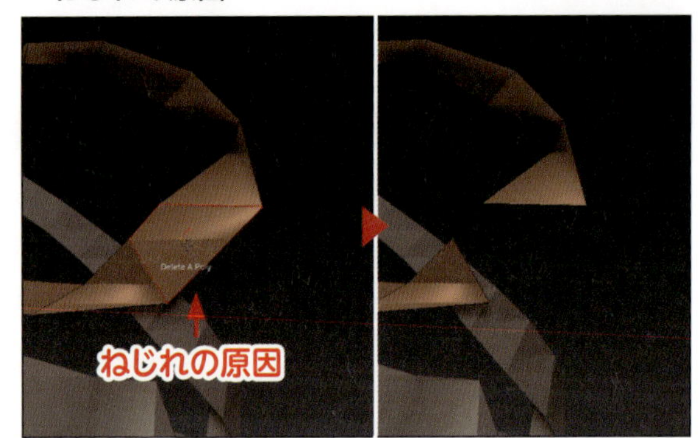

ねじれの影響が出ている周辺の頂点を、MoveブラシやPOLYGON ACTIONのMoveで直します。

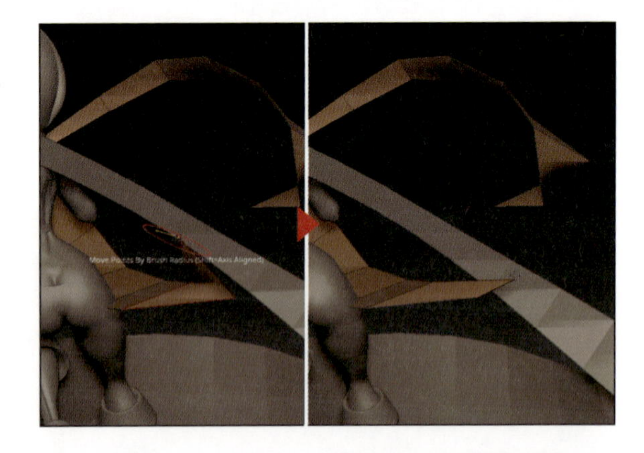

周辺を整えたら、消したポリゴン部分をEDGE ACTIONの[Bridge]で繋ぎます。

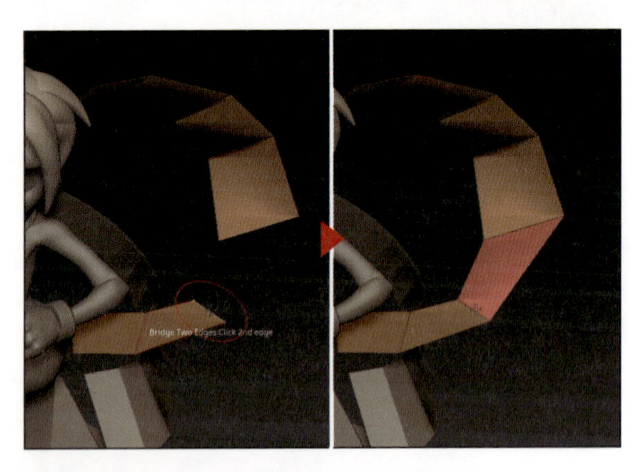

下側のマフラーも同じようにねじれを解消しましたが、Bridgeで繋いだポリゴンがなぜか欠けています。

欠けた原因はDouble表示をOFFにしてみるとわかります。画像で見えているオレンジの面は構造的に地続きになってはいけないため、無理やりBridge面が張られた結果、ねじれた表示（三角形に欠けた）になってしまったのです。

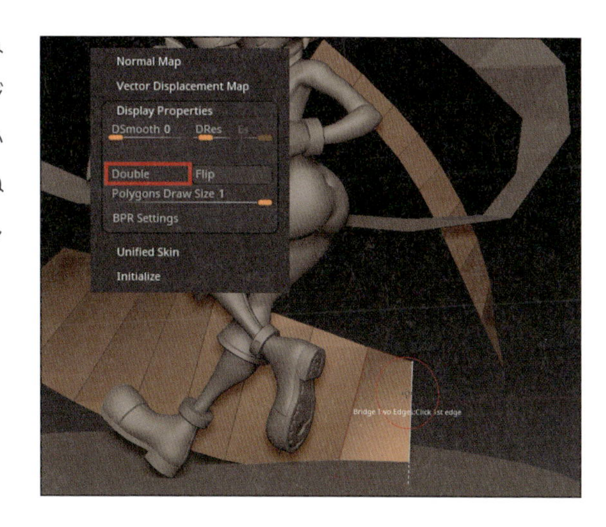

正常な状態にするには、どちらかの面の法線をひっくり返せば良いので、POLYGON ACTIONの［Flip Faces］で左側の法線を反転させます（Alt キー＋ドラッグで白ポリグループを割り当てて、一気にひっくり返すと楽です）。

あらためてBridgeで面を張ります。今度は欠けませんでしたので、これでOKです。

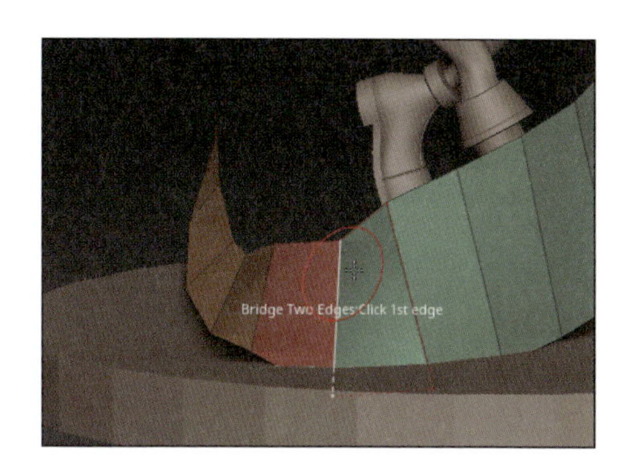

MoveブラシやPolish By Features（P.103）等を使い、滑らかなカーブを描くように調整します。またこの時、下側のマフラーの面の向きをキャラクターの方向を向くように頂点を移動し、調整しました。

マフラーは断面がアーチ状のRになっているため、エッジを追加し、山なりの形状を作っていきます。まずEDGE ACTIONの[Insert]でエッジループを中央に追加します。

Mask By Features(P.103)をBorderのみをONにし適用します。今の状態のメッシュでは縁以外の頂点、つまり中央のエッジだけがマスクがなく、動かせる状態であることを意味しています。その状態でMoveブラシ等を使って中央部分を山なりにします。

もう少し左側に延長したいため、メッシュの端っこを引っ張り、EDGE ACTIONの[Insert]、TARGETを[Multiple Edgeloops]にし、他とだいたい同じくらいの間隔になるようにエッジを追加します。

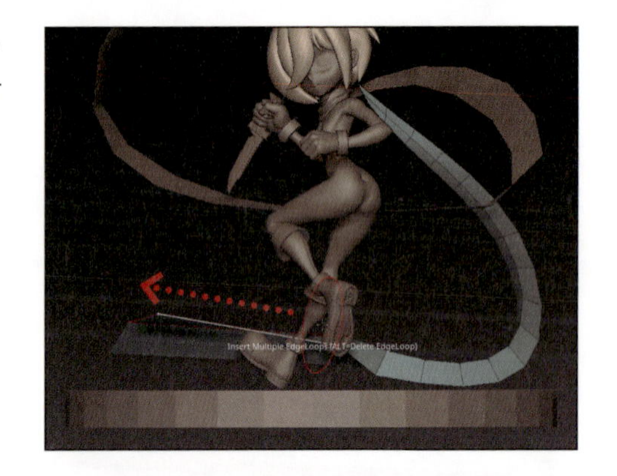

Moveブラシ等を使い、形状を整えてベースメッシュの作成を終わりにします。

▶ ベースメッシュを滑らかにする

現在キレイな四角形だけの流れでメッシュを作っているため、サブディビジョンを活用すると、このように滑らかでキレイなメッシュの流れが作れます。

ZModelerブラシのEDGE ACTION［Insert］で、エッジループを1本足してください。

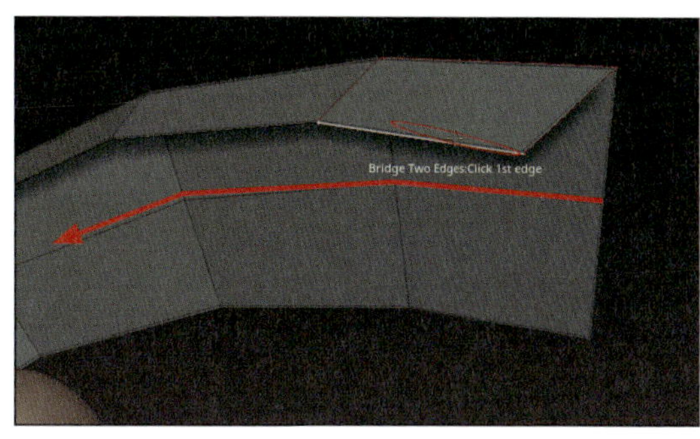

EDGE ACTIONの［Bridge］で端っこをフタをするように面を張ります。

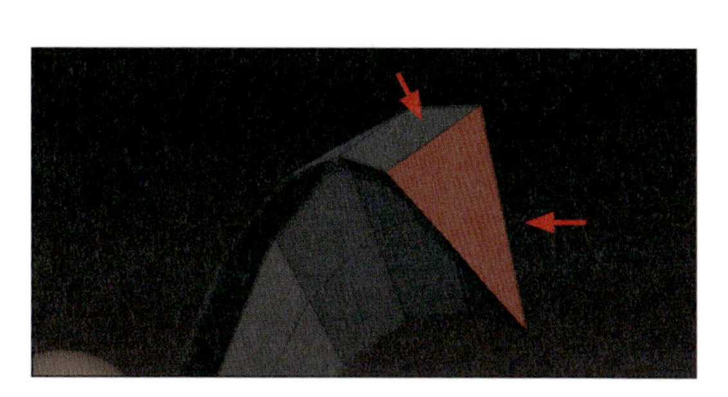

流れに沿って全て面を張ります。やや数が多いですが、頑張って端から端まで全部張ってください。

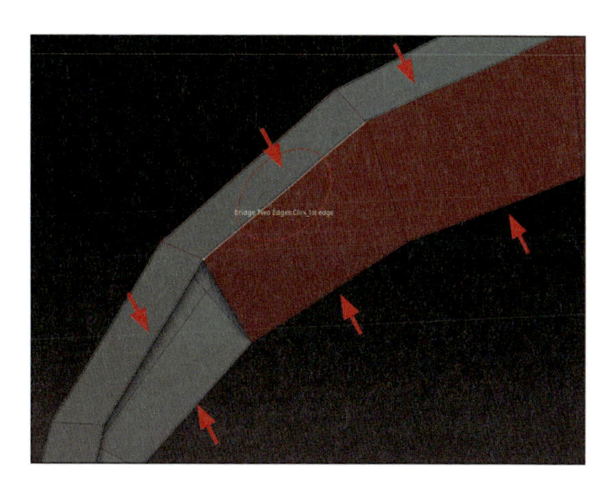

Bridgeで張った面とマフラーの境界線に、Crease PGでCreaseを設定します（P.103）。また、フタ部分の縁の1箇所はCrease PGではCreaseがかからないので、手動でCreaseを設定します。Creaseを設定できたら、サブディビジョンレベルを3まで上げ滑らかにします。

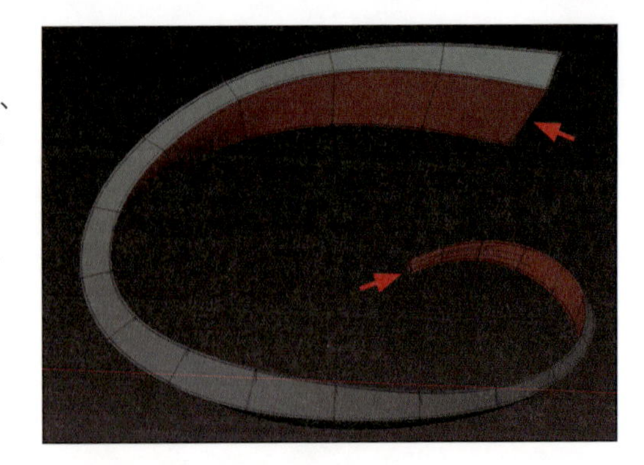

サブディビジョンレベルを［Del Lower］ブラシで破棄し、ブリッジ部分ももう不要なため、Select系ブラシと［Del Hidden］ボタンで削除してください。

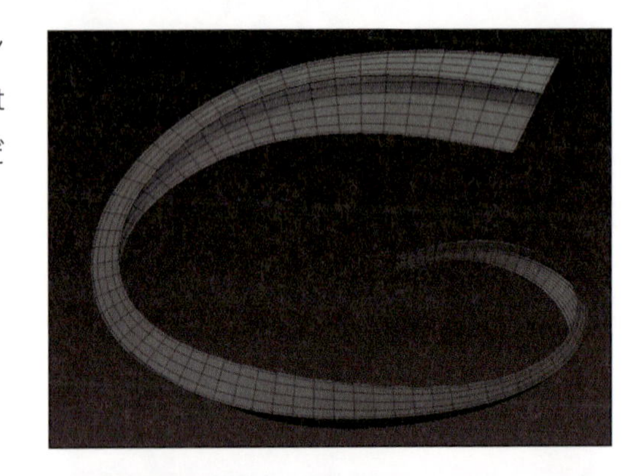

ここまでの手順を下側のマフラーにも同様に行ってください。これにて、なびいている部分のベースは完了です。

▶ マフラーの指部分を作る

指を生やす範囲をSelect系ブラシで囲み部分表示にし、Ctrl + Wキーで別ポリグループを割り当てます。

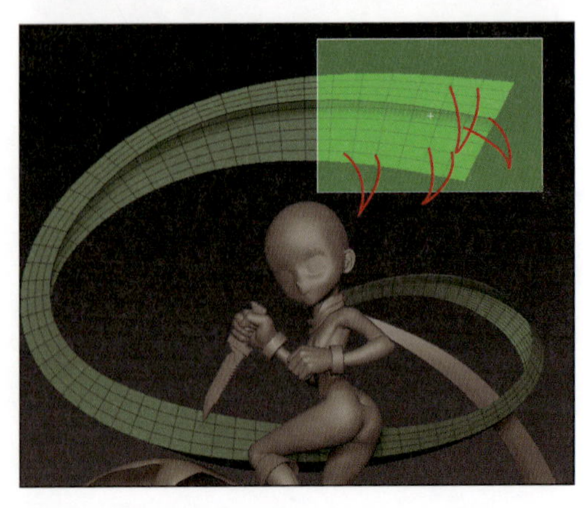

Chapter 13 仕上げ

指部分のポリグループ以外にマスクをかけ、Ctrl + D キーを2回押し、ローカルサブディビジョン機能で部分的に分割を増やします。

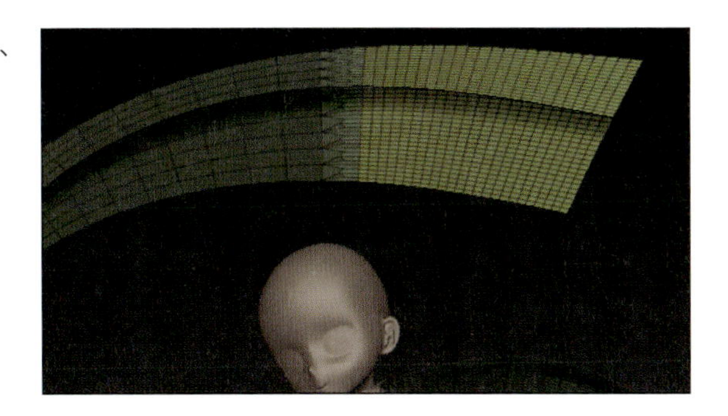

Moveブラシで指を伸ばします。この際、最初から完璧な形にする必要はないので、だいたいの位置から引っ張って4本の指の雛形を作るイメージでOKです。

また、ここから先のスカルプト操作中は、指以外のところを変形させてしまわないように必ずマスクで保護する癖を付けてください。

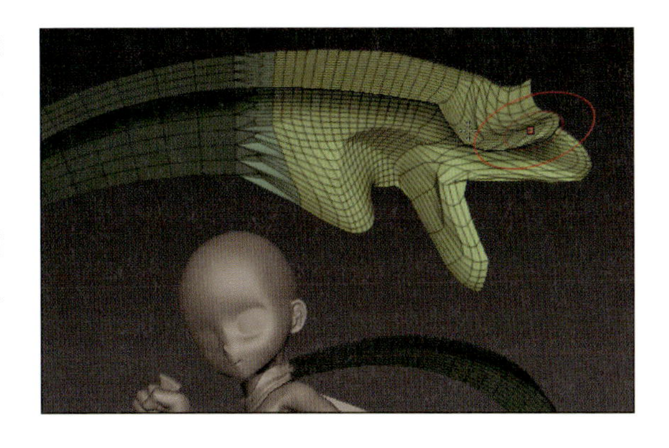

指部分のポリグループのメッシュのみ表示させた状態で、FreezeBorderをON、Target Polygons Countを0.1にしてZRemesherを適用します。ZRemesherの、非表示部分は計算の対象外となる仕様を利用しているため、この先の作り込みでZRemesherをかけ直す際は、必ず指部分だけを表示した状態で適用してください。

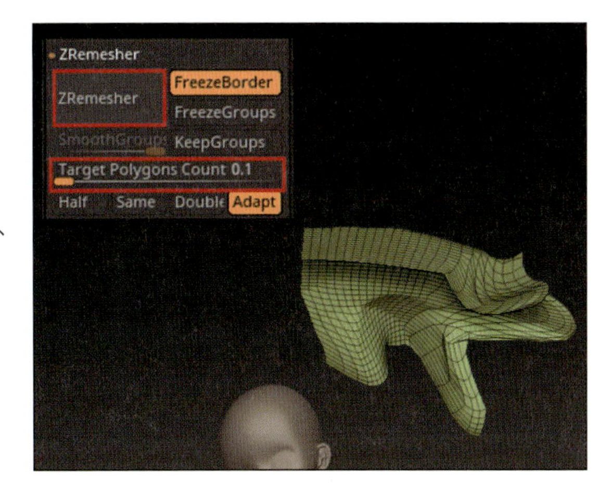

Moveブラシや Polish By Featuresを主に使い形状を調整し、ある程度調整したらZRemesherをかけ直すという手順の繰り返しで徐々に形状を整えていきます。ここが一番根気のいる部分ですので頑張ってください。

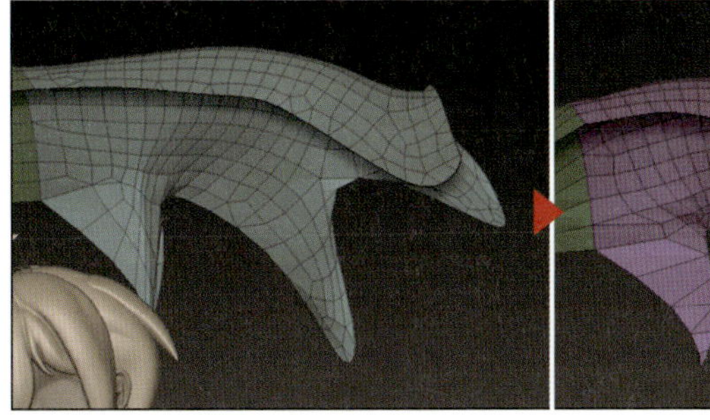
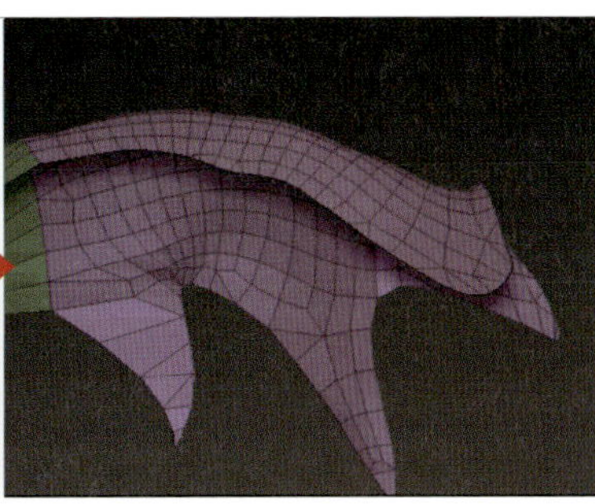

Chapter 13 仕上げ

指の丸みをきれいに曲げる際は、主に2つの方法を使いました。1つめは、TransposeのMoveの中点を Alt キーを押しながらドラッグするBend曲げを使う方法です。

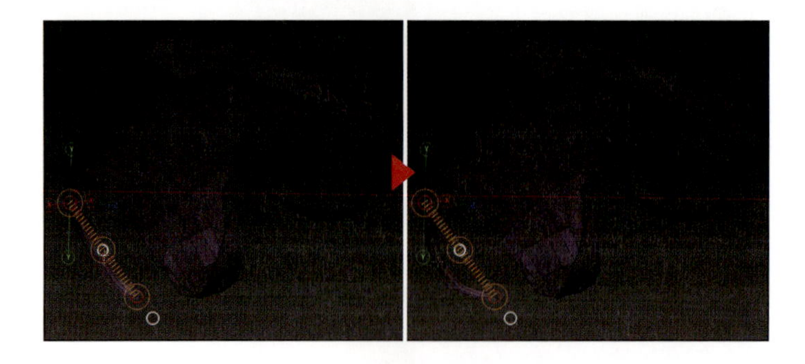

もう1つは、同じくTransposeのMoveの終点を Alt キーを押しながらドラッグするBend曲げを使う方法です。

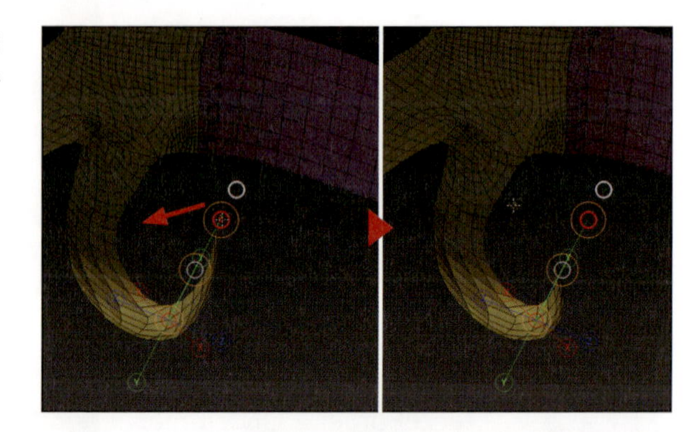

指の調整が終わったら、全体に対してZRemesherを適用します。この時、Freeze BorderはOFFにし、Target Polygons Countも増やします（参考：32）。

Smoothブラシや Polish By Features等で、指部分とベースメッシュとの境目を均します。

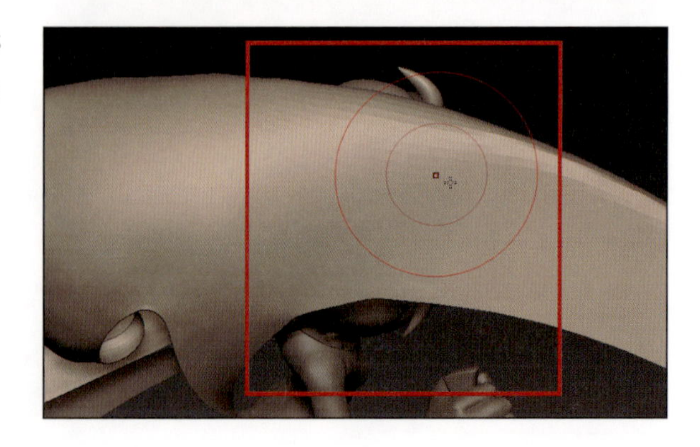

首に巻き付けているパーツ部分との接続箇所に関しては、続く13-02で厚みを付ける時に調整するため、この段階ではだいたいの位置にMoveブラシ等で調整するだけに留めます。

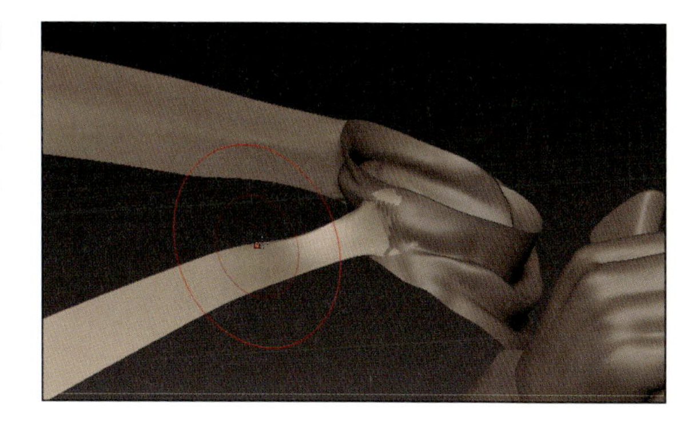

両方のなびいている部分の調整が終わったら、この節は終了となります。

MEMO 指部分のワークフローに関して

指部分のワークフローに関して補足しておきます。ZBrushはとても強力なソフトなのですが、板ポリゴンを編集する部分がやや弱く、10-06でも解説しましたが、Extrudeがエッジからできない点でかなりワークフロー的な制約が発生してしまいます。

普段であれば、筆者は今回のマフラーの指部分のような形状の編集は、別のモデリングソフト（Maya）で行います。本書はZBrushの解説書ですから、ZBrush上だけでなんとか作るためのワークフローを考えました。なるべく考え方と手順が難しくなりすぎないように考えましたが、本書籍の中で一番「根性で頑張りましょう」というフローになっています。その点はご了承ください。

もし他の3Dソフトを使用できる方は、ベースメッシュを他のソフトに持っていき、そこでモデリングの続きをしてからZBrushに戻すというワークフローも試してみてください。

ちなみにバージョン2018で追加されたTessimate (15-02) とSculptris Proモード（15-01）を使えないかとも検証しましたが以下の理由でフローには取り入れませんでした。

・Tessimate
マスクがかかっていない部分のメッシュが痩せてしまうため断念しました。

・Sculptris Proモード
一見いけそうでしたが、板ポリゴンに対して使用すると微細な裏返ったメッシュが発生してしまうため、クリーンナップの手間が増大すること、クリーンナップするほうが難易度が高くなる可能性があることから断念しました。

SECTION

02 全体の作り込み

この節で行うこと

この節では、全体の作り込みをし、いよいよモデルを完成させます。最後の一山ですのでぜひ頑張ってください。これまでに出てきたさまざまな機能が､最後にはたくさん出てきます。もし忘れてしまった機能があったら、これまでのページを読み返し、しっかり身に付けてから最後の作業に挑んでください。

髪の毛を修正する

アホ毛の位置と大きさをデザイン画に合わせて調整します。

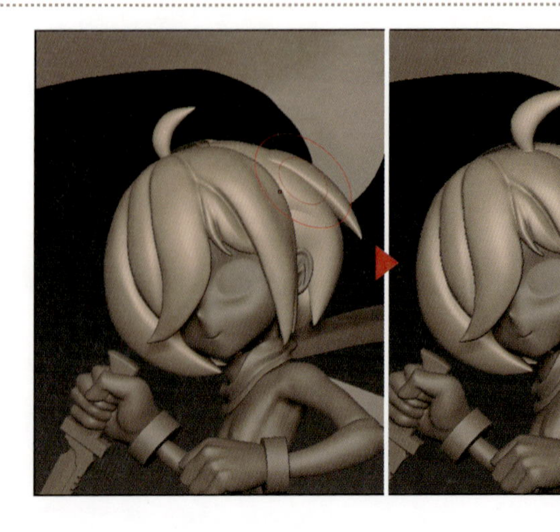

前後方向の位置も前髪側に移動させます。

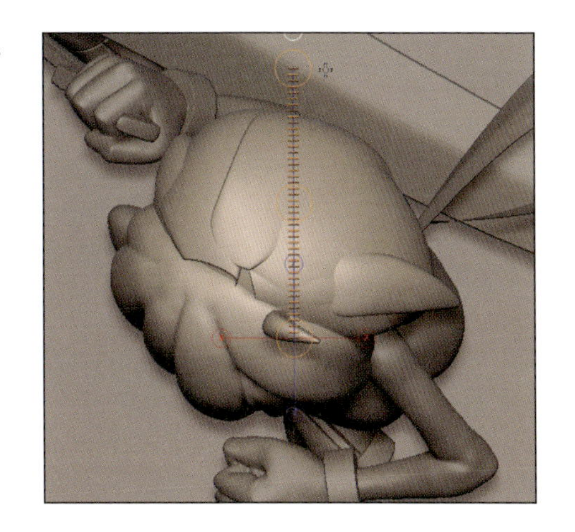

11-01の解説中(P.344)で説明した通り、このタイミングでマフラーとぶつからないように襟足部分を修正します。この後の工程で厚みを付けることも考慮し、襟足を回避させてください。

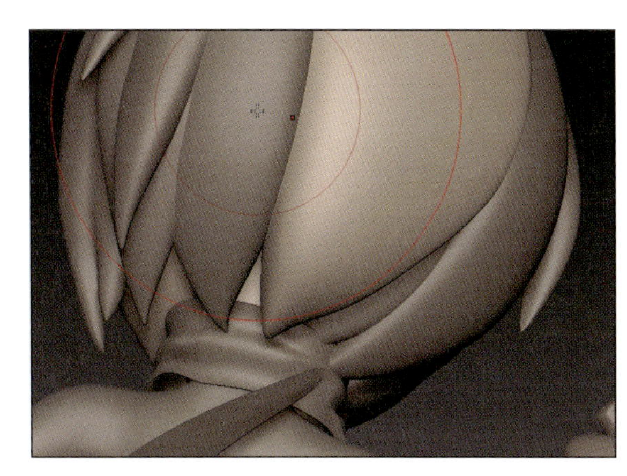

スパッツの表現

スパッツは基本的に伸縮性が高く、なおかつ締めつけて肌に密着するタイプの服です。そのため、厚みはあるのですが、モデリングの上では厚みを付けるというよりも「締め付けの表現を作る」というほうが作りやすいと思います。

そこでここでは、現状の身体に密着している状態のスパッツを少し縮める＋スパッツの内側になっている身体の部分を内側に引っ込めるというアプローチをしていきます。

身体のサブツールを選択し、視認性の高い色で[Color]>[FillObject]をクリックし、塗りつぶしてください。こうすることで、スパッツから身体のメッシュがはみ出てしまっている部分が視覚的にわかりやすくなり、見落としが減ると思います。[Ghost]ボタンによるGhostモード(P.45)もそれなりに視認性は高くなりますが、やはり干渉部分が色で見えるのが一番です。

TransposeのMoveの終点を右ボタンでドラッグし、スパッツのベースメッシュを少し縮めます。

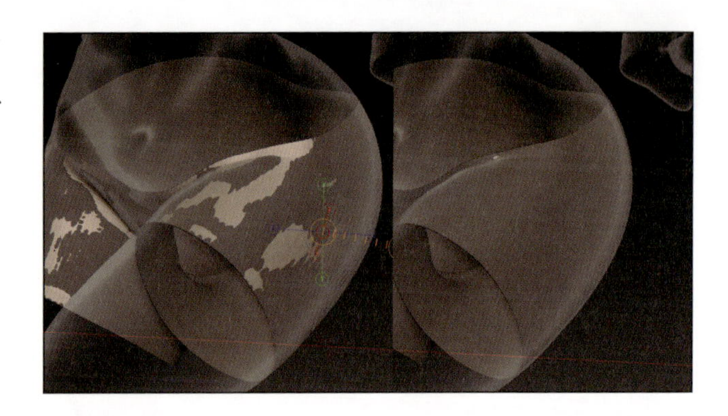

身体のメッシュ側を、ClayBuildupブラシ等を Alt キーを押しながらマイナスの効果（掘り下げる）にし、スパッツと被っている部分を全てスパッツより内側に引っ込めます。

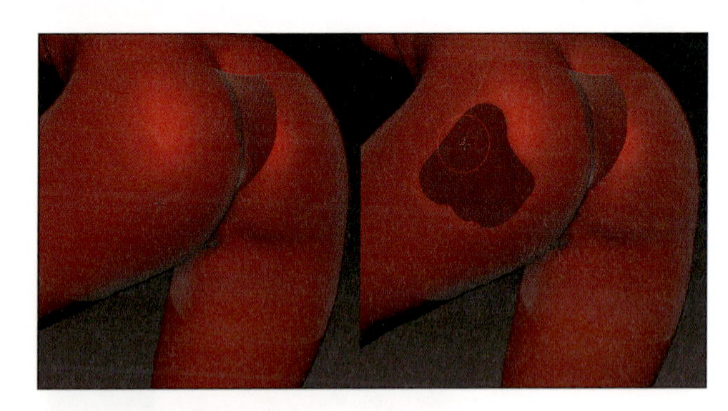

後の工程でも作り込みますので、まだアタリ付け程度ですが、この内側に引っ込める工程の段階で、スパッツの縁部分の外側の肌がキュっと締め付けられている山なりのRを描くようにしましょう。

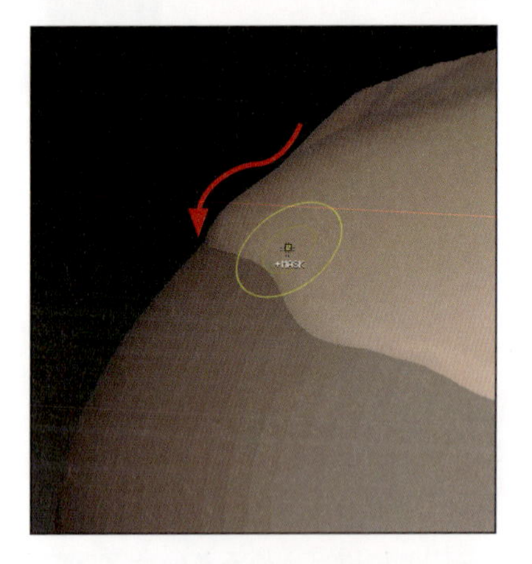

スパッツの縁のポリグループ以外にマスクをかけ、TransposeのMoveの終点を右ボタンでドラッグするInflateで少し縮めます。腰、太もも両方で行ってください。

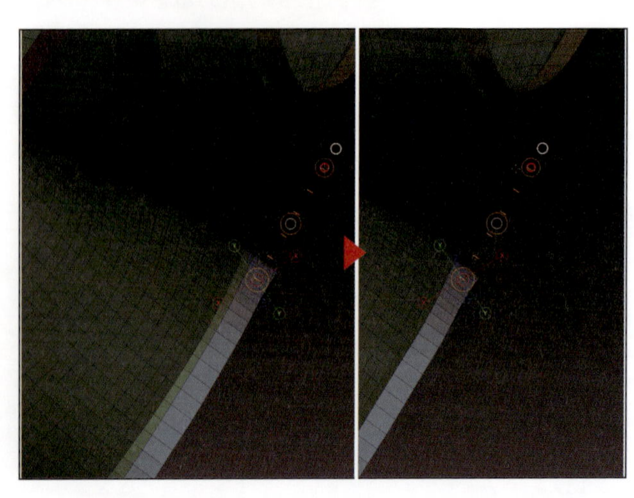

MEMO 現物を観察するというのは大事だねという話①

このスパッツの縁部分の締め付けを、筆者は長年ゴムが入っていて締め付けていると間違って認識していました。

本書執筆に際してたくさんのスパッツ写真を収集していた時、ゴムで締め付けられているわけではないことに気づき、確かめるべくスパッツを数枚購入（ちゃんと買ったからね！　それに資料用として買ってるから真面目な買い物だよ！！）。すると、どのスパッツも足の部分は単純に生地を折り返して縫っているだけで、ゴムが入っている製品はありませんでした。

スポーツ用品店に行ってスポーツタイプのスパッツも調べてみましたが、１つもゴムの入っている製品は見つかりませんでした（もしかしたらゴムの入っている製品も存在するかもしれませんが、今のところ発見できていません。丈が長いものだとあるかもしれませんが、１分丈では見つからず）。

ただ、ゴムが入っていないからといって締め付けがないわけではありません。スパッツの生地自体がそもそも伸縮性が高く、折り返して縫っていることにより締め付け力が上がります。結果として、縁の部分で強めに締め付けられ、周辺のお肉のあの得も言われぬぷっくりＲができるのです。

モデリングでは資料を集めることが大事だということ、現物が手に入るなら現物を入手すると、思い込みで作っていた部分の間違いに気づける良い例だなぁと思います。それに、着てみて気づくことも多いです。恥ずかしがらずに着ようね！　自分の部屋なら誰も見てないから！

モデリングする人でフェチズムのある人は、聞いてみるとだいたい自宅か作業場に下着とか衣装とかの現物があります。万が一家宅捜索されたら、捜査員にすごい誤解されそうですが、仕事用の資料だから！　盗んだんじゃないから！　という証拠の領収書もしっかり保管しておくと良いと思います。買うのは犯罪じゃないからね！（筆者はちゃんと全部明細保管してありますよ！）

筆者の同業の友人にはマントの裏地の布や質感を調べるために海外の博物館に行くほどの構造フェチも居ます（その調査力だけあって、すこぶる上手い！）。

それからスパッツは部屋着としてすごく良いぞ！　ということを推したい。特に夏！

折り返し部分を縮めたので、それに伴い境界の肉感も修正します。この時、マスクを使って修正したいところ、保護したいところを明確に分けながらスカルプトすると良いです。

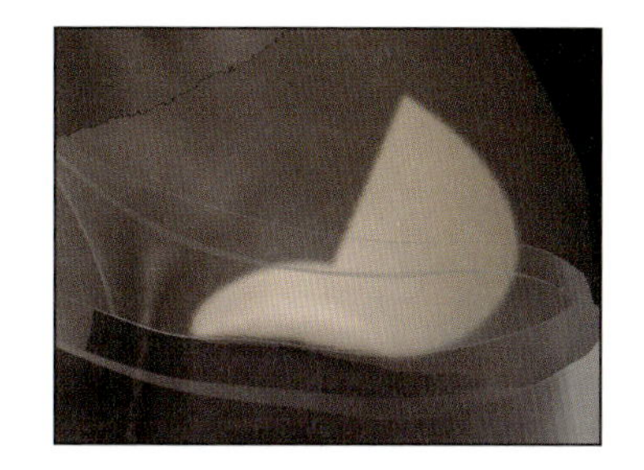

ZModelerブラシのPOLYGON ACTION［Extrude］、TARGET［Poly Loop］で縁部分に厚みを付けます。

なおZModelerブラシのExtrudeは、板ポリゴンの縁となっている面からの押し出しは非多様体ができてしまうという困った特徴を持っているため、この時点でスパッツのメッシュは不正トポロジーを含んだものとなります。この不正な状態は、しばらくの間は作業に悪影響を及ぼしませんので、この時点では修正せずに進みます（後ほど修正します）。

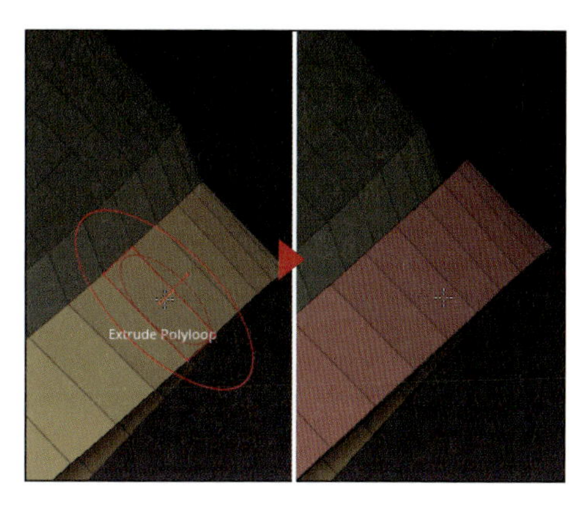

Chapter 13 仕上げ

縫い目を表現するために、まずEDGE ACTIONの[Insert]で2本エッジループを足します。

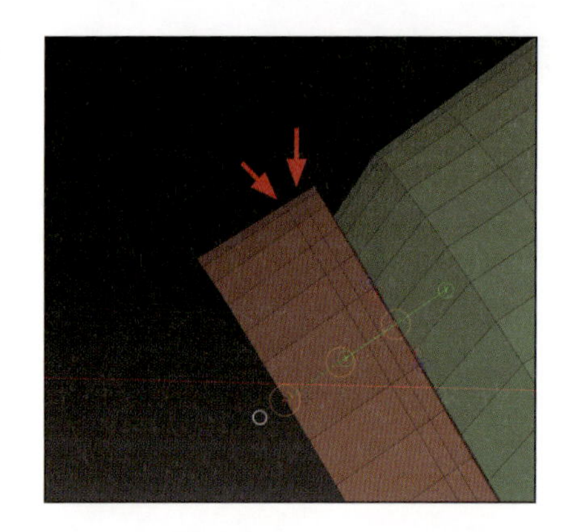

追加したエッジのうち、縁とは逆側(本体側)のエッジに、EDGE ACTIONの[Mask]をTARGET[Edgeloop]でかけて1周マスクを作ります。マスクを反転し、Moveの終点を右ボタンでドラッグするInflateで膨らませます。

サブディビジョンレベルを上げた時に膨らみを維持できるよう、膨らませた山のエッジのサイドに2本エッジを追加します(実寸値では0.1mm強程度の膨らみのため、Creaseで角を立たせてもほぼ差がわからないですが、練習としてここはエッジループでの制御にします)。

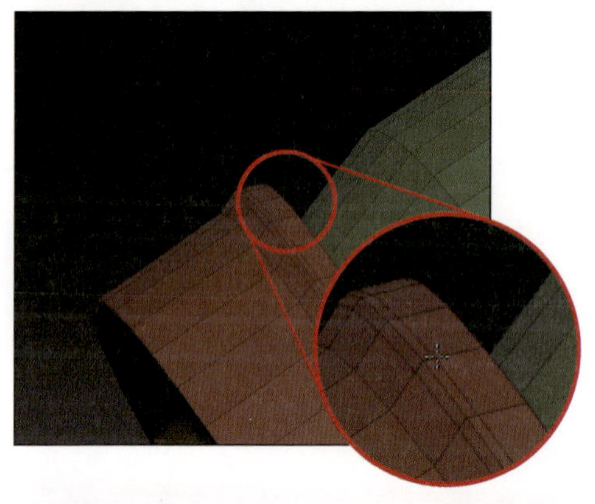

スパッツのメッシュのサブディビジョンレベルを3まで上げ、素体のサブツールをアクティブにし、スパッツからはみ出ている部分を修正します。

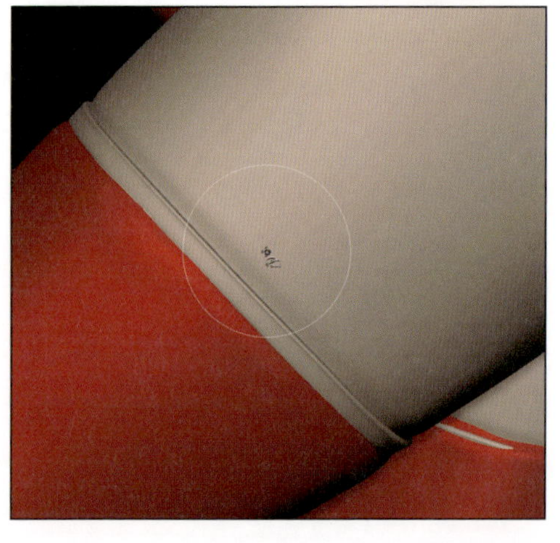

肉感を表現する

肉感ってそもそも何だ？

よく「グラマラスなフィギュア」といった表現や、「肉感が〜」といった単語が出てきたりします。肉とはそもそも筋肉のことですが、グラマラスと筋肉ムキムキはイコールではありません。

辞書ではこのようになっています。

にくかん【肉感】

① 性欲に訴えるような感じ。「－をそそる」

② 肉体に起こる感じ。　大辞林第三版より引用

肉感は、端的にいえば「ムチムチしててエロい！」ということです。

大雑把に言うと、人体は骨や内臓の上に筋肉があり、筋肉の上に皮下脂肪が大なり小なりあり、その上に皮膚を纏っています。ムチムチする原因は主に皮下脂肪です。皮下脂肪は男性、女性で付き方がかなり違いますし、もちろん個人差も大きいです。

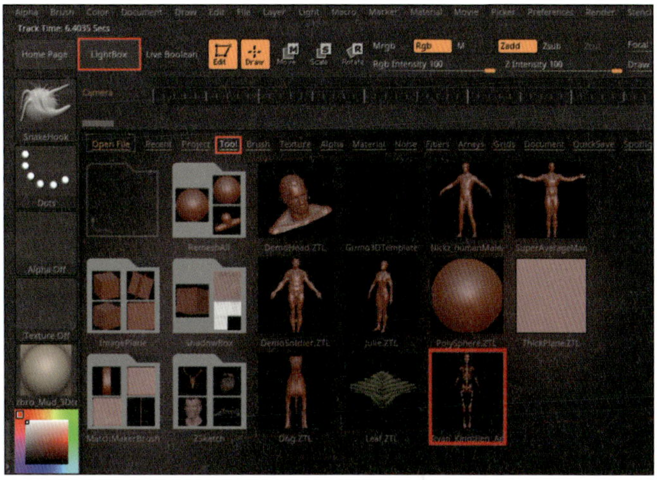

スパッツ周辺でいうと、お腹周りとお尻、太もも周りが特にムチムチ感を出すポイントになります。

わかりやすいモデルデータが、ZBrushのLightBox内に用意されているためこちらを元に解説します。[LightBox]>[Tool]>[Ryan_Kingslien_Anatomy_Model.ZTL]を開きます（ツールデータなので、ダブルクリックするとツールとして現在開いているプロジェクトに追加されます）。

Posterior Fat Padというサブツールは、お尻周辺の脂肪がメッシュとして作られています。このように、お尻周辺は上にも下にもかなり広範囲にわたって脂肪が厚い（＝ムチムチしやすい）ことがわかります。

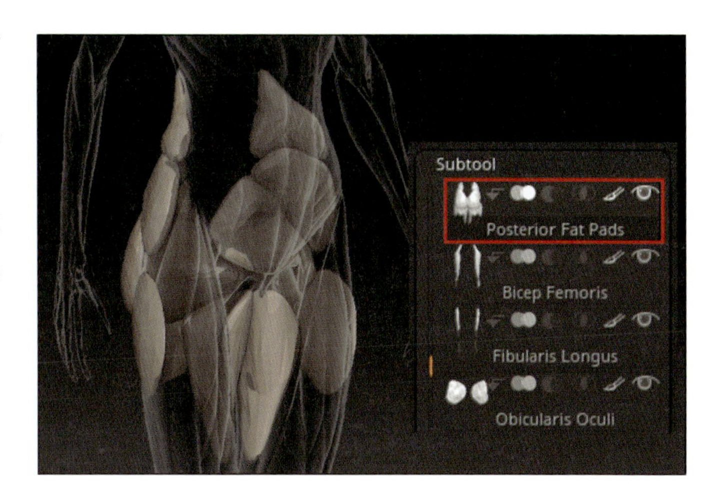

また、このモデルにはお腹の脂肪のメッシュは作られていませんが、図で示した周辺も女性は脂肪が厚めに付きます。

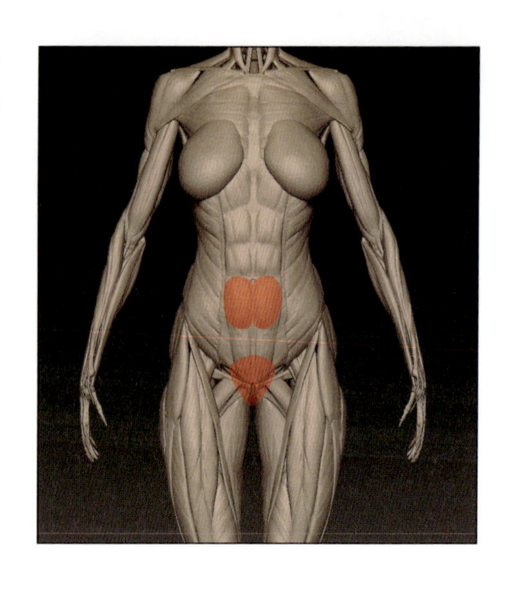

太ももは少し複雑ですが、覚え方としては縫工筋がキーとなります。縫工筋は、腸骨から始まり、太ももを斜めに横断して膝の内側側面に繋がる筋肉です。縫工筋を始点として、そのまま内股側を経由し200度ほどぐるっと太ももを取り囲む範囲に脂肪が付きやすいため、正面から見た時に縫工筋を境として足の内側は脂肪が付きやすく、外側は付きにくくなります。結果、内側はムチっとしやすいです。

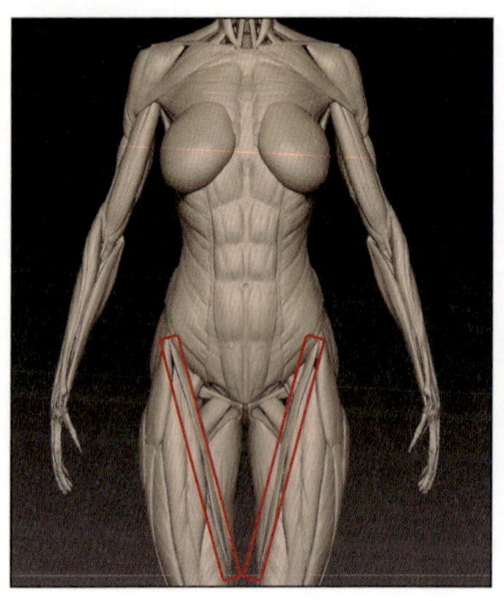

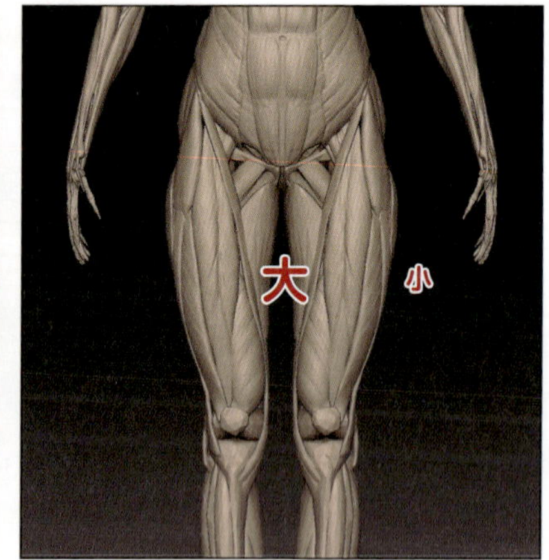

側面から見た時は、正面が脂肪が付きにくく、背面が付きやすいということになります。結果、背面側がはムチっとしやすいです。このあたりを念頭に入れて肉感表現をしましょう。

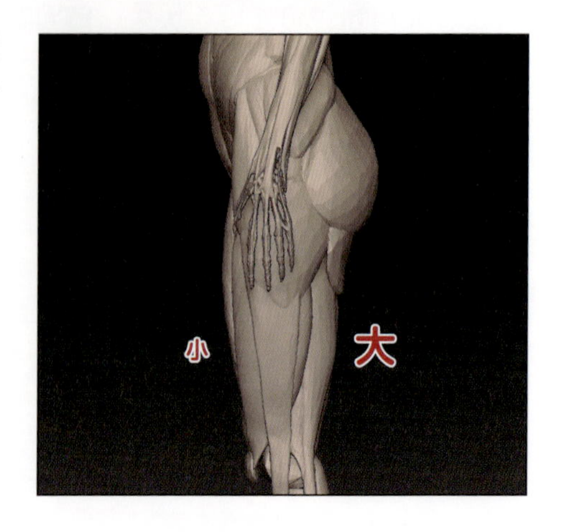

なお上半身は、特徴的にココに脂肪が集中する！ というポイントが胸周辺くらいしかないので。体型に合わせて盛る感じで良いと思います（二の腕等、肥満になった時に脂肪が付きやすいポイントはありますが、本書では割愛します）。

実際に肉感を表現する

スパッツの縁に隣接する部分を盛ります。

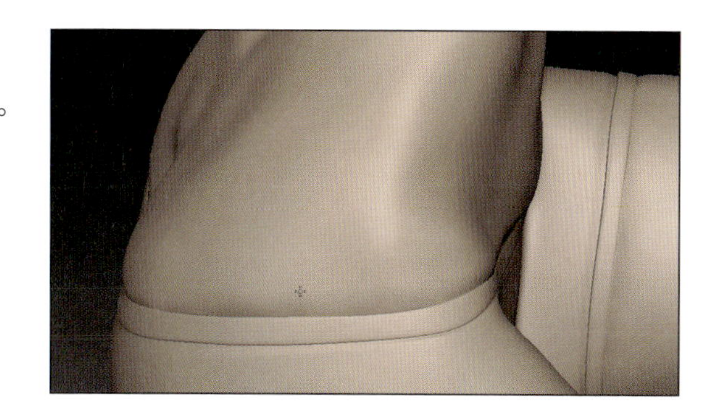

スパッツの本体部分以外（折り返し部分）にマスクをし、スパッツ側も盛ります。この際に盛りすぎて、スパッツに締め付けられていない太もも部分より盛り上がらないように気を付けます。

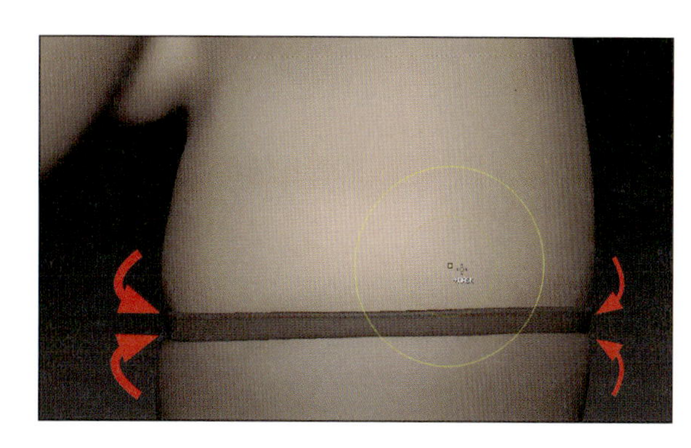

上半身のボディスーツを、スパッツの手順（P.373）と全く同じワークフローで作成しています。

シワやスジボリ

髪のスジボリ

11-01の手順（P.343）の前髪と同じく、後ろ髪をDynaMeshで結合し、溝の均しと彫り直しをします（参考：Resolution 1344）。

SK Slashブラシ、sm_creaseブラシ等を使い、スジボリをします。彫るだけでなく、Altキーを押しながらドラッグし、山を作り、山と谷を毛の根元から毛先に向かって作ります。

今回の作例キャラクターは、デザイン自体がデフォルメ調＋ややつるんとした髪の描き方なのであまり深く彫りすぎない、高く盛りすぎないイメージでスジボリしました。

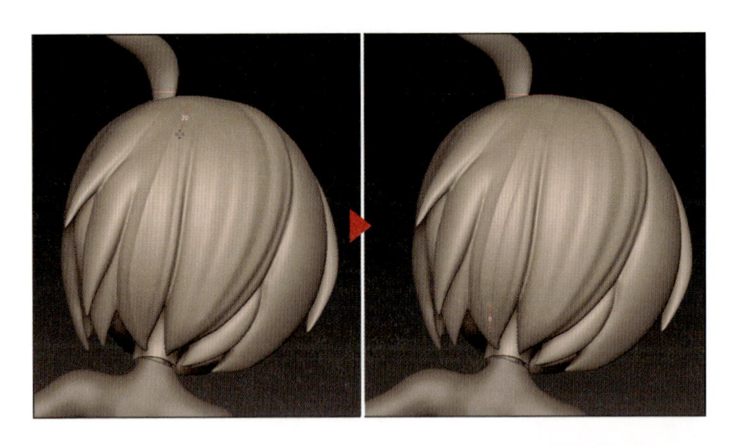

前髪も後ろ髪と同様にスジボリをします。

アホ毛も同様にスジボリをします。

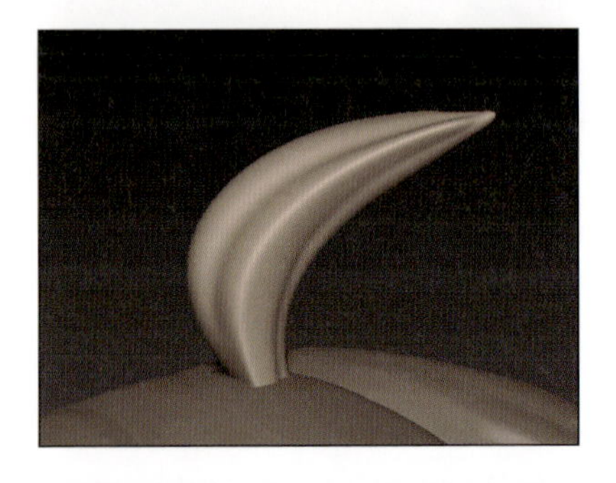

マフラーのシワ

SK Slashブラシ、SK Clothブラシ、sm_creaseブラシで、マフラーの流れに沿ってシワを彫ります。

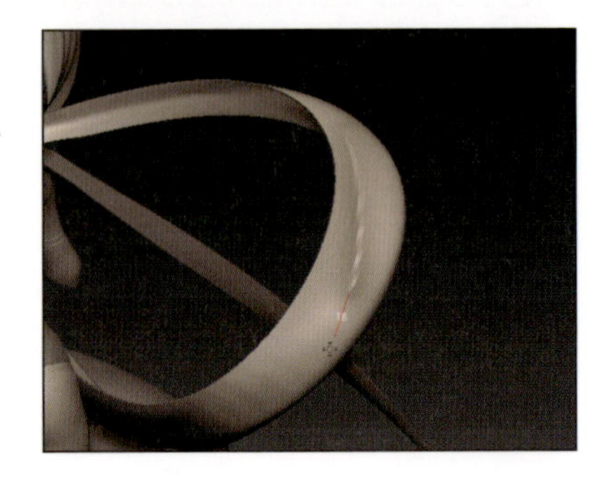

シワを入れる際、今回のデザインに合わせてシルエットのキレイな曲線を維持したいと思うので、正面から見た時のシルエットが歪んでしまうようなシワを入れないように気を付けました。また、デザイン画自体にあまりシワの表現がないので、ほどほどの量に留めています。

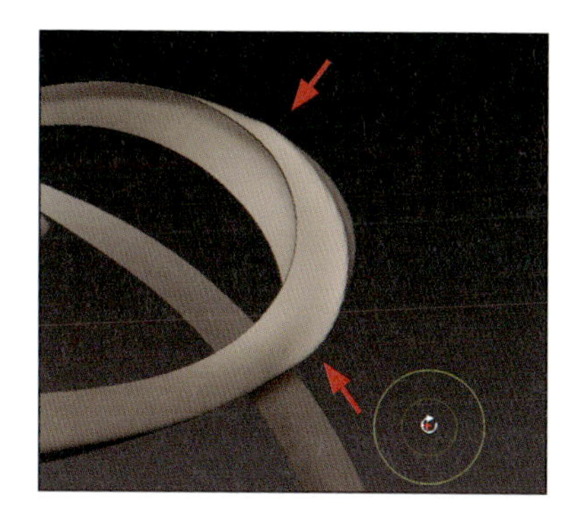

上下のマフラーともにシワを入れて次の作業に移ります。

▶ 非多様体の修正を行う

非多様体とは、3つ以上のフェースが1つのエッジを共有した、3Dデータとしては不正な状態です。

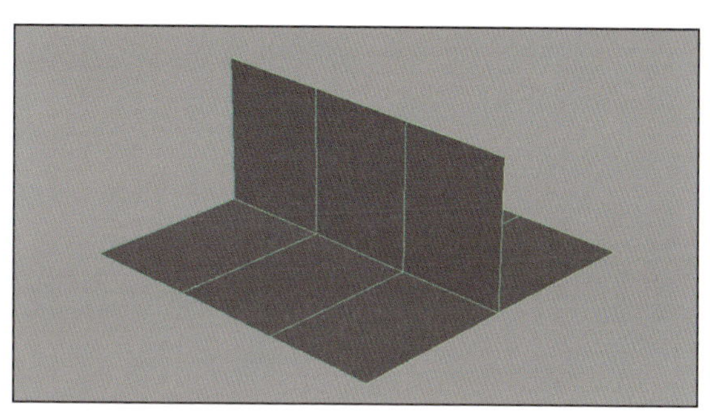

P.397でも記載しましたが、ZBrushのExtrudeで1つ注意点があり、板ポリゴン状態（厚みがないポリゴンの意味）のメッシュの縁のフェースからのExtrudeを行った場合、元の位置にもフェースが残り続けてしまうという仕様があり、結果として非多様体が発生してしまいます。

▶ Maya

▶ ZBrush

この画像の黄色のポリグループが割り当てられている部分が非多様体の原因となっているフェースです。非多様体が存在する場合、非多様体が原因で意図通りに機能が使えない場合があります。この部分では、Close Holes (P.56)で穴を塞ごうと思ったとしても、非多様体になっているためどこが端なのか判定されず、穴塞ぎができません。

断面で図解すると、現在このようなトポロジーになっています。青の部分が問題なので、この部分を削除することで今回は解決できます。

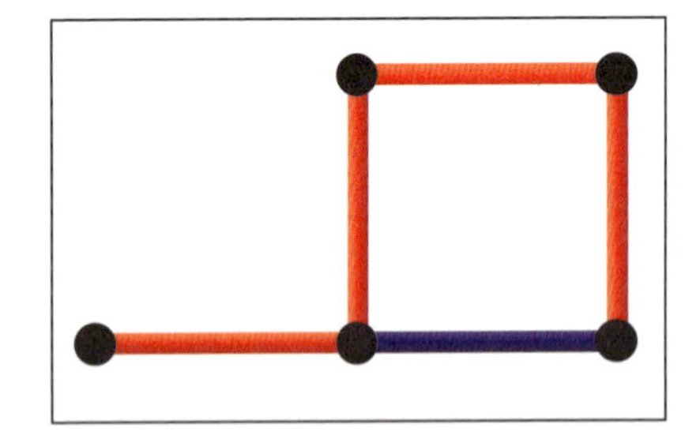

SelectRectブラシで問題のポリグループをクリックし、表示状態を反転、[Del Hidden]で削除します(P.56)。

MEMO Reconstruct Subdivision

非多様体の修正を行う際に、サブディビジョンレベルを削除していたとしても、今回の場合は非多様体部分をミスなく除去できていればカトマルクラーク分割の法則を保っている状態になるため、[Tool] > [Geometry] > [Reconstruct Subdiv] ボタンで下位レベルを復元することができます。

▶ スパッツのスジボリとシワ

10-06の靴のスジボリでも使ったChiselブラシ（断面用アルファはBrushTip 1）でスパッツのシームラインにスジボリをします。ここでも、StoreMTの有効化とLazySnapの数値を上げます。折り返し部分が1ストロークでスジボリするとひしゃげやすいので、あえて折り返し部分にはマスクをし、スパッツ本体側から先に内股を横断する横のラインでスジボリを入れます。

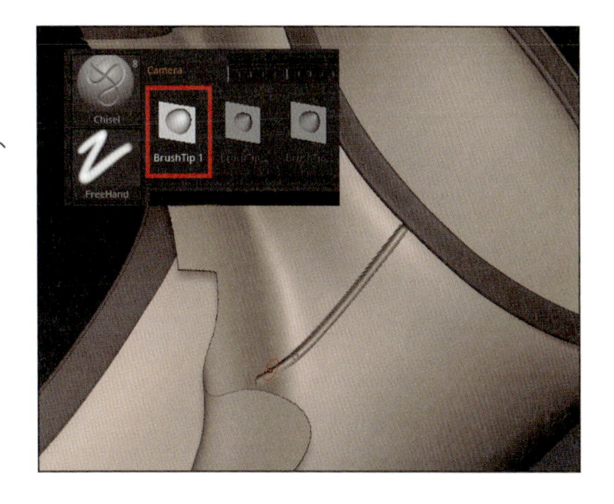

お腹側からお尻側にかけて縦方向（キャラクターから見て前後方向）にもスジボリをします。

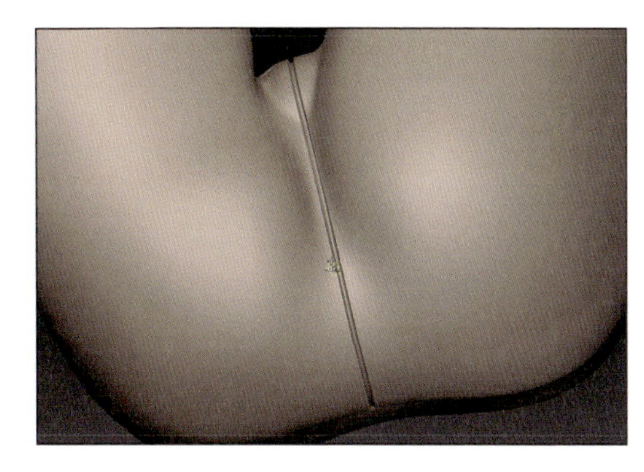

本体側とマスクを反転し、今度は縁部分にスジボリを入れます。

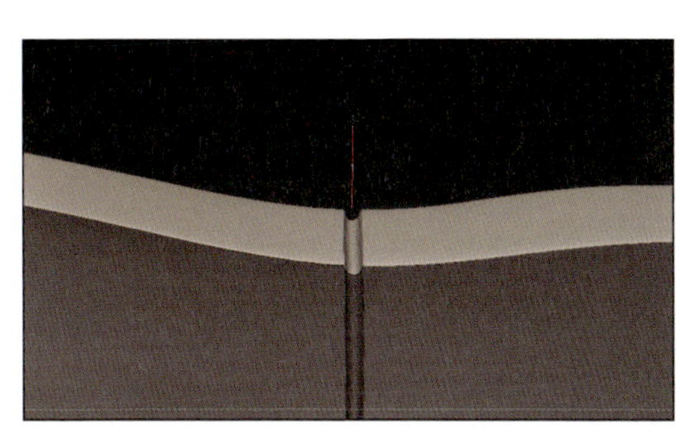

素体側が、スジボリで掘り下げたため交差しているので、はみ出ている部分を素体側を削り修正し、スパッツのスジボリは終わりになります。

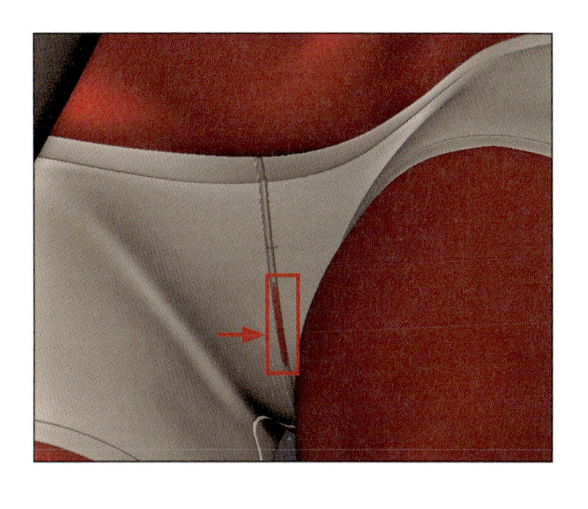

SK Clothブラシでスパッツのシワを入れます。この時ショーツと違い、スパッツは材質的に特性が違うため、ショーツのようなシワは入れません。お尻側は締め付けの張力が密着して全体的にかかっているので、基本的にはショーツのようなシワができません（もちろんポーズやぴっちり度合い等にもよるので、100％できないわけではありません）。

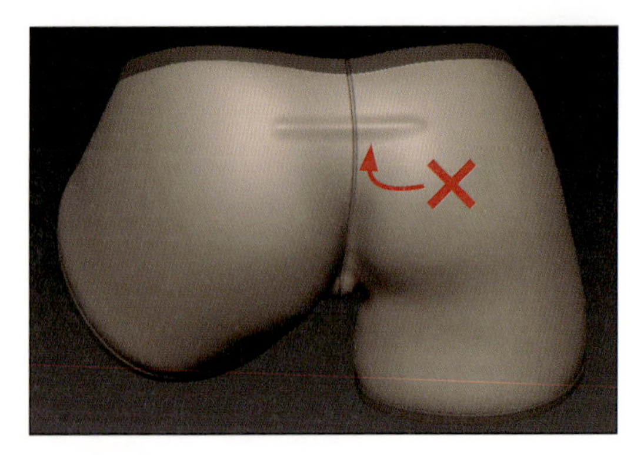

スパッツは、主に関節部分を曲げたりと、張力のかかり方に差が出たり、関節の付根が寄った時に鼠径部や臀溝にシワができます。

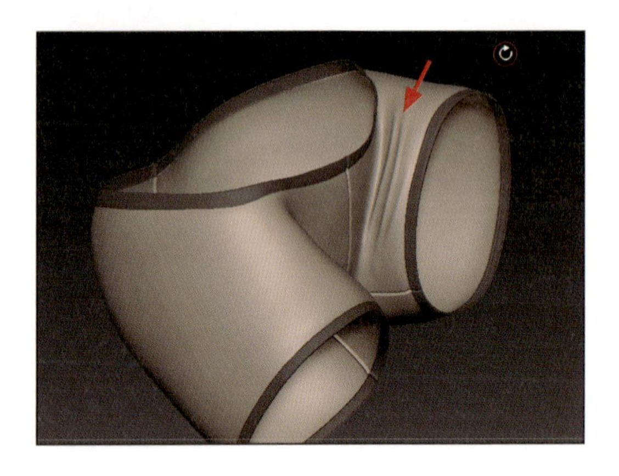

MEMO 現物を観察するというのは大事だねという話②

スパッツのシームに関しても、現物を観察するまで気づかないことがありました。たとえば男物のトランクスであれば、太もも周りのシームは太もも外側と内側に来ます。スパッツの場合、内側だけのものが多いですが、外側にもあるものもあり、分類するとスポーツタイプは外側にも来る傾向があるようです（さらに今後も買い続けて研究します…）。

また、シーム自体も単純に１本線なもの、股間の部分で二叉に分かれるもの等、製品により少しずつ差があったりして、なかなかに奥が深いなぁ……と買い集め中に思いました。

シワに関しても、スパッツを履いている写真や、現物があれば自分で履いて観察してみるといろいろと発見が多いです。

上半身のボディスーツのスジボリ

スパッツの時と同じ手順でスジボリをします。

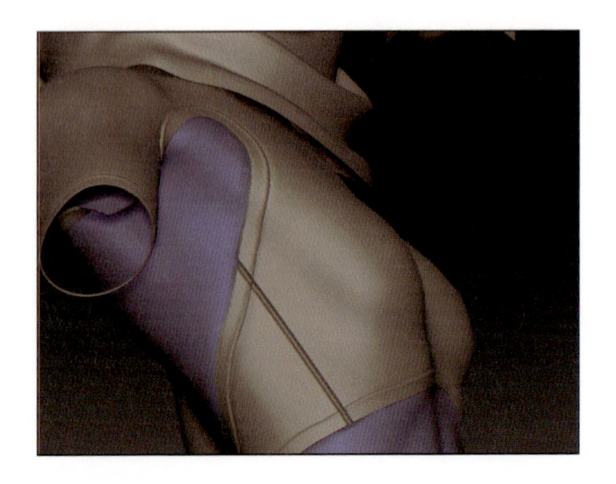

肩についても、同じ手順でスジボリをします。

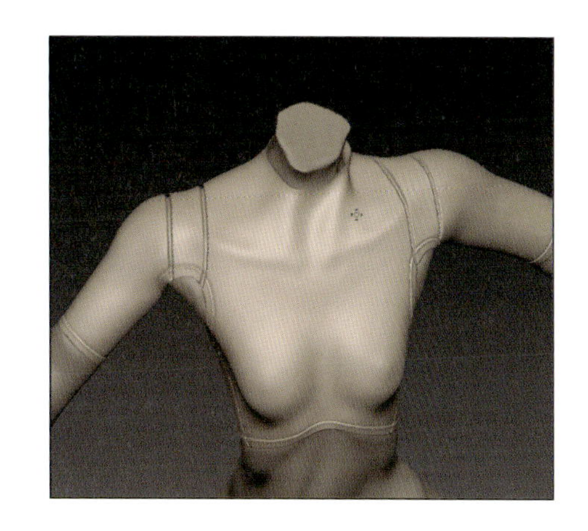

二の腕のスジボリも、同様にChiselブラシでスジボリしても良いのですが、せっかくトポロジーが腕の外周に沿ってキレイに整っているので、別手法のアプローチも紹介します。

基本的な考え方は、ブーツの折り返し部分のスジボリと同じです。まず、7ループ分のループポリゴンを、SelectLassoブラシのループポリゴン非表示機能を使って非表示にします。

表示状態を反転し、Mask By FeaturesをBorderのみONで適用させて縁にマスクをかけます。

マスクを反転させ、1回だけマスクをぼかします。

メッシュを全表示にし、マスクを反転、TransposeのMoveの終点を右ボタンでドラッグするInflateでスジボリを入れます。スパッツの時と同じく、はみ出た素体側を修正してボディスーツのスジボリも終わりにします。

装備品を作り込む

ベルトのパーツ

QCubeを読み込み、ベルトの金具の大きさ、厚み、位置、傾きを合わせ、アクションラインを使ってサイズを計測し、メモしておきます。サイズの測り方は8-01の最後に記載しています。

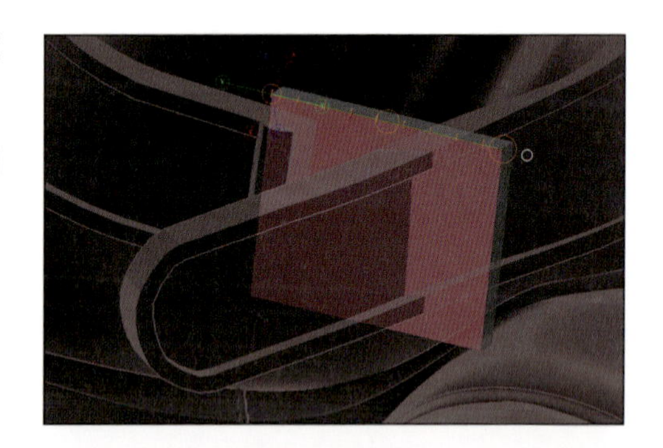

傾きがあるままモデリングするのは少し大変なので、Undo（Ctrl + Z）で戻るか、再度QCubeを読み込み直し、メモしたサイズに調整します。

ZModelerブラシのEDGE ACTION［Insert］でエッジループを追加します。

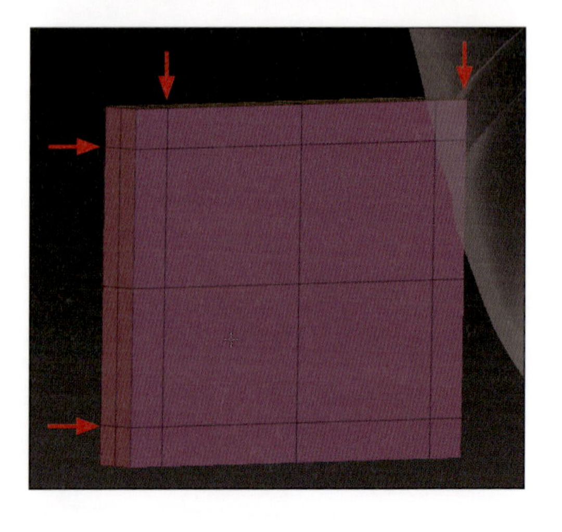

Chapter 13 仕上げ

POLYGON ACTIONの[Extrude]で内側の4面を押し込みます。この時、押し込みすぎると中央が薄くなってしまうので、少し押し込む程度にしておきます。また、ここを貫通させた状態にすると強度的に不安なため、貫通した穴にはしません。

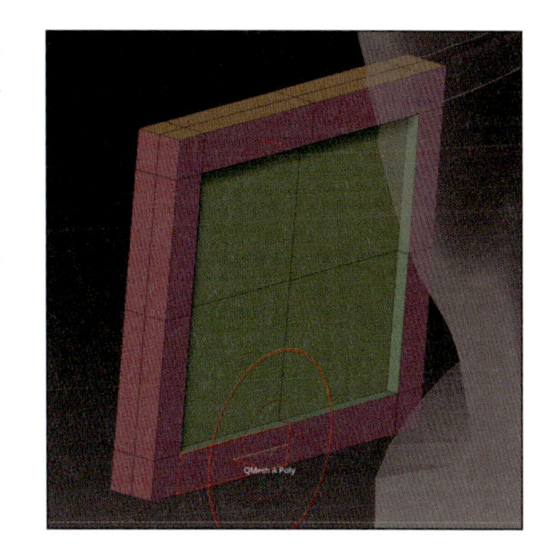

中央の押し込みを少しにした分、外周部分をExtrudeで押し出します。

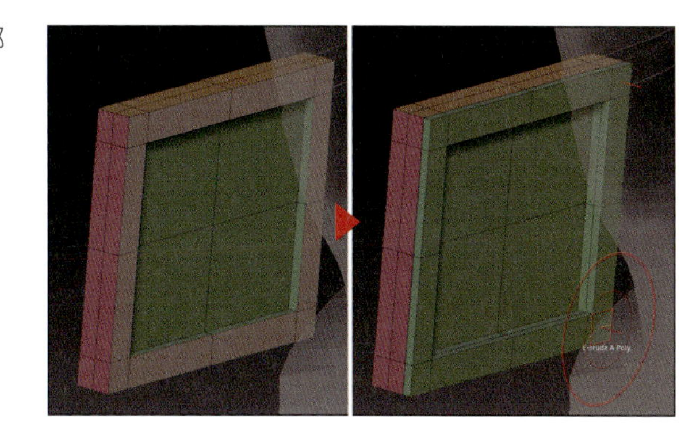

押し込んだ部分の縁にCreaseを設定し、サブディビジョンレベルを3まで上げます。

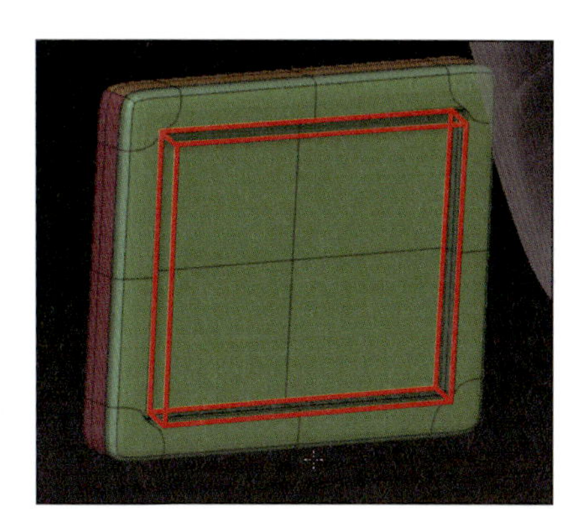

上からの視点にし、アクションラインを横方向に作り、Altキーを押しながらMoveの中点をドラッグして曲げます。

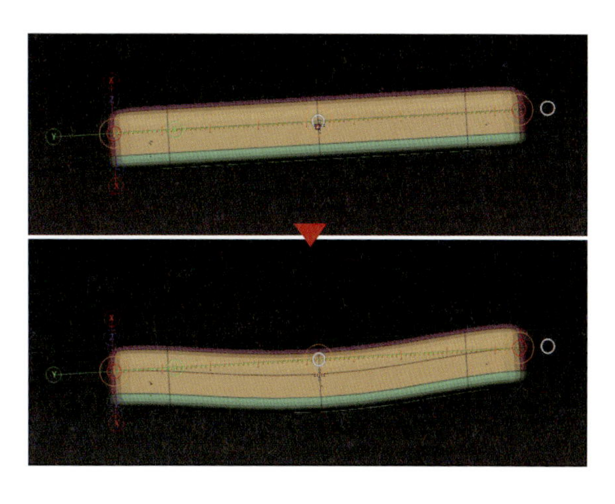

Chapter 13 仕上げ

パーツを配置します。

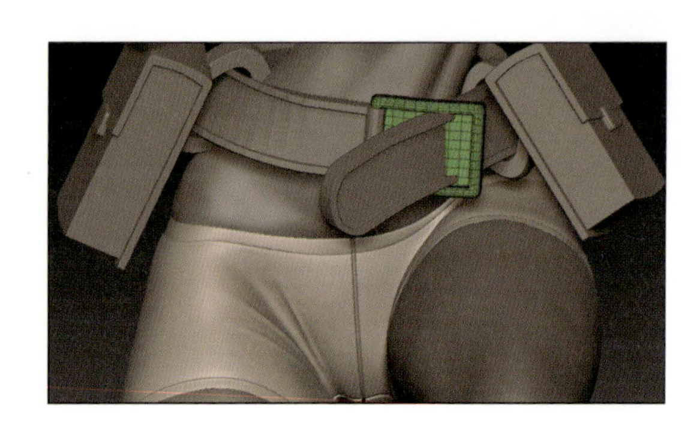

同じように、QCubeからベルトのパーツをCreaseとサブディビジョンレベルを使って作ります。

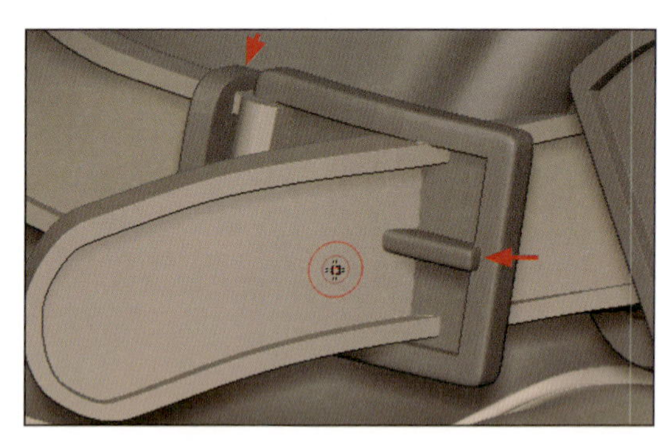

▶ ベルトの穴あけ

QCylinderYを読み込み、Crease PGでキャップ部分にCreaseをかけ、Dynamic Subdivisionを適用させます。またDynamic Subdivisionの[SmoothSubdivi]スライダは3に上げ、下側のキャップ部分以外にマスクをかけてください。

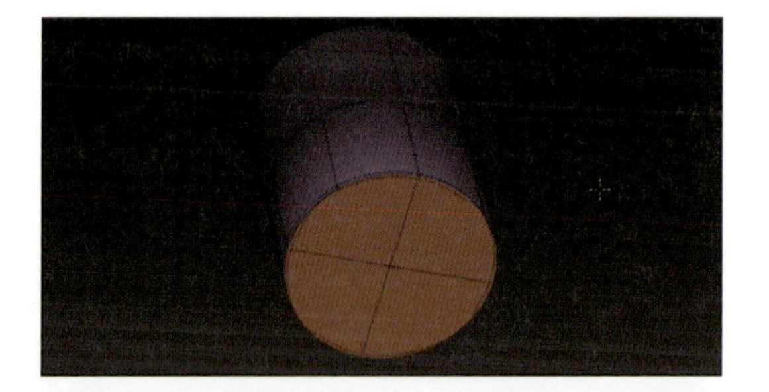

真下からの視点にし、下側のキャップの中心からアクションラインを引き、Scaleで縮めます。

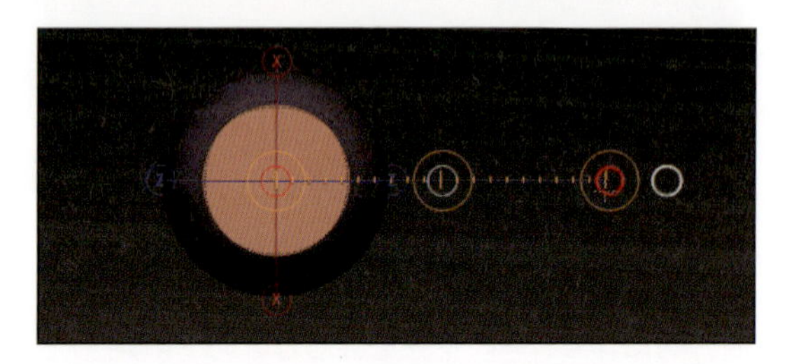

縦方向中央のエッジを下に移動させ、Creaseを設定します。

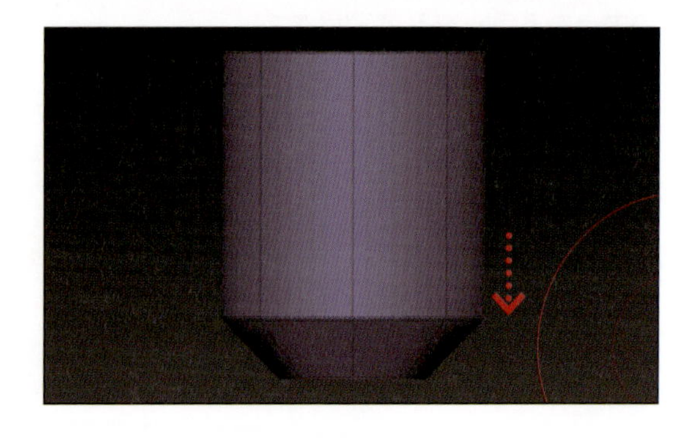

IMブラシ化を行います。Dynamic Subdivisionを[Apply]ボタンをクリックし確定させ、[Del Lower]でサブディビジョンレベルを削除します。上面のキャップ側にカメラをスナップさせてください(上面から見下ろした状態)。ブラシ選択のポップアップメニューから[Create InsertMesh]ボタンをクリックし、確認ウィンドウは[New]ボタンをクリックして、今作っていたメッシュをInsertMeshブラシ(IMブラシ)化します。

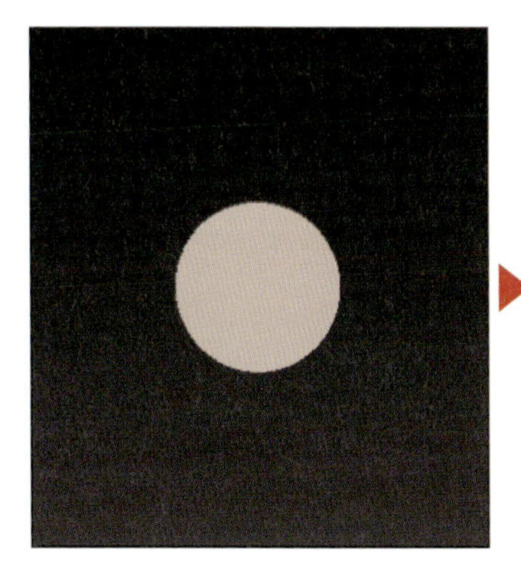

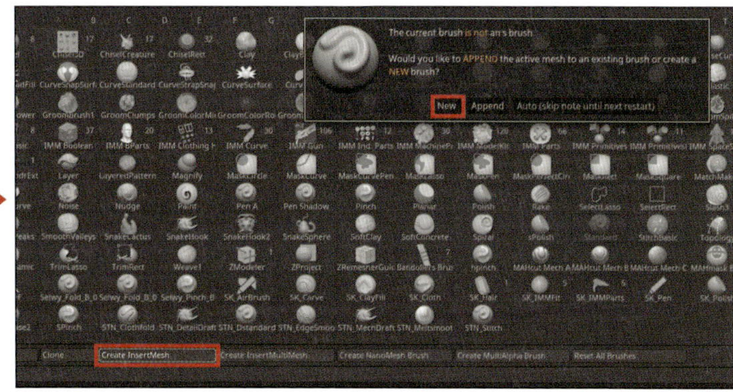

[Brush]>[Depth]>[Imbed]の値を調整しながらIMブラシをテストし、前ページで下げたエッジがギリギリ埋まらないくらいの深さに設定します。後々このパーツ自体をシリコン複製することを考えた場合、穴が貫通していると少し面倒なので、へこみにて穴の表現とします。

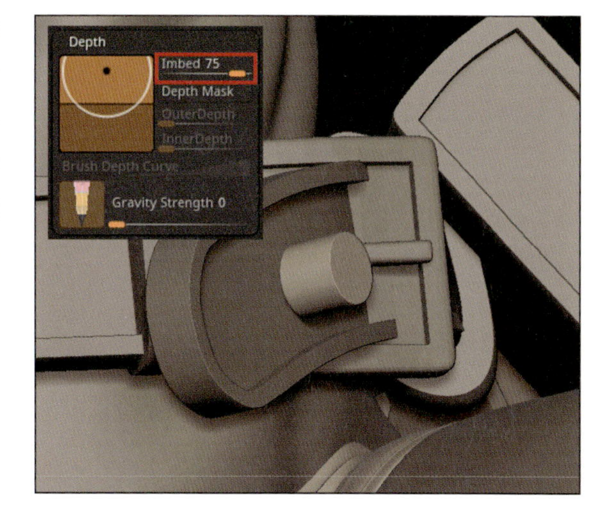

Live Boolean機能をONにし、ベルトのサブツールより現在の穴あけ用メッシュのサブツールが下位に来るように順番を入れ替え、穴あけ用メッシュのサブツールのブーリアンフラグを差に設定します。Live Boolean機能については6-04で詳しく解説しています。

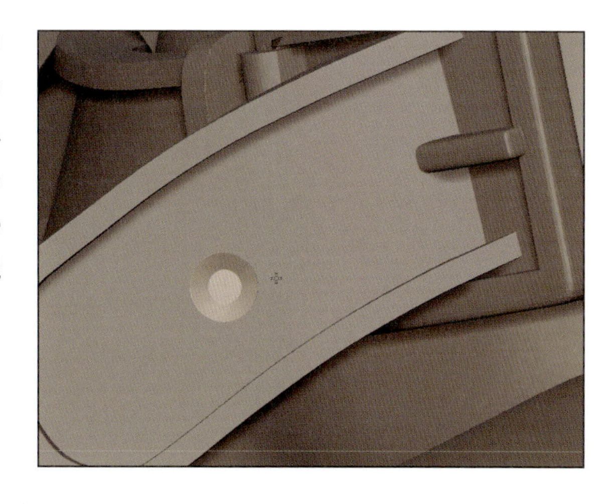

ベルトの穴をIMブラシの配置で行っていきます。IMブラシはドラッグの距離で挿入されるメッシュのサイズが可変しますが、この時、ベルト上をドラッグしてメッシュを発生させた後に**追加でCtrlキーを押す**ことで、ブラシサイズに固定させたサイズでメッシュを挿入できます。

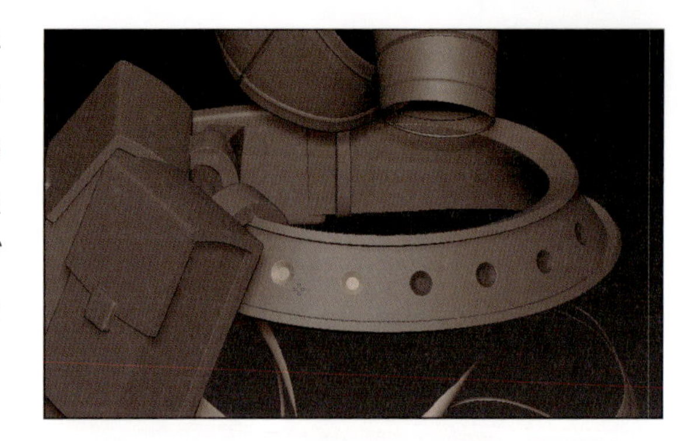

Live Booleanの確定、もしくはRemesh By Union (P.449) を使い、ベルトの引き算を確定させてベルトの作業は終わりになります。

マフラーの厚み付け

POLYGON ACTION [Extrude]、TARGETを [All Polygons] にし、マフラーに厚みを付けます。この時、厚みを測りながらトライエラーで厚み付けをします。マフラー自体が大きなパーツなので、今回は2.5mm厚にしました (ただし、支えの支柱を刺す部分はスカルプトで厚みを足しています)。

また、厚み付けの際、押し出し方向によっては法線が反転するので、法線が反転していたらFlip Faces等で修正します。

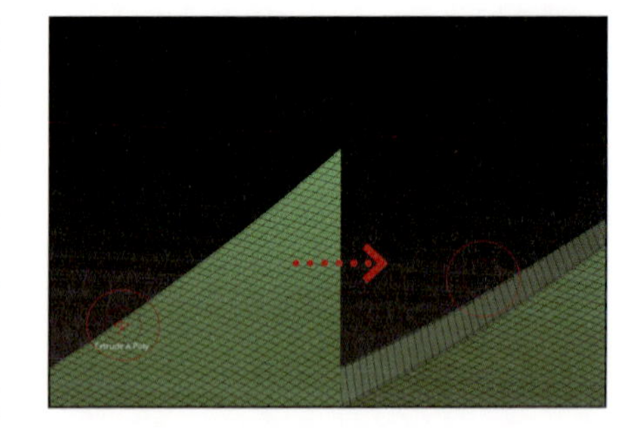

ZBrush上でも、アクションラインを使って厚みのチェックはできますが、大きいパーツの全域にわたってチェックするのは非常に手間で、見落としも発生します。筆者は、Autodesk社のMeshmixer (無料！) の肉厚計測機能で計測しています (www.meshmixer.com)。

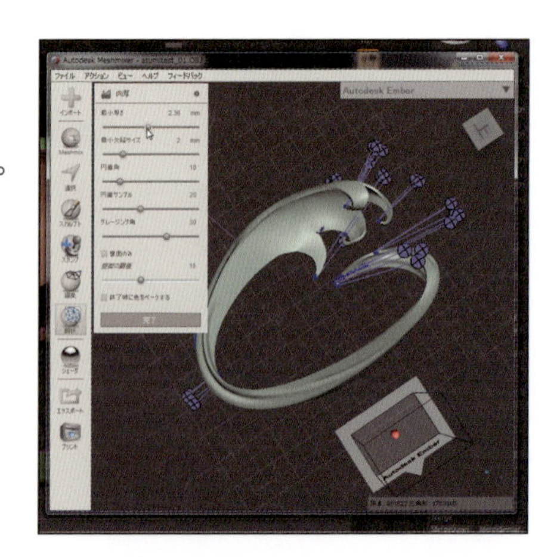

ZBrushからobjファイルでエクスポートし、Meshmixerでインポート、[解析]>[肉厚]で簡単に肉厚の測定ができます。[最小厚さ]に設定した数値を下回る部分には赤色で警告が出ます。

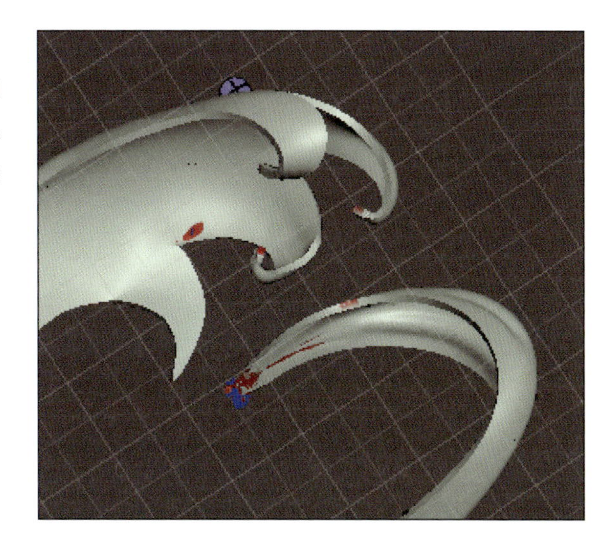

厚みを付けた直後の状態だと角が立って硬い印象になるので、画像のようにマフラーの内側を向いている面(デザイン画でいうところの赤い色の面)の角を丸めます。

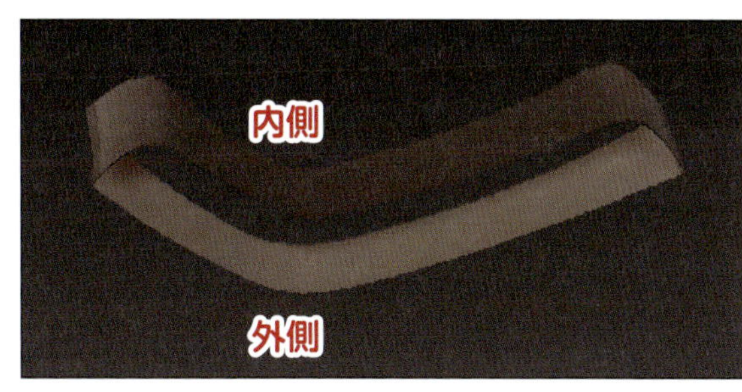

SelectRectブラシで厚みの側面とマフラーの内側面のポリグループの境界をクリックし、マフラーの外側を向いてる面を非表示にします。

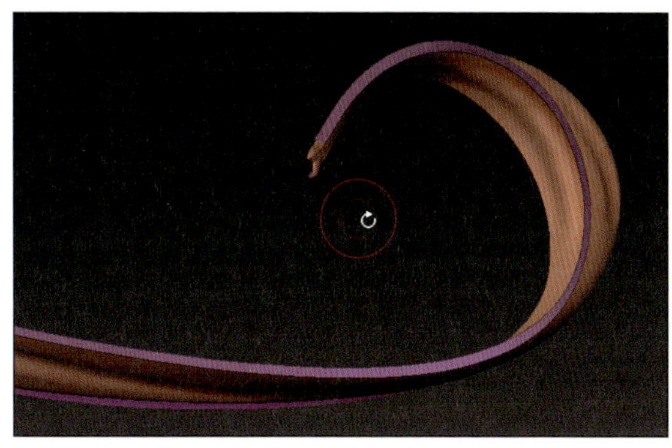

Mask By FeaturesをBorderのみで適用して縁にマスクをかけます。マスクを反転し、10回ほどぼかしをかけます。

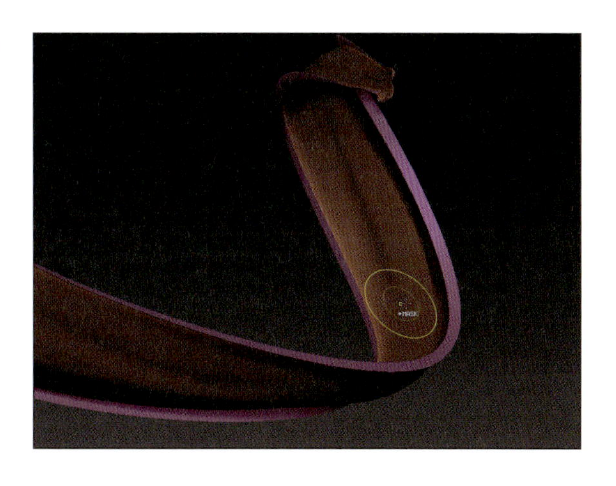

Chapter 13 仕上げ

　再度Mask By FeaturesをBorderのみで適用し、縁にマスクを足して、Polishを強めに3回ほどかけます。

　Polishの結果、マフラーの指の付根部分が歪んでしまっているので、MoveブラシやSmoothブラシで手動で整えます。

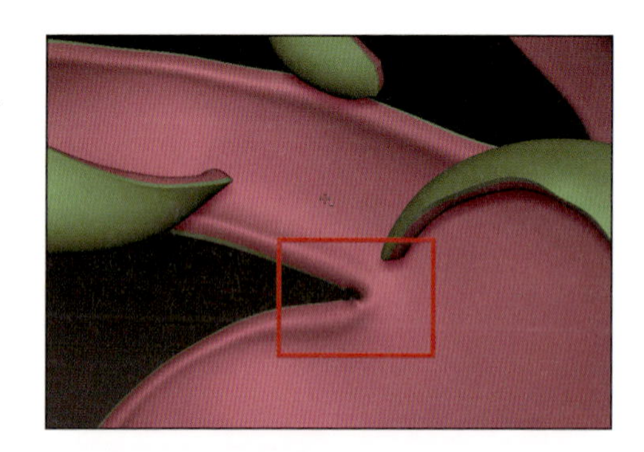

　マフラーのなびいている部分と、首に巻き付けている部分の付根は、11-01（P.344）と11-02（P.346）で身体と首の繋ぎ目を処理したのと同様にします。なびいている部分と首に巻き付けている部分を複製、結合して繋ぎ目を整え、元のパーツに転写します。

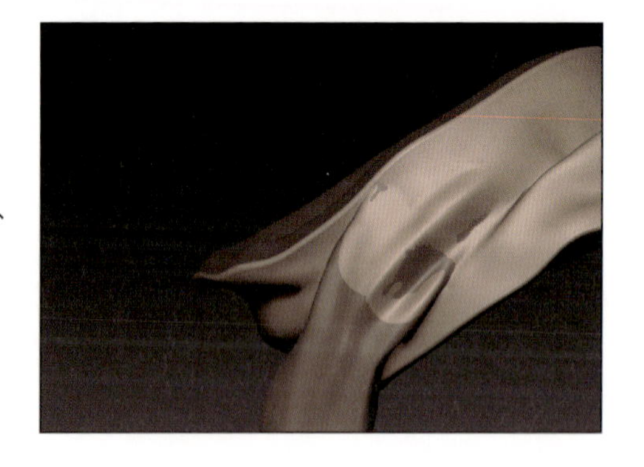

スペーサー

　右足は台座に対して直立していないため、このままだと固定できません。そこでスペーサーを作ります。

　まず、右足ブーツの靴底の溝を非表示にして削除、Close Holesして埋めます（P.56）。

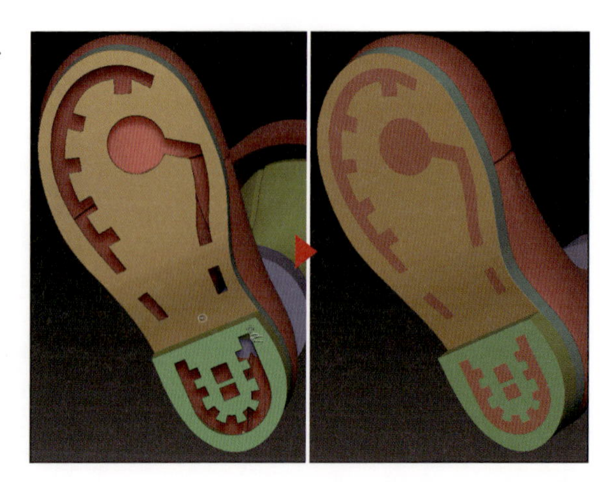

スペーサーの作成に靴底のメッシュを利用するので、画像で示した部分のポリグループを変更します。ZModelerブラシのPOLYGON ACTIONの[Polygroup]、TARGETを[Flat Island]にしてクリックすると、かかとの側面のクリックした部分と平坦に繋がっている部分だけ新しいポリグループが割り当てられます。

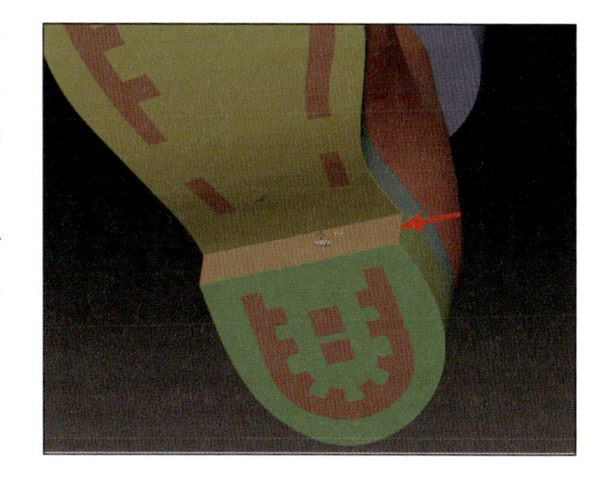

ブーツのサブツールを複製し、靴底の板ポリゴン以外を削除します。

StoreMTでモーフターゲットを記録し、メッシュを台座のサブツールに埋まるあたりまで移動します。

[Tool]>[Morph Target]>[CreateDiff Mesh]ボタンをクリックします。Create Difference Meshは、モーフターゲットを記録した時のメッシュの状態と現在の状態とを繋いだ状態で新規ツールが生成されます。生成されたメッシュは、移動させた方向次第では法線が反転しているので、Flip Facesで反転させます。

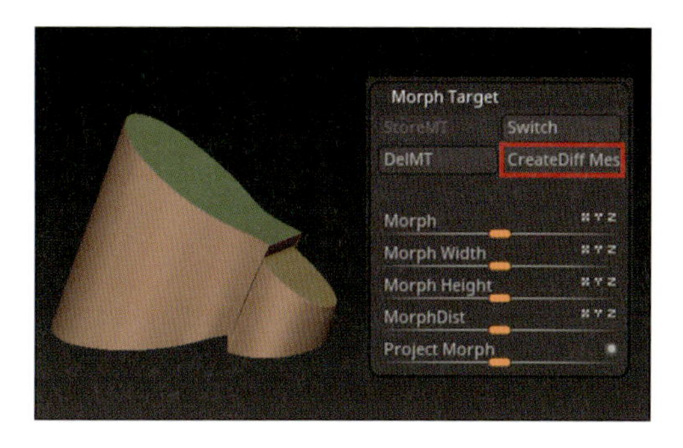

Chapter 13 仕上げ

上面にマスクをかけ、TransposeのMoveの終点をドラッグし、底面をつぶします。また、画像で白矢印で示している部分に微妙に段差ができてしまっているので、メッシュをDynamesh化し、スカルプトで均します。

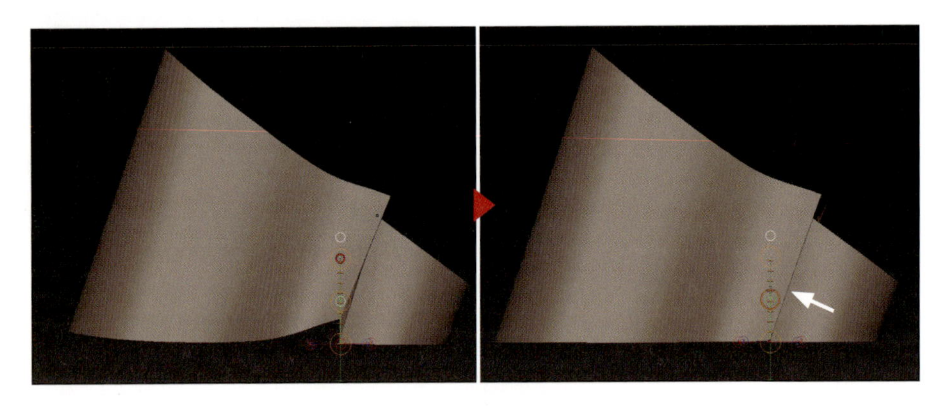

台座のサブツールで、スペーサーをブーリアンで引き算して高さを合わせて終わりです。

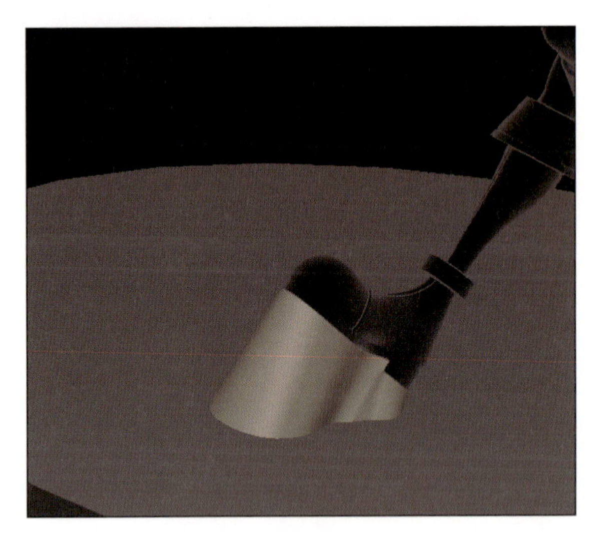

モデリング作業の終了

モデリングはこれにて全て終了です。本書で取り上げた機能やテクニック、考え方が全てではないので、筆者のワークフローからいいとこ取りする感じでご自身のワークフローに取り入れてみてください。

ZBrushはとても奥が深いソフトです。ぜひ使いこなし、たくさんの作品をこの世に生み出してください！　お疲れ様でした！

Chapter 14

ZBrush 4R8 の新機能

SECTION 01

Text3D & Vector Shapes

R8以前のZBrushでは文字を入れる場合、アルファや、他ソフトで文字のモデルを作り、メッシュを読み込むくらいしか方法がありませんでした。R8からは文字をZBrush単体でも作れるようになりました。またSVGファイルも読み込むことができるようになりました。

Text機能と使い方

後述のSVG読み込み機能と共に、この新しいText機能は[Zplugin]>[Text3D & Vector Shapes]として追加されました。

基本的な使い方は、まず[New Text]ボタンをクリックし、ポップアップウィンドウに文字を入力します。

各種設定を変更し、自分の希望通りの文字ができたら、既に3Dメッシュとして編集可能なので後は自由に扱うことができます。

▶ 作った文字にDeformarを適応したところ

SVG機能と使い方

Adobe Illustrator等でSVGデータを作成します。この時作成するデータは必ず閉じたベジェカーブにしてください。また書き出し形式はSVG形式にしてください。

▶ ここで利用する SVG データ

［New SVG］ボタンをクリックし、作成したSVGファイルを読み込んでください。

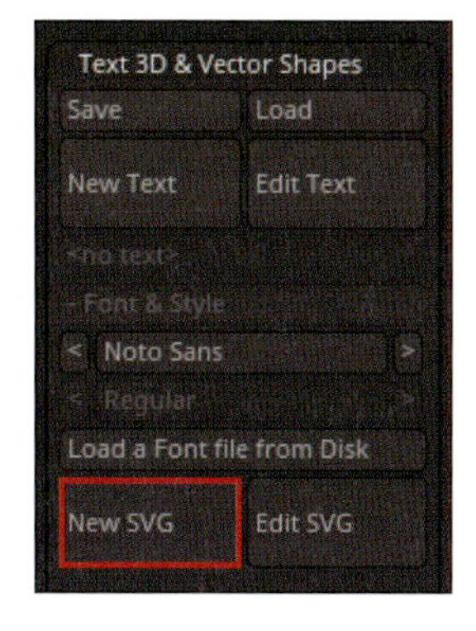

標準だと曲線の分割数が少ないのでResolutionを上げます。

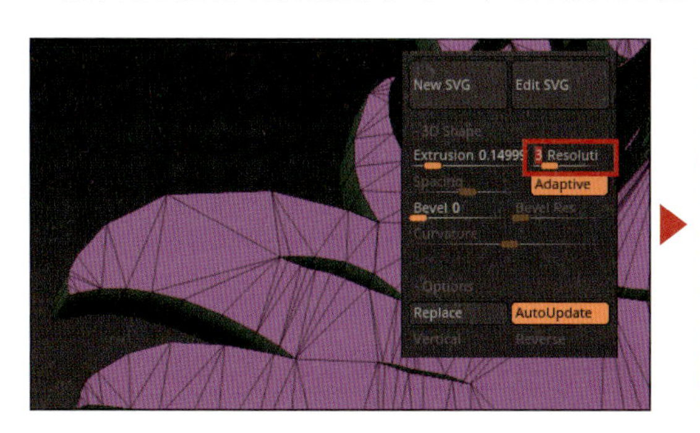

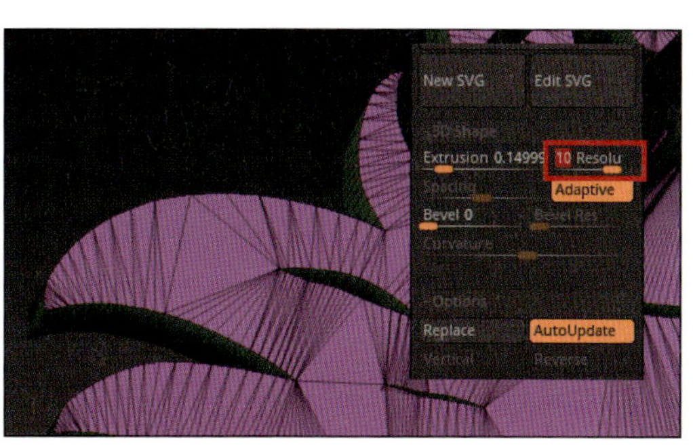

10以上には上げられないため、これ以上の滑らかさが必要な場合はCreaseやDivideを使い、サブディビジョンモデリング的アプローチを使うのがスマートです。

▶ SVG 機能を使った作例

Text3D & Vector Shapesのメニュー

[Text3D & Vector Shapes] メニューの主な機能は以下の通りです。

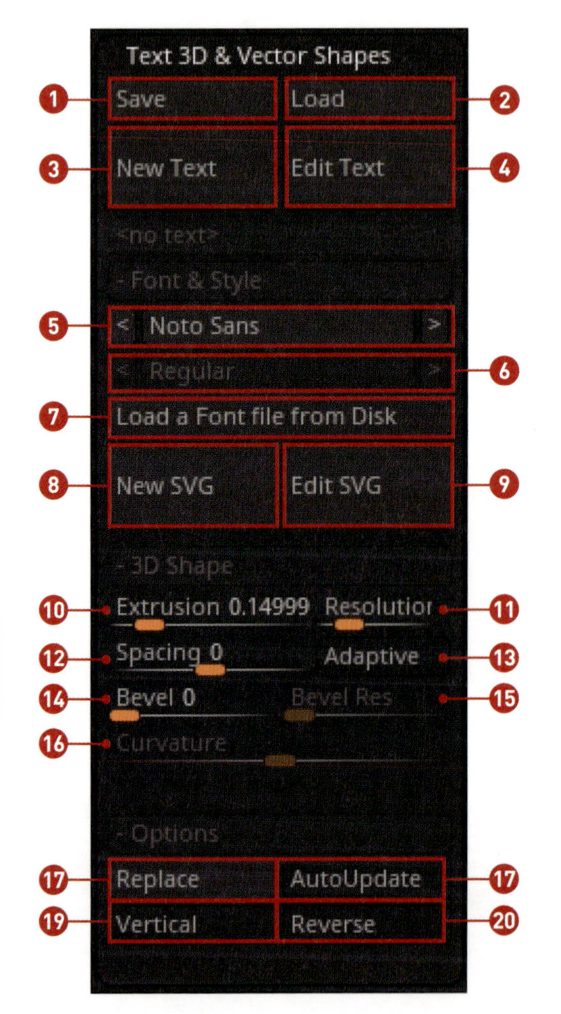

❶ Save	設定を ZTX ファイルとして書き出します。
❷ Load	書き出した ZTX ファイルを読み込みます。
❸ New Text	テキスト入力バーが出ます。英数字だけでなく日本語等も入力可能です（ただしフォントが入力した文字コードに対応している必要あり）。ここに入力した文字が新しいサブツールとして追加されます。
❹ Edit Text	アクティブなサブツールの文字を編集します。
❺ Font	使用中の PC にインストールされているフォントを選択することができます。
❻ Style	選択中のフォントに複数のスタイル設定がある場合、設定を変えることができます。
❼ Load a Font file from Disk	フォントファイルを読み込みます。
❽ New SVG	Adobe Illustrator 等で作成した SVG ファイルを読み込みます。
❾ Edit SVG	SVG ファイルを変更します。
❿ Extrusion	厚みを設定します。
⓫ Resolution	文字や SVG の輪郭の滑らかさを設定します。
⓬ Spacing	文字間隔を設定します。
⓭ Adaptive	トポロジーを単純化します。
⓮ Bevel	1 以上の数値でベベルがかかります。数値はベベル幅を設定します。
⓯ Bevel Res	ベベルの分割数を設定します。
⓰ Curvature	ベベルに R を付けます。
⓱ Replace	現在プラグインに入力されている文字、または SVG でアクティブなサブツールを書き換えます。
⓲ AutoUpdate	パラメーターの変更を即時変更させせます。
⓳ Vertical	テキストを縦書きに設定します。
⓴ Reverse	テキストを右から左への入力に設定します。

SECTION 02

マルチアルファと ベクターディスプレイスメントメッシュ

ZBrush 4R8では、ZBrush上でのアルファ作成機能が強化されました。また、同時にベクターディスプレイスメントメッシュという新しい機能も搭載されました。

アルファの作成

ZBrush 4R8以前では、ZBrush上でのアルファ制作はややわかりづらいものでした(MRGBGrabberを使う等)。

▶ MRGBGrabber

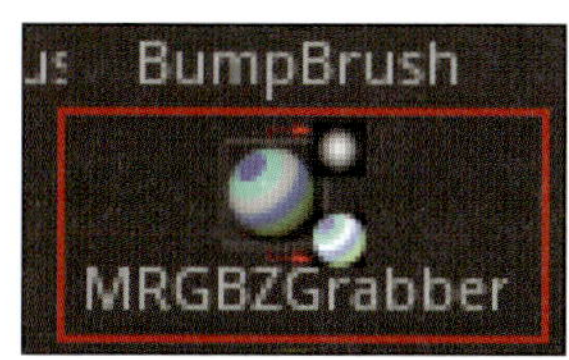

R8ではアルファ作成のメニューが増え、簡単にメッシュをアルファ化することができます。またブラシ管理周りのメニューも増えました。

▶ アルファ作成メニュー

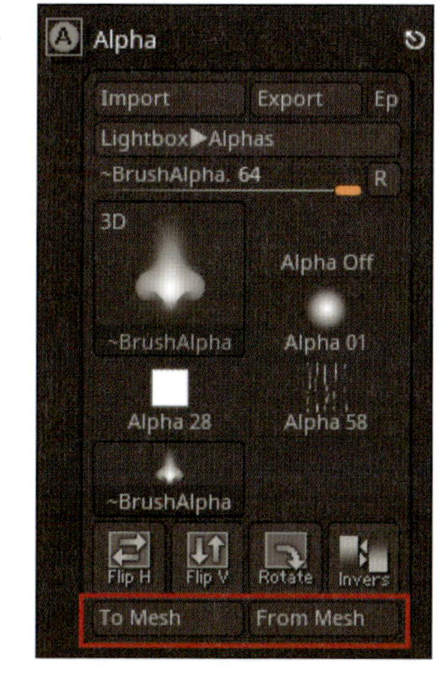

▶ ブラシ管理周りのメニュー([Brush] > [Create])

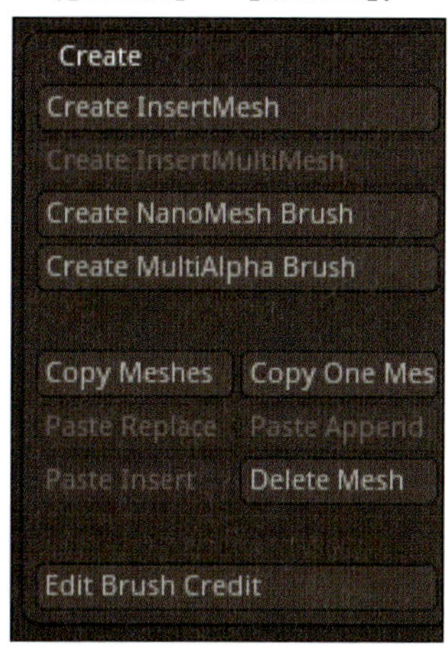

では試しにアルファを作成してみましょう。LightBoxからDemoheadを呼び出してください。

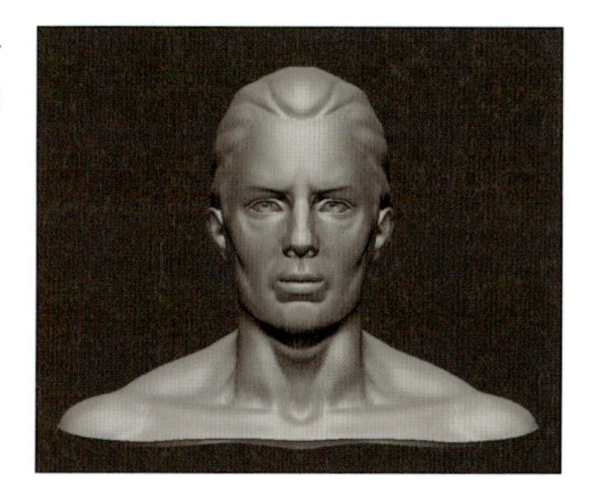

[Alpha]メニューから[From mesh]をクリックしてください。するとTransform Alpha 3Dというポップアップウィンドウが開きます。

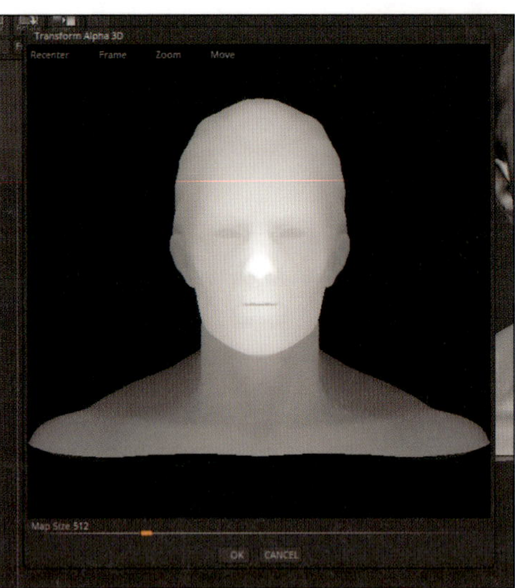

プレビュー画面内は、キャンバスと同じようにカメラ操作ができます。アルファ作成時はこの表示そのままでアルファが作成されます。

Recenter	カメラ位置と角度をキャンバスのZ軸プラス方向からマイナス方向（つまりDemoheadの正面）かつメッシュがポップアップウィンドウ内のキャンバスに収まるように調整されます。
Frame	メッシュがキャンバス内に収まるように調整されます。
Zoom	クリックドラッグするとカメラのズームインアウトをします。
Move	クリックドラッグするとカメラのパン移動します。
Map Size	作成されるアルファの解像度を設定します。

マルチアルファ

R8からは、ブラシ内に複数のアルファを持たせることもできるようになりました。アルファの選択はコンテンツブラウザから行います。

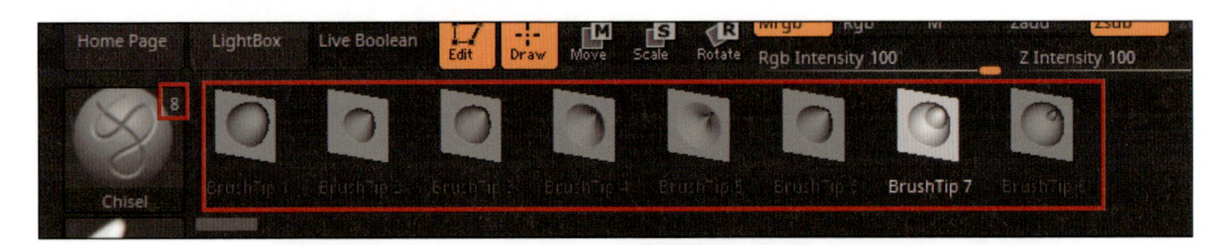

アルファを作成したい方向にカメラを設定し、[Brush]>[Create]>[Create MultiAlpha Brush]ボタンをクリックします。

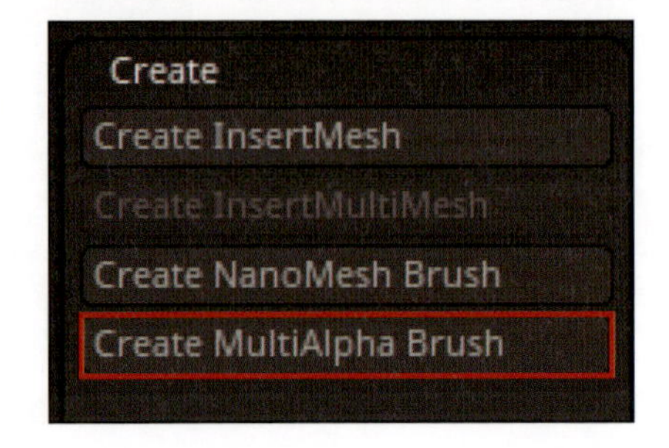

マルチアルファ作成の基準となるのはサブツールになります。ツール内に含まれる3Dメッシュが全てサブツール単位でアルファ化されます。

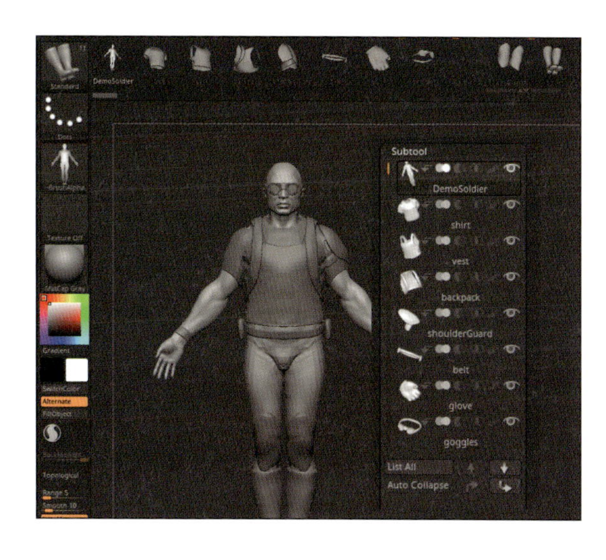

ベクターディスプレイスメントメッシュ

ベクターディスプレイスメントメッシュ（マップではありません！　以下VDM）とは、R8で追加された新機能の1つです。

通常のアルファでは、面に対して垂直方向（法線方向）の変異情報しか持つことができません。

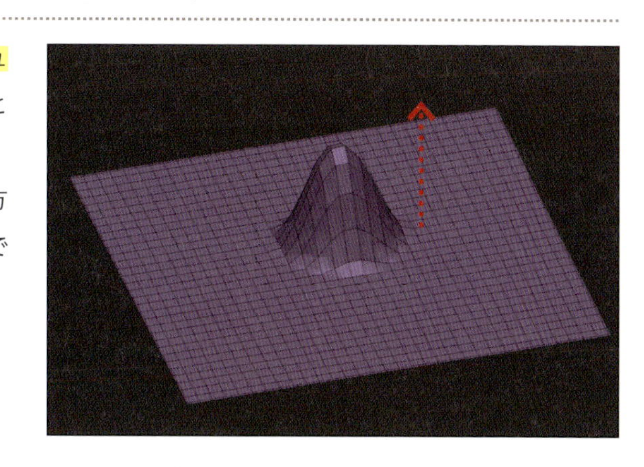

そのため、このようなきのこ型のメッシュからアルファを作成しても、アンダー部分（アルファ作成時にカメラから見えていない部分）を再現することは原理的に不可能でした。

VDMはこの弱点を補うことのできる機能となっています。

▶ 元のメッシュ

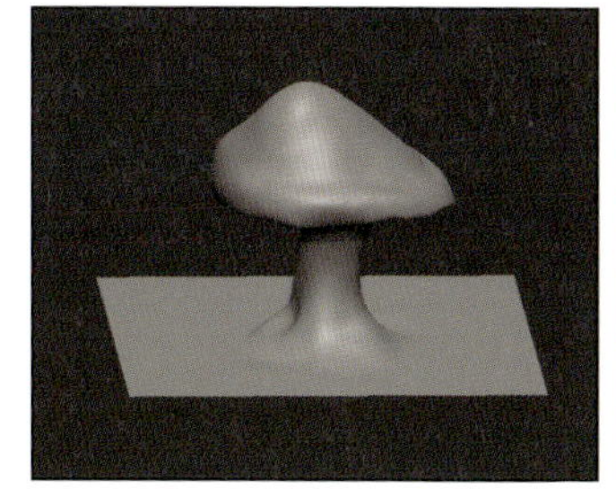

▶ メッシュを基にしたアルファ

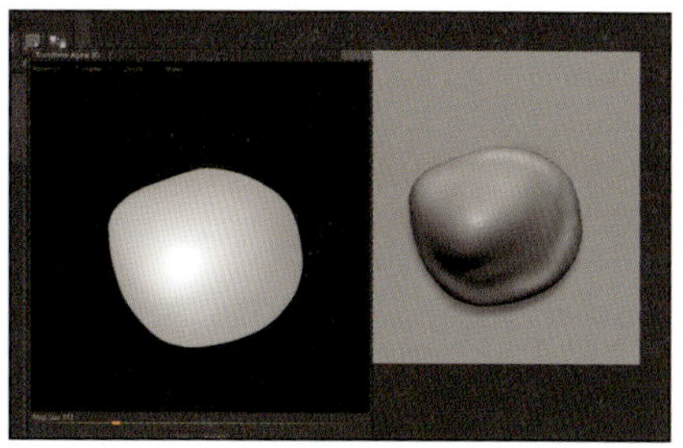

▶ 元メッシュのアンダー部分

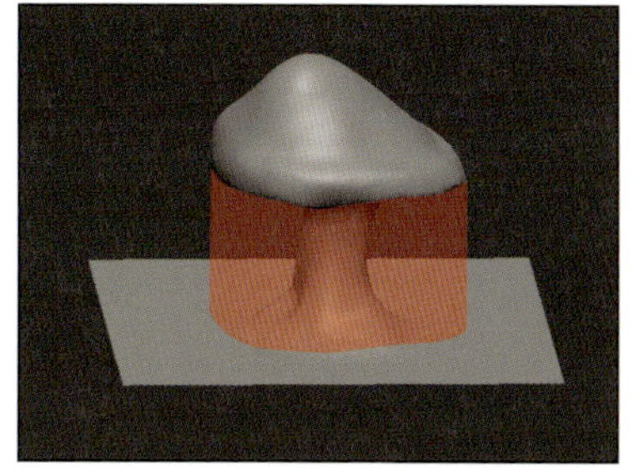

▶ アンダー部分を再現できない

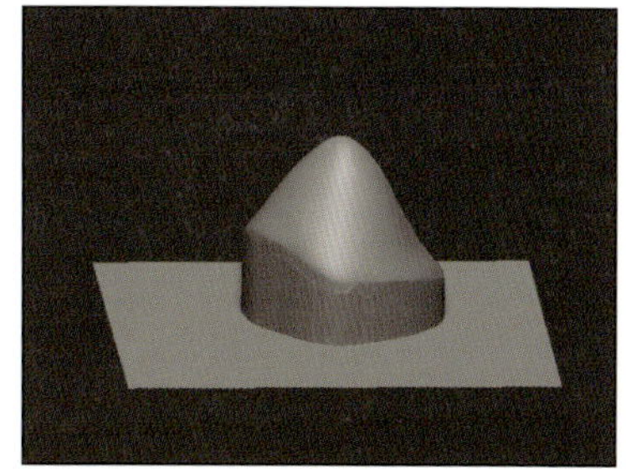

▶ VDMを利用する

実際にVDMを使ってみましょう。LightBoxからDynamesh_Sphere_128.ZPRを開いてください。またブラシはChisel3Dブラシを選択してください。

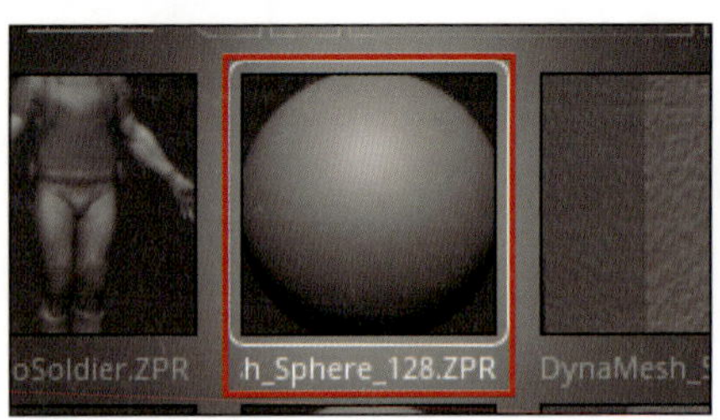

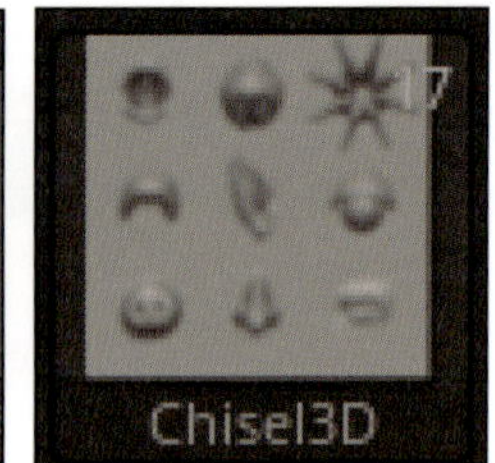

コンテンツブラウザからお好きなVDMをクリックして選択し、メッシュ上でドラッグしてください。

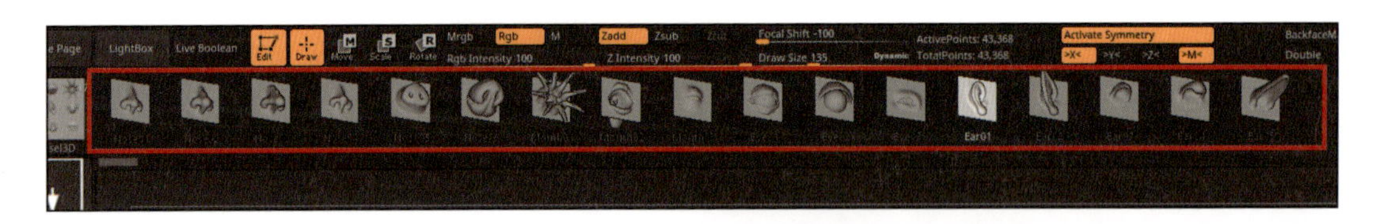

選択したVDMの形状がメッシュ上に出現しました。

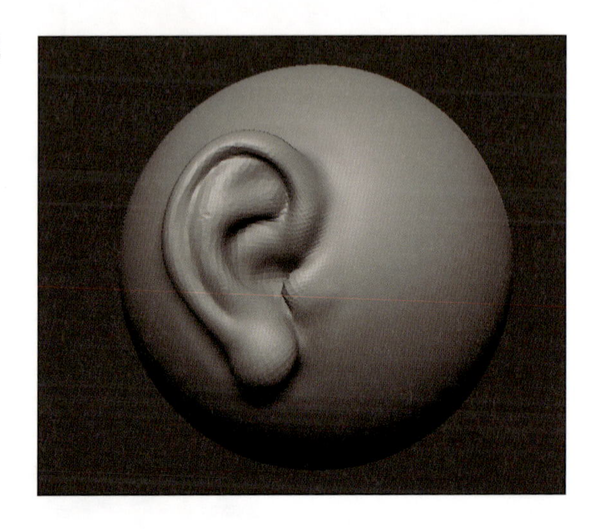

今度はPolyFrameをONにした状態でドラッグしてみてください。IMMブラシと違い、メッシュが追加されるのではなく、全てメッシュ上の頂点移動であることがわかります。

VDMはあくまで頂点移動をさせているだけに過ぎないため、これはつまりサブディビジョンレベルが存在するメッシュに対して使用することができる、ということを意味します。トポロジーに変更がかからない機能は、基本的にサブディビジョンレベルを保持したまま使用することができます。

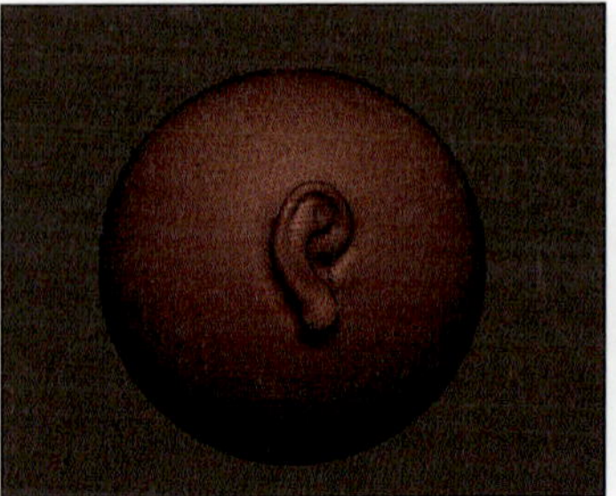

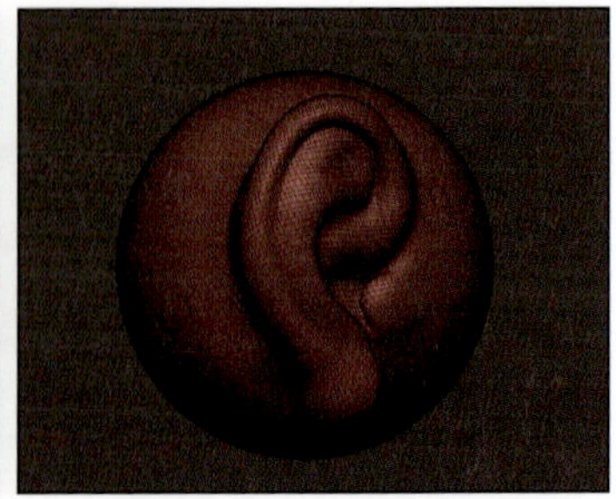

弱点としては、メッシュの密度がVDMの効果に直結するため、密度の低いメッシュに対してはこのように形状の再現度が低下します。

▶ 密度の低いメッシュの場合

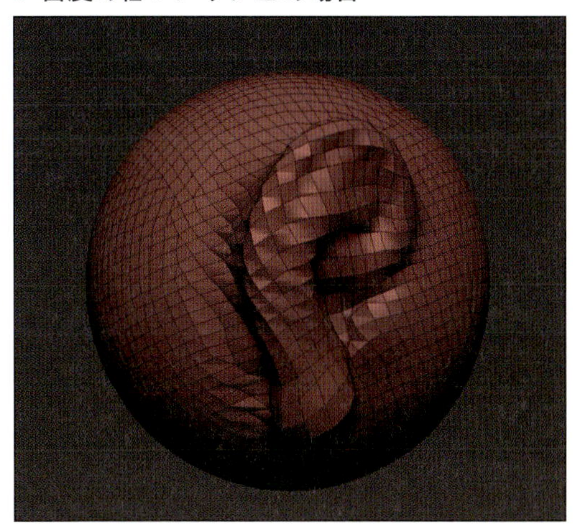

なお、バージョン2018で追加されたSculptris Pro機能との併用はできません（Sculptris Pro機能はVDMだけでなく、一部ブラシタイプに制限がかかります）。

▶ VDMの作り方

VDMは自作することができます。その場合、絶対に守らなければならない制約として、**グリッド状のトポロジーのメッシュからしか作成することができない**ということです。

そのためDynameshやZRemesher、Sculptris Pro機能等のトポロジーの変更がかかる機能を使ったメッシュからはVDMを作ることはできません（作ろうとしても通常のアルファになります）。

▶ グリッド状トポロジーのメッシュ

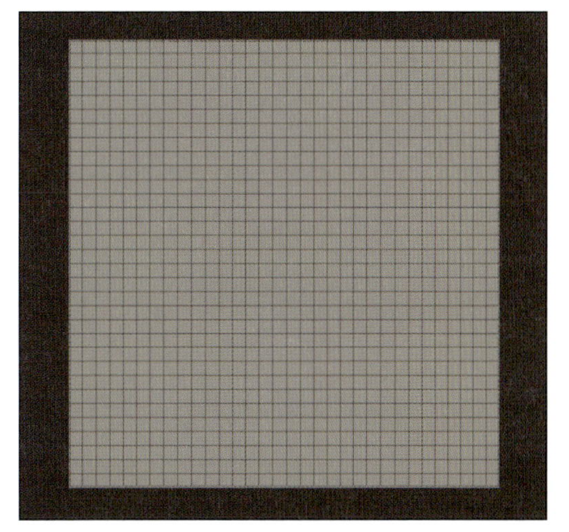

LightBoxを開き、［Project］>［Misc］>［Brush3DTemplate256.ZPR］を開いてください。

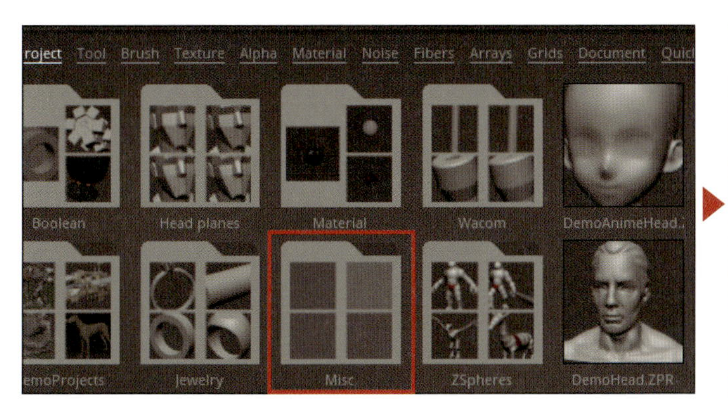

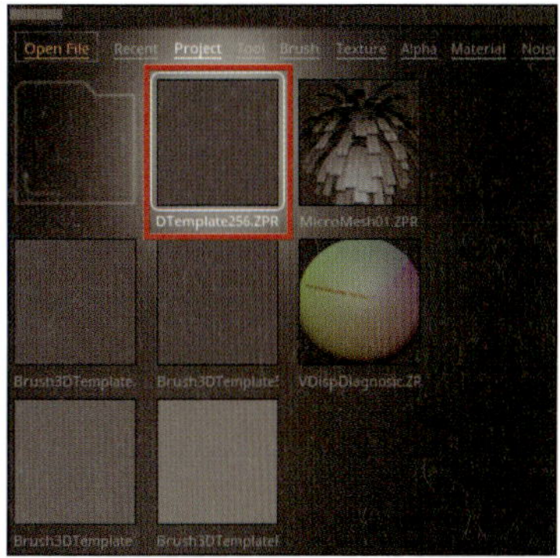

Moveブラシや ClayBuildupブラシ等で、スカルプト操作のみを使って好きに形を作ってください。

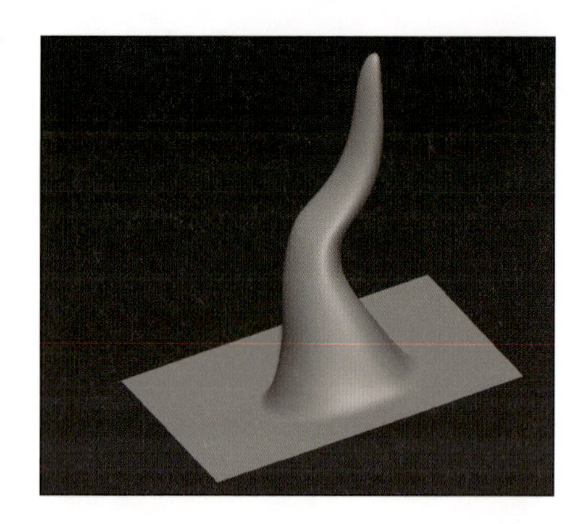

スカルプトした結果、このようにトポロジーが間延びしてしまうことがあります。これはそのままVDMとして使用した時にも反映されてしまうため、なるべくトポロジーをリラックスしたいところです。

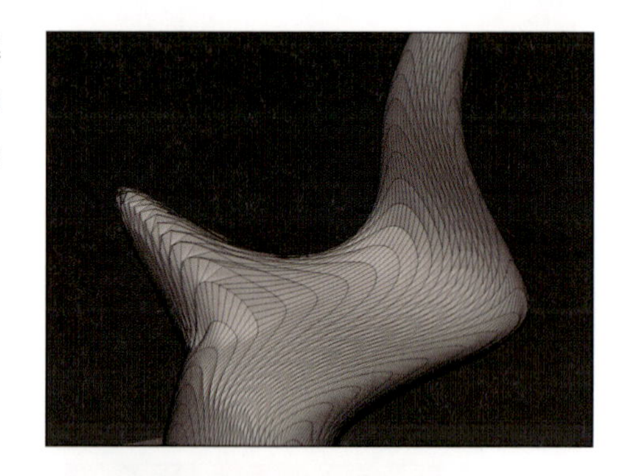

その際役に立つのが、グリッド状トポロジーメッシュのみに使うことができるRelax Plane Grid（[Tool]>[Deformation]>[Relax Plane Grid]）機能です。

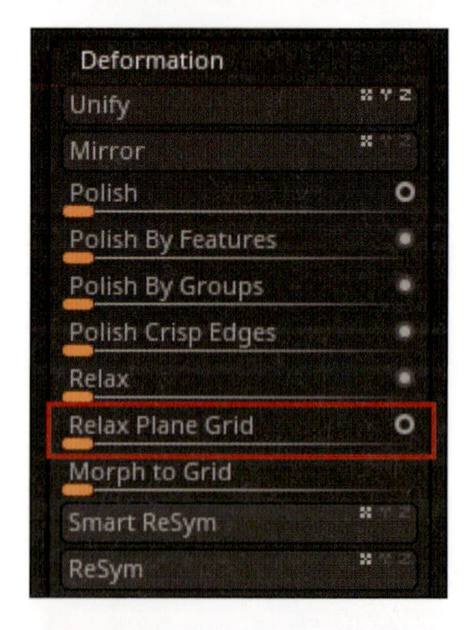

Relax Plane Gridをかけ、トポロジーを整えます。

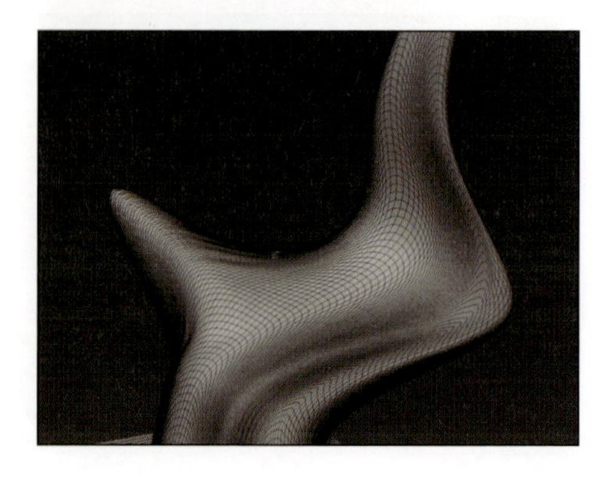

また、VDMを作成する際、辺縁部がこのように初期状態から変更されていると、VDM化した際、ブラシ効果の端がこのように周りと馴染まず、良い状態とは言えません。

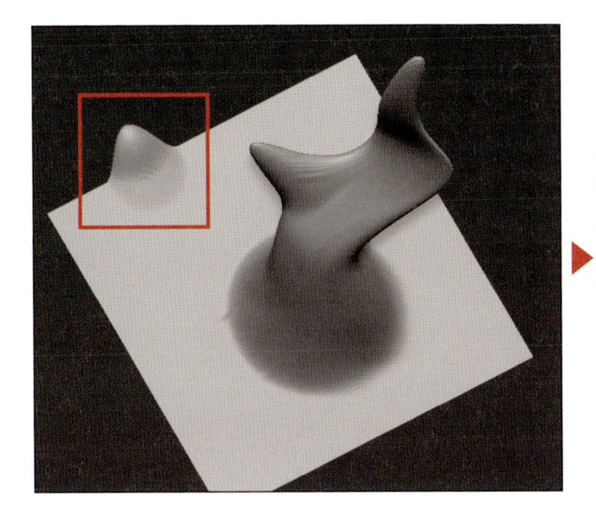

そのため、辺縁部は元の四角く、平らな状態が望ましいですが、スカルプト中、うっかり動かしてしまった場合に使うのがRelax Plane Gridのすぐ下にあるMorph to Grid（[Tool]>[Deformation]>[Morph to Grid]）です。

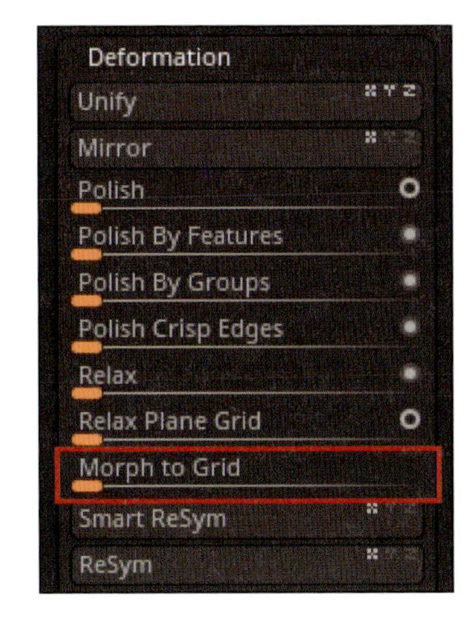

Morph to Gridは強制的にグリッド状にメッシュを戻す効果があります。

辺縁部だけをグリッド状に戻したいだけなので、辺縁部以外にマスクをかけてからMorph to Gridを使います。

Mask By FeaturesのBorderを使えば辺縁部だけにマスクをかけることができるので、マスクを反転し（場合によっては反転後マスクをぼかしてください）、Morph to Gridを使うことによって辺縁部だけをグリッド状に戻すことができます。

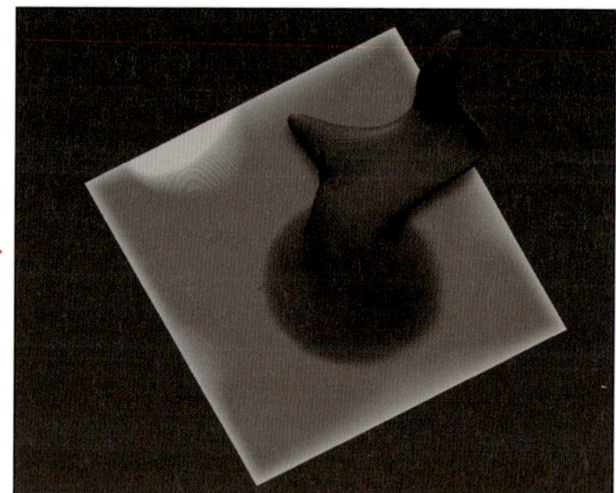

VDMの元となるメッシュができたら、グリッドを表面から見た状態にカメラをスナップ回転してください（この時のカメラの角度が斜めになっていると、VDMの効果も斜めになります）。

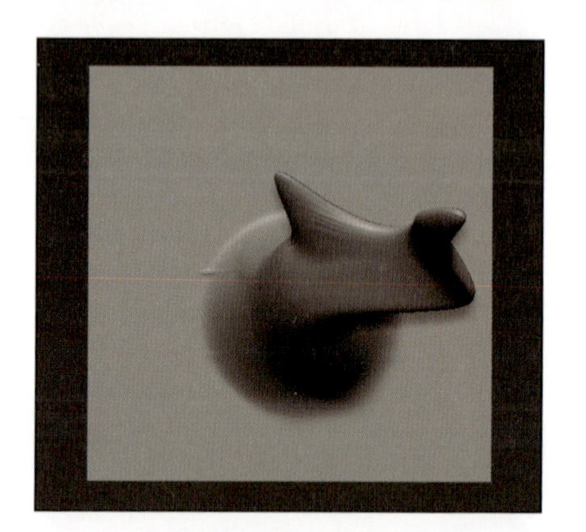

VDMを既存のChisel 3Dブラシに追加する場合は、Chisel 3Dブラシを選んだ状態で[Brush]>[From Mesh]ボタンをクリックします。

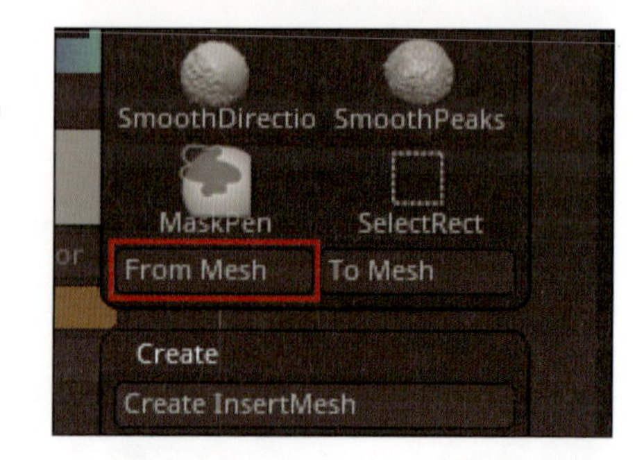

VDMブラシを新規に作る場合は、Chisel 3DブラシをCloneして雛形とし、[Create MultiAlpha Brush]ボタンをクリックすると、上書きする形でVDMブラシが作成できます。

追加した場合も新規に作った場合も、ブラシの保存をしないと、ZBrushを終了した時点でリセットされてしまうため気を付けてください。次回起動時からも自動的に読み込ませる場合は、保存したブラシファイルを、「ZStartup」フォルダ内の「BrushPrisets」フォルダにコピーしてください。

Chapter 15

ZBrush 2018 の新機能

SECTION

01 Sculptris Pro モード

ZBrush 2018の一番の目玉機能と言えば、このSuclptris Proモードでしょう。今までのZBrushよりさらに直感的な作業が可能となる本機能について学びます。

Sculptris Proモードとは

Sculptris Proモードとは、ZBrush 2018から追加された新機能の1つです。

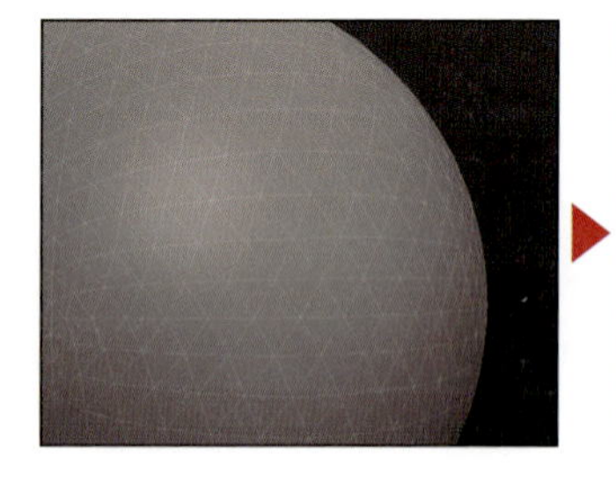

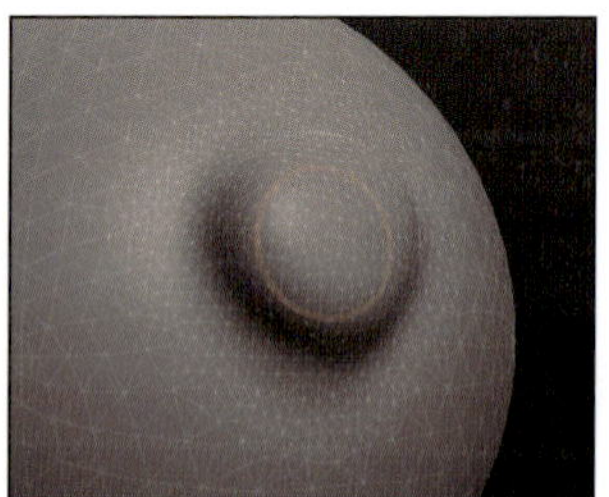

Pixologicが無償提供している「Sculptris」というソフトがあるのですが、このSculptrisの特徴である、スカルプトのストローク中の動的なテッセレーション、デシメーション分割が機能強化され、このたびZBrushに実装されました[注1]。

注1　本書ではPixologicの解説に準拠し、細分化され分割が増えることをテッセレーション、エッジが間引かれ分割が減ることをデシメーションと表記します。動的なテッセレーション、デシメーションとは、早い話、「ブラシストロークの対象エリアのみ自動的にメッシュの細かさが変化する」という理解でOKです。

Sculptris Proモードの使い方

Sculptris Pro モードを体験

頭で考えるより先に、まずは触ってその効果を体験していきましょう。まず、LightBoxからDemoHead.ZPRを開いてください。

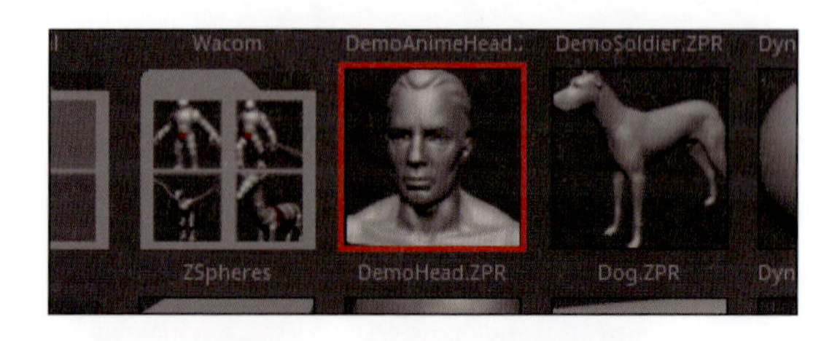

画面上の［Sculptris Proモード］ボタンをクリックして機能をONにしてください。4R8のUIを引き継いでいる場合は、［Stroke］メニュー内に追加されているので、ボタンを触りやすい場所に出しておきましょう。

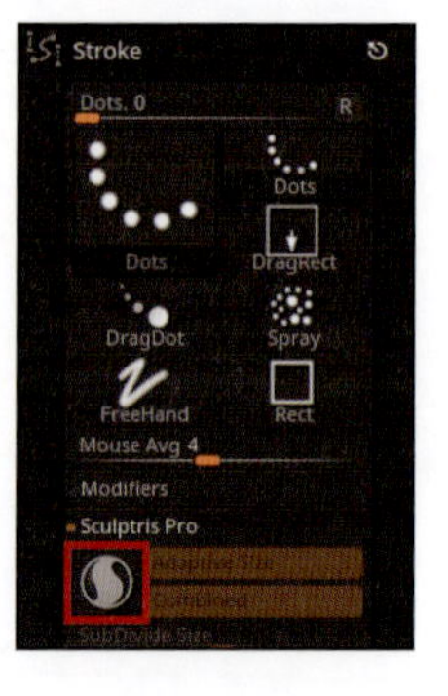

Sculptris Proモードを ONにしたら、メッシュ上をスカルプトしてみます。ストロークが終わると警告が表示され、[Sculptris Proモード]ボタンがOFFになるはずです。

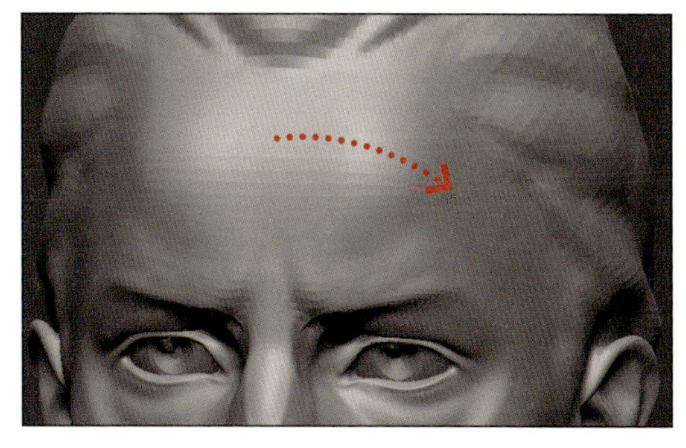

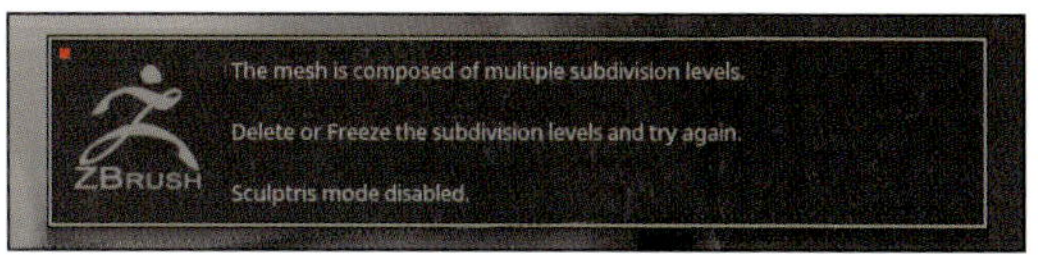

この警告では、「このメッシュはサブディビジョンレベルが存在しているから、Sculptris Proモードは使えないよ」と言っています。サブディビジョンレベルがあるとなぜだめなのか、についてはここでは解説しません。少し難しい内容になりますが、6-01をお読みください。

この他にも、トポロジーの変更が厳禁な機能、たとえばLayers等を使っているメッシュでも同様に警告が出ます[注2]。

注2　警告が出ても、ストローク自体はOFFの状態でスカルプトした時の操作として扱われているため、メッシュは変化します。Undoで戻ることをお勧めします。

次に進みましょう。サブディビジョンレベル(SDiv)を一番下まで下げ、[Del Higher]をクリックしてサブディビジョンレベルを消去します。

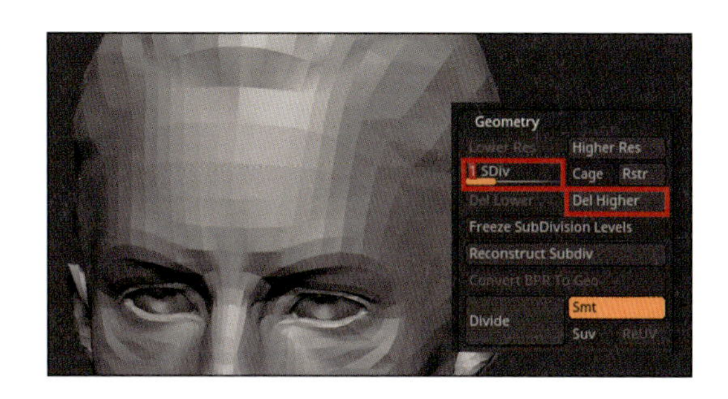

Sculptris ProモードがONの時、OFFの時の差を見るため、[Duplicate]でサブツールを複製し、作業対象のサブツール以外を非表示、もしくはSoloモードを使用してください。

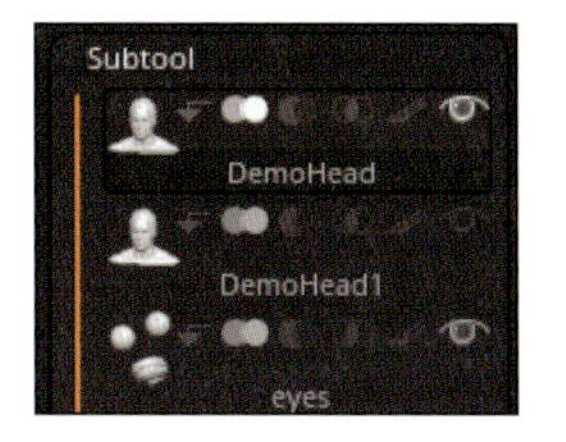

まずはOFFの状態で、ブラシをStandardブラシ、ブラシサイズは頭のトポロジーの幅くらいの大きさにして、いつも通りスカルプトしてみます。当然ながらメッシュの変形はいつも通りの頂点が移動しただけの変化です。

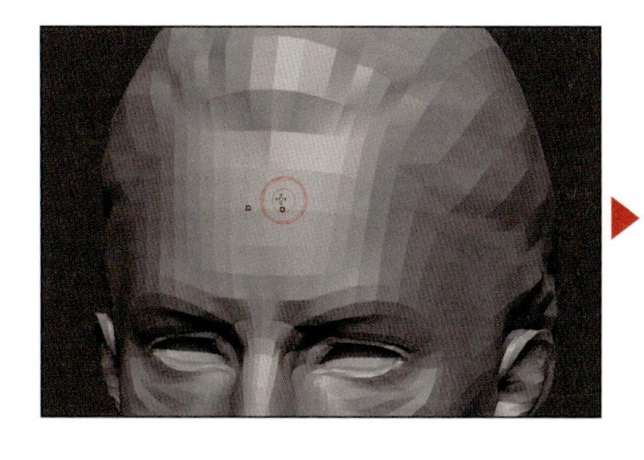

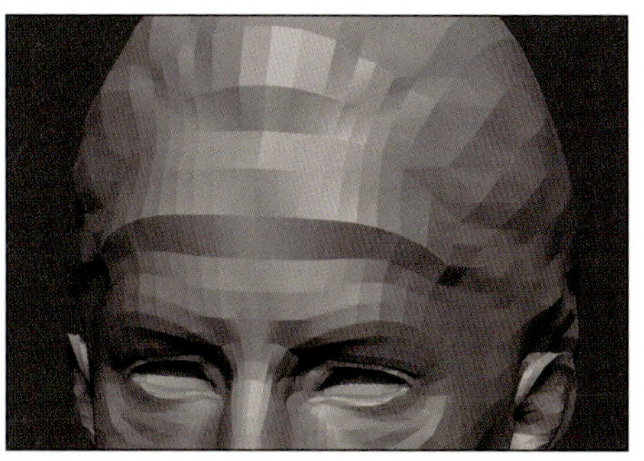

Chapter 15 ZBrush 2018の新機能

［PolyFrame］ボタンをONにして確認しても、トポロジーの構成自体は何も変わっていません。このまま、PolyFrameをONにしたままで次に進みます。

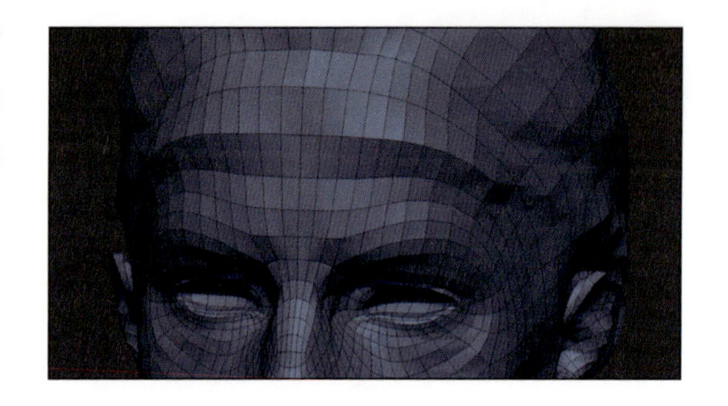

次にSculptris ProモードをONにして同じくスカルプトします。すると、OFFの時とは明らかに違い、スカルプトのストロークに連動してなぞった部分の分割が変化しながらスカルプトが行われます。

メッシュ全体に一様に再構築処理がかかるDynaMeshと違い、必要な部分だけどんどん分割していけることが大きな特徴です。また、DynaMeshはONにした時にメッシュ全体にかかる機能でしたが、Sculptris Proモードは実のところブラシに対して付与させるオプションのようなもの（そのため［Stroke］メニュー内にあるとも言える）なので、気軽にON／OFFして使えます。

Chapter 15

ZBrush 2018の新機能

▶ SnakeHookブラシの使い勝手が向上

Sculptris Proモードの登場により大きく使い勝手が向上したブラシに、SnakeHookブラシがあります。

SnakeHookブラシはMoveブラシと違い、かなり極端にメッシュを引き伸ばす効果がある一方、引っ張ったり曲げたりすればするほどぐちゃぐちゃなメッシュになりやすいブラシでした。

しかし、Sculptris Proモードを使うことで、むしろ自由度の高い引き伸ばし用ブラシとして新しく生まれ変わったかのように使いどころがぐっと増えました。

▶ 従来のSnakeHookブラシのイメージ

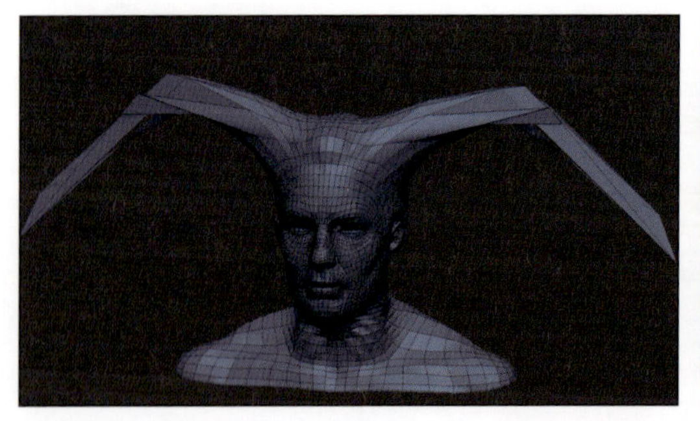

▶ Sculptris ProモードでSnakeHookブラシを使う

Smooth ブラシの動作

Sculptris ProモードがONの時の特殊な機能として、Smoothブラシの動作を解説します。

視覚的な変化としては、OFFの時はブラシカーソルが青、ONの時はブラシカーソルが橙色になります。

▶ Sculptris Pro モードが OFF の時（左）と ON の時（右）

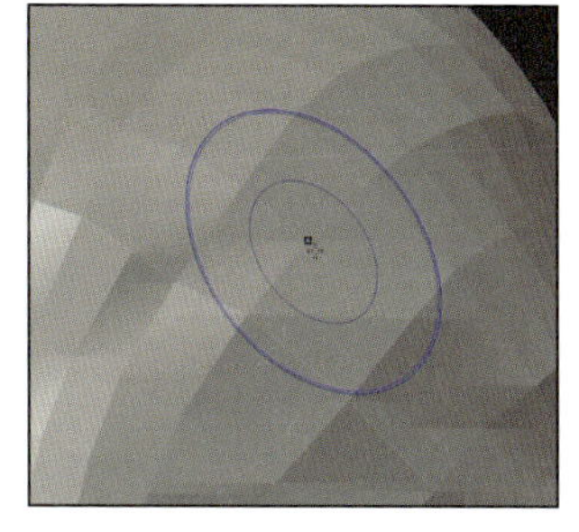

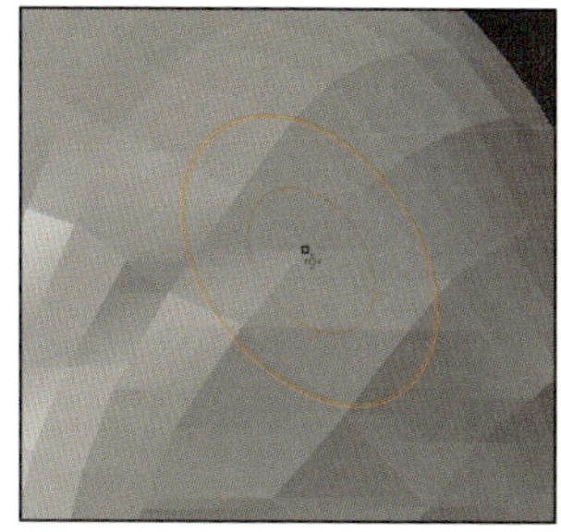

挙動については、動的なテッセレーションによる密度変化が、Smoothブラシのメッシュを均す効果に加わっているというイメージでOKです。

具体的な使いどころを見てみましょう。Sculptris ProがOFFの状態でDemoHeadの耳にSmoothブラシをかけると、耳の形状は均されて消えていきますが、メッシュの密度が詰まっていってしまいます。

▶ メッシュの密度が詰まっていってしまう

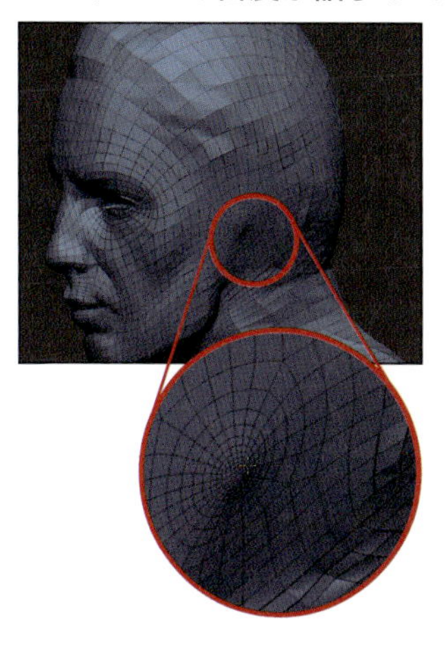

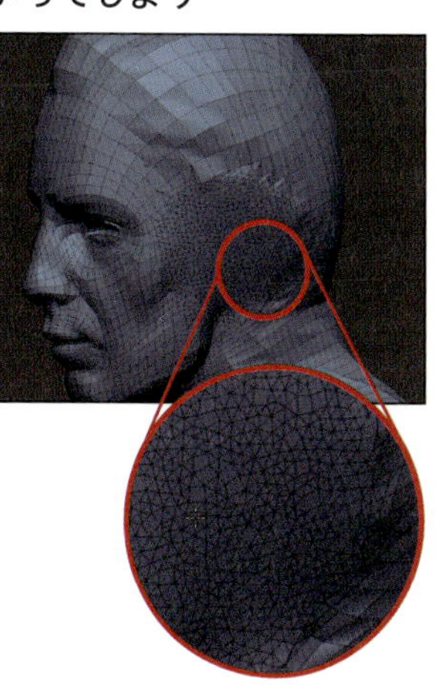

Sculptris ProモードがONの場合、Smoothブラシで均す動作中も、ブラシに設定された密度になるよう調整されます。

▶ ブラシに設定された密度になるよう調整される

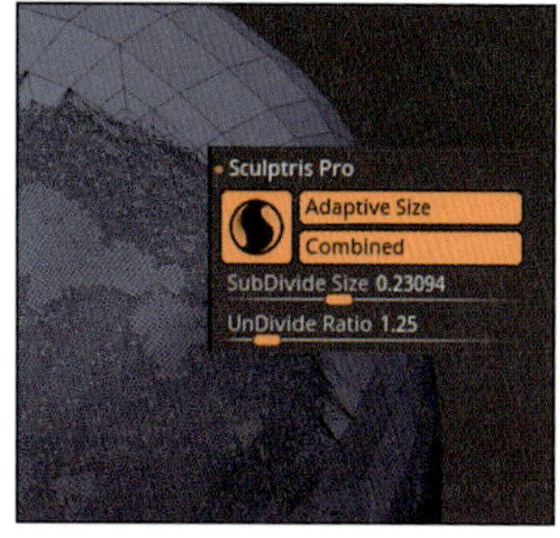

MEMO **Z Intensity の値を 0 にする**

Smoothブラシは、［Z Intensity］の値を0にして均す効果を切った状態で使うと、形状は変えず密度を変更するブラシとして使うこともできます。密度が減った結果、形状が崩れる場合があるので注意しましょう。

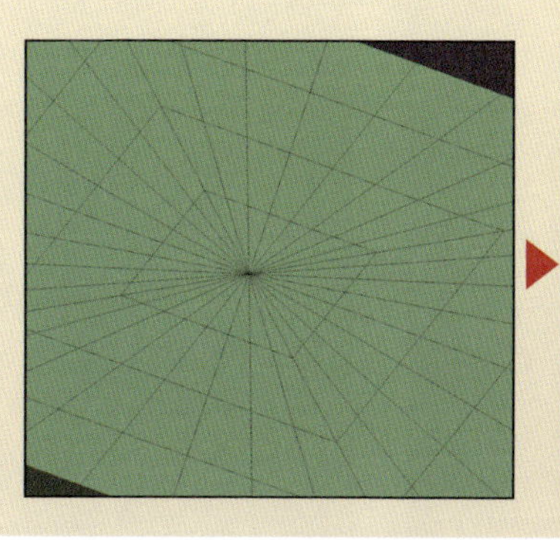

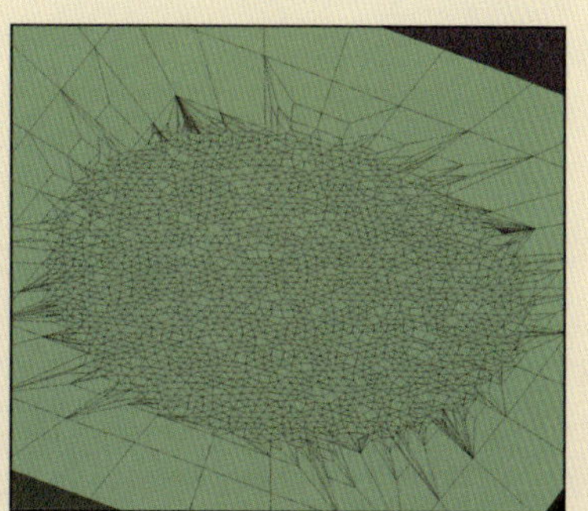

Sculptris Proモードの注意点

Sculptris Proモードを使ううえでは、留意すべき点がいくつかあります。

メッシュの交差

メッシュ同士が交差した部分に対してストロークをしても、結合されることはありません。交差したままのデータは3Dプリンタでの出力用としては不正な状態なため、DynaMesh等で結合する必要があります。

メッシュの分断、削れ

細い部分や薄い部分に対してSculptris ProモードのSmoothブラシを使うと、メッシュが分断されたりメッシュが削られていきます。

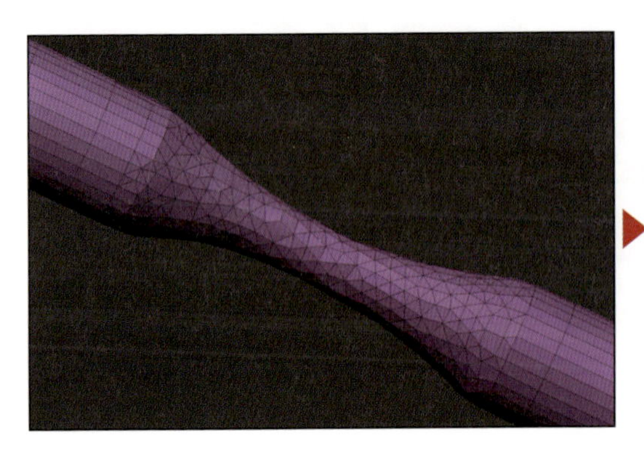

ショートカット

標準のショートカット表記は\キーになっていますが、日本語キーボードでは\キーではなく、¥キーがショートカットになります。

Smooth Polish（Altanative Smooth）時の動作

これは、Sculptris Proモードの注意点とは若干違いますが、Smoothブラシのストローク中にShiftキーをリリースする動作をした場合、テッセレーション的な主に三角形で構成されたトポロジーになっている部分は膨らむ動作をします。このようなトポロジー特有の現象なので、4R8にメッシュを持っていったとしても同じく膨らみます。

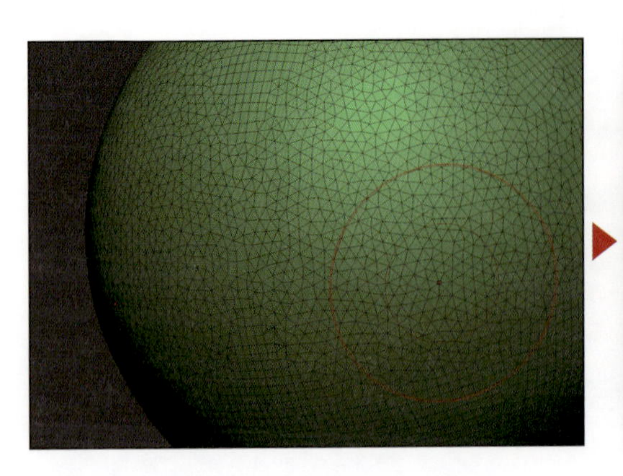

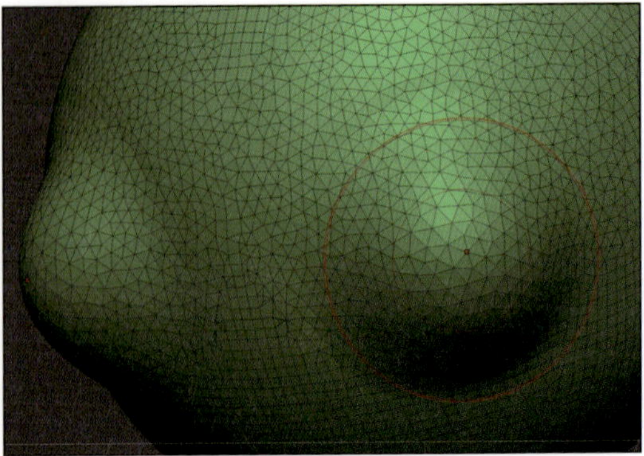

Chapter 15 ZBrush 2018の新機能

▶ ブラシの種類によって使用可、不可がある

ブラシのサムネイルにマウスポインタを移動すると、ブラシタイプ等の情報が表示されます。

ブラシのベースタイプ(Base Type)によって使用可能、不可能があります。全てのブラシはこのいずれかに属するため、ベースタイプが何かを判断基準とします。

▶ Base Typeを確認する

使用の可否	ベースタイプ
使用可能	Clay, Displace, Elastic, Inflate, Nudge, Pinch, Polish, Project, Snake Hook, Sphere, Standard
使用不可能	Geometry, Insert Mesh Dot, Morph[注3], Move, Single Layer, Trim)

注3　機能としてはONにできますが、トポロジーの変更がかかった途端モーフ機能が解除されるため、実質使用不可能です。

▶ Auto mask 系機能（Backface Mask、Mask By Polygroups 等）との併用不可能

Backface mask等の、条件によって自動でマスキング効果のかかるオプションとの併用は不可能です。そのため、薄いメッシュ等で反対側を保護したい場合は手動でマスクをかけてやる必要があり、その際100%の強度がかかっていないと完全には保護されません。

▶ メッシュが一部非表示な場合動作しない

メッシュが部分的に非表示になっている場合、エラーメッセージが出て効果がかかりません。

▶ Stroke の DragRect と DragStroke では動作しない

Strokeの設定がDragRect、Drag Dotでは動作しません。

▶ シンメトリーが ON でも左右対称のトポロジーが保証されない

［Activate Symmetry］がONの状態でシンメトリーなスカルプトをしても、Sculptris Proではトポロジー的なシンメトリーは保証されません。シンメトリーなトポロジーが必要な場合は、Mirror And Weldで強制的に対象のトポロジーにしてください。

▶ トポロジー的なシンメトリーは保証されない

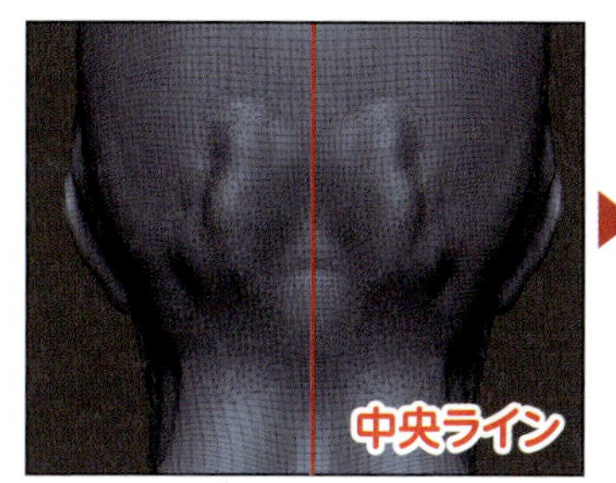

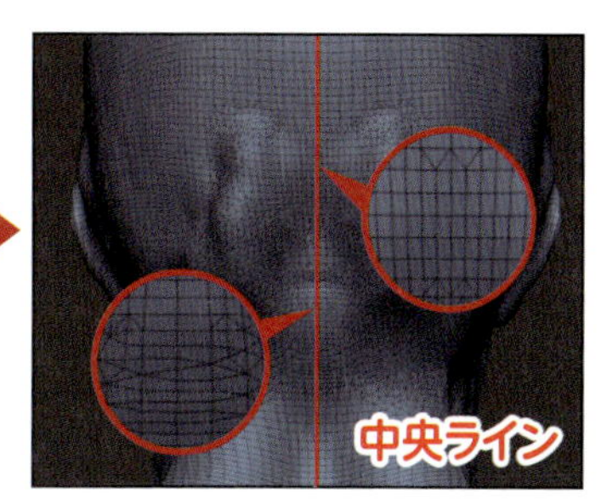

Sculptris Proモードのメニュー

Sculptris Proに関するメニューは、[Stroke]メニュー内と[Brush]メニュー内にあります。[Stroke]メニュー内の機能は以下の通りです。

▶ [Stroke] > [Sculptris Pro] 内の機能

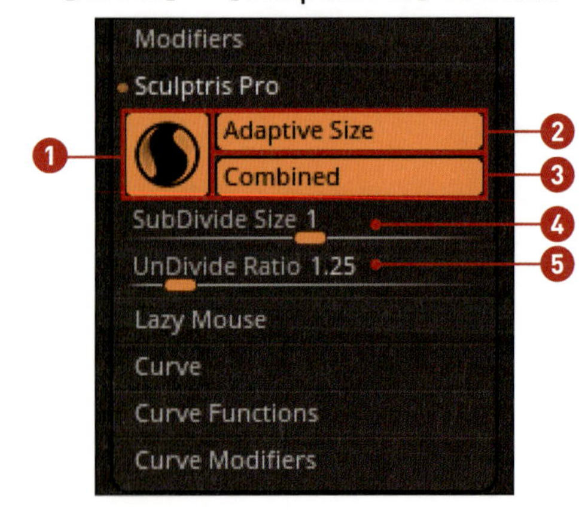

❶ Activate Sculptris Pro mode	Sculptris Pro モードを ON ／ OFF するボタンです。
❷ Adaptive Size	テッセレーション、デシメーション効果がブラシのサイズの変更に追従する機能の ON ／ OFF ボタンです。
❸ Combined Mode	テッセレーションとデシメーション効果が複合するモードです。通常では ON なので、SubDivide Size で設定された密度でテッセレーションとデシメーションが同時にかかりますが、OFF の場合は以下の動作になります。 通常のストローク：増える動作はするが、SubDivide Size で設定された密度以上の部分に対して減らす動作はしない Smooth ブラシ：減らす動作はするが、SubDivide Size で設定された密度以下の部分に対して増やす動作はしない
❹ SubDivide Size スライダ	テッセレーション、デシメーション効果がかかる際のポリゴン密度を設定します。
❺ UnDivide Ratio スライダ	デシメーション効果がかかる際の効果量を設定します。

一方、[Brush]メニュー内の機能は以下の通りです。[Stroke]メニュー内の機能との違いは、前者はブラシ個別に持つことができ、後者は全てのブラシを対象としている点です。

▶ [Brush] > [Sculptris Pro] 内の機能

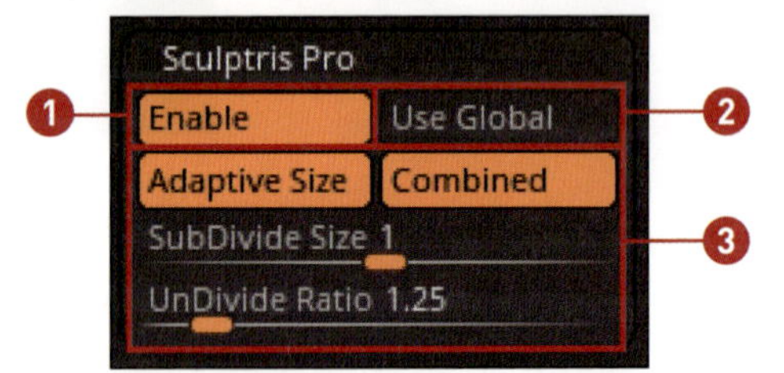

❶ Enable	Sculptris Pro モードを ON ／ OFF します。Stroke メニューで ON になっていても Enable が OFF になっていると OFF 扱いになります。
❷ Use Global	Stroke メニュー内の Adaptive Size や SubDivide Size 等の設定を継承するか否かのボタンです。ここが OFF の場合、ブラシ個別にそれぞれのパラメーターを持つことができます。
❸ Adaptive Size, Combined Mode, SubDivide Size, UnDivide Ratio	これらの意味合いは［Stroke］メニュー内と同じです。

SECTION 02

Tessimate

この節では、ZBrush 2018で追加された機能の1つであるTessimateについて解説します。

Tessimateとは

Tessimate機能は，［Tool］>［Geometry］の中に追加された新機能です。TessimateはZBrush特有の造語なので、辞書を引いても該当する単語はありません。

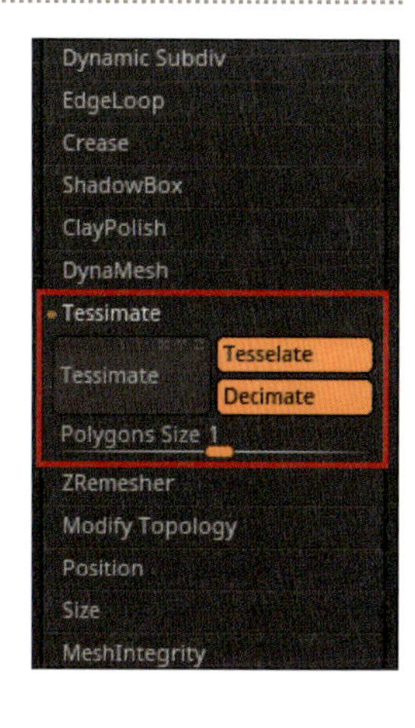

これは、テッセレーションによるメッシュ密度の増加、デシメーションによるメッシュ密度の削減を行うための機能です。トポロジーの変更がかかる機能に属するため、サブディビジョンレベルがあるメッシュに使えない等の制約があります。

Tessimateの使い方

Tessimateの使い方はとてもシンプルです。任意のメッシュに対して[Polygons Size]のスライダをドラッグすると、メッシュ全体のポリゴンの密度が変化します。

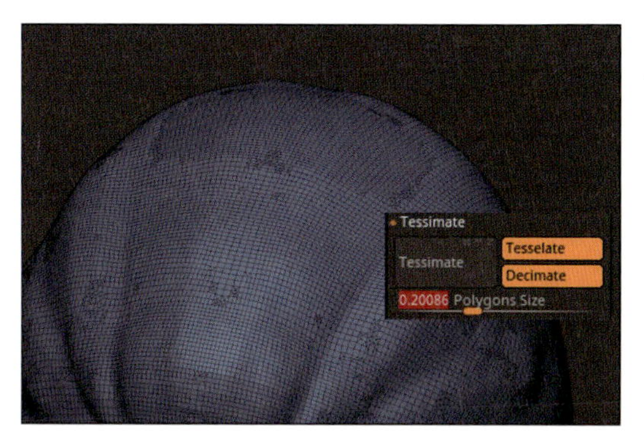

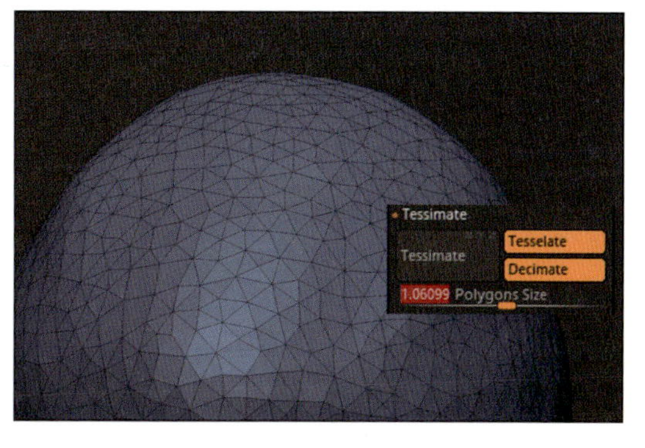

[Polygons Size]が大きいと密度が粗くなり、小さいと細かくなります。構成する1つ1つのポリゴンサイズだと把握すればOKです。

スライダを動かすと、即メッシュの密度増減が反映されます。しかしながら、反映後のメッシュに対して何らかの操作(トポロジーの変更はもちろん、頂点移動も含む)が行われるまではTessimate適応前の状態がメモリ上に保持されているため、スライダの再度操作でTessimate適応前のメッシュを基準に増減の再調整が行えます。Extract機能等とは違い、スライダ調整後に確定ボタンをクリックする等の操作は必要はありません。

また、Tessimate機能はマスクと併用でき、マスクをかけた部分をTessimateの効果から保護することができます。

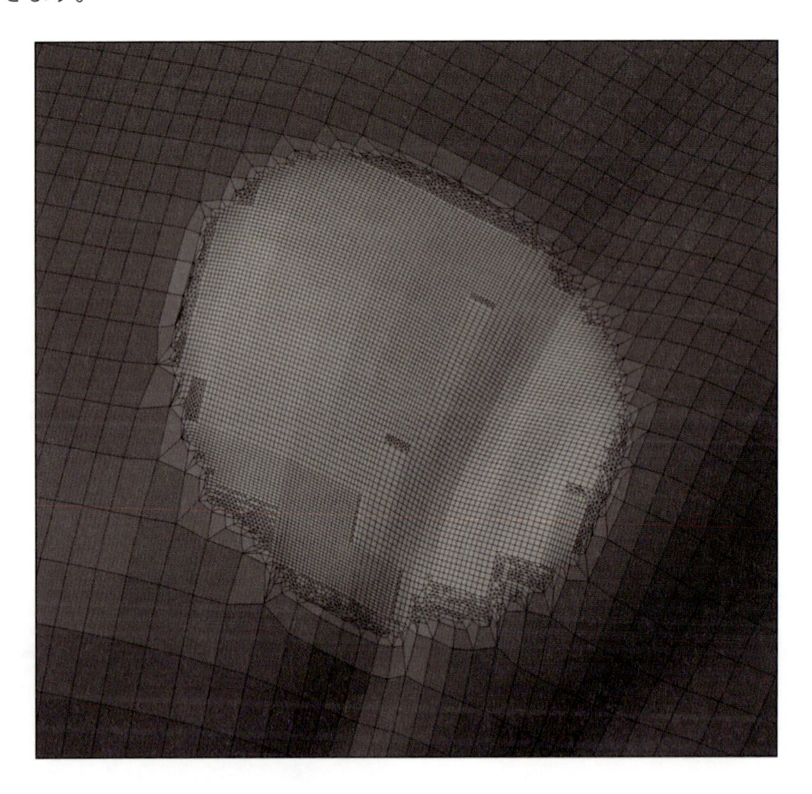

Tessimateのメニュー

[Tool]>[Geometry]>[Tessimate]メニューの機能は次の通りです。

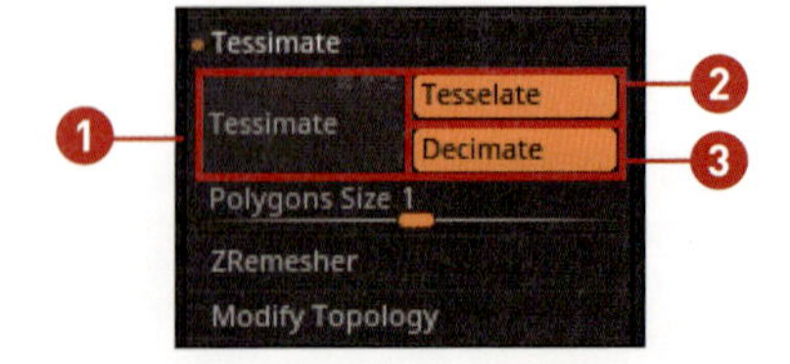

❶ Tessimate	Polygons Size スライダの値でテッセレーション、デシメーション効果を適応します。この時、右上にある XYZ のオプションボタンを ON にすると、Mirror And Weld の効果が指定した軸に対してかかるためシンメトリーなメッシュになります。
❷ Tessimate, Desimate	Tessimate ボタンが ON の時のみ密度の増加が行われ、Desimate ボタンが ON の時のみ密度の削減が行われます。
❸ Polygons Size	密度を決定するスライダです。

SECTION 03

PolyGroupIt

ZBrush 2018で追加された機能の1つであるPolyGroupItを解説します。

PolyGroupItとは

PolyGroupItは、新たなプラグインとして追加された新機能です。[ZPlugin]>[PolyGroupIt]にメニューがあります。

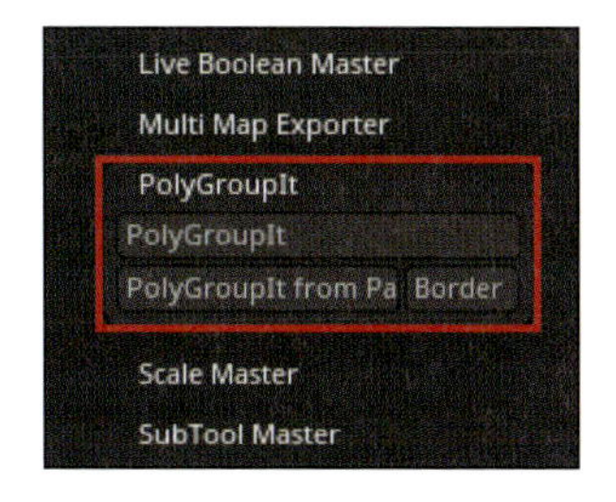

ざっくりと用途を言うと、ポリグループを割り当てるためのプラグインです。

今までもさまざまな方法でポリグループを割り当てることができましたが、PolyGroupItは形状を読み取り、形状に沿った「シード」という概念で、領域を塗りつぶすようにポリグループを作っていきます。

使い方と注意点

使い方を覚える前に、1つ前提として、「PolyGroupItは既存のポリグループを編集するための機能ではない」ということを覚えておきましょう。すでにポリグループを設定したメッシュをPolyGroupItに送っても、既存のポリグループは全て破棄されてしまいます。

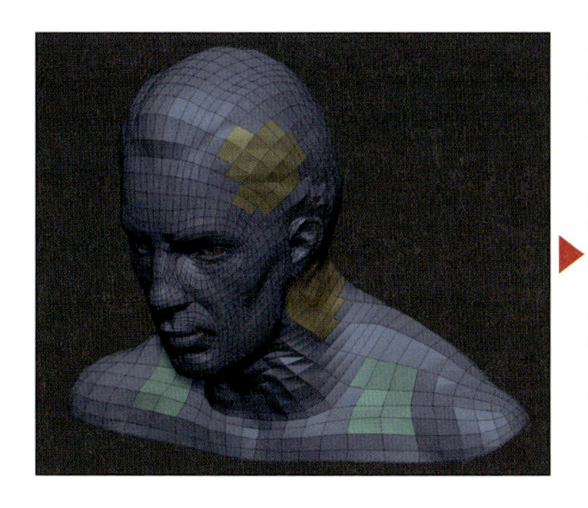

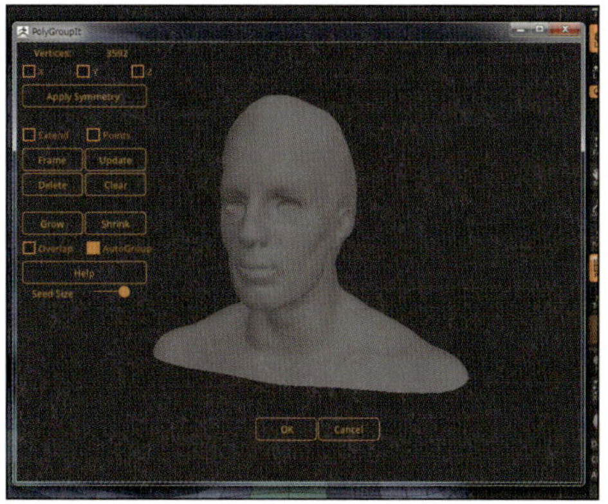

例外として、PolyGroupIt内で割り当てた後、トポロジーの変更やスカルプト等の操作をせず、なおかつZBrushの再起動をする前であれば、もう一度PolyGroupIt内で再編集が可能です。

では使い方を見ていきましょう。

PolyGroupItを使ってポリグループを作成したいサブツールがアクティブな状態で、[Zplugin]>[PolyGroupIt]>[PolyGroupIt]ボタンをクリックしてください。すると、新しいウィンドウでPolyGroupItプラグインが起動します。

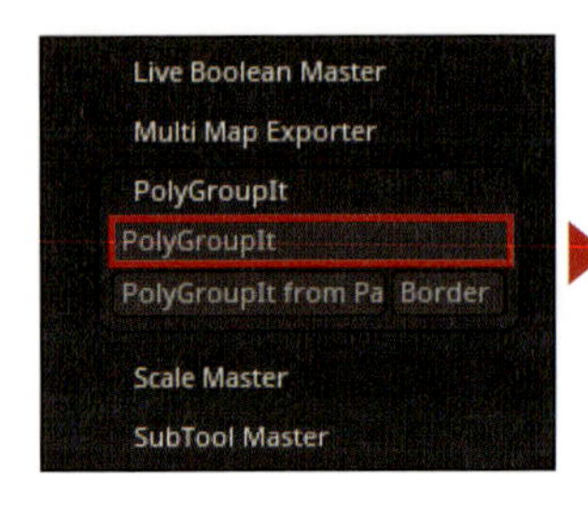

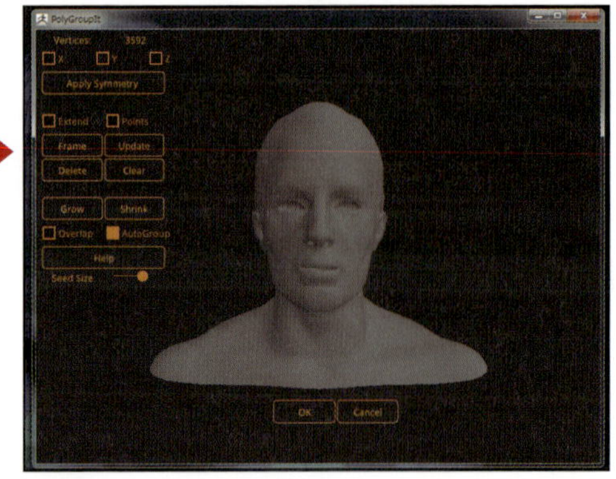

ビューポート上での操作は以下になります。

操作	機能
ブランクエリアをドラッグ 右ボタンでドラッグ	回転
Alt ＋ブランクエリアドラッグ Alt ＋右ボタンでドラッグ	移動
Alt ＋ドラッグで移動中に Alt を離す Ctrl ＋右ボタンでドラッグ マウスホイールの操作	ズーム
F キー	モデルのビューポートへのFix

メッシュ上をクリックすると球体が生成されます。これはシードといい、このシードが置かれた場所からメッシュの実際の角度を元にポリグループが生成されます。シードを移動させたい場合は、ドラッグして任意の場所に再配置します。

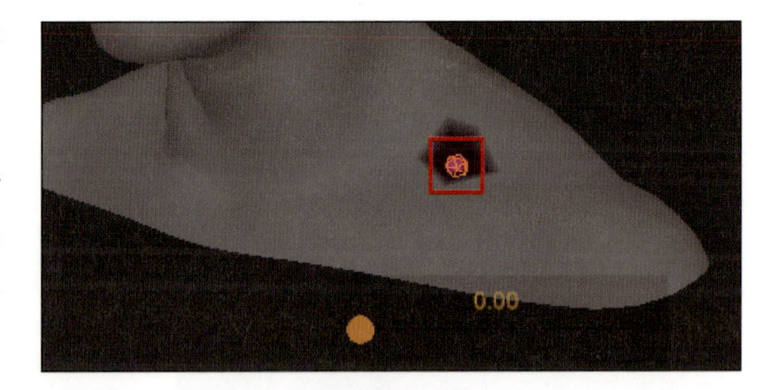

シードをクリックすると、許容角度の閾値用スライダが表示されます。スライダを調整すると同一のポリグループとして割り当てられる領域が増減します。

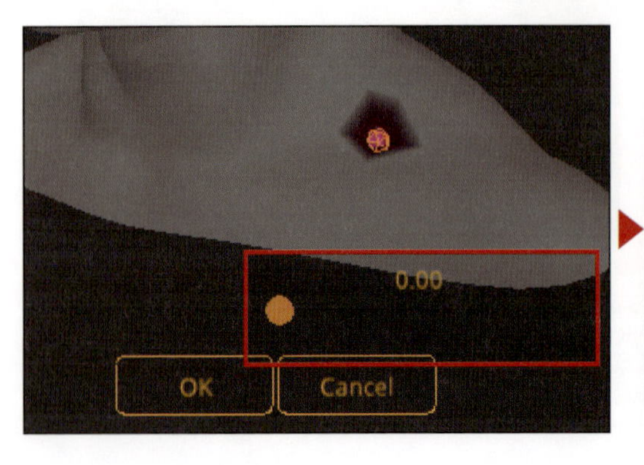

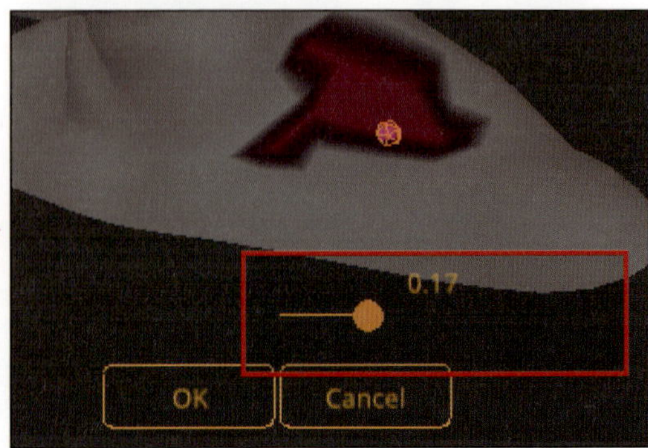

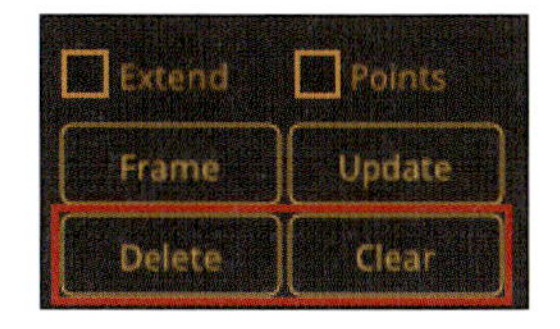

Alt ＋クリックで任意のシードを削除できます。もしくは任意のシード選択中に［Delete］ボタンをクリックしてください。全てのシードを削除したい場合は、Delete キーもしくは［Clear］ボタンをクリックします。

メッシュをクリックするたび、新しいシードは新しいポリグループとして生成されます。任意のポリグループと同一のポリグループのシードを生成したい場合は、コピーしたい元のシードを Ctrl キーを押しながらクリックし、Ctrl キーを押したままメッシュの任意の場所をクリックします。

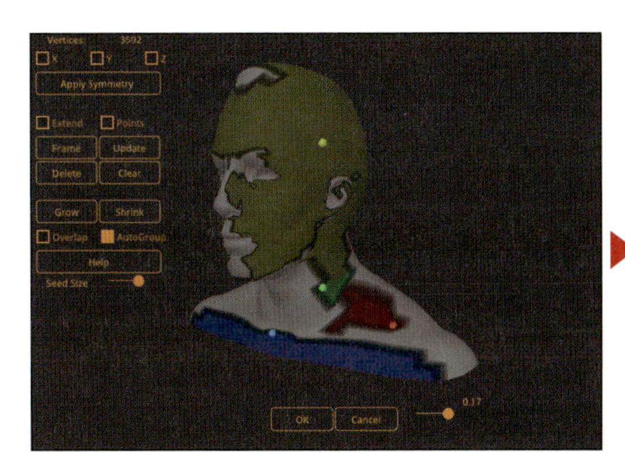

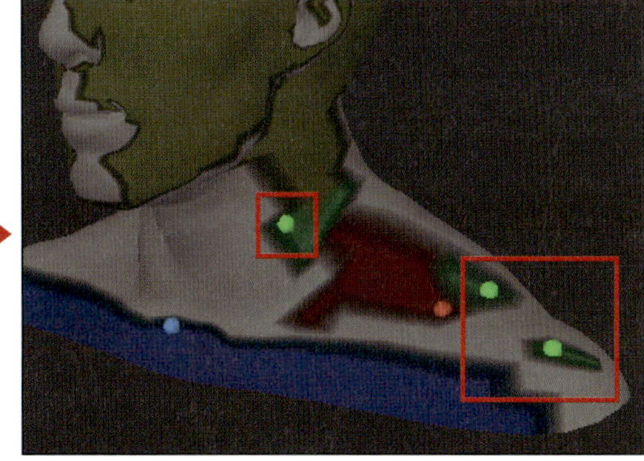

シード間の細かい隙間を埋めるには［Extend］のチェックボックスを有効にします。

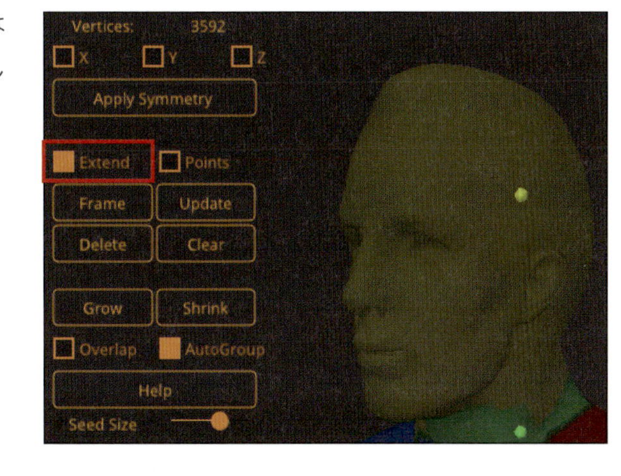

シードを割り当て終わったら［OK］ボタンを押し、ZBrushにポリグループ情報を転送します。

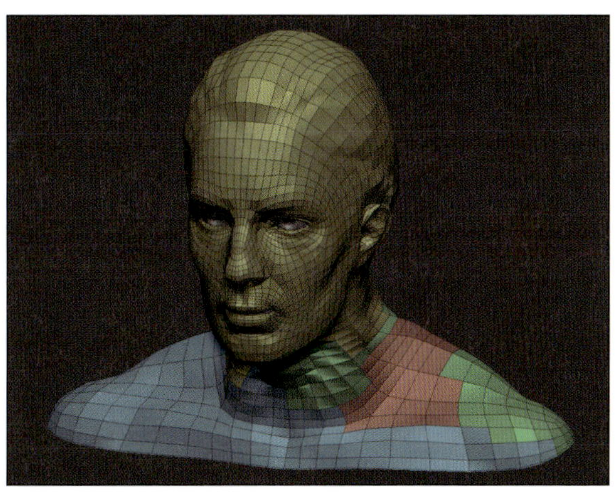

Chapter 15 ZBrush 2018の新機能

シンメトリーにポリグループを割り当てる

シンメトリーにポリグループを割り当てたい場合は、PolyGroupIt上の[X][Y][Z]のチェックボックスのシンメトリーにしたい軸をクリックしてください。PolyGroupItでのシンメトリーは、トポロジー的なシンメトリー判定ではなく、座標位置でのシンメトリー動作になります。

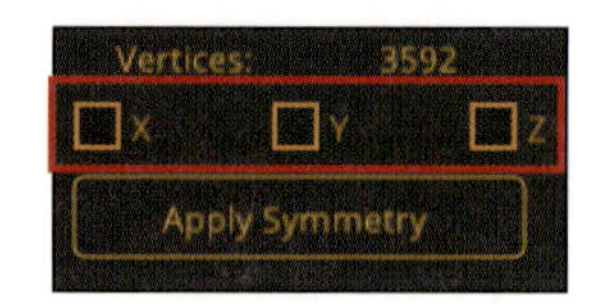

部分的に非シンメトリーで作業したい場合等、すでに作成されているシンメトリー状態のシードを非シンメトリー化したい場合は、[Apply Symmerty]ボタンをクリックしてください。シードが独立化します。

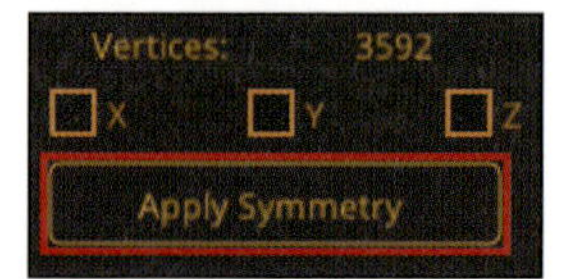

ポリペイントの変換

PolyGroupItの起動ボタンの他に、2つのボタンがあります。これらのボタンはメッシュに、RGB値「0,0,0」の真っ黒で描かれている部分を基準にポリグループを生成します。

なお、2つの機能ともに「すでに存在するポリグループは破棄される」という仕様は同じです。

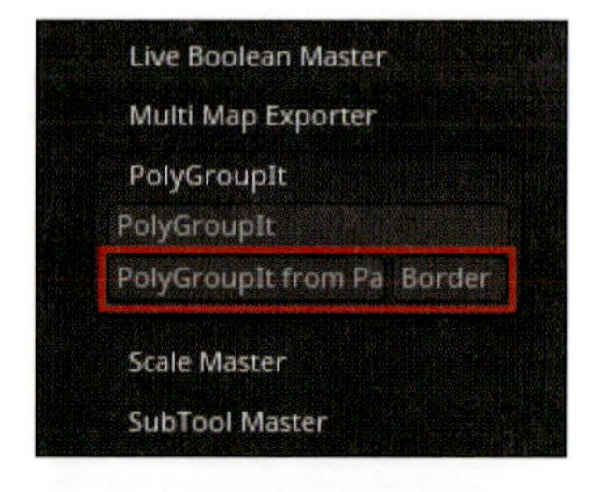

[PolyGroupIt from Paint]ボタンは、線で区切られた部分に別々のポリグループを割り当てます。

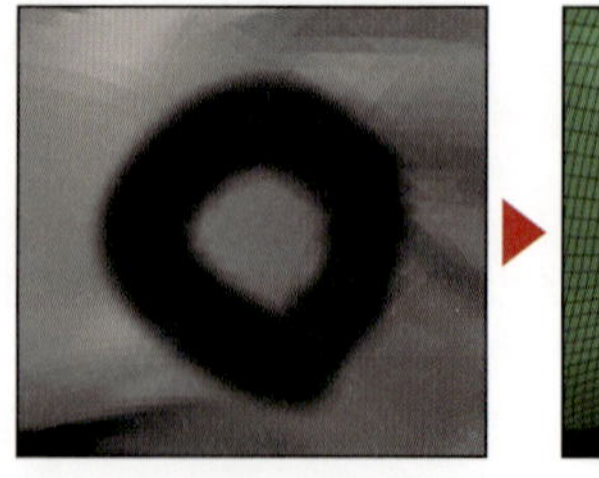

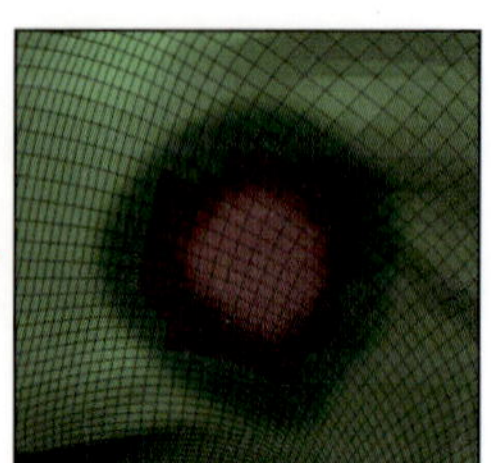

[Border]は線自体もポリグループ領域として扱われます。

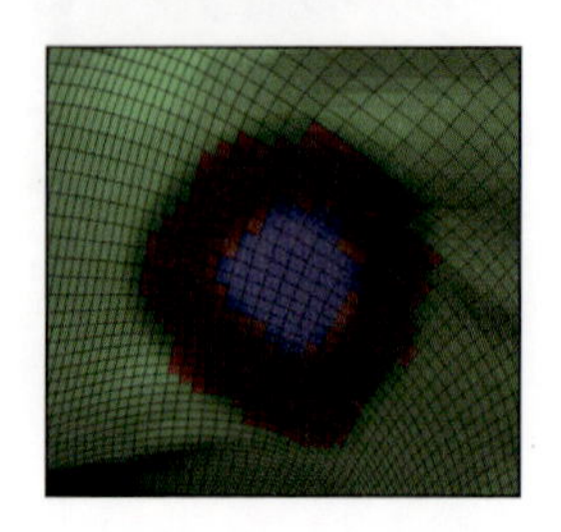

PolyGroupItのメニュー

[ZPlugin]>[PolyGroupIt]>[PolyGroupIt]のメニューは次の通りです。

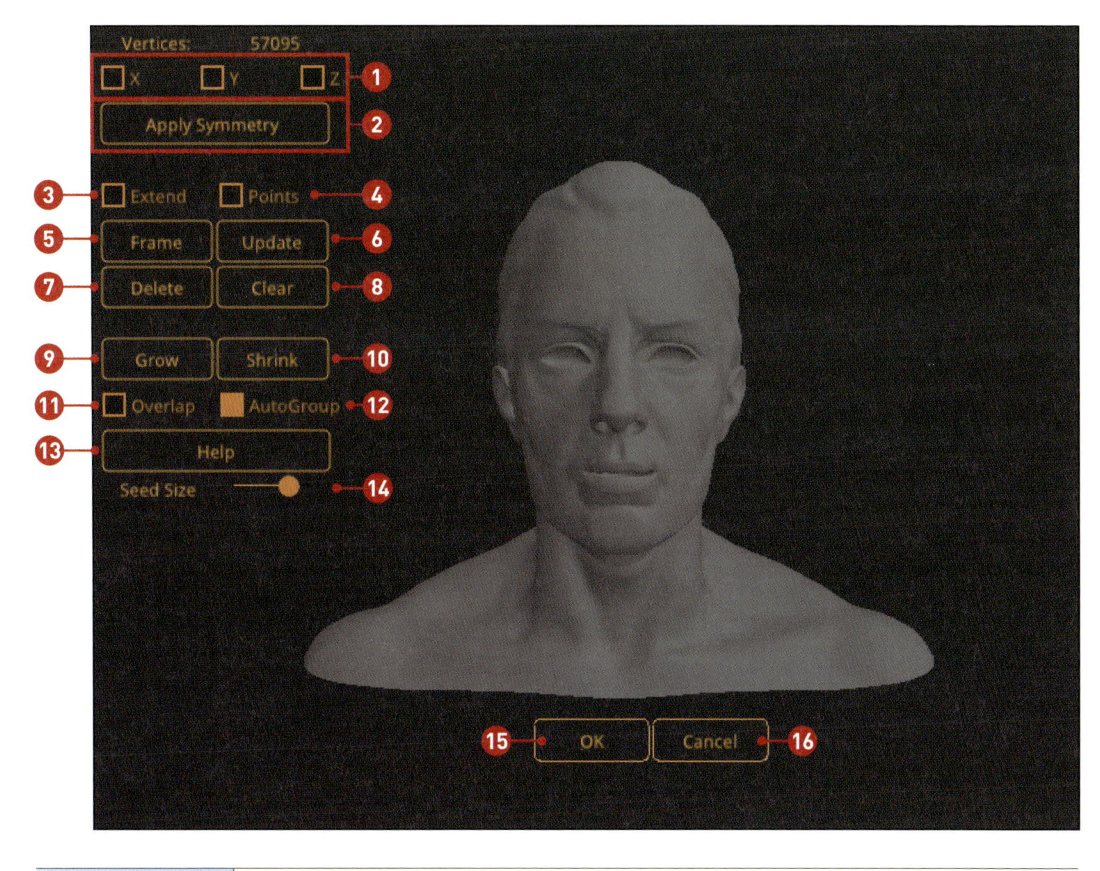

❶ XYZ	シンメトリー軸を指定します。
❷ Apply Symmetry	シンメトリー状態のシードを非シンメトリー化（調整の非連動化）します。
❸ Extend	シードが割り当てられていない領域を自動的に既存のシードで塗りつぶします。
❹ Points	メッシュの頂点をオーバーラップ表示します。
❺ Frame	メッシュがウィンドウサイズに収まるようにカメラ位置を調整します。
❻ Update	シードによる塗りつぶしを再計算させます。
❼ Delete	クリック中のアクティブなシードを削除します。
❽ Clear	全てのシードを削除します。
❾ Grow	クリック中のアクティブなシードの領域を拡張します。
❿ Shrink	クリック中のアクティブなシードの領域を減少させます。
⓫ Overlap	Grow や Shrink の結果、他のシードですでに塗りつぶされている領域への鑑賞を許可します。
⓬ Autogroup	スライダによるシード値の調整を許可します。
⓭ Help	ショートカット等の一覧を表示します。
⓮ Seed Size	シード生成時のスフィアの大きさを決定します。
⓯ OK	編集を終了し、PolyGroupIt から ZBrush 本体へポリグループ情報を転送します。
⓰ Cancel	編集結果を破棄し、ZBrush に戻ります。

SECTION 04

新しいデフォーマ

ZBrush4R8で追加されたデフォーマですが、2018で更に新しいデフォーマが追加されました。ここでは2018で追加された分に関して解説いたします。

追加されたデフォーマ

ZBrush 4R8でGizmo機能の一部として8個のデフォーマが追加されました。そして2018では、トータル27個になりました。

▶ ZBrush 4R8 のデフォーマ

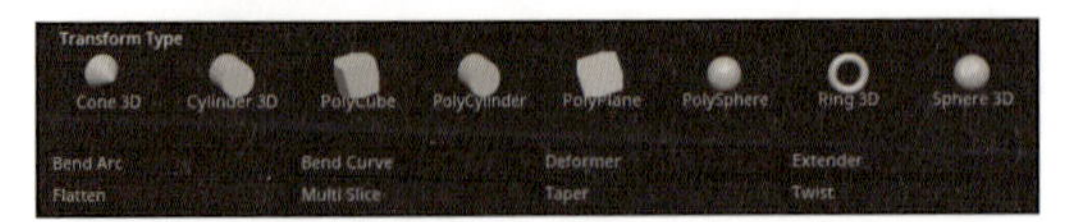

▶ 2018 のデフォーマ

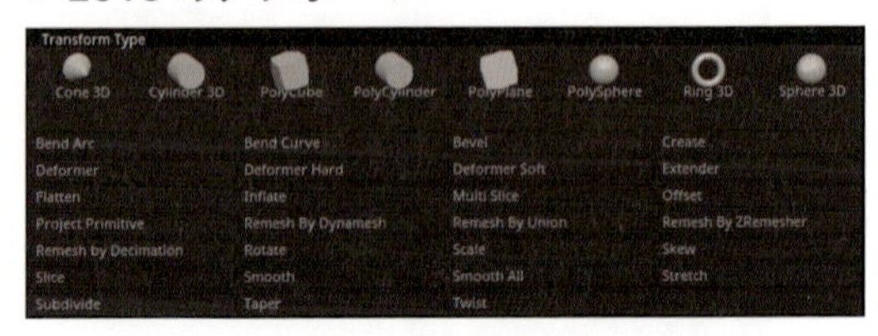

同じ名前のデフォーマは基本的に4R8と同じため、ここでは2018で追加されたデフォーマのみ解説します。4R8までのデフォーマに関しては、5-02を参照してください。

▶ Bevel

Bevelは、文字通りメッシュにベベル効果をかけます。

橙マニピュレーター（Bevel）	ベベル幅
内側青マニピュレーター（Resolution）	ベベル内の分割数
外側青マニピュレーター（Crease angle）	ベベルを適応するエッジ角度の閾値

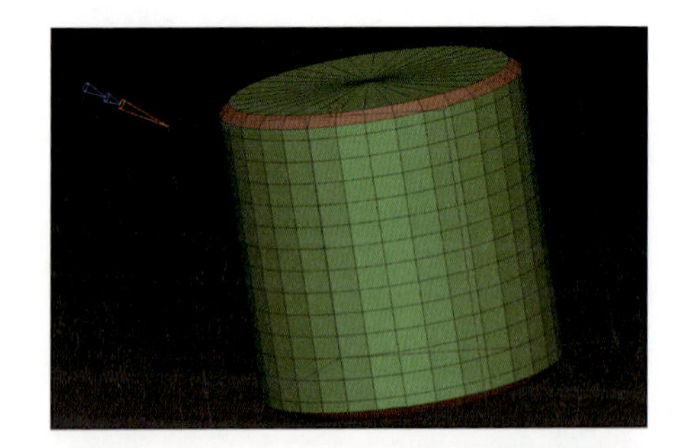

▶ Crease

Creaseはエッジの角度を判定し、エッジに対してCreaseをかけます。

青マニピュレーター（Crease angle）	Creaseを適応するエッジ角度の閾値

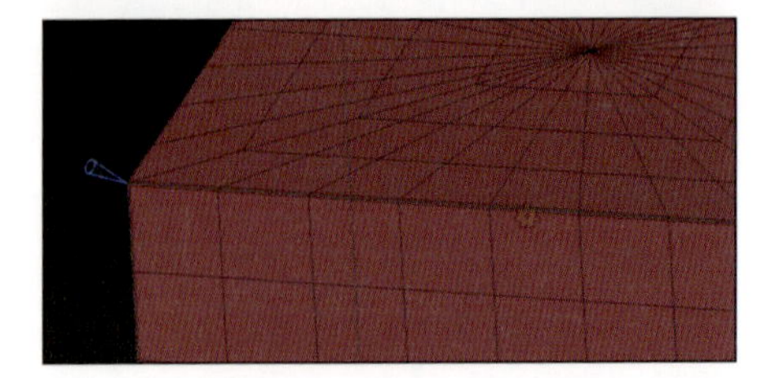

▶ Hard Deformer ／ Soft Deformer

Hard Deformer、Soft Deformerは、通常のDeformerにある白マニピュレーター（Smoothness）を、それぞれ0にした時と1にした時の形状変化に最初から固定されているものです。制御ポイントの操作に関しては、通常のDeformerと同様です。

Inflate

Inflateはメッシュを膨張させる働きをします。

橙マニピュレーター（Inflate）	膨張の強さ
白マニピュレーター（Smooth）	スムージング量
軸色マニピュレーター（Symmetry）	シンメトリー動作の設定

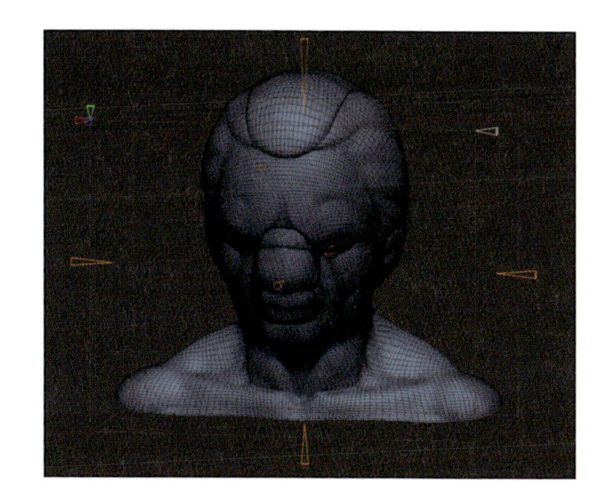

Offset

Offsetは軸に沿った移動をさせます。

Offset	移動量

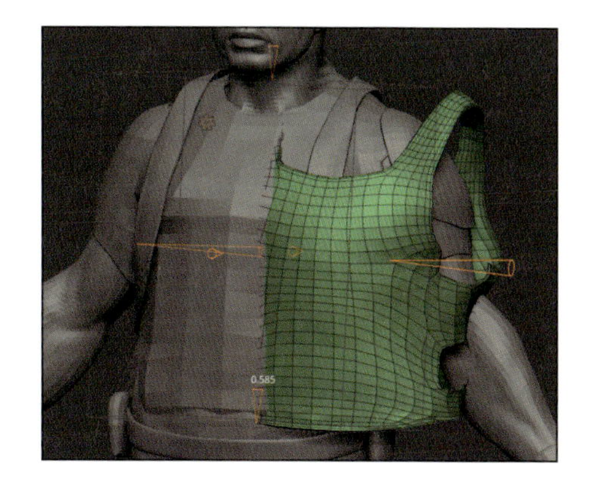

Project Primitive

Project Primitiveデフォーマは、他のデフォーマとは一線を画す独特の機能です。筆者的には、ポリゴンモデリングともスカルプトモデリングとも違う、言うなればデフォーマモデリングと名付けたくなるような独特の操作形体と挙動で形を作る機能という印象です。

基本的な動作を見てみましょう。

まずQCubeを呼び出し、[Project Primitive]をクリックしてデフォーマを適応してください。すると、Qcubeの上面四隅にマニピュレーターが、Qcubeの内側にGizmoが表示されます。

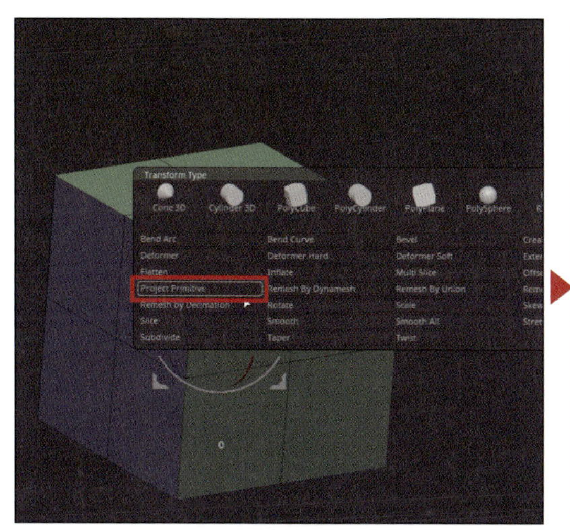

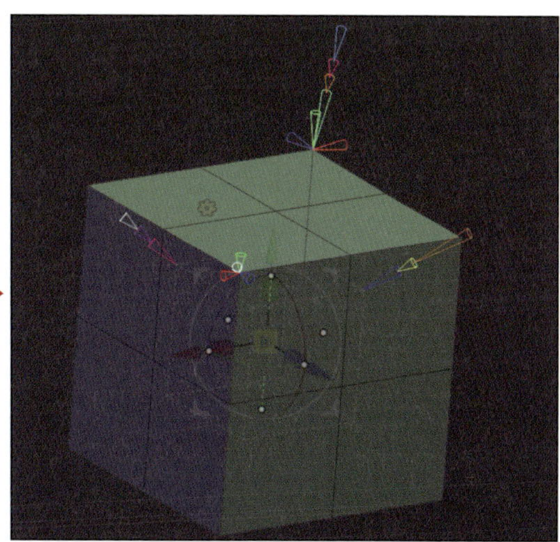

Chapter 15 ZBrush 2018の新機能

Gizmoのアイコン軸の移動マニピュレーターをドラッグし、QCubeの上面まで持ってきましょう。すると、このように内側から球状に膨らみが現れます。 移動マニピュレーターを離すと確定され、自動的に滑らかに繋がるようにメッシュに分割が入ります。

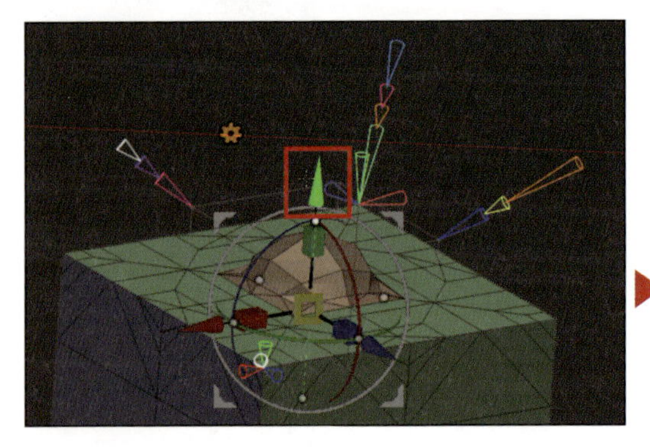

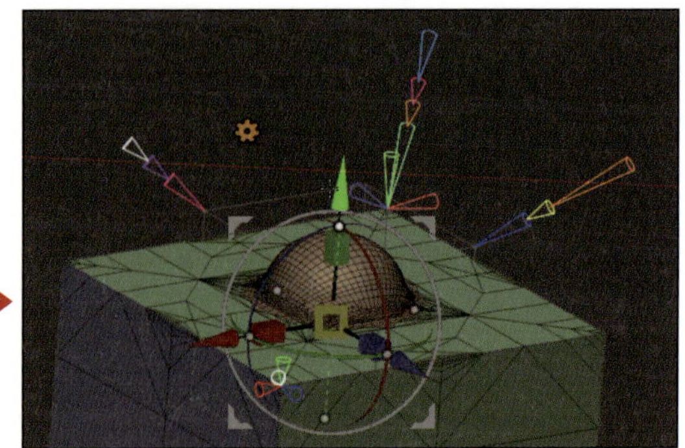

そのまま同じ方向にもう少し移動させてみると、Gizmoの半分が上面を超えたあたりで膨らみが今度はへこみになりました。このように、特定のプリミティブ形状で内側から押し出す、外側から押し込むような動作で形状を作るデフォーマであるということが、なんとなくわかってきたかと思います。

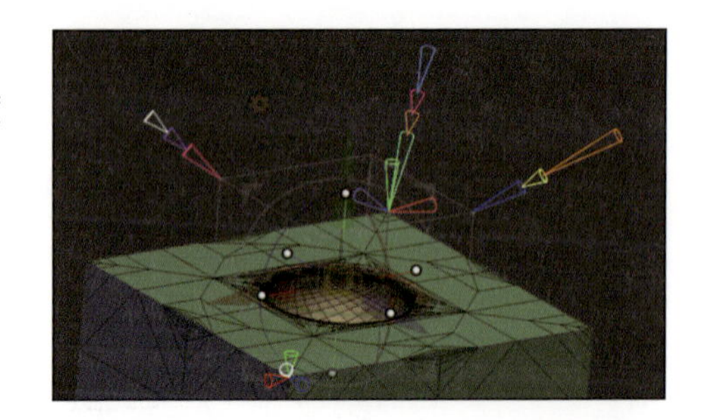

白紫ピンクの三連マニピュレーターの紫マニピュレーター(New Surface)を引っ張って数値を上げてください。すると、今まで見えていなかった変形に使われていたプリミティブが視覚化されました。

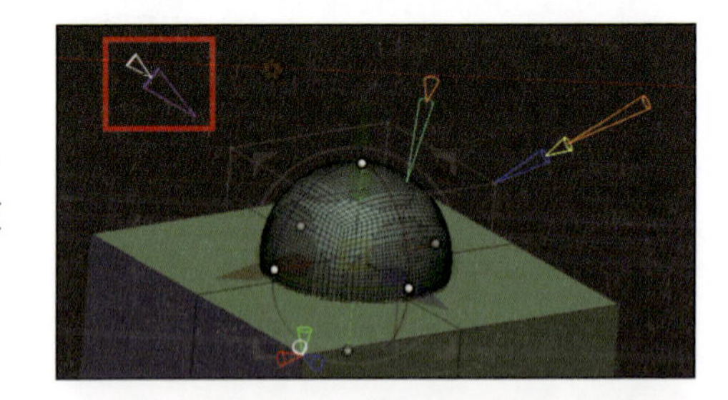

今度は、橙黄青の三連マニピュレーターの黄色のマニピュレーター(Primitive Type)を引っ張り数値を変えると、形状が変化します。

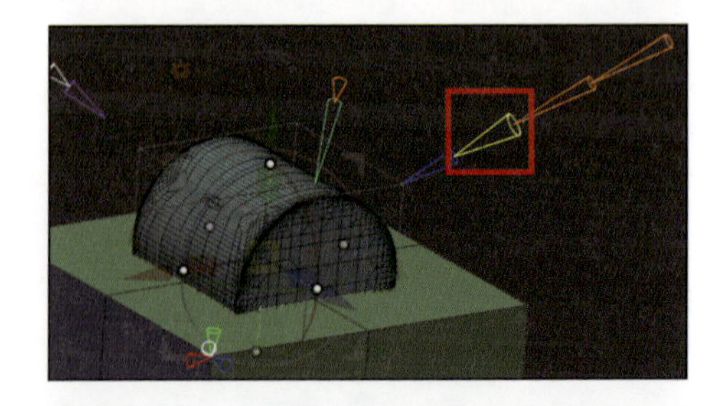

数値を1に戻し、今度は橙のマニピュレーター(Modifier)を引っ張り数値を変化させてください。すると、これでも形状が変化することがわかります。

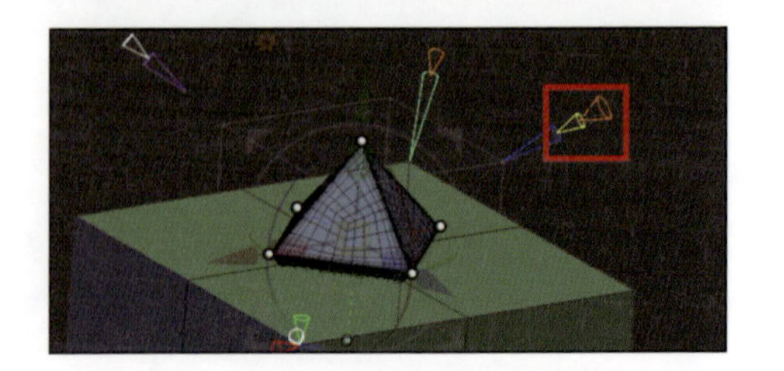

プリミティブ以外では、変形用のマニピュレーターは2つの組み合わせになります。

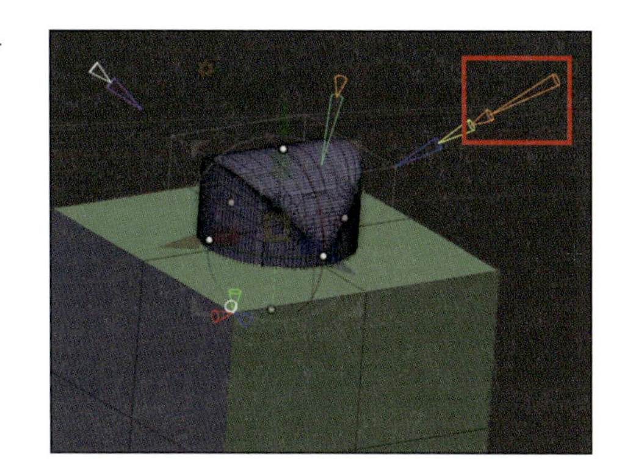

白紫ピンクのマニピュレーターは現在ピンクが無くなり白と紫のマニピュレーターのみになります。

紫の値を0に戻すと再度メッシュに対しての押し出し、押し付けの動作になります。次の手順で確定する際、プリミティブが視覚化されている状態であればそのままメッシュが追加され、押し出し押し付けの効果の状態にしてあればそのまま効果がかかります。

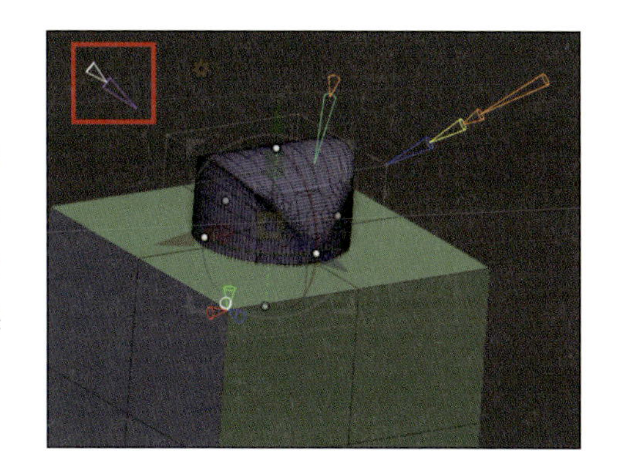

白マニピュレーター（Accept）は、現在のプリミティブの編集を確定して新しいプリミティブに切り替えるためのものです。確定後はUndoで確定前に戻ることはできますが、確定後にマニピュレーターで再編集することできません。

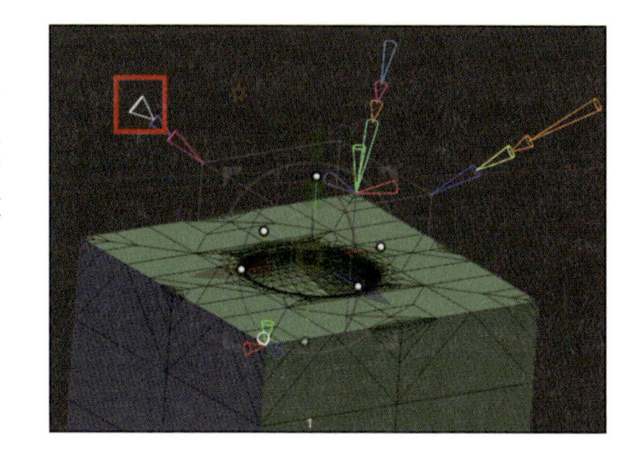

これを繰り返してメッシュを編集します。

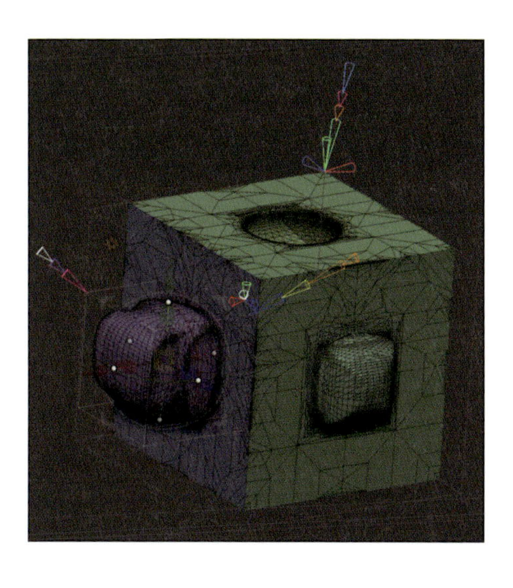

各マニピュレーターの解説は以下の通りです。

▶ Gizmo 周辺のマニピュレーター

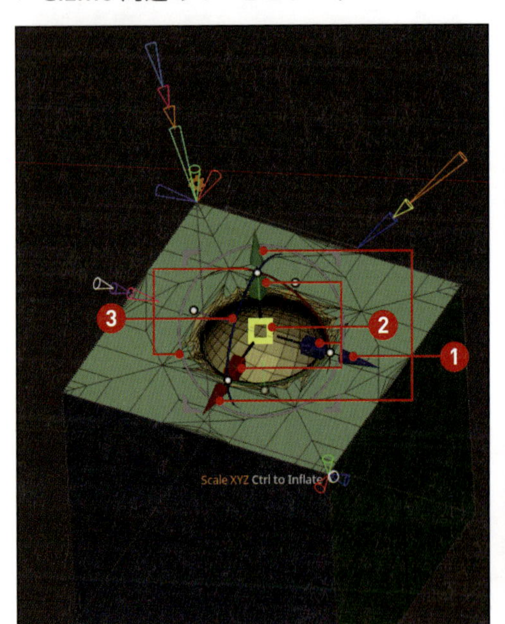

▶ デフォーマ外周部のマニピュレーター

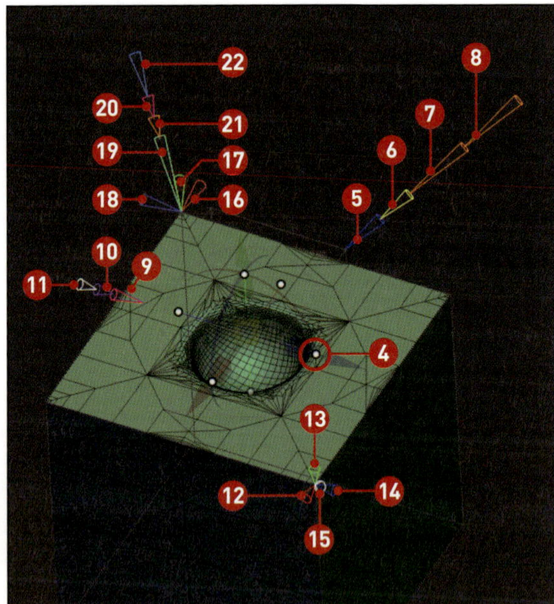

❶	移動。
❷	拡縮。
❸	回転。
❹クリップ	プリミティブをクリップ効果で切り取ります。
❺ Primitive axis	プリミティブの向きです。
❻ Primitive type	プリミティブの形状です。
❼ Modifier	プリミティブの変形です。
❽ Modifier	プリミティブの変形（Primitive type2 ～ 4 にしかありません）です。
❾ Blend	押し出し、押し付け効果と元メッシュのシームレスな繋がりのブレンド量。
❿ New surface	1 以上の値でプリミティブが可視化されます。
⓫ Accept	プリミティブの編集状況が確定されます。
⓬ X Symmetry	X 軸方向のシンメトリーでプリミティブが生成されます。
⓭ Y Symmetry	Y 軸方向のシンメトリーでプリミティブが生成されます。
⓮ Z Symmetry	Z 軸方向のシンメトリーでプリミティブが生成されます。
⓯ Radial Symmetry	円形状のシンメトリーでプリミティブが生成されます。
⓰ X Opacity	X 軸における元形状とプリミティブのブレンド量を設定します。
⓱ Y Opacity	Y 軸における元形状とプリミティブのブレンド量を設定します。
⓲ Z Opacity	Z 軸における元形状とプリミティブのブレンド量を設定します。
⓳ Tesselate	押し出し、押し付け時の自動分割の量を設定します。
⓴ Maximum Displacement	押し出し、押し付け時の強度を設定します。
㉑ Opacity	元形状とプリミティブのブレンド量を設定します。
㉒ Apply Grouping	プリミティブからの影響部分に新しいポリグループを割り当てます。

Remesh by DynaMesh

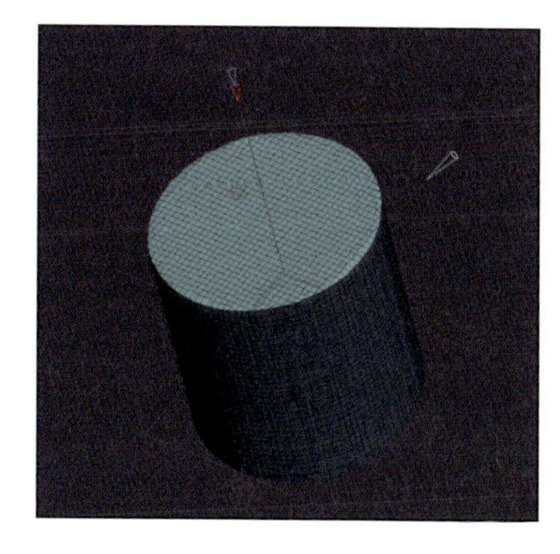

Remesh by DynaMeshを使うと、通常の[DynaMesh]メニューを介さなくてもDynaMeshをデフォーマ上で適応することができます。

[Accept]をクリックするか、モデルに変更を加えるまではマニピュレーターでの変更は適応前の状態をメモリ上に保持しているため、Undoで手戻りをせずともパラメーターの変更でDynaMeshの密度等を制御できます。

白マニピュレーター（Target Polygon count）	DynaMesh後の目標ポリゴン数を指定します。マニピュレーターを掴んで数値を変え、離した瞬間での数値が適応されます。
赤マニピュレーター（Reproject）	有効にすると、DynaMesh前のメッシュを元にDynaMesh後のメッシュでプロジェクション処理をします。
青マニピュレーター（Smoothness）	スムージングを全体にかけます。

Remesh by Union

Remesh by Unionを使うと、1サブツール内でブーリアン処理を行うことができます。Live Booleanと同じ計算が行われるため、メッシュが交差している部分だけで結合されます。

このデフォーマにはパラメーターはなく、Remesh by Unionボタンを押した瞬間すでに計算が行われます。計算後は[Accept]をクリックし、デフォーマ自体を確定させます。

なお、白ポリグループ（Group As Dynamesh Sub等を使用）のメッシュが交差している場合、引き算のブーリアン処理が行われます。

Live Boolean機能を使って分割作業をした場合、Toolが非常に増えてしまいますが、Remesh by Unionを使うとLive Boolean機能と同じ計算をした上で、Tool数が肥大化しないというメリットがあります。

Remesh by ZRemesher

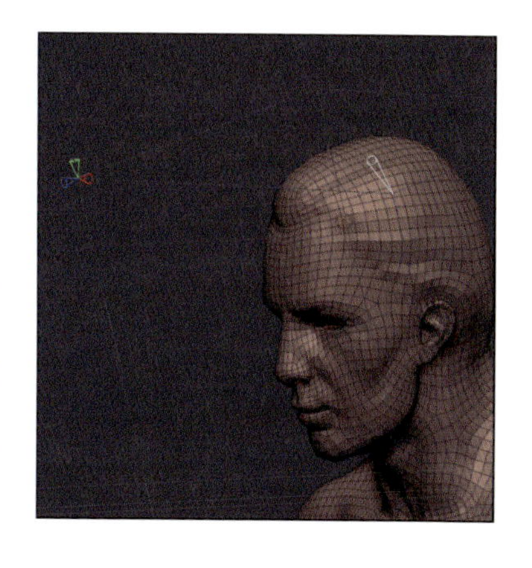

Remesh by ZRemesherを使うと、デフォーマ上からZRemesherを適応することができます。通常の[ZRemesher]メニュー内の[Keep Groups][Adaptive Size]等の設定が反映されます。

白マニピュレーター（Target polygon count）	目標ポリゴン数を設定します。
軸色マニピュレーター（XYZ Symmetry）	対称なメッシュにしたい場合軸を設定します。
青マニピュレーター（Smoothness）	スムージングを全体にかけます。

Remesh by Decimation

Remesh by Decimationを使うと、デフォーマ上からDesimation Mastarを使ったリダクションを行うことができます。

白マニピュレーター（Target Polygon Count）	目標ポリゴン数を設定します。
内側黄色マニピュレーター（Use PolyPainting）	モデルにポリペイント情報がある場合、コントラストを元に削減量を設定します。
外側黄色マニピュレーター（PolyPainting Weight）	ポリペイント情報を使用してどの程度削減するかを指定します。
橙マニピュレーター（Protect Borders）	有効にするとメッシュの境界線上の頂点を保持して削減が行われます。
紫マニピュレーター（Keep UVs）	モデルの UV 情報を保持します。
軸色マニピュレーター（XYZ Symmetry）	対称なメッシュにしたい場合軸を設定します。

Rotate

Rotateは軸に沿った回転をさせます。

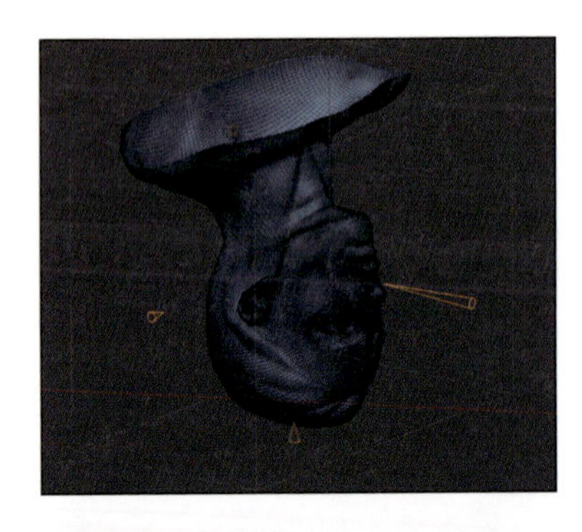

橙マニピュレーター（Rotate）	回転量

Scale

Scaleは軸に沿った拡大、縮小をかけます。

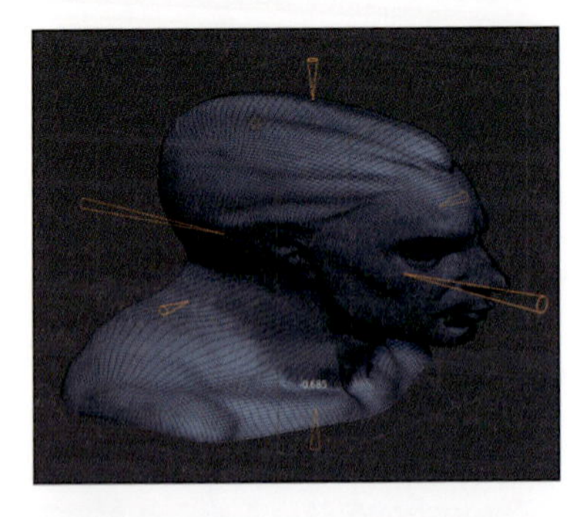

橙マニピュレーター（Scale）	拡大量／縮小量

Skew

Skewは歪み変形をかけます。

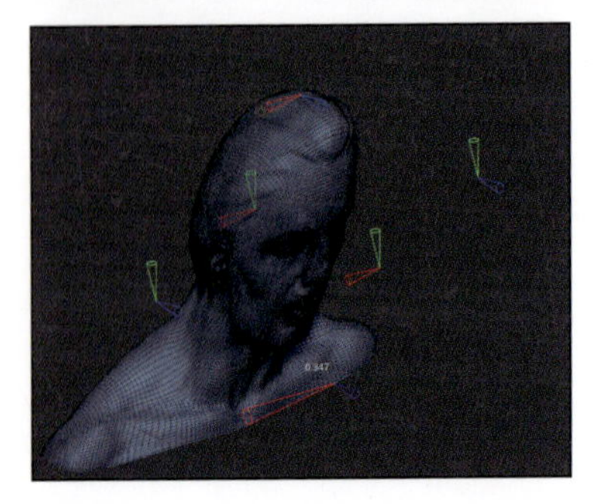

軸色マニピュレーター（Skew）	軸に沿った歪み変形をかけます。

▶ Slice

Sliceは、メッシュ自体にスライス効果と、スライスした部分からメッシュをスライドする効果をかけます。

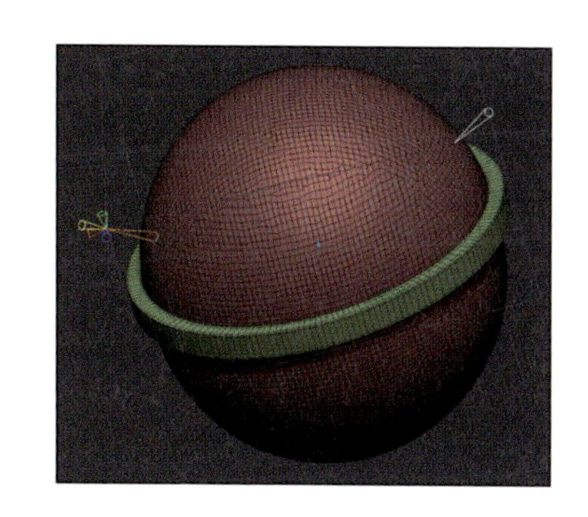

青い球体（Slice position）	スライスを入れる位置を決定します。
白マニピュレーター（Inflate）	Slice width で追加した帯部分を押し出しします。
橙マニピュレーター（Slice width）	スライスしたところからメッシュを押し広げて帯状のポリゴンを追加します。
黄色マニピュレーター（Apply creasing）	スライスしたエッジに Crease を追加します。
軸色マニピュレーター（XYZ Symmetry）	シンメトリー効果を適応します。

▶ Smooth

Smoothはスムース効果をかけます。

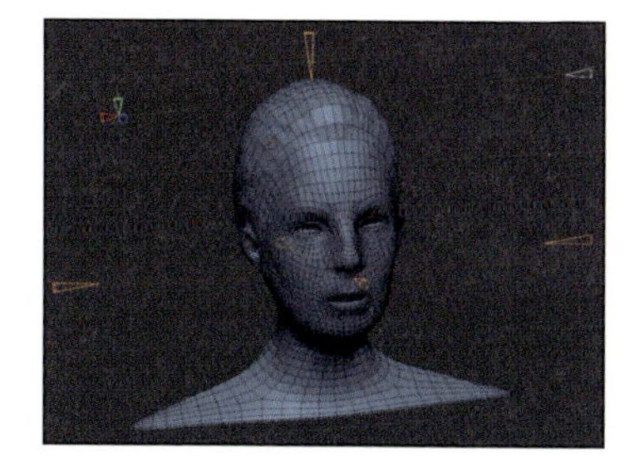

橙マニピュレータ（Smooth）	軸ごとにスムースをかけます。
白マニピュレータ（Smooth）	全体にスムースをかけます。
軸色マニピュレーター（XYZ Symmetry）	シンメトリー効果を適応します。

▶ Smooth All

Smooth Allはメッシュ全体にスムース効果をかけます。

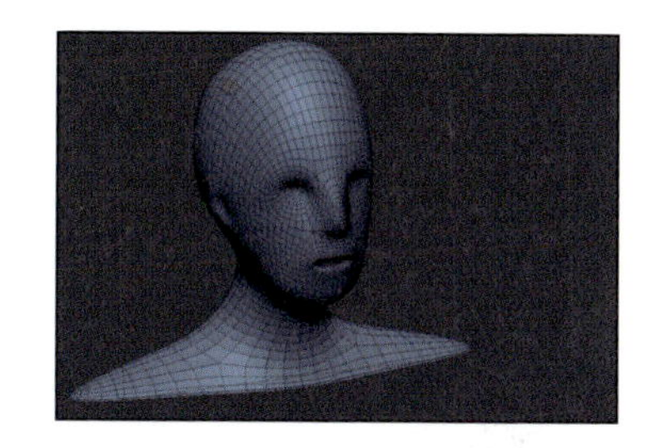

青マニピュレータ（Smooth）	全体にスムースをかけます。

▶ Stretch

Stretchは伸縮効果をかけます。

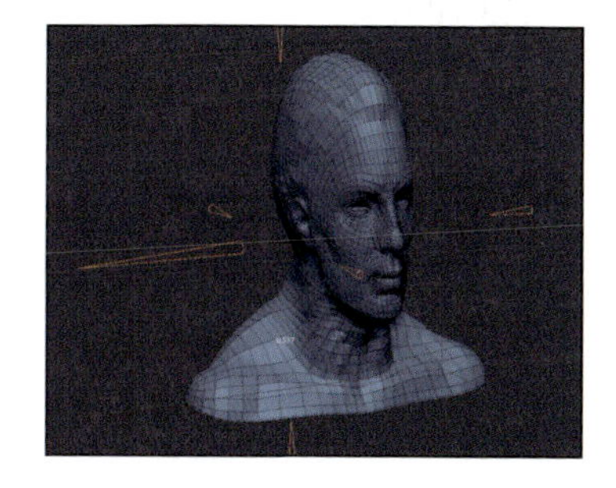

Stretch	軸に沿って伸縮がかかります。

▶ Subdivide

Subdivideはサブディビジョン分割をかけます。注意点として、Accept後、サブディビジョンレベル自体は追加されません。あくまで、メッシュ自体の分割が行われるデフォーマです。

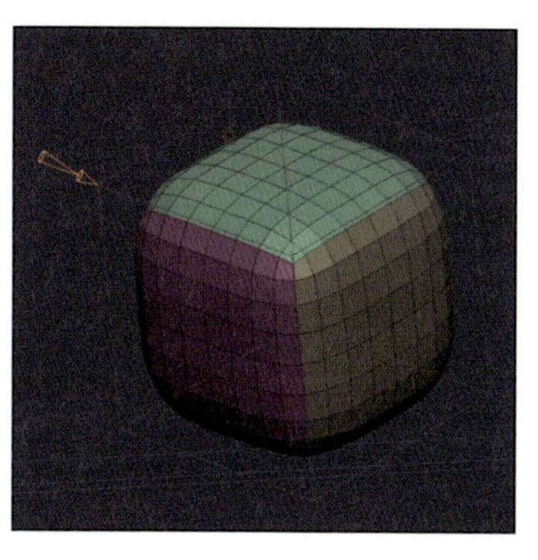

内側橙マニピュレーター（Faceted Divide）	スムージングなしのサブディビジョン分割です。
外側橙マニピュレーター（Smooth Divide）	スムージングありのサブディビジョン分割です。

SECTION

05 カーブモードの新機能

この節では、ZBrush 2018でカーブモードに追加された新機能を解説します。

新しいモード

[Stroke]>[Curve]に[Elastic]と[Liquid]という2つのオプションボタンが追加されました。[Elastic]と[Liquid]は、ブラシサイズの効果範囲での動作(Elastic)か、ブラシサイズに関係ない(Liquid)かの違いとなります。

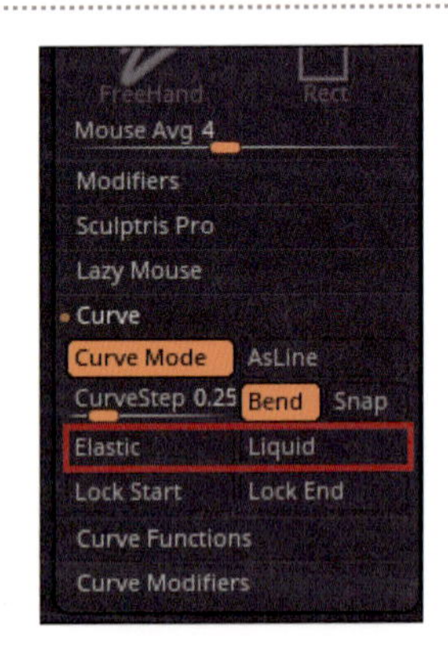

普通のカーブの場合、カーブの始点やカーブ自体、カーブの終点を引っ張ると、それにつられてカーブ全体が引っ張られる動作をします。

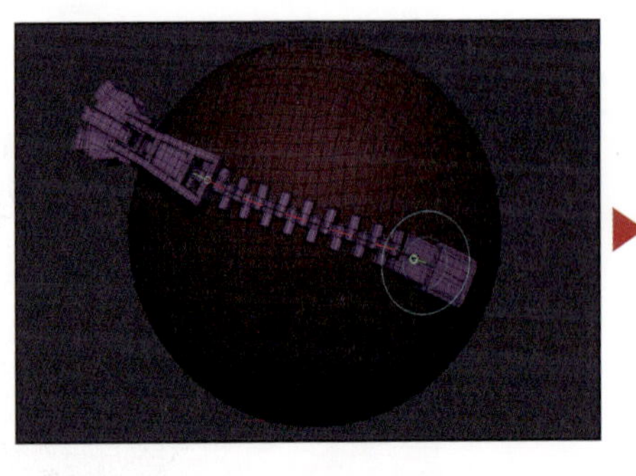

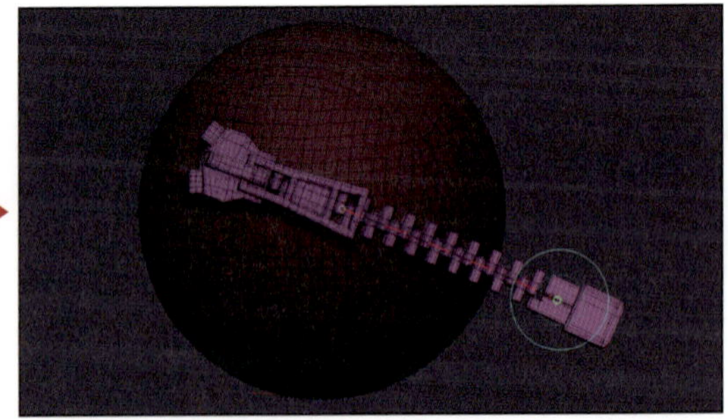

ElasticやLiquidの場合、巻き尺を引っ張ったり収納するようにカーブが伸縮します。

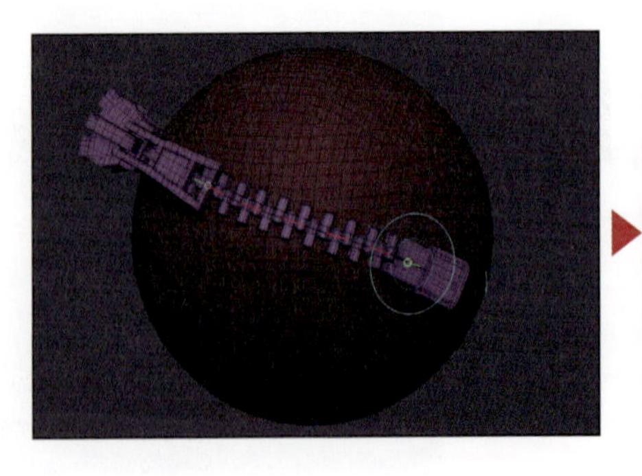

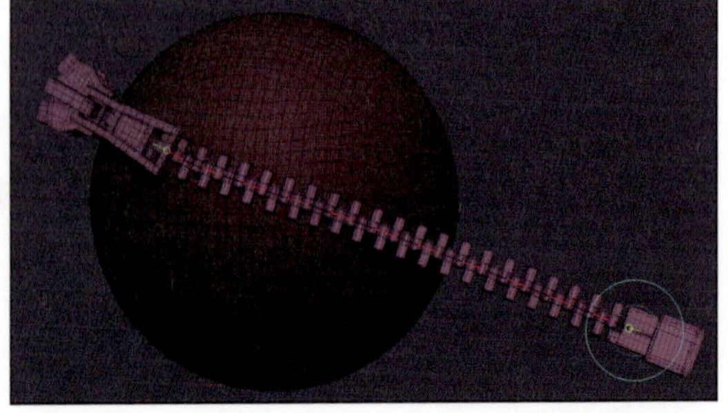

カーブのスムーズ

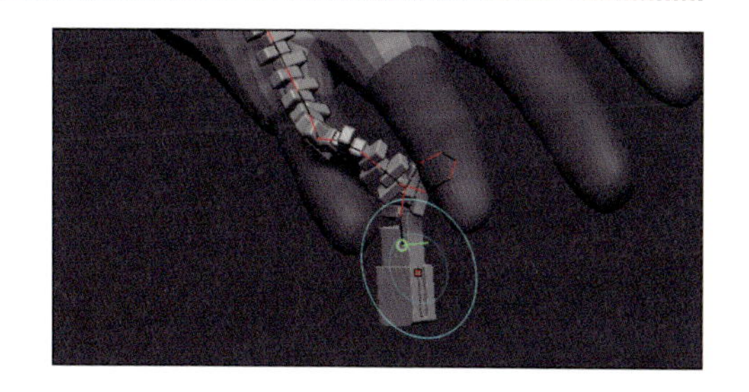

カーブを作成した際、カーブがひしゃげてしまうことがあります。この場合に役に立つのが、新しく追加されたカーブのスムーズです。

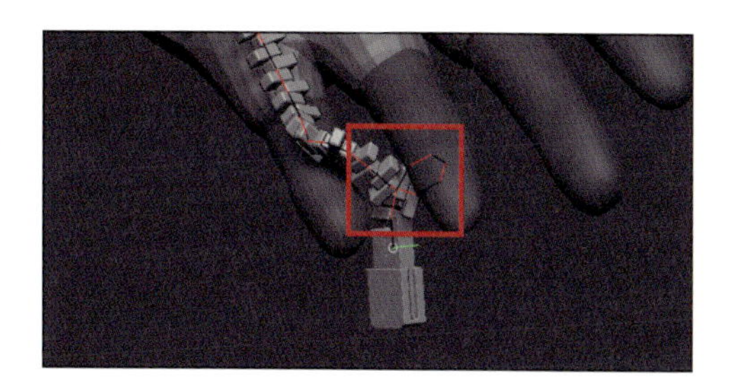

まずカーブを掴み、掴んだ状態で「追加で」Shiftキーを押してください[注4]。

注4　追加ではなく最初からShiftキーを押してドラッグすると、生成されるメッシュ自体にスムーズ効果がかかってしまいます。

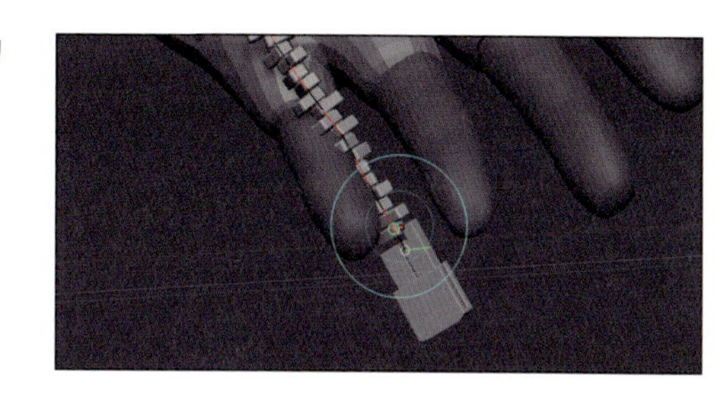

そのままカーブをなぞると、どんどんカーブが均されていきます。

カーブのねじり

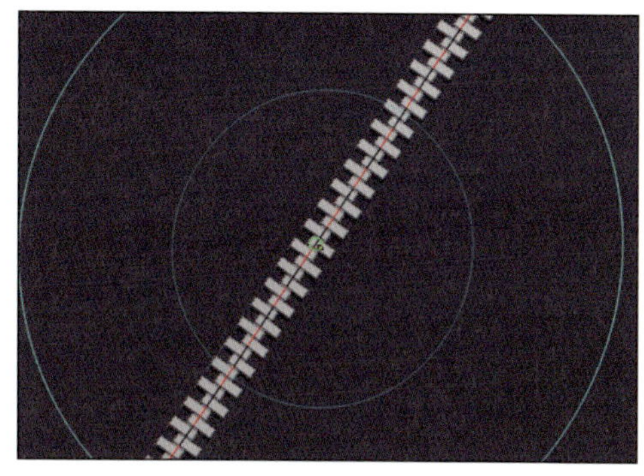

今までのバージョンでは、カーブを確定させ、メッシュとしてねじることしかできませんでした。2018では、カーブオペレーション中にねじりを加えることができます。

まずカーブを掴み、掴んだ状態で「追加で」Ctrlキーを押してください[注5]。

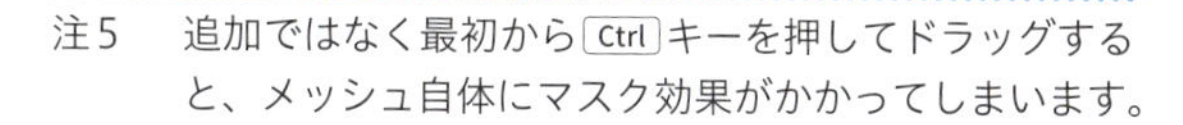

注5　追加ではなく最初からCtrlキーを押してドラッグすると、メッシュ自体にマスク効果がかかってしまいます。

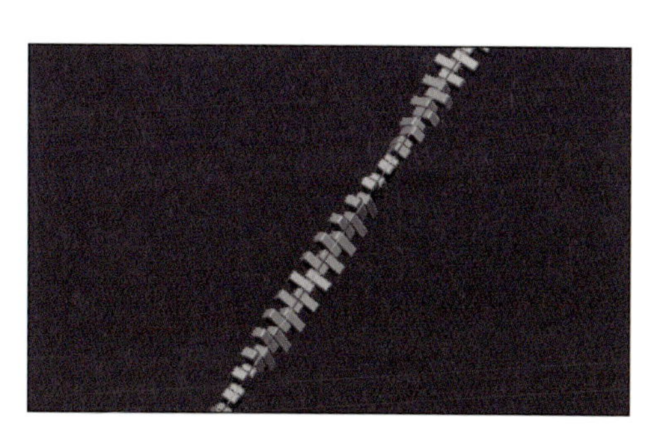

そのままカーブ上でドラッグすると、カーブによって生成されているメッシュがねじれます。

SECTION

06 2018での細かな変更点

前節までで、2018での新機能に関して紹介してきました。この節では、2018での細かな変更点等を取りまとめています。

新たに追加された機能

Remember オプション

[Preferences]>[Draw]、また2018でのデフォルトUIに2つのアイコンが追加されました。

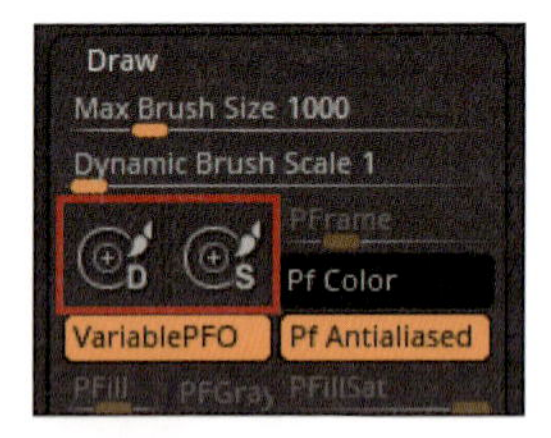

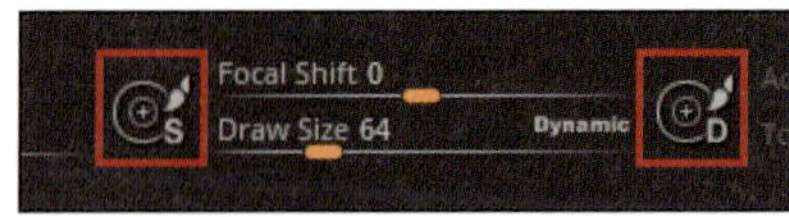

Remember Draw Size

このオプションをONにすると、スカルプト用ブラシのサイズをブラシ毎個別に記録します。OFFで今まで通り、Draw Sizeがブラシ間で共通になります。スムーズブラシやマスクブラシには効果はありません。

Remember Dynamic Draw Size

このオプションはONにすると、Dynamic DrawモードのON・OFFをブラシ毎個別に記録します。OFFでは4R8p1以前と同じく、ブラシ間でDynamicの状態が共通になります。

Gizmoによる等間隔コピー

Gizmoによる等間隔のコピー機能が追加されました。詳細は5-02の最後で解説しています。

Groups By Normalsの新アルゴリズム

隣り合った面同士の法線角を基準にポリグループを割り当てる機能、Groups By Normalsのアルゴリズムが増えました。

[Group by Normals]の右上に切り替え用のオプションが追加され、サークル表示では旧アルゴリズム、ドット表示では新アルゴリズムで計算されます。

場合によってどちらがより理想に近いかは変わるため、ケースバイケースで使い分けてください。

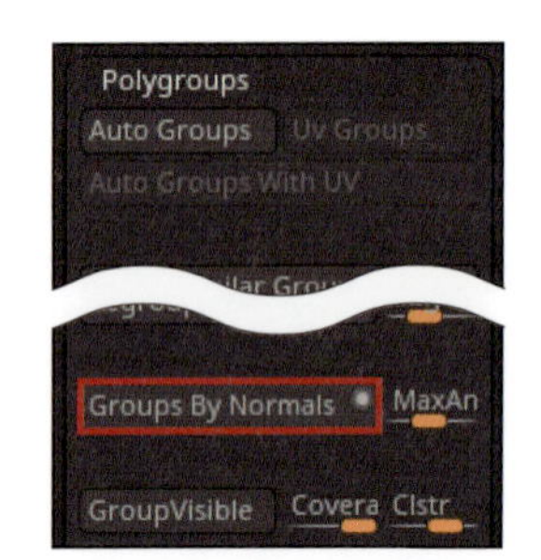

サークル表示

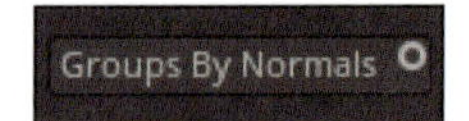

ドット表示

Groups By Normals

▶ 初期マテリアルの指定

任意のマテリアルを、起動時にセットされるマテリアルに指定できるようになりました。起動時にセットしたいマテリアルを選んだ状態で、マテリアルポップアップウィンドウを開き、下部にある[Save as Startup Material]をクリックします。

▶ デシメーションマスターのプリセット

Decimation Masterにポリゴン数指定のプリセットボタンが追加されました。

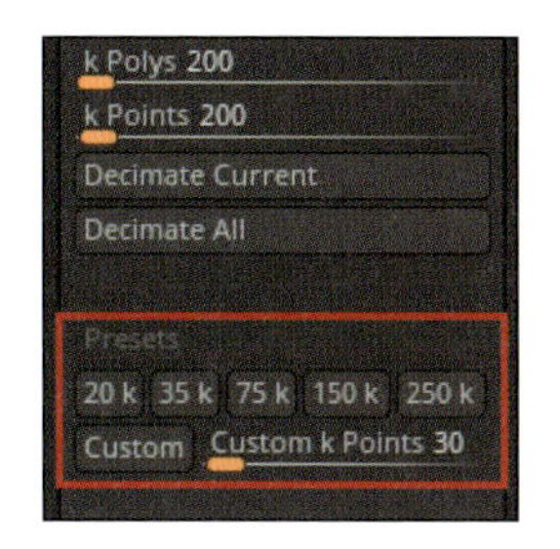

▶ 3DPrint Hubからの書き出しサイズ上限の上昇

書き出しサイズ上限が5080mmまで上がりました。

▶ Transformation Borderの表示切り替え

[Preference]>[Edit]>[Draw Transformation Border]で、キャンバス四隅の領域境界の表示・非表示が切り替えられます。

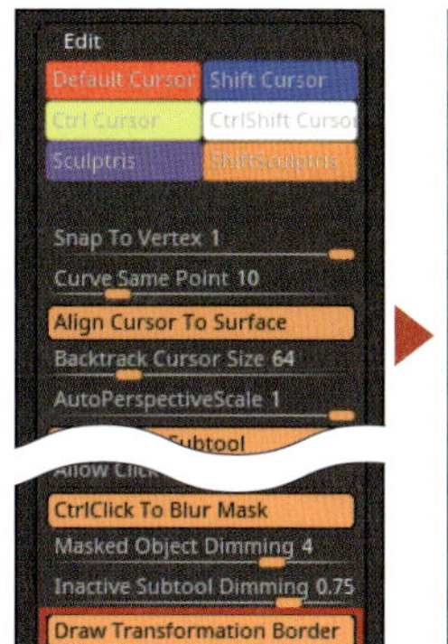

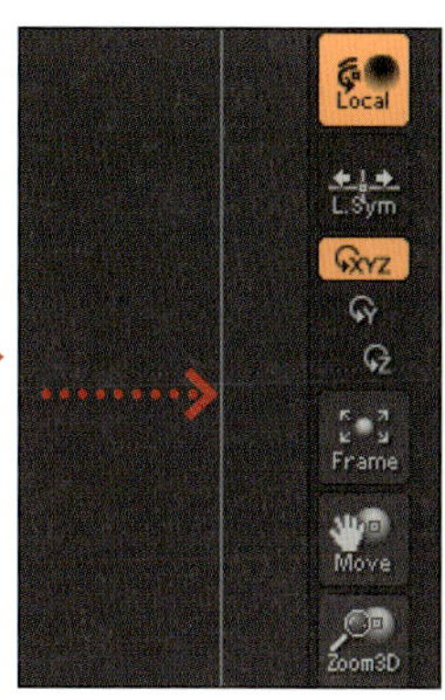

▶ Quicksave、キャッシュファイル保存先の変更

以下の階層にあるZBrushQuickSavePath.TXTとZBrushScratchDiskPath.TXTファイル内のパスを変更することにより、それぞれQuicksaveフォルダとキャッシュフォルダの保存先を変更することができるようになりました。

Windows	システムドライブ¥Users¥Public¥Documents¥ZBrushData2018 注6
Mac	システムドライブ/Users/Shared/ZBrushData2018 注6

注6　バージョンによってZBrushDataフォルダ末尾の表記が変わります。

4R8までは、強制的にシステムドライブにQuicksaveファイルが生成されていました。環境によってはシステムドライブの空き容量が逼迫するケースが見受けられましたが、システムドライブ以外に指定することができるようになり、システムへの負荷が軽減されました。

APPENDIX 1 よく使うショートカット集

筆者がよく使う、または覚えておくべきと思うショートカットをまとめてみました。

これは絶対に押さえてほしいショートカット

Q	ドローモード
W	Move モード
Ctrl + W	Group Masked Clear Mask
E	Scale モード
R	Rotate モード
T	Edit 切り替え（2.5D モード⇔ 3D モード）
Y	Gizmo ON ／ OFF 切り替え
F	Frame（現在アクティブなサブツールの可視部分のキャンバス FIX 表示⇔全サブツールのキャンバス FIX 表示）
Shift + F	PolyFrame 表示の ON ／ OFF 切り替え
A	ZSphere がアクティブ時のみメッシュプレビュー
S	Draw Size スライダ表示
Shift + S	キャンバスへの 2.5D スナップショット（削除は Ctrl + N）
Ctrl + Z	Undo
Ctrl + Shift + Z	Redo
X	シンメトリー機能の ON ／ OFF 切り替え
B	ブラシポップアップウィンドウ展開
N	List All
Ctrl + N	キャンバス上の 2.5D 情報を削除
D	サブディビジョンレベルがないメッシュに対して→ Dynamic Subdivision 機能の ON サブディビジョンレベルがあるメッシュに対して→サブディビジョンレベルを 1 つ上に切り替え（Higher Res）
Ctrl + D	サブディビジョンレベルを 1 段階追加（Divide）
Shift + D	Dynamic Subdivision 機能が ON になっているメッシュに対して→ Dynamic Subdivision 機能の OFF サブディビジョンレベルがあるメッシュに対して→サブディビジョンレベルを 1 つ下に切り替え（Lower Res）
Ctrl + S	プロジェクトデータの保存
Ctrl + O	プロジェクトデータの読み込み

覚えておくと役に立つショートカット

↑	1 つ上のサブツールに切り替え
↓	1 つ下のサブツールに切り替え
←	TimeLine の 1 つ前のキーに移動
→	TimeLine の 1 つ後のキーに移動
1	直近の動作を繰り返し
2	記録した動作の繰り返し
3	動作の記録
9	クイックセーブ
[	ブラシサイズアップ
]	ブラシサイズダウン
L	Lazy Mouse 機能の ON ／ OFF 切り替え
P	パース機能の ON ／ OFF 切り替え
Shift + P	Floor 機能の ON ／ OFF 切り替え
,	LightBox の開閉

APPENDIX 2

他ソフトとの連携

ZBrushは、単体でも他の3Dソフトと同等もしくはそれ以上のことができますが、どんなものにも得手不得手は付きもの。ZBrush単体で作業するよりも、他ソフトと連携したほうがより効率的に作業できます。ここでは、ZBrushと他ソフト間でファイルをやり取りする際に気を付けなければならないことを解説します。

データの受け渡し方法に関する注意

データの受け渡しには、主にファイルを経由する方法とGoZを使う方法があります。

ファイルを使う場合は、OBJファイル、FBXファイル、STLファイル等でエクスポートし、受け渡し先でインポートします。GoZの場合はボタン1つでやり取りできますが、ファイルを経由した場合と若干異なる挙動をします。

たとえば、ZBrushは法線スムージングが無視されてしまう[注1]ソフトですが、GoZを使った場合、DCCツール上では全て法線スムージングのかかった状態になります。OBJ、STLを経由した場合は全てスムージングなし[注2]、FBXを経由する場合は[Zplugin]>[FBX ExportImport]のオプション設定によってあり、なしが決定します。

注1　Draw Smoothという、分割を増やさずに見た目上滑らかにする機能があります。ただし、法線スムージングのそれとは全く異なる異質な挙動をしてしまうため、使わないほうが良いです。また、3Dプリンタでの出力には法線スムージングはいっさい関係ないため、ポリゴンの実データがカクカクした表示の場合、カクカクしたまま出力されます。逆にいえば、必要なポリゴン密度が見たままダイレクトにわかるため、原型製作用としてはこの仕様はラッキーといえるでしょう。

注2　バージョン2018パッチ1からは、[Preferences]>[ImportExport]>[Export]>[Export Smooth Normals]で、スムージングされた状態で書き出せるオプションが付きました。

また、Maya自体の仕様（？）により、実に困ったことにOBJファイルやSTLファイルを経由した場合、Maya上の実寸値とZBrushや他のソフトでのスケールに10倍のズレが生じます（OBJファイルとSTLファイルは、ファイルの規格として単位系がないことが原因かと思います。実際にOBJファイル、STLファイルの中身を直接アスキーデータで読むと座標情報しかありません。FBXには単位系があるため、適切に設定すれば基本的にズレません）。

N-Gonが含まれるデータは禁止

ZBrushは三角形、四角形以外を扱えないため、N-Gonが含まれないデータで読み込まなければなりません。また、非多様体やラミナフェースもエラーの原因、または読み込めない時のトラブルになるので厳禁です。N-Gonが含まれる場合、自動で分割処理が行われてから読み込まれます。

サイズ管理に関する注意

ZBrush は実寸管理できるのか

「ZBrushは実寸管理できる？」と聞かれた時は、いつも「できる！　が！　勝手に自動スケールがかかったり、そもそも単位が実寸単位ではなかったりして、実寸管理してるようでしてないようでしてるようでしてない！」という回答をしています。なぜそんなまどろっこしいことを言うかといえば、おおむね以下の3つの理由からです。

- **ZBrush 自体にそもそも実寸単位の設定がない**
- **Unit サイズという概念があるが、そのサイズは実寸値で「ミリ換算すると 1Unit = 1mm」「インチ換算すると 1Unit = 1inch」と、後付の単位系で意味が変わる**注3
- **モデリング最中に相対的なスケールで作業し、書き出し時に設定してやれば、正しく作業している限りは実質問題がない**

なお、[Tool] > [Deformation] > [Unify] をクリックした時のリサイズスケールは2Unitとなります。[Tool] > [Geometry] > [Size] で表示されている値も単位はUnitです。

注3　時々ネットで、「Unifyした時のサイズで3D Print Exporter（現 3D Print Hub）計測すると、2mmと表示されるから実寸2mm！」という情報がありますが、これは間違いです（筆者も一時期これが正しいと勘違いしてたので、あまり偉そうなことは言えませんが…）。

たとえば、プリミティブのCubeやSphereをまっさらな状態のZBrushに読み込み、Initializeはデフォルトのまま、[Make PolyMesh3D] ボタンで3Dメッシュ化してから [Zplugin] > [3D Print Hub] > [Update Size Ratios] をクリックしてください。

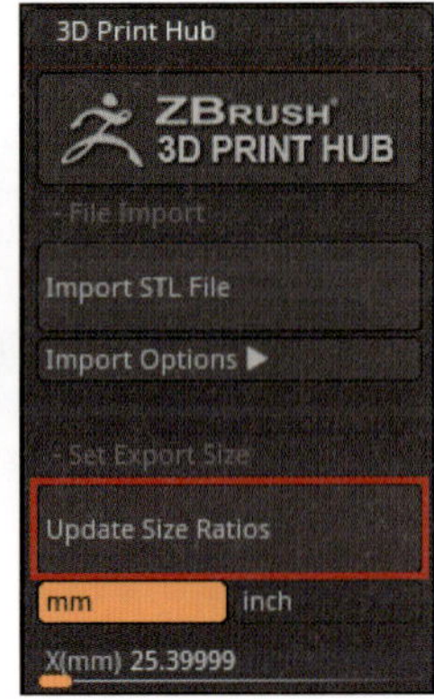

すると4つのボタンが表示されます。左列上はインチ換算、左列下はインチ換算をミリに変換したもの、右列上はミリ換算、右列下はミリ換算をインチに変換したものです。

ここでは、右上のミリ換算の数値を見てください。これは、今アクティブなメッシュ（サブツール）がデータ上でいくつのサイズかを確認してるのと同義です。全てのプリミティブ（Sphere3D～Sphereinder3D）はX、Y、Z軸いずれかの最大サイズが必ず2Unitになっているという特徴があります（厳密には小数点以下の小さなズレがありますが、ここでは無視します）。

Please, select what is the size of your SubTool PM3D_Sphere3D_1:

2.00 x 2.00 x 2.00 in　or　2.00 x 2.00 x 2.00 mm

50.80 x 50.80 x 50.80 mm　　0.08 x 0.08 x 0.08 in

▶ Scale値の役割と動作

次にもう1つ、メッシュのサイズに関する重要なこととして、[Tool] > [Export] > [Scale] の値があります。

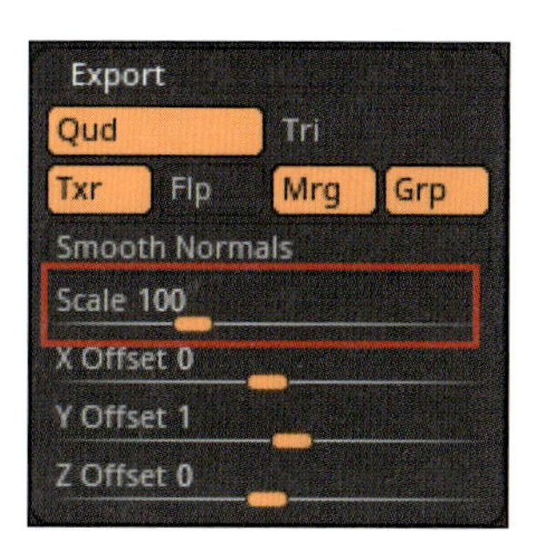

ZBrushを再起動、もしくは[Preferences] > [Init ZBrush] でいったんZBrushをまっさらな状態にし、[Tool] > [Import] から配布データ内に入っているcube_200mm.objをキャンバスに読み込んでください。X、Y、Zが10mm、200mm、10mmとして読み込まれるように作ってあるデータです[注4]。

注4　正確にはOBJファイルフォーマットは座標情報しか持たず、実寸単位系では管理されていませんが、ここではわかりやすくするためにmm換算での表記にしています。

この時、[Tool] > [Export] > [Scale] の値を見ると100になっていると思います。この100がどういう意味か？ というのは、前述の2Unit、2mmが大きく関わってきます。

ZBrushは仕様として、まっさらな状態のキャンバスに読み込んできたメッシュを自動的に2Unitのサイズに拡大・縮小します。サブツールへの上書きとなる状態でのImportは、上書き前のサブツールがサブディビジョンレベルを持っていない場合は元のScaleの値を継承して上書き、サブディビジョンレベルを持っている場合はまっさらな状態に読み込んだ時と同じ挙動をします。

そのため、初心者がやりがちなミスとして、LightBox等にあるプロジェクトデータを開いた上でImportからOBJファイル等を読み込み、そこに別ソフトから持ってきたメッシュをImportし、ブラシサイズがとても使いづらくなるという現象をよく目にします[注5]。

注5　2Unitというサイズが一番ちょうど良いブラシサイズ倍率になるよう設計されているため。

ミリ換算で2Unitは2mmなので、200mmを2mmに縮めた時の倍率値（この場合は1/100）の逆になる倍数（この場合は100）をExportからの書き出し時に掛け算しているため、Export値のズレさえ発生しなければ、入力と出力で打ち消し合うので実質的に問題ありません。このExport時にかかる計算用倍数が、Scale値として格納されています。

そのため、Scale値を手動で変更したり、もしくは何らかの機能を使った際に「1」等にリセットされたりすると、書き出し時に位置や大きさのズレが発生します。

位置ズレの原因は、同じくExportのOffset値に意図しない値が入っていた場合、たとえばZBrush上ではX軸方向0の位置を中心として作業していたにも関わらず、他ソフトに持っていった等にOffset値[注6]分ズレて書き出されたものを読み込むことになるため、位置ズレが起きます。

注6　このOffset値も曲者で、他ソフト上では原点位置からズレているものをまっさらなZBrush上に読み込むと、ZBrush上での原点位置になるように調整し、Scaleのように書き出し時にOffset値分位値をズラすという動作をします。

Scaleの動作を図にまとめると、次のようになります。

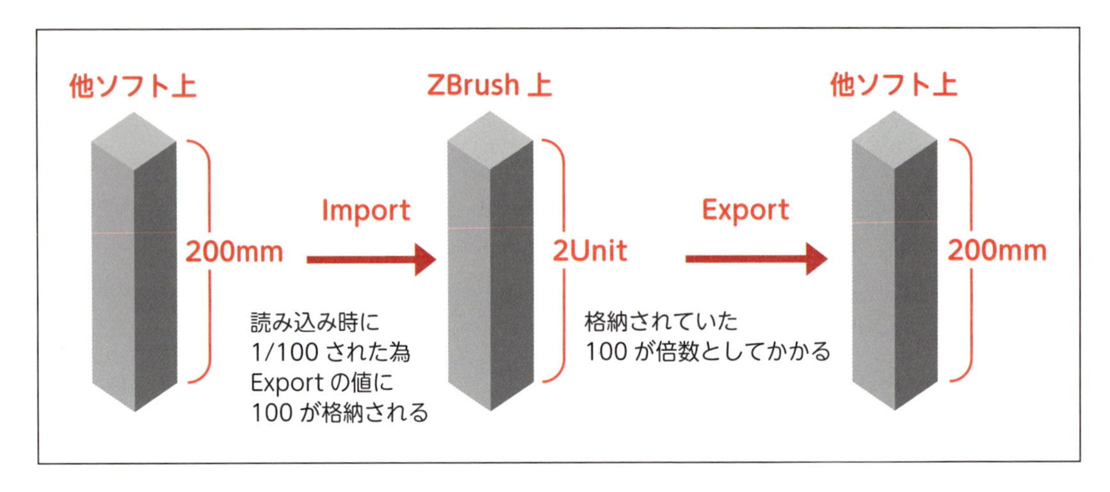

次に、[3D Print Hub]>[Update Size Ratios] をクリックしてデータ上のサイズを見ると、10mm × 200mm × 10mmになっています。前述では自動的に2mmに拡大・縮小をかけると言いましたが、その記述と矛盾しているように見えます。実はここにさらに1つややこしい話が絡んできます。Update Size Ratiosでの計測には、Scale値の倍率が影響します。

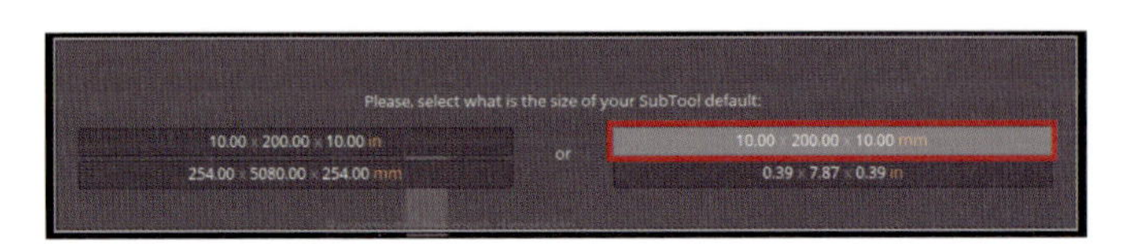

Scale値を手動でわざと50にしてから[Update Size Ratios]をクリックすると、先ほどの半分の5 × 100 × 5mmになりました。

つまり、作業画面上のデータは拡大・縮小がかかったままですが、3D Print Hub上ではExportでの書き出し時と同じく、Scale値が掛け算されて最終的な書き出しサイズとなります。

基本的にこのScaleの値を自分で書き換えるということはまずありませんが、うっかり書き換えたりしないよう気を付けてください。

「実寸管理してるようでしてないようでしてるようでしてない！」というまわりくどい言い回しをしている理由が伝われば幸いです。

また、最終的には3D Print Hub上で明示的にサイズを指定して書き出すことも可能ですので、結論としては基準となるサイズとの相対寸法を仮想的に保って作業すれば実質問題ありません。

あとがき

この本の企画の打診が来た 2017 年の 2 月から、早いもので 1 年半も経過してしまいました。執筆の終盤で突如バージョン 2018 がリリースされる等、想定外の出来事が多くとても大変でしたが、なんとかゴールにたどり着いたこと自体に、「よくまぁやったもんだなぁ……」と我ながら思いつつ、このあとがきを書いてます。

筆者の 1 冊目の本、「Substance Painter 入門」のあとがきでは、執筆の終了を終着駅と表現していました。本書は、大変度合いで言うと、国内旅行レベルではなく海外旅行レベルに膨れ上がったので、遠い海外の目的地に到着した という気分です。

ハテサテ、この遠い異国でまた何かを見つけるのか、それとも帰国するのか、それともさらに遠い国に旅するのか、少し休んで英気を養ったらまたいろいろとおもしろいことを始めたいと思います。

ZBrush というソフトはとても奥が深いうえ、バージョンアップで予想だにしないユニークな機能や、他の 3D ソフトではとてもできないパワフルな機能が毎度追加されるため、その度に新しいワークフローやテクニックが生まれます。筆者はいろいろな 3D ソフトを触っていますが、使っていて一番楽しいと思えるソフトです。ありがとう ZBrush & Pixologic ！ 今後も常に進化し続け楽しませてくれ！

ではまた！　イベントや勉強会でお会いしましょう！　まーていでした！

質問やツッコミ等は筆者ツイッター（@ak8gwc）やメールアドレス（mk7gwc@gmail.com）までお願いいたします。この本との出会いが今とより良い未来とを繋ぐ Missing Link となれたら幸いです。

■ Special Thanks ！

ラリアットさん

榊原さん

Pixologic 社全スタッフの皆様

希崎葵たん（・w・

榊さん

toshi さん

ほっけさん

暁ゆ～きくん

ニコ生でいつも絡んでくれる皆（もっとコメントしてホラホラ！）

技術評論社全スタッフの皆様（担当 T さん特にありがとうございました！）

有限会社 Alchemy の皆様

本当にありがとうございました。今後共よろしくおねがいします。

It's Not Over Yet!

2018 年 9 月　まーてい

索引

著者プロフィール

まーてい（Twitter：@ak8gwc）

これここに至るまでいろいろありすぎて、もはや自分が何屋さんかわからなくなりつつあるデジタル原型師＋3D モデラー。お尻スカルプトしてる時と、コミケだけが生きがい。サークル「酸の器」、ガレキディーラー「Missing Link」総裁。お仕事のご相談は mk7gwc@gmail.com まで。

イラストレータープロフィール

ラリアット（Twitter：@rariatoo　pixiv：794658）

秋田でひっそり描いてるイラストレーターだけど漫画も描きます。ホビージャパン様の「スーパーデフォルメポーズ集」の男の子編 / ラブラブ編などでイラストを描かせていただきました。星のカービィとおばけとコロコロコミックがあれば生きていける。好きなアメコミキャラはヘルボーイ、デッドプール、スーパーマン、トミー・モナハン。

しっかり身（み）に付（つ）く ZBrush（ズィーブラシ）の 一番（いちばん）わかりやすい本（ほん）

2018年11月　3日　　初版　第1刷発行

著者●まーてい
発行者●片岡　巌
発行所●株式会社 技術評論社
　東京都新宿区市谷左内町21-13
　電話　03-3513-6150　販売促進部
　　　　03-3513-6160　書籍編集部
イラスト・キャラクターデザイン●ラリアット
装丁●菊池　祐（株式会社ライラック）
本文デザイン●株式会社ライラック
写真撮影●和田　高広
DTP●技術評論社 制作業務部
編集●鷹見　成一郎
製本／印刷●株式会社加藤文明社

定価はカバーに表示してあります。

落丁・乱丁がございましたら、弊社販売促進部までお送りください。交換いたします。

ISBN978-4-297-10011-7 C3055

お問い合わせについて

本書に関するご質問については、本書に記載されている内容に関するもののみとさせていただきます。本書の内容と関係のないご質問につきましては、一切お答えできませんので、あらかじめご了承ください。
また、電話でのご質問は受け付けておりませんので、必ずFAX か書面にて下記までお送りください。
なお、ご質問の際には、必ず以下の項目を明記していただきますよう、お願いいたします。

1 お名前
2 返信先の住所または FAX 番号
3 書名（しっかり身に付く　ZBrush の一番わかりやすい本）
4 本書の該当ページ
5 ご使用の OS と ZBrush のバージョン
6 ご質問内容

なお、お送りいただいたご質問には、できる限り迅速にお答えできるよう努力いたしておりますが、場合によってはお答えするまでに時間がかかることがあります。
また、回答の期日をご指定なさっても、ご希望にお応えできるとは限りません。あらかじめご了承くださいますよう、お願いいたします。

問い合わせ先

〒162-0846
東京都新宿区市谷左内町 21-13
株式会社技術評論社　書籍編集部
「しっかり身に付く　ZBrush の一番わかりやすい本」
質問係

FAX 番号　03-3513-6167
URL：https://book.gihyo.jp/116

※ご質問の際に記載いただきました個人情報は、回答後速やかに破棄させていただきます。